Wechselseitige Beeinflussung von Umweltvorsorge und Raumordnung

CIP-Kurztitelaufnahme der Deutschen Bibliothek

Wechselseitige Beinflussung von Umweltvorsorge und Raumordnung.- Hannover: Vincentz, 1987.

(Veröffentlichungen der Akademie für Raumforschung und Landesplanung: Forschungs- und Sitzungsberichte; Bd. 165)
ISBN 3-87870-768-1

NE: Akademie für Raumforschung und Landesplanung (Hannover): Veröffentlichungen der Akademie für Raumforschung und Landesplanung/Forschungs- und Sitzungsberichte

Best.-Nr.768
ISBN-3-87870-768-1
ISSN 0587-2642

Druck: poppdruck, Langenhagen
Auslieferung durch den Verlag

VERÖFFENTLICHUNGEN
DER AKADEMIE FÜR RAUMFORSCHUNG UND LANDESPLANUNG

Forschungs- und Sitzungsberichte
Band 165

Wechselseitige Beeinflussung von Umweltvorsorge und Raumordnung

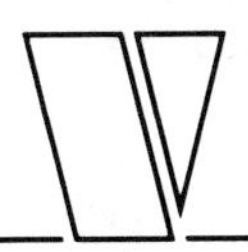

CURT R. VINCENTZ VERLAG · HANNOVER · 1987

Zu den Autoren dieses Bandes

Detlef Marx, Dr. rer.pol., o. Prof., Geschäftsführer der DEMA-CONSULT GmbH u. Co KG, München, Ordentliches Mitglied der Akademie für Raumforschung und Landesplanung

Karl-Hermann Hübler, Dr. agr., Prof., Institut für Landschaftsökonomie der Technischen Universität Berlin und Institut für Stadtforschung und Strukturpolitik GmbH Berlin, Ordentliches Mitglied der Akademie für Raumforschung und Landesplanung

Martin Uppenbrink, Dr. iur., Prof., Direktor beim Umweltbundesamt, Leiter des Fachbereichs "Umweltplanung und Ökologie", Lehrbeauftragter an der Technischen Universität Berlin, Korrespondierendes Mitglied der Akademie für Raumforschung und Landesplanung

Peter Knauer, Geogr., Wiss. Direktor beim Umweltbundesamt, Leiter des Fachbereichs "Ökologie und Ressourcenhaushalt", Lehrbeauftragter an der Freien Universität Berlin

Adolf Kloke, Dr. agr., Dipl. agr., Direktor und Prof. a.D. der Biologischen Bundesanstalt für Land- und Forstwirtschaft Berlin, apl. Prof. für Pflanzenernährungslehre an der Technischen Universität Berlin, Fachbereich "Internationale Agrarentwicklung"

Lothar Finke, Dr. rer. nat., Prof., Universität Dortmund, Fachbereich "Raumplanung", Fachgebiet "Landschaftsökologie und Landschaftsplanung", Korrespondierendes Mitglied der Akademie für Raumforschung und Landesplanung

Jürgen Koschwitz, Dr. iur. utr., Präsident des Landesamtes für Umweltschutz und Gewerbeaufsicht Rheinland-Pfalz, Oppenheim

Gerhard Hahn-Herse, Dipl.-Ing., Oberrat beim Landesamt für Umweltschutz und Gewerbeaufsicht Rheinland-Pfalz, Oppenheim

Peter Wahl, Dr. rer. nat., Dipl.-Biol., Angestellter beim Landesamt für Umweltschutz und Gewerbeaufsicht Rheinland-Pfanz, Oppenheim

Albert Schmidt, Dipl.-Ing., Präsident der Landesanstalt für Ökologie, Landschaftsentwicklung und Forstplanung Nordrhein-Westfalen, Düsseldorf, Ordentliches Mitglied der Akademie für Raumforschung und Landesplanung

Wolfgang Rembierz, Dipl.-Ing., Oberregierungsrat, Leiter des Fachgebietes "Fachbeiträge zu Landes- und Gebietsentwicklungsplänen (Westfalen-Lippe)" bei der Landesanstalt für Ökologie, Landschaftsentwicklung und Forstplanung Nordrhein-Westfalen, Düsseldorf

Josef H. Reichholf, Dr. rer. nat., Prof., Zoologische Staatssammlung München, Technische Universität München

Dietrich-Eckhard Kampe, Dipl.-Ing., Leiter des Referates "Umwelt" bei der Bundesforschungsanstalt für Landeskunde und Raumordnung, Bonn-Bad Godesberg

Dieter Michel, Dr. rer. nat., Dipl.-Vw., Ministerialrat im Ministerium für Umwelt, Raumordnung und Landwirtschaft des Landes Nordrhein-Westfalen, Düsseldorf

Rainer Bergwelt, Ministerialdirigent, Leiter der Abteilung "Naturschutz und Landschaftspflege" beim Bayerischen Staatsministerium für Landesentwicklung und Umweltfragen, München

Klaus Fischer, Dr.-Ing., Ltd. Planer und Ltd. Direktor beim Raumordnungsverband Rhein-Neckar, Mannheim, Korrespondierendes Mitglied der Akademie für Raumforschung und Landesplanung

Vorwort

Die Notwendigkeit zur Umweltvorsorge ist heute im Bewußtsein der Öffentlichkeit unbestritten. Elemente, die einer Umweltvorsorge dienen, hat die Raumordnung und Landesplanung seit ihrem Bestehen aufgegriffen. Seit längerem ziehen Eingriffe unterschiedlicher Art in die Ökosysteme Folgen nach sich, die kommunale, regionale, landesweite und globale Auswirkungen haben. Sie fordern zum Handeln auf breiter Ebene heraus. Für Raumordnung und Landesplanung bedeutet dies, daß die Ziele für eine Umweltvorsorge stärker als bisher in die Überlegungen mit einzubeziehen sind, d.h., daß eine "integrierte" Raumordnung die Endlichkeit von Ressourcen mit zu berücksichtigen hat.

Für die Erhaltung oder auch Wiederherstellung der natürlichen Lebensgrundlagen werden in steigendem Maße wissenschaftliche Erkenntnisse aus zahlreichen Disziplinen benötigt. Eine besondere Bedeutung kommt dabei den Raumwissenschaften zu, die sich seit jeher mit der Erforschung der Grundlagen und mit der Entwicklung von Lösungsmöglichkeiten beschäftigen. Unter diesem Eindruck hat die Akademie für Raumforschung und Landesplanung zwei Arbeitskreise berufen:

- den Arbeitskreis "Verfahrensmäßige Instrumente der Raumplanung zur Berücksichtigung von Umwelterfordernissen" unter der Leitung von Ministerialdirigent a.D. Dr. Günter Brenken, veröffentlicht im Band 166 der Forschungs- und Sitzungsberichte "Umweltverträglichkeitsprüfung im Raumordnungsverfahren nach Europäischem Gemeinschaftsrecht" und

- den Arbeitskreis "Wechselseitige Beeinflussung der Grundsätze, Ziele und Erkenntnisse von Raumordnung und Umweltschutz", der von Professor Dr. Detlef Marx geleitet wurde und dessen Ergebnisse mit diesem Band vorgelegt werden.

Während sich der erstgenannte Arbeitskreis vorrangig mit verfahrensrechtlichen Fragen befaßte, widmete sich der zweite Arbeitskreis stärker den inhaltlichen und methodischen Aspekten.

Erstmals wird hier für die Raumplanung umfangreiches, im fachwissenschaftlichen Sinne gesichertes Material für den komplexen Bereich einer Umweltverträglichkeitsprüfung vorgelegt. Ziel ist es dabei, einerseits umfassend die "meßbaren" Werte in bezug auf ökologische Fragestellungen zu erörtern und andererseits auch Grundlagen und Methoden für eine planerisch ökologische Bewertung durch die Praxis darzustellen und zu vermitteln.

Hierzu waren umfangreiche terminologische Klärungen erforderlich. Die Basis hierzu, die auch die Einzelbeiträge miteinander verknüpft, sind von Kloke entworfene und im Arbeitskreis diskutierte Begriffe. Diese umfassen mehrere

Stufen und Kategorien unterschiedlicher Verbindlichkeit der bewerteten quantitativen und qualitativen Werte der Umweltstandards, die in einer weiten Spanne zwischen einer allgemeinen unverbindlichen Toleranzgrenze und einem gesetzlich fixierten Grenzwert liegen.

Mit generellen Überlegungen zum Zusammenwirken von Raumordnung und Umweltvorsorge, mit dem Blick über die engere Fragestellung hinaus, befassen sich die einführenden Beiträge von Marx und Hübler.

Weitere Beiträge (Uppenbrink/Knauer, Kloke, Finke, Koschwitz/Hahn-Herse/Wahl, Schmidt/Rembierz und Reichholf) behandeln spezielle Themen aus dem Bereich Umweltschutz und Umweltpolitik. Die Autoren geben für zahlreiche Teilfragen konkrete Empfehlungen bzw. würdigen die zur Zeit gesetzlich vorgeschriebenen sowie die aus fachlicher Sicht anzuerkennenden "quantitativen" Werte.

Überwiegend mit Fragen der Raumbeobachtung, als wichtige Grundlage für eine Analyse der Situation bzw. der Entwicklung, befassen sich die Beiträge von Kampe, Michel u. Bergwelt. Diese Beiträge geben einen Überblick über bereits verfügbare Daten und machen andererseits deutlich, welche Lücken bestehen.

Vorschläge zum Themenkomplex des Zusammenwirkens von Umweltschutz und Raumordnung werden in den abschließenden Beiträgen von Fischer und Marx vorgelegt.

Ein weiteres Ergebnis des Arbeitskreises zu dem Thema "Umweltschutz und Raumplanung in der Schweiz" (Schmid/Schilter/Trachsler) ist gesondert als Band 97 der "Beiträge" der Akademie veröffentlicht worden.

Die interdisziplinäre Arbeitsweise ermöglichte in besonderem Maße die Aufhellung und Berücksichtigung von Zusammenhängen zwischen den einzelnen Teilproblemen. Verständlicherweise war es nicht möglich, alle Probleme abschließend zu klären. Die Akademie leitet hieraus einen Auftrag ab, die Diskussion z.B. über die erforderliche Abwägung zwischen Umweltzielen und traditionellen Zielen der Wirtschaftlichkeit und Sozialverträglichkeit weiterzuführen.

In diesem Band stehen die Aspekte einer praxisbezogenen Anwendung von Umweltvorsorge im Vordergrund. Die Ergebnisse der Beiträge haben gemeinsam das Ziel, einen geeigneten Weg zur Realisierung der Umweltverträglichkeitsprüfung (UVP) aufzuzeigen.

An dieser Stelle sei dem Leiter des Arbeitskreises, Herrn Prof. Dr. D. Marx, für seinen erfolgreichen und engagierten Einsatz, den Mitgliedern und Gästen des Arbeitskreises für die zügige Erarbeitung der Beiträge besonders gedankt.

Akademie für Raumforschung
und Landesplanung

INHALTSVERZEICHNIS

Ein weiterer Beitrag "Umweltschutz und Raumplanung in der Schweiz" von Willy A. Schmid, René Ch. Schilter und Heinz Trachsler ist ergänzend zum Forschungs- und Sitzungsbericht in der ARL-Reihe "Beiträge" als Band 97 erschienen.

Einführung

von
Detlef Marx, München

(1) Der für Umwelt und Naturschutz zuständige Bundesminister hat am 20.8.1986 erklärt: "Der Schutz der Umwelt und die Sicherung und Erhaltung unserer natürlichen Lebensgrundlagen ist eine der wichtigsten Aufgaben unserer Zeit. Es gilt, das auf uns überkommene Naturerbe auch in einer modernen Gesellschaft zu bewahren und zukünftigen Generationen weiterzugeben"[1)*)].

Es geht also nicht mehr um das Ob[2)], sondern vornehmlich um die Frage, wie man die natürlichen Lebensgrundlagen sichert und erhält. Denn: "Mit dem Bewußtsein von der Endlichkeit aller irdischen Güter erwachte auch die Erkenntnis von der Unzulänglichkeit der bisherigen Praxis des Wegschiebens und Verteilens der Rückstände menschlichen Lebens und Wirtschaftens über Kanäle, Schornsteine und auch Müllkippen. Die bisher überwiegend sektorale und punktuelle Gefahrenabwehr wurde abgelöst durch systematische, ganzheitliche bzw. ökologische Handlungsweisen. Vom nachsorgenden Passivschutz dringt man allmählich in der ökologischen Prioritätenfolge vor zur Minderung der Umweltbelastung an der Quelle und von dort zur ersten Priorität der Vorsorge durch Vermeidung der Umweltbelastung. Die hoheitliche Pflicht der Daseinsvorsorge für die jetzt Lebenden wurde und wird erweitert um die Erhaltung der Umwelt künftiger Generationen (Nachweltschutz) und um den Schutz der Natur auch um ihrer selbst willen (Mitweltschutz)"[3)].

In insgesamt 7 Sitzungen haben sich die Mitglieder des Arbeitskreises "Wechselseitige Beeinflussung der Grundsätze, Ziele und Erkenntnisse von Raumordnung und Umweltschutz" um Antworten bemüht, wie der Schutz der natürlichen Lebensgrundlagen nach dem Vorsorgeprinzip sinnvoll gestaltet werden kann. Oder etwas anders formuliert: Wie kann man rationell eine human- und bio-ökologisch orientierte Raumordnungspolitik betreiben, d.h., wie sieht Sicherung und Erhaltung der natürlichen Lebensgrundlagen unter den gegenwärtigen gesellschaftlichen Bedingungen bei konkreten Entscheidungen aus.

Alle Autoren sind sich darüber im klaren, daß sie keine "endgültigen", sondern fortschreibungsbedürftige Daten und Erkenntnisse vorlegen.

---

*) Die Anmerkungen befinden sich am Schluß des Beitrages.

(2) Die im Rahmen dieses Bandes vorgetragenen Überlegungen und Erkenntnisse basieren auf folgenden Vorstellungen:

- Größere Investitionen sollen umwelt- und raumverträglich, sozialverträglich und wirtschaftlich sein. Nahezu jeder versteht dabei unter diesem "magischen Ziel-Viereck" etwas anderes. Die Autoren dieses Bandes glauben, Wege aufzeigen zu können, wie man Investitionsprojekte beurteilen muß, um ihre Umwelt- und Raumverträglichkeit feststellen zu können. (In dem Beitrag von Marx wird auch ein erster Versuch unternommen, die Sozialverträglichkeit von Investitionsobjekten zu definieren.) Wirtschaftlich kann nach Ansicht aller Autoren nur ein Investitionsobjekt sein, bei dem ein Überschuß gegenüber allen Kosten der Errichtung der Anlage, des Produktionsprozesses und des Abbruchs der Anlage entsteht. In den Kosten müssen also auch die sozialen Zusatzkosten der Umweltbelastung bzw. der Vermeidung von Umweltbelastungen enthalten sein.

- Die für unser Wirtschaftssystem typische soziale Marktwirtschaft bedarf der Ergänzung bzw. Erweiterung um human- und bioökologische Gesichtspunkte. So wie die frühen Formen von Marktwirtschaft durch die soziale Komponente "entschärft" und damit menschlich erträglich wurden, gilt es nach den Lernprozessen, die weltweit, insbesondere in den letzten 25 Jahren, durchgemacht werden mußten, in das gesellschaftliche und wirtschaftliche System unseres Staates Schutznormen für die Natur einzubauen, die nicht nur anthropozentrisch, also human-ökologisch, orientiert sind, sondern Flora und Fauna einen ungeschmälerten Lebensanspruch um ihrer selbst willen zubilligen.

  Unser Gesellschafts- und Wirtschaftssystem soll also nicht nur sozialverträglich, sondern auch umweltverträglich sein, d.h. im Einklang mit den unterschiedlichsten Ausprägungen der vorgefundenen Natur.

- Ökonomisch formuliert: Die Kosten der Produktion sind nicht nur vollständig zu internalisieren, um soziale Zusatzkosten bei Dritten zu vermeiden; es dürfen (oder sollten!) auch keine ökologischen Zusatzkosten in Form von Verschlechterungen der Luft, des Wassers, des Bodens, der Flora und Fauna oder durch eine nachhaltige Störung des Landschaftsbildes entstehen.

- Ein sozial und ökologisch orientiertes Gesellschafts- bzw. Wirtschaftssystem kann sich nicht nur an allgemeinen Grundsätzen orientieren, es bedarf vielmehr konkreter, nachprüfbarer Normen oder "Meßlatten", um einerseits festzustellen, was ökologische Zusatzkosten sind und um andererseits ermitteln zu können, wo die Grenze zwischen noch vertretbaren und nicht mehr vertretbaren Belastungen liegt.

(3) Die Verfasser der folgenden Beiträge sind sich über die Problematik von Richtwerten und gesetzlich festgelegten Grenzwerten im klaren. Sie wissen, daß Umweltschutz nicht von der Seite der Grenzwerte her aufgezogen werden kann. Auch den Autoren ist bewußt, daß es darum geht, die Ursachen der Umweltbelastung und der Umweltzerstörung zu beseitigen. Konkret heißt das Verminderung der Belastungen bei den Immissionen durch Reduktion der Emissionen, d.h. zugleich auch Minderung des Landschaftsverbrauchs nach Kriterien, wie sie im folgenden dargelegt werden. Alle Autoren vertreten die Maxime, die Belastung und den Landverbrauch so stark zu reduzieren, wie das überhaupt nur möglich ist. Sie halten ein Verfahren für falsch, das prüft, wieviel die Natur gerade noch erträgt, denn wir wissen gar nicht, was die Natur überhaupt verträgt[4].

Die Entwicklung der letzten Jahre hat gezeigt, daß die Vorstellung falsch ist, man könne einen relativ starren Rahmen für den Umweltschutz, z.B. durch die Festlegung von Immissionsgrenzwerten, vorgeben, in dem man sich, ohne Nachteile für die Umwelt befürchten zu müssen, über längere Zeit hinaus relativ frei bewegen kann. So zeigt die Erfahrung, daß die Festlegung eines Immissionsgrenzwertes für SO_2 die Versäuerung unserer Böden und Gewässer zum Teil in weit von den Emittenten entfernten Gebieten und die daraus resultierenden Umweltschäden ebensowenig hat verhindern können wie Korrosionsschäden und die Schäden an kulturhistorisch wertvollen und bedeutsamen Bauwerken. Die Ursachen sind offenkundig: Über die Zusammenhänge zwischen Emissionen, atmosphärischen Prozessen, Immissionen sowie den Wirkungen auf das Ökosystem, einschließlich der Wirkungen auf den Menschen, wissen wir zu wenig. Wir wissen zu wenig, um für den Umweltschutz einen festen Rahmen zimmern zu können. Es ist offensichtlich, daß auf Grund dieser Erkenntnis das Vorsorgeprinzip größere Bedeutung hat, als man bisher meinte. Trotz dieser Problematik, die in den einzelnen Beiträgen detailliert dargestellt wird, erscheint es unabdingbar notwendig, Richtwerte in die theoretische und praktische Planung einzubringen, wobei davon ausgegangen wird, daß derartige Werte in regelmäßigen Abständen fortzuschreiben sind. Obwohl alle Autoren wissen, daß es nicht möglich ist - wie bereits erwähnt -, für den Umweltschutz einen festen Rahmen festlegen zu können, sind unseres Erachtens Richtwerte unverzichtbarer Bestandteil von Umweltverträglichkeitsprüfungen und zugleich unabdingbares Element einer auch bio-ökologisch orientierten Raumordnung und Landesplanung. In der Praxis vor Ort muß deswegen zwischen der Scylla des möglichst extensiv auszulegenden Vorsorgeprinzips und der Charybdis der wissenschaftlich anerkannten Richtwerte bzw. gesetzlich festgelegten Grenzwerte eine Entscheidung getroffen werden, die mehr als bisher dem Schutz der natürlichen Lebensgrundlagen dient.

Dabei muß mit Nachdruck betont werden, daß auch die Einhaltung von temporär gültigen Emmissionswerten nicht verhindern kann, "daß die Zahl der Emmissionsquellen und damit die Menge der Stoffeinträge zunimmt und sich somit die Qualität von Luft, Wasser und Boden verschlechtert"[5].

(4) Die Autoren dieses Bandes sind sich auch dessen bewußt, daß sie auf die Fragen:

- was war (bzw. was hat zur heutigen Lage geführt),
- was ist und
- was soll sein

weder vollständige noch endgültige Antworten geben können. Sie sind aber andererseits der Überzeugung, daß nach rund einem Jahrzehnt der Diskussion über die ökologischen Bestandteile der Raumordnungspolitik[6)] es dringend geboten ist, erste Schritte zu tun, d.h., die Konzeption einer ökologieorientierten Raumordnungspolitik inhaltlich weiter aufzufüllen.

(5) Alle Autoren dieses Bandes begrüßen die staatlicherseits formulierten konzeptionellen Ziele und die 1986 erfolgte Auswahl der vorgesehenen Schwerpunktbereiche[7)]. Sie hoffen, daß Legislative und Exekutive die erforderliche Kraft aufbringen, die vom 10. Deutschen Bundestag als dringend bezeichneten Aufgaben zum Schutz der natürlichen Lebensgrundlagen in der Arbeitszeit des 11. Deutschen Bundestages einer guten Lösung zuzuführen.

(6) Bei interdisziplinären Diskussionen gibt es häufig (vermeidbare) Mißverständnisse durch unterschiedliche Inhalte für gleiche Begriffe. Um diese Mißverständnisse auszuschließen, haben sich alle Autoren auf gleiche Begriffe mit gleichem Inhalt geeinigt. Um das Verständnis der einzelnen Beiträge zu erleichtern, wurden in einer Übersicht die Definitionen der häufigsten Begriffe zusammengestellt (s. S. 7 ff.).

(7) Alle Autoren dieses Bandes hoffen, einen Beitrag zur Sicherung und Erhaltung unserer natürlichen Lebensgrundlagen geliefert zu haben. Sie sind für Anregungen und Kritik zur Fortschreibung der hier wiedergegebenen Erkenntnisse dankbar.

Anmerkungen

1) Wallmann, W.: Kooperation mit Nachbarländern zum Schutz des Wattenmeeres. In: Bulletin des Presse- und Informationsamtes der Bundesregierung vom 27.8.1986, S. 798.

2) Vgl. hierzu Sommer, Th.: Jenseits von Pendelschwung und Wellenschlag/vom Wertewandel in unserer Zeit. In: Die Zeit, 41. Jahrg. 1986 (Nr. 2, S. 1). Am 5.6.1986 schrieb die FAZ: "Eine Veränderung des Denkens ist in Gang gekommen, in einer Schnelligkeit, die niemand für möglich gehalten hatte. Umweltschutz hat seine Spaltkraft nahezu ganz verloren und wurde zu dem, was es eigentlich, der Sache nach, auch ist: zu einer Angelegenheit konservativer, auf Erhaltung von Werten zielender Gesinnung "..." er (der Mensch - D.M.) tut das, was nötig ist. Der Umweltschutz zählt nunmehr gesichert dazu."

3) Lersner, v.H.: Kreise schützen die Umwelt. In: der Landkreis, Jg. 1986, H. 7, S. 309.

4) Bei der Umweltverträglichkeitsprüfung (UVP) sind genau wie bei der Materialprüfung - z.B. der Prüfung der Belastbarkeit eines Seiles der Seilbahn - hohe Sicherheitsfaktoren (-abstände) vorzusehen.

5) Bundestagsdrucksache 10/6028: Leitlinien der Bundesregierung zur Umweltvorsorge durch Vermeidung und stufenweise Verminderung von Schadstoffen (Leitlinien Umweltvorsorge) v. 19.9.1986, S. 8.

6) Vgl. hierzu: Grosch, Peter; Mühlinghaus, Rainer; Stilleger, Heinrich: Entwicklung eines ökologisch-ökonomischen Bewertungsinstrumentariums für die Mehrfachnutzung von Landschaften. Teil 1, ARL, Beiträge Bd. 20, Hannover 1978. - Die ökologische Orientierung der Raumplanung (17. Wiss. Plenarsitzung Saarbrücken), ARL, FuS Bd. 131, Hannover 1979. - Verfahren zur Modellierung ökologischer Systeme. Ein Beitrag zur Verbesserung ökologischer Voraussagen, ARL, Beiträge Bd. 69, Hannover 1983. - Umweltplanung und ihre Weiterentwicklung, ARL, Beiträge Bd. 73, Hannover 1983. - Umweltvorsorge durch Raumordnung (22. Wiss. Plenarsitzung Wiesbaden), ARL, FuS Bd. 158, Hannover 1984. - Funktionsräumliche Arbeitsteilung und ausgeglichene Funktionsräume in Nordrhein-Westfalen, ARL, FuS Bd. 163, Hannover 1985. - Umweltverträglichkeitsprüfung im Raumordnungsverfahren - verfahrensrechtliche und inhaltliche Anforderungen, ARL, Arbeitsmaterial Nr. 122, Hannover 1986.

7) Vgl. Leitlinien Umweltvorsorge, BT-Drucksache 10/6028 v. 19.9.1986.

Gemeinsam festgelegte Begriffe

1. Raumordnung = zusammenfassende überörtliche und überfachliche Planung zur Ordnung und Entwicklung des Raumes (sinngemäß: "raumordnerische Pläne").

2. Landesplanung = Raumordnung für den Bereich des Landes.

3. Regionalplanung = Landesplanung für Teilräume eines Landes (Regionen), insbesondere Aufstellung zusammenfassender überörtlicher und überfachlicher Pläne, die den Grundsätzen und Zielen der Raumordnung und Landesplanung folgen.

4. Räumliche Planung (Raumplanung) = Aufstellung von Plänen, die zusammenfassend überörtlich und überfachlich den Grundsätzen und Zielen der Landes- bzw. Regionalplanung folgen bzw. sie beachten (z.B. Flächennutzungsplanung).

5. Umweltpolitik = Gesamtheit aller Maßnahmen, die darauf gerichtet sind, Existenz und Gesundheit des Menschen zu sichern, Boden, Wasser, Luft, Tier- und Pflanzenwelt vor nachteiligen Wirkungen anthropogener Eingriffe zu schützen und Schäden oder Nachteile aus anthropogenen Eingriffen zu verringern oder zu verhindern.

6. Ökologische Planung = Aufstellung von Plänen, die, human-, tier- und pflanzenökologische Gesichtspunkte zusammenfassend, auf eine Minderung und Beseitigung schädigender Einflüsse auf die natürlichen Lebensgrundlagen von Mensch, Tier und Pflanze ausgerichtet sind. (Dabei ist zu unterscheiden: die reale, natürliche Flora und Fauna eines Naturraumes von der potentiellen natürlichen Flora und Fauna dieses Raumes: d.h. die heute vorhandene, reale natürliche Vegetation). (Diese letzte Unterscheidung ist für das Verständnis des Beitrages von Koschwitz et al. notwendig).

7. Ökologische Funktionsräume = Räume unterschiedlicher Dimension mit bestimmten ökologischen Begabungen/Potentialen, wie z.B. Wasserschon- bzw. - schutzgebiet, Naturschutzgebiet (= Biotop- und Artenschutz), Kaltluftentstehungsgebiet und -schneise, Immissionsschutzbereich, Erosionsschutzbereich ect. Zum Teil werden diese ökologischen Leistungen bereits heute real erbracht, zum Teil müssen diese ökologischen Leistungsfähigkeiten planerisch erst entwickelt werden. Zu einem ökologischen Funktionsraum als Bestandteil eines Planungskonzeptes wird ein Raum mit einer bestimmten ökologischen Begabung erst dadurch, daß ihm von der Regionalplanung diese Funktion zugewiesen wird und die weiteren Planungs- und Entwicklungsziele darauf abgestellt werden.

8. Umweltqualitätsziele (Umweltstandards) = zusammenfassender Begriff für Ziele des Umweltschutzes, also Vorstellungen über eine anzustrebende Qualität der Umwelt oder einzelner Umweltmedien. Umweltqualitätsziele sind häufig emissionsbezogene Ziele einer definierten Qualität der Umwelt bzw. Teilen davon. Sie werden in der Regel bestimmt durch quantifizierte Standards. Quantifizierte Umweltstandards können sein:

- Emissionsstandards (z.B. max. Luftemissionswert von 400 mg/m^3 Schwefeldioxid nach § 6 Abs. 1 der Großfeuerungsanlagenverordnung)
- Immissionsstandards (z.B. Immissionswerte nach TA Luft, Gewässergüteklasse II)
- räumliche Schutzzuweisungen (z.B. Ausweisungen von Naturschutzgebieten).

Zur Definition und Festlegung von Umweltstandards (nach Kloke)*)

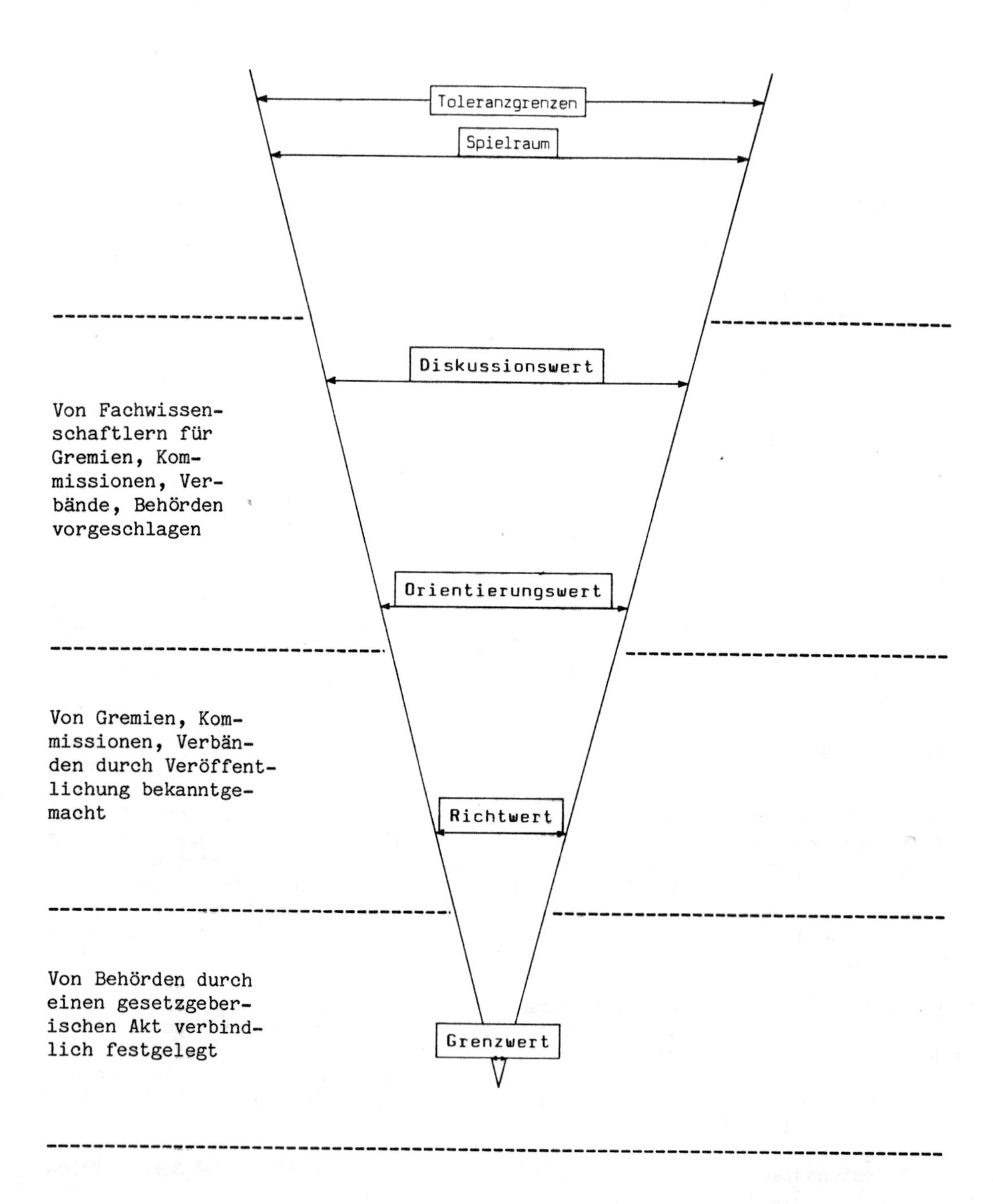

*) Die Werte müssen nicht toxikologisch begründet sein.

Deutlich sollte sein, daß es auch Umweltqualitätsziele gibt, die nicht emissionsbezogen und quantifizierbar sind, d.h., es gibt auch qualitative Umweltqualitätsziele, wie z.B. die Ausstattung eines bestimmten Raumes mit bestimmten Biotopen oder Biotop-Typen, landschaftsästhetische Aspekte oder auch die Erhaltung bestimmter Rote-Listen-Arten (durch Erhaltung ihrer Lebensräume).

Umweltstandards werden aufgezeigt in Diskussionswerten, empfohlen in Orientierungswerten, als im Regelfall einzuhalten festgelegt in Richtwerten, verbindlich festgelegt in Grenzwerten (vgl. hierzu die Abbildung "Zur Definition und Festlegung von Umweltstandards" nach Kloke).

Umweltstandards sind in der Regel quantifizierte Umweltqualitätsziele.

9. Diskussionswert = Umweltstandard, der noch in der wissenschaftlichen Diskussion ist und in die Raumplanung und/oder Umweltpolitik eingeführt werden soll.

10. Orientierungswert (Ökologischer Eckwert) = Sollwert = Vorgabe, die von einer Gruppe von (Fach-) Wissenschaftlern oder von einem rechtlich legitimierten Gremium von (Fach-) Wissenschaftlern getragen wird.

11. Richtwert = Vorgabe, die verbindlich festgelegt wird durch ein autorisiertes Gremium (z.B. regionaler Planungsverband, DIN-Ausschüsse, VDI-Kommissionen oder eine Behörde).

12. Grenzwert = Vorgabe, die durch Gesetz, Verordnung oder Verwaltungsvorschrift verbindlich festgelegt ist.

13. Orientierungs-, Richt- und Grenzwerte sind - wie bereits erwähnt - in der Regel quantifizierte Umweltqualitätsziele. Quantifizierte Umweltqualitätsziele sollten je nach Ziel oder Stoff nicht unter- bzw. nicht überschritten werden. Falsch wäre es, daraus abzuleiten, daß ein Auffüllen von beispielsweise eines niedrigen SO_2-Gehaltes der Luft (z.B. 20 mg/m^3) auf den Grenzwert der TA Luft (von 140 mg/m^3) als Umweltqualitätsverbesserung angesehen würde. Es ist verständlich, daß ein reduzierter Immissionsgrenzwert bei gleichbleibenden Rahmenbedingungen ohne Reduktion der Stoffemmission (Transmission, Immission, Deposition und Wirkung) nicht erreichbar ist.

14. Umweltindikator (Bioindikator) = quantitative oder qualitative Information von Umweltrelevanz (Größe zur Messung der Umweltqualität, z.B. im Rahmen von Biomonitoring). Umweltindikatoren bzw. Bioindikatoren dienen der Beschreibung des Ist-Zustandes, z.B.

- von Schwermetallgehalten in Böden
- von Schadgasgehalten in der Luft
- von Pflanzenarten und Pflanzengesellschaften in einem Ökosystem.

Wechselwirkungen zwischen Raumordnungspolitik und Umweltpolitik

von
Karl-Hermann Hübler, Berlin

Gliederung

1. Vorbemerkungen

Die Ursachen der auch von den Vertretern der Raumordnung nicht mehr bestrittenen Krise der räumlichen Planung[1] werden vielfältig beschrieben. Ist es die Legitimationsschwäche dieses Instrumentes staatlichen und kommunalen Planens oder die in der Bundesrepublik vorhandene relativ große Planungsdichte, oder sind es die aus den 40er/50er Jahren stammenden Ziele, Grundsätze und Instrumente und überhaupt das Planungsverständnis, die überholt erscheinen? Oder ist es die sich ab 1970 relativ eigenständig entwickelnde Umweltpolitik, die sowohl die Aufmerksamkeit der Öffentlichkeit und Politiker in den letzten Jahren auf sich gezogen hat und auch ständig im Sinne staatlicher Interventionen (und Planungen) gefordert ist und der räumlichen Planung auch dadurch den Rang abgelaufen hat?

Sicher werden eine Vielzahl von Ursachen zum Bedeutungsverlust der Aufgabe und der Institutionen der räumlichen Planung beigetragen haben. Auch deshalb erscheint es nützlich, darüber nachzudenken,

- ob die bisher geläufigen Ziele, Grundsätze und Instrumente der räumlichen Planung auch in den 90er Jahren voraussichtlich tauglich sind, die dann anstehenden Probleme zu lösen, und

- ob es überhaupt noch eines aufwendigen Apparates der räumlichen Planung bedarf oder ob die dann zu lösenden Aufgaben im Rahmen anderer rechtlicher und institutioneller Strukturen mit erledigt werden können?

Der Arbeitskreis "Wechselseitige Verflechtungen der Grundsätze, Ziele und Erkenntnisse von Umweltschutz und Raumordnung" hat seine Arbeiten bewußt auf eine Erfassung der Verflechtungen der beiden genannten Politikbereiche beschränkt. Der Verfasser dieses Beitrages vertritt dessenungeachtet die Auffassung, daß für die Zukunft eine Verbesserung des Stellenwertes der räumlichen Planung in der Bundesrepublik vor allem dann erreichbar ist, wenn diese die durch die Umweltpolitik induzierten Herausforderungen an die räumliche Planung annimmt, zugleich aber implizit die Auswirkungen, die sich aus veränderten Werthaltungen und ökonomischen und sozialen Änderungen ergeben, überprüft und ihr Denksystem und Planungsverständnis und auch Ziele, Grundsätze und Instrumente entsprechend modifiziert. Anders formuliert: die Anforderungen der Umweltpolitik können nur als ein Signal oder ein Anstoß verstanden werden, daß Reformen des Selbstverständnisses, der Ziele und der Instrumente der räumlichen Planung in Gang gebracht werden. Die Bundesregierung sieht neuerdings auch die Notwendigkeit einer Novellierung des ROG: "Die Bundesregierung strebt eine weitergehende Überprüfung des Raumordnungsgesetzes auch unter umweltpolitischen Gesichtspunkten an." (ROB 86, S. 105): Sie verweist in dem Zusammenhang auf die Gesetzesinitiative des Bundesrates zur Novellierung des ROG (BR-Drs. 360/613), der sie zugestimmt hat (z.B. Aufnahme einer Bodenschutzklausel in die Grundsätze des § 2 Abs. 1 ROG). Ob sie allerdings an eine grundsätzliche Fortentwicklung denkt, bleibt offen. Aufbau, Inhalt und die fehlende kritische Selbsteinschätzung bisheriger Arbeitsergebnisse, über die im Raumordnungsbericht 1986 berichtet wird, geben Anlaß zu Zweifel.

Zwei Dinge erscheinen erforderlich: einmal die Erfordernisse, die sich aus den aktuellen Anforderungen der Umweltpolitik an die räumliche Planung ergeben, kurzfristig zu erfüllen. Gemeint ist damit die Anpassung der Instrumente, wie z.B. das Raumordnungsverfahren (ROV) und die Umweltverträglichkeitsprüfung (UVP) (vgl. auch Bunge, 1986), die Ausweisung von Wasserschongebieten, überhaupt die weitere Operationalisierung der Instrumente der Flächensicherung und Vorranggebietsfestlegungen. Die Dringlichkeit ergibt sich sowohl aus Gründen der Verabschiedung der EG-Richtlinie über die UVP (vom 27.6.1985, Dok. 85/337

EG[2,3] als auch aus Gründen der kurzfristig notwendigen Verbesserung der Wirksamkeit der Instrumente der räumlichen Planung.

Zum zweiten ist es dringlich, grundsätzliche Veränderungen der Ziele, Instrumente und damit auch des Selbstverständnisses über die räumliche Planung in die Wege zu leiten.

Da die zweite Aufgabe längere Zeit erfordern wird, erscheint eine intensive Diskussion dieser dringlich. Im nachfolgenden Beitrag wird der Versuch unternommen, zu diesem Komplex Anregungen - auch für weitere Forschungsarbeiten - zu vermitteln.

2. Zur Entwicklung der Politikbereiche Raumordnung und Umweltpolitik nach 1945 und das Verhältnis der beiden Politikbereiche zueinander

Die Bemühungen um eine bundesgesetzliche Regelung der Raumordnung gehen auf das Jahr 1950 zurück und fanden - auch nach schwierigen Auseinandersetzungen mit den Bundesländern - 1965 mit Erlaß des Raumordnungsgesetzes (ROG) vom 8.4.1965 (BGBl. I. S. 306) als Rahmengesetz nach Art. 75 GG ihren Abschluß[4].

Dieses Gesetz enthält eine Reihe von materiellen Vorschriften, die Umweltsachverhalte[5] im Rahmen der räumlichen Planung regeln sollen. Verwiesen wird auf den oft übersehenen § 1 Abs. 1 ROG, der die Ziele der Raumordnung enthält, und in dem u.a. vorgeschrieben ist, daß das Bundesgebiet in seiner allgemeinen räumlichen Struktur einer Entwicklung zuzuführen ist, die der freien Entfaltung der Persönlichkeit in der Gemeinschaft am besten dient. Dieses Ziel soll unter Beachtung der natürlichen Gegebenheiten sowie der wirtschaftlichen, sozialen und kulturellen Erfordernisse erreicht werden. Den Begriff "natürliche Gegebenheiten" könnte man moderner mit dem Begriff "Erfordernisse des Naturhaushaltes" oder "ökologische Erfordernisse" übersetzen. Schon die Einordnung dieses Begriffes in der Eingangsvorschrift des Gesetzes als Basis- oder Ausgangsnorm zeigt seine hervorragende Stellung im Verhältnis zu den wirtschaftlichen, sozialen und kulturellen Erfordernissen, die allerdings in der Planungspraxis bis heute noch keinesfalls im Abwägungsprozeß bei konkurrierenden Ansprüchen hinreichend umgesetzt sind (vgl. Hübler 1981).

Zu verweisen ist schließlich auf die medial orientierten Umweltgrundsätze des § 2 Abs. 1 (Schutz und Pflege der Landschaft, Sicherung der Wasserversorgung, Reinhaltung der Luft, Lärmschutz (Ziff. 7) sowie Freihaltung für Flächen zur land- und forstwirtschaftlichen Produktion (Ziff. 5)).

Wenn auch diese Formulierungen aus heutiger Sicht von den Begriffen her z.T. als überholt angesehen werden müssen, so ist die Berücksichtigung von Umwelterfordernissen für den damaligen Entstehungszeitraum, der mit Wiederaufbau und stürmischem Bevölkerungs- und Wirtschaftswachstum zu kennzeichnen ist, auch heute noch beachtlich. Diese Weitsicht ist vor allem auf die Interventionen der Interparlamentarischen Arbeitsgemeinschaft zurückzuführen, die bei den verschiedenen Gesetzentwürfen (z.B. BT-Drs. II/1956 und IV/472) zum ROG der Erhaltung der Umwelt besondere Bedeutung beimaß.

Die Bundesregierung ihrerseits zeigte bereits mit dem 1. Raumordnungsbericht, der dem Deutschen Bundestag 1963, also rd. 1 1/2 Jahre vor Erlaß des ROG, vorgelegt wurde (BT-Drs. IV/1492), daß der Erhaltung und Wiederherstellung der natürlichen Umwelt große Bedeutung beizumessen ist. Die Problemdarstellungen zur Versiegelung und Zersiedelung, zum Waldsterben und anderen Umweltbeeinträchtigungen können heute, rd. 23 Jahre danach, noch als aktuell bezeichnet werden.

So werden auch in den folgenden Raumordnungsberichten 1966 (BT-Drs. V/1155) und 1968 (BT-Drs. V/3958) die Bemühungen sichtbar, die isoliert und sektoral orientierten und überwiegend technokratisch ausgerichteten Fachpolitiken der Luft- und Wasserreinhaltung und der Abfallbeseitigung zu koordinieren und neue Perspektiven unter dem Oberbegriff "Verminderung der Belastungen der Landschaft" (ROB 1968) zu entwickeln (zur geschichtlichen Entwicklung der medial orientierten Umweltschutzpolitik vgl. Wey, 1982). Im gleichen Zeitraum befaßte sich auch der Beirat für Raumordnung in einer umfassenden Bestandsaufnahme mit den Umweltzerstörungen, was seinerzeit sowohl vom Methodischen als auch von der Datenlage her erhebliche Schwierigkeiten bereitete (vgl. die Empfehlung des Beirates: Die Belastbarkeit der Landschaft, abgedruckt im Raumordnungsbericht 1970, BT-Drs. VI/1340, S. 163-177). Er entwickelte Vorschläge für eine Vielzahl von durchzuführenden Maßnahmen. Hinzuweisen bleibt also auf den Sachverhalt, daß bereits vor der Institutionalisierung einer allgemeinen Umweltpolitik, für die als Zeitpunkt die Veröffentlichung des Sofortprogrammes für Umweltschutz (1970) oder das Umweltprogramm der Bundesregierung (1971) gelten kann, seitens der Raumordnung Konzepte entwickelt wurden, die über die mediale Sichtweise hinausgingen und ganzheitliche Aspekte zum Analyse- und Handlungsgegenstand machten (z.B. Naturhaushalt).

Schließlich muß in dem Zusammenhang daran erinnert werden, daß auch außerhalb der Legislative und Exekutive eine Reihe von Tätigkeiten in den 60er Jahren in Gang kamen, in denen auf die Zerstörung der natürlichen Ressourcen hingewiesen und auch Handlungsvorschläge erarbeitet wurden. In die Leistungsfähigkeit der sich gerade konstituierenden Raumordnung auf allen Ebenen wurden von diesen Gruppierungen und Institutionen große Hoffnungen gesetzt. Die von der Deutschen Gartenbau-Gesellschaft veranstalteten Mainauer Rundgespräche in den 60er Jahren, der Deutsche Gemeindetag, der Deutsche Forstwirtschaftsrat und die Vereinigung Deutscher Gewässerschutz haben bereits in den 60er Jahren die wesentlichen Ursachen der Umweltzerstörungen benannt und eine Reihe von Vorschlägen gemacht, die auch heute noch aktuell sind[6].

Wenngleich also im Konzeptionellen seitens der Raumordnung durchaus eine Vorreiterfunktion in den 60er Jahren für die Erhaltung der Umwelt festgestellt werden kann, so sah es in der Praxis anders aus. Umwelt wurde in einem bisher nicht bekannten Ausmaß zerstört, und die Träger der räumlichen Planung haben diesen Prozeß - von Ausnahmen abgesehen - durch Pläne und Programme und Einzelentscheidungen unterstützt und z.T. selbst veranlaßt, und dies u.a. deshalb, weil der Abwägungsrahmen der Raumordnung (§ 2 Abs. 2 ROG) in zu starkem Maße an kurzfristigen ökonomischen Erfordernissen orientiert war (vgl. Abschnitt 3 dieses Beitrages).

Mit der Bildung der sozialliberalen Koalition 1969 wird Umweltpolitik als ein eigenständiger Politikbereich konstituiert. Die Zuständigkeit für Luft- und Wasserreinhaltung, Abfallbeseitigung und Lärmbekämpfung wird vom damaligen Bundesgesundheitsministerium dem Bundesministerium des Innern übertragen, und die Zuständigkeit für die Raumordnung bleibt wegen der inhaltlichen Affinität zwischen beiden Politikbereichen (so eine Begründung während der Koalitionsverhandlungen) beim Bundesminister des Innern (bis 1973), obgleich ja die in der neuen Koalition vom Bundesbauministerium einzuleitende Städtebaupolitik ebenfalls ein Reformschwerpunkt war (vgl. dazu E. Müller 1986).

Im Umweltprogramm der Bundesregierung 1971 (BT-Drs. VI/2710) werden erstmals aus der Sicht der Umweltpolitik zusammenfassend auch die Aufgaben und Funktionen der räumlichen Planung definiert. Ihr wurde damals noch ein sehr hoher Stellenwert eingeräumt. Dies insbesondere deshalb, weil das Vorsorgeprinzip - neben dem Verursacher-, Gemeinlast- und Kooperationsprinzip - in der Umweltpolitik eine zentrale Stellung einnehmen sollte.

> Bereits in den Einführungen wird an herausgehobenen Stellen auf die Wichtigkeit der Planung hingewiesen: "Nach einer gründlichen Bestandsaufnahme der Umweltprobleme in unserem Lande legt die Bundesregierung ein Programm vor, das die für Umweltplanung und Umweltschutz erforderlichen Schritte zusammenfaßt." (S. 2).
> "Umweltschutz darf nicht nur auf bereits eingetretene Schäden reagieren, sondern muß durch Vorsorge und Planung verhindern, daß in Zukunft Schäden überhaupt Schäden entstehen." (S. 3)
>
> Im Programm selbst wird an mehreren Stellen die zentrale Bedeutung der Planung und auch der Raumordnung mehrfach hervorgehoben. Im Abschnitt Umweltplanung finden sich die folgenden Festlegungen:

"Nach ihrer Regierungserklärung gibt die Bundesregierung der systematischen Vorausschau und Planung, wie überhaupt, so auch im Umweltschutz größeres Gewicht als bisher; das wird Konsequenzen für öffentliche Hand und Wirtschaft haben. Der Raum und die Naturgrundlagen (Wasser, Luft, Grundstoffe, Boden) dürfen nur so weit in Anspruch genommen werden, daß auch kommende Generationen den größtmöglichen Nutzen haben werden. Kritischer als bisher werden öffentliche Hand und Wirtschaft ihre Investitionsentscheidungen überprüfen müssen, soweit sie neue Umweltbelastungen zur Folge haben." (S. 10)

Auf den Seiten 12 und 13 werden unter dem Abschnitt Infrastrukturpolitik/ Raumordnung umfassende Aussagen zum Verhältnis der beiden Politikbereiche zueinander gemacht, die aus Platzgründen hier im einzelnen nicht zitiert werden können.

Die zentralen Aussagen zu Beginn dieses Kapitels lauten:

"Umweltpolitik kann nach Überzeugung der Bundesregierung nur als Teil der gesamten Struktur- und Raumordnung Erfolg haben. Das bedeutet ein neues umweltbewußtes Verständnis der Raumordnung, insbesondere bei Verkehrs- und Infrastrukturausbau und der regionalen Wirtschaftspolitik und Agrarpolitik." (S. 12)

Im Verlauf der Vorbereitung dieses Umweltprogrammes wurde deutlich, daß die inhaltlichen Überschneidungen beider Politikbereiche relativ groß sind. Freilich wurde auch sichtbar, daß für beide Politikbereiche eigenständige Aufgaben verbleiben, die durch den jeweilig anderen Politikbereich nicht erfaßt werden konnten.

Die Umweltpolitik hat sich in der Folgezeit vor allem mit dem technischen Umweltschutz und den stofflichen Veränderungen (z.B. Chemikalien) befaßt, die als sektorale Aufgaben bezeichnet werden können. Der Naturschutz hat sich nach seinem eigenen Selbstverständnis in starkem Maße als Arten- und Biotopschutz verstanden und hat bis heute Mühe, sich als ein Bestandteil der Umweltpolitik zu begreifen. Die Institutionen der räumlichen Planung hingegen decken mit ihrem Koordinierungsanspruch nach § 4 Abs. 1 ROG und den einschlägigen landesrechtlichen Regelungen auch Aufgabenbereiche ab, die nach einer weiten Definition der Begriffe "Umwelt" und "Umweltpolitik" nicht unter diese zu subsumieren sind.

Obwohl die Regierungen seit 1971 mehrfach gewechselt haben, sind die o.g. Postulate später nirgendwo in Frage gestellt worden. Freilich wird auch aus der Perspektive von 1986 deutlich, daß diese Forderungen von einem "umweltbewußten Verständnis" der Raumordnung bis heute noch kaum realisiert sind.

Die Vorlage des Umweltprogrammes an den Deutschen Bundestag am 14.10.1971 und die damit einsetzende öffentliche Diskussion über diese Themen bedeutete eine Herausforderung für die staatlichen Institutionen der räumlichen Planung. Die Ministerkonferenz für Raumordnung (MKRO) bereitete eine Entschließung und eine Denkschrift zum Thema "Raumordnung und Umweltschutz" vor, die 1972 beschlossen und veröffentlicht wurde. Zugleich wurde der Versuch unternommen, die sich ständig erweiternden Anforderungen der Umweltpolitik, die durch das Interesse in der Öffentlichkeit unterstützt wurden, durch die Institutionen der räumlichen Planung "abzufangen". Die Ministerpräsidentenkonferenz faßte 1972 in Stuttgart einen Beschluß zum Thema "Koordinierung der Planungen des Bundes und der Länder auf dem Gebiet des Umweltschutzes" (der als Vorspann in der o.g. Denkschrift veröffentlicht wurde), der zweierlei zum Ziel hatte:

- Einmal die Ansprüche der Institutionen der räumlichen Planung als wichtige ressortübergreifende Querschnittsaufgabe, die mittlerweile auf allen Ebenen installiert war, zu festigen und

- die sich etablierende Umweltpolitik, die sich rasch ihre eigenen Institutionen aufbaute (Umweltministerkonferenz (UMK), Abteilungsleiterausschuß für Umweltfragen beim Bund, Sachverständigenrat für Umweltfragen, Umweltbundesamt usw.) und auch ressortübergreifende Querschnittsansprüche formulierte (Umweltpolitik zu koordinieren), "abzublocken" und auf den Status einer Sektoralpolitik zu verweisen.

Diese Strategie der Ministerpräsidenten-Konferenz ist zudem durch den Sachverhalt zu erklären, daß die Mehrheit der Länder die Dynamik des neuen Politikbereiches Umweltpolitik unterschätzte und durch die Aktivitäten des Bundes überrascht wurde (Dauer der Aufstellung des Bundesraumordnungsprogrammes 1969-1975; der Zeitaufwand ist insbesondere wegen der angestreben einvernehmlichen Aufstellung des Programmes mit den elf Bundesländern und dem Versuch einiger Länder zu erklären, den angestrebten Kompromiß durch das Aufstellen immer neuer Forderungen zu verzögern; Dauer der Aufstellung des Umweltprogrammes des Bundes ca. neun Monate), und der Bund zudem zahlreiche Verfassungsänderungen für den Umweltschutz beabsichtigte, die er dann auch teilweise in der ersten Hälfte der siebziger Jahre erreichte.

War die o.g. Denkschrift der MKRO in erster Linie der Versuch, die Ansprüche und Aufgaben der Institutionen der räumlichen Planung zu dokumentieren, so darf nicht übersehen weden, daß in ihr einige inhaltlich weiterführende Aussagen für die räumliche Planung gemacht wurden (die z.T. bis heute nicht implementiert wurden).

Die Entwicklung einer eigenständigen Umweltpolitik Anfang der siebziger Jahre ist auch im Zusammenhang mit den Arbeiten am Bundesraumordnungsprogramm zu beurteilen, die insbesondere durch den anhaltenden Widerstand einiger Bundesländer (z.B. Bayern) zu einer immer stärkeren "Ausdünnung" der 1969/1970 vom Bund vorgelegten ersten Konzepte führten (es sollte ja ein gemeinsames Programm von Bund und Ländern werden) und sich instrumentell schließlich auf ein vages Disparitätenausgleichsprogramm reduzierten (vgl. dazu auch K.-H. Hübler 1985). Die Chancen, die Umweltpolitik - soweit sie räumlich determiniert ist - inhaltlich in diesem BROP zu definieren und zu instrumentieren, wurden nicht genutzt, wenngleich in den Zielaussagen eine "ausgewogene" Formulierung zwischen Umweltbeeinträchtigungen und -erhaltung und den anderen Zielen aufgenommen wurde (die jedoch, wie zwischenzeitlich die Erfahrungen zeigen, Leerformeln geblieben sind).

Aber auch in der Umweltpolitik sind nach 1971 die Entwicklungen anders verlaufen als im Umweltprogramm formuliert. Standen in der ersten Hälfte der siebziger Jahre vor allem die Schaffung der rechtlichen Voraussetzungen für die Regelung der einzelnen Umweltmedien (Wasser, Luft, Abfall) im Vordergrund, so gelang es in dieser Zeit nicht, der Forderung nach einer zusammenfassenden übergreifenden Umweltpolitik und einem übergreifenden Umweltrecht zu entsprechen. Die mediale und punktuelle Regelung einzelner Umweltsachverhalte führte vor allem zu einer Strategie von Reparaturmaßnahmen mit der Folge der Verlagerung von Schäden (vom Wasser in den Boden, Klärschlammproblematik), die auch heute noch zentrales Aufgabenfeld der Umweltpolitik ist. Das Vorsorgeprinzip, das vor allem die Vermeidung von Umweltschäden zum Gegenstand hat, wird nach wie vor nur in Ausnahmefällen angewandt (zu den Schwierigkeiten vgl. Umweltbundesamt 1984).

Im Umweltprogramm 1971 war auch die Installierung einer Umweltplanung angekündigt, die in engem Zusammenhang mit der räumlichen Planung und der Strukturpolitik definiert wurde. Sie ist bis heute nicht eingerichtet (zu den Gründen vgl. im einzelnen K.-H. Hübler 1985; ferner H. Schlarmann, W. Erbgut 1982). Neuere Diskussionen darüber müssen derzeit als relativ akademisch eingeschätzt werden (z.B. R. Wahl 1983, M. Uppenbrink 1983, G. Wegener 1984), weil

- von Umweltschutzpraktikern die Nützlichkeit einer solchen umfassenden Planung bestritten wird (sie müßten ihre mit Mühe aufgebauten eigenständigen übersehbaren (sektoralen) Institutionen und Machtpositionen z.T. zur Disposition stellen);

- Politiker die Notwendigkeit einer solchen Planung in Frage stellen (Der niedersächsische Ministerpräsident hat sich auf einem CDU-Kongreß Anfang 1986 gegen eine "alle relevanten öffentlichen und privaten Bereiche umfassende Umweltschutzplanung" gewandt, weil solche Vorstellungen "den Rahmen des marktwirtschaftlichen Systems sprengen würden" (E. Albrecht 1986). Der Staatssekretär des ehemals für die Umweltpolitik zuständigen Bundesinnenministeriums, Kroppenstedt, hält die Festsetzung von Zielen für die Umweltpolitik, die expressis von den Vertretern der Wirtschaft verlangt wird, deswegen nicht für möglich, "da sie von nicht übersehbaren Entwicklungen (Stand der Technik, Erkenntnisse über Umweltgefahren) abhängen." (!) (1985) und

- auch in der Öffentlichkeit (z.B. bei Parteien, Verbänden, Bürgerinitiativen) die oder eine Umweltplanung (noch) nicht gefordert wird.

Bleibt schließlich auf ein spezifisches Instrument der Umweltpolitik zu verweisen, das umweltplanerische Elemente enthält. Gemeint ist die Landschaftsplanung nach § 5 ff. Bundesnaturschutzgesetz (vom 20.12.1976, BGBl. I S. 357, 1971, geändert durch Gesetz zur Berücksichtigung des Denkmalschutzes vom 1.6.1980, BGBl. I S. 649). Ihr Anspruch ist ebenfalls ressortübergreifend und planerisch orientiert (vgl. Hahn-Herse et al. 1984 sowie Inhalte und Verfahrensweisen der Landschaftsplanung, 1976). Gleichwohl hat auch dieses Instrument - nach rd. 10jähriger rechtlicher Fixierung - diesen Anspruch nicht einzulösen vermocht. Die Gründe hierfür sind vielfältig. Verwiesen wird auf die sehr unterschiedliche Ausformung dieses Instrumentes in den 11 Bundesländern (die nicht mehr mit den regional unterschiedlichen Gegebenheiten und unterschiedlichen Mehrheitsverhältnissen in den Landesparlamenten erklärt werden kann), das ungeklärte Verhältnis zur Bauleit- und Regionalplanung und die Tatsache, daß Landschaftsplanung im Landes- oder Bundesmaßstab nicht etabliert wurde. (Sieht man von der Ausnahme Berlin ab: dort wurde zwar parallel zur Fortschreibung des Flächennutzungsplanes der Entwurf eines Landschaftsprogrammes nach § 4 des Berliner Naturschutzgesetzes (vom 30.1.1979) aufgestellt. Bei den derzeitigen Abgleichungsdiskussionen - beide Planwerke weichen teilweise inhaltlich voneinander ab - zeichnet sich jedoch ab, daß die relevanten Sachverhalte über den Flächennutzungsplan entschieden und das Landschaftsprogramm eher Etikettencharakter erhält.) Dies führte dazu, daß sich Landschaftsplanung zunehmend als sektorale Fachplanung für den Natur- und Artenschutz begreift (K.-H. Hübler 1986a).

Wurde oben eine zurückhaltende Einschätzung darüber vorgenommen, ob und inwieweit derzeit Tendenzen zu beobachten sind, die Ideen oder Strategien für eine allgemeine Umweltplanung unterstützen könnten, so darf nicht verkannt werden, daß wegen der - trotz vielfältiger staatlicher und kommunaler Interventionen - weiter anhaltenden Umweltzerstörung, die neuerdings vor allem mit ökologischen Sachverhalten belegt wird (Aussterben von Tier- und Pflanzenarten, Waldsterben, Bodenkontaminationen), die Forderungen nach einer besser mit anderen Politikbereichen und in sich abgestimmten Umweltpolitik, die stärkere Berücksichtigung des Vorsorgeprinzips und eine längerfristigere Zielorientierung (statt hektischem Reparatur-Aktionismus) (BDJ, 1984, DGB, 1984) stärker werden und die bisher relativ geringe Effizienz der Umweltpolitik z.T. mit diesen Mängeln erklärt wird (Aktionsprogramm Ökologie, 1983).

Neben allgemeinen, sehr abstrakten Zielformulierungen zeichnet sich die amtliche Umweltdiskussion derzeit vor allem durch eine Instrumentendiskussion aus (vgl. Umwelt '85, BT-Drs. 10/4614 vom 2.1.1986 und einige einschlägige neuere Umweltberichte der Länder[7]), insbesondere im Zusammenhang mit Luftreinhaltepolitik (Zertifikate u.a.). Einer konkreten Zieldiskussion sind die Regierungen bisher ausgewichen; sie findet nur in Einzelfällen (medial bezogen) und außerhalb von Legislative und Exekutive statt. Eine bessere Abstimmung setzt dessenungeachtet zunächst die Festlegung von operationalen Zielen und/oder auch eines (ordnungspolitischen) Rahmens - seien sie allgemeiner Art oder seien sie konkret in Form von Umweltstandards, Umweltqualitätszielen - voraus. In Einzelbereichen des (reagierenden) Umweltschutzes sind solche Standards altbewährte Instrumente für staatliche Interventionen (z.B. Immissionsschutz, Wasserreinhaltung, Bodenschutz-Klärschlammverordnungen (vgl. hierzu auch Kloke, A., in diesem Band)) und auch Gegenstand heftiger wissenschaftlicher und interessenpolitischer Auseinandersetzungen.

Diese Zieldefizite scheinen neuerdings erkannt zu sein. Im Bundesministerium für Umwelt, Naturschutz und Reaktorsicherheit ist eine neue Planungsgruppe eingerichtet worden, die Ziele der Umweltpolitik bis zum Jahr 2000 formulieren soll.

Wenn also die Anforderungen an die Leistungsfähigkeit der Umweltpolitik gesteigert werden soll - und alles deutet darauf hin -, so ist es zwangsläufig, daß die planerisch-programmatischen Elemente der Umweltpolitik maßgeblich verbessert (und auch die Vollzugsdefizite weiter verringert) werden müssen. Und dies wird auch zu einer besseren Koordination der Umweltpolitik in sich, aber auch mit anderen staatlichen und kommunalen Aufgabenbereichen, einer stärkeren Koordination der Ziele und Normen, insbesondere aber auch im Hinblick auf ihre Auswirkungen auf Menschen, Tiere, Pflanzen, Boden, Wasser u. dgl. führen müssen (Systemzusammenhänge). Zugleich werden Ziele und Standards anderer Bereiche, seien sie allgemeiner oder rahmensetzender Art, wie sie im Gesetz zur Förderung der Stabilität und des Wachstums der Wirtschaft (Stabilitätsgesetz) vom 8.6.1967 oder im ROG normiert sind, oder seien sie spezifischer Art, wie sie in der Baunutzungsverordnung, in DIN-Normen oder in Verwendungsrichtlinien für den Einsatz öffentlicher Mittel (Straßenbau, Agrarpolitik, Förderung des Baus von Sportstätten u.a.) vorliegen, auf ihre Umweltverträglichkeit überprüft und gegebenenfalls modifiziert werden müssen.

Aus der sehr zusammengefaßten Darstellung einiger ausgewählter Defizite heutiger Umweltpolitik wird deutlich, daß eine längerfristige Umweltplanung oder -programmierung auf den verschiedenen Entscheidungsebenen unabdingbar ist und voraussichtlich auch trotz der o.g. Argumente demnächst in die öffentliche Diskussion kommen wird. Dies insbesondere dann, wenn staatliche Planung eher prozeßhaft (und nicht auf die Fertigstellung eines Jahrhundertplanes) verstanden und rahmensetzend (insbesondere um die individuellen und unternehmerischen Aktivitäten zu mobilisieren) wirken soll. Da die Mehrzahl der Sachverhalte, die in einer solchen Planung und Programmierung zu regeln sind und über die zu entscheiden ist, raumwirksam sind, ergibt sich die Frage, ob sich die Institutionen der räumlichen Planung an die Spitze einer solchen Diskussion zur Umweltplanung und -programmierung stellen sollen und können? Diese Frage kann dann bejaht werden, wenn es den Institutionen der räumlichen Planung gelingt, ihre Ziele und Grundsätze und Instrumente zu verändern. Dies böte auch die Möglichkeit, einen Teil des verlorengegangenen Einflusses über raumrelevante Entscheidungen zurückzugewinnen. Die rechtliche Legitimation läßt sich aus den §§ 3 Abs. 1 u. 2 und 4 Abs. 1 u. 2 ROG ableiten. Und institutionell läßt sich diese positive Antwort damit begründen, daß die Institutionen der Raumplanung seit rd. 20 Jahren flächendeckend etabliert sind und ihre Aufgaben seit jeher vor allem planerisch programmatisch ausgerichtet sind. Ob die Institutionen der räumlichen Planung derzeit jedoch das gesellschaftliche Vertrauen haben, maßgeblich an einer solchen (Umwelt-)Planung und Programmierung mitzuwirken, kann hier nicht geklärt werden. Zweifel werden deshalb angemeldet, weil die Institutionen der räumlichen Planung in der Vergangenheit trotz hehrer Umweltziele über eine Vielzahl von Umweltzerstörungen mit der Begründung der "objektiven Abwägung" positiv entschieden haben (erinnert wird an eine Vielzahl von infrastrukturellen Großvorhaben der letzten Jahre, z.B. Bundesverkehrswegeplan, Rhein-Main-Donau-Kanal, Startbahn West - Frankfurt/M., Flurbereinigungsverfahren, Großkraftwerke und Hochspannungsleitungen). Und dort, wo sie - in Einzelfällen - im Rahmen ihres Abwägungsauftrages gegen solche Programme oder Vorhaben interveniert haben, gaben meist andere Gründe (als die der Erhaltung der Umwelt) den Ausschlag für solche Entscheidungen. Auch wurde im Regelfall nicht über das "ob" eines solchen Programmes oder Projektes entschieden, sondern nur über das "wo".

3. Umweltpolitische Defizite in der räumlichen Planung und deren Ursachen

Eine umfassende Evaluierung sowohl der Ergebnisse der Raumordnungspolitik als auch der Umweltpolitik fehlt sowohl im Maßstab der Bundesrepublik als auch bei den Ländern (vgl. zusammenfassend für die Umweltpolitik K.-H. Hübler 1984, G. Leidig 1983; G. Kittelmann, K.-H. Hübler, 1984, für die Raumordnungspolitik). Dessenungeachtet kann von der Annahme ausgegangen werden, daß die im ROG postulierten Umweltziele sowie die 1971 im Umweltprogramm der Bundesregierung und auch von den Ländern formulierten Ziele zur Erhaltung der Umwelt nicht erreicht wurden, weil sich die allgemeinen Umweltbedingungen in der Bundesrepublik trotz intensiver staatlicher, kommunaler und privater Anstrengungen nicht verbessert, sondern insgesamt verschlechtert haben, wenngleich in einigen Teilbereichen (z.B. Reduzierung der Staubemissionen, Verbesserung der Wasserqualität in einigen Flüssen) Verbesserungen feststellbar sind. Der Landschaftsverbrauch hält unvermindert an (vgl. beispielhaft Tesdorpf 1984, Bölsche 1983, Baulandbericht 1986, Koch-Vahrenholt 1983). Die Bundesregierung erwartet, daß "die Belastungen für den Boden insbesondere in diesen Räumen auch künftig noch zunehmen" werden (durch Flächeninanspruchnahme und Intensivierung der landwirtschaftlichen Nutzungen), Raumordnungsbericht 1986, S. 103)). Der Prozeß des Aussterbens von Tier- und Pflanzenarten beschleunigt sich in seiner Geschwindigkeit, Schwermetalleinträge in den Boden haben stellenweise kritische Grenzen erreicht, die Nitrateinträge ins Grundwasser lassen langfristig Engpässe auch bei der Trinkwasserversorgung erwarten usw. (vgl. auch die vom Umweltbundesamt 1984 herausgegebenen Daten zur Umwelt und das Aktionsprogramm Ökologie, 1983).

Vielerorts werden neuerdings hohe Erwartungen an die Wirkung der kürzlich in Kraft getretenen verschärften Bestimmungen vor allem zum Immissionsschutz (TA Luft, Großfeuerungsanlagenverordnung u.a.) gestellt; ob diese erfüllt werden können, soll hier nicht weiter erörtert werden. Ob damit die Umweltpolitik insgesamt wirksamer wird, muß deshalb bezweifelt werden, weil in anderen Verursacherbereichen (z.B. Chemikalien, Landwirtschaft, Verkehr) sich der Prozeß der nachhaltigen Umweltzerstörung beschleunigt, wie die Beispiele am Jahresende 1986 belegen (Chemieunfälle am Rhein u.a.).

Die Beantwortung der Frage nach den Ursachen dieser Diskrepanz zwischen den Zielen und den Ergebnissen der Politik kann in verschiedener Weise erfolgen. Drei plausible Vorgehensweisen werden genannt:

- Die Ziele sind ungeeignet und haben sich im Verlauf des Implementationszeitraumes als nicht tauglich erwiesen;
- die Maßnahmen waren nicht geeignet, die Ziele zu realisieren oder
- das gesamte System (Ziele, Maßnahmen, Vollzug) ist ungeeignet, die Probleme zu lösen.

Lassen wir die letztgenannte Hypothese außer Betracht (auch deshalb, weil in anderen Systemen eine stringente Lösung zur Verminderung der Umweltschädigungen in der Praxis offensichtlich auch nicht sichtbar ist, vgl. beispielhaft K.-H. Hübler 1986b), so erscheint es in diesem Zusammenhang zweckmäßig, die Frage zu beantworten, ob die Ziele und Instrumente der räumlichen Planung in der Bundesrepublik Deutschland geeignet sind, die im Rahmen ihrer derzeit festgelegten Kompetenzen (ressortübergreifende Querschnittsaufgabe) maßgeblichen Beiträge zur Erhaltung, Sicherung und Wiederherstellung der Umwelt zu leisten? Die Mehrzahl der Raumplaner bejaht diese Frage unter Hinweis auf die rechtliche Situation, auf Programme und Pläne und Erfolge bei der Flächensicherung für den Naturschutz. Sie verweisen zudem auf ausgewählte Einzelfälle, wo positive Entscheidungen zum Schutz der natürlichen Ressourcen getroffen würden. Und dennoch haben sich die Umweltbedingungen immer weiter verschlechtert. Die uneingeschränkte Bejahung der Frage ist deshalb in Zweifel zu ziehen, weil der Ansatz der Raumordnung offensichtlich nicht mehr geeignet ist, die heutigen und zukünftigen Probleme zu lösen.

Die Ziele und Grundsätze der Raumordnung sind noch in starkem Maße mit den Denk- und Wertvorstellungen der 50er und 60er Jahre verknüpft. Maßgebliche Anregungen für die inhaltliche Gestaltung des ROG und der Landesplanungsgesetze gingen vom SARO-Gutachten (1961) aus. Der Stadt-Land-Gegensatz, der die Raumplaner schon in den 30er Jahren in starkem Maße beschäftigte und der durch das schnelle Wachstum der Verdichtungsgebiete in den 50er und 60er Jahren planerische Problemlösungen erforderte, führte dazu, daß sich die Raumplanung vor allem mit der Lösung dieses Problems schwerpunktmäßig befaßte und bis heute befaßt (vgl. beispielhaft: Programmatische Schwerpunkte der Raumordnung, BT-Drs. 10/3146 vom 3.4.1985). Die Befassung mit diesem Stadt-Land-Gegensatz ist - etwa alle 10 Jahre - mit einem neuen Schlagwort versehen worden, wie Disparitätenausgleich (in den 70er Jahren), Mobilisierung des endogenen Entwicklungspotentials in "zurückgebliebenen Regionen" (in den 80er Jahren). Unabhängig davon ist der Stadt-Land-Gegensatz eine Hauptaufgabe der räumlichen Planung geblieben. Neuerdings werden offensichtlich auch politische Argumente des Bundes wegen seiner raumordnungspolitischen Enthaltsamkeit in den Verdichtungsgebieten ins Feld geführt (so Bundesminister Schneider bei der Vorstellung des Raumordnungsberichtes 1986 vor der Presse).

Eine solche Sichtweise berücksichtigt zu wenig, daß

- sowohl beachtliche Wertverschiebungen, die sich in weiten Teilen der Gesellschaft vollzogen haben (vgl. Hübler 1986c), als auch
- die Veränderungen der sozialen und ökonomischen Rahmenbedingungen und die Grenzen der Belastbarkeit der Umwelt (oder der Ökosysteme)

das Aufgabenfeld der Raumordnungspolitik stark verändert haben. Die Aufgabe der Raumordnungspolitik wird nach wie vor darin gesehen, diesen o.g. Gegensatz durch Induzierung zusätzlichen wirtschaftlichen Wachstums in den zurückgebliebenen ländlichen Gebieten zu lösen. Weder gab oder gibt es ernsthafte raumplanerische Versuche, das industrielle Wachstum in den expandierenden Verdichtungsgebieten (Rhein-Main, Stuttgart, München) zu stoppen und auf andere Gebiete umzuleiten, noch hat sich die räumliche Planung bisher konzeptionell und instrumentell mit Problemlösungen alter Industriegebiete - sieht man von Einzelmaßnahmen ab - befaßt. Auch Entscheidungen über die Qualität des wirtschaftlichem Wachstums, also auch eines umweltverträglichen Wirtschaftswachstums, wurden allenfalls verbal angesprochen, aber nicht in konkrete planerische Entscheidungen umgesetzt. Diese Aussagen bedürfen zwar insofern einer Einschränkung, als in verbalen Aussagen der Stellenwert umweltpolitischer Erfordernisse gestiegen ist. Umwelt- und Naturschutz ist aber nach wie vor noch nur eine staatliche Aufgabe neben anderen; die Aufgaben werden additiv neben andere gestellt und wenig wirksam instrumentiert (z.B. in Form der Vorranggebiete). Und dem Einwand mancher Raumordner, daß Konzepte eines umweltverträglichen Wachstums nicht operationalisierbar und umsetzbar seien, läßt sich entgegenhalten, daß ernsthafte konzeptionelle Versuche bisher nicht unternommen wurden (z.B. Energieversorgung, Landwirtschaft).

Dies wird auch im Selbstverständnis der Raumplanung auf den verschiedenen Ebenen deutlich, das in der nachfolgenden Übersicht zusammenfassend skizziert wird.

Die "Ökonomisierung" raumplanerischer Ziele und Strategien seit den 60er Jahren hat zu einer scheinbaren ökonomischen Rationalität auch bei der Erklärung von raum- und siedlungsstrukturellen Zusammenhängen geführt. Ökonomen und Juristen leiten derzeit die Institutionen der räumlichen Planungen bei Bund und Ländern. Die Heranziehung von in der Ökonomie entwickelten Theorien und Methoden für raumplanerische Fragestellungen hat diesen Prozeß verstärkt.

Die für die weitere Entwicklung der Raumplanung zunehmend kritisch einzuschätzende Ökonomisierung soll an einigen Beispielen verdeutlicht werden:

1. Eine zentrale Maß- und Zielgröße der Raumplanung, aber auch vieler anderer staatlicher Planungen und Entscheidungsverfahren, ist nach wie vor das Bruttoinlandsprodukt (BIP)[8]. Es dient einmal Analysezwecken (Vergleich von Regionen untereinander); es wird aber auch als Zielgröße (Richtwert, Norm) verwendet (die Wirtschaftskraft der Regionen, die unter dem Landesdurchschnitt liegen, soll an den Landesdurchschnitt herangeführt werden: Wirtschaftskraft ist danach das BIP absolut oder das BIP je Einwohner). Das BIP hat in der Raumplanung wegen der zentralen Bedeutung der Wirtschaftskraft oder der wirtschaftlichen Leistungsfähigkeit Leitfunktionen (z.B. bei der Abgrenzung von Regionen, der Erarbeitung siedlungsstruktureller Strategien wie z.B. zentrale Orte oder Achsenkonzepte). Die Einführung des "geschätzten" regionalisierten BIP in den 60er Jahren in der Bundesrepublik wurde von den Analytikern freudig begrüßt. Freilich wurde und wird bei der Verwendung dieser Meß- und Zielgröße in den seltensten Fällen bedacht, daß beim Verfahren der Ermittlung des BIP im Rahmen der "Volkswirtschaftlichen Gesamtrechnung" eben von einem Denkmodell ausgegangen wird, das unterstellt, alle zu erfassenden Gegenstände seien einer monetären Bewertung zugänglich. Jene, die es nicht sind, bleiben unberücksichtigt. Freie Güter wie "saubere Luft" oder die Schönheit einer Landschaft werden im Rahmen dieser Rechenmethode nur dann mit erfaßt, wenn dafür Aufwendungen notwendig werden (Maßnahmen zur Luftreinhaltung) oder ein monetär

Übersicht: Phasen der Raumplanung in Deutschland

Zeitraum von - bis	Hervorstechende Merkmale	Ziele	Methoden/Instrumente Wissenschaftsbereiche
1	2	3	4
1900-1930/40	Planung von Freiflächen, dezentrale Strukturen: die Ordnungsaufgaben in Ballungsgebieten steht im Vordergrund (Ruhrgebiet, Halle-Leuna, Hamburg, Berlin)	Erhaltung von Freiflächen, Ordnung der Siedlungsentwicklung in Verdichtungsräumen	Erfahrungswissen aus der städtebaulichen Praxis (Bauordnungsrecht): Städtebau, Freiraumplanung, Geographie
1935-1945	Zentralistische Planung unter Berücksichtigung kriegswirtschaftlicher Aspekte	Autarkie, Nutzung einheimischer Rohstoffe, strategische Erfordernisse, Dezentralisierung der Industrie	Ökonomische Begründungen, Ideologie (Blut und Boden), Geographie
1945-1965	Wiederherstellung zerstörter Systeme (materiell und institutionell), Wiederaufbau, Eingliegerung der Vertriebenen und Flüchtlinge	Rekonstruktion früherer Raum- und Siedlungsstrukturen, Beseitigung von Wachstumsengpässen	Deskriptive Erfassung von Raumkategorien, Abgrenzungen von Gebietstypen/Regionen. Es überwiegen Methoden der Geographie, z.B. Theorie der zentralen Orte
1965-ca. 1975	Wachstum - Abbau des Stadt-Land-Gegensatzes, Maßstabsvergrösserung, "Rationalisierung" der Raumnutzung nach ökonomischen Gesetzmäßigkeiten, Ausbau von Infrastruktursystemen	Gleichwertige Lebensverhältnisse, Disparitätenabbau, die autogerechte Stadt	Ökonomische Theorien und Methoden sind raumordnerisches "Herrschaftswissen", zunehmende Verrechtlichung der Raumplanung
ab 1975/80	sog. Trendwende, Bevölkerungsrückgang, geringe Wachstumsraten, Umweltbewußtsein, mangelnde Akzeptanz räumlicher Planungen, Bürgerinitiativen	Verbale Zunahme des Stellenwertes von Umweltzielen (ohne Instrumentierung), endogene Entwicklung	wie oben; analytische Zerschneidung von Systemen (z.B. durch Indikatoren), "Rationalisierung" der Planungsentscheidung z.B. durch Anwendung von in der Ökonomie entwickelten Entscheidungsverfahren (Kosten-Nutzenanalyse u.a.)

meßbarer Nutzen entsteht (Erträge aus dem Fremdenverkehr bei Nutzung der "schönen Landschaft"). Wird Boden als landwirtschaftlich genutzte Fläche durch eine planerische Entscheidung in Bauland umgewidmet, so steigt im Regelfall dessen Preis um ein Vielfaches, die (monetäre) Wertsteigerung leistet einen Beitrag zur Steigerung des BIP, obgleich dieser Vorgang im Einzelfall keinesfalls eine Steigerung der Wohlfahrt eines Teilraumes bedeuten kann, sondern eher das Gegenteil.

Es kann im Rahmen dieses Beitrages nicht auf die Vielzahl der Probleme eingegangen werden, die mit dem Indikator BIP verbunden sind (z.B. Schattenwirtschaft). Mit den Beispielen sollte lediglich deutlich gemacht werden, daß die Verwendung des BIP als herausragende Meß- und Entscheidungsgröße in Zweifel zu ziehen ist.

2. Die Standorttheorien, die maßgebliche Beiträge zur Erklärung der Entwicklung der in allen Ländern zu beobachtenden regional differenzierten Siedlungs- und Standortstrukturen (der Industrie und des Dienstleistungssektors, der landwirtschaftlichen Bodennutzung und des Fremdenverkehrs) lieferten und auch für die Aufstellung von raum- und siedlungsstrukturellen Konzepten verwendet wurden (zentrale Orte, Entwicklungspoole, Achsen, Konzepte, Abgrenzung von Regionen d. dgl.), gehen im wesentlichen von einer theorie- und modellbedingten Vereinfachung aus, nämlich dem homogenen, ebenen oder gleichmäßigen Raum oder von einer Fläche mit einer gleichmäßigen Verteilung der Ressourcen und Güternachfrage. Die vorhandenen natürlichen Unterschiede in der ökologischen Leistungsfähigkeit der Teilräume, der Topographie, des Klimas usw. werden in diesen theoretischen Erklärungen ebenso bewußt ausgeklammert wie regional unterschiedliche Potentiale, Wertvorstellungen und Verhaltensweisen der in diesen Räumen lebenden Menschen.

Beachtlich ist jedoch nun, daß viele Ökonomen und auch viele Raum- und Städteplaner bei der Erklärung von historisch gewachsenen und vorhandenen, aber auch bei der Erarbeitung von Siedlungsstrukturkonzepten die zuvor in den Modellen und Theorien getroffenen Annahmen vernachlässigen und z.B. die Frage nach der Siedlungsstruktur reduzieren auf die Frage nach den Standorten des nichtlandwirtschaftlichen Gewerbes (beispielhaft v. Borries 1969; Buttler/Gerlach/Liepmann 1975).

Wieweit solche Theorien auch tatsächlich Standortentscheidungen beeinflußt haben, soll hier nicht weiter erörtert werden (ihre Praxisrelevanz wird v. Verf. gering eingeschätzt); gleichwohl haben sie das Denken und Handeln der Raumplaner der letzten Generation stark beeinflußt.

3. Während in der klassischen Ökonomie, z.B. bei Adam Smith oder David Ricardo, Boden als natürliche Ressource eine zentrale Funktion in den einschlägigen

Theorien und Erklärungsversuchen als einer der drei Produktionsfaktoren hatte (an die zentrale Bedeutung des Bodens bei den Physiokraten wird besonders erinnert), hat die Bedeutung des Bodens in den letzten Jahrzehnten sowohl in der Theorie als auch in der Praxis abgenommen. Als Produktionsfaktor wird er in der ökonomischen Theorie nicht mehr benötigt und durch den Produktionsfaktor "technischer Fortschritt" ersetzt, und in der Praxis ist er - wegen des ökonomischen Bedeutungsverlustes des primären Sektors und der Ernährungssicherung (das Ernährungsproblem kann durch Importe vor allem aus Ländern der Dritten Welt gelöst werden) - als eine ubiquitäre Restgröße allenfalls im Hinblick auf die Bodenpreisgestaltung interessant.

Auch bei einem Versuch, die Funktionen des Bodens in der Entwicklungsgeschichte der Raumplanung zu verfolgen, ist ein ähnlicher Wandel feststellbar. Waren in früheren praxisorientierten Konzeptionen und auch theoretischen Erklärungen die Potentiale des Bodens oder des Raumes zentrale Bestimmungsgröße (z.B. die "Tragfähigkeit" eines Raumes), so ist Raum oder Boden in den heutigen raumplanerischen Theorien und praxisorientierten Konzeptionen vor allem der räumliche Bezugsrahmen, auf den sich - innerhalb oder oberhalb - das Denken der Raumplaner bezieht. Die Folgen eines so gewandelten Bezuges zum Forschungs- und Handlungsgegenstand der Raumforschung sind vom tatsächlichen Potential losgelöste Erklärungs- und Handlungsmodelle, bei denen unterstellt wird, de facto überall alles planen (und implementieren) zu können. Dies zeigt sich auch in dem Sachverhalt, daß in der neueren Bodendiskussion (Bodenschutzkonzeption der Bundesregierung 1985) die an sich gegebenen Möglichkeiten der Raumplanung zum Bodenschutz nur einzelfallbezogen dargestellt und übergreifende Konzepte (z.B. zum Problem Landschaftsverbrauch) nicht eingebracht wurden, zumal die Probleme, die einer schnellen Lösung bedürfen, seit rd. 20 Jahren hätten Gegenstand raumordnerischen Handelns sein müssen.

4. Ein weiteres Problem scheint in dem "Gleichgewichtsverhältnis" vieler Ökonomen zu liegen, das oft - übertragen auf räumliche Fragestellungen - ebenfalls zu einer weitgehenden oder völligen Vernachlässigung jener komplexen Probleme führt, die über Raumplanung im Sinne bestimmter normativer Ziele beeinflußt oder gesteuert werden können oder sollen. Der Weg von der Aussage C. Morgensterns (1964) "Der Stolz der theoretischen Ökonomie bildet die Theorie des allgemeinen Gleichgewichts, die in den verschiedensten Formen entwikkelt ist" bis hin zu einer Anwendung dieser Forderung auf Raum- und Siedlungsstrukturkonzepte, aber auch von Modellen, die mit dem Slogan von der Herstellung gleichwertiger Lebensverhältnisse in allen Teilräumen begründet werden, ist in der Bundesrepublik ziemlich kurz gewesen (vgl. im einzelnen dazu Hübler, Scharmer, Weichtmann, Wirz 1980).

5. Die ökonomischen Wissenschaften begründen die Notwendigkeit der Raumplanung mit einer Effizienzsteigerung, d.h. mit Optimierung des einzusetzenden staatlichen und privaten Kapitals zum Zwecke einer Wohlfahrtssteigerung. Der dabei entstehende Konflikt zwischen Wachstumssteigerung und Versorgungsgerechtigkeit ist ein zentrales Betätigungsfeld ökonomischer Theorie und raumplanerischer Praxis. Wohlfahrt wird im Sinne der Ökonomie in der Mehrung monetärer Tatbestände (Sozialprodukt, Einkommen u. dgl.) definiert. Obgleich die Ökonomik sich als eine Denkmethode versteht, die nicht nur als eine Wissenschaft im Sinne der Produktion und Verteilung materieller Güter verstanden werden kann, sondern sich ganz allgemein mit der Verwendung knapper Ressourcen befaßt (B. Frey 1972), erfolgt dies unter der Bedingung, daß diese Knappheit durch Preise und Kosten zum Ausdruck kommt und auch der Nutzen von ökonomischen Maßnahmen/ Entscheidungen in monetären Größen erfaßt werden kann. Wo dies nicht der Fall ist, wird durch gewagte Bewertungsverfahren (Opportunitätskostenansatz) eine solche Knappheit mit der Unterstellung berechnet, daß sich alle am Entscheidungsprozeß Beteiligten ökonomisch rational verhalten (homo oeconomicus), oder freie Güter werden privatisiert (Verschmutzungsrechte, Zertifikate u.a.). Die stofflichen, energetischen und naturalen Bedingungen und Systemzusammenhänge werden indes bei einem solchen Vorgehen in gleicher Weise vernachlässigt wie bei Versuchen, Kosten und Nutzen der Veränderung sozialer Systeme zu bewerten.

6. Die Nutzung des Raumes entsprechend den Konzepten der Raumplanung wird nach dem Leitbild der Raumordnung (§ 1 und 2 ROG und die einschlägigen Regelungen in den Landesplanungsgesetzen) als sogenanntes "offenes System" verstanden. Weder ist es in den letzten Jahren, zumindest seit der Veröffentlichung des Club of Rome und anderer Weltmodelle, gelungen, die Überlegungen der Endlichkeit der natürlichen Ressourcen als Planungsmaxime insgesamt in die räumliche Planung einzuführen, noch für einzelne Ressourcen wie z.B. den Boden (Ansätze dazu finden sich erst neuerdings im Entwurf des LEP III NRW). Würde zunächst einmal gedanklich eine solche Änderung der Sichtweise vollzogen, ergäben sich auch von daher andere Bewertungsmaßstäbe für Pläne und Programme und Einzelvorhaben (z.B. Infrastrukturprojekte).

Diese die Raumplanung der Vergangenheit und Gegenwart wesentlich prägenden theoretischen Erkenntnisse, die früher den politischen Erfordernissen und auch dem "Zeitgeist" entsprachen, haben dazu geführt, daß die Institutionen der Raumplanung, die nach § 2 Abs. 2 ROG zu einer Abwägung konkurrierender Interessen verpflichtet sind, schon bei der Auswahl ihrer Abwägungsmerkmale im Regelfall parteiisch, d.h. zugunsten ökonomisch erklärter, aber oft ökologisch bedenklicher Tatbestände, entscheiden mußten. Dies war die Folge der Tatsache, daß raum- und siedlungsstrukturelle Sachverhalte überwiegend aus ökonomischer Sicht erklärt und Veränderungen damit begründet wurden. Ökologische Erfordernisse, die nicht in diese Erklärungsmuster paßten, wurden verbal formuliert, aber nicht integriert, sondern punktuell berücksichtigt (z.B. Naturschutz auf rd. 1 oder 2 % der Gesamtfläche).

Versuche, diese einseitige Orientierung der Politik insgesamt, aber auch der staatlichen Interventionen zu verändern, gibt es seit Anfang der 70er Jahre. Erinnert wird in dem Zusammenhang an den Kongreß der IG Metall "Qaulität des Lebens" 1972 in Oberhausen und die nachfolgende Diskussion über soziale oder gesellschaftliche Indikatoren, die mit der Empfehlung des Beirates für Raumordnung vom 16.6.1976 für den Bereich der Raumplanung einen vorläufigen Abschluß fand. Die Planungspraxis hat jedoch diesen Ansatz, die Raumqualität mit anderen als ökonomischen Indikatoren zu beschreiben oder zu messen und z.B. ökologische Indikatoren auch als Ziele (Richtwerte) vorzugeben - von wenigen Ausnahmen abgesehen - nicht aufgenommen. Sie hat auch keine Versuche unternommen, die Indikatoren des Beirates für Raumordnung zu verbessern oder zu detaillieren.

Schließlich erscheint es nützlich, auf das sich wandelnde Selbstverständnis der Institutionen der Raumplanung zu verweisen. War in den 60er Jahren - als Raumplanung als eine staatliche Aufgabe institutionalisiert wurde und um Anerkennung zu ringen hatte - eine sehr enge Zusammenarbeit zwischen den Institutionen der Raumplanung und den meinungsbeeinflussenden gesellschaftlichen Institutionen (Kirchen, BdI, DIHT, DGB, kommunale Spitzenverbände u.a.) feststellbar, so haben sich die meisten Institutionen der Raumplanung in dem Maße, in dem Raumplanung etabliert und rechtlich fixiert wurde, von dieser Zusammenarbeit zurückgezogen oder nur noch pflichtgemäß (z.B. über Beiräte) exekutiert. Raumplanung wird - auch wegen ihrer starken Verrechtlichung - vor allem administriert. Wesentliche planerische Innovationen, die in den 60er und 70er Jahren Politik und die staatliche Verwaltung beeinflußt haben (Planungsmethodik, Prognostik, Entscheidungsverfahren u.a.), blieben in der Folgezeit aus. So nimmt es nicht wunder, daß die Raumplanung auch zu den sich ab Mitte der siebziger Jahre entwickelnden Bürgerinitiativen, die häufig vor allem als "Planungsverhinderungseinrichtungen" beurteilt wurden, große Distanz gehalten hat. Mit formalen Mitteln wurde oft versucht, sie von der Mitwirkung an planerischen Entscheidungen fernzuhalten. Das in diesen Initiativen sich organisierende Potential und auch die dort erarbeiteten z.T. regional interessanten Vorschläge wurden unterschätzt. So haben sich eigene - vom Staat weitgehend unabhängige - Institutionen und Organisationen gebildet, die in Konkurrenz zu den Institutionen der Raumplanung stehen. Beispielhaft soll auf das Umweltprojekt Fichtelgebirge - Konzept einer regionalen Umweltsanierung - (1986) verwiesen werden, das von den regionalen gesellschaftlichen Institutionen (Kirchen, Banken, Vereinen, Bürgerinitiativen) initiiert und finanziert wurde und das die Landes- und Regionalplanung überhaupt nicht zur Kenntnis genommen hat. Ähnliche Beispiele lassen sich auch aus anderen Ländern darstellen.

Es stellt sich deshalb die Frage, ob und inwieweit die Institutionen der räumlichen Planung wieder ein anderes Verhältnis zu den Interessen der durch die Planung Betroffenen suchen. Der formale Hinweis auf die in den Gesetzen vorgesehenen mittelbaren Beteiligungsmöglichkeiten reicht sicher nicht mehr aus.

4. Derzeitige Versuche, umweltpolitische Defizite zu verringern

Wenn in dem vorangegangenen Abschnitt generell Kritik an den Zielen, Grundsätzen, Methoden und Instrumenten der Raumplanung im Hinblick auf die Erhaltung und Wiederherstellung der Umwelt geübt wurde, so besagt dies nicht, daß punktuell und in Einzelfällen nicht umweltpolitische Aspekte im planerischen Abwägungsprozeß einbezogen wurden. Die Institutionen der Raumplanung haben sich vor allem auf den folgenden Wegen bemüht, diese Aufgaben zu berücksichtigen:

- Bei den Zielen:

Mindestens seit Veröffentlichung des BROP, aber auch in den danach fertiggestellten (z.T. fortgeschriebenen) Landes- und Regionalplänen, ist bei den allgemeinen Zielformulierungen eine Ausgewogenheit zwischen den gesellschaftlichen und ökonomischen Zielen und den Umweltzielen (ökologischen Erfordernissen) feststellbar, die auch nach heutigen Erkenntnissen hinreichend ist. Allerdings: die Institutionen der räumlichen Planung haben es bisher in der Regel versäumt, diese allgemeinen Ziele zu konkretisieren bzw. zu operationalisieren. Verschiedene Vorschläge dazu wurden von der Praxis nicht aufgegriffen. Sie dienten allenfalls Analysezwecken; als normative Vorgaben wurden sie nicht verwendet. Auch wurde in diesen Zielsetzungen der ökologische Imperativ "Handle so, daß das gleiche Recht auf Erhaltung und Entfaltung aller hinreichend einmaligen heutigen und zukünftigen Systeme und Akteure gewährleistet bleibt" (H. Bossel 1978; vgl. ferner G. Altner 1985), der ja bereits, wenn auch noch zurückhaltender, 1972 von der MKRO wie folgt formuliert wurde, in der Planungspraxis nicht berücksichtigt bzw. operationalisiert:

> "Bei allen Zuordnungen gilt, daß Umweltschutz und eine ausgewogene wirtschaftliche Entwicklung grundsätzlich gleichwertig zu behandeln sind. Bei Konflikten zwischen ökologischer Belastbarkeit und ökonomischen Erfordernissen ist den ökologischen Belangen allerdings immer dann der Vorrang einzuräumen, wenn eine wesentliche oder langfristige Beeinträchtigung der natürlichen Lebensgrundlagen droht."

Weder ist definiert, was eine wesentliche Beeinträchtigung im räumlichen Sinne ist, noch wie der Terminus Langfristigkeit auszulegen ist (vgl. den Beitrag von D. Marx in diesem Band). Und schließlich: Was sind ökonomische Erfordernisse? Sind es die nach einem undifferenzierten, nur an Quantitäten gemessenen Steigerungsraten des wirtschaftlichen Wachstums (Steigerung des BIP) und der Vermehrung oder Erhaltung von Arbeitsplätzen, oder sollen hier auch qualitative Aspekte bei der Bewertung wirtschaftlicher Erfordernisse (z.B. Umweltverträglichkeit, gemessen am Umfang der Emissionen) mit berücksichtigt werden? Mit diesen Beispielen soll dargetan werden, daß bereits auf der Zielebene Diskussions- und Entscheidungsdefizite in der Raumplanung vorhanden sind, die die Realisierung umweltpolitischer Ziele erschweren. Ein genereller Umstand kommt hinzu: Da es die Institutionen der Raumplanung aus vielerlei und z.T. auch einsehbaren Gründen im Regelfall abgelehnt haben, die Frage der Notwendigkeit oder des Bedarfs an der Nutzung der Umwelt zu überprüfen (gemessen an den o.g. Zielen), sondern im Regelfall lediglich über die Frage des Standortes (mit)-entschieden haben, fehlten ihr wesentliche Beurteilungsmaßstäbe im Abwägungs- und Entscheidungsprozeß.

- Bei den Strategien:

Die nach wie vor von der Mehrzahl der Institutionen der räumlichen Planung vertretene Strategie der Schaffung von gleichwertigen Lebensverhältnissen in allen Teilräumen, die sich im wesentlichen auf ökonomische und infrastrukturelle Sachverhalte beschränkt und die Tatsache der regional unterschiedlichen Belastung (und Zerstörung) als auch der Leistungsfähigkeit des Naturhaushaltes weitgehend außer Betracht läßt, hat bisher verhindert, daß die Strategie der funktionsräumlichen Arbeitsteilung, wie sie seit rd. 10 Jahren kontrovers diskutiert wird, offiziell Eingang in das raumplanerische Zielbündel gefunden hat. Die Bundesregierung sieht dieses großräumige Konzept im Widerspruch zu den Zielen des ROG (vgl. Programmatische Schwerpunkte der Raumordnung, 1985) stehen, weist aber dann auf eine Vielzahl von raumordnerischen Problemregionen hin, die z.T. als Vorrangregionen für bestimmte Funktionen dienen, in denen diese Regionen komperative Vorteile haben. Der Widerspruch ist offensichtlich. In den meisten Bundesländern ist die Situation ebenso widersprüchlich. Und die Träger der Fachplanungen implementieren diese Strategie aus der Sicht der jeweiligen fachspezifischen Erfordernisse (z.B. Ausweisung von Luftbelastungsgebieten, Nationalparke, großräumige Wasserschon- und -schutzgebiete u. dgl.) (vgl. K.-H. Hübler 1985 sowie den Bd. III "Funktionsräumliche Aufgabenteilung", FuS Bd. 167).

- Auf der Ebene sektoraler Programme und spezifischer raumbeeinflussender (und umweltbeeinträchtigender) Projekte:

Sicher hat in diesem Bereich die räumliche Planung den Erfordernissen des Naturschutzes (Gebiets- und Artenschutzes) in den letzten Jahren in verstärktem Maße Rechnung getragen. Jedoch, bezogen auf die Gesamtfläche der Bundesrepublik, sind solche Vorränge marginal. Sie konnten nicht dazu beitragen, daß sich die Umweltbedingungen insgesamt verbessert haben, zumal durch diese vorrangige Abwägung auf den restlichen ca. 97 % der Gesamtfläche die Umweltbelastungen weiter zunahmen. Und wie wenig Luftreinhaltepläne, Abfallbeseitigungspläne u.a. in die raumplanerischen Konzepte integriert sind, kann hier nicht weiter dargestellt werden. Nach wie vor sind es weitgehend Additionen von sektoralen Tätigkeiten. Dies belegt wiederum der 1986 vorgelegte Raumordnungsbericht der Bundesregierung; aber auch alle Landesentwicklungsprogramme und -pläne der Länder.

In dem Zusammenhang erscheint es nützlich, noch auf ein generelles Argument einzugehen, das auch seitens der Raumplanung als Erklärung für umweltunverträgliche Planungen und Entscheidungen vorgebracht wird: das Fehlen von "objektiven" Daten und ökologischen Richt- oder Eckwerten. In der Tat sind die Informationslage bei der Analyse der Umweltsituation (insbesondere über längere Zeitreihen) und die Kenntnisse über die Ursache-Wirkungszusammenhänge in Ökosystemen nach wie vor unzureichend. Gleichwohl wird hier die These vertreten, daß in anderen planerischen Bereichen die Informationssituation nur scheinbar besser ist und eine Vielzahl von für die Raumplanung wichtigen Ursachen und Wirkungszusammenhängen in Sozialsystemen oder auch in der Wirtschaftsstruktur ebenso ungeklärt sind wie jene im ökologischen Bereich. Dreierlei erscheint deshalb wichtig:

- solche Alibierklärungen nicht mehr zu akzeptieren;
- die vorhandenen Umweltinformationen so aufzubereiten, daß sie für planerische Entscheidungen herangezogen werden können und
- den Ausbau von Umweltbeobachtungssystemen (Monitoring) beschleunigt voranzutreiben.

Die Festsetzung von ökologischen Eckwerten und Standards (vgl. den Beitrag von W. Rembierz und A. Schmidt in diesem Band), so dringend sie derzeit ist (und so problematisch sie auch sein mag) (vgl. dazu auch AGU 1986), kann nur dann mittelfristig erfolgreich sein, wenn der Abwägungsrahmen der räumlichen Planung, innerhalb dessen die Richtwerte bei Entscheidungsprozessen verwendet werden, maßgeblich verändert wird.

5. Vorschläge zur Veränderung der Ziele und Instrumente der räumlichen Planung - Novellierung des ROG und der Landesplanungsgesetze

Die beschriebene Notwendigkeit der Veränderung des Selbstverständnisses der Institutionen der räumlichen Planung kann am wenigsten durch Gesetze oder Anordnungen von "oben", sondern vor allem durch die verstärkte Einbeziehung umweltpolitischer Ziele und Grundsätze in den Entscheidungsrahmen und durch die kritische Einschätzung der bisherigen Tätigkeit und der Ergebnisse durch die Raumplaner selbst erfolgen. Die Aufarbeitung der Ergebnisse und die Reflexion der Vielzahl von sogenannten alternativen Ideen und Vorschlägen steht noch aus.

Im zu novellierenden ROG wird insbesondere der folgende Konflikt zu lösen sein. Einerseits werden die zentralen Entscheidungsebenen (Bund/EG) in stärkerem Maße als bisher Richt- oder Grenzwerte festlegen müssen, die die Raumnutzung begrenzen. Dies deshalb, weil

- die dezentralen Entscheidungsträger (Länder, Regionen, Gemeinden) bei schwieriger Ermittlung von Ursache-Wirkungs-Zusammenhängen (Gesundheit, Langfristschäden im Naturhaushalt) überfordert sind, selbständig solche Grenzen zu bestimmen;
- die privaten Investoren Klarheit über die Rahmenbedingungen benötigen und solche Grundsatzentscheidungen nicht auf den jeweiligen Einzelfall abgestellt werden können;
- bei zunehmender Konzentration von Kapital und auch Sachverstand in der Wirtschaft ein ausgewogenes Kraftverhältnis zwischen Kommunen oder Regionen und multinationalen Konzernen oder großen Wirtschaftsverbänden zunehmend verlorengeht und weil
- Fehlentscheidungen über die nicht sachgerechte Nutzung oder Belastung von Ressourcen in einer Region nachhaltige negative Auswirkungen auf die Nachbar- und andere Regionen haben (z.B. hohe Schornsteine und Ferntransport der Immissionen, großräumige Grundwasserabsenkungen u. dgl.).

Diese Sachverhalte widersprechen grundsätzlich der Forderung nach dezentralen Entscheidungsstrukturen auch in der räumlichen Planung. Dies insbesondere deshalb, weil andererseits - neben der Konzentration des Kapitals - auch politisch-rechtliche Entscheidungen in immer stärkerem Maße in "höheren Ebenen" (EG, internationale Vereinbarungen) getroffen und der Entscheidungs- und Handlungsrahmen der Gemeinden, Regionen und Länder immer stärker reduziert wird. Es wird deshalb darüber nachzudenken sein, ob eine Vielzahl von die räumliche Planung tangierenden Entscheidungsprozessen, die die Infrastrukturpolitik (z.B. Verkehrs-, Energiepolitik), die regionale Wirtschafts- und die Agrarstrukturpolitik betreffen, dezentraler und den jeweils regionalen Bedingungen angepaßter als bisher organisiert werden sollten. Dies auch deshalb, weil in diesen Bereichen funktionierende Systeme vorhanden sind und in den nächsten Jahren in diesen überwiegend Anpassungen und Modernisierungen erforderlich werden. Änderungen der Gemeinschaftsaufgabengesetze nach Art. 91 a GG, des Bundesfernstraßengesetzes, des Energiewirtschaftsgesetzes u.a. sind daraufhin zu überprüfen.

Für das ROG selbst erscheint die Überprüfung der nachfolgend dargestellten Überlegungen erforderlich.

a. Die Grenzen der Nutzung der Naturgüter und der Belastung des Naturhaushaltes und die Verantwortung für die Zukunft sind bereits in § 1 Abs. 1 ROG deutlich im Sinne des vorgenannten ökologischen Imperativs zu normieren; dabei sind bereits Abwägungsgrenzen allgemein so zu definieren, daß

- bei Eintreten irreversibler Vorgänge und
- langfristiger wesentlicher Veränderungen von natürlichen Systemen (z.B. durch stoffliche Veränderungen)

diese dem Abwägungsgebot nicht unterliegen, sondern von der Natur der Sache her Anlaß zur Verpflichtung staatlichen Handelns zur Vermeidung geben. Neben diesen "Abwehrtatbeständen" sollten für das Vorsorgeprinzip Leitaussagen bereits in § 1 Abs. 1 (für die räumliche Planung vor allem im Rahmen der Freiflächensicherung für verschiedene soziale und ökologische Funktionen) festgelegt werden.

b. Bei den Grundsätzen des § 2 Abs. 1 ROG sind eine Vielzahl von Aussagen entbehrlich, weil

- diese z.T. überholt (z.B. der Begriff Landeskultur, Entlastungsorte) sind,
- sie z.T. nicht operationalisierbar (Abgrenzung von Gebieten mit ungesunden Umweltbedingungen = ungesunde Verdichtungsgebiete) waren,
- die Raumordnungspolitik in eine einseitige Richtung orientiert hat (Orientierung der Bedeutung von Teilräumen am Bundesdurchschnittswert: zurückgebliebene Gebiete),
- sich die Bedeutung von Sachverhalten im Zeitablauf geändert hat (Land- und Forstwirtschaft als wesentlicher Produktionszweig, Umwelt),
- sich bestimmte Instrumente als fragwürdig erwiesen haben (besondere Förderung der Gemeinden mit zentralörtlicher Bedeutung),
- bestimmte Aufgaben enthalten, die erledigt sind (statt verkehrs- und versorgungsmäßiger Aufschließung Vervollständigung von Systemen unter Berücksichtigung von Energie- und Ressourceneinsparung).

Auch scheint es notwendig, sowohl in § 1 als auch in § 2 bestimmte Begriffe im Hinblick auf ihre seitherigen Definitionen und raumordnerischen Interpretationen zu prüfen und neu zu fassen (z.B. Entwicklung, räumliche Struktur).

Generell sollte in den Grundsätzen der Raumordnung ein Verzicht auf die Festlegung der verschiedenen Raumkategorien angestrebt werden (die in der Vergangenheit eine konkrete planerische Relevanz nicht entfaltet haben (für analytische Zwecke ist eine gesetzliche Normierung entbehrlich)), und statt dessen sollte der § 2 Abs. 1 Grundsätze (Leitaussagen) für bestimmte Raumfunktionen im Sinne einer funktionsräumlichen Arbeitsteilung enthalten.

Auch sollte der Grundsatz für das Zonenrandgebiet (sicher wäre ein anderer Begriff zweckmäßiger) unter Beibehaltung der Priorität in diesem Sinne modifiziert werden.

c. In § 2 Abs. 2 ROG sind in der Abwägungsklausel die (ökologischen) Randbedingungen des § 1 Abs. 1 wieder aufzunehmen und zu konkretisieren. Auch ist dort eine operationale Risikoklausel aufzunehmen.

d. Eine weitere maßgebliche Änderung ist für den § 4 Abs. 1 ROG erforderlich: Die dort verwendeten Begriffe "raumbedeutsame Planungen und Maßnahmen" sowie "raumwirksame Investitionen" müssen ersetzt werden durch Aussagen, die qualitative Aspekte einbeziehen. Die vorwiegend flächen- und investitionsbezogenen und so ausgelegten Begriffe müssen auf stoffliche und energetische Veränderungen in den Räumen erweitert werden, um so die qualitativen Merkmale mit erfassen zu können.

Schließlich ist zu überprüfen, ob bei einer Novellierung des ROG das Verständnis von Planung in anderer Weise als bisher festgeschrieben werden kann:

- Planung als Prozeß statt Aufstellung von Plänen und Programmen (§ 4 Abs. 3 und § 5 Abs. 1 ROG);
- Planung als Rahmensetzung (Ordnungsrahmen statt Detailplanung = Raumordnung);
- Regelungen einzuführen, die es ermöglichen, Planungs- und Entscheidungsprozesse, die im Regelfall von sehr viel früher gefaßten abstrakten Rahmenentscheidungen, z.B. im Rahmen der Haushaltsplanung, abgeleitet und sodann immer mehr konkretisiert werden (und die als sogen. Sachzwänge bezeichnet werden), in den verschiedenen Phasen gegebenenfalls abzubrechen, also die Null-Variante zuzulassen. Das erfordert den stringenten Einbau von Rückkoppelungsmechanismen;
- stärkere Ausformung der Evaluierung als Instrument der Planfortschreibung und Korrektur von Entscheidungen (die zusammenfassende Darstellung nach § 4 Abs. 1 ROG ist bis heute von der Bundesregierung nicht durchgeführt worden); dazu könnten die Vorschriften in § 11 entsprechend präzisiert werden.

Im Rahmen dieses Beitrages ist es nicht zweckmäßig, einen Formulierungsvorschlag für eine Novelle zum ROG einzubringen. Dies vor allem deshalb, weil mit diesen Überlegungen zunächst eine Diskussion der o.g. Aussagen angeregt werden soll. Gleichwohl erscheint es wichtig, eine solche Diskussion nicht von vornherein auf die spezifische Aufgabenstellung der Raumordnung einzuengen, sondern im Kontext mit den o.g. Forderungen zu erörtern. Die Frage, inwieweit dazu dann Mehrheiten in den Parlamenten zur Realisierung solcher Vorschläge gewonnen werden können, sollte zunächst nicht den Diskussionsrahmen bestimmen.

Zu bedenken ist, daß es sich hier nicht um kurzfristige Entscheidungen handeln kann.

Wenn auch die bessere Berücksichtigung von Umwelterfordernissen in der künftigen Raumplanung Hauptanlaß für die Erarbeitung dieser Vorschläge war, so darf nicht übersehen werden, daß auch von anderer Seite Überlegungen angestellt werden, Defizite, die auch mit der unzureichenden Aufgabenerfüllung der Raumplanung im Zusammenhang stehen, auf andere Weise zu beseitigen. Vier Beispiele sollen stellvertretend für eine Vielzahl weiterer in der Diskussion befindlichen genannt werden:

1. Ein Ressourcenschonungsgesetz wird gefordert (G. Hartkopf 1986). In einem novellierten ROG könnten wesentliche Ziele eines solchen Gesetzes (soweit sie räumlich determiniert sind) verankert werden.

Ausgangsüberlegung für solche Ressourcenschonungskonzepte oder Gesetzesforderungen ist, daß es im Gesellschafts-, Wirtschaft- und Verwaltungssystem der Bundesrepublik bisher übergreifend nicht gelungen ist, die von vielen gesellschaftlichen Gruppierungen geforderte Entkoppelung von wirtschaftlichem Wachstum (und damit Mehrung der Wohlfahrt) und Ressourcenverbrauch und -zerstörung[9]) systematisch zu instrumentieren, wie dies beim Energieverbrauch durch eine Vielzahl von staatlichen Interventionen und auch durch den Markt in den letzten 10 Jahren teilweise gelungen ist und beim Abfall partiell diskutiert wird (vgl. beispielhaft die am 1.11.1986 in Kraft getretene 4. Novelle zum Abfallgesetz).

Wird Umweltschutz derzeit immer noch überwiegend verstanden als die Reparatur von Umweltschäden im nachhinein (vor allem durch Technik und Fremdenergie), so könnte über ein solches Ressourcenschonungskonzept das seit langem geforderte Vorsorgeprinzip in der Umweltpolitik teilweise instrumentiert werden. Der Aussage von G. Hartkopf (1986) ist zuzustimmen: "Was Ressourcenschonung angeht, so sind wir auf der Stufe eines Entwicklungslandes stehengeblieben, denn die Vergeudung von Rohstoffen und Energie geht ungehemmt weiter. Der technische Umweltschutz bedarf der Ergänzung durch eine Organisation zur Ressourcenschonung."

Am 9.2.1984 hat der Deutsche Bundestag einstimmig eine Empfehlung des Innenausschusses verabschiedet, in der es u.a. heißt: "Die Bundesregierung wird aufgefordert, ... ein Gesamtkonzept einer stufenweisen Emissionsverminderung aller vom Menschen in die Atmosphäre, Gewässer oder den Boden eingebrachten Stoffe, die die Regenerationsfähigkeit des Naturkreislaufes nachhaltig stören oder zerstören, vorzulegen." (BT-Drs. 10/870 vom 9.2.1984) Das Bundeskabinett hat mit seinem Beschluß vom 3.9.1986 (BMU-U I 1-501601 -1/16) (BT-Drs. 10/6028 v. 19.9.1986) über "Leitlinien der Bundesregierung zur Umweltvorsorge durch

Vermeidung und stufenweisen Verminderung von Schadstoffen" (Leitlinien Umweltvorsorge) erste, wenn auch noch relativ allgemeine Aussagen formuliert, bei denen den raumbezogenen Planungen (S. 33) relativ begrenzte instrumentelle Funktionen zugewiesen werden.

Es bedarf geringer Interpretationskünste, um nachzuweisen, daß eine solche angestrebte Emissionsminderung nicht allein mit Maßnahmen des technischen Umweltschutzes (Luftreinhaltung durch Filter, Wasserreinhaltung durch Kläranlagen u.a.) zu erreichen sein wird, sondern auch und vor allem durch rohstoff- und energiesparende Produktionsverfahren und Konsumention und vorsorgliche Nutzungskonzepte.

2. Die Vorlage einer Bodenschutzkonzeption durch die Bundesregierung (BT-Drs. 10/2977 vom 7.3.1985) und die entsprechenden Aktivitäten der Länder, die zunächst dazu geführt haben, daß Bodenschutz als "eigengewichtige" ressortübergreifende Aufgabe" (BT-Drs. 10/4614 v. 2.1.1986, S. 23) definiert wird, werden mit der Vielzahl der dazu derzeit in der Diskussion befindlichen Vorschläge zu einer inhaltlichen und institutionellen Zusammenfassung führen müssen. Diskutiert wird u.a. ein Artikelgesetz zum Bodenschutz. Zugleich wird Bodenschutz trotz einer Vielzahl von sektoralen punktuellen Einzelregelungen (Altlasten, Schwermetall- und Stickstoffeinträge, Erosionsbekämpfung, Versiegelung u.a.) zweckmäßig nur bodenbezogen, d.h. regionalisiert durchgeführt werden können. Die zusammenfassende konzeptionelle, politische und administrative Organisation des Bodenschutzes könnte dann eine Aufgabe der Institutionen der räumlichen Planung sein, wenn die stofflichen Aspekte in die Überlegungen einbezogen und der Abwägungsauftrag anders als bisher gehandhabt werden.

3. Anzumerken bleibt, daß auch in der bisherigen Naturschutzpolitik vom Prinzip her das Vorsorgeprinzip nicht instrumentiert wurde, denn die praktizierte reduzierte Aufgabenbewältigung, die sich fast ausschließlich auf den Gebiets- und Artenschutz bezieht (vgl. Entwurf einer Novelle zum BNatSchG, ist von der Zielrichtung dem technischen Umweltschutz ähnlich, weil rote Listen der ausgestorbenen oder vom Aussterben bedrohten Tier- und Pflanzenarten und eine Erweiterung des Umfanges von Naturschutzgebieten Rückzugslinien oder Mindesterfordernisse sind, die eine generelle Änderung des Trends, wie eigentlich in § 1 Abs. 1 BNatSchG postuliert wird, nach dem jetzigen Stand der Kenntnisse über Entwicklungsverläufe nicht grundsätzlich herbeiführen werden (vgl. K.-H. Hübler 1986a).

Der Beirat für Naturschutz und Landespflege beim BMU hat jüngst Vorschläge zu einer neuerlichen Novellierung des BNatSchG vorgelegt (1986), die zu einer umfassenderen Instrumentierung des Naturschutzes (Erhaltung des Naturhaushalts nicht nur in Schutzgebieten) führen sollen und die stofflichen Veränderungen des Naturhaushaltes als Handlungsparameter in die Aufgabenstellung des Naturschutzes einbeziehen. Es ist nur eine Frage der Zeit, ob damit weitere Weichen in eine andere Richtung gestellt werden und ein umweltplanerisches Instrumentarium eingerichtet wird, das in seiner Aufgabenstellung weitgehend identisch ist mit der Raumplanung. Naturschutz wird, sofern solche Vorschläge realisiert werden, übergreifend. Die Institutionen der Raumplannung haben bisher noch keine Stellung bezogen, ob eine solche Entwicklung in ihrem Sinne ist.

4. Seit Ende der siebziger Jahre wird mit einem hohen finanziellen Aufwand an öffentlichen Mitteln über Modell- und Beispielvorhaben (Saarland, Unterelbe, Berchtesgaden, Regierungsbezirk Darmstadt u.a.) versucht, eine sogenannte ökologische Planung zu installieren (auch im Zusammenhang mit dem UNESCO-Forschungsprogramm "Man and Biosphere") (vgl. zusammenfassend P. Knauer 1986). Diese Arbeiten, wie kritisch man auch die bisherigen Ergebnisse einschätzen mag, sind als ein Versuch zu bezeichnen, zur amtlichen räumlichen Planung, zum Naturschutz und zur Landschaftsplanung ein Parallelsystem räumlicher Planung zu etablieren. Intern begründet werden solche immensen Aufwendungen mit dem Argument, daß die bisherigen Planungssysteme die ökologischen Anforderungen nicht zu erfüllen vermochten und deshalb neue Wege versucht werden müßten. Ob durch eine solche Strategie den Belangen der Umwelt entsprochen wird, soll hier nicht weiter untersucht werden (das Gegenteil wird vom Verf. vermutet): Der Sachverhalt aber zeigt an, daß Tendenzen eines weiteren Kompetenzverlustes der Institutionen der räumlichen Planung absehbar sind. Wichtig wäre es also, sich mit diesen Ansätzen auseinanderzusetzen und diese zu integrieren. Dies wird aber nur möglich sein, wenn die o.g. Änderungen von den Institutionen der Raumplanung selbst in Gang gesetzt werden.

Was hindert die Institutionen der Raumplanung (auf den verschiedenen Ebenen) daran, sich mit dieser Problematik intensiv auseinanderzusetzen und zunächst von sich aus einen solchen Rahmen für eine künftige Rahmennutzungspolitik vorzubereiten, der geeignet wäre, jene neueren Zielsetzungen räumlich zu verorten und zu operationalisieren? Es bedarf keiner besonderen Erwähnung, daß es sich dabei nicht um das Problem des Umweltschutzes in Raumplanung handelt, sondern um eine grundsätzliche Änderung des Selbstverständnisses der Raumplanung. Und daß eine solche vorgeschlagene Umorientierung der Raumplanung auch eine Veränderung der Erkenntnisinteressen in der Forschung, auch die Verwendung anderer wissenschaftlicher Methoden voraussetzt und zur Folge haben wird, sei vollständigkeitshalber erwähnt, kann aber hier nicht weiter ausgeführt werden.

6. Zusammenfassung

Die Abnahme des politischen Stellenwertes der Raumplanung auf allen Ebenen hat bei vielen Raumplanern zu der Annahme geführt, daß eine bessere Berücksichtigung von Umweltbelangen in der räumlichen Planung durch Verfahrensänderungen zu einer "Stabilisierung" führen könnte. Ausgehend von einer zusammenfassenden Darstellung der Entwicklung der beiden Politikbereiche "Raumordnung" und "Umweltschutz" in den 60er und 70er Jahren in der Bundesrepublik, versucht der Verfasser nachzuweisen, daß die Ziele und Grundsätze der Raumordnung verändert werden müssen, wenn der politische Stellenwert der Raumplanung wieder erhöht werden soll. Dabei ist der in der Gesellschaft sich vollziehende Wertewandel auf die raumplanerischen Aufgaben zu übersetzen. Das bedeutet auch, daß die relativ einseitig an ökonomischen Sachverhalten orientierte Bewertung raumverändernder Prozesse modifiziert wird.

In Abschnitt 5 des Beitrages werden Vorschläge dazu gemacht, wie die Ziele und Instrumente der Raumordnung fortentwickelt werden können und welche Aspekte dabei zu bedenken sind.

Zugleich wird an Hand von vier Beispielen skizziert, welche Veränderungen sich in der die Raumplanung tangierenden umweltpolitischen Diskussion abzeichnen, die zusätzliche Argumente für eine Neuorganisation der Raumplanung liefern.

Literaturverzeichnis

Albrecht, E. (1986), zitiert nach Frankfurter Rundschau vom 3.3.1986: Lösung der Umweltprobleme bis zum Jahr 2000 prophezeit.

Altner, G. (1985): Umwelt - Mitwelt - Nachwelt. In: Wissen für die Umwelt (hrsg. v. Jänicke, Simonis, Weigmann), Berlin-New York.

Arbeitsgemeinschaft für Umweltfragen (AGU) (Hrsg.) (1986): Umweltstandards: Findungs- und Entscheidungsprozeß, Nr. 29, Schriftenreihe der AGU, Bonn.

Beirat für Naturschutz und Landespflege beim BMU (1986): Empfehlung des Beirates für Naturschutz und Landespflege, Bonn (unveröffentlicht).

BMBau (Hrsg.) (1972): Raumordnung und Umweltschutz, Bonn (Entschließung und Denkschrift).

BMBau (Hrsg.) (1976): Beirat für Raumordnung, Empfehlungen vom 16.6.1976.

BMBau (1985): Programmatische Schwerpunkte der Raumordnung, BT-Drs. 10/3146 v. 3.4.1985.

BMBau (1986): Baulandbericht 1986. In: Schriftenreihe Städtebauliche Forschung des BMBau, H. 03.116, Bonn; ferner: BMBau (Hrsg.): Städtebaulicher Bericht "Umwelt und Gewerbe in der Städtebaupolitik", Schriftenreihe "Städtebauliche Forschung" des BMBau, Bonn (zugl. BT-Drs. 10/5999).

BMBau (Hrsg.) (1986): Raumordnungsbericht 1986, BT-Drs. 10/6027, Bonn-Bad Godesberg.

BMJ (Hrsg.) (1983): Abschlußbericht der Projektgruppe "Aktionsprogramm Ökologie", Bonn.

BML (Hrsg.) (1976): Inhalte und Verfahrensweisen der Landschaftsplanung, Stellungnahme des Beirates für Naturschutz und Landschaftspflege, Bonn.

Bölsche, J. (Hrsg.) (1983): Die deutsche Landschaft stirbt, Reinbek.

v. d. Borch, L.; Halbhuber, D. (1986): Umweltprojekt Fichtelgebirge - Konzept einer regionalen Umweltsanierung, Selb-Sophienreuth.

Borries, H.-W. v. (1969): Ökonomische Grundlagen der westdeutschen Siedlungsstruktur. In: ARL, Abh. Bd. 56, Hannover.

Bossel, H. (1978): Bürgerinitiativen entwerfen die Zukunft - Neue Leitbilder, neue Werte, 30 Szenarien, Frankfurt/M.

Bundesregierung (1971): Umweltprogramm, BT-Drs. VI/2710.

Bundesregierung (Hrsg.) (1985): Bodenschutzkonzeption, BT-Drs. 10/2977.

Bundestagsdrucksache 10/870 vom 9.2.1984.

Bundesverband der Deutschen Industrie (Hrsg.) (1984): Industrie und Ökologie, Köln.

Bunge, T. (1986): Die Umweltverträglichkeitsprüfung im Verwaltungsverfahren, Köln.

Buttler, F.; Gerlach, K.; Liepmann, P. (1977): Grundlagen der Regionalökonomie, rororo-studium, Reinbek.

Deutscher Bundestag (1986): Leitlinien der Bundesregierung zur Umweltvorsorge durch Vermeidung und stufenweise Verminderung von Schadstoffen, BT-Drs. 10/6028 (v. 19.9.1986).

DGB-Bundesvorstand (Hrsg.) (1985): Umweltschutz und qualitatives Wachstum, Düsseldorf.

Die Raumordnung in der Bundesrepublik Deutschland (SARO,-Gutachten) (1961), Stuttgart.

Erbguth, W.; Schlarmann, H. (1982): Verbesserter Umweltschutz durch Koordinierung mit der räumlichen Planung. In: UPR, H. 11/12, 1982.

Frey, B. (1972): Umweltökonomie, Göttingen.

Friedrichs, G. (Hrsg.) (1972): Qualität des Lebens, 10. Bd. (Kongreß der IG Metall), Frankfurt/M.

Hahn-Herse, G.; Kiemstedt, H.; Wirz, S. (1984): Landschaftsrahmenplanung und Regionalplanung - gemeinsam gegen die sektorale Zersplitterung im Umweltschutz. In: Landschaft und Stadt, H. 1/2, 1984.

Hartkopf, G. (1986): Umweltverwaltung - eine organisatorische Herausforderung (Vortrag anläßlich der Tagung des Deutschen Beamtenbundes, 8.1.1986, Bad Kissingen (Manuskript).

Hübler, K.-H. (1981): Räumlich-funktionale Aufgabenteilung - Anmerkungen zu einer Bestimmung des § 1 Abs. 1 ROG: "...die natürlichen Gegebenheiten sind zu beachten ...". In: ZfU 1/1981, S. 1-26.

Hübler, K.-H. (1984): Erfolgskontrolle in der Umweltpolitik. In: Wirkungsanalysen und Erfolgskontrolle in der Raumordnung. ARL, FuS Bd. 154, Hannover.

Hübler, K.-H. (1985): Bodenschutzkonzepte als Ausgangspunkt für eine koordinierte und integrierte Umweltpolitik? - Grenzen und Möglichkeiten der oder einer Umweltplanung. In: Bodenschutz als Gegenstand der Umweltpolitik. Bd. 27 der Schriftenreihe Landschaftsentwicklung und Umweltgestaltung der TU Berlin, Berlin.

Hübler, K.-H. (1985): Zum Stand der aktuellen (räumlich-relevanten) Ökologiediskussion: Konvergenzen und Abweichungen zum Konzept der funktionsräumlichen Arbeitsteilung. In: ARL, Arbeitsmaterial Nr. 104, Hannover.

Hübler, K.-H. (1986a): Anforderungen an eine umfassende Naturschutzpolitik aus fachlicher Sicht. Jahrbuch für Naturschutz, 1986.

Hübler, K.-H. (1986b): Umweltpolitik zwischen Theorie und Umweltrealität in der Bundesrepublik Deutschland und der DDR - ein Vergleich. In: Umwelt in beiden Teilen Deutschlands (hrsg. v. M. Haendcke-Hoppe u. K. Merkel), Schriftenreihe der Gesellschaft für Deutschlandforschung, Bd. XIV, Berlin.

Hübler, K.-H. (1986c): Wertewandel und Raumordnung. In: Umweltvorsorge durch Raumplanung, Schriftenreihe des Österreichischen Instituts für Raumplanung, Bd. 13, Wien.

Hübler, K.-H.; Scharmer, E.; Weichtmann, K. und Wirz, S. (1980): Zur Problematik der Herstellung gleichwertiger Lebensverhältnisse, ARL: Abh. Bd. 80, Hannover.

Knauer, P. (1986): Ökosystemforschung und ökologische Planung. In: Geographische Rundschau, 38. Jg., H. 6, S. 290-293; - ferner: Umweltbundesamt (Hrsg.) (1986): Verzeichnis von Schlußberichten zu Forschungs- und Entwicklungsvorhaben auf den Gebieten
- Ökosystemforschung,
- Ökologische Planung,
- Methoden der ökologischen Folgenbewertung,
Berlin (Manuskript) und die zumeist als Manuskripte veröffentlichten diesbezüglichen Berichte.

Kittelmann, G.; Hübler, K.-H. (1984): Wirkungsanalysen und Erfolgskontrolle in der Praxis der Raumordnung, Landes- und Regionalplanung. In: Wirkungsanalysen und Erfolgskontrolle in der Raumordnung, ARL, FuS Bd. 154, Hannover.

Koch, E. R.; Vahrenholt, F. (1983): Die Lage der Nation, Hamburg.

Kroppenstedt, F. (1985): Wortprotokoll des Umweltforums 1985 "Umweltschutz und Technik", abgedruckt in: AGU, Nr. 28, Bonn, S. 40.

Leidig, G. (1984): Umweltrecht und Evaluationsforschung. In: UPR, H. 6/1986, S. 182.

Müller, E. (1986): Innenleben der Umweltpolitik, Opladen.

Simonis, U.E. (1985): Ökologische Orientierung der Ökonomie. In: Wissen für die Umwelt (hrsg. von Jänicke, Simonis, Weigmann), Berlin-New York.

Tesdorpf, H.J. (1984): Landschaftsverbrauch, Begriffsbestimmung, Ursachen und Vorschläge zur Eindämmung, Diss. TU Berlin.

Umweltbundesamt (1984): Daten zur Umwelt, Berlin.

Umweltbundesamt (1984): Symposium "Das Vorsorgeprinzip im Umweltschutz", Berlin.

Uppenbrink, M. (1983): Modell eines "Integrierten Umweltplanes" als eigenständige Umweltplanung. In: Umweltplanungen und ihre Weiterentwicklung, ARL, Beiträge Bd. 73, Hannover.

Wahl, R. (1983). Zur Integration der Umweltplanungen in raumordnerische Planung. In: Umweltplanungen und ihre Weiterentwicklung, ARL, Beiträge Bd. 73, Hannover.

Wegener, G. (1984): Umweltgüteplanung - Überlegungen zu einem Konzept. In: UPR H. 2/1984, S. 48.

Wey, K.-G. (1982): Umweltpolitik in Deutschland, Kurze Geschichte des Umweltschutzes seit 1900, Opladen.

Wirtschafts- und Sozialwissenschaftliches Institut des Deutschen Gewerkschaftsbundes (Hrsg.): WSI-Mitteilungen, 38. Jg., H. 12/1985: Umweltschutz und Gewerkschaften.

Anmerkungen

1) Mit dem Begriff der räumlichen Planung werden in dem Beitrag die Planungen bei Bund, Ländern und Regionen verstanden.

2) Bericht der Bundesregierung über den Sachstand bei der Harmonisierung und Weiterentwicklung der vorhandenen Ansätze auf dem Gebiet der Umweltverträglichkeitsprüfung (nationales UVP-Konzept), 3 S.

3) Richtlinie des Rates vom 27. Juni 1985 über die Umweltverträglichkeit bei bestimmten öffentlichen und privaten Projekten, Amtsblatt der Europäischen Gemeinschaften Nr. L 175 S. 40-42, 1985.

4) Im Rahmen dieses Beitrages kann aus Platzgründen nur die Entwicklung auf der Bundesebene dargestellt werden. Die Entwicklung auf der Ebene der 11 Bundesländer und der Ebene der Gemeinden ist sowohl inhaltlich als auch im Rahmen der Rechtssetzung und der institutionellen Strukturen (z.B. Zuständigkeiten) unterschiedlich verlaufen. Da jedoch von der Bundesebene wesentliche Anstöße für die Konstitution einer Umweltpolitik ausgingen, erscheint die Reduzierung der Darstellung nur für die Bundesebene für die Zwecke dieses Beitrages hinreichend.

5) Die Begriffe Umwelt und Umweltschutz wurden als politische und rechtliche Begriffe in den 50er/60er Jahren nicht verwendet. Sie wurden erst Ende der 60er Jahre eingeführt.

6) Vgl. beispielhaft die Grüne Charta von der Mainau, abgedruckt in: R. Göb (1966): Raumordnung - von der Vorstellung zur Tat, Deutscher Gemeindeverlag, Köln-Berlin; Deutscher Gemeindetag (Hrsg.) (1964): Soll unsere Landschaft weiter zerstört werden? Bad Godesberg; Vereinigung Deutscher Gewässerschutz (Hrsg.) (1962): Die natürlichen Hilfsquellen, Bad Godesberg; Deutscher Forstwirtschaftsrat (Hrsg.) (1962): Die Bedeutung des Waldes in der Raumordnung, Rheinbach.

7) Umweltschutz in Niedersachsen, Niedersächsische Landesregierung - Ministerium für Bundesangelegenheiten, Hannover o.J.; Umweltpolitik in Bayern, Bayerisches Staatsministerium für Landesentwicklung und Umweltfragen, München 1986.

8) Bei neueren Plänen und Programmen wird zwar der Stellenwert des BIP nicht mehr so hoch eingeschätzt wie früher und die Gleichsetzung: hohes BIP = Wohlfahrt vermieden. Dessenungeachtet bestehen die Bedenken vom Prinzip her fort, weil aus ihm abgeleitete Maßstäbe weiterhin verwendet werden.

9) BDI (Hrsg.) 1984: Industrie und Ökologie: "Vorsorgender Umweltschutz bedarf einer abwägenden Planung, damit angesichts erheblicher Unsicherheiten über die Ursache-Wirkungsketten sein Zweck mit einiger Wahrscheinlichkeit erfüllt werden kann." (S. 12); "Entkoppelung heißt: Umweltbeanspruchung und Rohstoffbedarf je erzeugtes Produkt senken" (S. 7).

Funktion, Möglichkeiten und Grenzen von Umweltqualitäten und Eckwerten aus der Sicht des Umweltschutzes

von
Martin Uppenbrink und Peter Knauer, Berlin

Gliederung

1. Einführung

Der Beitrag will die Funktion und die Möglichkeiten, aber auch die Grenzen von Umweltqualitätszielen und (ökologischen) Eckwerten untersuchen. Er nimmt diese Untersuchung vor aus dem Blickwinkel der wissenschaftlichen Beratung der Umweltpolitik und muß dabei sowohl normative Aspekte berücksichtigen (Was ist mit welchem Instrumentarium bereits geregelt bzw. wird in absehbarer Zeit geregelt werden?) als auch die Dimension des Vollzugs (Wie sieht die reale Situation aus? Gibt es Umsetzungsdefizite oder instrumentelle Defizite?) in Betracht ziehen.

Dementsprechend lauten die Grundfragestellungen des Beitrags wie folgt:

- Welche Funktion und welchen Stellenwert haben Umweltqualitätsziele im System der Umweltpolitik, und zwar in der praktischen Umsetzung dieser Politik heute sowie bei ihrer zukünftigen Gestaltung?

- Auf welchen Gebieten gibt es bereits Qualitätsziele bzw. Eckwerte und wo wäre ihre Einführung aus fachlich-wissenschaftlicher Sicht erwünscht oder geboten? Dabei erfolgt diese Betrachtung vor allem mit Blick auf die Bereiche Landes- und Regionalplanung, wenn sie auch, wie bereits betont, dezidiert aus der Sicht des staatlichen Politikfeldes Umweltschutz erfolgt.

Definitorische Abgrenzungsgefechte sollen so weit wie möglich vermieden werden. Ebenso muß aber auch deutlich sein, daß auf begriffliche Klarheit nicht verzichtet werden kann und darf: Die eventuelle Notwendigkeit des Ausbaus bzw. der Ergänzung des gewachsenen umweltpolitischen sowie raumbezogenen Instrumentariums läßt sich nur begründen und durchsetzen, wenn Funktion und Stellenwert von Qualitätszielen und Eckwerten eindeutig und nachvollziehbar gegenüber anderen Meß- bzw. Handlungskategorien von Umweltschutz und Raumordnung abgegrenzt sind.

2. Das System und der Handlungsrahmen des Umweltschutzes

Eingriffskategorien

Im Bereich der Umweltpolitik sind folgende Eingriffskategorien zu unterscheiden:

- Belastungen durch (Schad-)Stoffe
- Physikalische Belastungen und Eingriffe durch

- Landschaftsveränderungen
- Lärm
- Ionisierende Strahlen.

(Die Kategorie der "ionisierenden Strahlen" bleibt in diesem Beitrag generell außer Betracht.)

Stoffliche und physikalische Belastungen wirken auf Ökosysteme und Landschaften, die in drei Subsysteme unterteilt werden können:

- Natürliches unbelebtes Subsystem (Mineralien, Klima),
- natürliches belebtes Subsystem (Pflanzen, Tiere, Mensch) und
- anthropogenes Subsystem (Bauten, Technik, Infrastruktur). (Vgl. Abb. 1.)

Dabei wird hier ein Ökosystembegriff verwendet, der den Menschen voll mit einbezieht: Er wird sowohl als ein Teil von Ökosystemen als auch durch die Qualität und Quantität seines rationalen Handlungspotentials als ein herausgehobener, wesentlicher Akteur und Veränderer der Umwelt insgesamt und damit auch seiner eigenen Umwelt gesehen (vgl. dazu Abb. 2).

Beobachtungs- und Handlungskategorien des Umweltschutzes

Zur Steuerung und Verminderung von Belastungen und Eingriffen haben sich dabei im Rahmen der Umweltpolitik folgende Beobachtungs- bzw. Handlungskategorien herausgebildet:

- Kategorien der Umweltbeobachtung und -überwachung
  - Meßnetze,
  - Indikatoren,
  - Umweltforschung u.a.

- Handlungskategorien
  - Emissionsminderung,
  - Immissionsschutz,
  - räumliche Schutzzuweisung.

Die folgende Übersicht zeigt Beispiele der Handlungskategorien für die wichtigsten Sektoren des Umweltschutzes:

Sektoren der Umweltpolitik	Handlungskategorien	Emissionsminderung	Immissionsschutz	Räumliche Schutzzuweisung
Luft		- Energiesparen - Entschwefelung von Kohle und Öl - Rauchgaswäsche - Substitution (durch Wasserkraft, Kernkraft o.ä.)	Festlegung von Immissionsgrenzwerten	- Belastungsgebiete nach BImSchG - Smoggebiete
Wasser		Nicht-Ableiten von Stoffen in das Abwasser	Festlegung von Güteanforderungen für Trinkwasser und Oberflächengewässer	Wasserschutzgebiete
Boden		Nicht-Inverkehrbringen von Stoffen	Festlegung von Höchstmengen der Stoffausbringung (z.B. Dünger)	Herausnahme v. Flächen aus d. landwirtschaftlichen Intensivproduktion
Lärm		- Verkehrslenkung - Aktiver Schallschutz an der Quelle	Passiver Schallschutz (z.B. Einbau v. Schallschutzfenstern)	- Flächenhafte Verkehrsberuhigung - Lärmschutzzonen an Flughäfen
Abfall		- Abfallvermeidung - Abfallverwertung - Nicht-Inverkehrbringen von Schadstoffen	Deponiebasisabdichtung	Festlegung von Vorrangflächen für die Abfallbeseitigung
Chemikalien		- Nicht-Inverkehrbringen von Schadstoffen - Substitution von Stoffen	Gefahrstoffverordnung	- entfällt -
Ökosysteme, Natur Landschaft		Unterlassen von Eingriffen, Bauten	- Eingreifen von Ausgleichsmaßnahmen - Landschaftspflegerischer Begleitplan	- Naturschutzgebiete - Nationalparke - Landschaftsschutzgebiete

Bei der Interpretation dieser Matrix ist zu beachten, daß die Grenzen zwischen den einzelnen Kategorien in den meisten Fällen durchaus fließend sind. So ist die Vermeidung eines bestimmten Abwasserinhaltsstoffes, etwa durch Produktionsumstellung, eine eindeutige Maßnahme der Emissionsminderung. Schwieriger wird es schon bei der Zuordnung der sog. dritten Reinigungsstufe von Kläranlagen. Hier wird zwar nicht Emissionsminderung an der Quelle betrieben, es werden aber doch ein oder mehrere Stoffe durch chemische Reaktion und Aufkonzentration vom Eintrag in das Ökosystem des Vorfluters (also in die Umwelt) zurückgehalten. Damit wird die Schädigung dieses Ökosystems vermindert, wenn auch schließlich das Konzentrat auf andere Weise (Verbrennung, Deponie) langfristig doch der Umwelt mitgeteilt wird.

Auch wird deutlich, daß sowohl Immissionsschutz als auch die räumliche Schutzzuweisung letztlich nur "sekundäre" Instrumente sind, deren Erfolg stets erneut von der erfolgreichen Durchführung von Emissionsminderungsmaßnahmen abhängig ist. Die Waldschäden als Ergebnis auch der überregionalen Umweltbelastung veranschaulichen, daß Immissionsgrenzwerte und Ausweisung von Schutzgebieten so lange keine durchgreifende Wirkung gegenüber der Bodenversauerung zeigen können, solange die Emission von Schadstoffen nicht gestoppt oder verringert wird.

Die Kategorie der Beobachtung ist im Sinne der obigen Matrix gleichsam die dritte Dimension: Was immer umweltpolitisch getan wird oder getan werden soll, bedarf der Messung, der Erforschung, des Findens von adäquaten Indikatoren etc.

Mit dem Blick auf Landes- und Regionalplanung ist wichtig zu betonen, daß alle drei Handlungskategorien des Umweltschutzes eine räumliche Dimension haben, wenn auch jeweils sehr unterschiedliche. So hat z.B. die Forderung der Genehmigungsbehörde nach Einbau einer Rauchgaswäsche in der Regel eine bestimmte regionale oder lokale Vorbelastung (also Nutzung) als Hintergrund, so beziehen sich Güteanforderungen für ein bestimmtes Oberflächengewässer sowohl auf geplante Nutzungen als auch auf die ökologische Funktionsfähigkeit dieses Gewässerökosystems und so will etwa ein Nationalplark einen bestimmten Ökosystemtyp (z.B. das Wattenmeer) erhalten.

Es wird deutlich, daß umweltpolitisches Handeln auf dem Hintergrund der Schutzziele

- Gesundheit des Menschen,
- Ökosystem- und Ressourcenschutz sowie
- Schutz von Sachgütern

durchaus eine erhebliche räumliche Dimension aufweist, sich allerdings meistens nicht auf Raumabgrenzungen von Raumordnung oder Verwaltung bezieht (z.B. Raumordnungsregionen, Gebietskategorien des BROP, Gemeinden, Landkreise o.ä.).

Grenzwerte und Standards

Entsprechend den umweltpolitischen Handlungskategorien sind folgende Kategorien von Grenzwerten bzw. Standards zu unterscheiden:

- Emissionsstandards,
- Immissionsstandards,
- räumliche Schutzzuweisung (Vorranggebiete - Ausweisungen).

Dabei ist darauf hinzuweisen, daß die Kategorie der Vorranggebiete oder räumlichen Schutzzuweisungen in der Regel eigentlich kein eigenständiger Handlungssatz ist, sondern als raumbezogener Sonderfall eines Immissionsstandards angesehen wird und auch angesehen werden kann: Ein Belastungsgebiet nach BImSchG wird ausgewiesen, weil dort die Immission "zu hoch" ist, ein Naturschutzgebiet wird geschaffen, weil von dort die "Immission", d.h., der anthropogene Eingriff durch Stoffe (z.B. Landwirtschaft) oder physikalische Maßnahmen (z.B. Bauten), ferngehalten werden soll, damit der Vorrang "Naturschutz" möglich ist. Wegen des hier im Vordergrund stehenden Bezugs zu Raumordnung, Landes- und Regionalplanung ist es jedoch gerechtfertigt, räumliche Schutzzuweisungen als eigenständige Kategorie umweltpolitischen Handelns auszuweisen. Dafür sprechen auch noch weitere Gründe.

Bei oberflächlicher Betrachtung stellt sich die bisherige Umweltpolitik in bezug auf ihre Instrumente als überwiegend nicht-räumlich ausgerichtetes Politikfeld dar; bundeseinheitliche, nicht regionalisierte Grenzwerte und Ansätze scheinen zu dominieren. Es gab denn von seiten der Raumordnung auch verschiedene Ansätze, das umweltpolitische Instrumentarium zu regionalisieren, u.a. im Zusammenhang mit der Novellierung des Bundesimmissionsschutzgesetzes 1978[1] sowie im Rahmen der Diskussion über die Eignung der amerikanischen "Glocken"-Politik für den Immissionsschutz in der Bundesrepublik Deutschland[2].

Bei genauerem Hinschauen wird deutlich, daß die Umweltpolitik instrumentell keinesfalls so eindeutig ausgerichtet ist. Es gibt durchaus in erheblichem Umfang räumliche und räumlich-planerische Ansätze, auch regionalisierten Zuschnitts. Diese werden im Kapitel 4 ausführlicher beschrieben. Zum anderen wird, gleichfalls in Kapitel 4, basierend u.a. auf den programmatischen Aussagen der "Leitlinien der Bundesregierung zur Umweltvorsorge 1986", dargelegt, daß in Zukunft die Ausweisung von Schutzgebieten, vor allem auf den Gebieten Wasserwirtschaft und Natur- bzw. Ökosystemschutz, zunehmen wird.

Zum Dritten schließlich bedeutet der zunehmende Ausbau der Umweltpolitik auf den Gebieten Immissions-, Ökosystem- und Ressourcenschutz eo ipso einen erheblich verstärkten räumlichen Bezug. Ökosysteme, Depositionen und Ressourcen (Wasserressourcen, Ökosystemtypen, flächenhafte Schädigur von Ökosystemen wie Wald) sind Gegebenheiten mit selbstverständlichem räumlichen Bezug.

Beispiele für Grenzwerte auf gesetzlicher Grundlage

Als Beispiel für einen Emissionsgrenzwert sei angeführt:

"Feuerungsanlagen für feste Brennstoffe sind so zu errichten und zu betreiben, daß die Emissionen an Schwefeldioxid und Schwefeltrioxid im Abgas, angegeben als Schwefeldioxid und bezogen auf die in § 3 Abs. 3 angegebenen Volumengehalte an Sauerstoff im Abgas, eine Massenkonzentration von 400 Milligramm je Kubikmeter Abgas nicht überschreiten und der Schwefelemissionsgrad von 15 vom Hundert nicht überschritten wird. Können die Anforderungen nach Satz 1 bei Einsatz von Brennstoffen mit besonders hohem oder stark schwankendem Schwefelgehalt nach dem Stand der Technik nicht erfüllt werden, so ist die Entschwefelungseinrichtung ständig mit der höchstmöglichen Abscheideleistung zu betreiben. Eine Massenkonzentration von höchstens 650 Milligramm je Kubikmeter Abgas darf nicht überschritten werden"[3].

Ein Immissionsgrenzwert ist die maximale Kurzzeitbelastung (IW 2) für Stickstoffoxid von 0,20 mg/m^3, wie sie in der neuen Technischen Anleitung zur Reinhaltung der Luft (TA Luft)[4] aufgeführt wird. Für die Kategorie der räumlichen Schutzzuweisungen ist das Gesetz zur Einrichtung des Nationalparks Schleswig-Holsteinisches Wattenmeer als Beispiel zu nennen, das auf § 14 des Bundesnaturschutzgesetzes beruht[5].

Diesen drei Beispielen ist gemeinsam, daß sie durch Gesetze festgelegte stoffliche Grenzwerte festlegen bzw. definierte räumliche Abgrenzungen vornehmen. Diese Festlegungen sind von jedermann zu beachten und bundeseinheitlich gültig, und sie sind gerichtlich überprüfbar. In welchem Verhältnis stehen nun zu diesen gesetzlichen Grenzwerten Kategorien wie Güteziele, Qualitätsziele, Richtwerte, Eckwerte, ökologische Eckwerte u.a.?

Güteziele, Umweltqualitätsziele, Richtwerte, Eckwerte, Mindeststandards etc.

Auf dem Hintergrund der oben zitierten Grenzwerte bzw. Festlegungen auf gesetzlicher Grundlage wäre es möglich, Begriffe wie Güteziele, Umweltqualitätsziele, Richtwerte, Eckwerte, Mindeststandards u.a. (hier herrscht eine zu üppige Begriffsvielfalt) durch ihre rechtliche Geltungstiefe von diesen abzugrenzen: Güteziele, Umweltqualitätsziele etc., so könnte man definieren, beruhen nicht auf Gesetzen und Verordnungen, sondern sie stellen in der Regel fachlich-wissenschaftliche Empfehlungen oder politisch-programmatische Beschlüsse oder Ziele (z.B. Kabinetts- oder Parlamentsbeschlüsse) dar, die keinen Gesetzesrang haben. Ein möglicher Oberbegriff wären dabei "Umweltqualitätsziele", wie sie beispielhaft in den Leitlinien Umweltvorsorge der Bundesregierung zitiert werden:

- In der Luftreinhaltung Immissionswerte für einzelne Luftverunreinigungen,
- im Bodenschutz Immissionswerte für einige Schwermetalle,
- im Gewässerschutz die Gewässergüteklasse II für leicht abbaubare, organische Stoffe, im Chemikalienbereich Höchstmengen für bestimmte Pestizidrückstände und Pestizidverunreinigungen in pflanzlichen und tierischen Lebensmitteln[6)].

Eine nähere Prüfung ergibt jedoch, daß hier Grenzwerte auf gesetzlicher Grundlage (z.B. Immissionswerte bzw. Immissionsgrenzwerte) mit Qualitätszielen gemeinsamen aufgeführt werden, die keine legislative Grundlage haben (Gewässergüteklasse II). Die Gewässergüteklassen sind fachlich-politische Empfehlungen der Länderarbeitsgemeinschaft Wasser (LAWA), die von Parlamenten bzw. Regierungen als politische Ziele übernommen worden sind, so auch von den Umweltprogrammen der Bundesregierung. Der Begriff "Umweltqualitätsziel" erscheint wohl nur geeignet als Gegensatz zum Begriff "Emissionsgrenzwerte", die rechtliche Geltungstiefe ist nicht von Bedeutung[7)].

Begriffshierarchie für Umweltstandards

Wir erhalten somit folgende Begriffshierarchie:

Prinzipiell ist zwischen

- Emissionsstandards und
- Immissionsstandards (einschließlich räumlichen Schutzzuweisungen)

als Handlungskategorien grob zu unterscheiden.

Der Begriff "Standard" wird, in Ermangelung eines besseren, als Oberbegriff für alle quantitativen und räumlichen Äußerungen von Werten, Zielen u.a. verwendet, ungeachtet der Tatsache, ob diese gesetzlich fundiert sind, ob sie nur wissenschaftlich-fachliche Empfehlungen darstellen oder ob sie politische Ziele o.a. sind. Wie einleitend ausgeführt, ist dann für die gesetzlich fundierten Handlungskategorien zwischen

- Emissionsgrenzwerten,
- Immissionsgrenzwerten,
- räumlichen Schutzzuweisungen

zu unterscheiden.

Unterhalb der Schwelle der gesetzlichen Grenzwerte sind dann, in allen Handlungskategorien, Richtwerte, Eckwerte, Mindeststandards u.a. zu unterscheiden und auch realiter vorhanden. So gibt es neben bzw. unterhalb der gesetzlichen Emissionsgrenzwerte z.B. VDI-Richtlinien, DIN-Normen u.a. für Anlagen; neben dem oben zitierten IW 2-Wert seien die maximalen Immissionswerte des VDI angeführt und unterhalb der Schwelle eines auf gesetzlicher Grundlage ausgewiesenen Naturschutzgebietes mag ein Hauptforschungsraum zur Ökosystemforschung als Beispiel angeführt werden, der für den Zeitraum der Erforschung lediglich durch politischen Beschluß einer Landesregierung definiert ist.

Beispielhaft für einen untergesetzlichen Richtwert sei die VDI-Richtlinie 2310, Blatt 1 (Zielsetzung und Bedeutung der Richtlinien maximale Immissionswerte), für Wertsetzungen unterhalb der Gesetzesschwelle zitiert:

"Die maximalen Immissionswerte und ihre Begründungen stellen eine Sachverständigenäußerung der VDI-Kommission Reinhaltung der Luft dar. Sie sind gemäß dem Auftrag der VDI-Kommission Reinhaltung der Luft Entscheidungshilfen für die Ableitung gesetzlicher Normen, ohne jedoch einen unmittelbaren Bezug zu immissionsschutzrechtlichen Bestimmungen aufzuweisen"[8].

Begriffliche Systematik

Somit ergibt sich folgende Begriffssystematik (s. Übersicht nächste Seite).

Generell darf wohl gelten, daß Emissions- und Immissionsstandards vor allem auf Stoffe bezogen sind, während die Standards für räumliche Schutzzuweisungen (auch Vorranggebiete) auf Ressourcen, Biotope und Ökosysteme bezogen sind.

Auch hier sei erneut auf den engen Zusammenhang aller drei Handlungskategorien verwiesen: Ein Gewässerökosystem in einem Naturschutzgebiet muß durch stoffliche Immissionsstandards geschützt werden, die wiederum letztlich in erster Linie nur durch Emissionsminderungsmaßnahmen durchzusetzen sind.

Hinsichtlich der Ebene der nicht gesetzesfundierten Umweltwerte (Richtlinien, Normen etc.) besteht ein entscheidender Unterschied zwischen den sog. technischen Umweltschutzbereichen und dem Bereich Natur/Landschaft/Ökosystemschutz. Während für jene eine ganze Reihe von Emissions- bzw. Immissionswerten exi-

	Emissionsstandards	Immissionsstandards	räumliche Schutz- zuweisungen
auf gesetzlicher Grundlage	Emissionsgrenzwerte	Immissionsgrenzwerte (oder Umweltqualitätsziele oder Güteziele)	- Naturschutzgebiet - Nationalpark
Unterhalb der Schwelle von Gesetzen und Verordnungen: - Richtwerte - Richtlinien - Eckwerte - Mindestanforderungen	Emissionswerte - DIN-Normen - VDI-Richtlinien	Immissionswerte (oder Umweltqualitätsziele oder Güteziele); - VDI-Richtlinien - Gewässergüteklassen als politisch-programmatische Beschlüsse	- Hauptforschungsraum - Versuchsgebiet für flächenhafte Verkehrsberuhig. - Mindestarealgr. für ein Gebiet zur Erhaltung bestimmter Tierarten (z.B. Raubvögel)

stieren, ist dies im Bereich von Natur- und Ökosystemschutz in viel geringerem Maße der Fall. Außer den "Roten Listen der gefährdeten Arten" ist in diesem Bereich nicht viel zu nennen. Es fehlt schon eine Liste der vorrangig zu schützenden Biotop- und Ökosystemtypen, der aus fachlicher Sicht zu fordernden Naturschutzgebiete etc. (vgl. dazu jedoch Abschnitt 5.3). Und es ist noch auf einen weiteren Unterschied hinzuweisen. Während in den technischen Sektoren des Umweltschutzes die Richt-, Eck- und Mindeststandards trotz fehlender gesetzlicher Fundierung (sie sind ja nicht mehr als fachlich-wissenschaftliche, auf der Basis des Kooperationsprinzips genannte - "vereinbarte" - Empfehlungen) oft schon einen quasi-gesetzlichen Rang eingenommen haben (die Gerichte beziehen sich in Streitfällen darauf), ist diese "Fast-Einklagbarkeit" im Bereich des Ökosystemschutzes nicht gegeben. Die "Roten Listen" haben diese Schwelle (noch?) nicht erreicht.

3. Umweltqualitätsziele und (ökologische) Eckwerte

Definitionen

Nachdem wir eine begriffliche Ordnungssystematik gefunden und festgelegt haben, nach der - jedenfalls in diesem Beitrag - verfahren werden soll, ist nun, speziell in bezug auf die Begriffe Umweltqualitätsziele und (ökologische) Eckwerte, festzulegen, wie sie zu definieren sind, warum, wo und wie derartige Ziele bzw. Eckwerte festgelegt bzw. genannt oder zusammengestellt werden sollen (vg. hierzu den Beitrag Schmidt/Rembierz, in diesem Band).

Umweltqualitätsziele sind immissionsbezogene Ziele einer gesetzlich, politisch-programmatisch oder fachlich-wissenschaftlich definierten Qualität der Umwelt bzw. von Teilen davon (vgl. dazu die Definition von Wirkungswerten in Abschnitt 5.1). Eckwerte sind als Instrumente oder quantifizierte Operationalisierungen dieser Qualitätsziele anzusehen. Wie im vorigen Kapitel bereits nachgewiesen werden konnte, existieren in den technsichen Umweltsektoren bereits eine ganze Reihe solcher Qualitätsziele und Eckwerte. Der verschiedentlich verwendete Zusatz "ökologisch" deutet an, mit welchen Zielen die Arbeit an Qualitätszielen bzw. Eckwerten voranzutreiben ist:

- Es müssen weitere Ziele und Eckwerte für alle Bereiche des Umweltschutzes identifiziert und bestimmt werden,
- insbesondere solche für die Bereiche Natur-, Landschafts-, Ökosystemschutz sowie Flächennutzung.
- Die Ziele und Eckwerte müssen zu einem an ökologischen Kriterien orientierten Gesamtsystem aufeinander bezogener Standards ausgebaut werden.
- Der bisherige Zustand, in dem im gesamten Umweltschutz (in den stoff- und in den eingriffsbezogenen Bereichen) Emissionsvermeidungs- und Umweltqualitätsstrategien unvermittelt und unverbunden nebeneinanderstehen, muß überwunden werden.

Eckwerte als Bausteine einer neuen umweltpolitischen Orientierung

Damit wird deutlich, daß es hier um mehr geht als das Konzipieren einiger derzeit nur verstreut vorliegender Informationen und Forschungsergebnisse: Umweltpolitik muß die neben dem Ansatz der Emissionsverminderung immer schon vorhandene umweltqualitätsbezogene Vorgehensweise verstärken und ausbauen. Somit läßt sich sagen, daß es kein isoliertes Arbeitsfeld der Ausweisung von Eckwerten gibt, sondern diese sich einfügen müssen in einen größeren Zusammenhang einer stärker immissions- und qualitätsbezogenen Schutzpolitik, die bisheriges Vorgehen ergänzt. Dazu gehört dann aber als wichtiges Feld auch die (erheblich zu intensivierende) Umweltbeobachtung, sie ist sogar Voraussetzung für das Festlegen von Zielen und das Ausweisen von Eckwerten.

Dabei ist heute die "ökologische" Orientierung selbstverständlich. Insofern muß dieses Adjektiv auch den Umweltqualitätszielen vorangestellt werden, wenn die Eckwerte als "ökologisch" bezeichnet werden. Dabei meint ökologisch die Orientierung am gesamten Ökosystem, nicht nur an Pflanzen, Tieren, Biotopen: Menschen und Sachgüter sind einzubeziehen, wenn wohl auch größere Priorität für die nächste Zeit besteht, Schutzgüter wie wildlebende Tiere und Pflanzen, Boden etc. zu schützen.

Instrumentell gesehen muß auf allen drei der oben genannten Ebenen von Qualitätszielen angesetzt werden, also

- auf der gesetzlichen,
- auf der politisch-programmatischen und
- auf der fachlich-wissenschaftlichen

Ebene.

Prioritär dürfte, wie gesagt, für den Bereich Natur- und Ökosystemschutz zunächst die letzte Ebene sein, weil auf diesem Sektor noch zu wenig an Eckwerten formuliert ist. Generell aber muß es auch Ziel sein, im Falle von zu starken Widerständen und Durchsetzungsproblemen sukzessive die vorhandenen und die neu zu findenden Ziele und Eckwerte aller Bereiche, bis auf die gesetzliche Ebene, zu "schieben".

Im folgenden soll eine Reihe von Rahmenbedingungen und Problemen der Festlegung und Anwendung von Qualitätszielen und Eckwerten angesprochen und diskutiert werden[9].

Räumliche Ebene und Aussageschärfe

Die Präzision von ökologischen Qualitätszielen und Eckwerten ist je nach der gebietskörperschaftlichen Planungsebene unterschiedlich. Sie nimmt prinzipiell mit zunehmender Entfernung von der Bauleitplanungsebene in Richtung Bund ab. Vorrangig dürfte sein, für die Ebene der Landesplanung und besonders der Regional- und Kreisplanung Ziele und Eckwerte festzulegen.

Gleichwohl sind auch auf Bundesebene Aussagen möglich und erforderlich. So bedarf die Ausfüllung etwa des Eckwertes, 10-15 % des Bundesgebietes sind unter Naturschutz zu stellen, einer übergeordneten Planung und Steuerung von seiten des Bundes. Da dieser Eckwert in der Abstraktheit, in der er heute vielfach genannt wird, notwendig der ökologischen (!) Konkretisierung bedarf (Welche Ökosystemtypen sind zu schützen? Wo im Bundesgebiet?), ist hier die Bundesebene gefragt. Dies auch wegen der Bezüge zu internationalen Vereinbarungen (z.B. Ramsar-Konvention) und auch wegen der grenzüberschreitenden Probleme (Biotop- bzw. Naturschutzgebietsverbund etwa in den Alpen). Schließlich ist der Bund auch aus forschungslogistischen Gründen einzubinden: Forschungskoordinierung, -finanzierung etc.

Eckwerte sind keine Mindeststandards

Einer der wesentlichen Gründe, warum Ökologen bisher oft gezögert haben, Eckwerte nur widerwillig oder gar nicht festzulegen, ist, daß diese in aller Regel als Mindeststandards ausgewiesen werden[10] oder als solche mißverstanden werden können. Es ergibt sich hier die Gefahr des Auffüllens von Spielräumen, die durch "vorsichtige" Eckwerte entstehen können oder die durch vorläufige "Leerfelder" von Eckwerten dort vorhanden sind, wo man aus Gründen (bisweilen auch falsch verstandener) wissenschaftlicher Redlichkeit noch keine "Grenzen" setzen kann oder will.

Diese Gefahr des Auffüllens ist nicht nur auf Eckwerte und nicht nur auf den Bereich Natur- und Ökosystemschutz beschränkt. Wenn das Gesetz z.B. im Emissionsbereich 400 mg/m^3 SO_2 vorschreibt, wird kein Betreiber einer Feuerungsanlage ohne Not 200 mg/m^3 einhalten, selbst wenn der Stand der Technik dies ohne Probleme hergibt und er es "theoretisch" bezahlen kann.

Dies Problem ist nur lösbar durch ständige, sorgfältige Umweltbeobachtung und durch Anwendung des ständigen Fortschreibungsprinzips analog dem Vorgehen beim Stand-der-Technik-Prinzip.

Richtig verstandene Umweltvorsorgepolitik muß zudem die Eckwerte aus Umweltqualitätszielen ableiten bzw. auf diese Ziele ausrichten, die stets "auf der sicheren Seite" liegen sollten. Dazu bedarf es einer intensiven ökologischen Leitbilddiskussion unter Beteiligung von Wissenschaft und Forschung[11]. Diese Leitbild-Diskussion kann sich nicht an der Leistungsfähigkeit des Naturhaushaltes im Sinne von Mindeststandards, sondern nur an der Funktionsfähigkeit der einzelnen Elemente unseres gesamten ökologischen Inventars orientieren.

Zur Ableitung von Qualitätszielen und Eckwerten

Entsprechend der oben aufgeführten Definition sind Eckwerte die quantifizierte Operationalisierung von Qualitätszielen. Sie stützen diese Ziele durch Aussagen bzw. Werte ab. Dazu ein Beispiel:

Das Ziel, daß mindestens 10 % der Fläche der Bundesrepublik Deutschland unter Naturschutz zu stellen sind, ist auf Eckwerten begründet, die angeben, welche Flächengröße erforderlich ist, um das ökologische Inventar der Bundesrepublik Deutschland funktionsfähig zu erhalten.

Eckwerte werden von den ökologischen Wissenschaften aufgestellt bzw. "gefunden". Man kann sie als "kritische" Werte von Zuständen und Funktionen des Naturhaushaltes bezeichnen[12], wobei "kritisch" im Sinne des Prinzips der sicheren Seite hier nicht bedeuten soll, daß schon bei geringfügigem Überschreiten eines Eckwertes die Funktionsfähigkeit eines natürlichen Prozesses völlig in Frage gestellt ist.

Eckwerte sind als solche auch zu bezeichnen, wenn sie nur von Wissenschaftlern genannt worden sind. Sollten sie sich nicht durchsetzen können, ist die nächste Stufe ihrer Verbindlichkeit die Aufnahme in die politische Programmatik, z.B. in ein Landessentwicklungsprogramm. Die verbindlichste Stufe wäre die Aufnahme in ein Gesetz oder eine Verordnung.

Dabei spielt insgesamt die Geschlossenheit der wissenschaftlichen Beweiskette zur Hinterlegung des Eckwertes und des mit seiner Hilfe gestützten Qualitätszieles keine entscheidende Rolle. Die Umweltpolitik sollte hier durchaus Anleihen in anderen Politikbereichen machen.

Die vier Eckwerte des Stabilitätsgesetzes etwa (Stabilität des Preisniveaus, hoher Beschäftigungsstand, außenwirtschaftliches Gleichgewicht, stetiges und angemessenes Wachstum) sind jeder für sich, insbesondere aber in ihrem (wirtschafts-)systemaren Zusammenwirken wohl ebenso unabgesichert wie viele ökologische Grundforderungen (= Eckwerte). So ließe sich die Forderung nach Mindestunterschutzstellung von 10 % des bundesdeutschen Territoriums schon sehr bald als Qualitätsziel eines Ressourcenschonungsgesetzes vorstellen, einschließlich einer Verordnungsermächtigung zur Regionalisierung dieses Ziels für die Landes- und Regionsebene.

Auswahl der Indikatoren und Eckwerte

Eines der grundlegenden Probleme im Bereich der Ökologie und des Ressourcenschutzes ist die Auswahl der "richtigen" Indikatoren und damit der adäquaten Eckwerte. Hier gibt es keine Patentrezepte. Fehler sind letztlich nicht zu vermeiden. Die wesentlichen Maßnahmen gegen Fehler sind die erheblich intensivierte Umweltbeobachtung, der Ausbau von Methoden einer sensiblen Früherkennung (vgl. dazu Kapitel 4) und das prinzipielle Offenhalten des Sets von Indikatoren und Eckwerten für begründete Fortschreibungen.

Auswahl von Schutzobjekten und Qualitätszielen (Leitbilddiskussion)

Einer der wesentlichen Vorwürfe von seiten der Raumordnung, aber vor allem von seiten der Nutzungskonkurrenten Wirtschaft, Siedlung, Verkehr und Infrastruktur, an die Ökologen war in der Vergangenheit, sie würden nicht in der Lage sein, "ökologische Prioritäten" zu setzen, sie wollten letztlich alles um seiner selbst willen geschützt haben, sie seien pauschal gegen jede Veränderung (z.B. auch, wenn der zur Veränderung anstehende Landschaftszustand teilweise ein anthropogenes Kunstökosystem ist) und damit verbunden der Vorwurf, sie hätten kein Bild von einem ökologischen Wunschzustand. Beide Vorwürfe sind begründet, ihre Ursachen aber erklärbar.

Zum einen steht die Ökologie erst seit relativ kurzer Zeit im Rampenlicht der breiten (und politischen) Öffentlichkeit. Sie wird also erst jetzt an einen Zustand und eine Situation herangeführt, an den andere Wissenschaften schon seit Jahrzehnten gewöhnt sind, nämlich wissenschaftliche Hilfen und Ergebnisse in politische Abwägungs- und Entscheidungsprozesse einspeisen zu müssen. Dies bedarf der Gewöhnung. Zum anderen fließen Geld- und Personalressourcen in die Richtung der Ökologie erst seit kurzem so reichlich wie nie zuvor in der Geschichte der Wissenschaft.

Zu den Vorwürfen selbst: In der Tat mangelt es der Ökologiepolitik an einem Leitbild. Während etwa die Raumforschung und Raumordnung seit Jahrzehnten eine rege Leitbilddiskussion führen, ist dies für die Ökologie bzw. Umweltpolitik nicht der Fall[13]. Es existieren kaum Meinungsäußerungen und Diskussionsbeiträge zu der Frage, wie denn die Bundesrepublik Deutschland insgesamt bzw. in ihren Teilräumen aus ökologischer Sicht räumlich optimal bzw. im Sinne der Funktionsfähigkeit des Naturhaushaltes "normal"[14] aussehen sollte bzw. könnte. Hier bedarf es einer erheblichen und gegenüber der Leitbilddiskussion in der Raumordnung auch beschleunigten Debatte.

Ganz sicher wird es hier zu Kompromissen kommen müssen. Es läßt sich wohl nicht "alles" erhalten. Aber es zeigen sich bereits Ansätze, daß auch Ökologen zu, wenn auch schmerzlichen, Kompromissen finden können. Das Projekt einer Sensitivitätsrasterung des Wattenmeeres im Hinblick auf Ölunfälle zeigt auf, wie dabei verfahren werden kann: Unter dem Druck knapper Rettungs- und Schadensbeseitigungsressourcen ("Lieber etwas als gar nichts retten") kommt es für den Fall von Ölkatastrophen notgedrungen zur Ausweisung von sog. "Opfergebieten", d.h. Teilräumen, die zugunsten ökologisch wertvollerer Flächen (zunächst) "aufgegeben" werden können.

4. Die Phasen der Umweltpolitik

Nachfolgend werden die Phasen und Grundsätze der bisherigen und zukünftigen Umweltpolitik kurz beschrieben. Erst dadurch wird es möglich, die Funktion und den Stellenwert von Umweltqualitätszielen und Eckwerten im Rahmen der Umweltpolitik abzuschätzen und deutlich zu machen, ob und wie der Raumordnung und Landesplanung von seiten der Umweltpolitik im hier diskutierten Sinne durch "Abwägungsdaten und -werte" geholfen werden kann.

Die Grundsätze und die instrumentelle Ausrichtung der Umweltpolitik müssen präzise beschrieben werden, um erkennen zu können, inwieweit sie der Raumordnung bedarf, um ihre Ziele durchsetzen zu können. Würde etwa die Umweltpolitik zukünftig ausschließlich und allein auf eine drastische Emissionsminderung setzen, wäre es relativ müßig, von ihr die Entwicklung immissions-, qualitäts- und raumbezogener Indikatoren zu erwarten.

4.1 Grundsanierung und Neuordnung

Die erste Phase der Umweltpolitik seit 1971 ist als Phase der legislativen Neuordnung und Grundsanierung vor allem durch folgende Grundsätze zu charakterisieren:

- Es wurden erfolgreich neue Gesetzeswerke geschaffen, die die einzelnen Sektoren des Umweltschutzes als politisch-rechtliche Handlungsbereiche konstituierten und dem staatlichen Handeln unterwarfen (Bundesimmissionsschutzgesetz, Abfallbeseitigungsgesetz etc.).
- Es wurde eine Grundsanierung in den technischen Umweltteilbereichen vorgenommen (Schließung von ca. 50 000 wilden Müllkippen, Neuaufbau eines geordneten Entsorgungssystems, hohe Investitionen für Abwasserreinigungsanlagen u.a.).
- Den Umweltbelastungen wurde zunächst vor allem mit technischen Sanierungsmaßnahmen begegnet (Abluftreinigung, Abfallverbrennung, Abwasserreinigung).
- Die Umweltpolitik orientierte sich in ihrer Grenzwertfestsetzung in erster Linie an der Gesundheit des Menschen, weniger an Pflanzen, Tieren, Ökosystemen.
- Der Umweltschutz blieb anfangs überwiegend sektoral auf die einzelnen Medien orientiert. Immissionsverlagerungen und ökosystemaren Betrachtungsweisen wurde zu wenig Beachtung geschenkt.
- Die Umweltpolitik blieb teilweise reaktiv-sanierend. Der Vorsorgegedanke konnte nicht hinreichend durchgesetzt werden.

Neben deutlichen Erfolgen ergeben sich dabei jedoch einige Problemfelder, die in den letzten Jahren deutlicher hervorgetreten sind:

- Artenschwund und Artensterben,
- Flächenverbrauch,
- Bodenbelastung durch Landwirtschaft, Altlasten, Versiegelung etc.,
- kein hinreichender Ökosystem- und Naturschutz[15].

4.2 Ökologische Ansätze

Dabei war die zunächst einseitige technische und mediale Orientierung mit dem prioritären Schutzobjekt "Gesundheit des Menschen" vor allem eine (notwendige) prioritäre Schwerpunktsetzung, gewissermaßen aus der Not der Aufgabenfülle heraus geboren. Der Grundansatz des Instrumentariums war von Anfang an auch darauf ausgerichtet, Immissionsverlagerungen zu vermeiden und auch Pflanzen, Tiere und Ökosysteme zu schützen (vgl. z.B. § 22 (3) BImSchG und § 2 AbfG).

Um die o.g. Problemfelder verstärkt in Angriff zu nehmen, wurde schon 1979 ff. ein Aktionsprogramm Ökologie mit folgenden Zielsetzungen erarbeitet:

- Weiterentwicklung des gesetzlich-administrativen Instrumentariums in Richtung einer stärkeren Betonung planerischer Elemente sowie integrierter, ökosystemarer Betrachtungsweisen.
- Verstärkter Ökosystemschutz.
- Stärkeres Gewicht für Vermeidungsaspekte gegenüber Sanierung und Schadensbehebung "im nachhinein".

4.3 Erfassung und Bewertung von Immissionen und Wirkungen

Zudem war die Umweltpolitik von jeher auch immissions- und wirkungsbezogen ausgerichtet, wenn dies auch zunächst nicht so deutlich zum Ausdruck kam. Es wurden natürlich Immissionsmeßnetze eingerichtet (vgl. dazu den Abschnitt weiter unten), und Wirkungen von Schadstoffen auf Menschen, Ökosysteme und Sachgüter sind schon lange Gegenstand von Forschungsvorhaben. Neben den Luftimmissionsmeßnetzen als Beobachtungsinstrumente sind als Beispiele für medien- und stoffbezogene Umweltqualitätsziele zu erwähnen:

- In der Luftreinhaltung Immissionswerte für einzelne Luftverunreinigungen,
- im Bodenschutz Immissionswerte für einige Schwermetalle,
- im Gewässerschutz die Gewässergüteklassen,
- im Chemikalienbereich Höchstmengen für bestimmte Pestizidrückstände in pflanzlichen und tierischen Lebensmitteln,
- Immissionshöchstwerte der Klärschlammverordnung (als Emissionswerte im Schlamm definiert).

Auch ist hier auf das Chemikaliengesetz hinzuweisen, das durch den Beschluß der Verordnung über gefährliche Stoffe (Gefahrstoffverordnung) durch den Deutschen Bundestag im Oktober 1986 gerade ein wichtiges Stück weitergeführt worden ist, wenngleich die Bundesregierung in einem Bericht aus dem Februar 1986 betont hat, daß es noch der detaillierten Prüfung bedarf, ob und inwieweit die Schutzziele des § 1 des Chemikaliengesetzes bereits "in dem gebotenen Umfang verwirklicht" sind[16].

Im Jahre 1978 wurde zur Gewinnung einer breiten wissenschaftlichen Grundlage auf dem Gebiet der Luftreinhaltung eine Sachverständigenanhörung zum Thema "Medizinische, biologische und ökologische Grundlagen zur Bewertung schädlicher Luftverunreinigungen" durch den damals zuständigen Bundesminister des Innern durchgeführt[17].

Schließlich ist auf erste Ansätze zu verweisen, Gesamterfassungen und -zusammenstellungen von Umweltschadstoffen vorzunehmen, die "in den verschiedenen Umweltmedien nachgewiesen bzw. bestimmt wurden"[18].

Insgesamt muß es als selbstverständlich angesehen werden, daß eine verantwortungsbewußte Umweltpolitik auch immissionsbezogen und umweltqualitätsorientiert vorgeht. Eine reine Emissionsminderungspolitik "ins Blaue hinein" wäre nicht zu verantworten und auch zum Scheitern verurteilt, und zwar aus folgenden Gründen:

1. Jede Emissionsminderungspolitik braucht Hinweise und Verdachtsmomente, welche Stoffe in ihrem Ausstoß bzw. Eintrag in die Umwelt zu mindern sind.

2. Sie braucht diese Hinweise auch, weil aus Vollzugs- und aus volkswirtschaftlichen Gründen nicht präventiv alle Emissionen gemindert bzw. verboten werden können. Es müssen Prioritäten gesetzt werden, was vorrangig zu mindern ist. Diese Hinweise können nur aus der Umweltbeobachtung und der Wirkungsforschung kommen.

3. Sie muß die Veränderungen und Stoffeinträge in Rechnung stellen, die durch anthropogene Eingriffe bereits stattgefunden haben.

Dementsprechend fordert auch die Entschließung des Deutschen Bundestages vom 9.2.1984, daß ein langfristiger Rahmen von Umweltzielen mit ökologischen Eckwerten vorgegeben werde, besonders in der Lunftreinhaltepolitik[19]. Schließlich sei hier auf die neue TA Luft verwiesen, deren Emissionsminderungsvorschriften sich am Risikopotential von Stoffen (Akkumulation, Toxizität etc.) orientieren und zudem medienübergreifend Bezug nehmen auf Grenzwerte aus anderen Umweltmedien (z.B. Trinkwasser-, Klärschlamm und Futtermittel-Verordnung sowie Abwassereinleitungs- und Bodenrichtwerte)[20].

4.4 Raumbezogene und planerische Instrumente

Vorranggebiete im Umweltschutz

Insbesondere von seiten der Raumforschung, Raumordnung und Landesplanung ist der Umweltpolitik - darauf wurde bereits hingewiesen - vielfach der Vorwurf gemacht worden, ihre Instrumente und Ansätze seien nicht oder nicht hinreichend räumlich und raumplanerisch ausgerichtet.

Dieser Vorwurf besteht bei genauerem Hinsehen zu Unrecht. In allen Umweltbereichen sind bereits mehr oder minder ausgeprägte Ansätze für eine Vorranggebietspolitik vorhanden. Diese sind jedoch von der Raumordnung nicht als solche erkannt oder nicht systematisch ausgebaut und instrumentiert worden. Es sei verwiesen auf:

- Luftreinhaltung:
    - Belastungsgebiete nach § 61 BImSchG
    - Smoggebiete

- Wasserwirtschaft:
    - Wasserschutzgebiete
    - Wasserschongebiete

- Lärmbekämpfung:
    - Flächenhafte Verkehrsberuhigung

- Natur-/Ökosystemschutz:
    - Nationalparke
    - Naturschutzgebiete
    - Naturparke
    - Landschaftsschutzgebiete
    - Geschützte Landschaftsbestandteile.

Mit diesen umweltpolitischen Vorranggebieten sind sogar Ansätze einer funktionsräumlichen Arbeitsteilung gegeben[21)], die wahrscheinlich in Zukunft noch erheblich ausgebaut und auf weitere Gebiete ausgedehnt werden (vgl. hierzu das Grundwasserschutz-Programm mit der Forderung weiterer, restriktiver Schutzgebietsausweisungen und Nutzungsbeschränkungen; vgl. auch die Überlegungen zur Herausnahme bestimmter Flächen aus der landwirtschaftlichen Intensivproduktion, sofern diese nach ökologischen Kriterien erfolgt).

Im Zusammenhang mit unserem Thema ist an diesen Vorranggebieten von Interesse, daß ihrer Ausweisung die Setzung von Umweltqualitätszielen und Eckwerten vorausgegangen ist: Ein Naturschutzgebiet soll Ökosysteme schützen, ein Wasserschutzgebiet soll eine Ressource vor Schädigungen oder Belastungen bewahren, und in einem Belastungsgebiet nach BImSchG besteht ohne die Ausweisung und entsprechende Sanierungsmaßnahme (vgl. weiter unten zu den Luftreinhalteplänen) die Besorgnis von Schäden an Menschen, Pflanzen, Tieren u.a. Dies ist auch der Grund für die Vorschrift, in den Belastungsgebieten Luftgütemeßnetze einzurichten.

Umweltpläne

Ein weiteres räumlich-planerisches Instrument sind die Umweltpläne wie

- Luftreinhaltepläne,
- Abfallbeseitigungspläne,
- wasserwirtschaftliche Rahmenpläne,
- Bewirtschaftungspläne für oberirdische Gewässer,
- Abwasserbeseitigungspläne,
- Lärmvorsorgepläne,
- Landschafts- und Landschaftsrahmenpläne u.a.

Die Aufstellung von Luftreinhalteplänen ist nach dem BImSchG für ausgewiesene Belastungsgebiete vorgeschrieben. Die Pläne enthalten u.a.

- eine Regionsbeschreibung der Belastungssituation (Klima, Orographie, Nebel, Wind, Bodeninversion, Flächennutzung, Wirtschaftsstruktur, Verkehrsstruktur etc).,
- Emissions-, Immissions- und Wirkungskataster (!),
- eine Ursachenanalyse der Belastungssituation,
- Prognosen der Emissionssituation,
- einen Maßnahmenplan[22].

Insbesondere durch die Elemente Immissionskataster, Wirkungskataster und Ursachenanalyse sind die Luftreinhaltepläne ausgeprägte Ansätze von Umweltqualitätsbeschreibungen. Sie enthalten, vor allem im Maßnahmenteil, Umweltqualitätsziele, die durch Eckwerte flankiert werden.

Diese Situation ist nicht bei allen Planarten gleichermaßen gegeben. So stellen etwa die Abfallbeseitigungspläne überwiegend reine Verzeichnisse von geplanten Anlagen dar, ohne daß Ansätze zu Ursachenanalysen oder gar Wirkungs- bzw. Immissionskatastern nur entfernt erkennbar sind. Insgesamt jedoch sind die Umweltpläne z.T. gute Beispiele für regionalisierte Umweltqualitätsbeschreibungen einschließlich Maßnahmenteil.

Es ist denn auch vorgeschlagen worden, die Umweltpläne, die leider bisher weder von der Raumplanung noch von der Umweltplanung aufgenommen wurden, zu einem medienübergreifenden Instrument der Umweltplanung (der Feststellung und Verbesserung von Umweltqualität) auszubauen[23].

4.5 Meßnetze und Umweltbeobachtung

Luftimmissionsmeßnetze

Immissionsmeßnetze sind Grundlage und Ausgangspunkt für Aussagen zur Umweltgüte und zum Festlegen von Eckwerten, des Ergreifens von Umweltmaßnahmen überhaupt. Prinzipiell gibt es in der Bundesrepublik zwei Meßnetztypen: die Meßnetze der Länder in den Belastungsgebieten (vgl. Daten zur Umwelt 1986/87, S. 205-208 und Abb. 3) sowie das sog. Reinluftmeßnetz des Umweltbundesamtes, das vor allem der Messung der großräumigen Luftbelastung dient (vgl. Abb. 4). Besonders deutlich wird die Funktion von Luftmeßnetzen, insbesondere für die breitere Öffentlichkeit, durch ihre Funktion bei der Smogalarmplanung (vgl. Abb. 5), die allerdings keine Strategie der Luftgüteverbesserung darstellt, sondern ein Instrument lediglich der akuten Gefahrenabwehr.

Luftmeßnetz des Umweltbundesamtes

Zur Feststellung der großräumigen Luftbelastung betreibt das Umweltbundesamt ein Meßnetz, das 5 Meßstellen und 10 Probenahmestellen umfaßt.

Die Maschenweite des Meßnetzes liegt bei ca. 200 km. Sowohl die Meß- wie auch die Probenahmestellen liegen - da mit diesem Meßnetz vorrangig weiträumige, grenzüberschreitende Probleme der Luftverunreinigung untersucht werden - in ländlichen Gebieten.

Das Meßprogramm schließt an den Meßstellen die wichtigsten Schadgase wie SO_2, Stickoxide, Ozon, Staub und Inhaltsstoffe wie Sulfatgehalt, Blei und Cadmium sowie die Zusammensetzung des Niederschlages ein. An den Probenahmestellen wird nach einem reduzierten Programm gearbeitet, das z.Z. SO_2, Staub und Sulfat umfaßt.

Ziel der Überwachung ist die Feststellung grenzüberschreitender Schadstofftransporte, der großräumigen Luftbelastung und deren Trendentwicklung sowie die Beobachtung von Episoden besonderer Belastung.

Geplante Erweiterung des UBA-Meßnetzes

Für diese Aufgaben ist die genannte Maschenweite von ca. 200 km deutlich zu gering. Unter Einbeziehung der Meßdaten aus den Ländermeßnetzen und hier insbesondere der "Wald-Meßstationen", die in 1983 und den folgenden Jahren errichtet wurden, wird der Ausbau des UBA-Meßnetzes auf etwa 20 Stationen - hiervon 15 Probennahmestellen - angestrebt.

Das Meßprogramm der Meßstellen wurde um die Beobachtung organischer Komponenten (Kohlenwasserstoffe) und PAN erweitert, die Probenahmestellen werden mit Meßcontainern und kontinuierlich registrierenden Meßgeräten für SO_2, NO_x, O_3 und Schwebstaub sowie für meteorologische Parameter ausgestattet. Die Erfassung und Weiterleitung der gemessenen Daten über die Pilotstation Frankfurt an das UBA wird den technischen Möglichkeiten angepaßt: Die Meßwerte werden mittels Datenfernübertragung weitergeleitet und stehen somit nach kurzer Zeit zur Auswertung bereit. Nach dem Ausbau des Meßnetzes wird die Maschenweite unter Einbeziehung der Länderstationen etwa 50 km betragen. Von weit wesentlicherer Bedeutung als die größere Zahl von Probenahmestellen ist, daß das dann bestehende Meßnetz für eine flächendeckende Aussage über Luftverunreinigungen ausreichend valide sein wird.

Smogfrühwarnung

Es hat sich herausgestellt, daß Smog nicht, wie ursprünglich angenommen, immer hausgemacht in den jeweiligen Ballungsgebieten auftritt, sondern daß auch großräumiger Transport von Schadstoffwolken, sog. advehierter Smog, zu sehr hohen Belastungen führen kann. Um die Bevölkerung in diesen Fällen rechtzeitig warnen zu können und um Material zu gewinnen zur internationalen Durchsetzung von Minderungsmaßnahmen, wurde zwischen Bund und Ländern die Einrichtung eines Smog-Frühwarnsystems vereinbart. Dazu sollen mittels Datenfernübertragung bei Anzeichen für bevorstehenden advehierten Smog die Immissionsdaten des Bundes und der Länder ins UBA übermittelt werden. Zur Charakterisierung der bestehenden Situation wird im UBA mit diesen Daten eine Isoliniendarstellung konstruiert und an die Datenlieferungen zurückübermittelt. Ausgehend von diesen Daten soll dann der Pilotstation Frankfurt des UBA in Offenbach unter Zuhilfenahme der synoptischen Daten des Deutschen Wetterdienstes die weitere Entwicklung (Höhe der Konzentrationen, Weg der verschmutzten Luftmasse etc.) prognostiziert werden. Durch flankierende Flugzeugmessungen sollen der Umfang grenzüberschreitender Transporte sowie Umfang und Ausdehnung der Smogwolken festgestellt werden.

Ökologische Umweltbeobachtung

Im öffentlichen Bewußtsein dürfte Umweltbeobachtung im wesentlichen mit der Luftgütemessung zusammenfallen. In der Tat war wohl der Bereich Luft der Sektor, in dem in den letzten Jahren am intensivsten und aufwendigsten die Gütesituation kontinuierlich erfaßt wurde. Erst in den letzten Jahren, z.T. auch erst in allerletzter Zeit, zeigen sich zunehmend Ansätze, die Umweltgütemessung zu einer medienübergreifenden Zustandsmessung auszubauen. Einige dieser Bemühungen werden nachfolgend geschildert.

Umweltqualitätsbericht Baden-Württemberg

Einer der frühesten Versuche, Umweltqualität medienübergreifend und flächendeckend zu erfassen, ist der Umweltqualitätsbericht Baden-Württemberg aus dem Jahre 1979[24], dessen Zielsetzung wie folgt beschrieben wird:

"Möglichst exakte Erhebungen über die Umweltqualität bilden eine wichtige Voraussetzung für sachgerechtes umweltpolitisches Handeln mit gesamtökologischer Orientierung und Zielsetzung. Die Landesregierung hat deshalb in ihrem Zweiten Mittelfristigen Umweltprogramm angeordnet, zusätzlich zu den Vollzugsberichten periodische Umweltqualitätsberichte zu erarbeiten. Bei den Vollzugsberichten zu den Maßnahmeprogrammen lag das Schwergewicht naturgemäß auf den legislativen, administrativen und technologischen Leistungen. Die zahlreichen Bemühungen und Maßnahmen des Umweltschutzes sind aber kein Selbstzweck. Sie sind letztlich immer auf ein biologisch-ökologisches oder ein humanhygienisches Ziel gerichtet. Daher ist auch eine Kontrolle notwendig, die feststellt, wie weit man sich diesem Ziel genähert hat.

Bei den umfangreichen Vorarbeiten haben wir die Erfahrung gemacht, daß der Umweltqualitätsbericht als ökologische Bestandsaufnahme und fortlaufende ökologische Buchführung ein hervorragendes Instrument der Integration ist, das den einzelnen Sektoren des Umweltschutzes ihre gesamtökologische Einbindung bewußt macht und ihnen eine fachübergreifende Orientierung vermittelt. Im Blick auf die gemeinsame Aufgabe werden Schranken abgebaut, die der ursprünglich mehr sektoral betriebene Umweltschutz begünstigt hat.

Die Erkenntnisse des Umweltqualitätsberichtes werden in vielen Fällen bereits konkrete Empfehlungen zur Abhilfe erlauben[25]".

Der Bericht beschreibt die Umweltgütesituation des Landes auf folgenden Gebieten:

- Natur und Landschaft
- Wasser
- Luft
- Lebensmittel einschl. Trinkwasser, Tabakerzeugnisse, kosmetische Mittel und sonstige Bedarfsgegenstände
- Lärm
- Umweltradioaktivität und Strahlung
- Abfall
- Umweltchemikalien.

Leider blieb dieser Umweltqualitätsbericht in dieser Form im wesentlichen ohne entsprechende Nachahmer auf Landesebene und anderen Planungsebenen. Weiterführende Ansätze werden wohl aufgenommen bei der Erarbeitung einer

Konzeption einer ökologischen Umweltbeobachtung für Schleswig-Holstein

In einem 1987 beginnenden Forschungsvorhaben soll die modellhafte Konzeption eines Systems der ökologischen Umweltbeobachtung erarbeitet werden. Es ist die "ökologische Optimierung" der vorhandenen Meßsysteme geplant, d.h. die Erstellung eines Konzepts für die Erweiterung und Ausdehnung der bestehenden Ansätze auf alle ökologisch relevanten Bereiche. Ein wichtiger Schwerpunkt wird dabei die Beobachtung des Verhaltens von Chemikalien in Agrarökosystemen sein.

Daten zur Umwelt

Auf Bundesebene wird mit den "Daten zur Umwelt" des Umweltbundesamtes (erstmals 1984 erschienen) versucht, einen "Gesamtüberblick zur Umweltsituation in der Bundesrepublik Deutschland" zu geben und somit "eine notwendige Ergänzung zu schon vorliegenden medien- und stoffbezogenen Berichten" zu liefern: "Die Daten zur Umwelt sollen Umweltbelastungen und ihre Ursachen sowie Maßnahmen und Instrumente, die zum Schutz der Umwelt eingesetzt werden, verdeutlichen[26)]". Die aktualisierten "Daten zur Umwelt" (1986/87) erschienen Anfang 1987.

Umweltprobenbank

Ein weiterer Schritt in Richtung einer medienübergreifenden, ökologischen Umweltbeobachtung ist die Umweltprobenbank.

Die Vorhersage künftiger Belastungen durch Umweltchemikalien ist ein Instrument zur Gefahrenabwehr. Dies ist zum einen durch laufend erhobene Daten zur Umweltbelastung möglich. Bei neu erkannten Gefahrstoffen ist es aber nötig, auf authentisches Material früherer Zeiten zurückzugreifen. Dies wird durch den Aufbau einer Umweltprobenbank sichergestellt, welche zum retrospektiven Nachweis von Chemikalien in ausgewählten biologischen Proben dient, die aus repräsentativen Räumen gewonnen werden. Die Umweltprobenbank ist eine Ergänzung zum Umwelt-Monitoring und zur Gefahrenprognose. Die in einer Umweltprobenbank eingelagerten Proben können als Referenzmaterial für die Ermittlung von Trends in der chemischen Belastung der Umwelt verwendet werden, aber insbesondere auch für die Feststellung, aus welchen Quellen und zu welchem Zeitpunkt neue Chemikalien in die Umwelt gelangen.

Darüber hinaus ermöglichen Umweltprobenbanken die Messung früherer und jetziger Konzentrationen von Chemikalien, die zum Zeitpunkt der Probennahme und Probeneinlagerung nicht als gefährlich angesehen wurden oder nicht angemessen überwacht oder genau genug analysiert werden konnten[27)]. 1985 wurde mit dem Aufbau der Umweltprobenbank begonnen. Zur Einlagerung sind 25 Probenarten (biologische Proben und Bodenproben) vorgesehen.

Gesundheitsatlas Saarland

Im Rahmen des Vorhabens "Gesundheitsatlas Saarland" (Modellvorhaben zur Regionalanalyse von Gesundheits- und Umweltdaten im Saarland) wurde der Aufbau eines epidemiologischen Beobachtungs- und Planungsinstruments angestrebt.

Der im Rahmen dieses Vorhabens erarbeitete Krebsatlas dient der deskriptiv-epidemiologischen Durchleuchtung des Krebsgeschehens in durch Verwaltungs- und auch nicht-administrative Grenzen definierten Gebietseinheiten. Während bisher in Krebsatlanten ausschließlich Informationen über Todesfälle an Krebs statistisch bearbeitet wurden, beruhen die kartographischen und tabellarischen Übersichten dieses Studienberichtes auf der Auswertung von Krebsneuerkrankungen der Jahre 1975-1981 im Saarland.

Diese im Bundesgebiet einmalige Möglichkeit ist der Existenz des im Statistischen Landesamt geführten "Saarländischen Krebsregisters" zu verdanken. Es ist das einzige bevölkerungsbezogene epidemiologische Krebsregister in einem Flächenstaat der Bundesrepublik Deutschland. Das Vorhaben wird fortgeführt werden. Dabei geht es jetzt um die Abklärung möglicher Ursachen für auffällige regionale Muster der Krebsinzidenz- und Moralitätsverteilung insbesondere im Hinblick auf die Beteiligung von Umweltverunreinigungen oder auf ungünstige Umweltbedingungen.

In den letzten Jahren hat sich die wissenschaftliche, öffentliche und politische Diskussion zunehmend mit den Folgen der anthropogen verursachten Umweltbelastung und -kontamination auf die menschliche Gesundheit befaßt. Das Unglück in Tschernobyl hat überdies zu einer dramatischen und nachhaltigen Zuspitzung der öffentlichen Sensibilität gegenüber diesem Thema geführt und sowohl Wissens- als auch Planungsdefizite in diesem Bereich deutlich in das Bewußtsein einer breiten Öffentlichkeit gerückt.

Die thematisch einschlägige wissenschaftliche Literatur zeigt, daß insbesondere in der Bundesrepublik Deutschland großer Nachholbedarf auf dem genannten Forschungsfeld besteht. Terminologische Differenzen zwischen "Ursachenforschung" auf der einen Seite und "Wirkungsforschung" auf der anderen können nicht darüber hinwegtäuschen, daß es sich um Aufgaben handelt, die von umwelt- und gesundheitsbezogenen Forschungsinstitutionen und Behörden nur gemeinsam oder in enger Abstimmung miteinander angegangen werden können. Eine gesetzliche Verpflichtung zur Wirkungsforschung unter gewissen Umständen ergibt sich aus der Systematik eines Lufteinhalteplanes, der normativ im Bundes-Immissionsschutzgesetz verankert ist[28].

Ökologische Belastungsanalyse Stade

Im regionalen Maßstab wurde in der "Ökologischen Belastungsanalyse Landkreis Stade"[29] ein ökologisches Informationssystem entwickelt, das gleichfalls einen modellhaften Ansatz der Umweltqualitätserfassung darstellt, hier auf der Basis des experimentellen Biomonitoring und der Nahrungsnetzanalysen. Die "Belastungsanalyse" umfaßte folgende Elemente:

- Die Erstellung eines ökologischen Informationssystems, das auf der Basis einer ökologischen Datenbank (auf einer Plotterkarte des Raumes auf UTM-Basis) ökologische Informationen in 500 x 500 m Rastern zusammenstellt. Zu diesen Informationen gehören die Flächennutzungsdaten, vorkommende Tier- und Pflanzenarten, Klima-, Emissions- und Immissionsdaten, Bodentypen und, soweit verfügbar, auch sozioökonomische Daten.
- Die Erfassung von "Umweltchemikalien" in den Niederschlägen.
- Die Erfassung von Vegetation und Tierpopulationen als Grundlage für Nahrungskettenanalysen.
- Die Erstellung eines experimentellen Biomonitoring-Programmes für Stade (Wirkungs- und Trendkataster).

- Die Erfassung der Belastung von Nahrungsketten. Die ursprünglich im Auftrag enthaltene Stoffliste (Hesachlorbenzol, Perylen, Pentachlorphenol, Blei, Quecksilber, Cadmium, Dichloräthan, Propylenoxid, Epichlorhydrin) wurde im Verlauf der Arbeiten erheblich erweitert und zusätzlich die chemische Belastung der Böden einer besonderen Bewertung unterzogen.

Das "Belastungsmodell Stade" soll nicht nur Aufschluß für bestimmte Planungsfragen liefern, sondern darüber hinaus auf besonders problematische und ökosystemverbrauchende Planungszielvorstellungen aufmerksam machen. Deshalb wurde primär danach gefragt, ob die gelieferten ökologischen Informationen ökologisches Risiko widerspiegeln.

Informationsgrundlagen zum Bodenschutz

Gemeinsam mit den Ländern entwickelt der BMU/UBA derzeit ein Konzept zur Verbesserung der Informationsgrundlagen des Bodenschutzes. Hierbei stehen vor allem langfristig aufzubauende Instrumentarien zur ökologischen Umweltbeobachtung im Mittelpunkt. Insbesondere sind hier

- Dauerbeobachtungsflächen zur Bilanzierung der Ein- und Austräge von Stoffen,
- Bodenmeßnetze und -probenbanken,
- Weiterführung der bodenkundlichen Landesaufnahmen (Grundinventar),
- Erstellung einer Bodenkarte 1:200 000 für die Bundesrepublik Deutschland einschließlich von sachbezogenen Auswertungskarten

zu nennen.

Im Auftrag der Umweltminister-Konferenz erstellt die Sonderarbeitsgruppe Informationsgrundlagen Bodenschutz unter Vorsitz des Freistaats Bayern derzeit einen Bericht.

Wirkungskataster

Die Länder, in denen Wirkungskataster bestehen und regelmäßige Umweltbeobachtung mit Bioindikationsverfahren durchgeführt werden, arbeiten unter Beteiligung des Umweltbundesamtes an der Vereinheitlichung und Weiterentwicklung der Meßverfahren und Überwachung. Das Umweltbundesamt beteiligt sich hier insbesondere bei der Methodenweiterentwicklung und -standardisierung.

Überwachung des Grundwassers

Eine generelle Überwachung der Grundwasserbeschaffenheit ist bislang in der Bundesrepublik nicht eingerichtet worden. Daher ist auch eine Beschreibung der Grundwassersituation sowie von Trendentwicklungen derzeit noch nicht möglich.

Allerdings hat die Länderarbeitsgemeinschaft Wasser Grundsätze für eine systematische Überwachung aufgestellt. Einige Länder sind bereits dabei, die Grundwasserüberwachung zu institutionalisieren.

Es wäre jetzt erforderlich, bundeseinheitlich ein repräsentatives Standard-Meßprogramm aufzustellen, das eine synoptische Beurteilung der Belastungssituation und die Erfassung von Trends unter ausreichender Berücksichtigung saisonaler Variabilitäten ermöglicht. Dieses Standard-Meßprogramm muß an besonders belasteten oder gefährdeten Standorten, an denen z.B. ein punktförmiger Eintrag von Problemstoffen zu befürchten ist, durch Sondermeßprogramme ergänzt werden.

Frühwarnsysteme

Sind Chemikalien in die Umwelt gelangt, verliert der Mensch weitgehend die Kontrolle über Expositionen und damit über die daraus resultierenden Wirkungen. Insbesondere persistente Chemikalien können in der Umwelt über lange Zeit mit Organismen in Berührung kommen und Wirkungen auslösen. Die Kapazität der Ökosphäre, Chemikalien aus der Technosphäre ohne wesentliche Struktur- und Funktionsstörungen aufzunehmen, ist beschränkt.

Hierfür gibt es heute bereits unübersehbare Beispiele. Über Atemluft, Trinkwasser und Nahrungsmittel gelangen Schadstoffe zum Menschen zurück und führen zur unfreiwilligen Exposition. Gesundheits- und Umweltgefährdungen sind schon aus diesem Grunde häufig nicht voneinander zu trennen. Die menschliche Gesundheit selbst ist allerdings kein hinreichender Indikator für ökologische Probleme, weil sie einerseits durch massiven Einsatz anthropogener Chemikalien gestützt wird und andererseits der Mensch widerstands- und anpassungsfähiger ist als viele Teile der Umwelt.

Die Umweltpolitik muß jeden Stoffeintrag in die Umwelt als potentiell belastend ansehen. Ein Stoff darf nicht schon dann als unbedenklich angesehen werden, wenn er beim Menschen keine akute Erkrankung verursacht. Früherkennung wird als systematisches Aufspüren und Verfolgen von Hinweisen auf potentiell schadhafte Entwicklungen verstanden, bevor es zu gravierenden Schäden kommt. Verdachtsmomente können sich auf die Abgabe von Schadstoffen in die Umwelt, auf Belastungen in der Umwelt sowie auf Wirkungen und Krankheitserscheinungen beziehen. Früherkennung ist damit ein wesentlicher Teil des Vorsorgeprinzips in der Bundesrepublik Deutschland. Je früher Probleme erkannt und anerkannt werden, desto ökonomischer wird ihre Lösung[30].

Die Früherkennung bedient sich u.a. der

- (Technologie-)Folgenabschätzung,
- Meß- und Beobachtungsnetze,
- Umweltprobenbank,
- epidemiologischen Forschungsergebnisse.

Die Früherkennung benutzt alle vorhandenen Meß- und Beobachtungssysteme (bis hin zu Presseberichten und sonstigen "Symptom- und Indikatorverzeichnissen") und versucht, den Zeitpunkt des Erkennens von Gefahren so weit wie möglich "nach vorn" zu verlagern.

Insgesamt sind alle (hier in Beispielen aufgeführten) Meßnetze und Informationssysteme geeignet, um für die Ausweisung von Umweltqualitätszielen zu dienen. Aus ihnen sind ökologische Eckwerte und Hinweise zu gewinnen.

Natürlich besteht hier eine Interaktion: Qualitätsziele geben auch Ansätze, in welcher Weise die Umweltbeobachtung zu modifizieren bzw. auszubauen ist.

4.6 Ökosystem- und ressourcenbezogene räumliche Ansätze

Ökosystemforschung

Die Anstrengungen der Umweltpolitik der letzten Jahre waren deutlich in Richtung Emissionsminderung orientiert. Diese Entwicklung war nicht von einer gleichstarken Entwicklung begleitet, die sich mit dem Erkennen und Bewerten medienübergreifender Wirkungen von Schadstoffen, insbesondere auf Ökosysteme, befaßt. Die Waldschäden sind ein Beispiel für zunehmende Schäden und Belastungen an unseren Ökosystemen, die wir uns nicht schlüssig erklären können. Die Umweltpolitik muß sich daher verstärkt darum bemühen, unser ökologisches System bzw. seine Teilsysteme zu entschlüsseln.

Das Ökosystemforschungsprogramm des Bundesministers für Umwelt, Naturschutz und Reaktorsicherheit hat zum Ziel, die Funktions- und Wirkungsmechanismen der wichtigsten Ökosystemtypen, die für die Bundesrepublik Deutschland repräsentativ sind, zu entschlüsseln und durch Modelle erklärbar und auch prognostizierbar zu machen. Als erster Beitrag zu diesem Programm läuft seit einigen Jahren das MAB-6-Vorhaben "Der Einfluß des Menschen auf Hochgebirgsökosysteme" im Raum Berchtesgaden. Weitere Vorhaben sind derzeit für die Bornhöveder Seenkette sowie das Wattenmeer geplant. Eine aktualisierte Auswahl der für das Ökosystemforschungsprogramm in Frage kommenden Hauptforschungsräume (d.h. der für die Bundesrepublik Deutschland repräsentativen und seltenen Ökosystemtypen) ist gerade erstellt worden[31].

Von der Ökosystemforschung sind in erster Linie Hinweise zu erwarten, wo und in welcher Weise Umweltqualitätsziele und Eckwerte ausgewiesen werden müssen. Mit ihrer oben geschilderten Aufgabe der Grundentschlüsselung der Funktionsmechanismen stellt sie den konzeptionellen "Deckel" für alle im Kapitel 4 geschilderten Ansätze dar, insbesondere auch für die Umweltbeobachtung, die ökologisch orientierte Planung und die Umweltverträglichkeitsprüfung.

Bodenschutzkonzeption

Die Bundesregierung hat am 6.2.1985 eine Bodenschutzkonzeption auf folgendem Hintergrund beschlossen:

Großflächige Schäden der Wälder, zunehmende Versorgungsprobleme mit hochwertigem Trinkwasser und die Notwendigkeit einer strikten Kontrolle der Nahrungs- und Futtermittel auf schädliche Stoffe zeigen, daß durch massive Umweltbelastungen, Übernutzung des Bodens und schleichende Umweltveränderungen Gefahren entstehen.

Diese Warnzeichen geben Anlaß zu der Sorge, daß bisher nicht ausreichende Vorkehrungen getroffen wurden, damit auch langfristig keine schwerwiegenden oder gar irreparablen Schädigungen des Bodens eintreten.

Mit Atmosphäre, Hydrosphäre, Biosphäre und Lithosphäre bildet der Boden ein System, das durch den Menschen beeinflußt wird oder dessen Tun beeinflußt. Der Boden steht in wechselseitigen Abhängigkeiten zu anderen Lebensgrundlagen. Die Bundesregierung wird deshalb den Schutz des Bodens als eigengewichtige ressortübergreifende Aufgabe verstärken und gleichermaßen die Ausstrahlungswirkungen des Bodenschutzes auf andere Politikbereiche durch einen fachübergreifenden Ansatz berücksichtigen.

In diesem Zusammenhang sind besonders zu beachten:

- Leistungsfähigkeit des Naturhaushalts,
- Land- und Forstwirtschaft,
- Rohstofflagerstätten,
- Abfallbeseitigung,
- Flächennutzung und Raumordnung.

Die Bundesregierung geht in ihrer Bodenschutzpolitik davon aus, daß die Nutzungen des Bodens in ihrer Wertigkeit grundsätzlich keiner Rangfolge unterworfen sind, daß jedoch Menschen, Tieren und Pflanzen als notwendige Voraussetzung für die Erhaltung aller Bodenfunktionen besondere Bedeutung zukommt.

Sie begründet diesen Ansatz damit, daß der Boden zusammen mit Wasser, Luft und Sonnenlicht Grundlage allen Lebens und ganz überwiegend (!) Ausgangs- und Endpunkt menschlicher Aktivitäten ist. Aus der Einsicht, daß jede Art menschlichen Handelns nachhaltig und auf Dauer nur dann sinnvoll möglich ist, wenn die Naturgrundlagen überlegt und schonend in Anspruch genommen werden, will sie durch verstärkten Bodenschutz auch die ökonomischen Funktionen des Bodens fördern und stützen. Dies schließt die Verantwortung für die nachkommenden Generationen ein, denen die Folgelasten aus der Gegenwart nicht aufgebürdet werden sollen[32].

Die Bodenschutzkonzeption kann als ein immissionsbezogener, räumlicher Ansatz gesehen werden, bei dessen Umsetzung Umweltqualitätserfassungen und die Ausweisung von Umweltqualitätszielen eine herausragende Rolle spielen werden (vgl. Abschnitt 4.5, Informationsgrundlagen zum Bodenschutz; vgl. auch Abschnitt 5.2).

Grundwasserschutz-Konzept

Das Umweltbundesamt erarbeitet derzeit die Grundlagen für ein Grundwasserschutzkonzept, das auf folgenden Grundsätzen beruht:

Der Schutz des Grundwassers gewinnt angesichts der vielen gravierenden Kontaminationen durch flächenhafte Anwendung von Dünge- und Pflanzenbehandlungsmitteln, durch Unfälle und Störfälle sowie unsachgemäße Handhabung beim Umgang mit wassergefährdenden Stoffen, durch kontaminierte Standorte (Altdeponien und aufgelassene Industrieorte) und durch diffuse Quellen (wie weiträumige, über die Luft verfrachtete Schadstoffe, Abläufe von überbauten Flächen und undichte Kanalisation) immer mehr an Bedeutung.

Die Aufgabe, einen wirksamen Schutz des Grundwassers zu gewährleisten, ist außerordentlich vielfältig. Dabei sind die Gefahrenpotentiale durch Eintrag, mögliche Anreicherung sowie Austrag von Stoffen, Veränderungen von physikalischen, chemischen und biologischen Grundwassereigenschaften, Bebauung und Versiegelung der Landschaft zu berücksichtigen.

Schwerpunktmäßig werden Maßnahmen auf den folgenden Gebieten vorgeschlagen werden müssen:

- Umgang mit wassergefährdenden Stoffen,
- Abfallbeseitigung einschl. Altlastensanierung,
- Verwendung von Stoffen/Produkten im Bau- und Verkehrswesen,
- Gefährdung des Grundwassers durch Luftschadstoffe,
- Intensivierung der Ausweisung von Schutzgebieten,
- Grundwasserüberwachung (vgl. Abschnitt 4.5).

4.7 Planungsbezogene räumliche Ansätze

Umweltverträglichkeitsprüfung

Die Umweltverträglichkeitsprüfung (UVP) ist ein vor allem auf geplante Anlagen bezogenes Prüfsystem, das die direkten und die mittelbaren Konsequenzen dieser Anlagen für die Umwelt prüfen soll.

Da die Ziele und Grundsätze der UVP auf der Basis der Richtlinie der Europäischen Gemeinschaften vom 27. Juni 1985 wohl als bekannt vorausgesetzt werden können, wird hier auf die entsprechende Literatur verwiesen[33]. Die UVP wird eines der entscheidenden Aufgabenfelder des integrierenden Umweltschutzes in den nächsten Jahren sein. Vor allem wird durch sie ein Zwang bestehen, situations-, raum- und ökosystemangepaßte Qualitätsziele im jeweiligen Anwendungsfall zu definieren (vgl. hierzu die Ausführungen zu ökologischen Leitbildern und zur Frage der Normalwertsetzung in Kapitel 2).

Ein besonders erwähnenswertes Beispiel einer methodisch exemplarischen UVP ist die "Zusammenfassung Umweltuntersuchung zum Dollarthafenprojekt Emden"[34]. In dieser Studie werden explizit Umweltqualitätsziele bzw. regionalisierte ökologische Leitbildvorstellungen als "Normalwerte" festgelegt und ausgewiesen. Dies ist deshalb besonders hervorzuheben, weil eine derartige Ausweisung in vielen bisher erstellten Umweltverträglichkeitsstudien nicht vorgenommen wurde. Die Untersuchung leistete hier insofern Schrittmacherdienste.

Ökologische Planung

In der Bodenschutzkonzeption der Bundesregierung wird ausgeführt, daß die überwiegend sektoralen Ansätze zur Sanierung und zur Gefahrenabwehr Problemverlagerungen nicht immer verhindern konnten. U.a. wird verwiesen auf:

- Flächenverbrauch (insbesondere Flächen für Siedlungen, Industrie, Verkehr und Infrastruktur),
- unzureichenden Ökosystemschutz (u.a. Waldsterben, Vernichtung von Feuchtgebieten),

- Gefährdung von Arten (Pflanzen und Tieren),
- Umweltfolgen der Intensivlandwirtschaft,
- Schrumpfung ökologisch besonders bedeutsamer Flächenanteile wie Öd- und Umland, Moore, Heide.
- Zu geringer Anteil der Landesfläche ist unter Naturschutz gestellt.
- Generell: Gefährdung von Landschaftsteilen und Kulturlandschaften durch anthropogene Eingriffe und Schadstoffeinträge u.a.

Diese Defizite sind generalisierend wie folgt zu charakterisieren:

1. Zu geringe Beachtung einzelner ökologischer Kompartimente wie Boden, Pflanzen, Tiere, Klima u.a. sowie von Emissionsverlagerungen.

2. Zu geringe Beachtung und Entwicklung gesamthafter, medienübergreifender, flächen- und landschaftsbezogener Ansätze.

Damit wird deutlich, daß die einzelnen umweltbezogenen Gesetze nicht hinreichend aufeinander abgestimmt bzw. jeweils einzeln nicht im Sinne eines raumbezogenen Umweltschutzes konzipiert waren. Die mediale Ausrichtung der einzelnen gesetzlichen Bestimmungen widmete sich zwar der Minderung von luftspezifischen Emissionen (BImSchG), der Reduzierung bzw. Schadstoffminderung von Abwässern (WHG, ABwAG) u.a., eine ökologisch fundierte Flächennutzungsplanung und ein durchgreifender Ökosystem- und Ressourcenschutz waren mit diesen Instrumenten jedoch nicht hinreichend durchführbar, wie auch die Bilanzierung der Schwachstellen durch die Bodenschutzkonzeption erweist.

Verhältnis der ökologischen Planung zu Raumordnung und Landschaftsplanung

Die Umweltpolitik ging, zu Recht, lange Zeit davon aus, daß diese Aufgaben insbesondere durch die räumliche Planung auf der Basis der dort vorhandenen gesetzlichen Instrumentarien (Raumordnungsgesetz, Landesplanungsgesetze, Bundesbaugesetz) sowie durch die Landschafts- bzw. Landschaftsrahmenplanung wahrgenommen würden.

Wie in den letzten Jahren, insbesondere von der Raumordnung selbst, diagnostiziert wurde, hat die räumliche Planung diesem Anspruch nicht gerecht werden können. Sie hat in der Vergangenheit im Rahmen der von ihr verfolgten Leitbilder überwiegend eine wachstums-, wirtschafts- und infrastrukturorientierte Ausrichtung gehabt. Der Abbau bzw. der Ausgleich räumlicher Disparitäten sollten in erster Linie durch eine Verbesserung des Arbeitsplatzangebots und der infrastrukturellen Vorleistungen vollzogen werden (z.B. durch Industrieansiedlung, Bau von Verkehrswegen und sonstigen Versorgungseinrichtungen).

Die räumliche Planung hat damit zu Beeinträchtigungen natürlicher Ressourcen und zur Landschaftszerstörung beigetragen, wie sie jetzt von seiten der Umweltpolitik festgestellt werden müssen. Eine ausgewogene Raumordnungspolitik hätte mindestens einen Teil der Schutzziele, wie sie jetzt in der Bodenschutzkonzeption niedergelegt sind, selbst entwickeln und verfolgen müssen. Bei dieser Kritik darf allerdings nicht übersehen werden, daß die Raumordnung und Landesplanung z.T. sehr wohl ökologische Vorranggebiete mitgestaltet hat.

Auch die Landschaftsplanung (vgl. § 5 des Bundesnaturschutzgesetzes) war in der Vergangenheit nicht in der Lage, für eine hinreichende Berücksichtigung ökologischer Belange in der Raum- und Landschaftsentwicklung Sorge zu tragen. Sie entwickelte sich in der Praxis unter Aufgabe ihres umfassenden Anspruchs zunehmend zu einer Fachplanung des Gebiets- und Artenschutzes, degenerierte sogar teilweise zu einer "Restflächenschutzstrategie"[35].

Hier setzen Überlegungen zur Instrumentierung einer ökologischen Planung an. Sie baut u.a. auf den Ergebnissen der Ökosystemforschung und der Wirkungsforschung auf. Sie will auf ökologischer Grundlage unter Beachtung des Zustandes und der Belastbarkeit der Potentiale Boden, Luft, Wasser, Klima, Pflanzen, Tiere und Landschaft Modelle für eine umweltverträgliche räumliche Planung entwickeln. Die ökologische Planung ergänzt die vorhandenen umweltpolitischen Instrumente (Emissionsminderung, Immissionsschutz u.a.) um die räumlich-ökologische Dimension. Sie gibt aufgrund ihres naturwissenschaftlichen Ansatzes Hinweise auf ökologisch intolerable Nutzungen und macht, ergänzend zu technischen Minderungsansätzen (dem "Wie" einer Technologie bzw. Nutzung), Aussagen über das "Wo". Man kann die Methoden der ökologischen Planung als Ansätze zu einer Umweltverträglichkeitsprüfung für räumliche und Entwicklungsplanungen verstehen[36].

Zusammenfassung

In diesem Kapitel wurden Ansätze vorgestellt, die insgesamt zeigen, daß sich die Umweltpolitik derzeit und noch in den nächsten Jahren instrumentell erheblich komplettieren wird. Sie baut Konzepte aus, die sich zusammenfassend wie folgt charakterisieren lassen:

- Ausbau der Umweltbeobachtung sowie
- Weiterentwicklung der Überwachungssysteme zu einer ökologischen Umweltbeobachtung.
- Wirkungsbezogene Ansätze,
- ökosystemare und ressourcenbezogene Ansätze,
- räumlich-planerische Methoden und Instrumente.

Diese Felder liefern zum einen Hinweise für die Ausweisung von Qualitätszielen und ökologischen Eckwerten, zum anderen sind sie für diese wichtige Anwendungsgebiete (z.B. UVP, ökologische Planung). Insofern sollte hier deutlich gemacht werden, daß die Bemühungen um Qualitätsziele und Eckwerte im Rahmen von Bemühungen zu sehen sind, die mit "Ökologisierung der Umweltpolitik" nur unzureichend beschrieben werden können. Wissenschaftliche Redlichkeit und politisch-administrative Notwendigkeiten gebieten es, Eckwerte dort zu benutzen und auszuweisen, wo sie schon benannt werden können, ihre Erarbeitung insgesamt aber als Teil der geschilderten übergeordneten Anstrengungen zu sehen.

5. Ansätze und Beispiele für Umweltqualitätsziele und ökologische Eckwerte

5.1 Umweltqualitätsziele und ökologische Eckwerte für oberirdische Gewässer

Der Begriff Gewässergüte (oder Gewässerqualität; der Unterschied ist gering; Qualität ist wohl stärker auf Nutzungen und damit auf den Menschen bezogen, während Güte schon vom Wort her auch ökologische Elemente mit einbezieht) bezieht sich auf mehr als den reinen Wasserkörper, er umfaßt die Einheit von Wasserkörper, Gewässerbett und umgebender Gewässerlandschaft.

Das nationale deutsche Wasserrecht kennt prinzipiell nur Umweltstandards nach dem Emissionsprinzip, (noch) nicht jedoch solche nach dem Immissionsprinzip. Im folgenden ist darzulegen, wie sich hier ein Wandel bzw. eine instrumentelle Ergänzung durchzusetzen beginnt, warum dies erforderlich ist und wie im einzelnen dies geschieht[37].

Emissionsprinzip und Emissionsmindeststandards

Das Wasserrecht stellt alle Abwassereinleitungen wie alle Gewässerbenutzungen unter ein repressives Gebot mit Erlaubnisvorbehalt (§ 2 WHG) durch den Staat. Dabei wird prinzipiell vom Emissionsprinzip ausgegangen, d.h. es werden Einleitungs- und Benutzungsmindestanforderungen festgelegt (Emissionsmindestanforderungen). Durch den mit der 4. Novelle zum Wasserhaushaltsgesetz eingefügten § 7a wurde das Emissionsprinzip voll instrumentiert. § 7a schreibt vor:

- Die Ermessensentscheidung der Behörde zur Erteilung der Erlaubnis bei Abwassereinleitungen wird dadurch eingeschränkt, daß die Erlaubnis nur erteilt werden darf, wenn Menge und Schädlichkeit des Abwassers so gering gehalten werden, wie dies bei Anwendung der jeweils (nach Bereich und Branchen unterschiedlichen) in Betracht kommenden Verfahren nach den allgemein anerkannten Regeln der Technik möglich ist.

- Die Bundesregierung erläßt Allgemeine Verwaltungsvorschriften zu den Mindestanforderungen an das Einleiten von Abwasser.
- Bestehende Einleitungen werden nach diesen Mindestanforderungen saniert[38].

Diese Verwaltungsvorschriften liegen inzwischen vollständig vor, und zwar u.a. für folgende Bereiche bzw. Branchen:

- Gemeinden,
- Braunkohle-/Brikett-Fabrikation,
- Mildchverarbeitung,
- Fischverarbeitung,
- Zellstofferzeugung, Herstellung von Papier und Pappe,
- Erzaufbereitung,
- Nichteisenmetallherstellung,
- Chemiefasern u.a.

Derzeit werden durch die Verwaltungsvorschriften folgende Parameter begrenzt:

1. Chemischer Sauerstoffbedarf (CSB)
2. Biochemischer Sauerstoffbedarf nach 5 Tagen (BSB_5)
3. Fischgiftigkeit als Verdünnungsfaktor G_F
4. Absetzbare Stoffe
5. Abfiltrierbare Stoffe
6. Extrahierbare Stoffe
7. Cadmium
8. Quecksilber
9. Blei
10. Canid
11. Eisen
12. Zink
13. Chrom
14. Vanadium
15. Flußspat
16. Schwerspat
17. Graphit
18. Chlorid
19. Sulfid, Sulfit, Sulfat
20. Stickstoff aus Ammoniumverbindungen, Nitrat, Nitrit
21. Phosphor
22. Hydrazin
23. Chlor
24. Kohlenwasserstoff
25. Aluminium
26. Arsen
27. Barium
28. Kupfer
29. Kobald
30. Nickel
31. Silber
32. Selen
33. Zinn
34. Fluorid
35. Phenole
36. Bor[39]

Zwischen den allgemein anerkannten Regeln der Technik und dem Stand der Technik, wie er u.a. im Luftbereich Anwendung findet, besteht ein fließender Übergang. Daher besteht die Notwendigkeit der ständigen Fortschreibung[40].

Schon seit längerem bestand jedoch in der Bundesrepublik Deutschland Einigkeit, daß die allgemein anerkannten Regeln durch den Stand der Technik ersetzt werden müssen. Dies sah schließlich auch der Gesetzgeber so. Die soeben vom Bundestag beschlossene 5. Novelle vollzieht diesen Schritt und schreibt den Stand der Technik für Abwasser mit gefährlichen Stoffen vor.

Immissionsprinzip

Trotz großer Erfolge der 7a-Mindeststandards bei der Gewässerreinhaltung kann das Emissionsprinzip jedoch allein nicht immer sicherstellen, daß das mit einer Abwasserlast befrachtete Gewässer nicht über Gebühr belastet wird. Daher ermöglicht es das Wasserrecht, zusätzlich Immissionsgrenzwerte, die auf die Gewässergüte abstellen, vorzuschreiben. Die Behörde ist daher aufgrund § 6 WHG verpflichtet, Einleitungen zu untersagen, wenn durch Einleitungsauflagen nicht sichergestellt werden kann, daß eine Beeinträchtigung des Wohls der Allgemeinheit, insbesondere der Trinkwasserversorgung, zu vermeiden ist.

Die Festsetzung von Immissionswerten beruht auf der Annahme, daß die Erforschung von Ursache-Wirkungsbeziehungen stofflicher Belastungen der Umwelt grundsätzlich möglich ist. Dies wurde für den Gewässerschutz bisher stets bezweifelt. In den übrigen Umweltsektoren ist die Grundhaltung in dieser Frage nicht so skeptisch.

Zwar zeigen die Probleme der Waldschadensforschung, wie schwierig es ist, in komplexen Ökosystemen eindeutige Ursache-Wirkungsbeziehungen herzustellen, aber die Wasserwirtschaft muß sich doch auch die Frage stellen lassen, woher denn, wenn nicht aus der Wirkungs- und Ökosystemforschung, die Hinweise auf die Stoffe kommen sollen, die vorrangig in ihrer Emission zu begrenzen sind[41)].

Qualitätsziele im Gewässerschutz (Bewirtschaftungspläne, Abwasserbeseitigungspläne)

Einen ersten Schritt in Richtung der Erarbeitung von Qualitätszielen stellen die neuen Planarten der 4. Novelle WHG dar: Bewirtschaftungsplan und Abwasserbeseitigungsplan. Diese sind mit den in Kapitel 3 beschriebenen Luftreinhalteplänen vergleichbar.

Der Bewirtschaftungsplan soll Gütemerkmale für einzelne Gewässer oder Gewässerabschnitte enthalten, die auf den natürlichen Gegebenheiten und den dem Gewässer zugedachten Nutzungen unter Berücksichtigung seiner Auswirkungen auf das Gewässersystem basieren sollen.

Besteht weder ein Bewirtschaftungs- noch ein Abwasserbeseitigungsplan, so ist die Behörde vollends auf die Ebene der Einzelfallentscheidung verwiesen. Hier benötigt sie dann aber Orientierungshilfen und Leitlinien, also Qualitäts- oder Güteziele.

Gewässergüteklassen

Diese sind denn auch schon seit langen Jahren durch die Länderarbeitsgemeinschaft Wasser (LAWA) definiert und festgelegt worden. Sie sind in der Tabelle in Abbildung 6 zusammengestellt.

Im Sinne der eingangs dieses Beitrags (vgl. Kapitel 2) festgelegten Begriffssystematik sind die Gewässergüteklassen Umweltqualitätsziele, die durch mehrere Eckwerte (u.a. Saprobien-Index, BSB_5 u.a.) definiert werden.

Ähnlich wie die Bundesregierung in ihren Umweltprogrammen hat z.B. auch das Land Rheinland-Pfalz diese ursprünglich von Verwaltungsbeamten auf wissenschaftlicher Grundlage festgelegten Qualitätsziele durch Landtagsbeschluß zu politischen Qualitätszielen gemacht (vgl. Abb. 7 sowie Daten zur Umwelt 1986/87, S. 271).

Die Abbildung 7 beschreibt nicht den Idealzustand eines Gewässers, sondern die Merkmale für ein lebensfähiges Gewässer, unabhängig von konkreten Nutzungen[42]. Sie ist als Hinweis und Entscheidungshilfe für die Behörde gedacht, ob bei einer Abwassereinleitung ein über die Anforderungen von 7a WHG hinausgehender Vermeidungsbedarf besteht und damit strengere Anforderungen zu stellen sind. Weitere Qualitätsanforderungen ergeben sich aus EG-Richtlinien für bestimmte Hauptnutzungsarten von Gewässern, u.a. für

- die Entnahme von Rohwasser zur Trinkwassergewinnung,
- für Baden in Gewässern.

In der Abbildung 8 ist ein Diskussionsentwurf (1984) der Landwirtschaftskammer Rheinland im Vergleich mit den Gütezielen für die unmittelbare oder mittelbare Zuleitung von Süßwasser zu landwirtschaftlich genutzten Flächen nach dem "Entwurf eines europäischen Übereinkommens zum Schutz internationaler Wasserläufe vor Verschmutzung" (Stand Mai 1984) dargestellt.

Bei den Bemühungen um Qualitätsziele für Gewässer darf nicht übersehen werden, daß einige sog. Problemstoffe bei der Abwasserbehandlung nicht zu eliminieren sind. Sie sind nur durch Vermeidung an der Quelle von den Gewässern fernzuhalten, so vor allem

- eine Reihe von Schwermetallen,
- halogen-organische Verbindungen,
- polyzyklische Aromatische Kohlenwasserstoffe.

Wenn sich solche Problemstoffe in der Nahrungskette angereichert haben, bleibt nur noch das Verbot des Verzehrs bestimmter Fische (vgl. dazu die Empfehlung für Rheinland-Pfalz in der Abb. 9). Die Ebene der ökologischen Eckwerte bzw. Qualitätsziele ist damit mit Sicherheit verlassen; ähnlich wie beim Smogalarm geht es hier nur noch um akute Gefahrensabwehr.

Ermittlung von Güteanforderungen für oberirdische Gewässer

Die 5. Novelle des WHG (1986) schreibt vor, daß, wenn "Abwasser bestimmter Herkunft Stoffe oder Stoffgruppen (enthält), die wegen der Besorgnis einer Giftigkeit, Langlebigkeit, Anreicherungsfähigkeit oder einer krebserzeugenden, fruchtschädigenden oder erbgutverändernden Wirkung als gefährlich zu bewerten sind (gefährliche Stoffe), ... die Anforderungen in allgemeinen Vorschriften insoweit dem Stand der Technik entsprechen müssen".

Das Umweltbundesamt erarbeitet daher auf diesem Hintergrund derzeit gerade "Grundsätze zur Ermittlung von Güteanforderungen für oberirdische Gewässer". Erst dadurch, daß neben die Mindestanforderungen und die Werte der Meßstellen Vergleichswerte für die Belastbarkeit der Gewässer gestellt werden, wird eine planvolle, den Erfordernissen des modernen Umweltschutzes gerecht werdende Bewirtschaftung der Gewässer möglich. Bisher wird bei der Entscheidung über Nutzungen bzw. Einleitungen zu sehr auf die technischen Möglichkeiten der Einleiter gesehen und zuwenig auf die vorhandene Grundbelastung der Gewässer. Es müssen also Gefährdungsabschätzungen durchgeführt werden (Ökosystemforschung für Gewässer), um die Belastungsgrenzen in Gewässern aufzuzeigen.

Dabei wird genauso vorgegangen, wie einleitend (vgl. Kapitel 2) dargelegt. Es werden Schutzziele (Qualitätsziele) auf dem Hintergrund u.a. der folgenden Schutzobjekte festgelegt:

- aquatische Lebensgemeinschaften,
- Berufs- und -Sportfischerei,
- Sedimente, Schwebstoffe,
- Bewässerung landwirtschaftlich genutzter Flächen,
- Trinkwasserversorgung,
- Freizeit und Erholung.

Diesen Zielen werden Qualitätsstandards (= Eckwerte) zugeordnet, d. h. zahlenmäßig festgelegte, auf Wirkungswerte abgestützte verbindliche Beschaffenheitsparameter eines Gewässers zur Erfüllung eines vorgegebenen Schutzzieles. Dabei sind Wirkungswerte wissenschaftlich belegte Konzentrationsangaben von Stoffen im Wasser, Sediment, Boden oder Organismen, bei denen negative Effekte festgestellt wurden. Wichtige Aspekte bei der Festlegung von Wirkungswerten sind:

- biologisches Abbauverhalten,
- Akkumulationsverhalten in Wasserorganismen und Gewässersedimenten,
- akute und chronisch toxische Wirkung auf den Menschen,
- toxische Wirkung auf niedere und höhere Wasserorganismen bei kurz- und längerfristiger Exposition,
- kanzerogene, mutagene und teratogene Eigenschaften.

Die Qualitätsstandards (Eckwerte) müssen sich neben den angestrebten Schutzzielen am limnologischen Typ und der geographischen Lage des jeweiligen Gewässers orientieren.

Beurteilungshilfen für 19 gefährliche Stoffe

Für 19 ausgewählte Stoffe, darunter 18 halogen-organische Verbindungen (vgl. die Liste der Abbildung 10), die in der wassergütewirtschaftlichen Diskussion der letzten Jahre zunehmend ins Blickfeld gekommen sind, wurden als Grundlage für Gewässer-Qualitätsziele die bereits vorhandenen Informationen über das Vorkommen und die ökotoxikologischen Eigenschaften zusammengetragen[43].

Diese Dokumentation soll den wasserwirtschaftlichen Vollzug unterstützen; sie kann verwendet werden, um die Wirkung gefährlicher Stoffe in der aquatischen Umwelt besser zu beurteilen und daraus für einzelne Gewässer oder Gewässerabschnitte fachlich begründete Güteanforderungen zu entwickeln[44].

Gewässergütedaten

Wie in Kapitel 3 dargelegt, ist die Messung von Immissionen die Voraussetzung für die Ausweisung von Qualitätszielen bzw. Eckwerten. Beispielhaft werden hier in den Abbildungen 11, 12, 13 Ergebnisse von Gütedatenmessungen für

- ausgewählte Fließgewässer,
- den Bodensee und
- die Nordsee

wiedergegeben.

Eine weitere Grundlage für die Ausweisung gleichsam "positiver" Qualitätsziele sind die Erfassung von Vorkommen und Beschaffenheit natürlicher Ressourcen (vgl. Daten zur Umwelt 1986/87, S. 267).

5.2 Umweltqualitätsziele und ökologische Eckwerte für den Bereich Boden

Boden ist wie Luft und Wasser eines der drei klassischen Medien. Daher gelten auch hier, im Unterschied zu den andersgelagerten Bereichen Lärm und Abfall, die gleichen Bedingungen hinsichtlich Emission und Immission.

Der Bereich Boden ist jedoch als eigenständiger Handlungssektor der Umweltpolitik relativ jung. Daher sind die Bemühungen um Emissionsreduzierungen (z.B. aus der Landwirtschaft, Altlasten) noch weniger weit gediehen als etwa bei Luft und Wasser. Um so mehr gilt das für die immissionsbezogenen Probleme wie Bodenqualitätsziele und Eckwerte, wenngleich sowohl Bemühungen um Meßsysteme (vgl. Kap. 2: Bodeninformationssystem) und Immissionswerte durchaus gleichberechtigt in Angriff genommen worden sind.

In diesem Beitrag soll es in erster Linie um die Frage der Altlasten (Altablagerungen, kontaminierte Standorte) gehen, weil sie zum einen eine flächenmäßig beachtliche Bedeutung für die Bundesrepublik haben (vgl. Abb. 14: Verdachtsstandorte) bzw. noch haben werden und weil im Zusammenhang mit ihrer Bewertung bereits weiterführende Ansätze zu Qualitätszielen und Eckwerten gemacht worden sind[45]. Dabei muß hervorgehoben werden, daß es, anders als bei den Qualitätszielen im Gewässerschutz, die ja dem Schutz von Ökosystemen und der Vorsorge gegen ihre durch Schadstoffe gefährdete Funktionsfähigkeit dienen sollen, beim Boden um etwas anderes geht: um die Bewertung und Einfügung von unter ökologischen und gesundheitsbezogenen Kriterien noch (eben) möglichen Nutzungen von kontaminierten Böden bzw. Flächen. Der Unterschied ist vor allem durch den Charakter des Bodens selbst bedingt. Rechnet man den Boden von Gewässern (auch der Meere) hinzu, so darf man sagen, daß letztlich alle Kontaminationspfade im Boden enden. Dort findet die langfristige und oft irreversible "Endlagerung" aller stofflichen Emissionen statt.

Bewertung und Untersuchung von Altlasten[46]

Die bei einer altlastenverdächtigen Fläche bestehenden Risiken hängen von drei Faktoren ab:

- dem Stoffinventar nach Art, Menge und Konzentration,
- den Standortgegebenheiten, die das Freiwerden und die Ausbreitung der Schadstoffe bestimmen,

- den Schutzgütern und Nutzungen, die beeinträchtigt werden können. Ihr Zusammenwirken wird entlang von "Gefährdungspfaden" analysiert[47]; vgl. Abb. 15).

Große Probleme bereitet die Risikobewertung von Altlasten. Zwar sind aus anderen Bereichen Verfahren bekannt und erprobt, hier jedoch ist ja das Stoffinventar einer Altlast nur in seltenen Fällen bekannt.

In der Regel wird eine große Zahl der rd. 50 000 auf dem Markt befindlichen chemischen Stoffe anzutreffen sein, die untereinander z.T. ganz neue Verbindungen eingegangen sein können. Ein Bewertungsschema ist die sog. "Niederländische Liste", die Schwellenwerte für abgestufte Maßnahmen zur Verfügung stellt (siehe Abb. 16). Dort werden für Boden und Grundwasser jeweils drei Kategorien A, B und C unterschieden:

- Niveau A gilt als Referenzwert, unterhalb dessen nicht von einer nachweisbaren Verunreinigung gesprochen werden kann.
- Oberhalb von Niveau B ("mäßig verunreinigt") soll eine nähere Untersuchung durchgeführt werden.
- Oberhalb von Niveau C ("stark verunreinigt") sollen kurzfristig Sanierungsuntersuchungen bzw. Sanierungen durchgeführt werden[48].

Anhaltspunkte für die Bewertung der Belastung von Kulturböden liefern z.B. die "Orientierungsdaten für tolerierbare Gesamtgehalte einiger Elemente in Kulturböden", die in der Regel Obergrenzen der Streubereiche vorgefundener Gehalte darstellen[49a] (s. Abb. 17). Sie sind damit Eck- oder Orientierungswerte für die Einordnung der Dimension der Bodenkontamination bei Altlasten.

Sanierung und Nutzung von Altlasten

Zur Sanierung von Altlasten stehen prinzipiell folgende Möglichkeiten zur Verfügung:

- Ausgrabung mit anschließendem Transport des kontaminierten Erdreichs zur Sonderabfalldeponie,
- Reinigung "on site" durch Extraktion, thermische Behandlung usw. und Wiederverfüllung,
- Aufgabe der (evtl.) landwirtschaftlichen oder gärtnerischen Nutzung,
- Anpassung der Flächennutzung an die Bodenbelastung (bei großflächiger oder nur mäßiger Belastung[49b]).

Artenwahl stellt die vorranige pflanzenbauliche Maßnahme der Nutzungsanpassung dar. Insbesondere für Kontaminationen durch Cadmium liegen detaillierte Empfehlungen vor (z.b. in Kloke, Übersicht 5).

Konsequenzen ergeben sich auch für die räumliche Planung. Anhaltspunkte für die Nutzungseignung kontaminierter Flächen finden sich in einer in Großbritannien erarbeitete Aufstellung (Abb. 18)[49c].

Klärschlammverordnung

Bodenbezogene Umweltqualitätsziele finden sich implizit durch die quantitativ ausgewiesenen Höchstmengen-Eckwerte für Schwermetalle in der Klärschlammverordnung[50]. Zwar lassen sich die Werte der Klärschlammverordnung auch als Emissionsbegrenzungswerte verstehen, es wird aber bei ihnen besonders deutlich (vgl. den Text der Klärschlammverordnung), daß diese Eintragungsbegrenzungen auf Wirkungswerte bzw. an Qualitäts- oder Schutzzielen orientierten Eckwerte zurückgehen.

Dies gilt z.B. auch für die "Verordnung über das Aufbringen von Gülle und Jauche (Gülleverordnung)" des Landes Nordrhein-Westfalen vom 13.3.1984. Die Klärschlammverordnung wird aufgrund des Fehlens einer Verordnung für die Begrenzung von gefährlichen Stoffen in Siedlungskomposten in diesem Bereich hilfsweise analog angewendet.

5.3 Umweltqualitätsziele und ökologische Eckwerte für den Bereich Natur, Arten-, Landschafts- und Ökosystemschutz

Dieser Bereich wird vielfach als der wichtigste, gleichsam "klassische" Bereich für die Ausweisung von ökologischen Eckwerten angesehen, dies wohl aus drei Gründen.

Zum einen ist der Arten- und Landschaftsschutz, wie anhand der Aussagen in der Bodenschutzkonzeption dargelegt werden konnte, eines der Problemfelder der Umweltpolitik, in dem in den ersten 15 Jahren ihres Bestehens z.T. erhebliche Verschlechterungen eingetreten sind (Artenschwund). Hier zuerst sollte es darum gehen, Eckwerte als Schutz- und Immissionswerte auszuweisen. Zum anderen kommt in diesem Bereich der Begriff der Ökologie in seiner früheren, engeren Bedeutung als Wissenschaft von der Umwelt, den Lebensräumen (Biotopen) von wildlebenden Tieren und Pflanzen besonders zum Tragen. Im Zusammenhang mit ökologischen Eckwerten denken wohl die meisten zuerst an diesen Bereich.

Schließlich haben die Nutzungskonkurrenten der Freiraumnutzung und des Natur- und Ressourcenschutzes nur allzu gern, und oft mit Hohn in der Stimme, vom Natur- und Artenschutz die Angabe von Grenzwerten, von Eckwerten gefordert, damit für sie abschätzbar wird, was denn "auf jeden Fall" schutzwürdig ist.

In der Tat, das kann man nicht bestreiten, gibt es hier auf seiten der Ökologen und Artenschützer erhebliche Defizite. Nur allzuoft wurde ihre Stimme im Abwägungsprozeß "zersplittert" zur Geltung gebracht und war schon damit gegenüber "harten" Nutzungsinteressen unterlegen. In der Befürchtung, zu Kompromissen der Entscheidung zwischen zwei, etwa aus ethischen Gründen gleichermaßen als schützenswert angesehenen Biotopen gezwungen zu werden, neigten die Naturschützer oft zu "Maximalforderungen" und zur Ablehnung jeder Abwägungsbereitschaft.

Rote Listen der gefährdeten Arten

Die klassischen Eckwertverzeichnisse sind die sog. Roten Listen. Sie sind Verzeichnisse ausgestorbener, verschollener und gefährdeter Arten von Tieren und Pflanzen[51]. Es gibt sie bereits seit knapp 20 Jahren. Sie werden von den Naturschützern als Hilfmittel für den Gesetzgeber, die Rechtsprechung und die Verwaltungsarbeit sowie für die Öffentlichkeit gesehen[52], und sie werden in einer Selbsteinschätzung als "überraschenderweise eines der erfolgreichsten Arbeitsmittel des Naturschutzes der letzten 10 bis 12 Jahre"[53] beurteilt.

Ohne Zweifel sind die Roten Listen ein gutes Beispiel für grenzensetzende Eckwerte und können als Vorbild dienen für weitere Verzeichnisse von Immissions- und Eckwerten im Arten- und Biotopschutz (z.B. Rote Liste der gefährdeten Biotope) sowie in anderen Bereichen des Umweltschutzes. Es darf jedoch dabei nicht übersehen werden, daß die Roten Listen nur Immissionswerte gleichsam auf der "untersten Ebene" bieten. Man kann sie am besten mit Meßwerten im Bereich Luft vergleichen. Sie halten fest, welche Arten wie stark gefährdet bzw. schon ausgestorben sind. Sie geben keine Hinweise im Sinne quantitativer Grenz- oder Richtwerte bzw. Mindeststandards. Aus ihnen ist nicht ablesbar, was denn auf jeden Fall noch erhalten bleiben muß, um den Bestand einer Population zu erhalten.

Und schließlich: die Roten Listen erreichen auch nicht das "Niveau" von Umweltqualitätszielen. Sie machen keine Aussagen dazu, was an Arteninventar wo, in welchem regionalen Maßstab und in welcher Populationsdichte erhalten werden muß, damit ein Qualitätsziel erreicht wird.

Möglicherweise ist es unbillig, die Ausweisung von Qualitätszielen dieser Art zu verlangen. Dies führt auch zu dem schon erwähnten Problem der fehlenden

Leitbild-Diskussion im Umweltschutz. Dabei kann es nicht darum gehen, die Funktion und die Erfolge der Roten Listen zu schmälern. Im Sinne der Zielsetzung dieses Beitrages ist es allerdings wichtig, festzustellen, welches "Niveau" bzw. welchen Charakter ein Eckwertverzeichnis, wie hier die roten Listen, hat.

Ökologische Eckwerte zum Arten- und Naturschutz

Insgesamt ist die Feststellung sicher richtig, daß ein erheblich verstärktes Kompilieren und Festsetzen von ökologischen Eckwerten auf den Gebieten Arten-, Natur- und Ökosystemschutz dringend erforderlich ist. Der amtliche und nichtamtliche Naturschutz sollten einmal Überlegungen anstellen, ob es nicht dringend angebracht ist, ein Gesamtverzeichnis von Eckwerten (einschließlich der Roten Listen) zusammenzustellen und herauszugeben (unbedingtes Erfordernis wäre seine dauernde Fortschreibbarkeit).

Hier sollte verstärkt die Arbeit aufgenommen werden. Einiges an Materialien ist u.a. anläßlich der Erstellung des Abschlußberichtes der Projektgruppe zum Aktionsprogramm Ökologie bereits zusammengetragen worden. Als Abbildungen 24-31 sind dem Beitrag Beispiele aus den Materialien zu diesem Abschlußbericht beigefügt[54]:

- Rangfolge der Gefährdung heimischer Pflanzenformationen (Abb. 19)
- Populations-Minimalareale von verschiedenen Größengruppen der Fauna (Abb. 20)
- Minimal-Areale von Greifvogelarten (Abb. 21)
- Flächenanspruch für den Naturschutz in seinen Rahmenbedingungen (Abb. 22)
- Spezieller Flächenbedarf eines Biotopschutz-Vernetzungs-Konzepts am Beispiel Schleswig-Holsteins (Abb. 23)
- Rechtlich zu schützende Flächenanteile (Mindestangaben) ökologisch wichtiger Biotoptypen (Abb. 24)
- Bilanz der Flächenanteile für ein Biotop-Vernetzungskonzept in Schleswig-Holstein (Abb. 25)
- Nutzungsänderungen, die Lebensräume bzw. Lebensmöglichkeiten verändern oder vernichten (Arbeitsmatrix (Abb. 26)[55].

Alle diese Eckwerte sind von ganz unterschiedlichem Typus und sind auch verschieden in ihrem Konkretheitsgrad: quantifiziert und nicht-quantifiziert, Eckwerte (z.B. Minimal-Areale) oder auch Aussagen mit Qualitätsziel-Charakter usw. Sie sollen hier auch nur Beispielcharakter haben. Die Frage nach der Aktualität und evtl. Diskussionswürdigkeit der Angaben ist offen. Sie vermitteln jedoch in ihrer Gesamtheit einen Eindruck von der Konzeption eines zu erstellenden Kataloges von Eckwerten zum Arten- und Biotopschutz.

Hinsichtlich der potentiellen politischen Bedeutung und Wirksamkeit derartiger Eckwerte sei daran erinnert, daß es sehr wesentlich die Nennung der Forderung nach Mindestunterschutzstellung von 10 % der Fläche der Bundesrepublik Deutschland bei den Anhörungen zum Aktionsprogramm Ökologie war, die diesen Eckwert in die breite öffentliche Diskussion brachte, obwohl er in Fachkreisen schon lange diskutiert wurde.

5.4 Qualitätsziele und ökologische Eckwerte auf dem Gebiet der Luftreinhaltung

Wie bereits dargelegt, gibt es im Bereich der Luftreinhaltung neben Emissions- auch Immisionswerte (TA Luft, MIK- und MAK-Werte). Für die Smogalarmpläne sind gleichfalls Immissionskonzentrationen festgelegt, bei deren Überschreitung bestimmte gestufte Maßnahmen ergriffen werden.

Dabei sind die vorhandenen Immissionsstandards nicht entsprechend der Empfindlichkeit von Raumnutzungen differenziert. Diese Verbindung versucht W. Kühling[56] herzustellen. Ihm geht es um zweierlei: Er ist der Ansicht, daß die Immissionswerte der TA Luft "allenfalls zur repressiven Gefahrenabwehr" geeignet sind und daß ein "planungsbezogenes Wertesystem im Sinne des vorbeugenden Gefahrenschutzes und des Leitsatzes der menschenwürdigen Umweltbedingungen als Konkretisierung der Belange empfindlicher Raumnutzungen"[57] bisher fehlt.

Kühling sieht eine dringende Notwendigkeit, eine "immissionsseitige Vorsorge durch die räumliche Planung" zu betreiben, "da sie eher im Rahmen der Erfüllung ihres umfassenden Gestaltungsauftrages in der Lage ist, die hierzu notwendigen Abstimmungsprozesse zu bewältigen"[58]. Allerdings seien "die Ansprüche oder Ziele zur Luftqualität bisher nicht genügend formuliert und quantifiziert. Es zeigt sich, daß eine räumlich differenzierte, also regionalisierte Prioritätssetzung bereits auf der Ebene der Landes- und Regionalplanung beginnen muß".

Kühling klassifiziert immissionsschutzrelevante Raumkategorien und leitet deren spezifische Anforderungen an die Luftqualität in zwölf relevante Luftschadstoffe anhand von Risikoakzeptoren/Risikogruppen ab:

"Die aufgestellten Werte werden als Mindeststandards zur Vorsorge vor schädlichen Immissionen bezeichnet. Sie beschreiben die auf dem heutigen Kenntnisstand beruhenden, weitgehend isoliert betrachteten wirkungsbezogenen und nutzungsorientierten Anforderungen an die Luftqualität. Die vielfältigen Wirkungszusammenhänge in biologischen/ökologischen Systemen können dabei nur unvollständig berücksichtigt werden und lassen sich durch den z.T. angegebenen Sicherheitsfaktor zur Risikoverminderung kaum auffangen.

Am Beispiel der Schwermetalle Blei und Cadmium wird jedoch eine medienübergreifende Betrachtung bei der Ableitung der Richtwerte vorgenommen. Insgesamt wird durch die vorgestellten Werte entsprechend der Definition "Vorsorge" und dem Bezug zur Planungsaufgabe eine andere Zielrichtung deutlich: Es werden Mindestanforderungen definiert, die einem Verbesserungsgebot gehorchend zur Minimierung der Immissionen führen müssen[59]."

Die Mindeststandards werden im Ruhrgebiet auf ihre Anwendungsmöglichkeiten hin geprüft (Regionale Fallstudie). Wie die vorsorgeorientierten Mindeststandards, die Kühling definiert, über den Schutz- und Vorsorgeumfang der TA Luft und der MIK-Werte hinausgehen, wird aus Abb. 27 deutlich.

Insgesamt stellt sich Kühlings Arbeit als eine vollständige Aufarbeitung der immissionsschutzrelevanten Eckwerte dar, die noch dazu planungsbezogene ökologische Umweltqualitätsziele diskutiert und ausweist. Sie ist insofern eine beispielhafte Umsetzung des Grundgedankens dieses Beitrages und des gesamten Arbeitskreises. Es wird versucht, die Luftreinhaltepolitik nutzungstypenbezogen und räumlich-differenziert auf ökologischer Grundlage, d.h. mit ökologischem Vorsorgehintergrund, neu zu fundieren und damit voranzutreiben.

Welche Ergebnisse dabei im einzelnen herauskommen, ist exemplarisch an den Abbildungen 27 bis 32 abzulesen.

6. Zusammenfassung

Auf der Basis der grundlegenden umweltpolitischen Handlungskategorien Emissionsminderung, Immissionsschutz und räumliche Schutzzuweisung wurde versucht, eine systematische Begriffshierarchie für Umweltstandards zu entwickeln. Dies war erforderlich, um Umweltqualitätsziele und (ökologische) Eckwerte präzise innerhalb des Beurteilungs- und Handlungsinstrumentariums verankern zu können (Kap. 2 und 3).

Bei der Darstellung und Analyse aktueller Konzeptionen und Ansätze des Umweltschutzes ergab sich, daß die Umweltpolitik derzeit erhebliche Anstrengungen unternimmt, diese zu komplettieren und abzurunden. Dies betrifft vor allem immissionsbezogene und ökologische Ansätze, u.a. Umweltbeobachtung und ihre Weiterentwicklung in Richtung weiterer Stoffe sowie medienübergreifend-systemare Felder. Damit ergeben sich einerseits sowohl erhebliche, z.T. neue Bedarfsfelder für Qualitätsziele und Eckwerte, zum anderen, insbesondere aus der Umweltbeobachtung heraus, auch Möglichkeiten zu Anstößen und Hinweisen für neue Immissions- und Eckwerte (Kap. 4).

In Kapitel 5 werden schließlich für die Bereiche Wasser, Boden, Ökosystemschutz und Luft Ansätze und Beispiele von Umweltqualitätszielen und Eckwerten zusammengetragen und diskutiert. Dabei sind z.T. erhebliche Unterschiede im Konkretheitsniveau, in der Aussageschärfe und in den Zielen erkennbar.

Die in der Einführung (Kapitel 1) formulierten Grundfragestellungen des Beitrags lassen sich wie folgt beantworten:

Die Funktion und der Stellenwert von Umweltqualitätszielen im System der Umweltpolitik ist je nach betrachteten Bereichen sehr unterschiedlich. Das gleiche gilt, wenn man sowohl die praktische Umsetzung dieser Politik heute sowie ihre zukünftige Gestaltung betrachtet.

Es läßt sich ganz eindeutig feststellen, daß immissionsbezogene Grenzwerte teilweise von jeher ihren festen Stellenwert im Umweltschutz hatten; dies gilt zum Beispiel für den Bereich Luft. Für den Umweltsektor Wasser hingegen findet gerade jetzt erst ein Umdenken, eine Erweiterung des Grundansatzes der Emissionsminderung in Richtung auf Immissions- und Umweltqualitätsziele statt. Dabei spielen dementsprechend die Immissions- und Qualitätswerte in der praktischen Luftreinhaltepolitik bereits eine große Rolle, während dies für die Wassergütewirtschaft noch nicht annähernd in diesem Umfang der Fall ist. Es ist jedoch zu bewerten, daß immissionsbezogene Güteziele und Gütewerte in nächster Zukunft mit Nachdruck entwickelt werden und daher bei der zukünftigen Gestaltung und Instrumentierung der Gewässerreinhaltung eine zunehmend wichtigere Funktion haben werden.

Im Beitrag selbst, so muß die Antwort auf die zweite Grundfrage lauten, ist detailliert dargelegt, auf welchen Gebieten des Umweltschutzes welche Ansätze zu Qualitätszielen bzw. Eckwerten vorhanden oder im Aufbau befindlich sind (vgl. dazu vor allem die Abschnitte 4.3 - 4.7 sowie Kapitel 5). Dies geschieht mit Blick auf die Bedürfnisse und Erfordernisse der Bereiche Landes- und Regionalplanung.

Insgesamt ist der Schluß zu ziehen, daß in vielen Bereichen sehr vereinzelt und ohne Blick darauf gearbeitet wird, was in anderen Sektoren mit den gleichen Zielsetzungen getan wird. Dies zeigt etwa ein Vergleich der Bemühungen um Gewässerqualitätswerte, der Planungsrichtwerte für die Luftqualität und der ökologischen Eckwerte für den Natur- und Artenschutz. Dabei ist insbesondere die Begriffsvielfalt z.T. bis zur Ärgerlichkeit unterschiedlich.

Hier bedarf es dringend stärkerer Abstimmung bzw. wenigstens Kenntnisnahme untereinander. Es kann resümierend kein Zweifel bestehen, daß die Ausweisung von Umweltqualitätszielen und ökologischen Eckwerten situations- und zeitpunktbezogen die Aufgabe der nächsten Jahre sein wird. Ebenso sicher ist, daß die Arbeit daran im Grunde eben erst aufgenommen worden ist und noch sehr viel an Kompilation, Definitions-, Forschungs- und Durchsetzungsarbeit zu tun bleibt.

Anmerkungen

1) Vgl. Bundesforschungsanstalt für Landeskunde und Raumordnung (Hrsg.), Regionalisierter Immissionsschutz? Informationen zur Raumentwicklung, Heft 9, 10, 1980.

2) Th. Rassmussen, M. Oestreich, S. Behn: Regionaldifferenzierte Umweltpolitik im Luftbereich. Grundzüge einer Konzeption und ihre ökonomisch-ökologische Bedeutung. Hamburg 1982 (F+E-Vorhaben 101 030 051 im Rahmen des Umweltforschungsplanes des Bundesministers des Innern, im Auftrag des Umweltbundesamtes).

3) § 6 Abs. 1 der "Dreizehnten Verordnung zur Durchführung des Bundes-Immissionsschutzgesetzes" (Verordnung über Großfeuerungsanlagen - 13. BImSchG.) vom 22. Juni 1983. In: Bundesgesetzblatt, Jahrgang 1983, Teil I, Nr. 26, Tag der Ausgabe: Bonn, den 25. Juni 1983, S. 721.

4) Erste allgemeine Verwaltungsvorschrift zum Bundes-Immissionsschutzgesetz (Technische Anleitung zur Reinhaltung der Luft - TA Luft) vom 27.2.1986. GMBl., 595; die durch die TA Luft 1983 bereits neugefaßten Teile 1 und 2 wurden mit wenigen Änderungen in die TA Luft 1986 übernommen.

5) Gesetz über Naturschutz und Landschaftspflege (Bundesnaturschutzgesetz - BNat SchG) vom 20.12.1976. In: BGBl. I, S. 3574; ber. BGBl. 1977 I, S. 650, geändert durch Gesetz zur Berücksichtigung des Denkmalschutzes vom 1.6.1980, BGBl. I, S. 649.

6) Siehe Rahmenprogramm Umweltvorsorge der Bundesregierung (= Entwurf der "Leitlinien der Bundesregierung zur Umweltvorsorge durch Vermeidung und stufenweise Verminderung von Schadstoffen - Leitlinien Umweltvorsorge) vom 18.10.1985, S. 17.

7) Ebda, S. 16.

8) In: VDI-Handbuch Reinhaltung der Luft, Bd. 1, VDI 2310, Blatt 1, Düsseldorf, Juni 1986 (Entwurf); in der Bundesrepublik Deutschland finden als Imissionsstandards im Luftbereich vor allem Anwendung:
- Immissionsgrenzwerte der TA Luft
- Maximale Immissionswerte der VDI-Richtlinien 2306 und 2310 sowie
- die maximalen Arbeitsplatzkonzentrationswerte; vgl. Karl-Heinz Kellner: Luft. In: Buchwald, K. und Engelhardt, W., Handbuch für Planung, Gestaltung und Schutz der Umwelt, Bd. 2, München 1978, S. 143ff.

9) Vgl. hierzu den Beitrag Schmidt/Rembierz, in diesem Band.

10) So auch Schmidt/Rembierz, a.a.O.

11) Vgl. zur Leitbild-Diskussion weiter unten.

12) H. Kerner: Umweltqualitätsziele und ökologische Eckwerte, Berlin 1986 (Umweltbundesamt, unveröffentlichtes Manuskript)

13) Soweit ersichtlich, existieren hier nur wenige Ansätze, z.B. Wolfgang Haber: Raumordnungskonzepte aus der Sicht der Ökologie. In: ARL (Hrsg.), Die ökologische Orientierung der Raumplanung, Referate und Diskussionen der wissenschaftlichen Plenarsitzung 1978, FuS Bd. 131, Hannover 1979; vgl. auch Sachverständigenrat für Umweltfragen, Umweltgutachten 1978.

14) Vgl. exemplarisch: Prognos AG/Arbeitsgruppe für regionale Struktur- und Umweltforschung: Zusammenfassende Umweltuntersuchung zum Dollarthafenprojekt Emden. Basel/Oldenburg 1986 (Normalwertsetzung bei UPS's).

15) Vgl. dazu: P. Knauer: Szenarien zur funktionsräumlichen Arbeitsteilung - Ökologische Aspekte. In: ARL (Hrsg.), Funktionsräumliche Arbeitsteilung - Teil III, FuS Bd. 167, Hannover 1986 sowie: Der Bundesminister des Innern (Hrsg.): Bodenschutzkonzeption der Bundesregierung, Stuttgart-Berlin-Köln-Mainz 1985 (Bundestags-Drucksache 10/2977 vom 7.3.1985).

16) Deutscher Bundestag, 10. Wahlperiode, Drucksache 10/5007 vom 5.2.1986: Bericht der Bundesregierung über die Anwendung und Auswirkungen des Chemikaliengesetzes.

17) Umweltbundesamt (Hrsg.)/Der Bundesminister des Innern: Sachverständigenanhörung: Medizinische, biologische und ökologische Grundlagen zur Bewertung schädlicher Luftverunreinigungen, Berlin, 20. bis 24.2.1978. Wortprotokoll und Materialien, Berlin, August 1978.

18) H.-P. Schenk: Tabellierte Einzelbestimmungen organischer Schadstoffe in der Umwelt. Literaturrecherche für den Bereich der Bundesrepublik Deutschland. Stuttgart 1986 (F+E-Vorhaben 106 01 023/03 des Umweltbundesamtes).

19) Zitiert nach G. Feldhaus; H. Ludwig; P. Davids: Die TA Luft 1986. In: Deutsches Verwaltungsblatt, Heft 13, Juli 1986, S. 641ff.. Dieser Rahmen ist unterdessen mit den "Leitlinien der Bundesregierung zur Umweltvorsorge durch Vermeidung und stufenweise Verminderung von Schadstoffen (Leitlinien Umweltvorsorge) vom 3.9.1986 vorgelegt.

20) Vgl. ebenda, S. 643ff.

21) Vgl. Peter Knauer (Anmerkung 15).

22) Minister für Arbeit, Gesundheit und Soziales: Luftreinhalteplan Rheinschiene Mitte 1982-1986, Düsseldorf 1982.

23) Martin Uppenbrink: Modell eines integrierten Umweltplanes als eigenständige Umweltplanung. In: ARL (Hrsg.), Umweltplanungen und ihre Weiterentwicklung, Beiträge Bd. 73 Hannover 1983.

24) Landesanstalt für Umweltschutz Baden-Württemberg (Hrsg.): Umweltqualitätsbericht Baden-Württemberg 1979, Stuttgart o.J.

25) Ebda., Vorblatt.

26) Umweltbundesamt (Hrsg.): Daten zur Umwelt, Berlin 1984.

27) Robert A. Lewis: Richtlinien für den Einsatz einer Umweltprobenbank in der Bundesrepublik Deutschland auf ökologischer Grundlage (Zusammenfassung), Saarbrücken 1984 (im Auftrag des Umweltbundesamtes).

28) Thomas Schäfer u.a. (Fa. Dornier System GmbH): Modellvorhaben zur Regionalanalyse von Gesundheits- und Umweltdaten im Saarland, Berlin 1985 (UBA-Texte 7/86; Umweltforschungsplan des Bundesministers für Umwelt, Naturschutz und Reaktorsicherheit 109 02 003; FB 84-121; im Auftrag des Umweltbundesamtes).

29) P. Müller u.a., Institut für Biogeographie der Universität des Saarlandes, Ökologische Belastungsanalyse Landkreis Stade, Saarbrücken 1984 (Umweltforschungsplan des Bundesminister für Umwelt, Naturschutz und Reaktorsicherheit 101 04 012/13; im Auftrag des Umweltbundesamtes).

30) Gesellschaft für Strahlen- und Umweltforschung: Früherkennung von Umwelt- und Gesundheitsschäden - Ein Arbeitskonzept (Entwurf), Neuherberg 1986.

31) Otto Fränzle u.a., Geographisches Institut der Universität Kiel, Auswahl der Hauptforschungsräume für das Ökosystemforschungsprogramm der Bundesrepublik Deutschland, Kiel 1986 (Umweltforschungsplan des Bundesministers für Umwelt, Naturschutz und Reaktorsicherheit, 101 04 043/02; im Auftrag des Umweltbundesamtes.

32) Bundesminister des Innern (Hrsg.): Bodenschutzkonzeption der Bundesregierung, Stuttgart, Berlin, Köln, Mainz 985 (Bundestags-Drucksache 10/2977 vom 7.3.1985.

33) Vgl. u.a. Thomas Bunge: Die Umweltverträglichkeitsprüfung im Verwaltungsverfahren. Zur Umsetzung der Richtlinie der Europäischen Gemeinschaften vom 27. Juni 1985 (85/337/EWG) in der Bundesrepublik Deutschland, Köln 1986 (Bundesanzeiger Jg. 38, Nr. 145a, 9.8.1986). - Jürgen Cupei: Umweltverträglichkeitsprüfung (UVP) - ein Beitrag zur Strukturierung der Diskussion - zugleich eine Erläuterung der EG-Richtlinie, Köln, Bonn, München, 1986. - H.J. Schemel: Die Umweltverträglichkeitsprüfung (UVP) von Großprojekten, Berlin 1986.

34) Siehe Anmerkung 14).

35) Vgl. K.-H. Hübler: Wechselwirkungen zwischen Umweltpolitik und Raumordnung - Überlegungen zur Fortentwicklung raumordnerischer Ziele und Instrumente, in diesem Band.

36) Die wichtigsten Demonstrationsprojekte zum Bereich der ökologischen Planung wurden am 12./13.6.1986 beim Statusseminar "Instrumentarien zur Ökologischen Planung" des Umweltbundesamtes vorgestellt. Die Referate dieses Seminars erscheinen im Frühjahr 1987 in der Reihe "Texte" des Umweltbundesamtes.

37) Vgl. zum folgenden: A. Giwer: Abwasser-/Gewässergüte. Zur Problematik von Umweltstandards und ihrer Erreichbarkeit. In: Deutscher Verband für angewandte Geographie (Hrsg.): Wasser und Abwasser, Engpaßfaktoren der Umweltvorsorge, Bochum 1986 (Material zur angewandten Geographie, Bd. 10).

38) Ebda., S. 88f.

39) Ebda., S. 91 (Probevorbereitung und Analysenverfahren gemäß Verwaltungsvorschrift des Ministeriums für Landwirtschaft, Weinbau und Forsten vom 26. Januar 1983 (752-05.80), MinBl. 1983, S. 264).

40) Ein Ansatz dazu ist die EG-Richtlinie vom 4.5.1976 sowie Folgerichtlinien durch die Regelungen für besonders gefährliche Stoffe (vgl. ebda., S. 93ff.).

41) Vgl. ebda., S. 94.

42) Vgl. dazu die ausführlichen Erläuterungen bei A. Giwer, ebda., S. 99ff.

43) Umweltbundesamt (Hrsg.): Beitrag zur Beurteilung von 19 gefährlichen Stoffen in oberirdischen Gewässern, Berlin 1986 (Uba-Texte 10/86).

44) Ebda., S. V.

45) Vgl. zu den Fragen der notwendigen Daten, aber auch zum Problem der Eckwerte und Standards für den Bereich Bodenschutz u.a.: K.-H. Hübler: Bodenschutz durch bessere Planungsgrundlagen? Bodenqualitätsberichte, Bodenkataster, methodische Überlegungen und praktische Möglichkeiten. In: Bundesforschungsanstalt für Landeskunde und Raumordnung/Institut für Städtebau (Hrsg.): Bodenschutz, Räumliche Planung und kommunale Strategien, Bonn 1986 (Reihe Seminiare, Symposien, Arbeitspapiere der BfLR, Heft 21).

46) Vgl. zum folgenden Manfred Schuldt: Erfassung, Sanierung und Nutzung flächenhafter Altlasten. Ökologische, technische, planerische, rechtliche und finanzielle Probleme und Lösungsansätze am Beispiel Hamburg. In: BfLR/IfS (Hrsg.), a.a.O. (siehe Anm. 45), S. 31ff.

47) Ebda., S. 134.

48) Ebda., S. 137.

49) a/b/c Ebda., S. 142/3.

50) Bundesgesetzblatt, Jahrgang 1982, Teil II, vom 25.6.982, S. 734; siehe zum Vollzug der Klärschlammverordnung H.O. Hangen: 2 Jahre Klärschlammverordnung. In: Deutscher Verband für angewandte Geographie (Hrsg.): Wasser und Abwasser, Engpaßfaktoren der Umweltvorsorge, Bochum 1986 (Material zur angewandten Geographie, Bd. 10), S. 125ff.

51) J. Blab; E. Nowak: Grundlagen, Probleme und Ziele der Roten Listen der gefährdeten Arten. In: Natur und Landschaft 1/1983, S. 3ff., 1. Ergänzung: Heft 5/1983, S. 182ff.

52) Ebda., S. 5.

53) Ebda., S. 185.

54) Bundesminister des Innern (Hrsg.): Abschlußbericht der Projektgruppe zum "Aktionsprogramm Ökologie", Argumente und Forderungen für eine ökologisch ausgerichtete Umweltvorsorgepolitik, Bonn 1983 (Umweltbrief Nr. 29 vom 28.10.1983); dazu: Steuerungsgruppe der Projektgruppe "Aktionsprogramm Ökolo-

gie" (Hrsg.): Materialien zum Abschlußbericht der Projektgruppe "Aktionsprogramm Ökologie", Bonn 1983.

55) Quelle: Ebda. Seitenzahl siehe Abbildungen.

56) Wilfried Kühling: Planungsrichtwerte für die Luftqualität, Entwicklung von Mindeststandards zur Vorsorge vor schädlichen Immissionen als Konkretisierung der Belange empfindlicher Raumnutzungen, Dortmund 1986 (Schriftenreihe Landes- und Stadtentwicklungsforschung des Landes Nordrhein-Westfalen, Materialien Bd. 4.045; hrsg. vom Institut für Landes- und Stadtentwicklungsforschungdes Landes NRW (ILS) im Auftrag des MURL-NRW).

57) Ebda., S. 17.

58) Ebda.

59) Ebda., S. 18.

Anhang

Abb. 1: Die drei Subsysteme ("Schichten") einer Landschaft

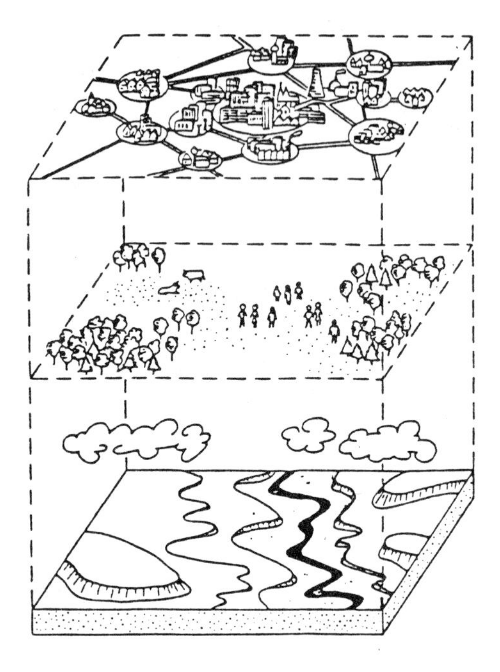

Von unten nach oben: natürliches unbelebtes, natürliches belebtes und anthropogenes Subsystem (nach Thomasek 1979)
Aus: W. Haber, Über Landschaftspflege, in: Landschaft und Stadt 1984, 16, S. 193.

Abb. 2: Die Haupt-Ökosystemtypen der Erde, geordnet nach zunehmender menschlicher Beeinflussung und Nutzung*)

A. Bio-Ökosysteme
Überwiegend aus natürlichen Bestandteilen zusammengesetzte und durch biologische Vorgänge gekennzeichnete Ökosysteme

1. Natürliche Ökosysteme
   Vom Menschen nicht oder kaum beeinflußt, selbstregelungsfähig
2. Naturnahe Ökosysteme
   Vom Menschen zwar beeinflußt, doch Typ 1 ähnliche; ändern sich bei Aufhören des Einflusses kaum. Begrenzt selbstregelungsfähig
3. Halbnatürliche Ökosysteme
   Durch menschliche Nutzungen aus Typ 1 oder 2 hervorgegangen, aber nicht bewußt geschaffen; ändern sich bei Aufhören der Nutzung. Begrenzt selbstregelungsfähig

Grenze zwischen naturbetonten und anthropogenen Ökosystemen

4. Agrar- und Forst-Ökosysteme ("Nutz-Ökosysteme")
   Vom Menschen bewußt geschaffen und völlig von ihm abhängig. Selbstregelungen unerwünscht; Funktionen werden von außen (unter Energiezufuhr) gesteuert

B. Techno-Ökosysteme
(technisch bestimmte Ökosysteme)
Überwiegend aus technischen Bestandteilen (Artefakten) zusammengesetzte und durch technische Vorgänge gekennzeichnete Ökosysteme.
Vom Menschen bewußt für kulturell-zivilisatorisch-technische Aktivitäten geschaffen. Nicht selbstregelungsfähig, sondern völlig von Außensteuerung (mit hoher Energiezufuhr) und von umgebenden und sie durchdringenden Bio-Ökosystemen abhängig.
Weitere Unterteilung noch offen, z.B. Dorf-, Stadt-, Großstadt-, Industrie- u.a. Ökosysteme.

Zu Abb. 2:
*) In Anlehnung an Westhoff 1968, ergänzt.
Aus: W. Haber, a.a.O., S. 194.

Abb. 3: Belastungsgebiete

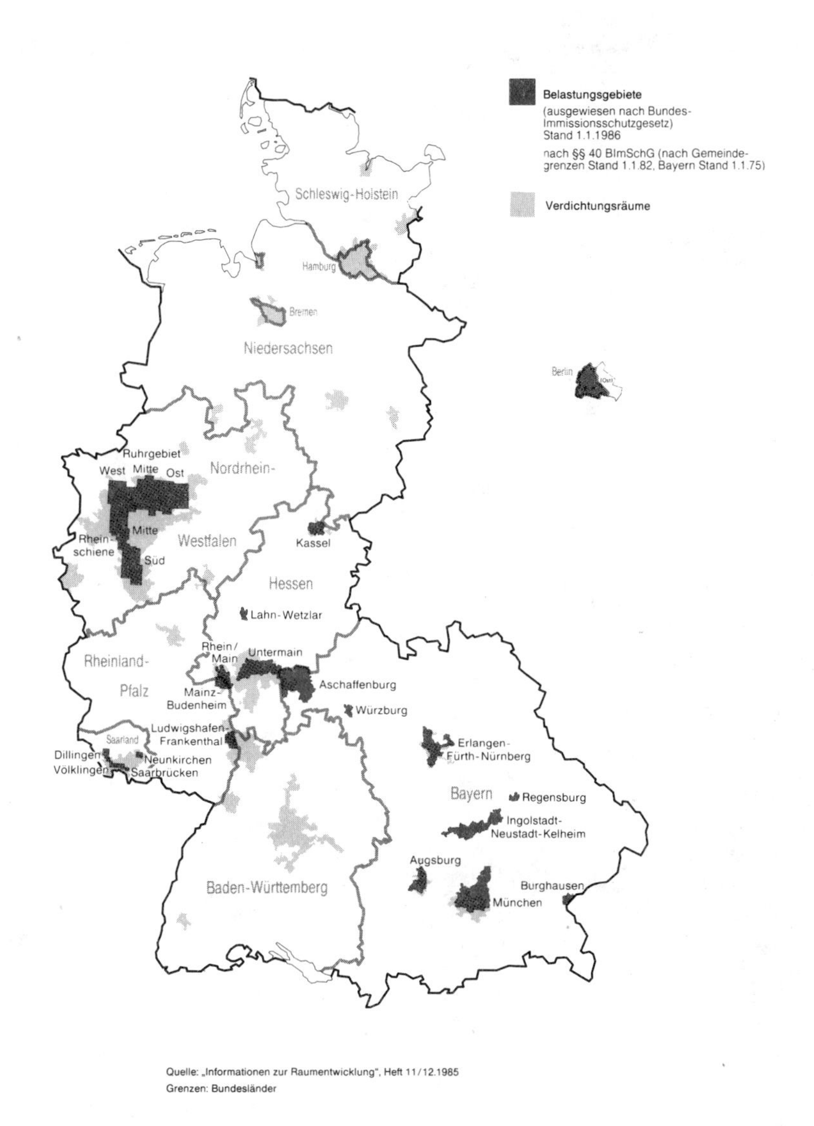

Quelle: „Informationen zur Raumentwicklung", Heft 11/12.1985
Grenzen: Bundesländer

Abb. 4: Luftmeßnetze in der Bundesrepublik Deutschland

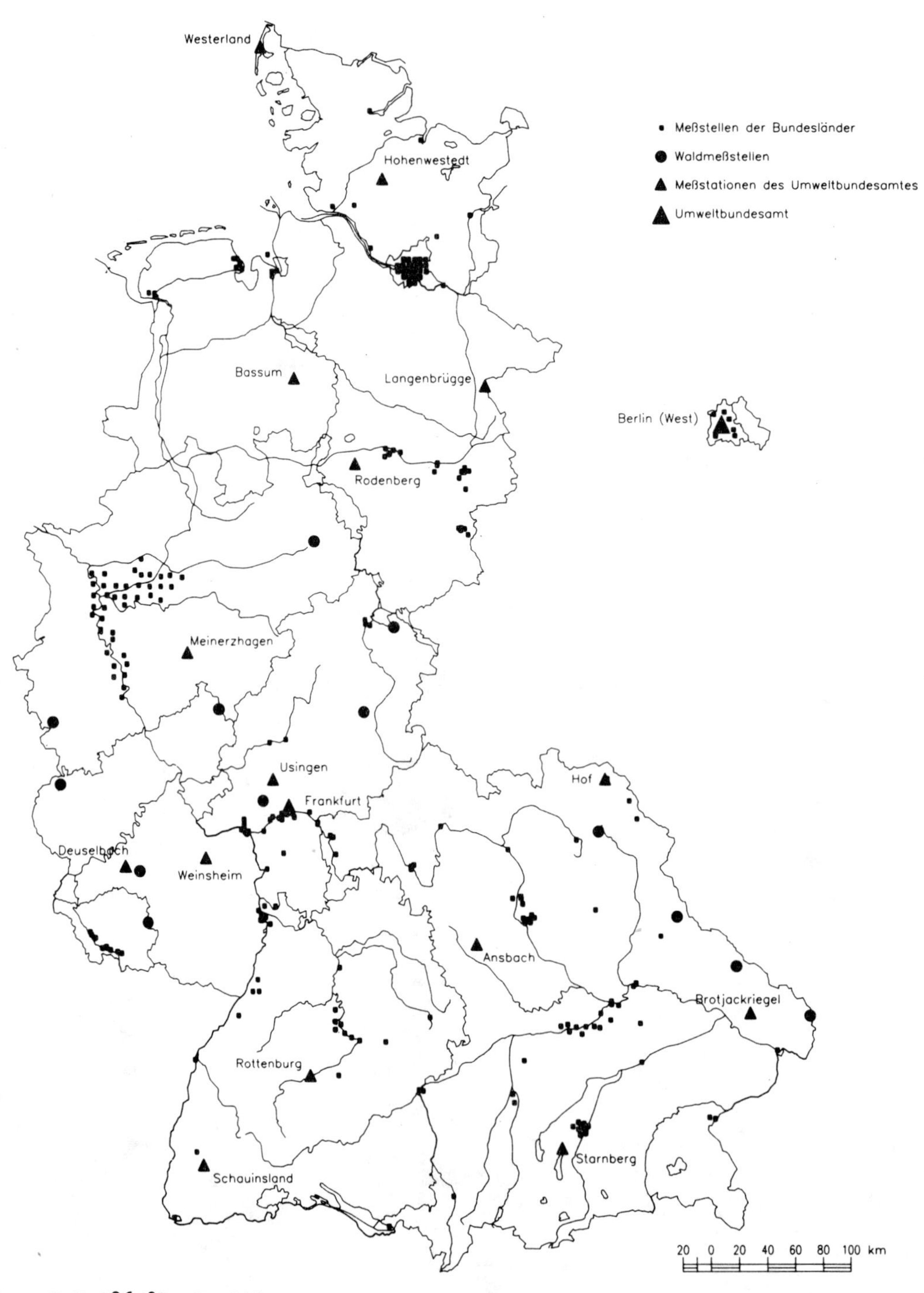

Aus: DzU '86/87, S. 215.

Abb. 5: "Smog-Gebiete"

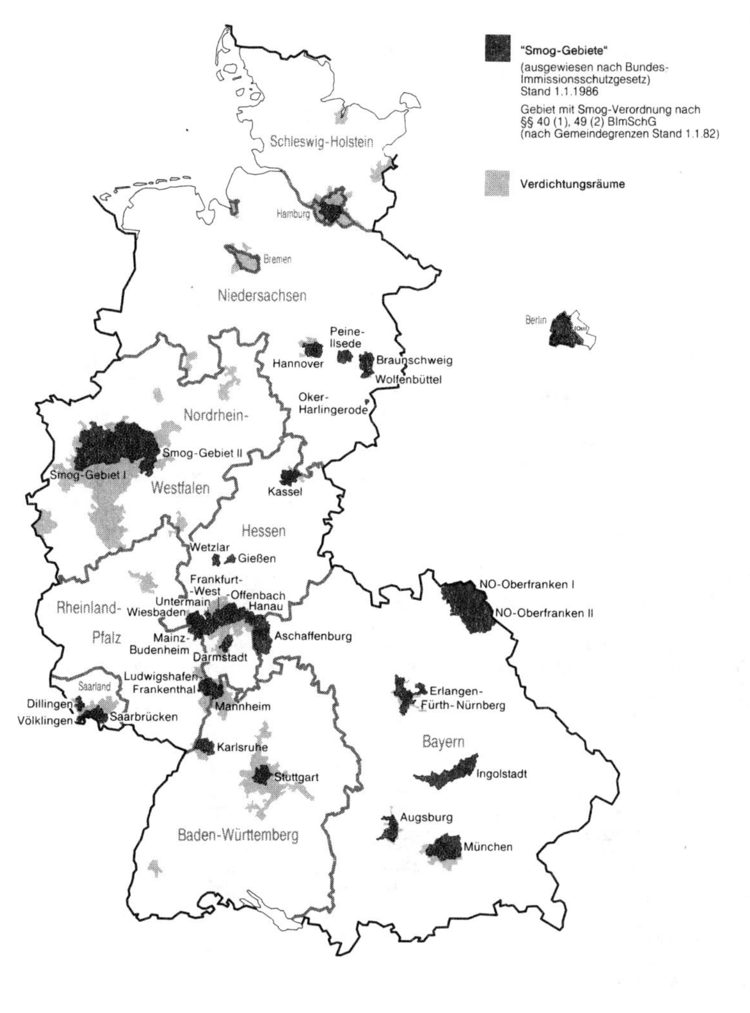

Quelle: „Informationen zur Raumentwicklung", Heft 11/12.1985
Grenzen: Bundesländer

Abb. 6: Die Gütegliederung der Fließgewässer

Güte-klasse	Grad der organischen Belastung	Saprobität (Saprobiestufe)	Saprobien-index	Chemische Parameter BSB$_5$ (mg/l)	NH$_4$-N (mg/l)	O$_2$-Minima (mg/l)
I	unbelastet bis sehr gering belastet	Oligosaprobie	1,0 – < 1,5	1	höchstens Spuren	> 8
I–II	gering belastet	Oligosaprobie mit betamesosaprobem Einschlag	1,5 – < 1,8	1–2	um 0,1	> 8
II	mäßig belastet	ausgeglichene Betamesosaprobie	1,8 – < 2,3	2–6	< 0,3	> 6
II–III	kritisch belastet	alpha-betamesosaprobe Grenzzone	2,3 – < 2,7	5–10	< 1	> 4
III	stark verschmutzt	ausgeprägte Alphamesosaprobie	2,7 – < 3,2	7–13	0,5 bis mehrere mg/l	> 2
III-IV	sehr stark verschmutzt	Polysaprobie mit alphamesosaprobem Einschlag	3,2 – < 3,5	10–20	mehrere mg/l	< 2
IV	übermäßig verschmutzt	Polysaprobie	3,5 – < 4,0	> 15	mehrere mg/l	< 2

Güteklasse I: unbelastet bis sehr gering belastet

Gewässerabschnitte mit reinem, stets annähernd sauerstoffgesättigtem und nährstoffarmem Wasser; geringer Bakteriengehalt; mäßig dicht besiedelt, vorwiegend von Algen, Moosen, Strudelwürmern und Insektenlarven; Laichgewässer für Edelfische.

Güteklasse I–II: gering belastet

Gewässerabschnitte mit geringer anorganischer oder organischer Nährstoffzufuhr ohne nennenswerte Sauerstoffzehrung; dicht und meist in großer Artenvielfalt besiedelt. Edelfischgewässer.

Güteklasse II: mäßig belastet

Gewässerabschnitte mit mäßiger Verunreinigung und guter Sauerstoffversorgung; sehr große Artenvielfalt und Individuendichte von Algen, Schnecken, Kleinkrebsen, Insektenlarven; Wasserpflanzenbestände decken größere Flächen; ertragreiche Fischgewässer.

Güteklasse II–III: kritisch belastet

Gewässerabschnitte, deren Belastung mit organischen, sauerstoffzehrenden Stoffen einen kritischen Zustand bewirkt; Fischsterben infolge Sauerstoffmangels möglich; Rückgang der Artenzahl bei Makroorganismen; gewisse Arten neigen zur Massenentwicklung; Algen bilden häufig größere flächenbedeckende Bestände. Meist noch ertragreiche Gewässer.

Güteklasse III: stark verschmutzt

Gewässerabschnitte mit starker organischer, sauerstoffzehrender Verschmutzung und meist niedrigem Sauerstoffgehalt; örtlich Faulschlammablagerungen; flächendeckende Kolonien von fadenförmigen Abwasserbakterien und festsitzenden Wimpertieren übertreffen das Vorkommen von Algen und höheren Pflanzen; nur wenige, gegen Sauerstoffmangel unempfindliche tierische Makroorganismen wie Schwämme, Egel, Wasserasseln, kommen bisweilen massenhaft vor; geringe Fischereierträge; mit periodischem Fischsterben ist zu rechnen.

Güteklasse III–IV: sehr stark verschmutzt

Gewässerabschnitt mit weitgehend eingeschränkten Lebensbedingungen durch sehr starke Verschmutzung mit organischen, sauerstoffzehrenden Stoffen, oft durch toxische Einflüsse verstärkt; zeitweilig totaler Sauerstoffschwund; Trübung durch Abwasserschwebstoffe; ausgedehnte Faulschlammablagerungen, durch rote Zuckmückenlarven oder Schlammröhren-Würmer dicht besiedelt; Rückgang fadenförmiger Abwasserbakterien; Fische nicht auf Dauer und dann nur örtlich begrenzt anzutreffen.

Güteklasse IV: übermäßig verschmutzt

Gewässerabschnitte mit übermäßiger Verschmutzung durch organische sauerstoffzehrende Abwässer; Fäulnisprozesse herrschen vor; Sauerstoff über lange Zeiten in sehr niedrigen Konzentrationen vorhanden oder gänzlich fehlend; Besiedlung vorwiegend durch Bakterien, Geißeltierchen und freilebende Wimpertierchen; Fische fehlen; bei starker toxischer Belastung biologische Verödung.

Aus: A. Giwer, Umweltstandards, S. 98.

Abb. 7: Mindestanforderungen für Fließgewässer
Grundlage: Gewässergüteklasse II

II - III

	Merkmale	Salmoniden-Gewässer	Cypriniden-Gewässer
1	Temperatur ($T_{max.}$ °C) sommerkühle Gewässer sommerwarme Gewässer	20	25 28
2	Sauerstoff (mg/l)[1]	≥ 6	≥ 4
3	pH-Wert	6,5 - 8,5	6,5 - 8,5
4	Ammonium, NH_4^+N (mg/l)	≤ 1	≤ 1
5	BSB_5o.ATH (mg/l)[1]	≤ 6	≤ 6
6	CSB (mg/l)	≤ 20	≤ 20
7	Eisen ges. (mg/l)	≤ 2	≤ 2
8	Zink ges. (mg/l)	$\leq 0{,}3$[2]	≤ 1[2]
9	Kupfer ges. (mg/l)	$\leq 0{,}05$	$\leq 0{,}05$
10	Kupfer gel. (mg/l)	$\leq 0{,}04$[2]	$\leq 0{,}04$[2]
11	Chrom ges. (mg/l)	$\leq 0{,}07$	$\leq 0{,}07$
12	Nickel ges. (mg/l)	$\leq 0{,}05$	$\leq 0{,}05$
13	Nitrit, NO_2^-N (mg/l)	$\leq 0{,}015$	$\leq 0{,}015$
14	Phospor ges. (mg/l)	$\leq 0{,}4$	$\leq 0{,}4$
15	Phenole	organoleptisch nicht feststellbar	
16	Ölkohlenwasserstoffe	dürfen Geschmack der Fische nicht beeinträchtigen	

$CaCO_2$ (mg/l)	10	50	100
CA^+ (mg/l)	4	20	40
Zink ges. (mg/l)			
Salmoniden-Gew.	0,03	0,2	0,3
Cypriniden-Gew.	0,3	0,7	1,0
Kupfer gel. (mg/l)	0,005	0,022	0,04

[1] Die Merkmale Sauerstoff und BSB_5o. ATH unterliegen einer Dynamik, die in besonderem Maße durch Vorgänge im Gewässer beeinflußt wird (z.B. Sauerstoffproduktion durch Pflanzen und algenbürtiger BSB_5). Daher können sie nur mittelbar bewirtschaftet werden (kein Vorgehen wie in Abschnitt 5.2).

[2] Die Werte für Zink und Kupfer sind nach Wasserhärtegraden gestaffelt.

Aus: A. Giwer, Umweltstandards, S. 100.

Abb. 8: Güteanforderungen an "Beregnungswasser für Freilandkulturen"

	Merkmale	(1) Richtwert	(2)
	A. Mineralische Stoffe		
1	Aluminium (mg/l)	≤ 5,0	< 5,0 e
2	Arsen (mg/l)	≤ 0,04	< 0,1 v
3	Beryllium (mg/l)	≤ 0,05	< 0,1 v
4	Blei (mg/l)	≤ 0,05	< 0,5 e
5	Bor (mg/l)	≤ 0,5	< 0,5 e
6	Cadmium (mg/l)	≤ 0,006	< 0,01 v
7	Chrom (mg/l)	≤ 0,1	< 0,1 e
8	Eisen (mg/l)	≤ 2,0	< 2,0 e
9	Fluor (mg/l)	≤ 1,0	< 1,0 e
10	Kobalt (mg/l)	≤ 0,2	< 0,2 e
11	Kupfer (mg/l)	≤ 0,2	< 0,2 e
12	Mangan (mg/l)	≤ 2,0	< 0,5 e
13	Molybdän (mg/l)	≤ 0,005	< 0,01 v
14	Nickel (mg/l)	≤ 0,1	< 0,2 e
15	Quecksilber (mg/l)	≤ 0,004	< 0,002 v
16	Selen (mg/l)	≤ 0,02	< 0,02 v
17	Zink (mg/l)	≤ 2,0	< 1,0 e
	B. Salze		
18	Gesamtsalzgehalt (mg/l)	≤ 500	< 500 v
19	Chloride (mg/l)	≤ 200	< 200 v
20	Natrium (mg/l)	≤ 150	
	C. Mikrobiol. Beschaffenheit		
21	Gesamtcoliforme Keime/ml	≤ 10	< 10 v
22	Fäkalcoliforme Keime/ml	≤ 1	
	D. Sonstige Merkmale		
23	pH-Wert	5,0 - 8,5	

v = vorgeschlagen e = empfohlen

(1) Es handelt sich um Richtwerte, die von der Landwirtschaftskammer Rheinland vorgeschlagen wurden.
Die genannten Richtwerte gelten bei direkter Entnahme für landwirtschaftliche und gärtnerische Freilandkulturen mit einer durchschnittlichen max. Jahresberegnungsgabe von 300 mm (Vm^2).
Die genannten Richtwerte gelten – wegen des bedeutend höheren Wasserbedarfs – nicht für Gewächshauskulturen und nicht für Gemüse und Zierpflanzen mit geringer Salzverträglichkeit als Freilandkulturen.

(2) Werte nach Anhang III Teil III der Europäischen Gewässerschutzkonvention.

Aus: A. Giwer, Umweltstandards, S. 106.

Abb. 9:

Rheinland-Pfalz

Ministerium für Landwirtschaft, Weinbau und Forsten

Ministerium für Soziales, Gesundheit und Umwelt

Merkblatt für Angler in Rheinland-Pfalz

Herausgegeben im März 1983

Seit 1977 werden die Flußfische in Rheinland-Pfalz regelmäßig auf Rückstände - Schwermetalle und chlorierte Kohlenwasserstoffe - untersucht. Die Ergebnisse zeigen, daß die Hexachlorbenzol-(HCB-) Rückstände in Rheinfischen erhöht sind. Fische aus den Mündungsgebieten von Nahe und Lahn weisen ebenfalls erhöhte Rückstandswerte auf. An Moselfischen sind in letzter Zeit keine Höchstmengenüberschreitungen an HCB festgestellt worden.

Die gesetzlich zulässige Höchstmenge beträgt 0,05 mg HCB (Milligramm = 1/1000 Gramm Hexachlorbenzol) pro Kilogramm Fisch.

Die *HCB-Gehalte* in *Rheinaalen* übersteigen den für das gewerbliche Inverkehrbringen festgesetzten Höchstwert durchweg wesentlich. Die meistgefangenen Rheinfische, *Weißfische* wie Rotaugen und Brassen, enthalten geringere Rückstände. Auch sie übersteigen den festgesetzten Höchstwert aber noch merklich. Die Werte für *Raubfische* des Rheins, wie Hechte, Zander und Barsche liegen in der Mehrzahl unter der Höchstmenge, weisen jedoch wiederholt ebenfalls Höchstmengenüberschreitungen auf.

Überschreitungen der für *Schwermetalle* gesetzlich festgelegten oder empfohlenen Höchstmengen treten in Fischen aus Rheinland-Pfalz in der Regel nicht auf. Lediglich bei großen Raubfischen kann es in Einzelfällen zu Überschreitungen der gesetzlichen Höchstmenge Quecksilber (1,0 mg Hg/kg) kommen.

Die Überschreitung gesetzlich festgesetzter Höchstmengen hat zur Folge, daß davon betroffene Fische nicht in den gewerblichen Verkehr gebracht werden dürfen. Die Verkehrsunfähigkeit besagt nicht, daß der Verzehr solcher Fische bereits gesundheitsgefährdend ist. Da der Inhaber eines Angelerlaubnisscheins die gefangenen Fische aus anderen, nämlich fischereirechtlichen Gründen nicht in den Verkehr bringen - d.h. nicht verkaufen - darf, sind für ihn andere Richtwerte von Bedeutung. Sie beruhen auf Empfehlungen der Weltgesundheitsorganisation (WHO). Danach ist die Aufnahme von 0,252 mg HCB pro Woche für einen Menschen von 70 kg Gewicht unbedenklich. Hieraus läßt sich errechnen, welche Menge an Flußfischen ein Erwachsener pro Woche unbedenklich zu sich nehmen darf. Die sich daraus ergebenden Verzehrempfehlungen sind umseitig in einer Tabelle zusammengestellt.

Wie schon verschiedentlich bekanntgemacht wurde, sollte beim Genuß von Rheinfischen, besonders Rheinaalen, Zurückhaltung geübt werden. Nach Auffassung des Bundesgesundheitsamtes sind gesundheitliche Schäden nur dann zu befürchten, wenn Rheinfische im Übermaß genossen werden.

Empfohlene maximale Verzehrmenge von rheinland-pfälzischen Flußfischen, bezogen auf die durchschnittlichen Gehalte an Hexachlorbenzol (HCB)

	Aale	Weißfische	Raubfische
Rheinstrom	200 g/Woche	850 g/Woche	3.500 g/Woche
Altrheine	500 g/Woche	1.000 g/Woche	Keine Beschränkung
Nahe Bad Kreuznach bis Mündung	2 kg/Woche	2 kg/Woche	2 kg/Woche
Nahe oberhalb Bad Kreuznach	Keine Beschränkung		
Lahn	Keine Beschränkung		
Mosel	Keine Beschränkung		
Saar	Keine Beschränkung		

Bei Fischen aus den Mündungsgebieten von Mosel, Nahe und Lahn gelten die für Rheinfische gegebenen Empfehlungen. Die Verzehrmengen sind für einen Erwachsenen von 70 kg Gewicht berechnet.

Aus: A. Giwer, Umweltstandards, S. 110.

Abb. 10:

Dichlormethan (Methylenchlorid)

Trichlormethan (Chloroform)

Tetrachlormethan (Tetrachlorkohlenstoff)

1.1.1-Trichlorethan

Trichlorethen (Trichlorethylen)

Tetrachlorethen (Tetrachlorethylen)

Hexachlorbutadien

1,2-Dichlorbenzol (o-Dichlorbenzol)

1,4-Dichlorbenzol (p-Dichlorbenzol)

Nitrobenzol

1-Chlor-2-Nitrobenzol (o-Chlornitrobenzol)

1-Chlor-4-Nitrobenzol (p-Chlornitrobenzol)

Dichlornitrobenzole

3-Nitrotoluol (p-Nitrotoluol)

Chlornitrotoluole (ohne 2-Chlor-4-Nitrotoluol)

Hexachlorbenzol (HCB)

y-Hexachlorcyclohexan (y-HCH, Lindan)

Polychlorierte Biphenyle (PCB, 209 Isomere und homologe chlorierte Biphenyle)

Pentachlorphenol (PCP)

Quelle: Umweltbundesamt, Beitrag zur Beurteilung von 19 gefährlichen Stoffen in oberirdischen Gewässern, Berlin 1986 (UBA-Texte 10/86).

Abb. 11: Chloridgehalte ausgewählter Fließgewässer (Cl in mg/l)

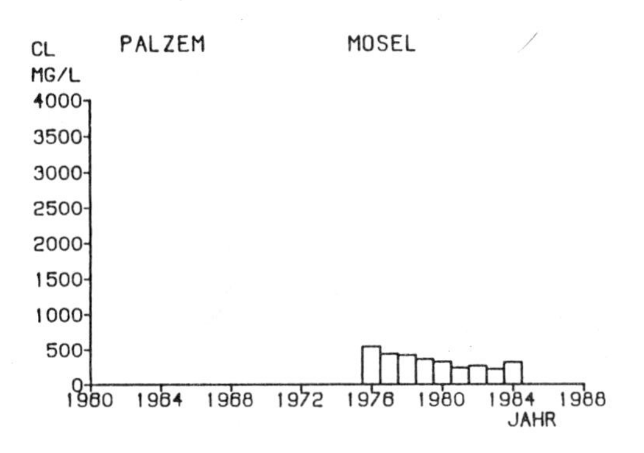

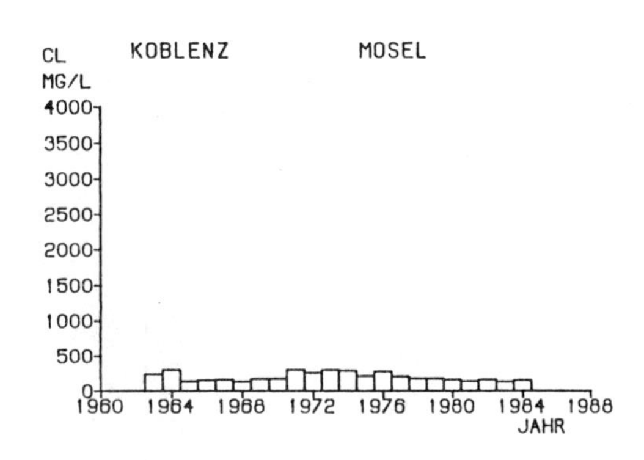

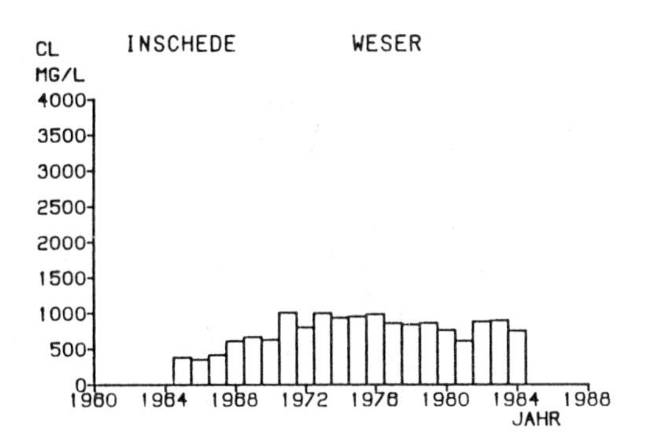

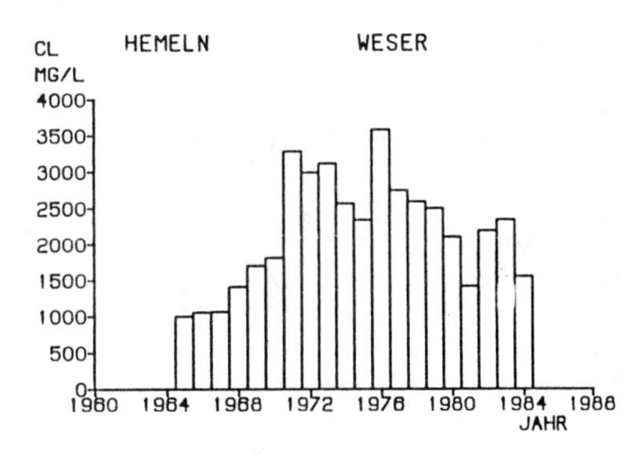

Aus: DzU '86/87, S. 283.

Abb. 12: Langfristige Entwicklung der Phosphor-, Sauerstoff-, Stickstoff- und Chloridkonzentrationen im Bodensee 1960 - 1983, gemessen am Obersee, Fischbach-Uttwil

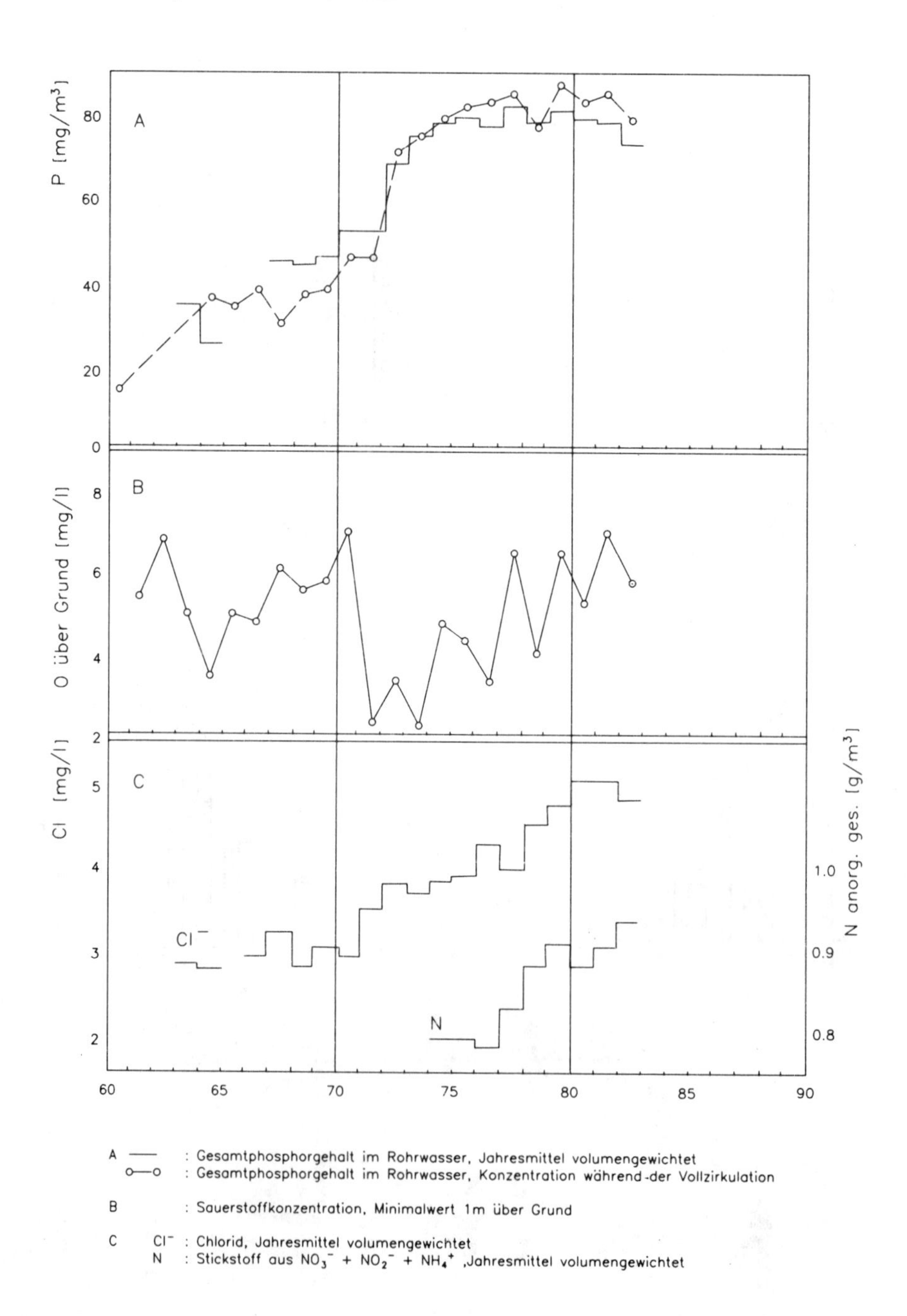

Aus: DzU '86/87, S. 310.

Abb. 13: Vorkommen ausgewählter chlorierter Kohlenwasserstoffe im Gesamtbereich der Nordsee 1981

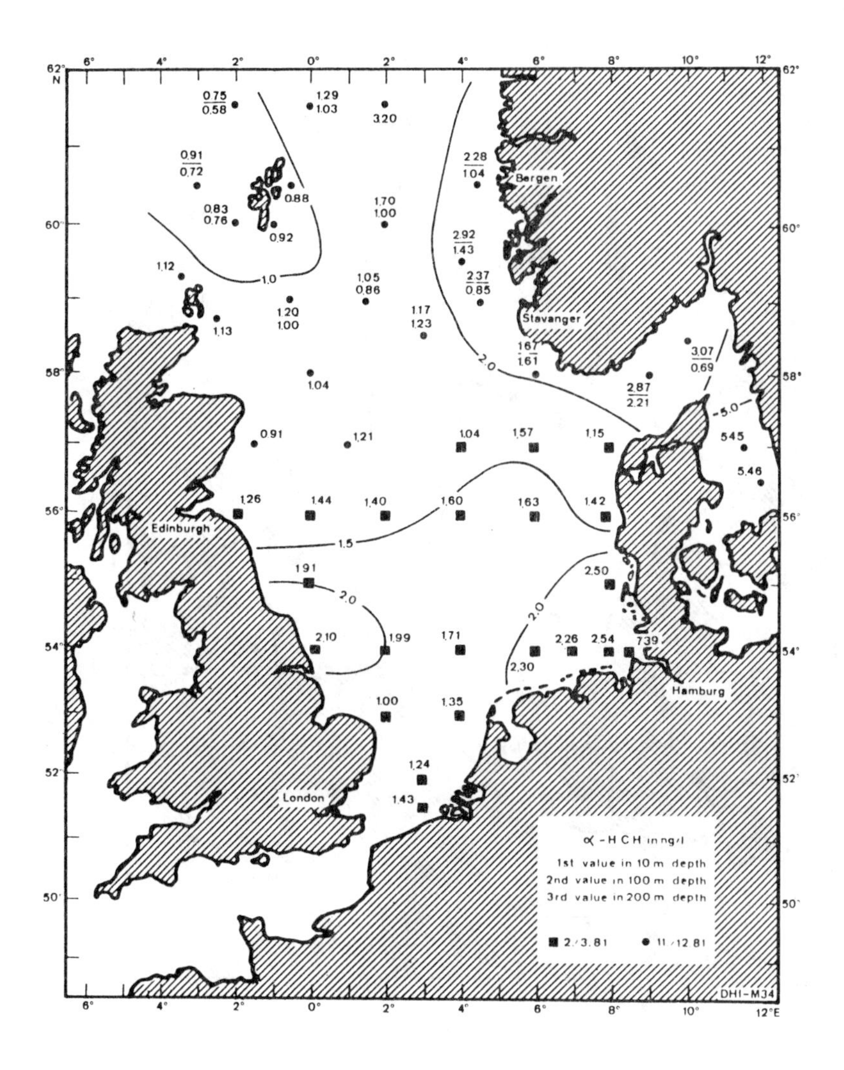

Aus: DzU '86/87, S. 316.

(Fortsetzung nächste Seite)

Abb. 13 (Forts.)

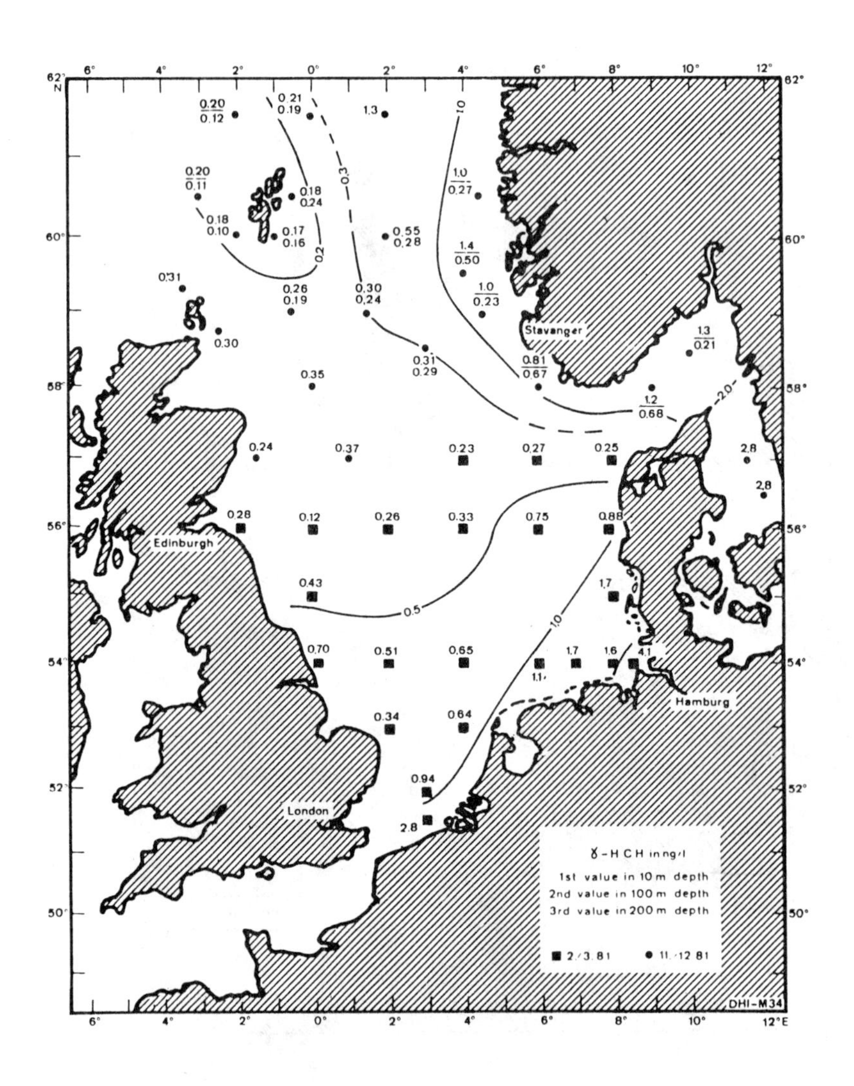
Stavanger
Edinburgh
Hamburg
London
γ-HCH in ng/l
1st value in 10 m depth
2nd value in 100 m depth
3rd value in 200 m depth
2/3.81
11./12.81
DHI-M34

Abb. 14: Anzahl erfaßter Verdachtsstandorte in der Bundesrepublik Deutschland

Bundesland	Anzahl	Erläuterungen	Stand	Quelle
Schleswig-Holstein	über 2.000	Altablagerungen (geschlossene, verlassene und stillgelegte Ablagerungsplätze für Abfälle)	Dez. 1984	(1)
Freie und Hansestadt Hamburg	mit etwa 2.400	altlastverdächtigen Standorten ist zu rechnen (1.831 Flächen sind im Altlasthinweiskataster enthalten, davon sind 162 saniert, teilsaniert oder auf andere Weise erledigt)	Mai 1985	(2)
Hansestadt Bremen	45	öffentlich oder privat betriebene Deponien mit überwiegend Bauschutt, Hausmüll, Gartenabfällen sowie hausmüllähnlichen Gewerbeabfällen	Apr. 1985	(3)
Niedersachsen	3.500	Altablagerungen jeglicher Art erfaßt. Nach einer ersten Gefährdungsabschätzung sind darunter rd. 100 Altlasten, die das Wohl der Allgemeinheit beeinträchtigen können.	1984	(4)
Nordrhein-Westfalen	ca. 8.000	Altablagerungen und Altstandorte erfaßt	Mai 1985	(5)
Hessen	mit 5.000	Altlasten wird insgesamt zu rechnen sein. Über 3.200 abfallbelastete Standorte sind registriert.	März 1985	(6)
Rheinland-Pfalz	etwa 5.000 bis 6.000	geschätzte Ablagerungsstellen	Jan. 1985	(7)
Baden-Württemberg	über 4.600	Ablagerungsstellen erfaßt	Mai 1984	(8)
Bayern	ca. 5.000	Kommunale Müllplätze bis 1982, davon bis 1984 rd. 4.300 geschlossen und rekultiviert.	Mai 1984	(9)
Saarland	738	Altdeponien	Dez. 1984	(10)
Berlin	178	Altlasten (Abfallablagerungen, kontaminierte Betriebsgelände und Kampfstoff-Altlasten)	Jan. 1985	(11)

Quelle: V. Franzius, Kontaminierte Standorte in der Bundesrepublik Deutschland, Berlin 1985 (Umweltbundesamt), S. 3.

Abb. 15: Gefährdungpfade

1. Direkter Kontakt:

   Verschlucken oder Berühren des kontaminierten Bodens (Kinder)

2. Inhalation:

   Einatmen von gefährlichen Gasen und Stäuben

3. Grundwasser:

   Versickerung der Schadstoffe und Vergiftung des Grund- und Trinkwassers

4. Oberflächenwasser:

   Verwehung, Versickerung oder Abschwemmung von Schadstoffen, Gefährdung des aquatischen Ökosystems, Anreicherung in der Nahrungskette (Fisch)

5. Pflanzen:

   Schädigung der Vegetation (Pflanzentoxizität); Ertrags- und Qualitätseinbußen

6. Nahrungs- und Futtermittel:

   Schädliche Anreicherungen in Nutzpflanzen, pflanzlichen und tierischen Produkten; Rückstandsbildung mit Gefahren für Mensch und Tier

7. Boden:

   Beeinträchtigung des Filter- und Transformationsvermögens z.B. durch Schädigung der Bodenorganismen

8. Bauwerke:

   Schäden durch Setzungen, Korrision usw.

9. Feuer/Explosion:

   Gefahren insbesondere durch Deponiegase

Aus: M. Schuldt, a.a.O., S. 134.

Abb. 16: "Niederländische Liste" für die Beurteilung von Bodenverunreinigungen

Vorkommen in	Boden (mg/kg Ts.)			Grundwasser (µg/l)		
Komponente/Niveau	A	B	C	A	B	C
I Metalle						
Cr	100	250	800	20	50	200
Co	20	50	300	20	50	200
Ni	50	100	500	20	50 200	
Cu	50	100	500	20	50	200
Zn	200	500	3 000	50	200	800
As	20	30	50	10	30	100
Mo	10	40	200	5	20	100
Cd	1	5	20	1	2,5	10
Sn	20	50	300	10	30	150
Ba	200	400	2 000	50	100	500
Hg	0,5	2	10	0,2	0.5	2
Pb	50	150	600	20	50	200
II Anorganische Verunreinigungen						
NH_4 (wie N)	—	—	—	200	1 000	3 000
F (gesamt)	200	400	2 000	300	1 200	4 000
CN (gesamt-frei)	1	10	100	5	30	100
CN (gesamt-komplex)	5	50	500	10	50	200
S (gesamt)	2	20	200	10	100	300
Br (gesamt)	20	50	300	100	500	2 000
PO_4 (wie P)	—	—	—	50	200	700
III Aromatische Verbindungen						
Benzol	0,01	0,5	5	0,2	1	5
Etylbenzol	0,05	5	50	0,5	20 60	
Toluol	0,05	3	30	0,5	15	50
Xylole	0,05	5	50	0,5	20	60
Phnole	0,02	1	10	0.5	15	50
Aromaten (gesamt)	0,1	7	70	1	30	100
IV Polycyclische Kohlenwasserstoffe						
Naphthalin	0,1	5	50	0,2	7	30
Anthracen	0,1	10	100	0,1	2	10
Phenantren	0,1	10	100	0,1	2	10
Fluoranthen	0,1	10	100	0,02	1	5
Pyren	0.1	10	100	0,02	1	5
3,4 — Benzpyren	0,05	1	10	0,01	0,2	1
Polycyclische Kohlenwasserstoffe (gesamt) (Pck's)	1	20	200	0,2	10	40

Indikative Richtwerte: A = Referenzkategorie
B = Kategorie für nähere Untersuchung
C = Kategorie für Sanierungsuntersuchung

(Fortsetzung nächste Seite)

Abb. 16 (Forts.)

Vorkommen in	Boden (mg/kg Ts.)			Grundwasser (µg/l)		
Komponente/Niveau	A	B	C	A	B	C
V **Chlorierte Kohlenwasserstoffe**						
aliphatische Chlor-Kwst (indiv.)	0,1	5	50	1	10	50
aliphatische Chlor-Kwst (gesamt)	0,1	7	70	1	15	70
Chlorbenzole (indiv.)	0,05	1	10	0,02	0,5	2
Chlorbenzole (gesamt)	0,05	2	20	0,02	1	5
Chlorphenole (indiv.)	0,01	0,5	5	0,01	0,3	1,5
Chlorphenole (gesamt)	0,01	1	10	0,01	0,5	2
Chlorpck's (gesamt)	0,05	1	10	0,01	0,2	1
PCB's (gesamt)	0,05	1	10	0,01	0,2	1
EOCl (gesamt)	0,1	8	80	1	15	70
VI **Schädlingsbekämpfungsmittel**						
org.Chlor-(indiv.)	0,1	0,5	5	0.05	0,2	1
org.Chlor-(gesamt)	0,1	1	10	0,1	0,5	2
Pestizide (gesamt)	0,1	2	20	0,1	1	5
VII **Übrige Verunreinigungen**						
Tetrahydrofuran	0,1	4	40	0,5	20	60
Pyridin	0,1	2	20	0,5	10	30
Tetrahydrothiophen	0,1	5	50	0,5	20	60
Cyclohexanon	0,1	6	60	0,5	15	50
Styrol	0,1	5	50	0,5	20	60
Benzin	20	100	800	10	40	150
Mineralöl	100	1 000	5 000	20	200	600

Indikative Richtwerte: A = Referenzkategorie
B = Kategorie für nähere Untersuchung
C = Kategorie für Sanierungsuntersuchung

Quelle: Van Lidth de Jeude 1985, in UBA (Hrsg.), Symposium Kontaminierte Standorte und Gewässerschutz. Materialien 1/85, Berlin, S. 147-168.
Aus: M. Schuldt, a.a.O., S. 138.

Abb. 17: Orientierungsdaten für tolerierbare Gesamtgehalte in Kulturböden

Element		Gesamtgehalte im lufttrockenen Boden (mg/kg)		
		häufig	besondere bzw. kontaminierte Böden	tolerierbar (Richtwert)
As	Arsen	0,1 - 20	< 8 000	20
B	Bor	5 - 20	< 1 000	25
Be	Beryllium	0,1 - 5	< 2 300	10
Br	Brom	1 - 10	< 600	10
Cd	Cadmium	0,01 - 1	< 200	3 *
Co	Cobalt	1 - 10	< 800	50
Cr	Chrom	2 - 50	< 20 000	100 *
Cu	Kupfer	1 - 20	< 22 000	100 *
F	Fluor	50 - 200	< 8 000	200
Ga	Gallium	0,1 - 10	< 300	10
Hg	Quecksilber	0,01 - 1	< 500	2 *
Mo	Molybdän	0,2 - 5	< 200	5
Ni	Nickel	2 - 50	< 10 000	50 *
Pb	Blei	0,1 - 20	< 4 000	100 *
Sb	Antimon	0,01 - 0,5	< ?	5
Se	Selen	0,01 - 5	< 1 200	10
Sn	Zinn	1 - 20	< 800	50
Tl	Thallium	0,01 - 0,5	< 40	1
Ti	Titan	10 - 5 000	< 20 000	5 000
U	Uran	0,01 - 1	< 115	5
V	Vanadium	10 - 100	< 1 000	50
Zn	Zink	3 - 50	< 20 000	300 *
Zr	Zirkon	1 - 300	< 6 000	300

*) Grenzwerte lt. Klärschlammverordnung

Abb. 18: Schwellenempfehlungen des ICRCL (Auszug)

Verunreinigung	Geplante Nutzung	Schwellenwert (mg/kg lufttrockener Boden)
Gruppe A: Schadstoffe mit Risiken für die Gesundheit		
Arsen	Hausgärten, Kleingärten	10
	Parks, Spielplätze, Freiflächen	40
Cadmium	Hausgärten, Kleingärten	3
	Parks, Spielplätze, Freiflächen	15
Blei	Hausgärten, Kleingärten	500
	Parks, Spielplätze, Freiflächen	2 000
Quecksilber	Hausgärten, Kleingärten	1
	Parks, Spielplätze, Freiflächen	20
Gruppe B: Schadstoffe mit Risiken für Pflanzen		
Bor (wasserlöslich)	Jede mit pflanzlichem Bewuchs	3
Kupfer (verfügbar)	Jede mit pflanzlichem Bewuchs	50
Nickel (verfügbar)	Jede mit pflanzlichem Bewuchs	20
Zink (verfügbar)	Jede mit pflanzlichem Bewuchs	130

Quelle: ICRCL 1983, Inter-Departmental Committee on the Redevelopment of Contaminated Land: Guidance on the Assessment and Redevelopment of Contaminated Land, London. Aus: M. Schuldt, a.a.O., S. 139 (Abb. 17), S. 143 (Abb. 18).

Abb. 19: Rangfolge der Gefährdung heimischer Pflanzenformationen (Biotope) (Sukopp, Trautmann/Korneck 1978)

Pflanzenformationen	Anteil verschollener und gefährdeter Arten		Rangfolge
	am Artenbestand	an der Gesamtzahl verschollener und gefährdeter Arten	
	%	%	x̄ %
Oligotrophe Moore, Moorwälder und Gewässer mit den Uferrandzonen	58,9	12,9	35,9
Trocken- und Halbtrockenrasen	41,2	20,0	30,6
Küstenbiotope	44,4	4,3	24,4
Hygrophile Therophytenfluren	39,7	3,8	21,8
Eutrophe Gewässer mit den Uferrandzonen	35,5	6,6	21,1
Feuchtwiesen	33,8	7,4	20,6
Alpine Biotope	28,5	9,2	18,9
Ackerunkrautfluren und kurzlebige Ruderalvegetation	24,2	9,2	16,7
Zwergstrauchheiden und Borstgrasrasen	28,4	4,5	16,5
Außeralpine Felsbiotope	28,9	1,9	15,4
Xerotherme Gehölzbiotope	24,0	6,6	15,3
Kriechpflanzenrasen	23,7	2,1	12,6
Subalpine Biotope	18,3	3,9	11,1
Quellfluren	19,4	0,5	10,0
Bodensaure Laub- und Nadelwälder	16,2	1,1	8,7
Ausdauernde Ruderal-Stauden- und Schlagfluren	10,6	3,0	6,8
Feucht- und Naßwälder	10,5	0,2	5,8
Frischwiesen und -weiden	9,5	0,2	5,0
Quecken-Trockenfluren	9,6	0,1	4,9
Mesophile Fallaubwälder einschließlich Tannenwälder	8,0	1,5	4,8

Aus: Materialien Projektgruppe, S. 7.

Abb. 20: Populations-Minimalareale von verschiedenen Größengruppen der Fauna (Anhaltswerte) (nach Heydemann 1981)

Organismentypen	Untergruppen	Minimalareale
1. Mikrofauna, Boden (< 0,3 mm)	---	1 ha
2. Mesofauna, Boden (< 0,3 - 1 mm)	---	1 - 5 ha
3. Makrofauna A (Evertebraten, 10 - 50 mm Körperlänge)		5 - 10 ha
4. Makrofauna B (Evertebraten, 10 - 50 mm Körperlänge)	sessile Arten	5 - 10 ha
	lauffähige Arten	10 - 20 ha
	flugfähige Arten	50 - 100 ha
5. Megafauna A (Fische) - Amphibien, Reptilien, Kleinsäuger, Kleinvögel	Kleinsäuger	10 - 20 ha
	Reptilien	20 - 100 ha
	Kleinvögel	20 - 100 ha
6. Megafauna B (Großvögel- Großsäuger)	---	100 - 10.000 ha

Aus: Materialien Projektgruppe, S. 81.

Abb. 21: Minimal-Areale von Greifvogelarten (Brutpaar-Minimalareale) (nach Brüll 1980, verändert)

Art	Brutpaar-Minimalraum	Ökosystemtypen
Steinadler	10.000 - 14.000 ha	alpine Biotope an der oberen Waldgrenze
Seeadler	6.000 - 10.000 ha	große Wald- und Seenbiotop-Komplexe
Uhu	6.000 - 8.000 ha	große Laubwald- und Nadelwald-Biotope
Wanderfalke	4.000 - 5.000 ha	lichte Waldbiotope, vernetzt besonders mit Felshabitaten
Rohrweihe	1.500 - 3.000 ha	Sumpf- und Moorbiotope, Röhrichtzonen
Wiesenweihe	500 - 700 ha	Feuchtwiesen, Sumpfbiotope
Sumpfohreule	100 - 400 ha	Moor-, Sumpf-, Feuchtwiesen-Biotope

Aus: Materialien Projektgruppe, S. 82.

Abb. 22: Flächenanspruch für den Naturschutz in seinen Rahmenbedingungen

Herkunft der Flächen	Prozentsatz, bezogen auf die Gesamtfläche der BRD
A) Vorranggebiete für den Naturschutz	
1. Ungenutzte terrestrische Flächen incl. eines Teils der abgebauten Rohstoff-Entnahmestellen (die für Renaturierung vorgesehen werden)	ca. 3,2 %
2. Brachland (vorhandene Flächen und in den nächsten Jahren aus dem landwirtschaftlichen Bereich erwartete Flächen)	ca. 4,0 %
3. 10 % der Waldflächen im Besitz der Öffentlichen Hand sind zu naturnahen Waldökosystemtypen zu entwickeln und unter Naturschutz zu stellen	ca. 1,6 %
4. 50 % der Gewässerflächen und Uferränder	0,7 % 0,5 % 1,2 %
5. Saumbiotope (Hecken, Straßenränder, Wegränder, Böschungen von Bahnlinien und Kanälen) sind als geschützte Landschaftsbestandteile auszuweisen	ca. 1,2 %
Zusammen:	11,2 %
B) Ausgleichsflächen	
6. 75 % der Wattenmeerfläche und eines Teils des flachen Ostseestrandes	ca. 1,4 %
7. Ausgleichs- und Vernetzungsflächen im landwirtschaftlichen Raum und extensiv genutzte Areale in diesem Bereich = 6 - 10 % der landwirtschaftlichen Nutzfläche	3 - 5 % (durchschnittl. 4 %)
8. Ausgleichsflächen im urban-industriellen Raum (Parkanlagen, Grünflächen u.a.)	2,0 %
Zusammen:	7,4 %

Aus: Materialien Projektgruppe, S. 85.

Abb. 23: I. Von selten gewordenen Biotoptypen (Ökosystem-Typen) muß eine Sicherung aller Restflächen erfolgen - 1. Priorität (nach Heydemann 1981 a)

Biotop-Typen	Besitzverhältnisse	geschätzte noch vorhandene Flächen der betreffenden Biotoptypen auf Schleswig-Holstein bezogen, in Hektar
Hochmoore	meist privat	5.600
Flachmoore incl. renaturierbare Areale	meist privat	13.000
Trockenrasen	meist privat	1.000
Heiden und Binnendünen	meist in öffentl. Hand	1.000
Meeresdünen (incl. Strandwälle)	in öffentlicher Hand, selten privat	6.000
Salzwiesen (Salzrasen)	öffentliche Hand	6.000
Sandufer und Schlammränder an Binnengewässern (eines der seltenen Ökosysteme)	privat und öffentliche Hand	100
Hochstaudenfluren und Brackwasserried	privat und öffentliche Hand	4.000
Sumpf- und Bruchwälder	privat und öffentliche Hand	3.000
Kratts (Niederwald) und Bauernwälder	meist privat	6.000
Ungenutzte oder wenig genutzte Wiesen (vor allem auch Großseggenwiesen)	meist privat	13.000
Steilküsten und Steilufer (an Meeresküsten, Fluß- und Bachufern)	öffentliche Hand	130 km
Zusammen ca.: = 4 % der Fläche von Schleswig-Holstein (2,8 % ungenutzte Flächen)		60.000 ha

Aus: Materialien Projektguppe, S. 86.

Abb. 24: II. Von ökologisch wichtigen Biotoptypen müssen mindestens folgende Flächenanteile naturschutzrechtlich gesichert werden (soweit nicht in der öffentlichen Hand, Sicherung durch Ankauf) - 2. Priorität (nach Heydemann 1981a, verändert)

Biotop-Typen	Besitzverhältnisse	geschätzte Flächenangaben in Hektar (für SH)
aa) terrestrische Biotope		
verschiedene Waldtypen = 12 % des öffentlichen Waldbestandes	öffentliche Hand	8.000
sandiger Meerstrand 80 km Strandlage in ca. 25 Abschnitten an Nord- und Ostsee (incl. Inseln) = 10 % der Strandfläche	öffentliche Hand	700
Wallhecken ca. 5.000 km in etwa 50 - 100 Abschnitten (vor allem im Zusammenhang mit jeweils geschützten Waldkomplexen, ehemaligen Kiesgruben, Feuchtwiesen, Magerwiesen/Magerweiden, Brachland und Ruderalstellen = 10 %	privat	2.500 (bei 5 m Breite)
Magerwiesen/Magerweiden = 20 %	privat	8.000
Brachland (Grenzertragsböden) = 80 %	privat	35.000 (möglicherweise 65.000 ha)
Ruderalstellen = 80 %	öffentliche Hand und privat	8.000
Kiesgruben = 40 % (?), kann erhöht werden	meist privat	1.000
Feldraine, Wegränder, Straßen und Kanalböschungen; ca. 1.500 km (namentlich im Zusammenhang mit jeweils geschützten Waldsäumen, Wallhecken, Magerweiden, Magerrasen, Feuchtwiesen, Brachland, Ruderalstellen) = 5 %, kann erhöht werden	öffentliche Hand und privat	1.500
Geschätzte Gesamtfläche = 4,3 % der Fläche von SH, resp. 6,3 % der Fläche von SH		ca. 64.000 ha (möglicherweise 94.000 ha)

Aus: Materialien Projektgruppe, S. 87 f.

Abb. 24 (Forts.)

Biotop-Typen	Besitzverhältnisse	geschätzte Flächenangaben in Hektar (für SH)
bb) aquatische Biotope		
Felsenküste (Helgoländer Felswatt und Umgebung)	öffentliche Hand	5.000
Seen, Teiche, Flüsse = ca. 50 %	privat und öffentliche Hand	14.000
Tümpel, Weiher, Wehlen	privat	1.000
Flachwasserbereich am Ostseestrand (ausgewählte Areale)	öffentliche Hand	10.000
geschätzte Gesamtfläche = 2 % der Fläche von SH		zus. 30.000 ha

Aus: Materialien Projektgruppe, S. 88

Abb. 25: Bilanz des Flächenanteils für ein Biotop-Vernetzungskonzept in Schleswig-Holstein

I Biotope mit 1. Priorität (werden mit allen Restflächen geschützt)	60.000 ha	= 4 % der Fläche Schleswig-Holsteins
II Biotope mit 2. Priorität (werden mit einem Anteil der Restflächen geschützt)	94.000 ha (möglicherweise 124.000 ha[1]) falls mehr Grenzertragsböden anfallen)	= 6,3 % der Fläche Schleswig-Holsteins (möglicherweise 8,3 % der Fläche von Schleswig-Holstein)
Zusammen:	154.000 ha (möglicherweise 184.000 ha)	= 10,3 % der Fläche Schleswig-Holsteins (möglicherweise 12,3 % der Fläche von Schleswig-Holstein)
III Dazu kommen noch folgende Flächenanteile a) 1. Priorität	ca. 75 % der vorgelagerten Wattenmeerfläche von SH = 187.000 ha	wird wegen des hohen Meeresanteils nicht prozentual bezogen auf die Gesamtfläche von SH berechnet
b) 3. Priorität	Ausgleichsflächen zur Vernetzung im landwirtschaftlich genutzten Raum incl. der extensiv genutzten Areale: 70.000 ha[2])	3 %
	Ausgleichsflächen im urban-industriellen Raum (Parkanlagen, Grünflächen)	2 %

1) 30.000 ha anfallender Grenzertragsböden können auch im Rahmen extensiv bewirtschafteter landwirtschaftlicher Flächen unter 3b als Ausgleichsflächen im Agrarraum in das Biotop-Vernetzungskonzept einbezogen werden.

2) Zu dieser Fläche würden ca. 30.000 ha Grenzertragsböden, ca. 30.000 ha extensiv bewirtschaftetes Grünland und ca. 10.000 ha extensiv bewirtschaftete Ackerflächen beitragen.

Aus: Materialien Projektgruppe, S. 91.

Abb. 26: Nutzungsänderungen, die die Lebensräume bzw. Lebensmöglichkeiten verändern oder vernichten (gedacht als Arbeitsmatrix für die Arbeiten der Arbeitsgruppe "Landwirtschaft und Ökologie")

Nutzungsänderungen	Folgen	Maßnahmen
Änderung der Hauptnutzung (Wald)	Verringerung Diversität, Artenzahl pro Bezugsfläche, absoluter Artenrückgang, Wasserrückhaltung, Erosionssteigerung, erhöhter Gewässereintrag (Sedimentationsbereiche am Ufer), ggf. Grundwasserbelastung	Umbruch verhindern Betriebsformen sichern, die Gras verwerten können (s.a.4) ggf. (nur lokal bei entsprechenden Voraussetzungen möglich) breitere Gehölz- und Hochstaudensäume entwickeln
Änderung der Nutzungsintensität im Grünland: Streuwiesen	Bei Verbuschung Änderung des Artenspektrums und bei Intensivierung Artenausfall	Förderung Übernahme der Pflegekosten, ggf. Flächenankauf und Pflegetrupps
Naßwiesen Frischwiesen Salbei-Glatthaferwiesen	Artenausfall	Vorgaben über Flurreinigung, Beratung, Förderung bestimmter Betriebsstrukturen
Halbtrockenrasen Borstgrasrasen	Artenausfall bei Intensivierung Bei Verbuschung Änderung des Artenspektrums	Förderung Übernahme der Pflegekosten und ggf. Flächenankauf und Pflegetrupps
Weidelgrasrasen Rotschwingelweiden		
Hutung Heide	Arten-/Diversitätsrückgang Ausrottung von Arten	Förderung Übernahme der Pflegekosten, ggf. Flächenankauf und Bewirtschaftungstrupps
Streuobstbau über Wiesen Äcker	Artenausfall, Grünlandarten und zahlreiche strukturabhängige Tierarten	direkte Subventionierung Organisation der Abnahme und Verarbeitung von Mostarten
Vergrößerung der Schläge: Vereinheitlichung der Nutzung Verringerung v.Grenzstrukturen	Verringerung der Diversität/ Artenvielfalt, Verringerung der Artenzahl,lokale Ausrottung	Flurbereinigung / Beratung Verzicht auf Nutzung von Randstreifen
Änderung der Nutzungsintensität im Ackerbau: Vereinfachung der Fruchtfolge, Regionale Vereinheitlichung der Betriebe	Artenausfall und Rückgang der Populationsdichten	Integrierte Anbausysteme
Steigerung der Biozide/ Düngemittel	Artenausfall u.Rückgang der Populationsdichten, Wasserbelastung	Integrierte Anbausysteme
Vergrößerung der Schläge: Vereinheitlichung der Nutzung Verringerung v.Grenzstrukturen	Steigerung Erosion, Verringerung Diversität/Artenvielfalt, Verringerung Artenzahl,lokale Ausrottg.	Flurbereinigung / Beratung Verzicht auf Nutzung von Randstreifen

Aus: Materialien Projektgruppe, S. 198.

Abb. 27: Schutz- und Vorsorgeumfang im Vergleich

Begriffe	Schutzumfang IW der TA Luft	Schutzumfang der MI-Werte	Mindestumfang zur Vorsorge	möglicher Vorsorgeumfang
Gesundheit -Gesundheitsbegriff -Gefahrenbegriff -Risikobegriff	Schutz vor Gesundheitsgefahren, Gefahrenvorbeugung, Allgemeines Restrisiko	Schutz vor nachteiligen Wirkungen: Beeinträchtigung der Gesundheit und Leistungsfähigkeit; Physiologische, biochem. Veränderungen nur mit Krankheitswert. Sicherheitsfaktor > 1 zur Verringerung des Restrisikos	Frei-sein von Krankheit und physisches Wohlbefinden auch für Risikogruppen (WHO, GG, BImSchG). Vermutete nachteilige Wirkungen. "Quasi-Null-Risiko" bei kanzerogenen und persistenten Stoffen, übliche Sicherheitsfaktoren bei toxischen Stoffen.	Vermeidung nachweisbarer physiologischer, biochemischer Veränderungen auch ohne heute begründbaren Krankheitswert
Wohlbefinden	keine erheblichen Belästigungen	keine erhebliche Störung des Wohlbefindens	keine Störung des Wohlbefindens, funktionierende Beziehung Mensch-Umwelt	
Objekte der Umwelt -Wirtschaftsobjekte -natürliche Systeme	keine erheblichen Nachteile	Pflanzen und Tiere als Wirtschaftsobjekte: keine äusseren Schädigungsmerkmale oder Beeinträchtigungen der Wuchs- und Ertragsleistung	keine Wertminderungen oder Beeinträchtigungen der Funktionsfähigkeit und Leistungsfähigkeit bei Wirtschaftsobjekten keine Beeinträchtigungen der Funktionsfähigkeit und Leistungsfähigkeit, Erhalt der Artenvielfalt (Langfristaspekt)	Vermeidung nschweisbarer physiologischer biochemischer Veränderungen oder Veränderungen in der Zusammensetzung der Artenvielfalt
Komplexe Wirkungen, Anreicherungseffekte	nur Koergismus SO_2 und Schwebstäube	Anreicherungs-, Ausscheidungs- und Umwandlungsprozesse einzelner Stoffe	Berücksichtigung der Anreicherungs-, Ausscheidungs- und Umwandlungsprozesse auch unter Aspekten der Gesamtbelastung	

Abb. 27 (Forts.)

Risikoakzeptoren	-	Besonders schutzwürdige Risikogruppen und Wirtschaftsobjekte	Schutzwürdige Objekte, Risikogruppen / -akzeptoren einzelner Nutzungskategorien bzw. des Raumes	Schutz des Individuums
Standörtliche Gegebenheiten	Sonderfälle, Ausnahmeregelungen. IW bundeseinheitlich	Einheitliche Grenzen für Schadstoffe und Akzeptoren	Empfindlichkeiten des Raumes oder bezogen auf Vorrangfunktionen	Räumliche Differenzierung nach potentieller Empfindlichkeit des natürlichen Vorkommens.
Abwägung	durchlaufener Abwägungsprozess nach § 51 BImSchG, Festlegung der Zumutbarkeitsgrenze	Offengelegte Begründung der Kommission, kein politischer Abwägungsprozeß	Offengelegte Begründung der Werte vor politischem Abwägungsprozeß	
Ziel	Maximal zulässige Grenze bei Anlagengenehmigung	Maximale Belastbarkeitsgrenze ohne Eintritt einer nachteiligen, schädigenden Wirkung	Zielrichtung: Maximalforderungen zur Verringerung "so weit wie möglich" § 5o BImSchG, Verbesserungsgebot, Verschlechterungsverbot.	

Aus: W. Kühling, Planungsrichtwerte, S. 92.

Abb. 28: Ableitung der Mindeststandards für Schwefeldioxid (Wohnsiedlungsflächen)

Risikoakzeptor	Konz. µg/m³	Expos.-dauer	Wirkung	Quelle	abgeleiteter Mindeststandard			
					Zeit-interv.	Konz. µg/m³	Sichh.-faktor	Bemerkungen
Allg. Bevölkerung/Kinder	1oo	1 a	Vermehrte Atemwegserkrankungen	WHO /38/	1 a	4o-6o (~5o)	2	Gleichzeitig 4o-6o µg Smoke/m³ (WHO)
				EG /39/	1 a	4o-6o (~5o)		Leitwert der EG
Patienten m. Atemwegserkrankungen	25o	24 h	Verschlechterung des Zustandes	WHO /38/	24 h	1oo-15o	2	Gleichzeitig 1oo-15o µg/m³ Smoke (WHO)
				EG /39/	24 h	1oo-15o		1oo-15o µg Schw.st./m³, Leitwert der EG
Allg. Bevölkerung	> 2oo	24 h	Mortalitätssteigerung besonders bei Älteren	Jahn/Palamidis /5o/	24 h	1oo	2	"Unter"-Sterblichkeit bei 8o µg SO_2/m³
-	2.1oo		Leichte Beeinträchtigungen der Lungenfunktion	WHO /38/	1/2 h	2oo-4oo	5-1o	Hoher Sicherh.faktor, exp. Exposition, Einzelschadstoff
Asthmatiker	1.3oo	4o min	Atemwegsverengung	Schachter /52/	1/2 h	13o-26o	5-1o	- " -
Patienten m. chron. obstr. tiver Bronch.	2.66o	5 min	Verstärkte Reaktion bei 3 von 31 Pat.	Antweiler /53/	1/2 h	3oo	~ 1o	Vorschlag Kurzzeitbelastung
Kinder	> 2oo	1/2 h Tag-max	Anstieg Pseudo-Krupp	Haupt/Mühling /54/	1/2 h	2oo	-	natürl. Exposition, gleichz. 1oo µg Schw.st./m³ Störvariable "Entfernung" nicht eliminiert
Kinder	> 21o/22o	I2/4 a	Signifikante Zunahme Pseudo-Krupp u. obst Bronchitis	- " -	1/2 h	2oo	1-2	unter natürl. Exp., Annahme: I2=2oo µg/m³ entspr. 2oo-4oo µg SO_2/m³

Aus: W. Kühling, Planungsrichtwerte, S. 112.

Abb. 29: Ableitung der Mindeststandards für Stickstoffdioxid (Wohnsiedlungsflächen)

Risikoakzeptor	Konz. µg/m³	Expos.-dauer	Wirkung	Quelle	abgeleiteter Mindeststandard			
					Zeit-interv.	Konz. µg/m³	Sichh.-faktor	Bemerkungen
Schul- u. Kleinkinder, Eltern	> 15o	1 a	Häufung akuter Atemwegserkrankungen, schlechtere Lungenfunktion	Shy/Pearlman /69/	1 a	3o-5o	3-5	Höhe WHO-Sicherheitsfaktors
Erwachsene	5o-8o	1 a	Zunahme respiratorischer Symptome	Environm. Agency /7o	1 a	5o	-	s./74/;deutl. Zunahme d. Sympt. unterh. ds. Wertes,ungenüg. Unterlag. üb. Störfaktoren
	47o-94o	24 h	Wirkungsbeobachtungen	VDI /68/	24 h	1oo	4-9	MIK-Wert VDI,biochem. Veränd. unterhalb 47o µg
Gesunde	> 1.3oo	1o min	Anstieg des Strömungswiderstandes	Suzuki/ Ishikawa (WHO)/67/	1/2 h	13o-26o	5-1o	Sicherh.faktor experiment. Exposition
Asthmatiker	19o	1 h	Bronchiale Reagibilität	Orehek(WHO /67/	1/2 h	2oo		
	> 94o	1 h	"effect level"	WHO /67/	1 h	19o-32o	3-5	Empfehlung WHO
Gesunde	> 1.88o	2 h	Beeinträchtigung der Lungenfunktion	VDI /68/	1/2 h	2oo	9	MIK.Unbestrittene "nacht. Wirkung" bei 1.88o µg/m³,Veränder. auch üb. 94o µg/m³

Aus: W. Kühling, Planungsrichtwerte, S. 114.

Abb. 30: Mindeststandards für Waldflächen

Schadstoff	Maßeinheit	Vergleichswerte				Mindeststandards zur Vorsorge		
		IW1	IW2	MIK	Zeitspanne	Jahresmittel	1/2-h-Mittel	Bemerkungen
SO_2	$\mu g/m^3$	5o-6o (14o)	- (4oo)	5o * 25o *	Veg.-per. 1/2-h	25	25o	Jahreswert = IUFRO, Reizschwellenfunkt. 1/2-Wert = MIK
HF	$\mu g/m^3$	1	3	o,3 * 2,o *	Veg.-per. 1/2-h	o,3	1	Vegetationsperiode = Jahresmittel, MIK 24-h erscheint nicht ausreichend
HCl	$\mu g/m^3$	(1oo)	(2oo)	1oo * 8oo *	mon 24-h	5o	-	1/2-h-Wert wird durch IW2 abgedeckt
Ozon	$\mu g/m^3$	-	-	5o * 3oo *	4-h 1/2-h	-	5o (4-h) 3oo	nach MIK-Entwurf Jan. 1978. Schwierige Handhabung der Ozonwerte

Unterstreichungen heben die wichtigsten Werte hervor.
Werte in Klammern gelten zum Schutz vor gesundheitsgefahren.
* Wert gilt für die Resistenzgruppe "sehr empfindliche Pflanzen.

Aus: W. Kühling, Planungsrichtwerte, S. 152.

Abb. 31: Zusammenstellung nutzungsspezifischer Mindeststandards für verschiedene Beurteilungenszeiträume und statistische Meßzahlen

Schadstoff / Maßeinheit	Beurteilungsgröße (Nutzungskategorie →)	Wohnsiedlung	Freizeit/Erholung siedlungsnah	Heilklimatische Kurorte	Ackerbau	Gartenbau/Kleing.	Weidenutzung	Waldflächen
SO_2	I1	5o		25	4o			25
/ug/m³	1/2-h-Mittel	2oo		1oo	25o		-	25o
	I2 (95-P.)	1oo		5o	125			125
	I2 (95-P$_{so}$,98-P.)	14o		7o	175			175
	24-h-Mittel	1oo		5o	-			-
NO_2	I1	5o		25	-			
/ug/m³	1/2-h-Mittel	2oo		1oo				
	I2 (95-P.)	1oo		5o				
	I2 (95-P$_{so}$,98-P.)	14o		7o				
	24-h-Mittel	1oo		5o				
CO	I1	(5-) 1o		5	-			
mg/m³	1/2-h-Mittel	2o		1o				
	I2 (95-P.)	1o		5				
	I2 (95-P$_{so}$,98-P.)	14		7				
HCl	I1	5o			5o			
/ug/m³	I2	2oo			2oo			
F'			s e w*					
/ug/m³	I1	-	o,3/o,5/1,4		o,3/o,5	o,3	o,3	o,3
	1/2-h-Mittel	1o	2 / 3 / 4		2 / 3	2	2	1
	I2 (95-P.)	5	1 /1,5/ 2		1 /1,5	1	1	o,5
	I2 (95-P$_{so}$,98-P.)	7	1,4/2,1/2,8		1,4/2,1	1,4	1,4	o,7
/ug/gTS		-	-		3o /6o	-	3o	-
Ozon	I1	5o		-	3oo		5oo	3oo
/ug/m³	1/2-h-Mittel	15o						
	(div.)	5o (24-h)			5o (4-h)		15o	5o
Benzol	I1 (/ug/m³)	1 - 1o		-				
Sst.	I1	75		4o	-			
/ug/m³	24-h-Mittel	15o		75				
	I2	15o						
Pb	I1 (/ug/m³)	o,2 - o,5						
Cd	I1 (ng/m³)	2 - 4						
As	I1 (ng/m³)	2 - 1o						
PAH	I1 (ng/m³)	1 - 1o						

* s = sehr empfindliche -; e = empfindliche -; w = weniger empfindl. Pflanzen

Aus: W. Kühling, Planungsrichtwerte, S. 155.

Abb. 32:

Abgrenzung des Belastungsgebietes auf der Grundlage jeweils dominierender Nutzungen - Überschreitung der Mindeststandards um über 100 %

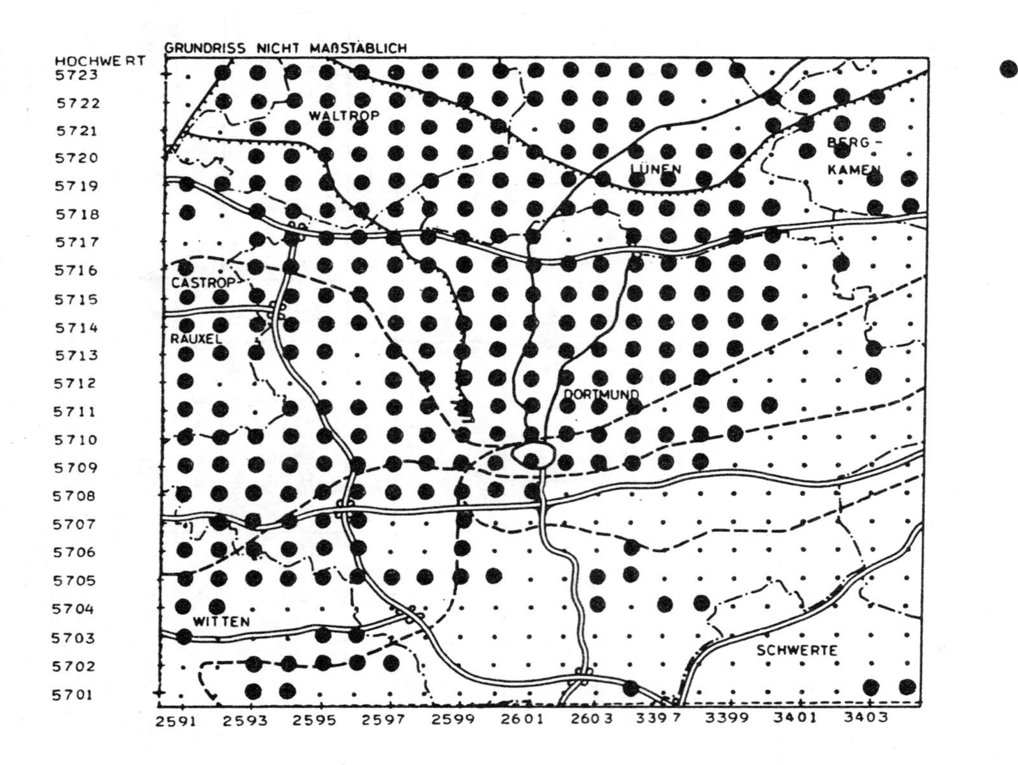

Abb. 32 (Forts.)

Abgrenzung des Belastungsgebietes anhand der Berechnungskriterien des Länderausschusses für Immissionschutz vom Juni 1974

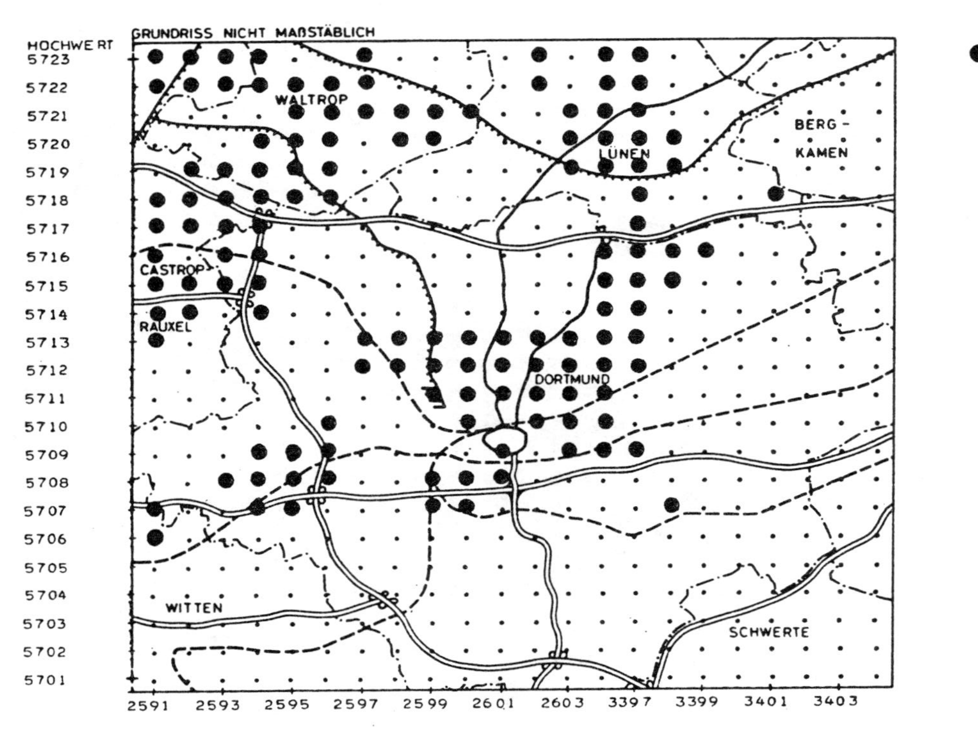

Aus: W. Kühling, Planungsrichtwerte, S. 166.

UMWELTSTANDARDS

Material für Raumordnung und Landesplanung

von
Adolf Kloke, Berlin

Gliederung

1. Einleitung

"Die Industrialisierung hat sowohl im Nah- wie im Fernbereich von Emittenten durch eine Vielzahl von Emissionen und ihre Verbreitung in der Luft eine zunehmende Deposition von Schadstoffen bewirkt. Mehr und mehr wurde dabei offenkundig, daß der Boden eine Senke für die verschiedenen Chemikalien ist, die auf dem Luft- und Wasserpfad, durch Ablagerung von Abfällen (wie z.B. Müllkompost und Klärschlamm) ... in die Umwelt gelangen ..." (Anonym 1984, 1).

Mit diesen und ähnlichen Formulierungen hat mit Beginn der 80er Jahre die Bundesregierung Hinweise aus Forschung und Praxis aufgegriffen und erkannt, daß nicht nur Wasser und Luft zu den schützenswerten Umweltkomponenten gehören, sondern auch der Boden. Während es Anfang der 70er Jahre noch ein vergebliches Bemühen war, in das Immissionsschutzgesetz (Anonym 1974) den Begriff "Boden" einfügen zu lassen, entdeckten nunmehr praktisch auch alle Sparten der Naturwissenschaften den Boden als Forschungsobjekt und griffen Themen auf, die u.a. von Agrikulturchemie, Bodenkunde, Pflanzenernährung, Land- und Forstwirtschaft seit mehr als einem Jahrhundert aktiv bearbeitet werden (Kloke 1982).

Auf die nachhaltige Wirkung von Luftverunreinigungen auf Pflanzen hatte Sorauer bereits 1874 in der ersten Ausgabe des später nach ihm benannten Handbuches der Pflanzenkrankheiten hingewiesen (Sorauer 1874) und die bis dahin bekannte Literatur über Rauchschäden an Pflanzen - wie seinerzeit Imissionsschäden genannt wurden - zusammenfassend dargestellt. Wenn sich seine Ausführungen auch vornehmlich mit den Wirkungen von Schadgasen auf die oberirdischen Teile von Pflanzen beschäftigten, so hat er doch die Basis für die Immissionsforschung geschaffen. Praktische Auswirkungen haben seine und die wissenschaftlichen Arbeiten der folgenden Jahrzehnte auf die Rauchschadensminderung jedoch kaum gehabt. Die steigenden Emissionen vor und nach dem zweiten Weltkriege und die ebenfalls steigenden Schäden und Wirkungen an Pflanzen in der näheren und weiteren Umgebung der Emittenten haben lediglich zu der Hochschornsteinpolitik geführt. Auf diese Weise wurde erreicht, daß alle Schadstoffe nach ihrer Freisetzung aus dem unmittelbaren Bereich ihrer Entstehung in große Höhen gebracht und durch die Atmosphärilien in größere Entfernungen verfrachtet wurden. Man hoffte, durch Verwirbelung und Verdünnung ihre Wirkung zu mindern oder zu beseitigen. Warnungen über die möglichen Folgen der Hochschornsteinpolitik haben ihre Verfechter nicht beachtet.

2. Ausbreitung von Schadstoffen

Gase und Stäube werden von der Luft verfrachtet. Ihre Transportweite ist abhängig von:

- der Quellhöhe über dem Boden
- der Temperatur der stofftragenden Abluft
- der Geländeform
- der Windgeschwindigkeit und anderen Klimafaktoren
- u.a.m.

Die oft sichtbare Rauchfahne verleitet zu der Annahme, daß die Schadstoffverbreitung nur in der Hauptwindrichtung erfolgt. Da es zwar immer eine Hauptwindrichtung gibt, der Wind aber auch in alle anderen Richtungen weht, ist es erklärlich, daß die Schadstoffverteilung um einen Emittenten - hierzu gehören auch Ballungsgebiete (Flächenemission) mit Einzelfeuerungen (Öl, Holz, Kohle) - eher in einer Eiform oder in einer Ellipse (wobei das Zentrum der Emission in einem der Mittelpunkte der Ellipse liegt) zu suchen ist, als in einer Zigarrenform.

Bis zur Mitte der 60er Jahre wurden die Auswirkungen der Emissionen vornehmlich in einem Bereich bis zu einer Entfernung von 3 km von der Schadstoffquelle beschrieben (Kloke 1972). In der Übersicht 1 sind die wichtigsten Emittenten mit ihren Schadstoffen und in Übersicht 2 einige Schadstoffe und ihre Transportweiten genannt. Eine anhand der Übersicht 3 durchgeführte Schätzung ergab seinerzeit, daß 7 % der Fläche der Bundesrepublik Deutschland im Einflußbereich von Immissionen liegt, dort aber nur dann Schäden an der Vegetation auftreten können, wenn in der Luft bestimmte schadstoffspezifische Konzentrationen überschritten werden.

Johann Heinrich von Thünen hat die Wirtschaftlichkeit des Anbaus von Feldfrüchten in Abhängigkeit von der Entfernung vom landwirtschaftlichen Betrieb bzw. vom Markt berechnet. Er kam zu dem Ergebnis, daß die Wirtschaftlichkeit des Anbaus einer Kultur umso höher ist, je geringer die Entfernung zum Markt ist und damit die Transportkosten sind.

Im ersten (nach ihm benannten) "Thünenschen Kreis" ist demnach der Anbau von Gemüse und anderen leicht verderblichen Erzeugnissen am wirtschaftlichsten (Thünen 1875). Wenn auch durch die heutigen Transportmöglichkeiten die Berechnungen Thünens nicht mehr ihre Bedeutung haben, so darf doch festgestellt werden, daß der intensive Obst- und Frischgemüsebau auch heute noch umso rentabler ist, je näher der Markt liegt. In diesem 1. Thünenschen Kreis ist nun heute eher mit Schadwirkungen durch Immissionen und Schadstoffanreicherungen in Pflanzen zu rechnen als in größeren Entfernungen (Kloke 1983). Unter

Übersicht 1: Emittenten und ihre Emissionen (Die wichtigsten Schadstoffe sind unterstrichen)

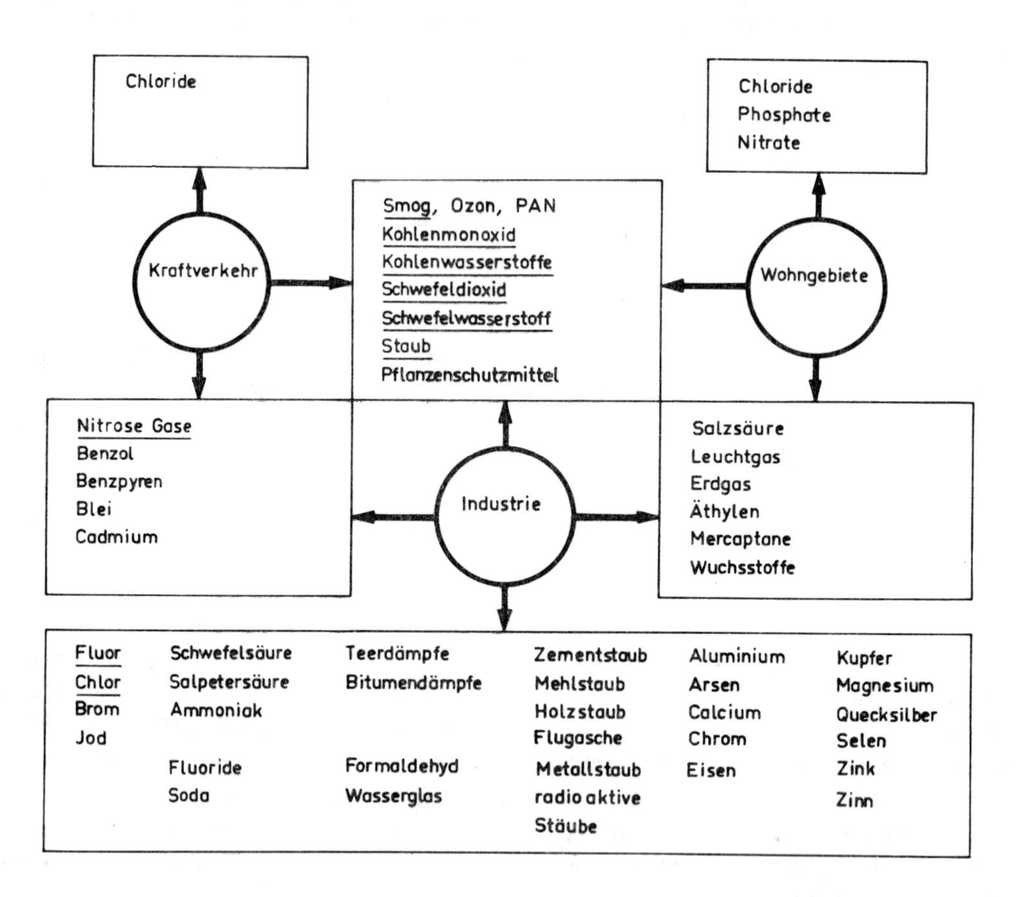

Schadwirkungen sind hier nicht nur Ertrags- und Qualitätsminderungen an Kulturpflanzen zu verstehen, sondern auch negative Auswirkungen auf den Boden. So wurden steigende pH-Erniedrigungen durch SO_2 mit abnehmender Entfernung vom Emittenten festgestellt (Kloke 1972). Fluorwasserstoff, der bereits bei sehr niedrigen Schadstoffmengen phytotoxisch wirkt, hat bisher selten zu einer pH-Absenkung geführt. Fluor wird im Boden sehr rasch durch dort vorhandenen Kalk gebunden. Salzsäure, die in zunehmendem Maße bei der Müllverbrennung (aus chlorhaltigen Kunststoffen) frei wird, kann dagegen eher eine Versauerung von Böden bewirken.

Übersicht 2: Immissionen und ihre Verbreitung

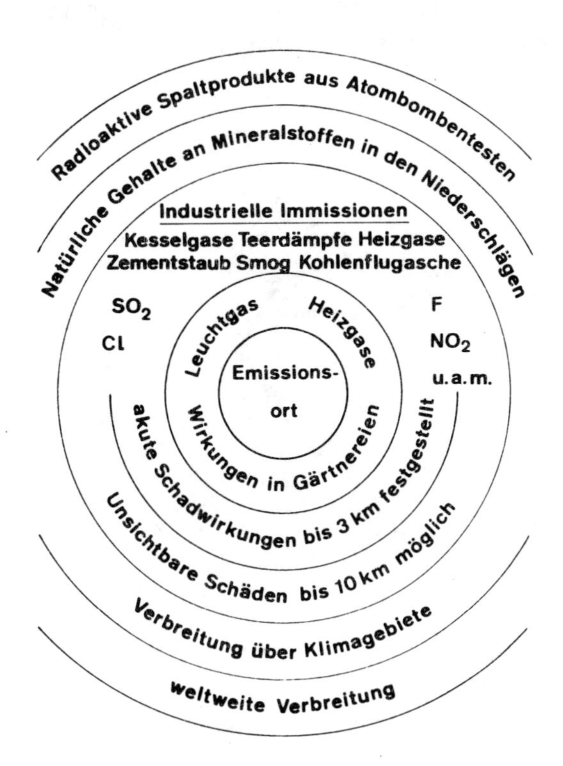

3. Setzung von Richt- und Grenzwerten

3.1 Abgrenzung und Begriffsbestimmung

Umweltstandards (Orientierungs-, Richt- und Grenzwerte) sind heute Gegenstand öffentlicher Diskussionen. Es ist daher notwendig, ihren wissenschaftlichen, gesellschaftspolitischen und juristischen Stellenwert deutlich zu machen. In den vergangenen Jahrzehnten sind Standards für Chemikalien oder einzelne Elemente in folgenden Umweltproben bzw. biologischen Materialien diskutiert und zum Teil auch gesetzlich festgelegt worden:

Boden, Wasser, Luft, Pflanzen (Pflanzenteile, Früchte), Futtermittel, Lebensmittel (pflanzlicher und tierischer Herkunft), Organproben (von Tieren und Pflanzen).

Übersicht 3: Schematische Darstellung der Flächenbelastung durch Schadstoffe, die mit der Luft verfrachtet werden (ohne Berücksichtigung der Richtung und Stärke des Windes)

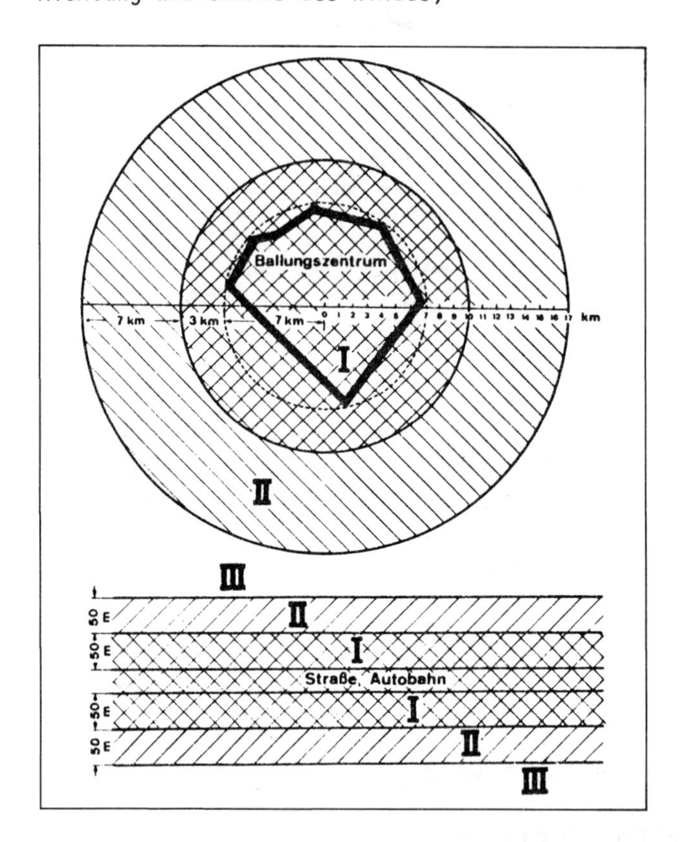

I = Ballungszentren mit einem 3 km breiten Randgürtel; ein 50 m breites Band beiderseits der stark befahrenen Straßen und Autobahnen.
In diesem Bereich sind die Schadstoffgehalte in Boden und Pflanze deutlich erhöht. Schäden an Boden und Pflanzen treten auf.

II = Gürtel von 7 km Breite (zwischen 3 und 10 km vom Ballungszentrum); ein Band zwischen 50 und 100 m Entfernung von stark befahrenen Straßen und Autobahnen.
In diesem Bereich sind geringe Anhebungen von Schadstoffgehalten in Böden und Pflanzen feststellbar.

III = Anbaugebiete außerhalb der Reichweite akuter Immissionen.
Hier sind nur selten Anreicherungen von Schadstoffen in Böden und Pflanzen feststellbar. Dies zeigen auch die Untersuchungen von Bürger (1978), der in landwirtschaftlich und gärtnerisch genutzten Böden Nordrhein-Westfalens außerhalb der "Problemgebiete" keine Kontamination der Böden mit Schwermetallen feststellte.

Diese Umweltstandards sind u.a. bezeichnet worden als:

- Orientierungswerte (Böden)
- Richtwerte (Böden, Lebensmittel, Wasser)
- Grenzwerte (Böden, Wasser, Luft, Lebensmittel)

Es ist hier nun nicht möglich, alle diese Standards in den verschiedensten Materialien für die verschiedensten Elemente bzw. Stoffe eingehend darzustellen. Den Umfang der bisher gesetzten Standards soll Tabelle 1 deutlich machen. Tabelle 1 ist nicht vollständig; sie beschränkt sich außerdem auf anorganische Elemente und berücksichtigt nicht die organischen Chemikalien und die Höchstmengenverordnungen für Pflanzenschutzmittelrückstände in Lebens- und Futtermitteln.

Im Vordergrund der Diskussion stehen heute alle Schadgase (Smog) und die in der Klärschlammverordnung genannten Elemente Cadmium, Chrom, Kupfer, Quecksilber, Blei, Nickel und Zink, von denen für die Elemente Blei, Cadmium und Quecksilber auch Richtwerte für Gehalte in Lebensmitteln genannt sind. Einzelheiten sind der zu Tabelle 1 aufgeführten Literatur zu entnehmen.

3.2 Kriterien für die "Setzung" von "Werten"

Jeder gesetzte Wert liegt letztlich im Interesse des Menschen. Er dient seinen technischen und wirtschaftlichen Zielen, seiner Gesundheit, seiner Lebensqualität u.a.m. In der unbelebten Umwelt, im technischen Bereich, gibt es eine Unzahl von Normen, Meßgrößen, Zahlen oder Werten, ohne die unser Leben heute nicht mehr denkbar ist. Beispiele:

- Steckdosen und Stecker für Strom
- Größe der Briefumschläge
- Voltstärke, Größe und Form von Batterien für Geräte
- Belastbarkeit von Brücken und Baumaterialien.

Alles muß passen. Höchste geforderte Kriterien sind Sicherheit und Genauigkeit. Alle Werte sind klar definiert, meßbar und haben eine geringstmögliche Abweichung vom gesetzten Wert. Die meisten Werte werden mit physikalischen Methoden, mit oft unvorstellbarer Genauigkeit gemessen. Allen Werten ist ein Sicherheitsfaktor und ein Sicherheitsbestand vom Risiko-Punkt beigegeben. Allen Werten wird auch eine bestimmte Toleranz zugestanden.

Tab. 1: Bestehende und diskutierte Regelungen über Höchstgehalte

Elemente (z.T. nur in Verbindungen) 1	TA-Luft 2	Trinkwasser-VO 3	Lebensmittel 4	Futtermittel-VO 5	Klärschlamm-VO 6	Boden 7/6	Düngemittelgesetz 8
As* Arsen		G	(R)	G		O/R	
B Bor						O/R	
Be* Beryllium						O/R	
Br* Brom						O/R	
Cd* Cadmium	G	G	R	D	G	O/G	G
Cl(*) Chlor	G						
Co Cobalt						O/R	
Cr* Chrom		G			G	O/G	G
Cu Kupfer					G	O/G	G
F Fluor	G	G		G		O/R	
Ga Gallium						O/R	
Hg Quecksilber		G	R/G	G	G	O/G	G
Mo Molybdän						O/R	
N Stickstoff	G	G	G	G			
Ni* Nickel				D	G	O/G	G
Pb* Blei	G	G	R	G	G	O/G	G
S Schwefel	G	G					
Sb* Antimon						O/R	
Se Selen		G				O/R	
Sn Zinn						O/R	
Tl Thallium	G					O/R	
Ti Titan						O/R	
U Uran						O/R	
V Vanadium						O/R	
Zn* Zink		G			G	O/G	G
Zr Zirkon						O/R	

D = Diskussion-, O = Orientierungs-, R = Richt-, G = Grenzwert
* Krebs erzeugend, einschließlich Verdacht, z.T. nur in Verbindungen.

Literatur zu Tab. 1:

Spalte 1*: Anonym 1979, 1986, 1
Spalte 2: Anonym 1974, 1983
Spalte 3: Aurand 1976
Spalte 4: Anonym 1986, 2, Weigert 1984
Spalte 5: Anonym 1981
Spalte 6: Anonym 1982
Spalte 7: Kloke 1977, 1980, 1, 1982
Spalte 8: Anonym 1977, 1984, 2

Der Begriff "DIN" (Deutsche Industrie-Norm) ist jedem geläufig. Das Deutsche Institut für Normung (Burggrafenstraße 4, 1000 Berlin 30) legt die Normen nach Abstimmung mit den verschiedenen Institutionen verbindlich fest.

Über die gleiche Adresse sind auch die Richtlinien der VDI-Kommission "Reinhaltung der Luft" erhältlich. Sie enthalten die MIK- und MIR-Werte (maximale Immissions-Konzentrationen und maximale Immissions-Raten) für Schwefelwasserstoff (H_2S), Schwefeldioxid (SO_2), Fluorwasserstoff (HF), Chlorwasserstoff (HCl), Stickoxide (NO_x), Ammoniak (NH_3) und Ozon (O_3), die von der genannten Kommission in zahlreichen Sitzungen erarbeitet wurden. - Die für den Menschen wichtigsten Umweltstandards sind m.E. die MAK-Werte, die maximalen Arbeitsplatzkonzentrationen, für die Arbeitsgruppen der Deutschen Forschungsgemeinschaft verantwortlich zeichnen (Anonym 1986, 1).

Während von technischen und physikalischen Normen höchste Genauigkeit und geringste Spielräume verlangt werden müssen, ist dies bei Umweltstandards, bei Gehalten in biologischen Materialien wie Boden, Pflanze, Wasser und Luft nicht möglich. Hier müssen Spielräume toleriert werden. So hat man für MIK-Werte für SO_2, HF usw. für Gehalte in der Luft, später auch für Pb, Hg, Cd in Lebensmitteln Perzentilwerte festgelegt. Ein "95-Perzentil-Wert" will sagen, daß 95 % aller gefundenen Gehalte unter dem angegebenen Wert liegen müssen. Wie weit und wie oft sie überschritten werden dürfen, ist nicht immer festgelegt.

Die Übersicht 4 soll nun verdeutlichen, welche Abgrenzungen im biologischen Bereich notwendig sind. Am leichtesten wird es verständlich, wenn man - wie in der Übersicht 4 geschehen - von lebensnotwendigen Elementen ausgeht. Für lebensnotwendige, essentielle Elemente kann sowohl durch ein "Zuviel" als auch durch ein "Zuwenig" ein Schaden eintreten. Von nicht lebensnotwendigen Elementen oder Chemikalien wird eine bestimmte Menge toleriert. Ein "Zuviel" führt zu Schäden. Daraus ergeben sich die in der Übersicht 4 genannten Bereiche und Grenzen.

Welche Gehalte an Elementen in Böden "normal", "vertretbar", "tolerierbar" sind, wird an den in Tabelle 2 aufgeführten, dort als "häufig" bezeichneten Elementgehalten deutlich gemacht. Diese Gehalte werden in allen Böden angetroffen. Sie sind abhängig von

- den in den bodenbildenden Ausgangsgesteinen vorhanden gewesenen Gehalten,
- den chemischen Eigenschaften der einzelnen Schwermetalle und
- der Entwicklungsgeschichte des Bodens.

Seit Jahrtausenden sind auf diesen Böden Pflanzen gewachsen. Sie haben sich in ungezählten Generationen an die im Boden vorhandenen Gehalte angepaßt und die Schwermetalle

Übersicht 4: Die naturwissenschaftlichen Grundlagen von Umweltstandards

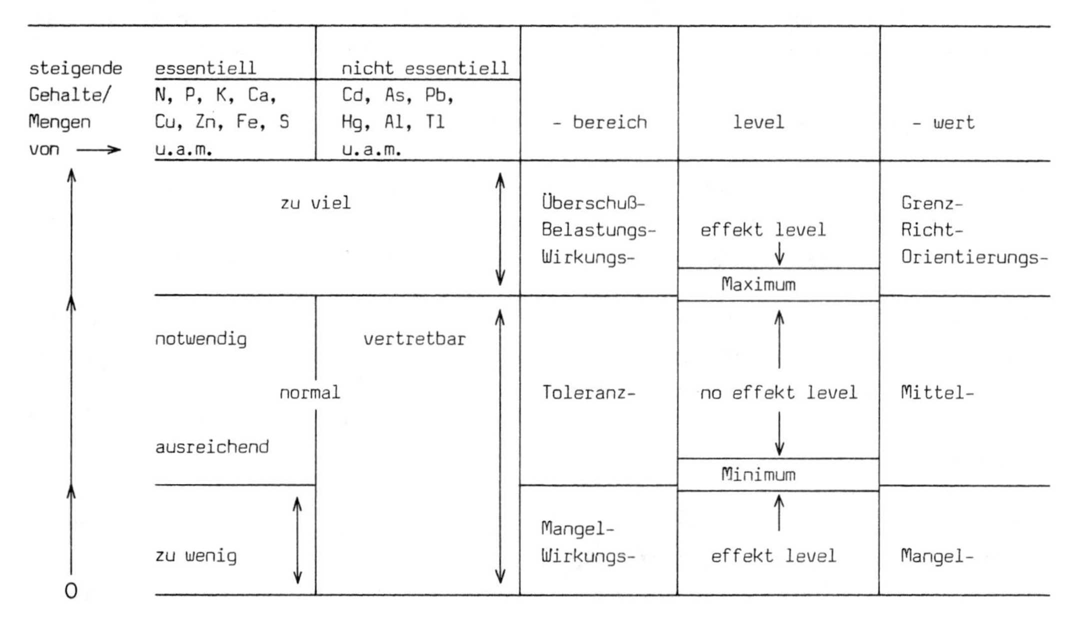

- in pflanzenphysiologischen/biochemischen Prozessen eingesetzt (z.B. Zink, Kupfer, Eisen) oder
- als nichtessentielle Elemente (z.B. Blei, Nickel, Vanadium) als unerwünschte Stoffe in bestimmten Pflanzenorganen abgelagert

und sich auf diese Weise an die boden- und standorttypischen Schwermetallgehalte gewöhnt (Beispiel: Galmeiflora). Mensch und Tier haben sich seit Jahrtausenden von diesen Pflanzen mit den mehr oder weniger hohen Gehalten an Schwermetallen ernährt, haben sich auch an diese Gehalte angepaßt.

Diese Gehalte an Schwermetallen in Böden sind also als "normal" anzusehen, als für Pflanze, Tier und Mensch nützlich bzw. verträglich, also als "tolerierbar". Das Beispiel der Galmeiflora auf natürlich mit Schwermetallen überlasteten Böden (vergl. Übersicht 12) zeigt, daß höhere Gehalte (hier: Blei, Zink, Cadmium) andere, standortspezifische Pflanzengesellschaften (Biotope) zur Folge haben (Ernst 1965). Es ist ferner bekannt, daß höhere Gehalte in Böden zu höheren Gehalten in Pflanzen und damit auch in der Nahrung des Menschen führen. Zu hohe Gehalte in der Nahrung, im Wasser und in der Luft verursachen Schäden an Mensch und Tier, wie folgende Beispiele zeigen:

- Cadmium: Itai-Itai-Krankheit
- Quecksilber: Minamata-Krankheit
- Arsen: Hautkrebs beim Menschen.

Somit hat jede Erhöhung der Schwermetallgehalte im Boden über die natürlichen, von Pflanze, Tier und Mensch tolerierten (bzw. benötigten) Gehalte hinaus für das Leben aller Individuen in einem Ökosystem - zu dem auch der Mensch gehört - (unabsehbare) Folgen. In gleicher Weise sind auch die normalen Gehalte aller Stoffe/Elemente in Wasser, Luft, Lebensmitteln u.a.m. die Grundlage für die Festsetzung von Richt- und Grenzwerten.

3.3 Der Stellenwert von Umweltstandards

Diskussionswerte, Orientierungswerte, Richtwerte, Grenzwerte sind Umweltqualitätsstandards, Umweltstandards oder Vorsorgestandards. Sie werden in wissenschaftlichen Untersuchungen erarbeitet oder aufgrund theoretischer Überlegungen pragmatisch festgesetzt, letzteres war beispielsweise bei der Festsetzung des vertretbaren Gehaltes von Arsen im Trinkwasser (durch Borneff) der Fall. Durch die Trinkwasserverordnung wurde dieser Wert dann ein Grenzwert (Aurand 1976).

In der Übersicht 5 ist zusammengestellt, von wem solche Umweltstandards festgelegt werden können.

Wichtig hierzu sind nun die Aussagen des früheren Vorsitzenden des Sachverständigenrates für Umweltfragen Prof. Salzwedel vom 15.09.1983 (Salzwedel 1983):

"Zur Grundlage behördlichen Handelns werden Umweltstandards nur in dem Maße, in dem sie in Gesetz, Verordnung oder Satzung festgesetzt oder im Wege der Verweisung in Bezug genommen sind."

"Außerstaatlich formulierte Normen sind nichts anderes als Rechtstatsachen; einen höheren Rang als Lehrbücher oder andere Publikationen nehmen sie nicht ein."

Anders ausgedrückt:

Richtwerte markieren die Schwelle des Risikos, Grenzwerte die des Gerichtssaales.

Mit dem Anstieg der Schadstoffgehalte in Boden, Wasser, Luft, Pflanze etc. steigt das Risiko, oberhalb der Richtwertschwelle steigt aber auch das Nichtwissen. Deshalb sind Umweltqualitätsstandards in erster Linie Vorsorgewerte auf die Zukunft. Obwohl gelegentliche Überschreitungen dieser Richtwerte für den Einzelnen keine lebensbedrohende Gefahr sind, sollten wir bemüht sein, sie, wann und wie immer möglich, zu unterschreiten.

Übersicht 5: Zur Definition und Festlegung von Umweltstandards*)

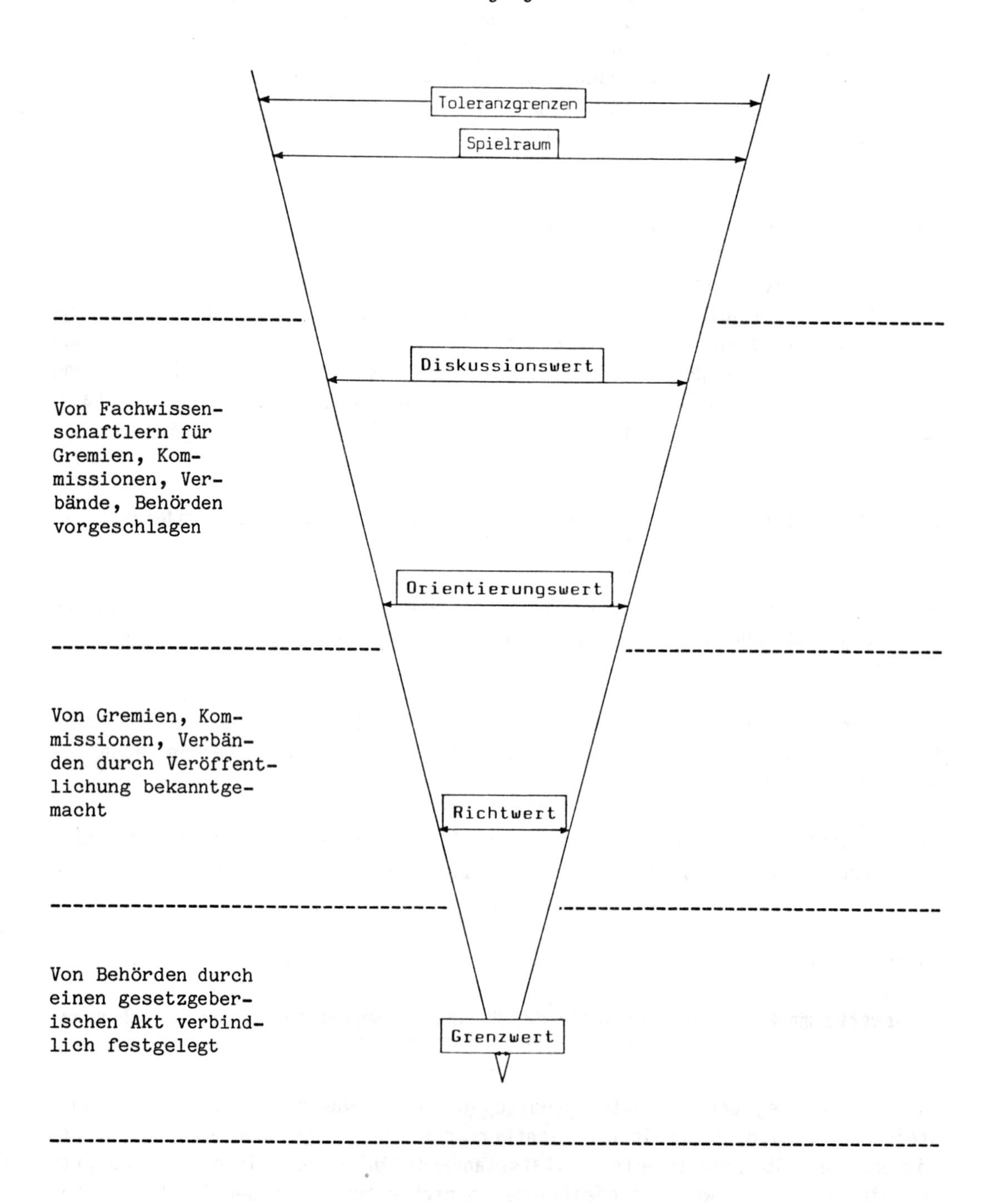

*) Die Werte müssen nicht toxikologisch begründet sein.

3.4 Richtigkeit und Genauigkeit von chemischen Analysen von Umweltproben

Nicht nur aus juristischer Sicht wird von chemischen Analysen, die mit den bestehenden Grenzwerten verglichen werden sollen, eine höchstmögliche Genauigkeit verlangt. Diese wird auch von allen Analytikern angestrebt. Die Praxis hat aber gezeigt, daß gerade bei Probenmaterial aus der Umwelt (Boden, Pflanze, Kompost, Schlamm) mit größeren Fehlern und Streuungen der Werte gerechnet werden muß (Übersicht 6).

Dies liegt in erster Linie in der Natur des Probenmaterials, aber auch an der Anzahl der gezogenen Einzelproben, ihrer Mischung und der Feinheit des zur Analyse eingewogenen Materials. Der manuelle und finanzielle Aufwand der Vorarbeiten zur Analyse bestimmt heute die Richtigkeit eines Analysenergebnisses stärker als die chemische Analyse selbst. Vorliegende und gerade ältere Analysen sollten unter diesem Gesichtspunkt betrachtet werden. Es ist nicht unrealistisch, wenn man bei der allgemeinen Bewertung beispielsweise von Schwermetallanalysendaten in der Literatur und in Berichten einen allgemeinen Summenfehler (der alle Negativ-Faktoren einschließt) von ± 33 % annimmt, sofern nicht ausgewählte Proben besonders vorbereitet und mehrfach analysiert wurden. Dies heißt z.B., daß ein Cd-Gehalt des Bodens von 4 mg/kg gerade noch als tolerierbar anzusehen ist (Grenzwert für Cd = 3 mg/kg). Es heißt aber auch, daß bereits bei einem solchen von 2 mg Cd/kg Boden eine weitere Aufbringung unterbleiben sollte (Kloke, 1982).

Übersicht 6: Fehlergrenzen bei serienmäßiger Bestimmung von Cadmium im Boden

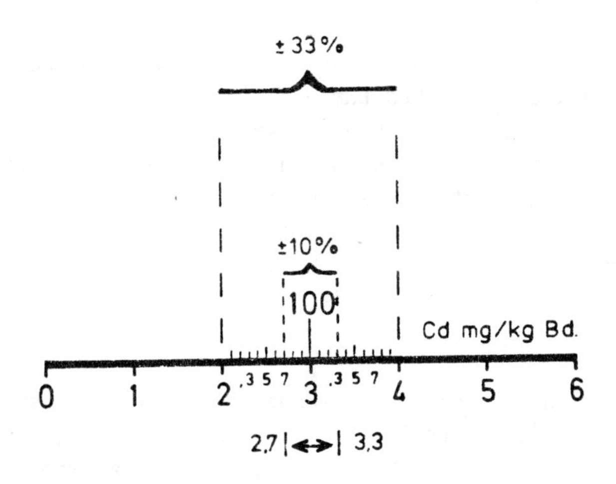

5 % = ±0,15 mg Cd/kg Boden = methodischer Fehler
5 % = ±0,15 mg Cd/kg Boden = Laborfehler
23 % = ±0,7 mg Cd/kg Boden = Probenahmefehler
33 % = ±1,0 mg Cd/kg Boden = Fehlersumme

4. Richtwerte für tolerierbare Schwermetallgehalte in Böden

Aufgabe der Landwirtschaft ist es, Lebensmittel zu produzieren, die den Anforderungen des Bundesgesundheitsamtes und des Verbrauchers entsprechen. Damit die Landwirtschaft aber in der Lage ist, dieses zu tun, war und ist es notwendig, die Zufuhr von Schwermetallen zum Boden zu begrenzen und Schwermetallgehalte in Böden und Düngern zu nennen, die nach dem bisherigen Stande des Wissens tolerierbar sind, d.h., bleiben diese Werte unterschritten, kann man in der Regel davon ausgehen, daß die Gehalte in den auf diesen Böden gewachsenen Pflanzen nicht schädlich sind (Tabelle 2). Wäre dem nicht so, so wären Reaktionen von Pflanzen bekannt geworden. Es war also erforderlich, festzustellen, wie hoch diese "normalen", von Pflanze, Tier und Mensch tolerierten Gehalte in Böden anzusetzen sind. Nach einer Durchsicht der vorliegenden umfangreichen Literatur zeigte sich, daß bei den einzelnen Elementen zwischen den ermittelten niedrigsten und höchsten Werten eine sehr weite Spanne liegt, daß aber die meisten gefundenen Gesamtgehalte der für die Pflanzenproduktion genutzten Böden auf einem gleichen, zumeist niedrigen Niveau anzutreffen sind. Der (relativ) höchste Wert des niedrigen Niveaus dieser bisher tolerierten, als "normal" angesehenen Gehalte wurde nun für das jeweilige Element als der tolerierbare Wert, als Orientierungswert festgelegt (vgl. Übersicht 7 und Tabelle 2). Bei Cadmium, Quecksilber und Blei wurde jedoch ein höherer Wert als "tolerierbar" angesetzt (Kloke 1977, Kloke 1980, 1). Ab 1977 wurden unter Federführung des Bundesministers des Innern die Grundlagen für die schließlich 1982 verabschiedete Klärschlammverordnung erarbeitet. Aus der Tabelle 2 wurden die Werte für Cadmium, Chrom, Kupfer, Quecksilber, Nickel, Blei und Zink als Grenzwerte übernommen (Tabelle 3, Anonym 1982).

An dieser Stelle soll noch ein Wort zur Bedeutung der Richtwerte für Gehalte in Böden - im Gegensatz zu solchen für Gehalte in der Luft - gesagt und ihre Notwendigkeit begründet werden. In der Übersicht 8 ist auf der Waagerechten die Zeit (in Stunden, Tagen oder Jahren) und auf der Senkrechten die Geschwindigkeit eines Auto- oder Motorradfahrers in km/h aufgetragen. Mit der Geschwindigkeit (punktierte Linie) steigt auch das (Unfall-) Risiko. Es liegt im Belieben des Fahrers, beliebig lange, beliebig schnell zu fahren. Er ist der Verursacher der Höhe der Geschwindigkeit, des Risikos und auch der Risikoträger.

Trägt man auf der Senkrechten den SO_2-Gehalt der Luft ab, so kann man den gleichen Kurvenverlauf (gestrichelte Linie) erkennen. Die Verunreinigung der Luft geht zurück, wenn die SO_2-Quelle geschlossen oder wenn beispielsweise eine Smog-Situation durch aufkommenden Wind beendet wird. Die jeweiligen Gremien haben als "Richtgeschwindigkeit" in km/h bzw. als "Maximale Immissions-Konzentration" (MIK-Wert) in ug SO_2/m^3 den Wert "130" festgelegt. Für SO_2 wie auch für andere die Luft verunreinigende Stoffe gilt das gleiche: Das

Risiko geht zurück, wenn die Schadstoffquelle geschlossen wird. Bei Schadstoffanhebungen in der Luft gibt es nun viele Verursacher und auch viele Risikoträger. Einfach formuliert: Verursacher und Risikoträger sind die heutige Gesellschaft. - Bei der Verunreinigung des Wassers mit Schadstoffen sieht es ähnlich aus. Auch hier klingt die Verunreinigung nach Schließen der Quelle bzw. nach einem Selbstreinigungsprozeß des Wassers ab.

Ganz anders jedoch stellt sich die Verunreinigung des Bodens mit Schwermetallen dar. Sie gelangen auf den verschiedensten Wegen in die Böden und werden dort langsam angereichert. Schließt man die Quellen, so fallen die Gehalte der Schwermetalle im Boden nicht wieder ab, wie das bei den Schadstoffen in der

Tab. 2: Orientierungsdaten für tolerierbare Gesamtgehalte einiger Elemente in Kulturböden

Element		Gesamtgehalte im lufttrockenen Boden (mg/kg)		
		häufig	besondere bzw. kontaminierte Böden	tolerierbar (Richtwert)
As	Arsen	0,1 - 20	8000	20
B	Bor	5 - 20	1000	25
Be	Beryllium	0,1 - 5	2300	10
Br	Brom	1 - 10	600	10
Cd	Cadmium	0,01 - 1	200	3*
Co	Cobalt	1 - 10	800	50
Cr	Chrom	2 - 50	20000	100*
Cu	Kupfer	1 - 20	22000	100*
F	Fluor	50 - 200	8000	200
Ga	Gallium	0,1 - 10	300	10
Hg	Quecksilber	0,01 - 1	500	2*
Mo	Molybän	0,2 - 5	200	5
Ni	Nickel	2 - 50	10000	50*
Pb	Blei	0,1 - 20	4000	100*
Sb	Antimon	0,01 - 0,5	?	5
Se	Selen	0,01 - 5	1200	10
Sn	Zinn	1 - 20	800	50
Tl	Thallium	0,01 - 0,5	40	1
Ti	Titan	10 - 5000	20000	5000
U	Uran	0,01 - 1	115	5
V	Vanadium	10 - 100	1000	50
Zn	Zink	3 - 50	20000	300*
Zr	Zirkon	1 - 300	6000	300

* Grenzwerte lt. Klärschlammverordnung - vergl. Abschnitt 5.1.
Literatur: Kloke, 1977, 1980, 1.

Übersicht 7: Schematische Darstellung zur Festlegung der Orientierungswerte für tolerierbare Schwermetallgehalte in Böden

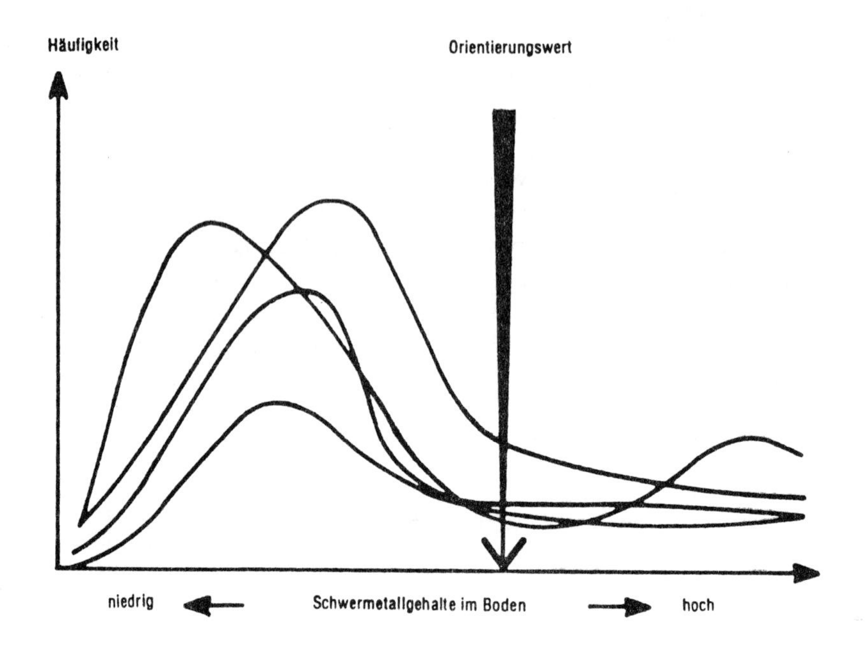

Luft, im Wasser oder bei abbaubaren organischen Schadstoffen im Boden der Fall ist.

In der Übersicht 8 zeigt die ausgezogene Linie den Verlauf einer solchen kontinuierlichen Anreicherung. Während die Verunreinigung von Luft und Wasser endlich und auch reversibel ist, ist dies bei einer Kontamination des Bodens mit Schwermetallen nicht der Fall. Sie ist endlos, nicht reversibel; der Schaden ist irreparabel. Verursacher ist die heutige Gesellschaft, Risikoträger sind aber nicht wir, sondern die nach uns kommenden Generationen. Dies verpflichtet uns, für die Reinhaltung des Bodens zu sorgen, die Zufuhr von Schwermetallen zum Boden unter Kontrolle zu nehmen und gegebenenfalls zu stoppen.

5. Standards zum Schutz des Bodens vor weiterer Anreicherung mit Schwermetallen

Wie aus der Übersicht 9 zu entnehmen ist, erfolgt die Zufuhr von Schwermetallen zum Boden auf verschiedenen Wegen (Kloke 1981). - Alle in Chemie und Technik eingesetzten Schwermetalle kommen nach einer Verweilzeit am Nutzungsort, im Nutzungsgegenstand von 1 bis zu 10 bis 20 Jahren in die Ökosysteme.

Übersicht 8: Vergleichende Betrachtung der Risiken bei Geschwindigkeit von Fahrzeugen, SO_2-Gehalten in der Luft und Cadmiumzufuhren zum Boden

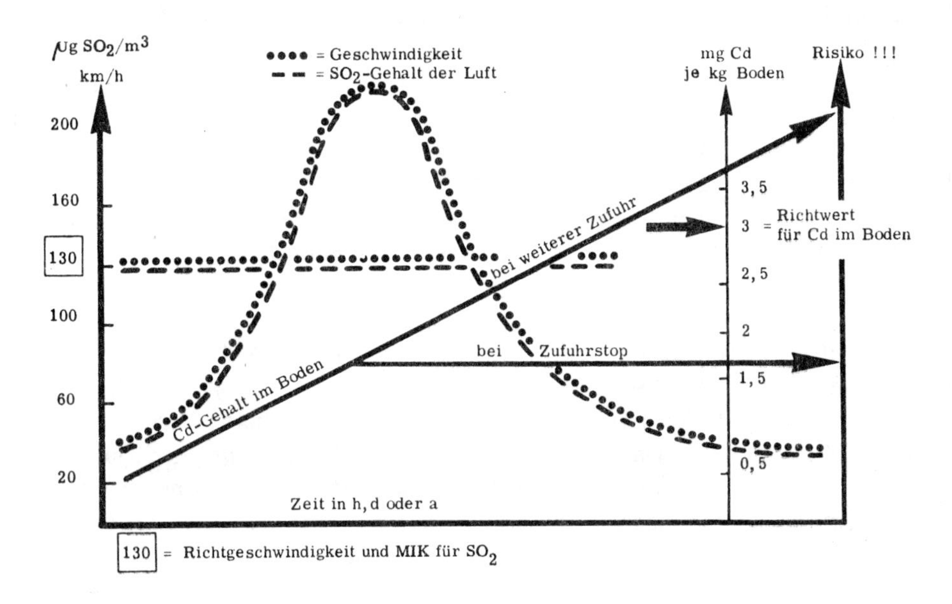

Übersicht 9: Der Schwermetallkreislauf in der Industriegesellschaft (Kloke 1981)

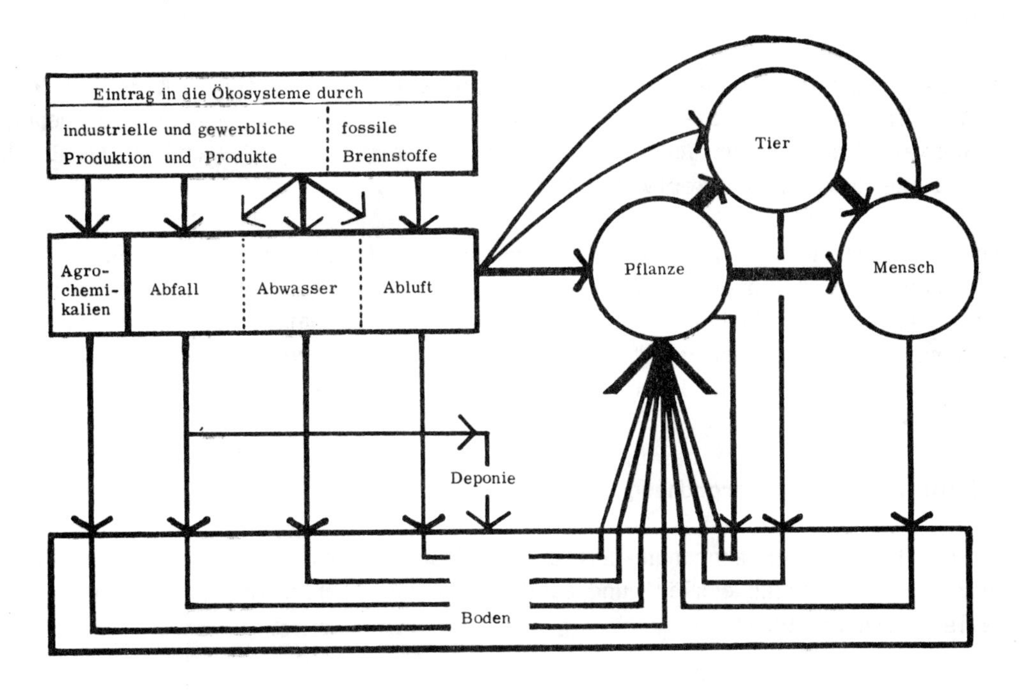

Die Schwermetalle werden während bzw. nach der Verarbeitung und Nutzung durch den Menschen in Gewerbe und Industrie als Luftverunreinigungen, flüssige oder feste Abfallstoffe (Klärschlamm und Kompost) oder als Agrochemikalien dem Boden zugeführt. Auch aus rezenten und fossilen Brennstoffen gelangen Schwermetalle über die Abluft in den Boden (Tabelle 7). Dort werden sie früher oder später in eine Form umgewandelt, die eine Aufnahme durch die Pflanze oder eine Auswaschung ermöglicht oder beides verhindert. Festlegung im Boden, Aufnahme durch die Pflanze, Wanderung zum Grundwasser, Wirkungen auf Bodenorganismen, Bodenfruchtbarkeit u.a.m. sind in den verschiedensten Böden recht unterschiedlich. Nach der Einbringung in den Boden beginnt ein Kreislauf der Schwermetalle, der in seiner Bedeutung für die Existenz des Menschen, insbesondere in Belastungsgebieten, noch nicht voll erkannt ist.

Nach der Aufnahme der Schwermetalle aus dem Boden durch die Pflanze gelangen sie über das Tier zum Menschen und schließlich wieder zum Boden, wo sie wiederum zusammen mit den mit Abluft, Abwasser, Abfall und Agrochemikalien neu zugeführten Schwermetallmengen der Pflanze zur Aufnahme zur Verfügung stehen. Aus diesem Kreislauf kommen die meisten Schwermetalle nie mehr heraus! Wenn eine schwermetallspezifische Menge im Kreislauf erreicht ist, bricht er durch die Vergiftung von Pflanze, Tier und/oder Menschen zusammen.

In den Kreislauf, Boden-Pflanze-(Tier)-Mensch-Boden, kann der Landwirt durch "Passivmaßnahmen" eingreifen und den Schwermetallgehalt in Pflanzen und Lebensmitteln drücken. Diese Passivmaßnahmen (Kalkung, Anbau bestimmter Kulturpflanzen u.a.m.) sind aber nicht immer und überall durchführbar und greifen bei steter Schwermetallzufuhr zum Boden nicht mehr. Deshalb sind "Aktivmaßnahmen" erforderlich. "Aktivmaßnahmen" sind solche, die in der Übersicht 9 die Pfeile im linken Bildteil nach oben umbiegen (Recycling). - Auch die Deponie schwermetallbelasteter Abfälle und Böden belastet den Boden und entzieht der Pflanzenproduktion oft wertvolle Nutzflächen.

Aus der Erkenntnis heraus, daß eine weitere Anreicherung des Bodens mit Schwermetallen die oben geschilderten Folgen haben kann, hat die Bundesregierung in einer Reihe von Gesetzen und Verordnungen Daten genannt, die eine weitere Zufuhr von Schwermetallen zum Boden verringern oder verhindern soll. Einige werden nachfolgend kurz genannt.

5.1 Die Klärschlammverordnung

In der Klärschlammverordnung hat die Bundesregierung einige Werte der Tabelle 2 zu Grenzwerten erklärt und auch solche für Klärschlämme festgelegt (Tabelle 3, Anonym 1982).

Tab. 3: Grenzwerte für Schwermetalle in Klärschlämmen und Böden in mg/kg Trockenmasse (nach Anonym 1982)

Element	Klärschlamm	Boden
Zink	3000	300
Chrom	1200	100
Blei	1200	100
Kupfer	1200	100
Nickel	200	50
Cadmium	20	3
Quecksilber	25	2

Sowohl im Kompost als auch im Klärschlamm bleiben nach einer Aufbereitung für eine landbauliche Verwertung durch Kompostierung, Faulung etc. neben den wertbestimmenden Pflanzennährstoffen leider auch die Schadstoffe aus dem Ausgangsprodukt erhalten. Diese Schadstoffe (Schwermetalle, chlorierte oder aromatische Kohlenwasserstoffe u.a.m.) gelangen mit den aufbereiteten Siedlungsabfällen in den Boden und von hier z.T. in die Pflanzen.

Neben den in der Tabelle 3 genannten Daten ist die Begrenzung der Aufbringungsmenge auf 5 t Schlammtrockenmasse in einem Zeitraum von jeweils drei Jahren noch von wesentlicher Bedeutung. Für die einzelnen Elemente läßt sich nun die zulässige Jahresfracht errechnen (Tabelle 4). Mit Hilfe der Formel:

$$1 \text{ mg/kg Boden} = 3 \text{ kg/ha}$$

errechnet sich die in Tabelle 5 gebrachte Erhöhung der Gehalte dieser Elemente im Boden.

Tab. 4: Errechnung der jährlich zulässigen Bodenbelastung mit Schwermetallen (Kloke 1982)

	Klärschlammtrockenmasse t in 3 Jahren	Element g/t	Fracht in 3 Jahren g/ha	vertretbare Fracht g/ha/a
Cadmium	5	20	100	33,3
Quecksilber	5	25	125	41,7
Nickel	5	200	1000	333,3
Blei, Chrom, Kupfer	5	1200	6000	2000
Zink	5	3000	15000	5000

Tab. 5: Berechnung der für die Erreichung des Grenzwertes erforderlichen Zeit (Kloke 1982)

	Anreicherung im Boden jährlich	in 10 Jahren	Ausgangsgehalt des Bodens	Grenzwert	Diff. zum Grenzwert	Grenzwert erreicht
	mg/kg im Boden					in Jahren
Cadmium	0,0111	0,11	0,1 - 0,2	3	2,8	252*)
Quecksilber	0,0139	0,14	0,05 - 0,1	2	1,9	137
Nickel	0,1111	1,11	30	50	20	180
Blei, Chrom, Kupfer	0,6667	6,67	30	100	70	105
Zink	1,6667	16,67	50	300	250	150

*) Wenn bei der für 1988 vorgesehenen Novellierung der Klärschlammverordnung der Grenzwert für Cd im Boden auf 1,5 mg/kg Boden herabgesetzt wird, ist dieser Wert bereits in 117 Jahren erreicht.

5.2 Das Benzin-Blei-Gesetz

Der Zusatz von Bleitetraäthyl als Antiklopfmittel hat in der Vergangenheit nicht nur zur Anhebung von Blei in den Pflanzen beiderseits der Verkehrswege geführt, sondern auch zur Anhebung des Bleigehaltes im Boden (vergl. Übersicht 10).

Durch das Benzin-Blei-Gesetz (Anonym 1975, 2) wird zwar die direkte Belastung der Pflanzen durch Ablagerung von Blei aus den Auspuffgasen vermindert bzw. aufgehoben, die erfolgte Belastung des Bodens bleibt aber erhalten. Da mit steigenden Gehalten im Boden (die Gehalte haben an stark befahrenen Verkehrswegen den Richtwert von 100 mg/kg Boden überschritten) auch die Aufnahme aus dem Boden steigt, werden auch nach dem Einsatz von bleifreiem Benzin die Gehalte an Blei in Pflanzen beiderseits der Verkehrswege höher als üblich liegen. Mit diesem Problem aus der "Bleizeit" müssen somit die uns nachfolgenden Generationen leben.

Anders beim Cadmium. Untersuchungsergebnisse zeigen, daß eine von Emissionen des Kfz-Verkehrs ausgehende Cadmium-Belastung straßennaher Kulturflächen nicht nachweisbar bzw. als vernachlässigbar gering zu beurteilen ist. Lediglich in unmittelbarer Fahrbahnnähe (bis max. 5 m Abstand vom Fahrbahnrand) lassen sich Cd-Anreicherungen nachweisen, wobei offen bleibt, ob diese auf Dieselabgase, Reifen- und/oder Fahrbahnabrieb zurückzuführen sind.

Übersicht 10: Schematische Darstellung der Pb-Gehalte in Böden und in/auf Pflanzen beiderseits der Verkehrswege

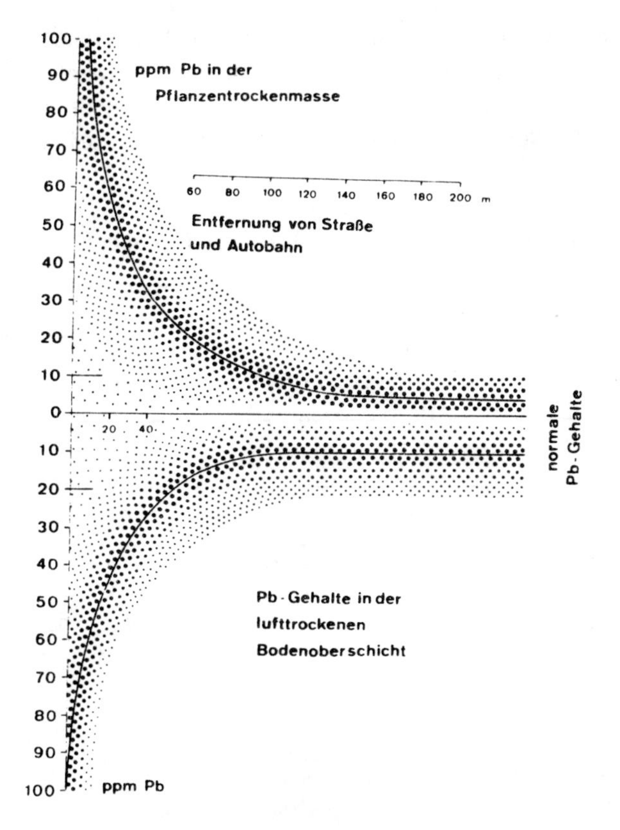

Die Darstellung zeigt, daß etwa ab 50 - 100 m vom Fahrbahnrand praktisch keine Erhöhung der Gehalte an Blei in Böden und Pflanzen mehr feststellbar ist.

5.3 Das Immissionsschutzgesetz und die TA-Luft

Die erste große gesetzgeberische Maßnahme zum Schutz der Umwelt war die Verkündung des Immissionsschutzgesetzes (Anonym 1974) und der ihm zuzuordnenden "Technischen Anleitung zur Reinhaltung der Luft" (TA-Luft). Das Gesetz aus dem Jahre 1974 schloß jedoch den Schutz des Bodens - wie oben bereits angedeutet wurde - nicht ausdrücklich mit ein, sondern ordnete ihn in den Begriff "und andere Sachen" mit ein. Wesentlich an der ersten Fassung war, daß einige Umweltstandards, die von der VDI-Kommission "Reinhaltung der Luft" erarbeitet worden waren, nunmehr Gesetzescharakter erhielten und somit aus "Maximalen Immissionsschutzkonzentrationen" (MIK-Werten) für eine Reihe von Schadgasen (veröffentlicht in einer Reihe von VDI-Richtlinien) Immissionsgrenzwerte (IW-Werte) wurden (Tabelle 6).

Die Tabelle 6 bringt die in den letzten Fassungen der VDI-Richtlinien für die einzelnen Schadgase genannten Werte, die Immissionsgrenzwerte der letzten Fassung der TA-Luft und zum Vergleich die derzeit gültigen Maximalen Arbeitsplatzkonzentrationen (MAK-Werte) der Deutschen Forschungsgemeinschaft (Anonym 1986, 1).

Tab. 6: Schädigungs- und Immissionsgrenzwerte für Schadgase

			µg/m³ Luft				
			HF	SO_2	HCl	NO_2	HNO_3
Maximale Immissionskonzentrationen (von Naturwissenschaftlern in der VDI-Kom. "Reinhaltung der Luft" erarbeitet - MIK-Werte)	Jahresmittelwert MIK-D(auer)	Sehr empfindliche Pflanzen werden geschädigt bei Gehalten in der Luft über	0,3	60	100	./.	./.
		Empfindliche Pflanzen werden geschädigt bei Gehalten in der Luft über	0,5	90	150	350	1300
		Weniger empfindliche Pflanzen werden geschädigt bei Gehalten in der Luft über	1,4	130	./.	./.	./.
	Mittelwert über 30 Minuten MIK-K(urz)	Sehr empfindliche Pflanzen werden geschädigt bei Gehalten in der Luft über	0,9	220	400	./.	./.
		Empfindliche Pflanzen werden geschädigt bei Gehalten in der Luft über	1,5	350	600	750	2600
		Weniger empfindliche Pflanzen werden geschädigt bei Gehalten in der Luft über	4,2	530	./.	./.	./.
Immissionsgrenzwerte, vom Gesetzgeber in der Technischen Anleitung zur Reinhaltung der Luft genannt (TA-Luft)	Langzeitwert IW1		1	140	100	80	
	Kurzzeitwert IW2		3	400	200	300	
Maximale Arbeitsplatzkonzentration = MAK-Werte, festgelegt von der Deutschen Forschungsgemeinschaft			2000	5000	7000	9000	25000

Bezüglich der Interpretation dieser Werte, ihres Stellenwertes und der umweltpolitischen Bedeutung wird auf die jeweiligen VDI-Richtlinien (zu erhalten bei: DIN Deutsches Institut für Normung e.V., Postfach 1107, D-1000 Berlin 30) und die einschlägige Literatur verwiesen. Hier sollen lediglich folgende Feststellungen für die wichtigsten Schadgase zusammenfassend getroffen werden:

SO_2, Schwefeldioxid

- Ab 20 Mikrogramm SO_2/m^3 Luft können sichtbare Schäden an Pflanzen auftreten.
- Durch SO_2 geschädigte Pflanzen sind als Nahrung/Futter für Mensch und Tier nicht schädlich.
- Saurer Regen schädigt Pflanzen kaum.
- Durch sauren Regen wird der Boden auch langsam sauer; zusätzliche Kalkung wird erforderlich.

HF, Fluorwasserstoff

- Ab 0,3 Mikrogramm HF/m^3 Luft können sichtbare Schäden an Pflanzen auftreten.
- Schäden durch HF und solche durch Trockenheit sehen gleich aus.
- Durch HF geschädigte Pflanzen sollten erst nach einer Fluor-Analyse verfüttert werden.
- Die Versauerung des Bodens durch HF ist gering.
- Fluor wird im Boden durch Kalk sehr fest gebunden.

HCl, Salzsäure

- Ab 100 Mikrogramm HCl/m^3 Luft können sichtbare Schäden an Pflanzen auftreten.
- Durch HCl geschädigte Pflanzen sind als Nahrung/Futter für Mensch und Tier nicht schädlich.
- Längere HCl-Zufuhr zum Boden führt zur Bodenversauerung; zusätzliche Kalkung wird erforderlich.
- HCl-Quellen sind in zunehmendem Maße Müllverbrennungsanlagen.

NO_2, Stickstoffdioxid

- Ab 350 Mikrogramm NO_2/m^3 Luft können sichtbare Schäden an Pflanzen auftreten.
- Durch NO_2 geschädigte Pflanzen sind als Nahrung/Futter für Mensch und Tier nicht schädlich.
- Längere NO_2-Zufuhr zum Boden kann den Boden versauern.
- NO_2 hat im Boden nach Umwandlung in NO_3 (Salpeter) eine Düngerwirkung.

- NO_2-Abgase sind an ihrer gelb-braunen Farbe erkennbar.

Ein besonderer Hinweis muß noch auf die letzte Zeile der Tabelle 6 erfolgen. Sie zeigt, welche hohen Konzentrationen der einzelnen Schadgase am Arbeitsplatz zulässig sind. Ein Vergleich mit den darüber stehenden Werten zeigt, daß diese um den Faktor 10 - 1000 niedriger liegen. Im Umweltschutz wird oft von "diffusen Quellen" gesprochen, die zur Erhöhung der Schadstoffgehalte führen. Diese Zahlen machen deutlich, daß nicht nur die über Schornsteine abgeführten Schadstoffe zu beachten sind, sondern auch die, die nach dem Öffnen von Türen und Fenstern von Werksanlagen u.a.m. freigesetzt werden.

Aus Werksanlagen und über Schornsteine werden aber nicht nur die in Tabelle 6 genannten Schadgase freigesetzt, sondern auch alle die Elemente, die in den Energieträgern Holz, Erdöl, Stein- und Braunkohle vorhanden sind. Diese werden nach der Verbrennung an die Luft abgegeben und gelangen dann direkt oder mit den Niederschlägen auf und in den Boden. Die Übersicht 11 enthält als Beispiel die Mengen einiger Metalle im Kohleflugstab von 21 Kohlekraftwerken der USA (Jurr et al. 1977). Neben den Kohlekraftwerken tragen zahlreiche andere Quellen zur direkten Verunreinigung der Luft mit Schwermetallen und anderen Schadstoffen bei.

Da Schwermetalle auch über die Luft verfrachtet werden und an einigen Stellen (Nordenham: Blei, Besigheim: Cadmium, Lengerich: Thallium) zur Belastung von Böden und Pflanzen geführt haben, hat der Gesetzgeber in die jetzt gültige

Übersicht 11: Konzentrationen einiger Elemente in Kohleflugaschen von 23 Kohlekraftwerken in den USA im Jahre 1974 (Furr et al. 1977)

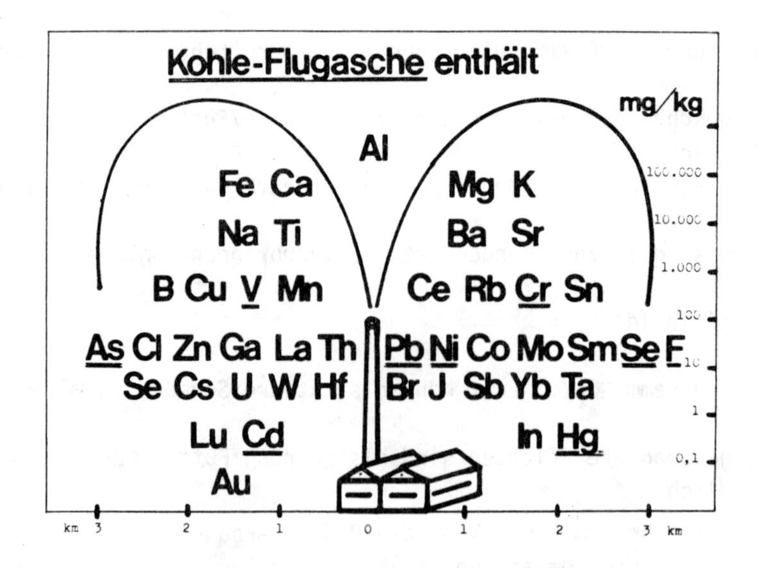

Fassung der TA-Luft Immissionsgrenzwerte für 3 Schwermetalle festgelegt (Anonym 1983). Die Tabelle 7 zeigt neben den Grenzwerten auch die Bodenbelastung und die Anzahl der Jahre, in denen der Richtwert für tolerierbare Gehalte im Boden erreicht ist.

Tab. 7: Schwermetall-Immissions-Grenzwerte lt. TA-Luft

		Grenzwert µg/m²/d	Bodenbelastung kg/ha/a	Bodenrichtwert erreicht in Jahren
Pb	Blei	250	0,913	328
Cd	Cadmium	5	0,018	492
Tl	Thallium	10	0,036	83

Die Belastung der Pflanzen mit Schwermetallen durch Immission erfolgt sowohl durch die Verschmutzung der oberirdischen Pflanzenteile (Kontamination) als auch durch die Aufnahme aus dem Boden. Auf Blättern abgelagertes Blei wird von den Blättern kaum inkorporiert und läßt sich leicht abwaschen. Dagegen lassen sich Cadmium und Thallium weniger abwaschen und werden von den Blättern relativ leicht aufgenommen (vergl. auch Abschnitt 6.2).

5.4 Verordnungen zum Düngemittelgesetz

Zum Düngemittelgesetz sind in den letzten Jahren Verordnungen erlassen worden, die den Eintrag von Schwermetallen in Böden verringern sollen. Nach dem derzeit gültigen Düngemittelgesetz (Anonym 1977) dürfen bestimmte Düngemittel bestimmte Gehalte an Blei und Chrom nicht überschreiten. Für Cadmium ist eine entsprechende Regelung in Vorbereitung. Sie gestaltet sich schwierig, weil Rohphosphate, aus denen Phosphatdünger hergestellt werden, sehr unterschiedliche Cadmium-Gehalte aufweisen (Kloke 1980, 2). Für organisch-mineralische Mischdünger erlaubt das Düngemittelgesetz (Anonym 1984) die in der ersten Zeile der Tabelle 8 genannten Zufuhren zum Boden. Sie werden hier den zulässigen Zufuhren lt. TA-Luft (vergl. Tabelle 7) und lt. Klärschlammverordnung (vergl. Tabelle 4) gegenübergestellt.

Tab. 8: Gesetzlich zulässige Jahresfrachten einiger Schwermetalle zum Boden in g/ha/Jahr

	Blei	Cadmium	Chrom	Kupfer	Nickel	Quecksilber	Zink	Thallium
lt. 5. Änderung der Düngemittelverordnung*)	200	4		200	30	4	750	
lt. Technische Anleitung zur Reinhaltung der Luft	913	18						36
lt. Klärschlammverordnung	2000	33	2000	2000	333	42	5000	

*) Bei Anwendung eines Organisch-Mineralischen Mischdüngers in Höhe von 1000 kg/ha = 100 g/m^2.

6. Die heutige Belastung der Böden mit Schwermetallen

6.1 Geogene Belastung

Bei der Belastung der Böden mit Schwermetallen haben wir es zunächst mit der geogen bedingten Belastung zu tun. In vielen Böden haben sich seit Jahrmillionen Schwermetalle angereichert, zum Beispiel:

- Nickel in Basalt- und Serpentin-Böden
- Blei, Zink, Cadmium in Galmei-Böden
- Kupfer in Böden des Mansfelder Kupferschiefers
- Arsen im Erzmattboden bei Buus/Schweiz.

Die Übersicht 12 zeigt alle in Mitteleuropa bekannten Vorkommen von Pflanzen, die auf mit Schwermetallen überlasteten Böden mit Vorliebe wachsen.

Dort - im Raum Stolberg, im Harzvorland usw. - sowie in deren Umgebung finden wir in landwirtschaftlich und gärtnerisch genutzten Böden auch höhere Gehalte der Schwermetalle. Die Vegetation an diesen Orten, die "Galmei-Flora" (Galmei von Kadmei = Cadmium aus dem Griechischen) steht unter Naturschutz.

6.2 Anthropogen bedingte Belastung

Die ersten Menschen waren Sammler und Jäger. Als sie seßhaft wurden, sammelten und jagten sie in großen Räumen und verbrachten die Nahrungsgüter in ihre Siedlungen. Die Abfälle aus Küche und Stall, ebenso wie die Fäkalien, wurden

Übersicht 12: Überblick über alle bekannten Vorkommen von Schwermetallgesellschaften in Mitteleuropa (Ernst 1965)

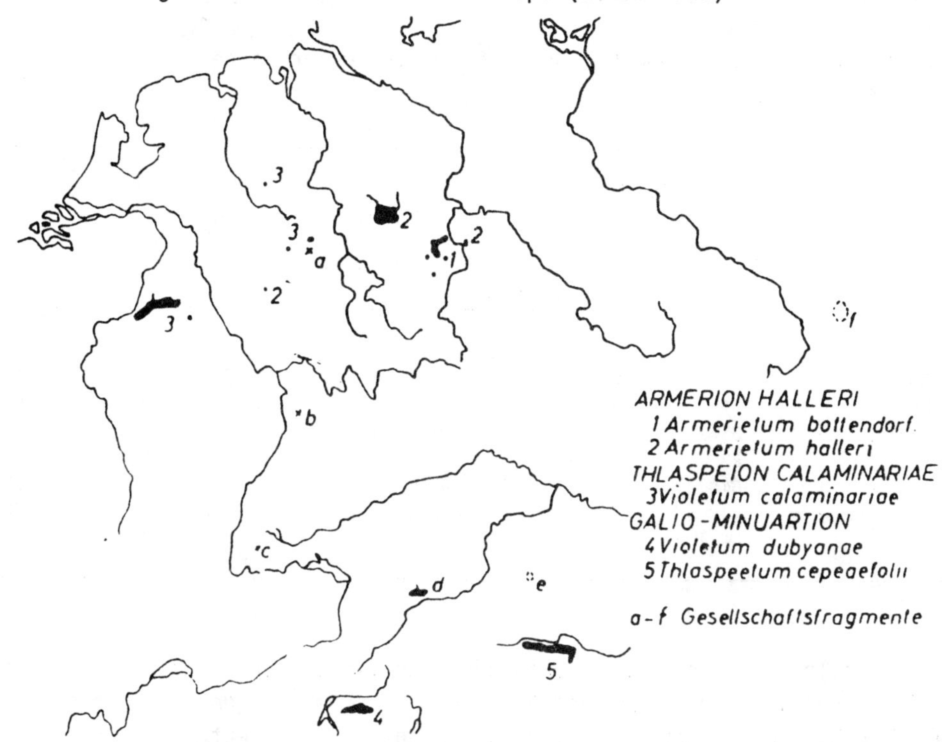

jedoch nicht an den Ursprungsort der Nahrung zurückgebracht, sondern in der Nähe der Wohnungen dem Boden überlassen. Später wurden sie als Kompost oder Dünger in der Nähe der Siedlungen eingesetzt, da Abfallprodukte keinen langen Transportweg vertragen. Sie blieben also im "1. Thünenschen Kreis", wo die Nahrungspflanzen angebaut wurden, die ebenfalls keine langen Transportwege vertragen (u.a. Gemüse, Obst; vergl. Abschn. 2 und Übersicht 3). Alle diese Nahrungsgüter enthalten auch alle Schwermetalle. Bei der Rotte im Boden - ebenso wie im Kompost - wird die organische Substanz mineralisiert und in die nicht weiter abbaubaren Elemente zerlegt. Zu diesem Anreicherungsweg kommt noch der mit Holz- und Kohlenasche, da letztere auch in die Hausgärten - teil als Dünger - verbracht wurden. Auch das Verbrennen von Baumschnitt und Kartoffellaub im Garten führt zu einer, wenn auch geringfügigen, aber alljährlichen Anhebung der Schwermetallgehalte im Boden.

Auf diese Weise ist der Schwermetallgehalt der Böden in den Siedlungen und in deren Nähe im Laufe der Jahrhunderte um den Faktor 5 - 10 angehoben worden (vergl. auch Tabelle 10). Bisher bekanntgewordene Untersuchungsergebnisse aus allen Ländern der Bundesrepublik bestätigen dies. Zahlen aus Hessen zeigt Tabelle 9. Je älter eine Siedlung ist, um so höher sind auch die Schwermetallgehalte ihrer Böden, so daß man - wenn auch mit hier nicht weiter zu erläuternden Vorbehalten - aus den Schwermetallgehalten innerstädtischer Böden das Alter einer Siedlung ablesen kann.

Tab. 9: Schwermetalle in Böden, Durchschnittswerte für Hessen (Brüne et al. 1982)

Element		Äcker	Grünland	Weinberge	Forst (O_f-O_H)	Forst (A_H)	Stadtgärten	Richtwert
		mg/kg Boden						
Cd	Cadmium	0,2	0,3	0,2	0,4	0,2	1	3
Cr	Chrom	27	35	27	13	23	37	100
Cu	Kupfer	11	8	57	7	3	46	100
Ni	Nickel	33	26	27	18	12	24	50
Pb	Blei	22	28	26	104	29	127	100
Zn	Zink	54	70	88	57	26	235	300
Hg	Quecksilber	0,1	0,1	0,1	0,2	0,1	0,6	2
As	Arsen	9	9	23	9	9	10	20

In der Tabelle 9 werden in Weinbergsböden für die Elemente Kupfer, Zink und Arsen im Vergleich zum Acker- und Grünland höhere Werte genannt. Diese Erhöhungen sind auf den früheren Einsatz von Arsen- und den heute noch anhaltenden Einsatz von Kupfer- und Zinkpräparaten als Pflanzenschutzmittel zurückzuführen. Die teils höheren Gehalte in den Forstböden sind auf die Interzeption, auf das Herausfächern von Schadstoffen aus der Luft, zurückzuführen. Blätter und Nadeln kämmen ganzjährig die Schadstoffe aus der Luft heraus und lagern sie an. Soweit sie wasserlöslich oder gasförmig sind, können sie in die Blätter eindringen. Stoffe und Elemente, die nicht unmittelbar von den Blättern inkorporiert werden, bleiben entweder an ihnen haften oder werden von den Blättern durch den Regen abgewaschen und tropfen auf den humosen Waldboden. Durch den Laub- und Nadelfall kommen die zuvor aufgenommenen Schadstoffe auch auf den Waldboden und reichern dort die obersten Bodenschichten an (vergl. Tabelle 9: O_F = Vermoderungshorizont, O_H = Humusstoffhorizont, A_H = humushaltiger Mineralbodenhorizont an der Bodenoberfläche). Dies gilt vor allem für Cadmium und Blei. Untersuchungen an vielen Waldstandorten haben diese Aussage bestätigt.

Die Folgen dieser Anreicherungen der Waldböden mit Schadelementen zeigen sich heute besonders in den Schwermetallgehalten von Waldpilzen, Waldkräutern und Waldbeeren. Auch die höheren Schwermetallgehalte im Wildfleisch sind letztlich auf diese Interzeption zurückzuführen. Bäume und Wälder nehmen die Schadelemente aus einer vielfach größeren Luftmasse heraus als nahe dem Boden in dichtem Bestand wachsende landwirtschaftliche und gärtnerische Kulturen. Dies ist auch die Ursache für die hohen Cadmium-137- und Strontium-90-Gehalte in den obengenannten Umweltproben, über die 1986 "nach Tschernobyl" so viel in der Tagespresse zu lesen war (vergl. auch Übersicht 2).

Zu dieser seit Jahrtausenden währenden Belastung des Bodens kommt nun seit Beginn der Industrialisierung die Belastung aus Gewerbe, Technik und Industrie hinzu, die bereits in Abschnitt 5 aufgeführt wurde und die auch die Setzung von Umweltstandards erforderlich gemacht hat. Durch den steigenden Bedarf an den verschiedensten Elementen in Industrie und Technik wurde ihre "Einfuhr" notwendig. Die Deutsche Forschungsgemeinschaft veröffentlichte 1975 unter dem Titel "Weltweite Rohstoffverknappung erzwingt verstärkte Forschungsanstrengungen" eine Weltkarte (Übersicht 13), die zeigt, aus welchen Ländern der Erde welche mineralischen Rohstoffe und Metalle in die Bundesrepublik Deutschland transportiert werden (Anonym 1975). Es wurde dort diskutiert, welche Möglichkeiten der Erschließung heimischer Lagerstätten bestehen, um zu erwartende Rohstofflücken zu füllen. Die Cadmium-Verwendung in der Bundesrepublik Deutschland ist in Chemie und Technik seit 1928 von 1 t/Jahr auf heute etwa 2000 t/Jahr angestiegen (Anonym 1980, 1). Es wurde ausgerechnet, daß wir in der Bundesrepublik Deutschland etwas mehr als 1 % der Weltbevölkerung sind, unser Cadmiumverbrauch aber über 10 % des Weltcadmiumverbrauchs liegt.

Die steigende Verwendung von Elementen aller Art in Industrie und Technik zur Erhöhung unseres Lebensstandards und unserer Lebensqualität führt letztlich zu einer höheren Belastung der Umwelt mit Schadstoffen, da es uns bis heute nicht gelungen ist, Abluft, Abwasser und Abfall auf einen produktiven Recyclisierungsweg zu bringen (vergl. Übersicht 9). Wir können heute davon ausgehen, daß - setzt man die Schwermetallgehalte in bisher unbelasteten Böden fernab jeder negativen anthropogenen Einwirkung gleich 1 - die Schwermetallgehalte in bestimmten Gebieten um die in Tabelle 10 genannten Faktoren angehoben worden sind.

Diese Aussage wird durch immer neue Analysenergebnisse, die von Bund, Ländern und Gemeinden punktuell durchgeführt werden, täglich bestätigt. Dabei muß aber ausdrücklich darauf hingewiesen werden, daß die Zahl der belasteten Flächen zwar sehr groß ist, betrachtet man aber die Größe der belasteten Flächen einzeln und in ihrer Summe, so sind sie im Verhältnis zur Gesamtfläche des Bundes oder zur landwirtschaftlich und gärtnerisch genutzten Fläche doch noch klein und noch nicht besorgniserregend. Trotzdem sind Maßnahmen erforderlich, die weitere, punktuelle Belastung zu minimieren.

Übersicht 13: Liefergebiete von mineralischen Rohstoffen und Metallen für die Bundesrepublik Deutschland (Anonym 1975, 1)

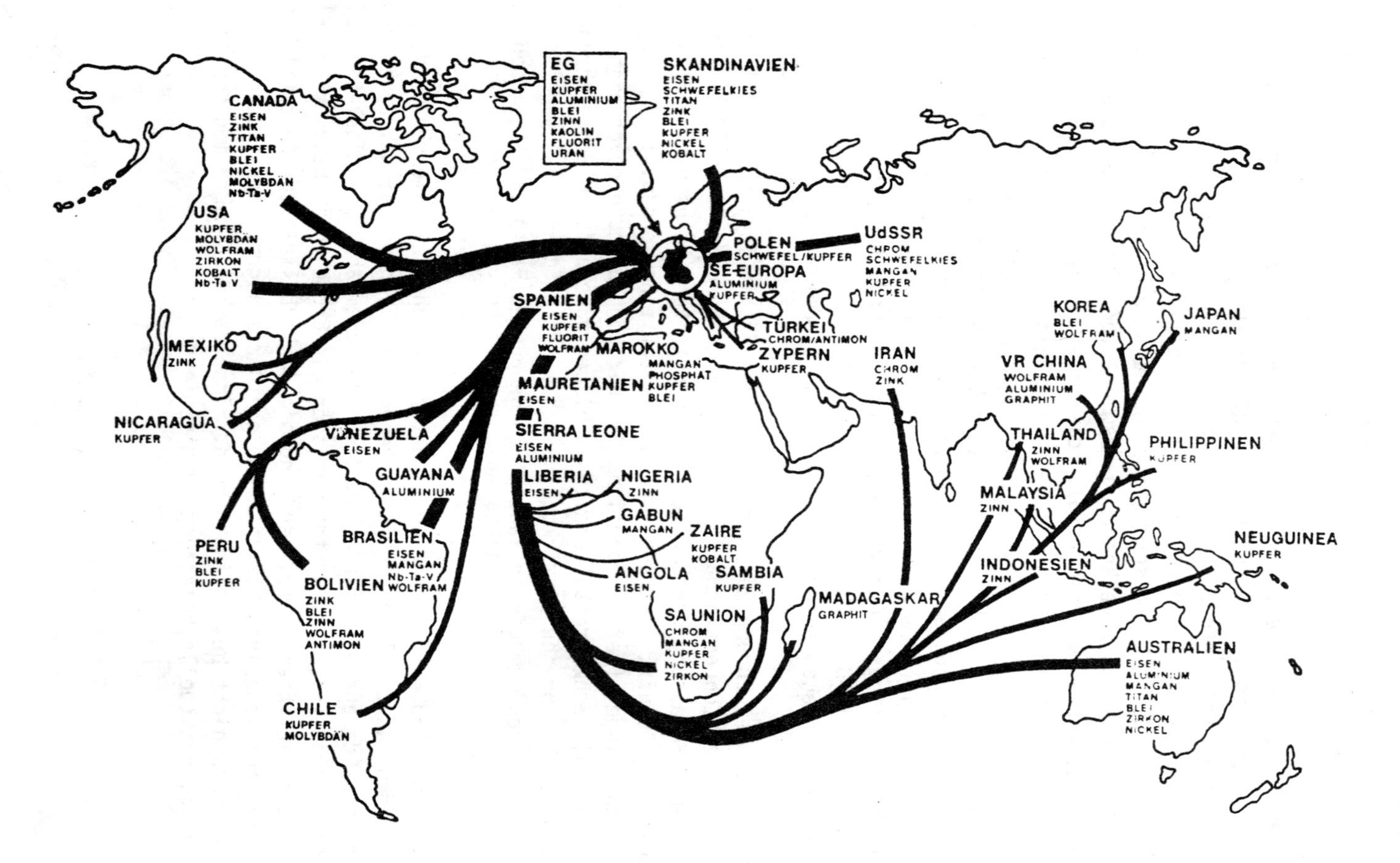

Tab. 10: Anhebung der Schwermetallgehalte in Böden

Region / Gebiet	Anreicherungsfaktor
Unbelastete Standorte	1
Innerstädtische Hausgärten und Böden in Parkanlagen ohne verkehrsbedingte oder industrielle Vorbelastung	5 - 10
Langjährig in der Vergangenheit mit Klärschlamm beschickte Flächen	10 - 100
Einschlägige Industriegelände und deren Umgebung	50 - 500
Mülldeponien	100 - 1000
Geogen belastete Standorte (dort wachsende Pflanzen stehen zum Teil unter Naturschutz)	10 - >10000

7. Schwermetalle in der Nahrungskette

Eingangs wurde der Boden als eine Senke für Schadstoffe bezeichnet und deshalb als schützenswert anerkannt. Der Boden ist aber nur als ein "Zwischenlager" anzusehen, da ein Teil der Schadstoffe von dort auch weitertransportiert werden kann. Übersicht 14 soll diesen Transport zum Menschen verdeutlichen.

Die beiden weißen Pfeile im schwarzen Balken an der linken Bildseite stellen die Emission ganz allgemein dar. Der schwarze Balken verästelt sich in viele, viele Bahnen, die schließlich den Menschen erreichen. In unserer Umwelt findet somit eine Umverteilung der Schadstoffe und Schwermetalle statt. In der Pflanzen- und Tierproduktion und im human-medizinischen Bereich werden nun die in Wasser, Boden und Luft, in pflanzlichen und tierischen Lebensmitteln sowie in den einzelnen Organen von Pflanze, Tier und Mensch tolerierbaren Mengen ermittelt. Jeder Pfeil erhält ein Schild, das die Menge anzeigt, die auf dem jeweiligen Wege eingetragen werden darf bzw. die in der jeweiligen Substanz (aufgeschlüsselt bis hin zu den Gehalten in den einzelnen Gemüsearten und denen in Blut und Leber von Mensch und Tier) enthalten sein darf. Mit großem Untersuchungs- und Forschungsaufwand wurden und werden "tolerierbare Gehalte" bzw. "Richtwerte" ermittelt, wird laufend kontrolliert, ob (wo und wie hoch) der vorgesehene oder bereits festgesetzte Richt- bzw. Grenzwert überschritten ist. Viele dieser Arbeiten könnte man sich sparen, wenn die weißen Pfeile in der linken Bildhälfte der Abbildung ein Schild mit einem sehr niedrigen Wert für die tolerierbaren Emissionen bekommen würden!!

Übersicht 14: Transport von Schadstoffen zum Menschen

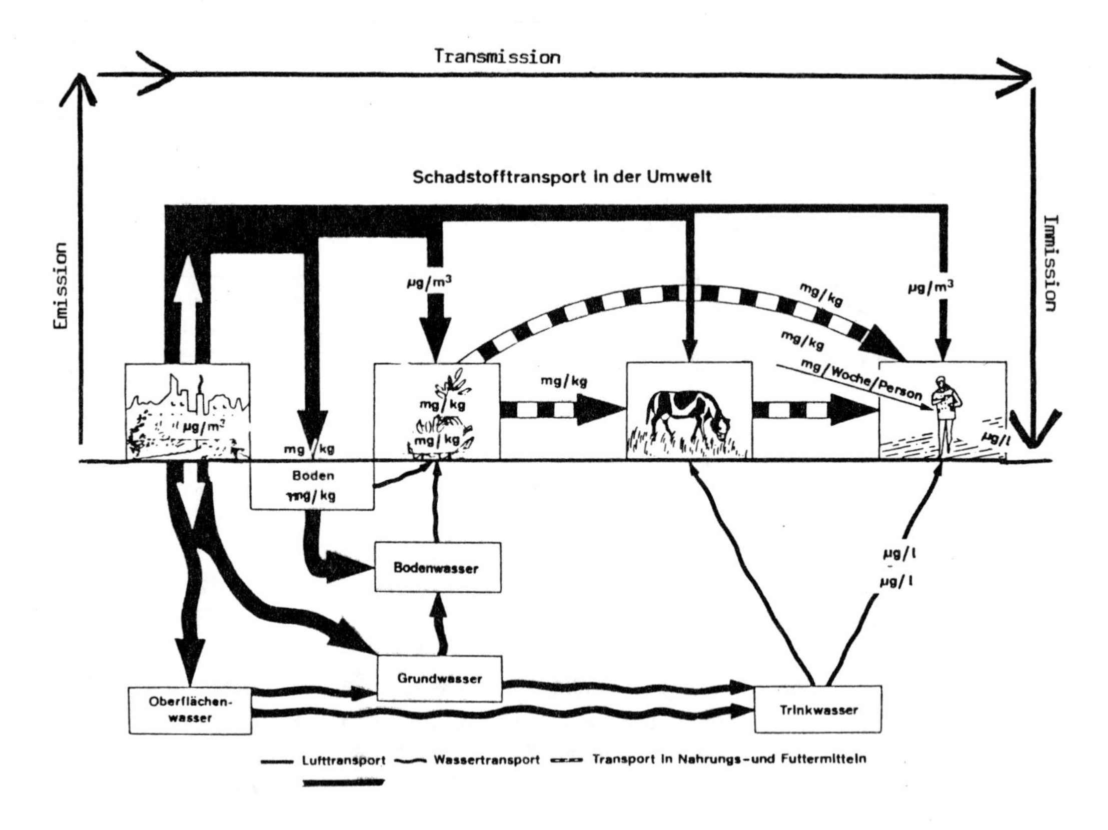

7.1 Schwermetallaufnahme durch Pflanzen

Aus vielen Untersuchungen ist bekannt, daß mit steigenden Gehalten im Boden auch eine steigende Menge an Schwermetallen (dies gilt übrigens auch für alle anderen Elemente und Schadstoffe) aufgenommen wird. Die Übersicht 15 zeigt die allgemeine Wirkung.

Der Schwermetallgehalt in der Pflanze ist aber nicht nur von seinem Gehalt im Boden abhängig, sondern auch von der Pflanzenart. Dies soll am Cadmium, dem Element, über das heute am meisten diskutiert wird, beispielhaft gezeigt werden.

Auf dem Versuchsfeld der Biologischen Bundesanstalt in Berlin-Dahlem wurden auf zwei Parzellen mit gleichen Böden, die sich aber im Cadmiumgehalt unterschieden, verschiedene Gemüsearten aus gleichem Saatgut zu gleichen Zeiten angebaut. Das Cadmium war im Boden - wie bei vielen anderen innerstädtischen Böden - "anthropogen" (vergl. Abschnitt 6.2) angereichert worden. Eine besondere Zufuhr mit Cadmiumsalzen war nicht erfolgt. Ernte und Aufbereitung erfolgten küchen- bzw. verzehrfertig. Das so gewonnene Material wude getrocknet und auf Cadmium analysiert. Tabelle 11 bringt im oberen Teil die hier relevanten Bodenwerte und im Hauptteil die Gehalte in der Trockensubstanz der aufbereiteten Gemüsearten, geordnet nach steigenden Cadmium-Gehalten auf dem Boden mit dem niedrigeren Cadmium-Gehalt.

Übersicht 15: Allgemeine Bedeutung von Schwermetallen für die Pflanze

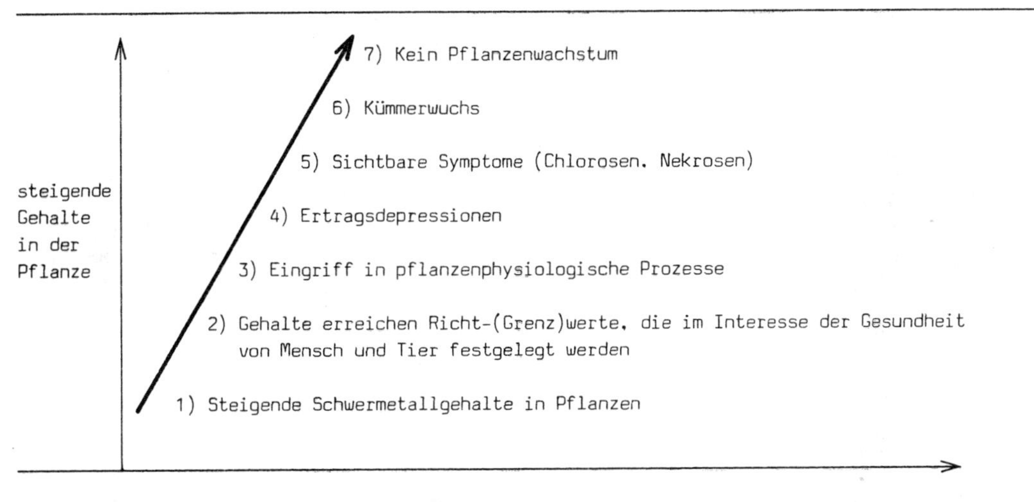

Wird der Cadmium-Gehalt des Bodens durch "Cadmium-Düngung" noch stärker erhöht, so kommt es zu einer noch stärkeren Anreicherung vor allem in den vegetativen Teilen verschiedener Nutzpflanzen. Somit spiegeln sich höhere Gehalte des Cadmiums im Boden sofort in höheren Gehalten in der Pflanze wieder. Die Cadmiumaufnahme aus dem Boden und die Gehalte in den einzelnen Pflanzenteilen sind sehr stark von der Pflanzenart abhängig, wie ein Blick auf die Tabelle 11 zeigt. Weitere Versuche haben gezeigt, daß die Aufnahme sehr stark pH-abhängig ist. Je saurer der Boden wird, um so leichter wird das Cadmium aufgenommen. Ab 20 mg Cd/kg Boden ist bereits mit einem Ertragsrückgang und mit Chlorosen und Nekrosen an den Blättern zu rechnen. - Auch alle anderen Elemente werden bei steigenden Gehalten im Boden in steigenden Mengen in Pflanzen und damit auch in Lebensmitteln angetroffen.

Tab. 11: Cadmium-Aufnahme bei Gemüse

	Boden I	Boden II	relativ Boden I = 100
pH-Wert	6,9	6,8	
	mg Cd/kg Boden (lufttrocken)		
Königswasseraufschluß	1,4	3,8	271
Extrakt mit 1/40 n $CaCl_2$	0,04	0,25	600
Gemüseart	mg Cd/kg Trockensubstanz		relativ Gemüse von Boden I = 100
Erbsen (trocken)	0,02	0,23	1150
Erbsen grüne Hülsen	0,05	0,28	560
Erbsen grüne Erbsen	0,05	0,96	1920
Buschbohnen (trocken)	0,05	0,07	140
Blumenkohl (Blume)	0,08	0,72	900
Buschbohnen (grün)	0,09	0,11	122
Rotkohl	0,10	0,25	250
Wirsingkohl	0,11	0,59	536
Spitzkohl	0,12	0,83	692
Weißkohl	0,13	0,42	323
Kohlrabi (Knolle)	0,17	1,13*	665
Petersilie (Wurzeln)	0,21	0,91	433
Blumenkohlblätter	0,22	1,23*	559
Petersilie (Blätter, glatt)	0,23	0,84	365
Rosenkohl-Rosen	0,24	0,56	233
Rosenkohl-Blätter	0,26	0,55	212
Tomaten-Früchte	0,26	0,91	350
Petersilie (krause Blätter)	0,28	1,70*	607
Porree	0,30	1,75*	583
Grünkohl	0,31	0,93	300
Rote Rübe (Rübe)	0,31	1,23*	397
Kohlrabi (Blätter)	0,31	2,70*	871
Schwarzwurzel (Wurzel)	0,37	3,25*	878
Möhren (Rübe)	0,39	1,92*	492
Radieschen (Rüben)	0,42	2,00*	476
Petersilie	0,52	2,81*	540
Kopfsalat	0,59	7,44*	1261
Rote Rübe (Blätter)	0,64	4,17*	651
Schwarzwurzel (Blätter)	0,64	5,58*	871
Möhren (Blätter)	0,68	4,25*	625
Tomaten (Blätter)	0,91	7,75*	852
Sellerie (Knolle)	1,04	5,23*	503
Sellerie (Blätter)	1,28	4,43*	346
Ø relativ	100	600	600

*) Diese Gehalte überschreiten nach Umrechnung auf die Angebotsform - Multiplikation mit ≈0,1 - die Richtwerte '86 der Tabelle 12.

7.2 Richtwerte für Schwermetalle in Lebensmitteln

Da in den 60er Jahren von steigenden Gehalten insbesondere von Blei, Cadmium und Quecksilber in Lebensmitteln und auch von Vergiftungsfällen nach Verzehr von Lebensmitteln mit hohen Gehalten dieser Elemente berichtet wurde (vergl. auch Abschnitt 3.2), hat im Jahre 1972 ein "FAO/WHO Expert Committee on Food Additives" vorläufige Werte für die wöchentlich duldbaren Zufuhrmengen für Blei, Cadmium und Quecksilber genannt (Käferstein et al. 1979). Sie betragen für Blei 3,5 mg, für Cadmium 0,525 mg und für Quecksilber 0,35 mg pro Woche - für einen Menschen mit einem Körpergewicht von 70 kg. Die wissenschaftlichen Grundlagen dieser WHO-Werte sollen hier nicht weiter vorgestellt werden. Sie sind bei Käferstein et al. 1979 nachzulesen.

Diese nach wie vor international anerkannten "WHO-Werte" sind nun Ausgangsbasis für Überlegungen und Berechnungen über die vertretbaren Gehalte dieser Elemente in den einzelnen Lebensmitteln und damit auch in Pflanzen. Das Ergebnis dieser Berechnungen, Schätzungen und Untersuchungen sind schließlich die "Richtwerte für Blei, Cadmium und Quecksilber in und auf Lebensmitteln", von denen die für Lebensmittel pflanzlicher Herkunft in der Tabelle 12 genannt sind.

Tab. 12: Richwerte '85 für Blei, Cadmium und Quecksilber in und auf Lebensmitteln

	mg/kg in der Angebotsform		
Lebensmittel	Blei	Cadmium	Quecksilber
alle Obstarten	0,5	0,05	0,03
Kartoffeln	0,25	0,1	0,02
Grünkohl	2,0	0,1	0,05
Küchenkräuter	2,0	0,1	0,05
Spinat	0,8	0,5	0,05
sonstige Blattgemüse	0,8	0,1	0,05
Sproßgemüse	0,5	0,1	0,05
Fruchtgemüse	0,25	0,1	0,05
Sellerie	0,25	0,2	0,05
sonstige Wurzelgemüse	0,25	0,1	0,05
Weizenkörner	0,3	0,1	0,03
Roggenkörner	0,4	0,1	0,03

(Auszug aus: Anonym 1986, 2)

Das Ministerium für Ernährung, Landwirtschaft, Umwelt und Forsten des Landes Baden-Württemberg schreibt hierzu:

"Diese Richtwerte sollen nach Möglichkeit nicht überschritten werden. Werden die Richtwerte um das Doppelte überschritten, so werden pflanzliche Lebensmittel im Rahmen der amtlichen Lebensmittelkontrolle beanstandet und dürfen gewerbsmäßig nicht mehr in den Verkehr gebracht werden."

Der doppelte Richtwert wird somit - da regierungsamtlich verkündet - (nur) in Baden-Württemberg zum Grenzwert (Anonym 1980, 2).

Für Futtermittel wurden für die Elemente Blei und Quecksilber Grenzwerte bereits festgelegt, währen die Diskussion über die Höhe des Cadmium-Grenzwertes noch nicht abgeschlossen ist (vergl. Tabelle 13).

Tab. 13: Grenzwerte für Schwermetallgehalte in Futtermitteln, festgelegt durch den Bundesminister für Ernährung, Landwirtschaft und Forsten der Bundesrepublik Deutschland (bezogen auf Futtermittel mit 88 % Trockensubstanz in mg/kg)

Futtermittel	Blei	Cadmium	Quecksilber
Grünfutter einschl. Weidegras und Rübenblätter, Grünfuttersilage, Heu	40	1,0*)	0,1

*) In Diskussion befindlicher Vorschlag.
Auszug aus: Anonym 1981.

Die Auslastung der WHO-Werte Anfang der 80er Jahre ist - getrennt nach Männern (70 kg Körpergewicht) und Frauen (58 kg Körpergewicht) - in der Tabelle 14 zusammengestellt. - Die globale Berechnung der Aufnahmemengen an Blei, Cadmium und Quecksilber läßt zur Zeit eine allgemeine Besorgnis nicht zu.

8. Nutzung schwermetallbelasteter Böden

Berichte über höhere Gehalte an Schwermetallen in einzelnen Lebensmitteln liegen allerdings bei den zuständigen Behörden zahlreich vor. Ursache ist in der Regel ein höherer Schwermetallgehalt im Boden, der sowohl geogen als auch anthropogen bedingt sein kann (vergl. hierzu Abschnitt 6). In allen situationsbedingten Fällen werden heute Maßnahmen angeordnet oder empfohlen, um die

Tab. 14: Aufnahmemengen an Blei, Cadmium und Quecksilber der Bewohner der Bundesrepublik Deutschland und Auslastung der WHO-Werte (Weigert et al. 1984)

Element		WHO-Wert mg/Woche		Männer (70 kg)		Frauen (58 kg)	
		70 kg	58 kg	mg/Woche*)	Auslastung WHO %	mg/Woche*)	Auslastung WHO %
Pb	Blei	3.5	2,90	1,036	29.45	0,7294	25.15
Cd	Cadmium	0,525	0,435	0.2425	46,20	0,1882	43,28
Hg	Quecksilber	0.35	0,29	0,1229	35.10	0,0933	32,19

*) Berücksichtigt wurden die Medianwerte der Schadstoffgehalte.

Belastung der Nahrungs- und Futterkette zu minimieren. Hierzu gehören Empfehlungen für

- die Verwertung der belasteten Erzeugnisse
- den Anbau bestimmter Pflanzen und Sorten
- Mineraldüngungen, insbesondere Kalkungen
- Nutzungsbeschränkungen
- Nutzungsumwidmungen u.a.m.

Vielfach wurde von seiten der Besitzer belasteter Böden, aber auch von Politikern, Bodenaustausch gefordert bzw. angeordnet. Ohne auf einzelne Fälle besonders einzugehen, muß gesagt werden, daß wegen einer Schadstoffbelastung von Pflanzen ein Bodenaustausch in der Regel nicht zwingend ist und nicht erfolgen sollte! An fast jedem Standort lassen sich Nutzungs- und Sanierungswege finden, die beschritten werden sollten. Diese aufzuzeigen ist hier nicht der Ort und auch nur am Einzelfall möglich. Hier soll vielmehr - ohne vollständig zu sein - darauf aufmerksam gemacht werden, welche negativen Folgen ein Bodenaustausch hat:

1. Ein Oberboden (Mutterboden) ist mit seinem Untergrund eine bodengenetisch gewachsene Einheit. Nimmt man diesen weg, kommt das einem Köpfen gleich. Der neu aufgesetzte Boden wird sich immer im Profil abheben. Luft- und Wasserhaushalt, Wasserführung, Boden- und Pflanzenleben werden an der Schnittstelle immer eine Barriere finden. Der Ertrag wird auch dann nicht besser sein, wenn ein wesentlich fruchtbarerer Boden aufgesetzt wird. Aber wer gibt den schon ab? Die Fälle, wo er aus Straßen- und/oder Wohnungsbau zur Verfügung steht, sind gering, zumindest aber weit entfernt.

2. Setzt man Mutterboden von solchen Flächen ein, die weiterhin zur Pflanzenproduktion eingesetzt werden sollen, vermindert man deren Fruchtbarkeit.

3. Der kontaminierte, abgetragene Boden braucht eine Lagerstätte, eine Deponie. Diese Deponiefläche geht also der Pflanzenproduktion verloren. Daraus folgert, daß ein Bodenaustausch die Nutzbarkeit von 3 Flächen (deren Größe unterschiedlich ist) beeinträchtigt. Deshalb sollten - nicht nur der Transportkosten wegen - die Sanierungs- und Nutzungsmöglichkeiten mit Schwermetallen überlasteter Flächen geprüft und weiter erforscht werden.

Es muß an dieser Stelle nochmals betont werden, daß die Orientierungsdaten für tolerierbare Gehalte an verschiedenen Elementen in Böden die Nutzung der Böden zur Pflanzenproduktion nicht begrenzen sollen, sie sollen vielmehr angeben, bis zu welchem Wert der Gehalt im Boden ansteigen darf, ohne daß es langfristig zu Folgen für die belebte Natur und auch für den Menschen kommt und daher ein Ansteigen der Gehalte bis zu diesen Werten toleriert werden kann. Was jedoch nicht heißt, den Boden bis zu diesem Punkt mit Schadelementen anzureichern! Die Pflanzenarten, die auf belasteten Böden angebaut werden können, werden durch die Nutzung der Pflanzen bestimmt bzw. durch die in den verzehrbaren Pflanzenteilen vorhandenen Gehalte an Schwermetallen und die bereits genannten Richtwerte für Schwermetalle in Lebensmitteln.

Aus der Literatur und eigenen Versuchen ist bekannt, daß die Schwermetalle sich vornehmlich in den vegetativen Pflanzenteilen (Blätter und Stengel) anreichern und weniger (oder kaum) in den generativen Pflanzenorganen (Früchte, Körner, Samen). Somit können Fruchtgemüse (Tomaten, Bohnen, Gurken u.a.m.), Getreide (Roggen, Weizen u.a.m.) und Obstarten (Äpfel, Beerenobst, Steinobst) dann noch auf belasteten Böden angebaut werden, wenn der Anbau von Blattgemüse (Spinat, Blattsalat u.a.m.) und Futterpflanzen (Gras, Klee) nicht mehr möglich ist. Bei Wurzel- und Knollengemüse ist der Schwermetallgehalt abhängig von der Art der Knolle. Wurzelknollen haben höhere Gehalte als Sproßknollen.

Es ist somit möglich, für jeden belasteten Standort eine Gruppe von Pflanzen zu nennen, die ohne Bedenken angebaut werden kann, und eine solche, die man nicht anbauen sollte. Bei sehr hoher Bodenbelastung kann es notwendig werden, auf den Anbau von Nahrungs- und Futterpflanzen zu verzichten. Auf solchen Flächen ist aber immer noch der Anbau von solchen Pflanzen möglich, die

- nur in sehr geringen Mengen verzehrt werden (Gewürzpflanzen, Petersilie, Schnittlauch)
- nicht als Nahrung oder Futter genutzt werden (Flachs, Hanf, Bäume, Wald)
- durch chemische und physikalische Prozesse weiterverarbeitet werden (Zuckerrüben - Zucker, Getreide - Alkohol, Raps - Margarine), da bei dieser

Aufbereitung die Schwermetalle nicht in die zum Verzehr bestimmte Fraktion gehen
- als "nachwachsende Rohstoffe" (Treibstoff für Motorfahrzeuge) einer weiteren Aufbereitung zugeführt werden.

9. Flächennutzung und Grenzen der Bodenbelastung

Die Belastbarkeit von Flächen und Böden mit Schadstoffen ist von der Art ihrer Nutzung, von der Funktion der Flächen und Böden abhängig, die der Mensch ihnen zugewiesen hat. Bevor daher die Belastbarkeitsgrenzen festgelegt werden, ist es notwendig, die Funktionen der Flächen und Böden kurz zu nennen.

Flächen/Böden haben folgende Funktionen, werden zu folgenden Zwecken genutzt:

1. Produktion von Nahrungs-, Futter- und Nutzpflanzen
2. Freizeit und Erholung
3. Natur-, Arten- und Biotopschutz
4. Siedlungen
5. Gewerbe und Industrie
6. Verkehr, Transport von Gütern und Energie.

Zu diesen 6 Oberflächenfunktionen des Bodens kommen noch zwei dem Boden - insbesondere den obersten Bodenschichten - obliegende Funktionen:

7. Abbaufunktion des Bodens: Mineralisierung von organischen Abfallstoffen, von Müll, Kompost, Fäkalien, Klärschlamm u.a.m.
8. Filterfunktion des Bodens: Festhalten von Schadstoffen und Schwermetallen zum Schutz des Grund- und Trinkwassers.

Für alle unter 1 - 6 genannten Flächen gelten folgende 6 Grenzen der Belastbarkeit:

1. Eine Belastung der Nahrungs- und Futterkette durch Schadstoffe wie Schwermetalle u.a.m. im Boden darf nicht erfolgen! Das heißt, die Schwermetallgehalte in Böden müssen so niedrig sein, daß die Gehalte in den auf diesen Böden kultivierten Pflanzen

   - die Richtwerte für Schwermetalle in und auf Lebensmitteln und
   - die Grenzwerte für Schwermetallgehalte in Futtermitteln

   nicht überschreiten. Diese Forderung wird in der Regel dann erfüllt, wenn die Orientierungsdaten für tolerierbare Gehalte an Schwermetallen in Böden unterschritten bleiben.

2. Die Schadstoffe und Schwermetalle im Oberboden dürfen nicht mit dem Boden durch Wind verfrachtet werden können (Winderosion). Lt. Immissionsschutzgesetz dürfen

   - einige Schwermetalle in der Luft bestimmte Werte nicht überschreiten
   - die Niederschläge (Immissionen) der Schwermetalle bestimmte Werte nicht überschreiten.

   Da auch für Staub Grenzwerte festgelegt sind, kann der aus dieser Sicht im Boden vertretbare Gehalt errechnet werden, wenn der Staubgehalt der Luft und die Staub-Niederschlagsmenge bekannt ist.

   An dieser Stelle sei kurz vermerkt, daß der beste Schutz des Bodens vor Winderosion ein Anbau von Gras, also eine stete Grünhaltung der Fläche durch Rasen ist. Diese "Versiegelung des Bodens durch Rasen" ist aus vielerlei Gründen einer Versiegelung durch Beton oder Asphalt vorzuziehen (Rollrasen!).

3. Der Boden darf keine Schadgase an die Luft abgeben, die Pflanze, Tier oder Mensch schädigen können. Erinnert sei an die Abgabe von Methan aus geschlossenen oder offenen Mülldeponien und die Folgen für die Vegetation.

4. Der Gehalt an Schadstoffen und Schwermetallen im Oberboden muß so gering sein, daß Tiere und Menschen durch Berühren dieses Bodens oder durch Ingestion (insbesondere bei Kindern) keinen Schaden erleiden.

5. Die Abbaufunktion des Bodens, seine Fähigkeit, organische Abfallstoffe zu mineralisieren, darf nicht beeinträchtigt werden. So können beispielsweise hohe Schwermetallgehalte im Boden das Artenspektrum von Kleinlebewesen, Pflanzen und Mikroorganismen verändern und deren Abbauleistung (beispielsweise von Laubstreu in Wäldern) beeinträchtigen.

6. Eine Auswaschung von Schadstoffen und Schwermetallen zum Grundwasser darf nicht erfolgen. Die Grenze der Belastbarkeit wird somit von der Filterkraft des Bodens bestimmt, die nicht überfordert werden darf. Die Filterkraft des Bodens muß so groß sein, daß eine Wanderung der Schadstoffe und Schwermetalle zum Grundwasser nicht erfolgen kann.

   Mit dieser Forderung ist allerdings auch die Gefahr verbunden, daß durch eine stete, kontinuierliche Zufuhr von Schadstoffen und Schwermetallen zum Boden durch Immissionen, Komposte, Klärschlämme, Agrochemikalien u.a.m. diese im Oberboden angereichert werden und die vorangestellten Forderungen nach einer berechenbaren Zeit nicht mehr erfüllt werden können.

In der Übersicht 16 sind die genannten 6 Punkte, die die Prüfung nach einer Sanierungsnotwendigkeit erforderlich machen, zusammengestellt. Sie macht auch deutlich, daß nicht an alle Flächennutzungsarten die gleichen Sanierungsforderungen gestellt werden müssen. So ist es nicht notwendig, Industrie-, Verkehrs- und Wohnflächen so zu sanieren, daß man dort auch Gemüse anbauen könnte. Andererseits werden an die Flächen, die unserer Ernährung dienen, viel schärfere Forderungen gestellt als an die Industrieflächen.

Bevor kostenträchtige Bodenreinigungen angeordnet werden, ist die Möglichkeit einer Nutzungsänderung zu prüfen. Handelt es sich um Flächen, die der Produk-

Übersicht 16: Flächennutzung, Bodenfunktionen, Belastbarkeiten

Wozu nutzt der Mensch die Erde, den Grund, den Boden?

1	2	3	4	5	6
Ernähren	**Erholen**	**Erhalten**	**Wohnen**	**Arbeiten**	**Verbinden**
Land- und Forstwirtschaft, Gartenbau, Pflanzenproduktion	Erholungsgebiete, Urlaubsgebiete	Naturschutzgebiete, Gebiete und Flächen zur Artenerhaltung	Städte und Gemeinden	Handwerks-, Gewerbe- und Industrieflächen	Wege, Verkehrsflächen
			teilweise versiegelt		
7. **Entsorgen:**	Abfall- und Abwasserbeseitigung				
8. **Filtern:**	Reinhaltung des Grund- und Trinkwassers				

Eine Sanierung muß geprüft werden, wenn ...

1. Nahrungs- und Futterketten belastet werden.	//
2. Schadstoffe durch Wind erodiert werden.	
3. Schadgase an die Luft abgegeben werden.	
4. Berührung und Ingestion gesundheitliche Schäden zur Folge haben.	
5. die Abbaufunktion beeinträchtigt ist.	//
6. die Filterfunktion beeinträchtigt ist.	

tion von Nahrungs- und Futterpflanzen dienen, kann auch durch Anbauempfehlungen die Belastung der Nahrungskette vermieden werden.

In einer Reihe von Gesetzen, Verordnungen und Veröffentlichungen sind Daten und Fakten enthalten, die bei einer Prüfung der Sanierungsnotwendigkeit zu beachten sind bzw. Hilfen und Anregungen geben.

10. Zusammenfassung

Durch die Tätigkeit des Menschen findet seit Jahrtausenden eine Anreicherung von allen Elementen und stofflichen Verbindungen in den Böden der näheren und weiteren Umgebung seiner Wohn- und Arbeitsbezirke statt.

Zunächst waren es Pflanzen und Tiere für seine Ernährung, mit denen der Mensch alle Elemente und Stoffe aus großen Arealen in seine Wohnbereiche holte. Alle Abfälle aus Küche und Haus, einschließlich der Fäkalien, wurden den Böden - auch als Dünger - in der Nähe der Siedlungen zugeführt. Nach der Rotte verblieben alle die Elemente und Stoffe, die praktisch keiner Auswaschung unterliegen, im Oberboden. Durch das für das Feuer benötigte Holz - und später auch durch Kohle und Öl - kam es ebenfalls nach der Verbrennung durch die in Rauch und Asche enthaltenen Elemente zu deren Anreicherung im Boden.

Mit der Entwicklung der Handwerke und nachfolgend von Gewerbe, Industrie, Technik und Chemie stieg nicht nur der Einsatz von Energie (Holz, Kohle, Öl), sondern auch der Ge- und Verbrauch von Stoffen und Elementen für die verschiedensten Zwecke. Heute werden sie aus aller Welt in die Industriezentren Mitteleuropas transportiert. Da alle Erzeugnisse, Produkte, Ge- und Verbrauchswaren nach ihrer Nutzung oder ihrem Verbrauch in die nähere Umgebung als Abfall, Abwasser oder Abluft verfrachtet werden, führt dies zu einer weiteren Anreicherung aller eingesetzten Elemente im Boden.

Die steigende Nutzung aller Elemente und Stoffe hat auch zur Anhebung ihrer Gehalte in Luft und Wasser sowie in Nahrungs- und Futterpflanzen geführt. Da einige Elemente und Stoffe in einigen Regionen in Luft, Wasser und Pflanzen bereits humantoxische Werte erreichten, wurde es notwendig, für Umweltchemikalien Werte zu nennen, deren Überschreitung Pflanze, Tier und Mensch schaden. Diese auf Grund naturwissenschaftlicher Kenntnisse gesetzten Orientierungswerte hat der Gesetzgeber teilweise als Grenzwerte übernommen und sie in Gesetze und Verordnungen eingeführt.

Dem Schutz der Umwelt, insbesondere des Bodens, dienen die Grenzwerte der Klärschlammverordnung, des Immissionsschutzgesetzes, des Benzin-Blei-Gesetzes und des Düngemittelgesetzes. Die Richtwerte für Schwermetalle in Lebensmitteln sollen unmittelbar den Menschen schützen.

Dort, wo die Richtwerte oder die Grenzwerte für eine Reihe von Elementen in Böden bereits überschritten sind, muß durch Nutzungsänderungen die Schadelementfracht zum Menschen vermindert werden.

Literatur

Anonym 1974: Erste Allgemeine Verwaltungsvorschrift zum Bundesimmisschutzgesetz (Technische Anleitung zur Reinhaltung der Luft - TA-Luft vom 28.08.1974) in der Fassung vom 04.02.1983. In: Bundesanzeiger Jg. 35, Nr. 63a vom 31.3.1983.

Anonym 1975, 1: Weltweite Rohstoffverknappung erzwingt verstärkte Forschungsanstrengungen. In: DFG-Mitteilungen Nr. 3; S. 43 - 45.

Anonym 1975, 2: Benzin-Blei-Gesetz vom 05.08.1971. In: Bundesgesetzblatt Teil I S. 1234, geändert am 25.11.1975, Bundesgesetzblatt Teil I S. 2919.

Anonym 1977: Düngemittelgesetz vom 15.11.1977. In: Bundesgesetzblatt Teil I S. 2134 - 2136, 1977. Düngemittelverordnung vom 19.12.1977. In: Bundesgesetzblatt Teil I S. 2845 - 2847, 1977.

Anonym 1979: Umweltrelevante Krebsforschung in der Bundesrepublik Deutschland. Umweltbundesamt Berlin, H. 12 (1979).

Anonym 1980, 1: Metallstatistik 1969 - 1979. Herausgeber: Metallgesellschaft AG, Reuterweg 14, Postfach 3724, 6000 Frankfurt am Main.

Anonym 1980, 2: Erlaß des Ministeriums für Ernährung, Landwirtschaft, Umwelt und Forsten des Landes Baden-Württemberg über die Schwermetallbelastung von Böden. In: GABL 1980, Ausg. B, 28. Jg., Nr. 39 vom 09.12.1980, S. 1186 - 1189.

Anonym 1981: Futtermittelverordnung vom 08.04.1981. In: Bundesgesetzblatt Jg. 1981, Teil I, S. 352 ff. (mit Arbeitspapier vom 10.05.1983). Vergl. auch VDI-Richtlinien 2310, Blätter 26, 27, 28.

Anonym 1982: Klärschlamm-Verordnung vom 25.06.1982. In: Bundesgesetzblatt Jg. 1982, Teil I, S. 734 - 739.

Anonym 1983: Erste Allgemeine Verwaltungsvorschrift zum Bundes-Immissionsschutzgesetz (TA-Luft), Fassung 04.02.1983. In: Bundesanzeiger 35, Jg. Nr. 63a vom 31.03.1983.

Anonym 1984, 1: Umweltforschung und Umwelttechnologie, Programm 1984 - 1987. In: Schriftreihe, Der Bundesminister für Forschung und Technologie, S. 19.

Anonym 1984, 2: Fünfte Verordnung zur Änderung der Düngemittelverordnung vom 18.04.1984. In: Bundesgesetzblatt Jg. 1984, Teil I, S. 644 - 647.

Anonym 1986, 1: Maximale Arbeitsplatzkonzentrationen und Biologische Arbeitsstofftoleranzwerte 1986. In: Mittl. XXII der Senatskommission zur Prüfung gesundheitsschädlicher Arbeitsstoffe. VCH Verlagsgesellschaft, Weinheim 1986.

Anonym 1986, 2: Richtwerte '86 für Blei, Cadmium und Quecksilber in und auf Lebensmitteln. In: Bundesgesundheitsblatt 29, Nr. 1, Januar 1986.

Aurand, K., 1976: Die Trinkwasserverordnung. Herausgeber: Aurand, K. et al., Erich Schmidt Verlag, Berlin 1976.

Brüne, H. / Ellinghaus, R. und Heyn, J., 1982: Schwermetalle hessischer Böden und ergänzende Untersuchungen zur Schwermetallaufnahme durch Pflanzen. In: Kali-Briefe (Rüntehof) 16 (5), 271 - 291.

Bürger, H., 1978: Die Verbreitung der Elemente Blei, Zink, Zinn, Arsen, Cadmium, Quecksilber, Kupfer, Nickel, Chrom und Kobalt in den landwirtschaftlich und gärtnerisch genutzten Böden Nordrhein-Westfalens. - Diss., Bonn.

Ernst, W., 1965: Ökologisch-Soziologische Untersuchungen der Schwermetallgesellchaften Mitteleuropas unter Einschluß der Alpen. In: Abh. Landesmuseum Naturkunde, Münster/Westf., 27. Jg., H.1, S. 41, 1965.

Furr, Keith, A. et al., 1977: National Survey of Elements and Radioactivity in Fly Ashes. In: Environmental Science and Technology, Vol. 11, Nr. 13, 1194 - 1201, 1977.

Käferstein, F.K. et al., 1979: Blei, Cadmium und Quecksilber in und auf Lebensmitteln. In: ZEBS-Berichte I/1979, Dietrich-Reimer-Verlag, 1000 Berlin 45.

Kloke, A. und Leh, H.-O., 1968: Verunreinigungen von Kulturpflanzen mit Blei aus Kraftfahrzeugabgasen. In: Proceedings of the First European Congress on the Influence of Air Pollution on Plants und Animals. Wageningen, April 22 to 27, 1968, S. 259 - 268.

Kloke, A., 1972: Die Belastung der gärtnerischen und landwirtschaftlichen Produktion und Erntegüter durch Immissionen. In: Berichte über Landwirtschaft 50 (1972), S. 57 - 68.

Kloke, A., 1977: Orientierungsdaten für tolerierbare Gesamtgehalte einiger Elemente in Kulturböden. In: Mitteilungen des Verbandes Deutscher Landwirtschaftlicher Untersuchungs- und Forschungsanstalten (VDLUFA), 11.02.1977.

Kloke, A., 1980, 1: Richtwerte '80, Orientierungsdaten für tolerierbare Gesamtgehalte einiger Elemente in Kulturböden. In: Mitteilungen VDLUFA, H. 1 - 3, 9 - 11, 1980.

Kloke, A., 1980, 2: Der Einfluß von Phosphatdüngern auf den Cadmiumgehalt in Pflanzen. In: Gesunde Pflanze 32 (1980), S. 261 - 266.

Kloke, A., 1981: Kontamination des Bodens durch Schwermetalle. In: Ullmans Enzyklopädie der technischen Chemie, Bd. 6, 4. Aufl., S. 502 - 506, Verlag Chemie, Weinheim.

Kloke, A., 1982: Erläuterungen zur Klärschlammverordnung. In: Landwirtschaftliche Forschung Sonderheft 39 (1982), S. 302 - 308.

Kloke, A., 1983: Immissionen. In: Erwerbsobstbau 25, S. 164 - 170.

Salzwedel, 1983: Die Setzung von Umweltstandards als politischer Prozeß. In: Statusseminar "Umweltstandards" der Arbeitsgemeinschaft für Umweltfragen e.V. am 15.09.1983 in Bonn. Herausgeber: Deutscher Industrie- und Handelstag, Adenauerallee 148, 5300 Bonn.

Sorauer, P., 1874: Handbuch der Pflanzenkrankheiten. S. 146. Verlag von Wiegand, Hempel und Parey, Berlin, 1874.

Thünen, J.H. von, 1875: Der isolierte Staat in Beziehung auf Landwirthschaft und Nationalökonomie. 3. Aufl., 1. Theil, S. 92 ff. Verlag von Wiegand, Hempel und Parey, Berlin, 1875.

Weigert, P. et al., 1984: Arsen, Blei, Cadmium und Quecksilber in und auf Lebensmitteln. In: ZEBS-Hefte 1/1984, Zentrale Erfassungs- und Bewertungsstelle für Umweltchemikalien des Bundesgesundheitsamtes, 1000 Berlin 33. Druck: Oraniendruck GmbH.

Flächenansprüche aus ökologischer Sicht

von
Lothar Finke, Dortmund

Gliederung

1. Ausgangspunkt der Überlegungen

Aus der Erarbeitung und Fortschreibung der sogenannten "Roten Listen" ist bekannt, daß wir z.Z. einen geradezu dramatisch zu nennenden Artenrückgang bei den freilebenden Tieren und Pflanzen beobachten. Der moderne Naturschutz hat den überwiegend konservierenden Charakter des Reichsnaturschutzgesetzes überwunden, wo man glaubte, durch Schutzverordnungen für einzelne Arten diese vor dem Aussterben retten zu können. Heute gilt der allgemein anerkannte Grundsatz, daß Artenschutz in der Regel nur dadurch erreichbar ist, daß die Lebensstätten (Biotope) der jeweils zu schützenden Art oder ganzer Lebensgemeinschaften (Biozönosen) geschützt werden.

Die Auswertung der "Roten Listen" hat außerdem gezeigt, daß in den z.Z. in der Bundesrepublik rechtlich festgesetzten Naturschutzgebieten - das sind, ohne das Wattenmeer, etwas mehr als 1 % der Wirtschaftsfläche - deutlich mehr als

50 % der gefährdeten Arten gar nicht vorkommen. Entweder müßte, um den Artenrückgang zu stoppen, ein wesentlich höherer Anteil der Fläche der Bundesrepublik unter Naturschutz gestellt werden, oder die Intensität der Nutzung mit den daraus resultierenden Belastungen des Landschaftshaushaltes müßte insgesamt, auf der gesamten Fläche, deutlich zurückgefahren werden. Je stärker die Belastungen des Gesamtraumes, um so größer der Flächenbedarf für einen effektiven Artenschutz.

Es wird im folgenden davon ausgegangen, daß die faktisch vorhandene teilräumliche Spezialisierung im Bundesgebiet bestehen bleiben wird, wobei sich dieser Trend noch verstärken könnte. Wenn innerhalb einer bewußt stärker angestrebten Arbeitsteilung - zunächst noch unabhängig von der Dimension - die Zuweisung von Vorrangfunktionen sehr viel stringenter als bisher vorgenommen wird, dann muß der Naturschutz sehr viel mehr und sehr viel größere Flächen zugewiesen bekommen als bisher. Das BNatSchG verpflichtet in § 1 dazu, Natur und Landschaft im besiedelten und unbesiedelten Bereich so zu schützen, zu pflegen und zu entwickeln, daß

1. die Leistungsfähigkeit des Naturhaushalts,
2. die Nutzungsfähigkeit der Naturgüter,
3. die Pflanzen- und Tierwelt sowie
4. die Vielfalt, Eigenart und Schönheit von Natur und Landschaft

als Lebensgrundlagen des Menschen und als Voraussetzung für seine Erholung in Natur und Landschaft nachhaltig gesichert sind.

An diesem gesetzlichen Auftrag ist zunächst zu kritisieren, daß diese Ziele des Naturschutzes nur auf die Interessen des Menschen bezogen sind. Nach dem Entwurf eines ersten Gesetzes zur Änderung des Bundesnaturschutzgesetzes (Artenschutznovelle), der zwar vom Bundeskabinett im Mai 1985 verabschiedet worden ist (BT-Drucksache 10/5064 vom 20. Februar 1986), sich aber noch in der parlamentarischen Beratung befindet, sollen

- Natur und Landschaft künftig auch um ihrer selbst willen geschützt werden,
- die Länder zur Aufstellung von Arten- und Biotopschutzprogrammen verpflichtet werden,
- die Veränderungen besonders stark gefährdeter Biotope durch eine Neufassung der Eingriffsregelung grundsätzlich untersagt werden.

Diese als "Artenschutznovelle" bezeichnete Änderung des BNatSchG soll "insbesondere einschlägiges EG-Recht und internationale Artenschutzübereinkommen durch innerstaatliche Regelungen sicherstellen und zugleich das in einer Vielzahl von bundes- und landesrechtlichen Regelungen enthaltende Artenschutzrecht bundeseinheitlich und unmittelbar geltend zusammenfassen" (Raumordnungsbericht 1986, S. 118).

Diese Novelle des BNatSchG greift nach Meinung der Natur- und Umweltschutzverbände und vieler anderer Organisationen, auch nach meiner Ansicht zu kurz, da seit langem geforderte Veränderungen nicht vorgesehen sind, z.B.

- bleiben die Landwirtschaftsklauseln (s. §§ 1(3) und 8 (7) des BNatSchG) unangetastet,
- ist ein Ausbau der Verbands- und Bürgerbeteiligung einschließlich einer darauf aufbauenden Verbandsklage nicht vorgesehen,
- ist eine Beschränkung des stofflichen Eintrages in Ökosysteme zur Vermeidung weiterer Gefährdungen des Naturhaushaltes ebenfalls nicht enthalten.

Aus dem geltenden Gesetzestext geht eindeutig hervor, daß sich Naturschutz nicht auf den Arten- und Biotopschutz zurückziehen darf, sondern sich um die Funktionsfähigkeit des gesamten Landschaftshaushaltes und die nachhaltige Nutzungsfähigkeit der Naturgüter zu kümmern hat, d.h. daß Naturschutz auf der gesamten Fläche sich auch um die abiotischen Landschaftsfaktoren - Boden, Wasser, Luft - zu kümmern hat. Insbesondere dem ökologischen Subsystem Boden müßte wegen seiner Filter- und Speicherfunktion erhöhte Aufmerksamkeit gewidmet werden. Insofern steht der Naturschutz in der gesetzlichen Pflicht, den gesamten Raum zu beobachten und als ökologische Querschnittsplanung i.S. von Koschwitz, Hahn-Herse, Wahl (i.d. Band) den gesamträumlichen Verbund sämtlicher Nutzungen i.S. der Ziele und Grundsätze der heutigen Naturschutzgesetze (jeweils §§ 1 und 2) zu beeinflussen.

Der Schutz, die Pflege und die Entwicklung der "Leistungsfähigkeit des Naturhaushalts" sind die zentralen Aspekte des BNatSchG und der Naturschutzgesetze der Länder. Bierhals, Kiemstedt u. Panteleit (1984) haben sehr deutlich herausgestellt, daß es sich hier um eine leerformelhafte Definition des zentralen inhaltlichen Aspektes der modernen Naturschutzgesetze handelt. Diese Autoren schlagen vor, für die praktische Arbeit darunter die einzelnen Leistungen des Naturhaushalts für definierte Ziele zu verstehen, wobei sich folgende vier Unterziele ergeben (s. Abb. 1).

Hiernach kommt dem Naturschutz, der sich in der Praxis in Gestalt der Landschaftsplanung im wesentlichen als Arten- und Biotopschutz einerseits und als Erholungsplanung andererseits präsentiert, ganz wesentlich die Aufgabe zu, das Regulations- und das Regenerationspotential der Medien Boden, Wasser und Luft zu bewahren; in diesem Zusammenhang steht im Mittelpunkt des Interesses die stoffliche Belastung der Lebensräume über die verschiedenen Belastungspfade.

Abb. 1: Die vier Unterziele des Naturschutzes zur "Sicherung der Leistungen des Naturhaushaltes"

Arten- und Biotopschutz	Naturerlebnis und Erholung	Regulation und Regeneration von Boden, Wasser, Luft	wirtschaftliche Nutzungsmöglichkeiten der Naturgüter
		- Imissionsschutz durch Vergetationsbestände - Klima- Ausgleich - Erosionsschutz/ Wasserrückhaltung durch Vegetationsbestände - Grundwasserneubildung	- Nutzungseignung für Landwirtschaft - Forstliche Nutzungsmöglichkeiten - Abbauwürdige Lagerstätten - Grundwasservorkommen und Nutzung - Nutzung von Oberflächengewässern - Jagd

Nach Bierhals, Kiemstedt und Panteleit 1984 und Bierhals 1985.

Der Aspekt der wirtschaftlichen Nutzungsmöglichkeiten der Naturgüter aus der Sicht des Naturschutzes bezieht sich insbesondere auf die Fragen der nachhaltigen Nutzungsfähigkeit. Für die Wasserwirtschaft bedeutet dies z.B., nicht mehr Grundwasser zu fördern, als sich unter heutigen Bedingungen nachbildet; in der Forstwirtschaft heißt dies, nicht mehr zu entnehmen als nachwächst. Unter rein ökonomischen Bedingungen der Kostenminimierung bei größtmöglichem Gewinn wird gegen dieses ökologische Grundprinzip häufig verstoßen.

Dieser Beitrag befaßt sich lediglich mit dem Unterziel "Arten- und Biotopschutz" und bemüht sich, aufzuzeigen, welche Flächenansprüche allein aus dieser Sicht zu stellen sind. Es ist davon auszugehen, daß die Ziele "Sicherungen" und "Entwicklung" aller in Abb. 1 genannten Leistungen des Naturhaushalts einen insgesamt sehr hohen Flächenanteil mit unterschiedlichen Schutzkategorien erforderlich machen; im folgenden werden lediglich die für einen effektiven Arten- und Biotopschutz notwendigen Flächenansprüche behandelt.

2. Warum überhaupt Arten- und Biotopschutz?

Der Frage, warum und wozu überhaupt Artenschutz betrieben werden soll, kann im Rahmen dieses Beitrages nicht intensiv nachgegangen werden. Aus der einschlägigen Literatur (ANL (Hrsg.) 1985; Auhagen u. Sukopp 1983; DRL 1985; Engelhardt 1985) seien lediglich einige der im Zusammenhang dieses Beitrages wichtig erscheinenden Argumente angeführt; die gewählte Reihenfolge entspricht aus ökologischer Sicht einer subjektiven Wertung, wobei sich allerdings im konkreten Einzelfall auch eine ganz andere Gewichtung ergeben kann:

- Erhaltung der Stabilität von Ökosystemen
- Erhaltung der biologischen Filterfunktion
- Erhaltung der biologischen Entgiftungsfunktion
- Erhaltung der Evolution, des evolutiven Anpassungspotentials der Lebewelt an die sich ständig und immer schneller ändernden Umweltbedingungen; auch zur Züchtung neuer Sorten bzw. Rassen mit ganz bestimmten Fähigkeiten
- Energiegewinnung durch biotechnische Verfahren
- Erhaltung bzw. Wiederherstellung des Erholungspotentials der Landschaft durch Vielfalt des Landschaftsbildes, der Raumgestalt, der Farben, Formen und Bewegungsmuster
- Erzeugung von Nahrungsmitteln
- biologische Schädlingsbekämpfung i.R. des integrierten Pflanzenschutzes
- Bestäubung der Blüten vieler Kulturpflanzen.

In der Auseinandersetzung mit konkurrierenden Belangen soll der Naturschutz in der Regel den Beweis dafür antreten, daß der Erhalt bestimmter Arten mit Hilfe des Flächen-/Biotopschutzes unbedingt erforderlich sei, angesichts des hohen Ranges geplanter Maßnahmen. Im Zusammenhang mit Straßenbauprojekten ist dem Naturschutz häufig vorgehalten worden, ihm seien Kröten und Lurche wichtiger als Menschenleben. Die mutige Entscheidung der Landesregierung Nordrhein-Westfalen, die im LEP VI als Standort für industrielle Großvorhaben dargestellte Ramsar-Fläche "Orsoyer Rheinbogen" aus Gründen des Naturschutzes zu streichen, wird von der IHK-Niederrhein äußerst bissig kommentiert. Der Landesregierung wird vorgehalten, ihr seien russische Gänse, die nur den Winter bei uns verbringen, wichtiger als heimische Arbeitsplätze.

Die beispielhaft aufgeführten Argumente für Arten- und Biotopschutz können hier nicht im einzelnen begründet werden; im Gegensatz zu Bergwelt (i.d. Band) wird hier die Meinung vertreten, daß die aufgeführten Argumente im konkreten Fall sehr wohl auch ökonomisch zu bewerten sein müßten - hier ist die Ökonomie, nicht die Ökologie gefordert. So ist z.B. die biologische Filterfunktion der Böden aus der Sicht der Wasserwirtschaft - ebenso wie das Selbstreinigungspotential von Oberflächengewässern - eine aus Sicht der Wasserwirtschaft ökonomisch hoch interessante Leistung. Die einzig bezahlbare Form der Sanierung der z.Z. rund 35-38 000 bekannten Altlasten in der Bundesrepublik ist nur mit Hilfe biochemischer Methoden vorstellbar, und es kann m.E. prognostiziert werden, daß die Energiegewinnung durch biotechnische Verfahren in Zukunft einen ganz wesentlichen Beitrag zur Energiegewinnung leisten wird. Wenn, wie oft prognostiziert wird, das atomare Zeitalter von dem der Biotechnik abgelöst werden wird, dann wird damit deutlich, daß es jenseits aller ethischen Argumente für Naturschutz in der Form des Biotop- und Artenschutzes auch ganz handfeste, sogar ökonomische Gründe dafür gibt, möglichst das gesamte genetische Informationspotential zu erhalten, also einen wirklich effektiven Arten- und Biotopschutz zu betreiben.

3. Flächenbedarf für einen effektiven Arten- und Biotopschutz

Die folgenden Überlegungen gehen davon aus, daß dem Ziel "Erhaltung des gesamten Arteninventars" eine hohe politische Bedeutung zukommt bzw. in Kürze zukommen wird - allein aus Gründen der praktischen Vernunft. Damit stellt sich die Frage, wie mit den Mitteln der Raumplanung dieses Ziel zu verwirklichen ist.

Wie Uppenbrink u. Knauer (i.d. Band) bereits dargestellt haben (s. Kap. 5.3), bestehen auf dem Feld der Formulierung von ökologischen Eckwerten für die Bereiche des Arten-, Landschafts- und Ökosystemschutzes seitens der Ökologen und Artenschützer noch erhebliche Defizite. Eine Ausnahme bilden die sogenannten Roten Listen, die heute vom Naturschutz oft sehr erfolgreich eingesetzt werden können, wenn es darum geht, ein Biotop, in dem eine oder mehrere Rote-Liste-Arten vorkommen, vor der Inanspruchnahme durch eine konkurrierende Nutzung zu schützen. Auf damit verbundene Gefahren für den Naturschutz ist z.B. von Erz (1985), Hübler (1986), Koschwitz, Hahn-Herse, Wahl (i.d. Band) u.a. hingewiesen worden.

Es ist daher Uppenbrink u. Knauer (a.a.O.) voll zuzustimmen, daß es eine äußerst verdienstvolle und dringliche Aufgabe des amtlichen und ehrenamtlichen Naturschutzes wäre, ein Gesamtverzeichnis von Eckwerten herauszugeben und dieses dann auch ständig fortzuschreiben. Trotz des möglichen Mißbrauches solcher Eckwerte ist es zunächst einmal ein erheblicher Fortschritt, wenn versucht wird, ökologische Eckwerte zu formulieren, wie dies in diesem Band z.B. in den Beiträgen von J. Reichholf, A. Schmidt u. W. Rembierz und K. Fischer geschieht.

Insbesondere Reichholf zeigt auf, daß es bis heute nur relativ wenig Artengruppen - neben der gut untersuchten Vogelwelt - gibt, für die das Minimalareal und die maximale Distanz der einzelnen Biotope voneinander angegeben werden können; für die Tierwelt hat J. Blab (1986) die z.Z. bekannten Daten zusammengestellt.

Beim derzeitigen Stand der Forschung kann es - selbst bei breiter Beteiligung des ehrenamtlichen Naturschutzes - noch sehr lange dauern, bis für alle Arten die Beziehungen und Abhängigkeiten zu den Größen und der räumlichen Verteilung der Biotope erforscht sind. Es ist daher naheliegend, neben "Roten Listen der gefährdeten Arten von Tieren und Pflanzen" auch Listen gefährdeter Biotoptypen/Ökosystemtypen aufzustellen, so wie sie im Beitrag von Uppenbrink u. Knauer (Abb. 26 und 30) bereits angesprochen werden. Insbesondere die Untersuchungen von B. Heydemann machen deutlich, daß die Frage des jeweiligen Bezugsraumes eine ganz wesentliche Rolle spielt - fast die Hälfte aller in Schleswig-Holstein als selten geworden und schutzwürdig erkannten Biotoptypen kommen in anderen Naturräumen entweder gar nicht vor oder sind nicht naturraumtypisch.

3.1 Zur Frage des Bezugsraumes von Flächenforderungen für den Arten- und Biotopschutz

Hier stellt sich zunächst generell die Frage, ob der jeweilige Bezugsraum eine politisch-verwaltungsmäßige Gebietseinheit - z.B. Gemeinde, Kreis, Planungsregion o.ä. - sein sollte, oder ob sich die Forderungen auf Naturräume beziehen sollten. Hier wird die Meinung vertreten, daß für die Analyse zunächst einmal naturräumliche Einheiten zugrunde zu legen sind, da sich jede naturräumliche Einheit, unabhängig von ihrer Stellung im Ordnungs-System, durch ein bestimmtes Biotop-/Ökosystem-Typen-Inventar auszeichnet[1]. Ist dieses naturraumspezifische Biotoptypeninventar beschrieben und sind die heute real in jeder Einheit vorkommenden Biotoptypen kartiert und bewertet (nach dem Grad ihrer Natürlichkeit), dann läßt sich abschätzen

- inwieweit das naturraumspezifische Potential noch vorhanden und
- was zu tun ist, um eine für jeden Naturraum typische Ausstattung mit Biotoptypen und dem zugehörigen Arteninventar zu gewährleisten.

Die von Heydemann vorgelegten Flächenforderungen für Schleswig-Holstein sind letztlich als naturraumbezogene Eckwerte anzusehen, ebenso die von Kaule (1981), Kaule et al. (1984) vorgelegten Arbeiten; dabei nimmt die letztgenannte Studie für das Saarland eine explizite Naturraumauswertung mit anschließender flächendeckender Bewertung der vorhandenen Ausstattung mit schutzwürdigen Biotopen vor, um daraus dann Prioritäten für die Schutzausweisungen abzuleiten.

Liegen derart naturraumspezifische Daten vor, ist es relativ einfach, die Daten und die daraus abgeleiteten Schutzgebietsanforderungen auf beliebig abgrenzbare Bezugsräume umzurechnen, z.B. auf die Gebietstypen Ballungskern, Ballungsrand und ländlicher Raum, so wie dies Schmidt u. Rembierz (in diesem Band) vorschlagen. Die z.Z. in der Bundesrepublik verstärkt in Angriff genommene "flächendeckende Biotopkartierung im besiedelten Bereich" (s. H. 10/1986 d. Zeitschr. Natur und Landschaft) soll, so die Zielsetzung, dazu führen, auf Basis einer bundesweit anwendbaren Kartieranleitung eine "flächendeckende, planungsrelevante Betandsaufnahme und ökologische Bewertung städtischer und

Abb. 2: Stand der Bearbeitung des Kartenwerkes "Geographische Landesaufnahme 1:200.000 - Naturräumliche Gliederung", Stand: Mai 1986

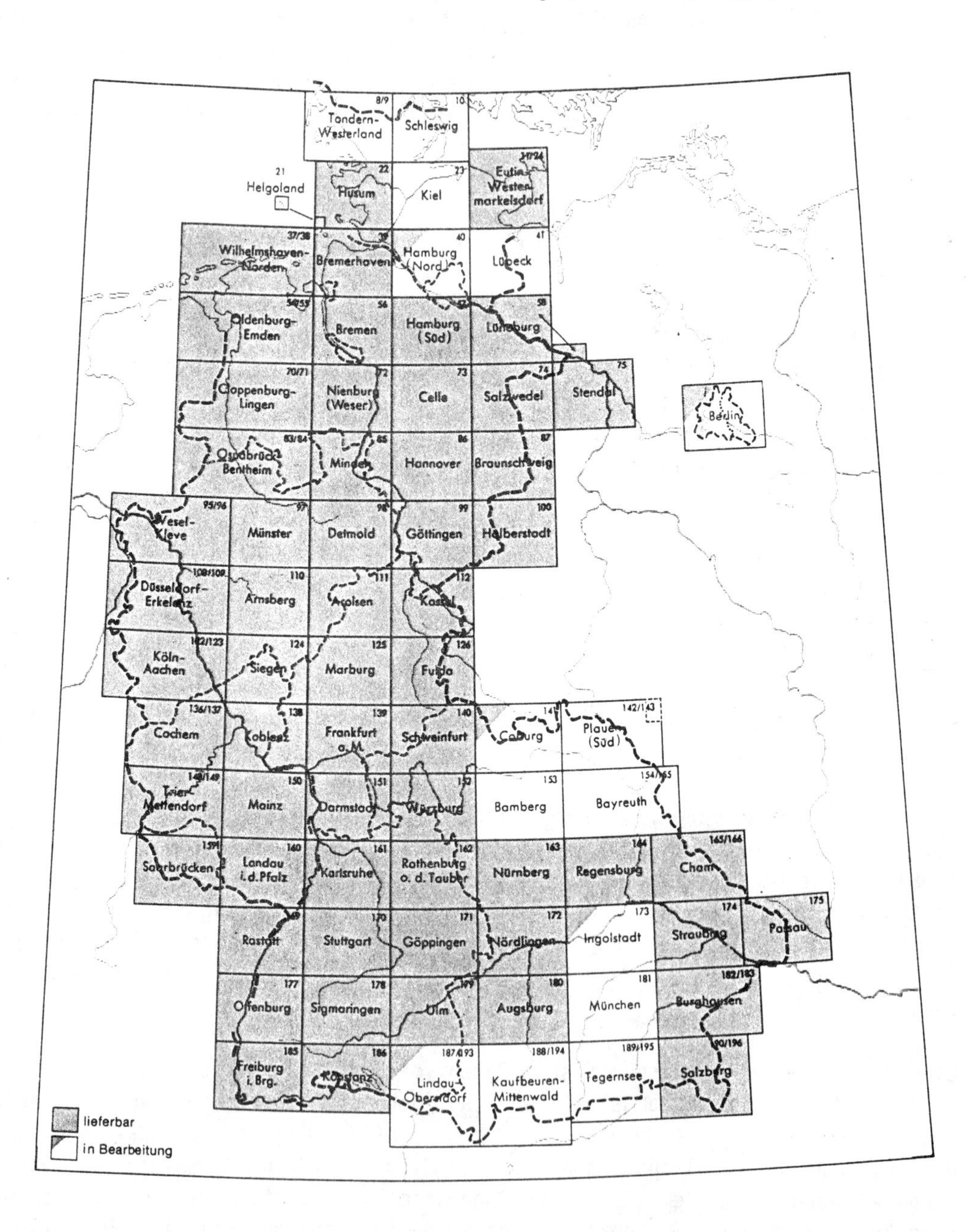

dörflicher Ökosysteme vorzulegen" (S. 372). Die vorgelegte Kartieranleitung dient nicht vorwiegend der wissenschaftlichen Erkenntnisgewinnung, sondern explizit der Erstellung von Arten- und Biotopschutzprogrammen als Grundlage einer künftig verstärkten Umwelterhaltung im Rahmen der Bauleitplanung. Daß hierzu auch der ehrenamtliche Naturschutz wertvolle, kaum bezahlbare Leistungen erbringen kann, hat die Gruppe um H. Blana (1984 ff.) am Beispiel der Stadt Dortmund erbracht.

3.2 Generelle Vorstellungen über Flächenforderungen für den Bereich Arten- und Biotopschutz

Von den Sonderfällen bereits vorliegender Spezialuntersuchungen einmal abgesehen, sollte es möglich sein, auf der Grundlage der sogenannten Biotopkartierungen (= Kartierung der besonders schutzwürdigen Biotope) der Länder innerhalb weniger Jahre Biotopschutzprogramme zu erstellen, die sowohl der Landes- und Regionalplanung als auch den Fachplanungen als Planungsgrundlage und Abwägungsmaterial zur Verfügung stehen werden. Der Naturschutz müßte in seiner Funktion als Fachplanung (in Gestalt der Landschaftsplanung) zunächst entsprechende ökologische Leitziele für jede Planungsregion formulieren[2] und i.S. von Bergwelt (in diesem Band) versuchen, mit seinem eigenem Instrumentarium möglichst viele seiner Forderungen planerisch umzusetzen. Wie von Uppenbrink u. Knauer (in diesem Band) bereits erwähnt, ist bei den Anhörungen zum Aktionsprogramm Ökologie (s. Wortprotokolle der Anhörungen vom 20./21.3.1980; 4./5.12.1981; 3./4.12.1981 und 3./4.6.1982) und durch die Veröffentlichung des Abschlußberichtes der Projektgruppe "Aktionsprogramm Ökologie" (Umweltbrief Nr. 29 vom 28.10.1983) einer breiten Öffentlichkeit die Forderung nach mindestens 10 % der Fläche der Bundesrepublik Deutschland für den Arten- und Biotopschutz bekannt geworden.

Der Rat von Sachverständigen für Umweltfragen (1985) hat dann diese Forderung übernommen und darauf hingewiesen (S. 309, Ziff. 1218), daß es sich bei diesen zu sichernden Restflächen von 10 % um "das ökologische Existenzminimum für zahlreiche wildlebende Pflanzen- und Tierarten" handelt. Diese "10 %-Forderung" des Naturschutzes ist keineswegs neu. Sie wurde erstmals von A. Seifert (nach Erz 1983) bereits im Jahre 1936 erhoben, ist immanenter Bestandteil des von W. Haber (erstmals 1972) beschriebenen Konzeptes der "differenzierten Bodennutzung und ist dann in den letzten Jahren vor allem von B. Heydemann (z.B. 1983) auf der Basis neuerer wissenschaftlicher Erkenntnisse wieder in die Diskussion gebracht worden (s. Tab. 1).

Nach Tabelle 1 ergeben sich 10 % an Flächenanforderungen an Vorranggebieten für Naturschutz und 7,2 % an sogenannten Ausgleichsflächen - jeweils bezogen auf die Geamtfläche der Bundesrepublik. Wie der Rat von Sachverständigen für

Tab. 1: Flächenbedarf für ein "Integriertes Biotopschutzkonzept"

Herkunft der Flächen	Prozentsatz, bezogen auf die Gesamtfläche der Bundesrepublik Deutschland	Prozentualer Flächenanteil, bezogen auf Schleswig-Holstein
A) Vorranggebiete für den Naturschutz		
1. Bisher ungenutzte terrestrische Flächen (incl. eines Teils der abgebauten Rohstoff-Entnahmestellen)	ca. 3,2 %	
2. Brachland (jetzt schon vorhandene Flächen und in den nächsten Jahren im landwirtschaftlichen Bereich voraussichtlich anfallende Fläche)	ca. 4,0 %	10,3 % möglicherweise 12,3 %[1)]
3. 10 % der Waldflächen, die im Besitz der öffentlichen Hand sind; sie sind zu naturnahen Waldökosystemtypen zu entwikkeln	ca. 1,6 %	
4. a) 50 % der Gewässerfläche (einschl. der Weiher und Tümpel) b) Uferränder	ca. 0,7 % ca. 0,5 % ca. 1,2 %	
5. 75 % der Wattenmeeroberfläche und eines Teils des flachen Ostseestrandes	ca. 1,4 %	75 % der vorgelagerten Wattenmeerfläche von Schleswig-Holstein = 187 000[2)]
zusammen	ca. 11,4 %	2)

Nach B. Heydemann 1983, aus L. Finke 1986.

Herkunft der Flächen	Prozentsatz, bezogen auf die Gesamtfläche der Bundesrepublik Deutschland	Prozentualer Flächenanteil, bezogen auf Schleswig-Holstein
B) Ausgleichsflächen		
1. Saumbiotope (Hecken, Straßenränder, Wegränder, Böschungen von Bahnlinien und Kanälen); sie sollen z.B. als "Geschützte Landschaftsbestandteile" ausgewiesen werden	ca. 1,2 %	3-5 %
2. Vernetzungsflächen und Kleinbiotope im landwirtschaftlichen Raum und extensiv genutzte Areale in diesem Bereich = 6-10 % der landwirtschaftlichen Nutzfläche	ca. 3-5 % (durchschnittlich 4 %)	
3. Ausgleichsflächen im urban-industriellen Raum (Parkanlagen, Grünflächen usw.)	ca. 2,0 %	ca. 2 %
zusammen	ca. 7,2 %	ca. 5-7 %

1) Etwa 30 000 ha anfallender Grenzertragsböden können auch im Rahmen extensiv bewirtschafteter landwirtschaftlicher Flächen als Ausgleichsflächen im Agrarraum in das Biotop-Vernetzungs-Konzept einbezogen werden. Bei den benötigten Ausgleichsflächen im landwirtschaftlich genutzten Raum handelt es sich um etwa 70 000 ha insgesamt. Zu dieser Fläche werden ca. 30 000 ha Grenzertragsböden, ca. 30 000 ha extensiv bewirtschaftetes Grünland und ca. 10 000 ha extensiv bewirtschaftete Ackerflächen beitragen.

2) Wird - wegen des hohen Meeresanteils - nicht prozentual bezogen auf die Gesamtfläche Schleswig-Holsteins berechnet.

Umweltfragen (1985, S. 309) feststellt, ist diese 10 %-Forderung des Naturschutzes auf erheblichen Widerstand, vor allem bei der Landwirtschaft als dem mit Abstand größten Flächennutzer, gestoßen. Gemessen an der üblichen Praxis, die den Naturschutz stets mit dem Rücken an der Wand, in einer auf dem Rückzug befindlichen Verteidigerrolle sah, müssen derartige Forderungen geradezu als tollkühn und dreist empfunden werden.

Folgende Überlegungen sprechen jedoch eindeutig dafür, daß eine Realisierung dieser "10 %-Forderung" allein noch zu keinem durchgreifenden Erfolg bei dem Ziel - effektiver Arten- und Biotopschutz - führen wird.

Wie Schmidt u. Rembierz (in diesem Band) zeigen, ergibt die Auswertung des Linfos NW, Biotopkataster, daß vermutlich nach Abschluß der Gesamtkartierung 12-15 % der Landesfläche in Nordrhein-Westfalen als schutzwürdig anzusehen sein werden. Es ist davon auszugehen, daß selbst durch eine sofortige einstweilige Sicherstellung all dieser rund 17 000 schutzwürdigen Biotope der Artenrückgang nicht zum Stillstand gebracht werden kann, da die Urachen hierfür offensichtlich außerhalb dieser schutzwürdigen Bereiche liegen - sonst wären sie ja nicht mehr schutzwürdig. Schmidt u. Rembierz (in diesem Band) vertreten die Meinung, daß neben der Sicherung zumindest dieses heute noch erhaltenen Bestandes an schutzwürdigen Biotopen insgesamt auf eine Änderung - im Sinne von Extensivierung - der Flächennutzung hingewirkt werden muß. Innerhalb des sogenannten technischen Umweltschutzes gibt es eine Vielzahl von Bemühungen, die Belastungen der Umwelt insgesamt zu mindern (s. den Beitrag von Uppenbrink u. Knauer; in diesem Band). Innerhalb der Diskussion um eine EG-weite Stillegung derzeit landwirtschaftlich genutzter Flächen wird die Frage kontrovers diskutiert, ob eine Extensivierung insgesamt oder eine Stilllegung von bis zu 25 % der LF die besseren ökologischen und agrarpolitischen Effekte verspricht. Es erscheint realistisch, davon auszugehen, daß es im Rahmen einer weiteren räumlichen Spezialisierung zu einer Ausweisung und Festsetzung von Gebieten mit Vorrangfunktionen kommen wird. Dies könnte für die künftige landwirtschaftliche Bodennutzung bedeuten, daß auf den verbleibenden Flächen der Einsatz von Produktionshilfsmitteln (Kunstdünger und Biozide) noch weiter intensiviert wird, mit der Folge, daß wenige Jahre später ähnlich hohe Überschüsse produziert werden wie zur Zeit. Sollte dieser Fall eintreten, dann würden vermutlich selbst 20 % Biotopschutzfläche nicht ausreichen, um das gesamte Arteninventar wirksam zu schützen, denn es gilt folgender Zusammenhang:

> Je extensiver, also umweltfreundlicher die Flächennutzung insgesamt, um so geringer kann der Flächenanteil sein, auf dem Biotop- und Artenschutz mit absolutem Vorrang zu betreiben sind.

Geht man zunächst einmal davon aus, daß auf der verbleibenden LF keine wesentliche Intensivierung stattfindet und daß die Bemühungen im Bereich des technischen Umweltschutzes so wie bisher weitergeführt werden, dann ergibt sich m.E. als generelle Forderung folgendes:

- 10 % der Fläche der Bundesrepublik Deutschland sind mit dem absoluten Vorrang Biotop- und Artenschutz zur Verfügung zu stellen.
- Weitere 10 % der Gesamtfläche werden mit "relativem Vorrang" für Biotop- und Artenschutz benötigt, entsprechend den "Ausgleichsflächen" nach Heydemann (1983).
- Diese Eckwerte sind als das absolute Minimum in allen Planungsregionen der Bundesrepublik anzustreben, um eine repräsentative, naturraumspezifische biotische Ausstattung in diesen Regionen zu erhalten.

Um zu verhindern, daß diese Mindestanforderungen mißbräuchlich angewendet werden (s. Schmidt u. Rembierz, i.d.Band, Kap. 1.2.3), sollten den vergleichsweise besser mit schutzwürdigen Biotopen ausgestatteten Teilräumen Transferzahlungen gewährt werden, um so den ökonomischen Anreiz zur "Auffüllung" der Eckwerte z.B. durch Gewerbeansiedlungen zu nehmen.

Mit Schmidt u. Rembierz besteht insoweit Einigkeit darin, daß diese Werte - 10 % absoluten Vorrang und 10 % mit relativem Vorrang für den Biotop- und Artenschutz in jeder Planungsregion - in Anpassung an die naturräumlich-landschaftsökologische Struktur der einzelnen Planungsregionen - zu modifizieren sind. Um zu verhindern, daß, wie häufig bisher, die einzelne Kommune diese "ökologischen Aufgaben" in der Nachbargemeinde angesiedelt sieht, kommt der Regionalplanung eine zentrale Steuerungsfunktion zu. Durch die Regionalplanung muß sichergestellt werden, daß die genannten Eckwerte eingehalten werden.

3.3 Fortschreibung und Dynamisierung ökologischer Eckwerte

Generelles Ziel der Landschaftsrahmenplanung und der Regionalplanung muß es sein, den gesamten regions- und naturraumspezifischen Artenbestand mit Hilfe von Biotopsicherungsprogrammen zu erhalten bzw. wieder zu entwickeln, wobei je nach Ist-Zustand in den einzelnen Teilräumen einer Planungsregion dem Erhaltungs- oder dem Entwicklungsziel erhöhte Bedeutung zukommt.

Wenn eines Tages durch komplettierte Biotopkartierungen und ständige Fortschreibung der "Roten Listen" sich herausstellt, daß der Artenrückgang auf regionaler Ebene nicht gestoppt bzw. gar umgekehrt werden kann, dann müssen weitere Flächen für den Biotop- und Artenschutz bereitgestellt werden. Geht eine solche Schutzgebietsausweisung mit gleichzeitiger Extensivierung einher und ergibt ein Biomonitoring ein vermindertes Risiko für den regionalen Artenbestand, dann könnten auch wieder Flächen aus dem strengen Schutz in Form eines Naturschutzgebietes mit absolutem Vorrang entlassen werden, bzw. in der Schutzverordnung könnten bestimmte, mit dem Schutz von Pflanzen und Tieren wildlebender Arten verträgliche Nutzungsformen, zugelassen werden. Das, was für die Regionalplanung zunächst als unzumutbare Restriktion erscheinen mag, setzt mittel- und langfristig ein erhebliches Potential an planerischer Intelligenz und Kreativität frei.

Neben diesen auf regionaler Ebene einzuhaltenden Eckwerten muß es Vorgaben aus Sicht der Länder bzw. des Bundes geben, um insgesamt gefährdete Biotoptypen zu schützen bzw. wieder zu entwickeln. Hierzu kann die bei Uppenbrink u. Knauer (i.d.Band, Abb. 26 und im "Aktionsprogramm Ökologie", S. 19) abgedruckte Tabelle der Rangfolge der Gefährdung heimischer Pflanzenformationen (Biotope) nach Sukopp, Trautmann u. Korneck (1978) für die Bundesebene herangezogen

Tab. 2: Liste der a priori schutzwürdigen Biotoptypen in Nordrhein-Westfalen

Code	Biotoptyp		E	S	ET	G
AA	Buchenwald	nur Cephalanthero-Fagion	1	1	-	I
AB	Eichenwald	nur Quercion pubescenti-petraeae	1	1	-	I
AC	Erlenwald	nur Alnion glutinosae	1	1	-	I
AD	Birkenwald	nur Betulion pubescentis	2	1	-	I
AE	Weidenwald	nur Salicion albae	2	1	-	I
CA	Hochmoor, Übergangsmoor		1	1	-	I
CC	Kleinseggenried	(ab 0,5 ha)	2	1	-	I
CD	Großseggenried	(ab 0,5 ha)	2	2	-	I
CE	Quellflur		1	2	-	I
DA	Trockene Heide	(ab 0,5 ha)	2	1	-	I
DB	Feuchtheide	(ab 0,5 ha)	2	1	-	I
DC	Silikattrockenrasen	(ab 0,5 ha)	2	1	-	I
DD	Kalktrockenrasen und -halbtrockenrasen	(ab 0,5 ha)	2	2	-	I
DE	Schwermetallrasen	(ab 0,5 ha)	2	2	-	I
DF	Borstgrasrasen	(ab 0,5 ha)	2	2	-	I
EC	Naßwiese, Naßweide	(ab 0,5 ha)	2	2	-	I
EF	Salzrasen		1	1	-	I
FA	See		1	1	-	I
FB	Weiher		1	2	-	I
FC	Altwasser		1	2	-	I
FE	Heideweiher, Moorblänke		1	1	-	I
FK	Quelle		1	2	-	I
GA	Felswand, Felsklippe (natürlich)		1	2	-	I
GB	Blockhalde, Schutthalde (natürlich)		1	1	-	I

E = Ersetzbarkeit; S = Seltenheit; ET = Entwicklungstendenzen; G = Gefährdungsgrad.

Quelle: Schmidt, A. und Rembierz, W: Überlegungen zu ökologischen Eckwerten, in diesem Band.

werden. Für Nordrhein-Westfalen hat die LÖLF eine Liste der a priori schutzwürdigen Biotoptypen aufgestellt (s. Tab.2)

Um diese Biotoptypen zu erhalten, dürfen sie auf regionaler und auf örtlicher Ebene nicht zur Disposition stehen.

4. Planerische Konzepte zur Realisierung eiens effektiven Arten- und Biotopschutzes

Als planerisches Konzept zur Verwirklichung eines effektiven Arten- und Biotopschutzes wird seit einigen Jahren das sogenannte Biotopverbundsystem (z.B. A. Schmidt 1984 a+b, H.J. Mader 1985) bzw. mit lediglich anderer Bezeichnung ein sogenannter integrierter Gebietsschutz (s. z.B. DRL 1983, H. 41) diskutiert.

Dieses Konzept geht davon aus, daß die bisherige Entwicklung unserer Kulturlandschaft zur Vernichtung und zum Schrumpfen naturnaher, ursprünglicher Lebensräume geführt hat. Dadurch, und vor allem durch die Zerschneidungswirkung von bandförmiger Infrastruktur, ist es zu einer Verinselung der Landschaft gekommen (Mader 1985), so daß für viele Populationen die kritische Schwelle des Minimalareals bereits unterschritten ist und die erhalten gebliebenen Biotope derart voneinander isoliert sind, daß ein Genaustausch nicht mehr stattfinden kann bzw. Arten mit Doppel- oder Mehrfachbiotopansprüchen (Heydemann 1981) behindert werden.

Es kann gar nicht oft genug darauf hingewiesen werden, daß der Naturschutz hier keine unbeweisbaren Forderungen stellt, denn der angestrebte Biotopverbund ist ohnehin nur als zweitbeste Lösung anzusehen. Mit J.H. Reichholf (i.d.Band) sind sich alle Fachleute dahingehend einig, daß als wichtigste und vordringlichste Aufgabe der Aufbau eines Systems großer Schutzflächen anzustreben ist. Die Forderung nach einem die Landschaft möglichst feinmaschig durchziehenden Biotopverbundsystem ist ein Kompromiß; insofern als Zeichen der Realitätsnähe und des Augenmaßes des Naturschutzes anzusehen. Denn die Erhaltung von Pflanzen und Tieren wildlebender Arten erfordert ein System großer Schutzflächen.

Der Naturschutz als die Anwendung der wissenschaftlichen Ökologie (s. hierzu Erz 1986) hat die Aufgabe, alles zu tun, um dieses Ziel zu erreichen. Wichtige wissenschaftliche Grundlagen für den konzeptionellen Entwurf eines Biotopverbundsystemes sind Kenntnisse über die Minimalraumansprüche von Ökosystemen und Arten sowie Vorstellungen über die Art der Vernetzung, also des räumlichen Verteilungsmusters der Biotope und der mehr linearen Vernetzungselemente. Richtet man sich z.B. nach den Minimalraumansprüchen der "Spitzen-Arten" in den Nahrungspyramiden - in Mitteleuropa z.B. Greiftiere (Fuchs und Fischotter) und Greifvögel - dann ergeben sich sehr große Brutpaar-Minimalareale zwischen 200 und maximal 20 000 ha beim Fischotter (s. Abb. 27 und 28 im Beitrag von Uppenbrink u. Knauer). Zu den unterschiedlichen Minimal-Arealen an Ökosystembeständen in Abhängigkeit vom Biotoptyp sei auf Heydemann (1983) verwiesen.

5. Abwägungsgrundsätze zur künftig besseren Berücksichtigung ökologischer Flächenansprüche

In Anlehnung an eine Diskussionsbemerkung von G. Olschowy (1986) kann die derzeitige Situation des Naturschutzes/ökologischen Ressourcenschutzes wie folgt graphisch dargestellt werden (s. Abb. 3 + 4).

Abb. 3: Die reale Situation des Naturschutzes heute

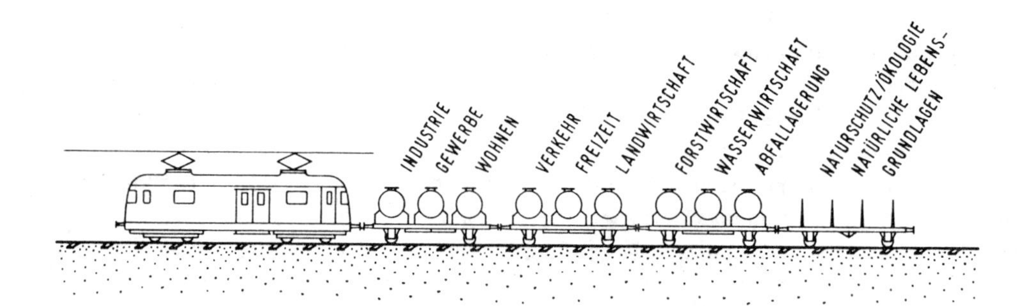

Abb. 4: Die eigentlich erforderliche Sicht/Bedeutung des Naturschutzes/ ökologischen Ressourcenschutzes

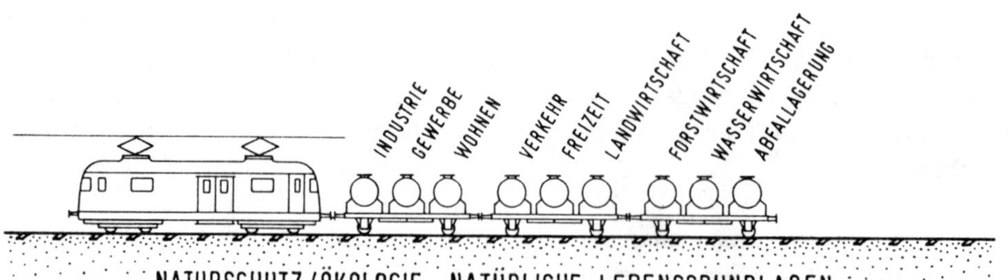

Die Abb. 3 soll verdeutlichen, daß der Naturschutz/Schutz der natürlichen Lebensgrundlagen recht spät als wichtiger Belang erkannt wurde und in die Abwägungsgrundlagen mit eingestellt wird; beim bildhaften Vergleich mit einem Zug ressortieren diese Belange im letzten Wagen. Verdeutlicht man sich den Begriff "natürliche Lebensgrundlagen" in seiner historischen und heute realen Bedeutung, dann müßte eigentlich im Sinne der Abb. 4 erkannt werden, daß man diese Belange nicht irgendwo im letzten Waggon unterbringen kann, sondern daß sie die elementaren Grundlagen der gesamten wirtschaftlichen, sozialen und kulturellen Entwicklung darstellen, vergleichbar dem Gleiskörper, auf dem der Zug - die künftige Entwicklung der Kulturlandschaft - sich vorwärts bewegt.

Dieser Vergleich soll verdeutlichen, daß bei künftigen Entscheidungen über raumwirksame Maßnahmen den Fragen des Einflusses auf die natürlichen Lebensgrundlagen ein entschieden höheres Gewicht als bisher beizumessen ist, insofern besteht Einigkeit mit etwa gleichlautenden Forderungen von K.-H. Hübler, Koschwitz et. al., A. Schmidt u. W. Rembierz und D. Marx (alle in diesem Band) und dem Grundanliegen des Landesentwicklungsplanes III des Landes Nordrhein-Westfalen (s. MLS 1984 + 1985), aus planungsrechtlicher Sicht mit W. Erbguth (1986).

Ich gehe davon aus, daß den Zielen des Naturschutzes, d.h. den Maßnahmen zur Erhaltung und Förderung von Pflanzen und Tieren wildlebender Arten, ihrer Lebensgemeinschaften und ihrer natürlichen Lebensgrundlagen, dann im Rahmen räumlicher Gesamtplanungen - Regional- und Bauleitplanung - sehr wohl Vorrang eingeräumt wird, wenn diese Ziele gefährdet sind, nachdem jahrzehntelang - wie selbstverständlich - den überwiegend ökonomischen Belangen zu Lasten der natürlichen Lebensgrundlagen Vorrang eingeräumt worden ist.

5.1 Umweltverträglichkeitsprüfung (UVP) und Raumordnungsverfahren (ROV)

Mit J. Cupei (1986) besteht Einigkeit in der Feststellung, daß ein Raumordnungsverfahren zwar einen bewährten organisatorischen und verfahrensmäßigen Rahmen darstellen kann, daß ein ROV jedoch nicht die Umweltverträglichkeitsprüfung automatisch, quasi schon immer, beinhaltet. Auf der Sitzung der Sektion III der ARL am 1./2. Juli 1986 in Köln (s. ARL-Arbeitsmaterial Nr. 122) ist vor allem in der Diskussion sehr deutlich geworden, daß sich zwischen einer verfahrensmäßig - juristischen und einer inhaltlichen Betrachtung der Frage einer in das ROV integrierten UVP doch erhebliche Unterschiede ergeben.

Von seiten des Naturschutzes muß erwartet werden - Cupei sieht dies aus formalrechtlicher Sicht ebenso - daß eine in das ROV integrierte UVP auf einer bestimmten Stufe des Gesamtverfahrens ein klar und eindeutig erkennbares UVP-Ergebnis produziert. Um ein solch eindeutiges Ergebnis zu erzielen, sind innerhalb der UVP zunächst die eventuell konfligierenden Umweltqualitätsziele mit- und gegeneinander abzuwägen. Es kann jedoch nicht die Aufgabe einer in das ROV integrierten UVP sein, Umweltbelange gegen ökonomische, soziale u.a. Belange abzuwägen - diese Aufgabe fällt eindeutig in den Verantwortungsbereich des eigentlichen ROV. Dort mag sich dann als Ergebnis einer Gesamtabwägung das Erfordernis ergeben, trotz negativen UVP-Ergebnisses eine geplante Maßnahme zu billigen.

5.2 Planungsmethodische Forderungen an eine Integration von ROV/UVP

Unstrittig dürfte sein, daß eine UVP und ein ROV um so einfacher inhaltlich durchzuführen sind, je klarer und eindeutiger die Aussagen der Landes- und Regionalplanung bereits vorliegen; ein anderer Fall liegt vor, wenn die Ziele der Raumordnung innerhalb eines ROV erst konkretisiert werden müssen.

Zum Schutz und zur Entwicklung der ökologischen Ressourcen und der natürlichen Lebensgrundlagen kommt der in das ROV als inhaltlich separater Teilschritt integrierten UVP eine zentrale Bedeutung zu. Es stellt sich die Frage, wie die UVP inhaltlich durchgeführt werden soll, welcher Grundlagen sie bedarf, um zu einem eindeutigen Ergebnis zu kommen und um nicht in die Nähe des Etikettenschwindels zu geraten.

Hierzu vertrete ich die Ansicht, daß die Landes- und vor allem die Regionalplanung künftig sehr viel mehr als bisher Flächenfunktionen statt Flächennutzungen darzustellen hatten. In Nordrhein-Westfalen ist z.B. davon auszugehen, daß die generelle Zielsetzung des LEP III-Entwurfes - den zum knappen Gut gewordenen Freiraum als Leistungsträger der natürlichen Lebensgrundlagen zu schützen - auf der Ebene der Regionalplanung durch die Zuweisung bestimmter ökologischer Freiraumfunktionen zu konkretisieren ist (s. hierzu H. Lowinski 1986). Den zu erwartenden Vorwürfen, der Naturschutz wolle sich hierdurch eine Sonderstellung innerhalb der Abwägung sichern, kann entgegnet werden, daß durch die Festlegung von Flächenfunktionen noch gar nichts über die Nutzungen innerhalb dieser Funktionsräume ausgesagt ist. Selbst wenn die ausgewiesene Funktion Vorrang haben soll, sind z.B. auch innerhalb von Naturschutzgebieten bestimmte Formen der Land- und Forstwirtschaft, der Wasserwirtschaft, der Erholung etc. zu akzeptieren - solange die festgelegte Vorrangfunktion dadurch nicht tangiert wird; notfalls bleibt auch noch die Möglichkeit des Ausgleichs im Sinne des § 8 BNatSchG. Die bisherige Praxis der Landes- und Regionalplanung, die überwiegend Nutzungen ausweist, vermag z.B. nicht zu verhindern, daß innerhalb eines "Bereiches für die Land- und Forstwirtschaft" ökologisch wertvolle Feuchtwiesen in Maisäcker umgewandelt werden, wobei der Naturhaushalt vermutlich irreversibel verändert wird. Je genauer eine ökologische Funktion - Biotop- und Artenschutz, Kaltluftbildung, Grundwasserneubildung, Bodenschutz etc. - in ihren landschaftsstrukturellen Voraussetzungen beschrieben wird, um so einfacher ist es, im Einzelfall zu beurteilen, inwieweit eine geplante Maßnahme in diesem Sinne funktionsadäquat, d.h. umweltverträglich ist.

Bei innovativem und intelligentem Verhalten der Menschen werden die in einem derart abgestuften System von Vorrängen festgelegten Raumfunktionen gar nicht als Restriktion empfunden; die Technik - z.B. die Automobilindustrie - vermag es auch, sich auf neue Abgasnormen einzustellen. Warum sollte also gerade die Raumplanung nicht auch imstande sein, intelligentere Lösungen zu produzieren!

6. Zusammenfassung

Der Beitrag behandelt notwendige Flächenansprüche aus der Sicht des Arten- und Biotopschutzes. Es wird davon ausgegangen, daß aus reinen Vernunftgründen dem Ziel, möglichst alle freilebenden Pflanzen- und Tierarten zu erhalten, höchste Priorität eingeräumt wird. Dieses Ziel zu erreichen, gilt für alle Planungsregionen der Bundesrepublik Deutschland. Die freilebenden Tiere und Pflanzen sind als Bioindikatoren für sich ändernde Umweltbedingungen anzusehen - durch ständige Beobachtungen der Arten ist sicherzustellen, daß durch geeignete Schutzmaßnahmen das generelle Ziel, eine naturraumspezifische biotische Ausstattung zu erhalten bzw. wieder zu erreichen, auch realisiert wird. Wegen des systemaren Zusammenhanges zwischen Umweltbelastungen aller Art und der regionalen Artenvielfalt müssen Eckwerte für erforderliche Flächenansprüche jeweils regions- bzw. naturraumspezifisch festgelegt werden. Dennoch werden, um zunächst einmal Größenordnungen zu vermitteln, 10 % der jeweiligen Fläche als absolute Vorrangflächen für den Arten- und Biotopschutz gefordert und weitere 10 % mit relativem Vorrang. Darüber hinaus ist dieses Ziel auf die Gesamtfläche der Bundesrepublik zu übertragen.

Um einen effektiven Arten- und Biotopschutz und einen Schutz auch aller übrigen ökologischen Ressourcen zu erreichen, wird vorgeschlagen, flächendeckend Funktionen auszuweisen, wobei dann diejenigen Nutzungen umwelt- und raumverträglich sind, die die Funktionen nicht stören, am besten sollten sie diese stützen und entwickeln.

Literaturverzeichnis

Aktionsprogramm Ökologie = Abschlußbericht der Projektgruppe "Aktionsprogramm Ökologie", Argumente und Forderungen für eine ökologisch ausgerichtete Umweltvorsorgepolitik. In: BMI (Hrsg./1983): Umweltbrief Nr. 29, Bonn.

ANL = Akademie für Naturschutz und Landschaftspflege (Hrsg./1985): Naturschutz - Grundlagen, Ziele, Argumente. In: Informationen Nr. 2, Laufen, 47 S.

Auhagen, A. & H. Sukopp (1983): Ziel, Begründungen und Methoden des Naturschutzes im Rahmen der Stadtentwicklungspolitik von Berlin. In: Natur und Landschaft 58, S. 9-15.

Bierhals, E. (1985): Zur Bewertung der Leistungsfähigkeit des Naturhaushaltes - Diskrepanzen zwischen theoretischen Ansätzen und praktischer Handhabung. In: Institut f. Städtebau d. Dt. Akad. f.Städtebau. Landesplanung (Hrsg.): Eingriffe in Natur und Landschaft durch Fachplanungen und private Vorhaben, Berlin.

Bierhals, E., H. Kiemstedt u. S. Panteleit (1984): Ökologischer Beitrag mit begleitenden, wissenschaftlichen Überlegungen und Empfehlungen zum Bereich "Dorstener Ebene" - Entwurf i.A. d. Kreises Recklinghausen, Hannover Nov. 1984.

Blab, J. (1986²): Grundlagen des Biotopschutzes für Tiere. Ein Leitfaden zum praktischen Schutz der Lebensräume unserer Tiere. In: Schrr. für Landschaftspflege und Naturschutz, H. 24, 257 S.

Blana, H. (1984): Bioökologischer Grundlagen- und Bewertungskatalog für die Stadt Dortmund. Eine Entscheidungsgrundlage bei Planungsvorhaben für Politiker, Verwaltung und interessierte Bürger. Teil 1: Methodik der Datenerfassung und Landschaftsbewertung; allgemeine Bewertungsgrundlagen für das gesamte Stadtgebiet, 141 S., 1 Karte. 16 Abb., Dortmund 1984. Teil 2: Spezielle ökologische Grundlagen für das Landschaftsplangebiet "DO- Nord" (Stadtbezirke Mengede, Eving, Scharnhorst). 387 S., 3 Karten, 4 Abb., Dortmund 1984. Hrsg. Stadt Dortmund. Teil 3: Dortmund-Mitte (Stadtbezirke Lütgendortmund, Huckarde, Innenstadt-West, Innenstadt-Nord, Innenstadt-Ost, Brackel), 328 S., Dortmund 1985.

Borchard, K. (1986): Tendenzen der Flächeninanspruchnahme und Möglichkeiten ihrer Beeinflussung den Ebenen der regionalen und kommunalen Planung. Diskussionspapier, Stand: Sept. 1986, innerhalb des ARL-Arbeitskreises "künftiger Flächenbedarf, Flächenpotentiale, Flächennutzungskonflikte".

Bunge, Th. (1986): Die Umweltverträglichkeitsprüfung im Verwaltungsverfahren. Zur Umsetzung der Richtlinie der europäischen Gemeinschaften vom 27. Juni 1985 (85/337/EWG) in der Bundesrepublik Deutschland, Köln.

Cupel, J. (1986): Umweltverträglichkeitsprüfung (UVP): Ein Beitrag zur Strukturierung der Diskussion, zugleich eine Erläuterung der EG-Richtlinie, Köln,462 S.

Der Rat von Sachverständigen für Umweltfragen: Umweltprobleme der Landwirtschaft. Sondergutachten März 1985, Stuttgart und Mainz 1985.

DRL = Deutscher Rat für Landespflege (Hrsg./1985): Warum Artenschutz? In: Schrr. des DRL, H. 46.

Engelhardt, W. (1985), in: Deutscher Forschungsdienst, Jg. 85, Nr. 16, S. 10ff.

Erbguth, W. (1986): Raumbedeutsames Umweltrecht. Systematisierung, Harmonisierung und sonstige weitere Entwicklung. In: Beitrag zum Siedlungs- und Wohnungswesen und zur Raumplanung. Band 102. Münster, 480 S.

Erz, W. (1983): Artenschutz im Wandel. In: Umschau 83, S. 695-700.

Erz, W. (1985): Akzeptanz und Barriere für die Umsetzung von Naturschutzerfordernissen in Öffentlichkeit, Politik und Verwaltung. In: Daten und Dokumente zum Umweltschutz, Sonderreihe Umwelttagung, Dokumentationsstelle der Universität Hohenheim, H. 38, S. 11-18.

Erz, W. (1986): Ökologie oder Naturschutz? Überlegungen zur terminologischen Trennung und Zusammenführung. In: Ber. ANL, 10, S. 11-17, Juli 1986.

Finke, L. (1986): Landschaftsökologie. 206 S., Braunschweig.

Haber, W. (1972): Grundzüge einer ökologischen Theorie der Landnutzungsplanung. In: Innere Kolonisation 21, S. 294-298.

Haber, W. (1979): Raumordnungskonzepte aus der Sicht der Ökosystemforschung. In: ARL (Hrsg,), FuS, Bd. 131, S. 12-24.

Heydemann, B. (1981): Wie groß müssen Flächen für den Arten- und Ökosystemschutz sein? In: Jb. Naturschutz und Landschaftspflege 31, S. 21-51.

Heydemann, W. (1983): Vorschlag für ein Biotopschutzzonenkonzept am Beispiel Schleswig-Holsteins - Ausweisung von schutzwürdigen Ökosystemen und Fragen ihrer Vernetzung. In: Schrr. Deutscher Rat für Landespflege, H. 41, S. 95-104.

Heydemann, W. u. J. Müller-Karch (1980): Biologischer Atlas Schleswig-Holstein, Band 1, Lebensgemeinschaften des Landes, Neumünster, 263 S.

Hübler, K.-H. (1986): Anforderungen an eine umfassende Naturschutzpolitik aus fachlicher Sicht. In: Jahrbuch für Naturschutz und Landschaftspflege 39, Bonn.

Kaule, G. (1981): Flächenanspruch des Artenschutzes. In: Berichte über Landwirtschaft, NF 197, S. 264-271.

Kaule, G. et al. (1984): Kartierung der besonders schutzwürdigen Biotope des Saarlandes - Auswertung, im Auftrage des Ministers für Umwelt, Raumordnung und Bauwesen des Saarlandes, Mskr. 514 S.

Leser, H. (1978): Landschaftsökologie. Uni-Taschenbücher 521, Stuttgart, 433 S.

Lowinski, H. (1986): Diskussionsbeitrag auf der 37. Sitzung der LAG NW der ARL zum Themenkomplex "Stadtökologie und Regionalplanung", s. hierzu die Niederschrift zu dieser Sitzung, S. 9.

Mader, H.J. (1985): Die Verinselung der Landschaft und die Notwendigkeit von Biotopverbundsystemen. In: Lölf-Mitteilungen Nr. 4/85, S. 6-14.

MLS (Hrsg./1984): Landesentwicklungsplan III. Umweltschutz durch Sicherung von natürlichen Lebensgrundlagen, Entwurf. Stand: Januar 1984.

MLS (Hrsg./1985): Landesentwicklungsplan III - Entwurf. Stand: April 1985.

Olschowy, G. (1986): Diskussionsbemerkung auf der Vortragsveranstaltung der Sektion III der ARL am 1. und 2. Juli 1986 in Köln zum Thema "Umweltverträglichkeitsprüfung und Raumordnungsverfahren - verfahrensrechtliche und inhaltliche Anforderungen".

Raumordnungsbericht 1986. BT-Drucksache 10/6027. In: BmBau(Hrsg): Schrr. Raumordnung, Sonderheft.

Schmidt, A. (1984): Biotopschutzprogramm NRW. Vom isolierten Schutzgebiet zum Biotopverbundsystem. Teil I in LÖLF-Mitteilungen, H. 1/1984, S. 3-9, Teil II in Heft 2/1984, S. 3-8.

Schmithüsen, J. (1953): Grundsätzliches und methodisches. In: Meynen, E. u. J. Schmithüsen (Hrsg.): Handbuch der naturräumlichen Gliederung Deutschlands, Bd. 1, S. 1-44, Remagen.

Sukopp, H. et al. (1978): Auswertung der Roten Liste gefährdeter Farn- und Blütenpflanzen in der Bundesrepublik Deutschland für den Arten- und Biotopschutz. In: Schrr. für Vegetationskunde 12, 138 S.

WHG = Wasserhaushaltsgesetz i.d.F.d.Bekanntmachung der Neufassung des Wasserhaushaltsgesetzes vom 23. Sept. 1986. In: Bundesgesetzblatt, Jg. 1986, Teil I, S. 1529-1544.

Zur Heide, J. (1986): Kohle gegen Graugänse. Das Revier wandert nach Norden - und mit ihm die Probleme für die Natur. In: Die Zeit - Nr. 42 - 10. Oktober 1986, S. 39/40.

Anmerkungen

1) "Naturräumliche Gliederung" ist das Ergebnis einer groß angelegten Gemeinschaftsarbeit Deutscher Geographen, aus der das "Handbuch der naturräumlichen Gliederung Deutschlands" (1. Lieferung 1953 - 9. Lieferung 1962) mit einer zugehörigen Karte im Maßstab 1:1 Mio. hervorgegangen ist.

Als nächste Stufe der Verfeinerung entstand das Kartenwerk "Geographische Landesaufnahme 1:200 000 - Naturräumliche Gliederung", das inzwischen beinahe flächendeckend für die Bundesrepublik Deutschland vorliegt (s. Übersicht über die Veröffentlichung der BfLR, Stand: Mai 1986).

In diesem Kartenwerk werden die sogenannten "naturräumlichen Einheiten" aufgrund von Kartenstudien und Geländeaufnahmen abgegrenzt, unter Berücksichtigung des Georeliefs, der Böden, des Regionalklimas, des Wasserhaushalts und der Vegetation. Trotz individueller Ausprägungen durch den jeweiligen Bearbeiter liegt dem ganzen eine einheitliche Methodik und Philosophie zugrunde (hierzu siehe u.a. J. Schmithüsen 1953).

Diese naturräumliche Gliederung Deutschlands kann als Vorläufer der heutigen landschaftsökologischen Arbeitsweise betrachtet werden (s. H. Leser 1978[2] und L. Finke 1986). Die tatsächliche Anwendung dieses Kartenwerkes einschließlich der zugehörigen Erläuterungen ist nicht so intensiv gewesen, wie die geistigen Väter dieses Werkes sich das einmal vorgestellt haben. In Zusammenhang mit modernen Aufgaben des Naturschutzes und einer Ökologisierung der gesamten räumlichen Planung könnte dieses Werk zu später Berühmtheit gelangen, wenn es gelingt, die Art der Darstellung mit mehr Inhalt über die landschaftsökologische Ausstattung der einzelnen Einheiten zu füllen. Von der gesamten Zielsetzung her ergibt sich eine weitgehende Identität zu dem Kartenwerk der "potentiellen natürlichen Vegetation", dessen weitere Bearbeitung inzwischen leider eingestellt wurde.

Ein Beispiel einer naturräumlichen Gliederung findet sich bei Koschwitz, Hahn-Herse, Wahl (in diesem Band).

Das Kartenwerk ist über die BfLR zu beziehen. Den Stand der Bearbeitung zeigt Abb. 2. Stand der Bearbeitung des Kartenwerkes "Geographische Landesaufnahme 1:200 000 - Naturräumliche Gliederung, Stand: Mai 1986.

2) Ökologische Leitziele auf der Ebene der Regionalplanung könnten z.B. sein:

- Extensivierung der landwirtschaftlichen Bodennutzung, Förderung des sogenannten biologisch-dynamischen Landbaus, Rückführung von Ackerflächen in Grünland usw.
- Steigerung der klimaökologischen Leistungsfähigkeit, z.B. der Kaltluftproduktion zur Steigerung der klimameliorativen Wirkung eines Talwindsystems (s. Zartener Becken - Höllentäler - Freiburg).

Aus solchen ökologischen Leitzielen sind dann im konkreten Einzelfall der Regionalplanung zielführende Maßnahmen abzuleiten.

ÖKOLOGISCHE VORGABEN FÜR RAUMBEZOGENE PLANUNGEN

Konzept für eine Ermittlung naturraumbezogener ökologischer Entscheidungsgrundlagen und ihre Anwendung in der Planungspraxis in Rheinland-Pfalz

von

Jürgen Koschwitz, Gerhard Hahn-Herse und Peter Wahl, Oppenheim

Gliederung

1. Zum Verhältnis von Raumordnung und Umweltschutz

1.1 Die Situation

"Ökologie ist Langzeitökonomie. Dieser Satz kann zwar nicht die Spannungen überdecken, die zwischen ökologischen und ökonomischen Zielsetzungen bestehen bleiben. Er drückt aber aus, daß es auch breite Bereiche der Übereinstimmung gibt." (Aktionsprogramm Ökologie 1983, Tz. 279)

Ökonomie und Ökologie[1] sind in der räumlichen Gesamtplanung jedoch noch nicht angemessen zusammengeführt.

- Generell - nicht nur in der Raumordnung - hat die Ökologie noch nicht den erforderlichen (gesellschafts)politischen Rang erhalten. Der Maßstab des technisch Möglichen und die Überzeugung, die Natur sei beherrschbar und müsse auch beherrscht werden (verbunden mit der übernommenen Vorstellung, sie wisse sich selbst zu helfen), prägen nach wie vor das Denken und Handeln im Umgang mit der Natur. Dies gilt insbesondere auch für Fachbehörden. Die Umweltvorsorge, die vergleichsweise spät in den Kreis etablierter Interessen eingetreten ist, konnte sich noch keine gesicherte Position erobern, auch wenn in rechtlich "dicht" geregelten Teilbereichen, wie etwa dem Immissionsschutz, Erfolge erzielt worden sind.

- Dies gilt auch für den Bereich der Raumordnung. Ihre überkommenen Ziele und Grundsätze und die darauf aufbauenden Instrumente enthalten aufgrund ihrer vorrangigen Orientierung an ökonomischen Entwicklungskonzepten und großmaßstäblichen Lösungen implizite Prioritätensetzungen, die bewußt oder unbewußt immer wieder in den Entscheidungsprozessen eine Rolle spielen und die Neuorientierung im Sinne der Umweltvorsorge erschweren. So werden durch die Anwendung räumlicher Ordnungskonzepte wie der zentralen Orte und Achsen, der Arbeits- und Funktionstrennung nicht nur Vorentscheidungen über die Behandlung von Umweltbelangen getroffen, indem "die Ökologie" als eine Nutzung neben anderen behandelt wird, die auf bestimmte Flächen beschränkt werden darf, sondern auch mittelbar Umweltbeeinträchtigungen verursacht bzw. deren räumliche Verteilung programmiert.

Die Praxis der Umweltvorsorge im Rahmen der Raumordnung ist bislang noch dadurch gekennzeichnet, daß zwar die Ziele und Werte durch ökologische Elemente angereichert wurden, diese aber bei Entscheidungen über konkrete Projekte eine zu geringe Rolle spielen. An einigen Beispielen sei dies illustriert:

- Das Landesentwicklungsprogramm eines Flächenlandes fordert z.B. sehr deutlich Gleichrangigkeit für "die Ökologie". Sucht man den Vollzug dieser Forderung in den Regionalen Raumordnungsplänen, so zeigt sich hinsichtlich der Umweltvorsorge ein erhebliches Defizit. Es ist ablesbar an der Unterordnung im Abschnitt "Ziele", der unsystematischen Anreicherung einiger fachplanerischer Aussagen mit ökologischen Details, der Überlagerung von Naturschutzgebieten mit Erholungsnutzung, der Behandlung bzw. Einführung von "Grünzügen" und "Ausgleichsflächen", ohne daß die ökologischen Ausgleichswirkungen eines solchen Flächenpuzzles belegt würden.

- Ein Leitgedanke der Raumordnung ist, zur Verminderung von Disparitäten zwischen Räumen verschiedener Struktur und Wirtschaftskraft in weniger entwicklungsstarken Regionen ökonomische Entwicklungsimpulse und Initialzündungen etwa durch den Infrastrukturausbau zu geben. Zugleich wird freilich auch in den übrigen Räumen weiter investiert - zumal die Impulse oft nicht die erhoffte Wirkung erzielen. Die Umweltauswirkungen werden in beiden Fällen unzureichend reflektiert: Wie wachsen die Belastungen in den ohnehin belasteten Räumen?

  Werden umgekehrt in Räumen, die bei aller wirtschaftlichen Strukturschwäche doch erhebliche Lebensqualitäten besitzen können, diese Qualitäten möglicherweise aufs Spiel gesetzt, ohne daß die Schere der Entwicklung zwischen besser und schlechter ausgestatteten Regionen verändert würde? Zur Beurteilung solcher Fragen bedarf es gesamträumlicher Konzepte auch aus ökologischer Perspektive.

- Bei der Ausweisung von Naturschutzgebieten ist zwar der Vorrang für eine bestimmte Fläche verbindlich festgelegt. Faktisch werden aber Naturschutzgebiete von der Raumordnung nicht als Ausschlußflächen für andere Nutzungen behandelt, da in der Gesamtplanung und bei Einzelvorhaben der Vorrang zugunsten anderer Nutzungen gelockert wird.

- Bei dieser Situationsbeschreibung sollen positive Beiträge in der Raumordnung zur Verwirklichung ökologischer Ziele nicht unerwähnt bleiben. Dazu gehören z.B. in erster Linie die schon als historisch zu bezeichnende Einführung von Grünzügen im Gebiet des Siedlungsverbandes Ruhrkohlenbezirk, des heutigen Kommunalverbandes Ruhrgebiet[2)], ferner die Ausweisung von Wasserschongebieten.

1.2 Der Auftrag der Ökologie als genereller Beitrag zur Raumordnung

Die Forderung nach einer stärkeren Gewichtung des Umweltschutzes in der Raumordnung bleibt also weiter aktuell. Umweltschutz heißt, vorhandene Belastungen und Beeinträchtigungen der Umwelt abbauen und weitere Belastungen vermeiden. Der Begriff "Umwelt" umfaßt im weitesten Verständnis die Gesamtheit aller Faktoren, die für Lebewesen und Lebensgemeinschaften (Biozönosen) von Bedeu-

Karte 1a: Rheinland- Pfalz - Naturräumliche Gliederung

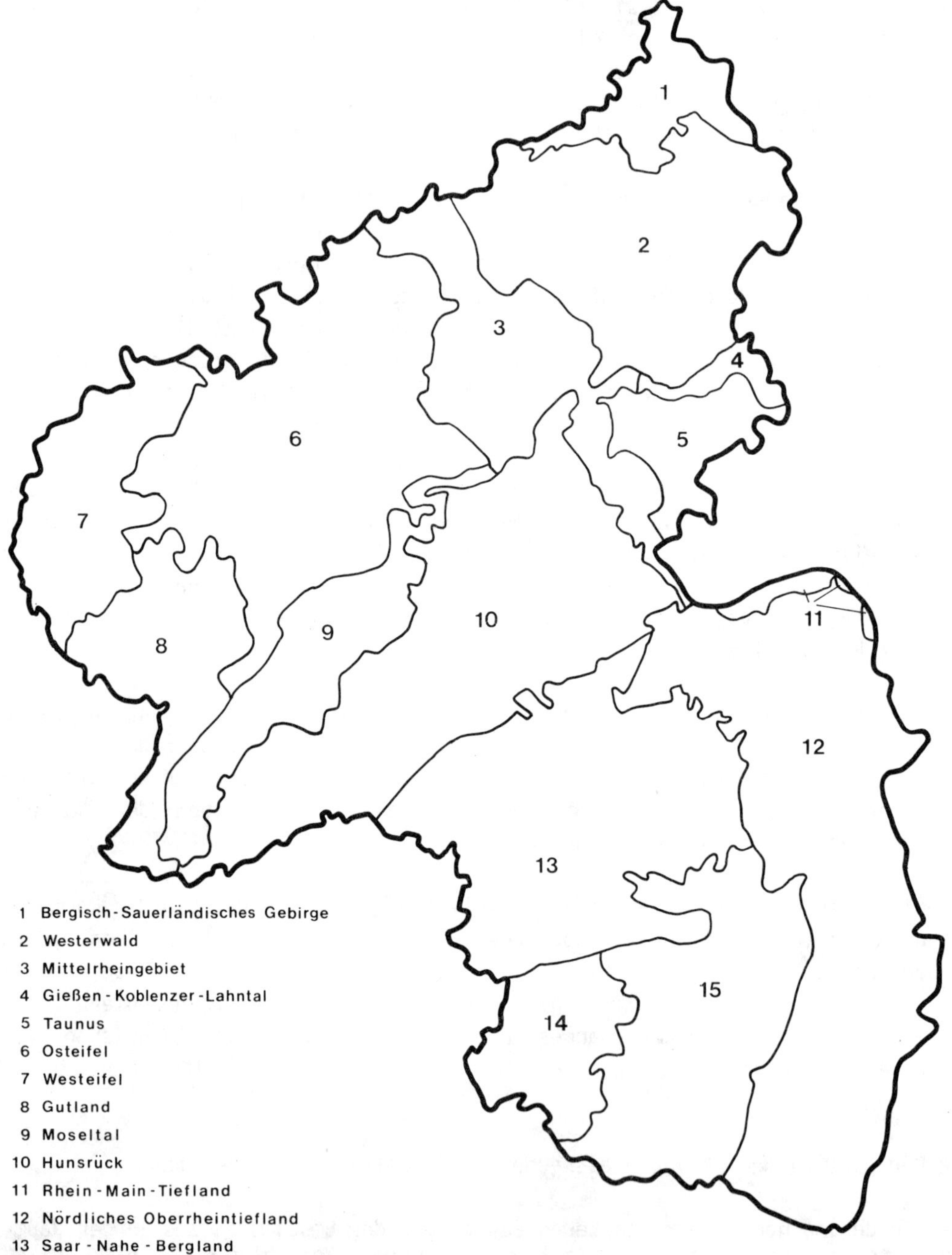

Quelle: Naturräumliche Gliederung Deutschland, Geographische Landesaufnahme 1:200 000.

Karte 1b: Rheinland-Pfalz - Regionen

Mittelrhein-
Westerwald

Trier

Rheinhessen - Nahe

Westpfalz

Rheinpfalz

Quelle: Landesgesetz über die Einteilung des Landes in Regionen in der Fassung vom 8.2.1977 (GVBl. S. 5 BS 230-1)

tung sind. Er bezieht sich also grundsätzlich auch auf die soziale und die psychische Umwelt der Menschen. So verlangt auch die EG-Richtlinie über die Umweltverträglichkeitsprüfung bei bestimmten öffentlichen und privaten Vorhaben vom 27. Juni 1985, alle unmittelbaren und mittelbaren Auswirkungen der Projekte auf den Menschen zu untersuchen. Damit ist ein weiterer Anspruch formuliert, der eine zusammenfassende Bewertung von natürlichen und sozialen Wirkungsfaktoren erfordert; gerade diese Verknüpfung bedarf noch eingehender Diskussionen. Im bisherigen Verständnis werden Umweltschutz und Umweltvorsorge vor allem auf die natürliche Umwelt des Menschen bezogen. Auch bei einem solchen Zuschnitt sind die Aufgaben bereits überaus komplex: Umweltschutz und Umweltvorsorge reichen weit über den technischen Umweltschutz mit seinen an Medien orientierten Teilzielen wie etwa Luftreinhaltung oder Gewässerschutz hinaus; sie setzen über die Teilaufgaben hinweg bei den ökologischen Wirkungszusammenhängen und ihren unterschiedlichen räumlichen Ausprägungen in ihrer Geamtheit an. Aufgrund dieser Querschnittsorientierung kommt der Landschaftsplanung im Vollzug des Umweltvorsorgeauftrages eine zentrale Rolle zu.

Im Rahmen der Raumordnung muß bei der Abwägung der verschiedenen Belange und Nutzungsanforderungen an den Raum der Umweltschutz als ein Belang mit besonderer Gewichtung behandelt werden. Dies entspricht auch der Vorgabe der Ministerkonferenz für Raumordnung (MKRO) in ihrer Entschließung "Berücksichtigung des Umweltschutzes in der Raumordnung" vom 21.3.1985, in der die entsprechende Passage in der früheren Entschließung "Raumordnung und Umweltschutz" vom 15.6.1972 nochmals bekräftigt wird:

> "Bei der Abwägung der Grundsätze und Belange, die bei der Aufstellung und Durchführung von Programmen und Plänen der Landesplanung vorzunehmen ist (vgl. § 2 Abs. 2 ROG), ist den Belangen des Umweltschutzes Vorrang vor anderen Belangen einzuräumen, wenn eine wesentliche und langfristige Beeinträchtigung der natürlichen Lebensgrundlagen droht."

Dieser Grundsatz ist in zahlreiche Landesentwicklungspläne und -programme sowie Regionalpläne übernommen und auch in den von der Bundesregierung am 31.1.1985 verabschiedeten Programmatischen Schwerpunkten der Raumordnung hervorgehoben worden. Er muß jedoch operationalisiert und umgesetzt werden. Hierfür bietet sich die regionale Ebene an. Administrativ oder sozio-ökonomisch abgegrenzte Räume wie die Regionen sind allerdings ungeeignete Bezugsrahmen für ökologische Informationsgewinnung und Planungen (etwa Vernetzte Biotopsysteme[3]) - und damit auch für medienübergreifende Vorgaben des Umweltschutzes an die Raumordnung. Hierfür kommen vielmehr die Naturräume infrage (vgl. Karte 1a und 1b), die durchweg kleiner sind als die Regionen. Bezogen auf die Ebenen der Gesamtplanung - Landes-, Regional- und Bauleitplanung - ist die naturräumliche Betrachtung dem regionalen Maßstab zuzuordnen. Im regionalen - oder dem naturräumlichen - Maßstab ist auch die Frage nach der "Beeinträchtigung der natürlichen Lebensgrundlagen" zu beantworten; wollte man eine solche Entscheidung auf der Ebene des Landes treffen, so liefe der von der MKRO aufgestellte Grundsatz von vornherein leer (vgl. Beitrag Marx in diesem Band). In eben diesem "mittleren" Maßstab müssen auch die "überörtlichen Belange" im Zuge der Raumordnungsverfahren/Raumplanerischen Verfahren ermittelt und abgewogen werden. Nicht zuletzt steht mit der Regional- und Landschaftsrahmenplanung bereits ein geeignetes planerisches Instrumentarium zur Verfügung.

Raumordnung und Landschaftsplanung können bei der Operationalisierung zusammenwirken. Gemeinsamkeiten, die ihr Zusammenspiel erleichtern, bestehen nicht nur hinsichtlich des Ziels, die natürlichen Lebensgrundlagen zu schützen, sondern auch in ihrer grundsätzlichen Aufgabenstruktur:

- Zum einen haben beide einen Anspruch auf flächendeckende Planung; Raumordnung wie Landschaftsplanung richten sich nicht nur auf einzelne Nutzungen, wie dies die Fachplanungen des Verkehrs, der Wasserwirtschaft usw. tun, sondern auf den Gesamtraum, in dem alle Nutzungen einander verträglich zugeordnet werden sollen.

- Zum anderen - damit zusammenhängend - verfolgen beide den fach- und sektorenübergreifenden Ansatz; Landschaftsplanung ist bekanntlich nicht auf die Teilaufgaben des Arten- und Biotopschutzes und der landschaftsbezogenen Erholung beschränkt. Gemeinsames Merkmal von Raumordnung und Landschaftsplanung ist die Querschnittsorientierung - wobei allerdings die zum Teil unterschiedliche Perspektive und damit verbundene mögliche Konkurrenz nicht verkannt werden soll.

  Diese "Konkurrenzsituation" kann sich künftig entschärfen. Angesichts der in den vergangenen Jahrzehnten getätigten Investitionen und des erreichten Bestandes an Verkehrs- und Versorgungsinfrastruktur, Wohnraum pp. verlagern sich die Aufgaben allgemein - und damit auch für die Raumordnung - hin zu qualitativen Verbesserungen. Es geht statt um Neubau und Erweiterung stärker um die Nutzung, Erhaltung und Verbesserung des Bestandes, bis hin zu Rückwidmungen und Rückbaumaßnahmen. In diese qualitative Entwicklung ordnen sich die ökologischen Aufgaben in Gänze ein: Erhaltung der genetischen Potentiale durch Arten- und Biotopschutz, Erhaltung der Bodenfruchtbarkeit, Stabilisierung der Waldökosysteme, Wiederherstellung der Flußökosysteme, Sicherung der Trinkwasserversorgung, Erhaltung der bioklimatischen Lebensgrundlagen und der Gestaltqualitäten der Landschaft. So dürfte es leicht sein, Ökologie im eingangs zitierten Sinn als Langzeitökonomie zu verstehen und auch mit den Instrumenten der Raumordnung in die Praxis umzusetzen.

Dabei sind mit dem Ziel der stärkeren Verknüpfung von Raumordnung und Umweltschutz konkrete Forderungen an beide Bereiche zu stellen:

1.3 Anforderungen an die Raumplanung, Neugewichtung der raumordnerischen Ziele

Die Raumordnung wird sich vor allem auf ihre eigenen Instrumente besinnen müssen. Sie hat Daseinsvorsorge mit den Mitteln der räumlichen Ordnung zu betreiben. Soweit Probleme nur mit anderen Mitteln zu lösen sind, muß sie die notwendigen Maßnahmen (z.B. des technischen Umweltschutzes) aufzeigen; bei unlösbaren Konflikten muß sie auch die Zustimmung zu bestimmten Vorhaben verweigern. Dabei kann nicht das technisch Machbare wichtigster Maßstab sein; vielmehr müssen - unter Nutzung der technischen Möglichkeiten - räumlich angepaßte und umweltverträgliche regionale und örtliche Lösungskonzepte erarbeitet werden. Beispielsweise wären bestehenden Tendenzen zu großmaßstäblichen, zentralisierten Systemen, etwa bei der Energieversorgung, im Zusammenwirken mit den Fachplanungen differenzierte Konzepte gegenüberzustellen.

Zielharmonie zwischen verschiedenen Nutzungsansprüchen und Belangen läßt sich mit den Mitteln der Raumordnung grundsätzlich auf zwei Wegen herstellen: durch verträgliche Zuordnung verschiedener Nutzungen am selben Ort oder durch räumliche Entflechtung. Die Möglichkeiten, Zielharmonie (oder Konfliktvermeidung) auf diese Weise zu erreichen, wurden bislang nicht ausgeschöpft, wenn beispielsweise in Raumordnungsverfahren Standortalternativen unberücksichtigt blieben und auch nicht überprüft wurde, ob die gewünschten Effekte auf anderem Wege zu erreichen sind. Die Raumordnung wird daher die Zielharmonie in das Zentrum ihrer Überlegungen stellen müssen.

Darüber hinaus muß das System der Ziele und Werte der Raumordnung um die aufgewerteten Belange der Umweltvorsorge erweitert und neu geordnet werden. Das Abwägungsdefizit zu Lasten der Umweltbelange läßt sich nur dann abbauen, wenn die Vermeidung von ökologischen Risiken zu einem Leitgedanken der Raumordnung wird. Freilich bieten formalisierte Checklisten, mit deren Hilfe umwelterhebliche Sachverhalte im vereinfachten Verfahren aufgespürt werden sollen ("Wasserschutzgebiet? ja/nein") keine Abhilfe. Auf die Möglichkeiten, qualifizierte regionalisierte Entscheidungsgrundlagen zu ermitteln, wird im zweiten Abschnitt dieses Beitrags eingegangen, auch auf die instrumentellen Möglichkeiten der Raumordnung zur Umsetzung.

Die Ergebnisse des raumordnerischen Abwägungsprozesses und die Entscheidungsgründe müssen nachvollziehbar dargestellt werden. Insbesondere bei Zielkonflikten ist Transparenz unabdingbar - und zugleich Voraussetzung dafür, daß die Entscheidungen von allen Betroffenen mitgetragen werden können. Dies mag als eine selbstverständliche Forderung erscheinen; ihr wird aber in der Praxis häufig noch nicht entsprochen. Allerdings kann Transparenz nur ein faires Verfahren sichern, aber noch nicht die Wertmaßstäbe ändern. Die erforderliche Bewußtseinsänderung reicht weiter:

> "Ökologisches Handeln setzt voraus, daß bei den politisch und administrativ Handelnden einerseits und den sie legitimierenden, ermunternden oder bremsenden Bürgern andererseits ein Problembewußtsein entstanden ist ... Die Betrachtung der Zusammenhänge unserer Umwelt erfordert umfassende Kenntnisse. Hierin liegt eine langfristige Aufgabe sowohl für die Fachleute, die Zusammenhänge zu verdeutlichen, als auch für die Pädagogen, diese Kenntnis zu vermitteln." (Aktionsprogramm Ökologie 1983, Tz. 501)

Nur vordergründig zielen diese Forderungen auf Wissensvermittlung. Tatsächlich geht es um die Wertschätzung, die dem Umweltschutz, der Ökologie oder ihren Teilbereichen entgegengebracht wird und die letzten Endes für die Behandlung in der Raumordnung den Ausschlag gibt. Also: eine Neugewichtung der Ziele tut not!

1.4 Anforderungen an den Umweltschutz

Für den Abwägungsprozeß müssen geeignete Entscheidungsgrundlagen zu Verfügung gestellt werden, damit die Umweltvorsorge in der räumlichen Planung das angemessene Gewicht erhalten kann und die notwendigen Maßnahmen konkret bestimmt werden können.

Eine Bestandsaufnahem zeigt, daß hier methodische Probleme kein grundsätzliches Hindernis darstellen, sondern zu bewältigen sind - auch wenn es noch erhebliche Kenntnislücken über hydrologische, biologische, physikalische oder auch chemische Zusammenhänge gibt. Damit soll nicht der euphorische Anspruch vertreten werden, man könne mit wenigen Variablen beliebig komplexe Systeme planerisch in den Griff bekommen. Gegenüber anderen Ursachen, wie etwa dem - noch näher zu behandelnden - Informationsdefizit, sind die Mängel bei den fachlichen Verfahren aber grundsätzlich von geringerer Bedeutung. Für die Praxis wäre es allerdings wichtig, Planer und Gutachter stärker als bisher üblich auf die Einhaltung anerkannter Regeln zu verpflichten. Die Ausgestaltung der Planvorlageberechtigung im Wasserrecht sollte hier beispielhaft wirken. Das Grundgerüst dafür bietet die ökologische Wirkungsanalyse mit der speziellen Form der Risikoanalyse. Das Schema (Abb. 1) zeigt ihre Struktur auf; die Intensität der Auswirkungen eines Vorhabens wird mit der aus Empfindlichkeit und vorhandener Belastung ermittelten Schutzbedürftigkeit/Disposition zur Aussage über den absehbaren Schaden verknüpft.

Abb. 1: Aufbau der ökologischen Wirkungsanalyse am Beispiel der UVP zu einem Einzelvorhaben

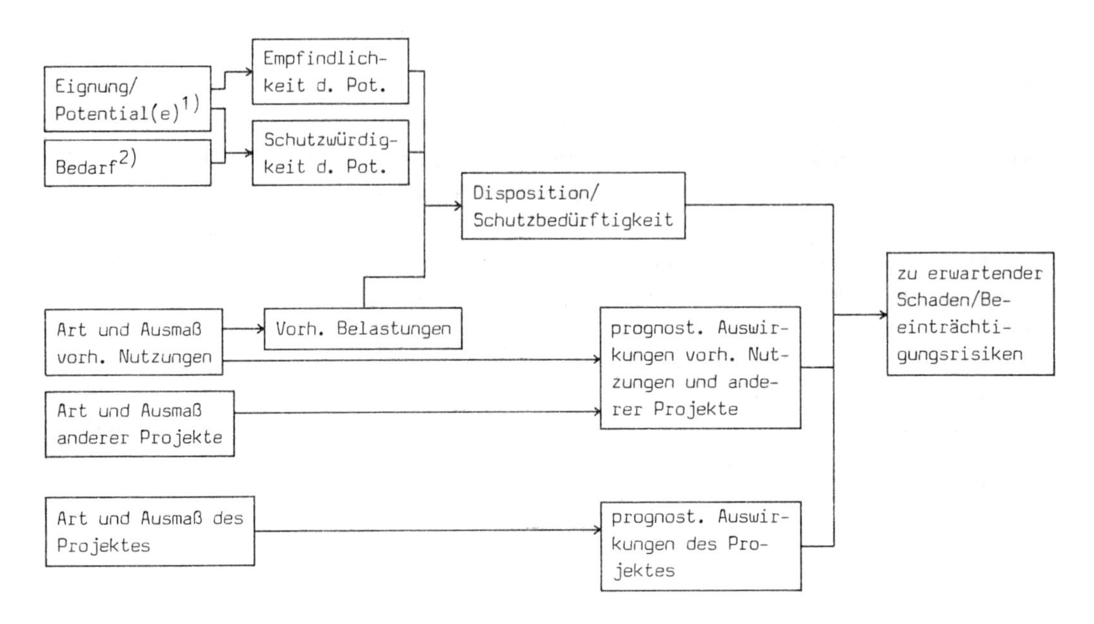

Entwurf: Hahn-Herse

1) Unter Einschluß der Entwicklungsmöglichkeiten.
2) Vgl. Abschnitt 3.1.

Die Planungen und Gutachten müssen - bei der Prozeßplanung wie bei der Vorhabenplanung - Varianten einbeziehen, wie dies auch von der Raumordnung und den Fachplanungsträgern zu Recht gefordert wird. Dies setzt ein fachliches Selbstverständnis voraus, das den mit einer Querschnittsaufgabe verbundenen Koordinierungsauftrag in den Mittelpunkt stellt und sich nicht vorschnell auf fachliche Einzelaufgaben zurückzieht. Die sachlichen Erfordernisse sind aber nur bei entsprechenden organisatorischen Voraussetzungen zu erfüllen. Die Übernahme von Teilaufgaben durch andere Verwaltungen ist keine Lösung. Vielmehr muß die notwendige fachgebietsübergreifende Behandlung durch ressortübergreifendes Verwaltungshandeln gesichert werden.

Auch die rechtliche Absicherung der Umweltvorsorge ist besser als oft dargestellt. So ist die Eingriffsregelung der Naturschutzgesetze nach unserer Ansicht eine Umweltverträglichkeitsprüfung par excellence. Sie bedarf allerdings der materiellen Verbesserung: sie sollte nicht nur Gestalt und Nutzung von Flächen, sondern wirklich den Landschaftshaushalt und das Landschaftsbild zum Gegenstand haben. Auch daß die volle Kompensation von Beeinträchtigungen nicht erreicht wird, ist ein Mangel in der Anwendung, kein Mangel an rechtlichen Grundlagen.

Die Forderung nach Transparenz der eigenen Wert- und Abwägungsentscheidungen gilt selbstverständlich auch für den Umweltschutz, hier insbesondere für die planerische Umweltvorsorge, auch seine Bewertungen müssen für andere nachvollziehbar sein. Er muß sachgerechte Abwägungsentscheidungen erleichtern, in dem er die für die Umweltvorsorge relevanten Informationen in der benötigten Schärfe und im angemessenen Maßstab liefert. Mit den Biotopkartierungen ist bundesweit eine flächendeckende Grundlage geschaffen, die im allgemeinen dem regionalen Maßstab zugehört. Vergleichbare Informationen werden auch aus den Bereichen Luftqualität/(Bio-)Klima, Limnologie/Gewässergüte, Böden, Standortkunde/Pflanzensoziologie benötigt. Nur auf einer gesicherten Informationsgrundlage kann die Frage nach Bedarf oder Entwicklungsmöglichkeiten und -erfordernissen etwa auf dem Gebiet des Arten- und Biotopschutzes beantwortet werden. Im folgenden wird der mögliche Beitrag des Umweltschutzes im Rahmen der Raumordnung näher dargestellt.

2. Die Ermittlung naturraumbezogener ökologischer Informationen

2.1 Informationsbedarf, Lösungsansatz

Der Mangel an gesicherten und verwendbaren Informationen, der auf allen Ebenen räumlicher Gesamtplanung und auf allen Stufen der Fachplanungen festzustellen ist, hat zwei Ursachen. Zum einen fehlt es an flächendeckenden zweckorientierten Sachinformaitonen, zum anderen sind die Wertmaßstäbe zu undeutlich, die zur Beurteilung der Leistungsfähigkeit des Naturhaushaltes und der Nutzungsfähigkeit der Naturgüter anzulegen sind.

Auch ausgefeilte Abwägungs- und Bewertungssysteme nützen wenig, wenn sie nicht materiell aufgefüllt werden können. Sie verführen dann möglicherweise dazu, im Sinne einer Scheingenauigkeit den Informationsmangel zu übedecken.

Wertmaßstäbe können "bestandsorientiert" aufgestellt werden. Dann sind sie jedoch im Grunde nicht mehr als eine Klassifizierung in einer statistischen Menge, bei der das Seltene automatisch zum Wertvollen und das Häufige zum weniger Wertvollen erklärt wird. Werte sind hingegen nach unserem Verständnis bedarfsorientiert. Sie beschreiben, was sein soll oder nicht sein soll. Ein Bewertungsverfahren deckt also nicht nur Besonderheiten, positiv Beurteiltes, sondern auch und vor allem Mängel, Defizite auf. Bezogen auf die Frage nach den angemessenen Entscheidungsgrundlagen verlangt dies, die raum- bzw. regionsspezifischen Ökosysteme, ihre räumliche Anordnung, ihre Ausprägung und Größe zu ermitteln.

Sollen Informationen quantifiziert werden, so bedarf es auch ihrer Qualifizierung. Beispielsweise kann der für einen bestimmten Raum erforderliche Waldanteil nur dann festgetellt werden, wenn etwa folgende Fragen beantwortet werden:

- Welche klimatischen Leistungen hat er aufgrund seiner Lage im Naturraum oder seiner Benachbarung zu den Siedlungen zu erbringen?
- Welche Aufgaben hat er hinsichtlich der Sicherung eines funktionsfähigen Wasserkreislaufes?
- Welche Aufgaben des Arten- und Biotopschutzes hat er zu erfüllen?
- Wird er für die Holzproduktion benötigt?
- Wird er für Erholungsfunktionen benötigt?
- Welcher Typ von Wald (Baumarten etc.) wird benötigt?
- ...

Also: Wo wird wieviel Wald in welcher Ausprägung benötigt?

Die räumliche Gesamtplanung fragt die Bevölkerungsentwicklung ab, industrielle und gewerbliche Vorhaben, Pendlerbewegungen usw. Was in Fachplanung und Gesamtplanung eingegeben und wie es dort verarbeitet wird, ist zu jeweils spezifischen feinen Regelwerken entwickelt. Zwar besitzen die Bewertungsregeln für die Planungsbeiträge von Naturschutz und Landschaftspflege einen vergleichbaren Leistungsstandard, jedoch fehlen oft passende "Daten". Für diese Feststellung gibt es zahllose Belege, u.a. die Umweltverträglichkeitsprüfung zur Bundesverkehrswegeplanung. Obwohl in einem groben Maßstab angesetzt, reichten nicht einmal die vielen vorhandenen Informationen aus, um eine der Aufgabenstellung angemessene Aussage zu gewinnen. Landschaftsrahmenpläne, in denen versucht wird, aus Übersichtskärtchen im Millionenmaßstab Aussagen zur Emissionssituation zu ziehen, in denen Bodenübersichtskarten im Maßstab 1:250 000 verwendet werden müssen, vermögen den Sachstand zu illustrieren.

Ausgehend von dem Modell der ökologischen Wirkungsanalyse, bewirken Belastungen (bwz. ihre Intensität) Veränderungen von Natur und Landschaft immer dann, wenn dafür eine Disposition vorhanden ist (Abb. 1 "Aufbau der ökologischen Wirkungsanalyse"). Diese Disposition ist ein Zustand der abiotischen Verhältnisse des Standortes. Die Wirkungsanalyse unterscheidet in eine Verursacher- und eine Betroffenenseite. Die größeren Informationsdefizite liegen bei den betroffenen Ökosystemen. Zwar ist die Schwierigkeit bekannt, die Verteilung von belastenden Stoffen, gerade über das Medium Luft, zu ermitteln; noch größere Schwierigkeiten bereitet es aber, den Grad der - möglichen - Betroffenheit zu bestimmen.

Die Kenntnisse über die unmittelbaren Wirkungen auf die biotischen Verhältnisse lassen durchaus planerische Entscheidungen zu, auch wenn aus dem Bereich der Naturwissenschaften hin und wieder andere Auffassungen geäußert werden. Die Vertiefung und Vermehrung dieser Kenntnisse bleibt gleichwohl erforderlich; sie bedarf allerdings einer längerfristigen Konzeption.

Ein Übersicht über den Informationsbedarf zeigt die folgende Tabelle. Dort sind den Zielen von Naturschutz und Landschaftspflege diejenigen Informationen gegenübergestellt, die benötigt werden, um ihre Realisierung planerisch vorzubereiten. Die häufigen Nennungen zeigen, wie wichtig die Daten für die Planung sind. Die benötigten Informationen sind bisher nur zum Teil vorhanden. Aussagekräftige Daten liefern beispielsweise die Emissions-, Immissions- und Wirkungskataster, die im Rahmen der Luftreinhaltung für die gemäß § 44 Bundes-Immissionsschutzgesetz ausgewiesenen Belastungsgebiete erstellt werden. Bisher haben allerdings nur sechs Länder solche Belastungsgebiete ausgewiesen, und nur in drei Ländern (Nordrhein-Westfalen, Hessen und Rheinland-Pfalz) liegen Luftreinhaltepläne vor. Das Emissionskataster enthält Angaben über die Emissionsquellen und die Emissionsbedingungen wie Quellengeometrie, Abgasmenge und -temperatur, Häufigkeit und Dauer der Emission sowie den genauen Standort und die Identifikationsmerkmale der Quelle. Das Immissionskataster gibt Auskunft über Umfang und flächenmäßige Verteilung der Schadstoffbelastungen im Lebensbereich der Menschen. Darüber hinaus werden gezielte und flächendeckende Wirkungsuntersuchungen durchgeführt und laufend ergänzt: So werden für den zweiten Luftreinhalteplan Ludwigshafen-Frankenthal, der im Jahre 1987 fertiggestellt sein wird, die Schadenswirkungen von Luftverunreinigungen nicht nur auf Material (Boden, Stahlbleche, Sandstein) und Pflanzen (Flechten und Welsches Weidelgras), sondern im Rahmen einer humanmedizinischen Untersuchung auch auf den Gesundheitszustand der Bevölkerung analysiert.

In anderen Bereichen müssen Informationen aber erst noch erhoben oder im richtigen Maßstab für die planerischen Aufgaben nutzbar gemacht werden. Wie bereits erörtert, sollten sich Informationsgewinnung und -verarbeitung im Regelfall auf den regionalen Maßstab konzentrieren. Dafür spricht außerdem, daß auf der kommunalen Ebene der Aufwand für landesweite flächendeckende Erhebung und Planung zu groß, im regionalen Maßstab jedoch vertretbar ist, daß dieser Maßstab der systembezogenen, nicht-medialen Betrachtung von Umweltproblemen entgegenkommt, daß Biotopkartierungen in der Regel im regionalen Maßstab vorliegen und auch andere Fachplanungen wie z.B. der Wasserwirtschaft im regionalen Maßstab erstellt werden. Auch die von Naturschutz und Landschaftspflege benötigten eigenen Konzepte und Aktionsprogramme mit Raumbezug lassen sich am ehesten in diesem "mittleren" Maßstab aufstellen; sie liefern zugleich Beiträge für die Regionalplanung wie auch Vorgaben für die Bauleitplanung und für fach- und raumplanerische Verfahren.

Der Bezugsraum soll so abgegrenzt werden, daß er gleiche oder stark ähnelnde abiotische Verhältnisse aufweist. Sofern sich aus der Kartierung nichts anderes ergibt, sind die naturräumlichen Einheiten als Bezugsräume geeignet.

Die Dringlichkeit, Informationen als Entscheidungsgrundlagen zu gewinnen, einerseits und die Knappheit der z.Z. verfügbaren finanziellen Mittel andererseits stehen fest. Ferner zwingt der Aktualitätsschwund, der bei einer integrierten Aufnahme einzurechnen ist (s.u.), zu einer raschen Durchführung.

Tab. 1: Ziele von Naturschutz und Landschaftspflege und Informationsbedarf zur planerischen Realisierung

Ziele	Informationsbedarf
1. möglichst unbelastete Luft bioklimatische Vielfalt	- Bioklimatische Karte - Nutzungskarte - Emissionskataster - Immissionskarte
2. Lärmfreiheit	- Nutzungskarte - Emissionskataster
3. Biologisch funktionsfähige, möglichst unbelastete Böden	- Bodenkarte - Nutzungskarte - Standortkundliche Karte*) - Hangneigungskarte - Depositionskarte - Immisionskarte
4. Funktionsfähige Wasserkreisläufe, Wasserreinheit	- Hydrologische Karte - Hydrogeologische Karte - Emissionskataster - Immisionskarte - Bodenkarte - Gewässergütekarte - Nutzungskarte - Standortkundliche Karte*)
5. Naturraumspezifische Vielfalt von Arten und Lebensgemeinschaften	- Standortkundliche Karte*) - Biotopkarte - Nutzungskarte
6. Naturraum- bzw. kulturraumspezifisches Landschaftsbild und abwechslungsreiche, gegliederte Erholungslandschaften ausreichender Flächengröße	- Nutzungskarte - Strukturkarte

*) Als "heutige potentielle natürliche Vegetation", deren spezielle Kartierungsweise im folgenden näher beschrieben wird.

Als ineffektiv hat sich erwiesen, Kartierungen mit verschiedener Zweckbestimmung, aber teilweise überlagerten Inhalten, zeitlich oder räumlich getrennt durchzuführen. Deshalb wird z.B. für Rheinland-Pfalz im Zuständigkeitsbereich des Landesamtes für Umweltschutz und Gewerbeaufsicht eine integrierte Aufnahme konzipiert, die

a) eine vegetationskundliche Standortkartierung
b) die bodenkundlichen Ergänzungen zur Standortkartierung
c) die Biotopkartierung
d) eine Biotoptypen- und Nutzungskartierung

enthält. Die Biotoptypen- und Nutzungskartierung erfaßt flächendeckend alle Bestände, die Biotopkartierung dagegen selektiv nur die als besonders bedeutsam eingestuften. Die Aufnahme soll für a) im Maßstab 1:10000, für b), c) und d) im Maßstab 1:25 000 (Erhebungsmaßstab) erfolgen, für die Endkarte ist der Maßstab 1:25 000 vorgesehen[4].

2.2 Die Kartierung abiotischer Standorte mit vegetationskundlichen Methoden

Eine Standortkartierung soll ein Abbild der abiotischen Verhältnisse liefern, die durch die Merkmale Temperatur, Boden- und Luftfeuchte, Nährstoffangebot und die mechanischen Wirkungen des Witterungsgeschehens des fließenden Wassers und des Bodens (Lockergesteine, Trockenrisse) geprägt werden. Wesentlich sind Eigenschaften wie Bodenart, Gehalt an einzelnen Nährstoffen, Gründigkeit, Exposition, Grund- und Oberflächenwasserstände, Amplituden der Wasserstandsschwankungen, Temperaturgang und Niederschlagsverteilung.

Pflanzen und Tiere wirken zwar bei der Ausbildung der Standorteigenschaften, vor allem bei der Bodenentwicklung, mit, ihr unmittelbarer Einfluß, z.B. die Beschattung des Bodens durch die Vegetation, gehört dagegen nicht zur standortkundlichen Kartierung im hier definierten Sinne.

Prinzipiell kann eine Standortkartierung direkt über Messungen des jeweiligen Standortfaktors mit Feld- und Labormethoden oder indirekt über die Ansprache von Zeigerorganismen und -organismengruppen erfolgen.

Die vegetationskundliche Standortkartierung bedient sich ökologischer Pflanzenartengruppen und Pflanzengesellschaften der heute vorhandenen, realen Vegetation. Als Ergebnis wird die heutige potentielle natürliche Vegetation (hpnV) dargestellt.

Die heutige potentielle natürliche Vegetation ist diejenige Vegetation, die unter den heutigen (abiotischen) Standortbedingungen vorhanden wäre, hätte der

Mensch keinen Einfluß auf die Vegetationsentwicklung. Sie ist außerdem Schlußgesellschaft der Vegetationsentwicklung unter der Vorgabe, daß dabei die Standortbedingungen gleich bleiben. Sie ist unmittelbares Abbild oder integraler Ausdruck des Zusammenwirkens aller Standortfaktoren. Menschliche oder natürliche Einflüsse auf die Standortbedingungen führen definitionsgemäß zu einer Änderung der potentiellen natürlichen Vegetation. Aus der "heutigen" wird dadurch die "morgige" potentielle natürliche Vegetation. Für alle an einer bestimmten Stelle denkbaren Standortbedingungen ist auf diese Weise eine potentielle natürliche Vegetation konstruierbar.

Unter Biotoppotential ist die Summe aller denkbaren Biotope auf einem bestimmten (abiotischen) Standort zu verstehen. Vegetationskundlich betrachtet, umfaßt es außer der Schlußgesellschaft der Vegetationsentwicklung, der natürlichen Vegetation (in Mitteleuropa meist Wald verschiedener Ausprägung), auch alle nutzungsbedingten Ersatzgesellschaften und alle Entwicklungsstadien (Gebüsch, Wiese, Acker, Brachen).

Für jede an einer bestimmten Stelle denkbare Standortbedingung ist damit außer der potentiellen natürlichen Vegetation auch ein Biotoppotential konstruierbar. Das Biotoppotential muß demnach analog nach jeder Veränderung der (abiotischen) Standortbedingungen neu bestimmt werden.

In ihrem Ablauf ist die Erfassung der heutigen potentiellen natürlichen Vegetation mehrstufig. Zunächst wird deduktiv aus der Kenntnis standortkundlicher Gegebenheiten, vor allem aus geologischen, geomorphologischen, pedologischen und hydrologischen Karten, eine hpnV-Karte im Kartiermaßstab oder gröber entwickelt. Hilfsmittel ist auch die Analyse alter Nutzungskarten, durch die auf die Entwicklung der Vegetation und der standortkundlichen Gegebenheiten rückgeschlossen werden kann. Die deduktiv gewonnene hpnV-Karte dient als Vorinformation für die induktive Erfassung, die Kartierung vor Ort, die sich gliedert in:

a) Ansprache mit einfachen Methoden im Freiland festzustellender standortkundlicher Gegebenheiten und dadurch Überprüfung und ggf. Verfeinerung der deduktiven Vorerfassung. Hier kommen besonders Relief, Bodenart des Oberbodens und aktuelle Wasserstände des Grund- und Oberflächenwassers in Betracht, sofern sie oberflächig oder anhand bestehender Pegel festzustellen sind.

b) Vergleich der realen Vegetation auf gleichem Standort (= Kontaktgesellschaften), Bestimmung ihres Natürlichkeitsgrades und Ermittlung der Verbreitung und Abgrenzung von Zeigerpflanzen (= Differentialarten) und Zeigerpflanzengesellschaften.

c) Umsetzung der Information vor Ort in die hpnV-Aussage. Dabei werden zur Abgrenzung der Kartierungseinheiten die direkten und indirekten standortkundlichen Informationen herangezogen. Zur Charakterisierung des Arteninventars der heutigen potentiellen natürlichen Vegetation dienen Vegetationsaufnahmen naturnaher Pflanzengesellschaften aus dem Untersuchungsgebiet oder aus Nachbargebieten.

Die standortkundlichen Aussagen der hpnV-Karte ergeben sich aus der Definition der Kartierungseinheiten (s.u.). Das Biotoppotential wird aus dem Vergleich der Kontaktgesellschaften, d.h. der auf gleichem Standort benachbart vorkommenden Pflanzengesellschaften, abgeleitet. Als Hilfsmittel dienen dabei auch der Vergleich mit anderen naturräumlich ähnlich ausgestatteten Gebieten und historische Betrachtungen.

Vorteile dieser Methode gegenüber anderen standortkundlichen Kartierungen sind

- Geschwindigkeit
- Flächendeckung
- Grenzschärfe.

Schwierigkeiten ergeben sich auf stark kulturbestimmten Flächen. Dort nimmt der Aussagewert von Zeigerpflanzen deutlich ab, oder sie fehlen völlig. Das betrifft vor allem die Äcker und die künstlich abgetragenen oder aufgeschütteten, noch unentwickelten Böden. Hier kann die unmittelbare Ansprache der Bodeneigenschaften mit pedologischen Methoden weiterhelfen. Damit wird der Wert der vegetationskundlichen Standortkarte jedoch nicht in Frage gestellt, da das Problem der nutzungsbedingten Standortveränderungen für alle anderen standortkundlichen Methoden auch besteht.

Aus der Karte der potentiellen natürlichen Vegetation sind auch Aussagen über die Pflanzengesellschaften derjenigen Biotope ableitbar, die entwickelt oder neu geschaffen werden sollen. Probleme entstehen selbstverständlich immer dann, wenn auf größeren intensiv genutzten Flächen keine oder nur kleine Bestände anzutreffen sind, die den Standort richtig charakterisieren können.

In Rheinland-Pfalz wird die hpnV-Kartierung im Feldkartenmaßstab 1:10 000 und im Endkartenmaßstab 1:25 000 in der Regel meßtischblattweise durchgeführt. Daneben bestehen deduktiv entwickelte hypothetische Vorkarten im Maßstab 1:200 000 für das ganze Land und im Maßstab 1:50 000 für einige Teilräume. Für spezielle Zwecke werden kleinräumig auch Kartierungen im Maßstab 1:5000 durchgeführt oder generalisierende Verkleinerungen von 1:10 000 auf 1:50 000 vorgenommen.

Die Mehrzahl der Kartierungseinheiten im Maßstab 1:25 000 ist mit Pflanzengesellschaften vom Rang der Assoziation (Haupteinheit, s.u.) identisch. Nur wenige in der Natur durchweg sehr kleinflächig auftretende Vegetationseinheiten sind zu Assoziationsgruppen zusammengefaßt.

Viele Pflanzengesellschaften kommen in einem relativ großen Standortbereich vor. Der Kartierungsmaßstab erlaubt, diese Gesellschaften nach Wasser-, Nährstoff-, Basen- und Wärmehaushalt in mehrere Untereinheiten (Ausbildungen, Varianten, Subassoziationen) zu gliedern.

Da diese Untereinheiten standortkundlich definiert sind und auch die Haupteinheiten (Assoziationen) zwar mit pflanzensoziologischen Begriffen benannt, aber nicht nach Charakterarten, sondern nach standortkundlichen Gesichtspunkten abgegrenzt werden, besteht ein direkter Bezug jeder Kartierungseinheit zu definierten Standortbedingungen. Die hpnV-Karte ist dadurch direkt in eine Standorttypenkarte umsetzbar oder als solche lesbar.

In Rheinland-Pfalz werden 35 Haupteinheiten (Assoziationen oder Assoziationsgruppen) unterschieden, die nach verschiedenen Standortmerkmalen weiter differenziert werden können. Durch Untergliederung nach Feuchte und Trophie allein ist mit insgesamt rund 80 Kartierungseinheiten zu rechnen. Eine Übersicht über das Verfahren geben die Kurzfassung der Kartierungseinheiten (Tabelle 2) und das Beispiel einer Kartenlegende (in Langfassung, Tabelle 3).

Insgesamt werden auf diese Weise elf Feuchtestufen, acht Trophiestufen und fünf weitere Merkmale, u.a. des Klimas, unterscheidbar. Sie beschreiben sowohl die Haupteinheiten als auch die Untereinheiten.

Künstliche Standorte wie Hausdächer und Straßen werden nicht erfaßt. In geschlossenen Ortschaften müßte Pioniervegetation, zum großen Teil epilithische Algen- und Flechtenvegetation, aber auch krautige Ruderalvegetation kartiert werden. Hier wird entweder aus darstellungstechnischen Gründen nicht kartiert, oder die Verhältnisse der Vorgärten und Parks werden pauschal auf die bebaute Fläche übertragen. Dadurch ist es zumindest in kleinen Ortschaften möglich, die innerörtlichen naturräumlichen Grenzen, häufig den Verlauf von Bachniederungen, darzustellen.

Tab. 2: Kartierungseinheiten der potentiellen natürlichen Vegetation von Rheinland-Pfalz (Kurzfassung)

Kartierungseinheiten sind Pflanzengesellschaften (Assoziationen oder Assoziationsgruppen). Eine Reihe von ihnen umfaßt einen relativ großen Standortbereich und wird nach Wasser-, Nährstoff-, Basen- und Wärmehaushalt in mehreren Untereinheiten (Ausbildungen, Varianten, Formen, in der Regel Subassoziationen) gegliedert.

Die Kartierungseinheiten sind durch unterschiedliche Grundfarben und Großbuchstaben, teils zusätzlich durch schwarze Aufsignaturen, die Untereinheiten, mit Ausnahme der typischen Einheit, durch farbige Aufsignaturen und Kleinbuchstaben dargestellt. Den Einheiten ist die Farbsignaturnummer von Schwan-Stabilo vorangestellt.

Untereinheiten der Waldgesellschaften

Farbe, Muster und Zeichen der Aufsignatur

Farbe	Muster	Zeichen	
8753	||||	b	mäßig basenarme Ausb. (reiche Ausb. armer Wälder)
8748	||||	a	mäßig basenarme Ausb. (arme Ausb. reicher Wälder)
8743	',','	r	basenreiche Ausbildung
8743	||||	s	sehr basenreiche Ausbildung
8710	═══	d	dürre (z.T. sehr dürre) extrem flachgründige Var.
8745	═══	t	trockene (z.T. sehr trockene) oder wechseltrockene Var.
8745	-_-_	m	mäßig trockene bis mäßig frische oder mäßig wechseltrockene Variante
8712	-_-_	i	sehr frische bis mäßig feuchte oder wechselfrische Variante (zeitweise schwach vernässend) schwacher Grund- oder Stauwassereinfluß
8712	═══	u	feuchte (z.T. sehr feuchte oder wechselfeuchte Variante (mittel bis stark vernässend) mittel bis starker Grund- oder Steuerwassereinfluß
8727	═══	n	nasse - sehr nasse Variante, sehr starker Grund- oder Stauwassereinfluß
	vvvv	v	wechseltrockene oder wechselfeuchte Form
	oooo	w	wärmeliebende Form der Tieflagen
	kkkk	k	kalkreiche Form

Tab. 2 (Forts.)

....	h	Hochlagenform
1111	l	luftfeucht – schattige Form

Buchenwälder und Buchenmischwälder

8743		BA	**Hainsimsen- (Traubeneichen -) Buchenwald** (Luzulo-Fagetum inkl. Melampyro-Fagetum)
8723		BB	**Flattergras- (Traubeneichen -) Buchenwald** (Milio-Fagetum)
8733		BC	**Perlgras-Buchenwald inkl. Waldmeister Buchenwald** (Melico-Fagetum) (Asperulo-Fagetum)
8713		BD	**Perlgras-Buchenwald auf Kalk** (Melico-Fagetum elymetosum = "Elymo-Fagetum)
8753		BE	**Seggen-Buchenwald** trockener Kalkfelskuppen (Carici-Fagetum)

Bodensaure Eichenmischwälder und Felsvegetation

8748	====	EA	**Kiefern-Eichenwald** der Kalksanddünen (Pino-Quercetum)
8748	!!!!	EB	**Birken-Eichenwald** entwässerter Birkenbrücher (Betulo-Quercetum)
8748		EC	**Buchen-Eichenwald** inkl. **Hainbuchen-Eichenwald** (Fago-Quercetum) (Violo-Quercetum)
8754		ED	**Hainsimsen-Eichenwald** basenarmer Silikatfelskuppen (Luzulo-Quercetum)
8754	====	EE	**Karpatenbirken-Ebereschenwald und- Gebüsch** basenarmer Lockergesteinshänge u.a. (Betulo-Sorbetum)
8710		EF	**Felsenahorn-Traubeneichenwald** u.a. Trockenwälder basenreicher Silikatfelskuppen (Aceri monspessulani-Quercetum)
8745		EG	**Felsenbirnen-Zwergmispelgebüsch** (Cotoneastro-Amelanchieretum) häufig inkl. gehölzfreier Felsvegetation
8745	====	EH	**Felsheiden, Felsrasen,Felsspalten-u. Steinschuttveg.** (naturbedingte Assoziationen der Sedo-Scleranthetea, Festuco-Brometea, Asplenietea und Thlaspietea)

Eichen-Hainbuchen- und Ahorn-Linden-Mischwälder

8734		HA	**Sternmieren-Stieleichen-Hainbuchenwald** der Täler des Hügellandes und der Niederungen (Stellario-Carpinetum)
8724		HB	**Feldulmen-Stieleichen-Hainbuchenwald** kalkhaltiger Täler und ehemaliger Flußauen (Ulmo-Carpinetum = Stellario-Carpinetum ulmetosum)

8744		HC	**Waldlabkraut-Traubeneichen-Hainbuchenwald** wechseltrockener Hänge (Galio-Carpinetum)
8744	———	HD	**Primel-Traubeneichen-Hainbuchenwald** warmtrockener Hänge (Galio-Carpinetum primuletosum veris)
8739	!!!!	HE	**Eschen-Bergahornwald** kühlfrischer Lockergesteinshänge (Fraxino-Aceretum)
8739	———	HF	**Spitzahorn-Sommerlindenwald** warmtrockener Lockergesteinshänge (Aceri-Tilietum)
8739		HG	**Bergahorn-Eschenwald** der Tälder des Berglandes (Aceri-Fraxinetum)

Auen-, Sumpf- und Bruchwälder

8757	———	SG	**Hainbuchen-Feldulmen-Flußauenwald** der Übergangszone ("Querco-Ulmetum carpinetosum")
8757		SH	**Stieleichen-Feldulmen-Flußauenwald** der Hartholzaue (Querco-Ulmetum = Fraxino-Ulmetum)
8729		SI	**Silberweiden-Flußauenwald** der Weichholzaue (Salicetum albae) inkl. Mandelw.-Korbweidengebüsch (Salicetum triandro-viminalis) und stellenweise Verlandungsvegetation
8751	———	SA	**Eschen-Erlen-Bachuferwald** (Stellario nemori-Alnetum) i.d.R. nicht dargestellt, da grundsätzlich an Bächen
8751		SB	**Erlen-Eschen-Quellbachwald** inkl. Quellsumpfwald (Carici remotae-Fraxinetum)
8712	———	SC	**Erlen-Eschen-Sumpfwald** des Berglandes (Anschluß an folgende Gesellschaft!)
8712		SD	**Erlen-Eschen-Sumpfwald** der Niederungen (Pruno-Fraxinetum = Alno-Fraxinetum)
8755		SE	**Schwarzerlen-Bruchwald** (Carici Alnetum) häufig inkl. waldfreier Niedermoorvegetation
8746		SF	**Moorbirken-Bruchwald** (Betuletum pubescentis) häufig inkl. waldfreier Zwischenmoorvegetation
8746	———	SK	**Moorbirken-Kiefern-Bruchwald** kontinentaler Zwischenmoore (Vaccinio uliginosi-Pinetum)

Tab. 2 (Forts.)

Vegetation der Gewässer und gehölzfreien Moore, Ufer- und Verlandungszone

8746	!!!!	GA	**Niederwüchsige Zwischenmoorvegetation** (u.a. Oxycocco-Sphagnetea, Scheuzerio-Caricetea)
8727	!!!!	GB	**Großseggenrieder** (Phragmitetea)
8727		GC	**Röhrichte** (Phragmitetea) häufig inkl. Potamogetonetea
8727	– – –	GD	**Laichkraut- und Seerosenges.** inkl. **Wasserwurzlerges.** (Potamogetonetea) (Lemnetea)
8727	XXXX	GE	**Dauerhafte Pioniervegetation d.Gewässerböden u.Ufer** (naturbedingte Assoziationen der Littorelletea, Isoeto-Nanojuncetea und Chenopodietea)

Tab. 3: Heutige potentielle natürliche Vegetation im Raum Alzey/Rheinhessen (Beispiel der Kartierungseinheiten in Langfassung)

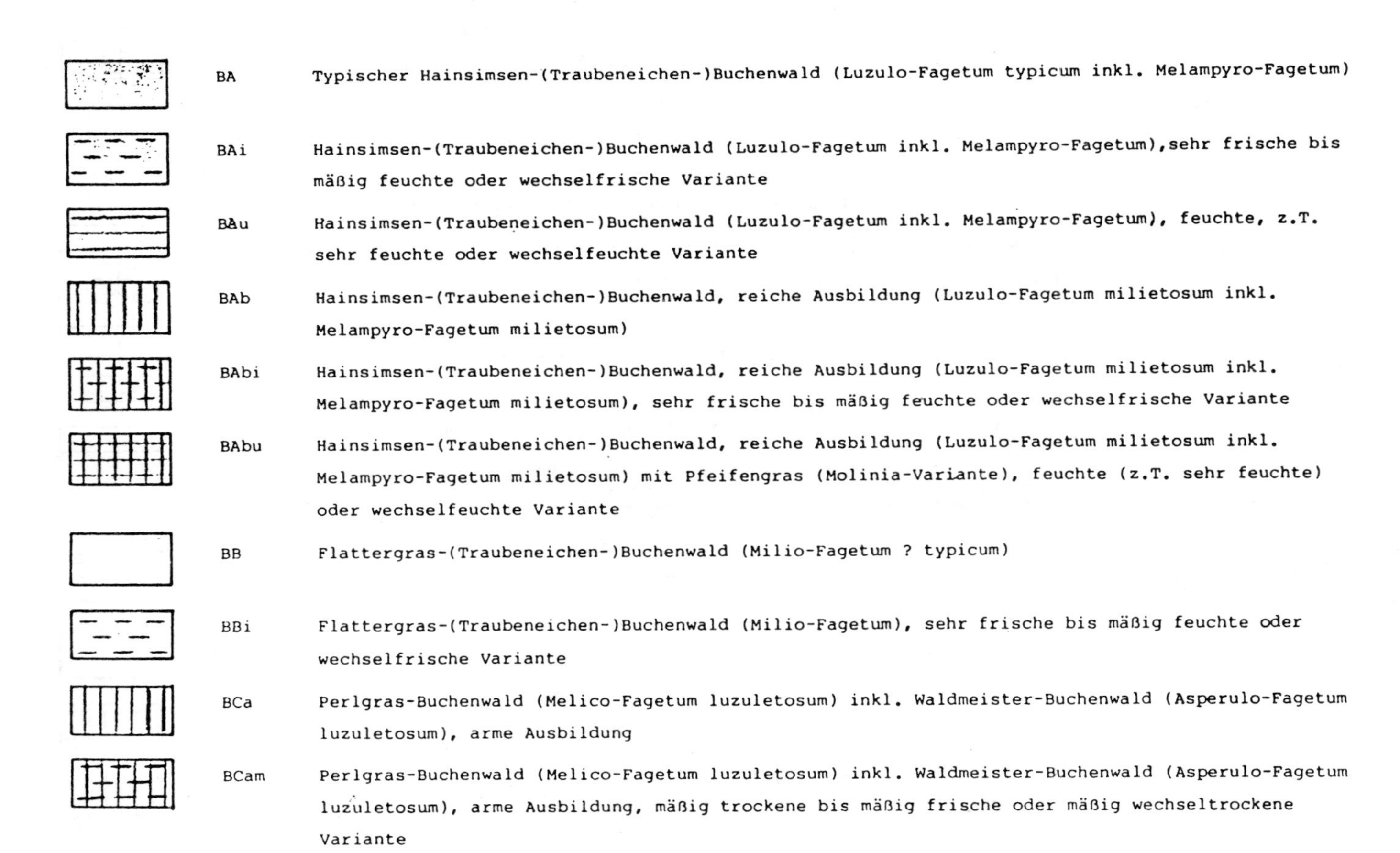

Signatur	Kürzel	Beschreibung
	BA	Typischer Hainsimsen-(Traubeneichen-)Buchenwald (Luzulo-Fagetum typicum inkl. Melampyro-Fagetum)
	BAi	Hainsimsen-(Traubeneichen-)Buchenwald (Luzulo-Fagetum inkl. Melampyro-Fagetum),sehr frische bis mäßig feuchte oder wechselfrische Variante
	BAu	Hainsimsen-(Traubeneichen-)Buchenwald (Luzulo-Fagetum inkl. Melampyro-Fagetum), feuchte, z.T. sehr feuchte oder wechselfeuchte Variante
	BAb	Hainsimsen-(Traubeneichen-)Buchenwald, reiche Ausbildung (Luzulo-Fagetum milietosum inkl. Melampyro-Fagetum milietosum)
	BAbi	Hainsimsen-(Traubeneichen-)Buchenwald, reiche Ausbildung (Luzulo-Fagetum milietosum inkl. Melampyro-Fagetum milietosum), sehr frische bis mäßig feuchte oder wechselfrische Variante
	BAbu	Hainsimsen-(Traubeneichen-)Buchenwald, reiche Ausbildung (Luzulo-Fagetum milietosum inkl. Melampyro-Fagetum milietosum) mit Pfeifengras (Molinia-Variante), feuchte (z.T. sehr feuchte) oder wechselfeuchte Variante
	BB	Flattergras-(Traubeneichen-)Buchenwald (Milio-Fagetum ? typicum)
	BBi	Flattergras-(Traubeneichen-)Buchenwald (Milio-Fagetum), sehr frische bis mäßig feuchte oder wechselfrische Variante
	BCa	Perlgras-Buchenwald (Melico-Fagetum luzuletosum) inkl. Waldmeister-Buchenwald (Asperulo-Fagetum luzuletosum), arme Ausbildung
	BCam	Perlgras-Buchenwald (Melico-Fagetum luzuletosum) inkl. Waldmeister-Buchenwald (Asperulo-Fagetum luzuletosum), arme Ausbildung, mäßig trockene bis mäßig frische oder mäßig wechseltrockene Variante

Tab 3 (Forts.)

Code	Beschreibung
BCai	Perlgras-Buchenwald (Melico-Fagetum luzuletosum) inkl. Waldmeister-Buchenwald (Asperulo-Fagetum luzuletosum), arme Ausbildung, sehr frische bis mäßig feuchte oder wechselfrische Variante
BCau	Perlgras-Buchenwald (Melico-Fagetum luzuletosum) inkl. Waldmeister-Buchenwald (Asperulo-Fagetum luzuletosum), arme Ausbildung, feuchte (z.T. sehr feuchte) oder wechselfeuchte Variante
BC	Typischer Perlgras-Buchenwald (Melico-Fagetum typicum) inkl. Waldmeister-Buchenwald (Asperulo-Fagetum ? typicum)
BCm	Perlgras-Buchenwald (Melico-Fagetum) inkl. Waldmeister-Buchenwald (Asperulo-Fagetum), mäßig trockene bis mäßig frische oder mäßig wechseltrockene Variante
BCi	Perlgras-Buchenwald (Melico-Fagetum) inkl. Waldmeister-Buchenwald (Asperulo-Fagetum), sehr frische bis mäßig feuchte oder wechselfrische Variante
BCu	Perlgras-Buchenwald (Melico-Fagetum) inkl. Waldmeister-Buchenwald (Asperulo-Fagetum), feuchte (z.T. sehr feuchte) oder wechselfeuchte Variante
BCr	Perlgras-Buchenwald (Melico-Fagetum) inkl. Waldmeister-Buchenwald (Asperulo-Fagetum), basenreiche Ausbildung
BCrm	Perlgras-Buchenwald (Melico-Fagetum) inkl. Waldmeister-Buchenwald (Asperulo-Fagetum), basenreiche Ausbildung, mäßig trockene bis mäßig frische oder mäßig wechseltrockene Variante
BCri	Perlgras-Buchenwald (Melico-Fagetum) inkl. Waldmeister-Buchenwald (Asperulo-Fagetum), basenreiche Ausbildung, sehr frische bis mäßig feuchte oder wechselfrische Variante
BCs	Perlgras-Buchenwald (Melico-Fagetum) inkl. Waldmeister-Buchenwald (Asperulo-Fagetum), sehr basenreiche Ausbildung, örtlich im Übergang zum Haargersten-Kalkbuchenwald (Elymo-Fagetum)
BCsi	Perlgras-Buchenwald (Melico-Fagetum) inkl. Waldmeister-Buchenwald (Asperulo-Fagetum), sehr basenreiche Ausbildung, örtlich im Übergang zum Haargersten-Kalkbuchenwald (Elymo-Fagetum = Melico-Fagetum elymetosum), sehr frische bis mäßig feuchte oder wechselfrische Variante
BDa	Haargersten-Kalkbuchenwald (Elymo-Fagetum = Melico-Fagetum elymetosum), arme Ausbildung

Code	Beschreibung
BDam	Haargersten-Kalkbuchenwald (Elymo-Fagetum = Melico-Fagetum elymetosum), arme Ausbildung, mäßig trockene bis mäßig frische oder mäßig wechseltrockene Variante
BDai	Haargersten-Kalkbuchenwald (Elymo-Fagetum = Melico-Fagetum elymetosum), arme Ausbildung, sehr frische bis mäßig feuchte oder wechselfrische Variante
BD	Typischer Haargersten-Kalkbuchenwald (Elymo-Fagetum typicum = Melico-Fagetum elymetosum typicum)
BDm	Haargersten-Kalkbuchenwald (Elymo-Fagetum = Melico-Fagetum elymetosum), mäßig trockene bis mäßig frische oder mäßig wechseltrockene Variante
BDi	Haargersten-Kalkbuchenwald (Elymo-Fagetum = Melico-Fagetum elymetosum), sehr frische bis mäßig feuchte oder wechselfrische Variante
BDs	Haargersten-Kalkbuchenwald (Elymo-Fagetum = Melico-Fagetum elymetosum), sehr basenreiche Ausbildung
BE	Typischer Seggen-Kalkbuchenwald (Caici-Fagetum typicum)
EC	Buchen-Eichenwald (Fago-Quercetum ? typicum) inkl. Hainbuchen-Eichenwald (Violo-Quercetum ? typicum)
ED	Hainsimsen-Eichenwald (Luzulo-Quercetum ? typicum)
EF	Felsenahorn-Traubeneichenwald (Aceri monspessulani-Quercetum ? typicum)
HA	Sternmieren-Stieleichen-Hainbuchenwald (Stellario-Carpinetum), frische Variante, inkl. Eschen-Erlen-Bachsaumwald (Stellario nemori-Alnetum)
HAi	Sternmieren-Stieleichen-Hainbuchenwald (Stellario-Carpinetum), sehr frische bis mäßig feuchte oder wechselfrische Variante, inkl. Eschen-Erlen-Bachsaumwald (Stellario nemori-Alnetum)

Tab. 3 (Forts.)

Code	Bezeichnung
HB	Feldulmen-Stieleichen-Hainbuchenwald (Ulmo-Carpinetum = Stellario-Carpinetum ulmetosum), frische Variante, inkl. Eschen-Erlen-Bachsaumwald (Stellario nemori-Alnetum)
HBi	Feldulmen-Stieleichen-Hainbuchenwald (Ulmo-Carpinetum = Stellario-Carpinetum ulmetosum), sehr frische bis mäßig feuchte oder wechselfrische Variante, inkl. Eschen-Erlen-Bachsaumwald Stellario nemori-Alnetum)
HBu	Feldulmen-Stieleichen-Hainbuchenwald (Ulmo-Carpinetum = Stellario-Carpinetum ulmetosum), feuchte (z.T. sehr feuchte) oder wechselfeuchte Variante, inkl. Eschen-Erlen-Bachsaumwald (Stellario nemori-Alnetum)
HC	Waldlabkraut-Traubeneichen-Hainbuchenwald (Galio-Carpinetum ? typicum)
HD	Primel-Traubeneichen-Hainbuchenwald (Galio-Carpinetum primuletosum veris ? typicum)
HDa	Primel-Traubeneichen-Hainbuchenwald (Galio-Carpinetum primuletosum veris), arme Ausbildung
HE	Eschen-Ahorn-Schatthangwald (Fraxino-Aceretum ? typicum)
SB	Erlen-Eschen-Bachrinnenwald (Carici remotae- Fraxinetum) inkl. Quellwälder und Quellfluren
SC	Erlen-Eschen-Talwald (Zuordnung unklar, Anschluß an Pruno-Fraxinetum?)
SE	Schwarzerlen-Bruchwald (Carici-Alnetum) häufig inkl. waldfreier Niedermoorvegetation
GC	Röhrichte (Phragmitetea) häufig inkl. Potamogetonetea
GD	Laichkraut- und Seerosengesellschaften (Potamogetonetea) inkl. Wasserwurzlergesellschaften (Lemnetea)

3. Zur Anwendung in der Planungspraxis

3.1 Vernetzte Biotopsysteme[5)]

Die herkömmliche Ausweisung von Schutzgebieten kann die seit Jahrzehnten zunehmende Intensivierung der Landnutzungen und die damit verbundenen Veränderungen unserer Kulturlandschaft lediglich begleiten. Die Festschreibung von Restbeständen naturnaher oder extensiv genutzter Ökosysteme muß daher von der Entwicklung funktionsfähiger Biotopsysteme abgelöst werden. Dies stellt eine der zentralen Umweltaufgaben der kommenden Jahre dar. Geeigneter regionaler Bezugsrahmen ist auch hier der Naturraum (Haupteinheit der naturräumlichen Gliederung Deutschlands), der sich hinsichtlich abiotischer und biotischer Verhältnisse als genügend homogen darstellt[6)].

Ausgangspunkt für den Aufbau eines Biotopsystems stellt die Ermittlung des Biotopbestandes dar. Dieser ergibt sich aus der Biotopkartierung und Erhebungen zur Flächennutzung (als Feldaufnahme oder Auswertung von Luftbildern). Da wesentliche Aussagen zu den einzelnen Biotoptypen sich aus den Lebensraumansprüchen der zugehörigen Zönosen ableiten lassen, sollen diese Erhebungen um Kenntnisse der Verbreitung bestimmter Tier- und Pflanzenarten ergänzt werden.

Der zweite und dritte Schritt bestehen in der Ermittlung des Biotoppotentials und des Bedarfs. Mit der in Abschnitt 2 vorgestellten Kartierung wird die örtlich mögliche und für einen Naturraum spezifische Vielfalt an Biotoptypen festgestellt, die nutzungsbedingten Biotoptypen eingeschlossen. Da die Standortkartierung flächendeckend ist, liefert sie nicht nur qualitative Ergebnisse, sondern auch quantitative Aussagen zu den Entwicklungsmöglichkeiten von Biotopen. Sie beschreibt somit den Rahmen, in dem die Entwicklung von Biotopsystemen stattfinden kann. Freilich reicht auch das für eine Bedarfsermittlung noch nicht aus, denn die Standortkartierung beschreibt lediglich Möglichkeiten und keine Notwendigkeiten. Sie läßt vor allem die Frage offen, welche der auf gegebenem Standort möglichen Biotope entwickelt werden sollen und wie oft und wie groß ein bestimmter Beiotoptyp unter den naturräumlich vorgegebenen Möglichkeiten vertreten sein soll.

Die Bedarfsklärung konzentriert sich vor diesem Hintergrund auf die Beantwortung folgender Fragen:

a) Welche Biotoptypen sind für die Erhaltung der Lebensgemeinschaften bedeutsam?
b) Welche Anforderungen bestehen für jeden einzelnen Typ hinsichtlich Qualität, Quantität und räumlicher Zuordnung unter Berücksichtigung der naturräumlichen Möglichkeiten?
c) Welche Gefährdungen bestehen, mit welchen Gefährdungen ist zu rechnen?

Mit den gegenwärtig laufenden Arbeiten an Arten- und Biotopschutzplanungen werden folgende Vorstellungen überprüft und fortentwickelt:

Zu a)
Die Erfahrungen zeigen, daß grundsätzlich alle naturbedingten und extensivkulturbedingten Biotoptypen in allen ihren Ausprägungen bedeutsam sind. Darüber hinaus können auch intensivkulturbedingte Biotope und Biotopstrukturen von Bedeutung sein, vor allem dann, wenn sie in räumlichem Zusammenhang als Teillebensräume für bestimmte Tierarten fungieren oder in intensiv genutzten Landschaften eine Auffangfunktion übernehmen.

Zu b)
Die qualitativen und quantitativen Anforderungen - Flächengrößen, räumliche Beziehungen der Biotope untereinander wie Maximalabstand, interne Qualitäten - werden aus den Lebensraumansprüchen der zugehörigen Arten und Artengemeinschaften abgeleitet. Wenn auch fundierte Kenntnisse der Ansprüche nur für einen Teil der Arten und Artengemeinschaften vorhanden sind, so liegen doch schon jetzt wesentliche Beurteilungshilfen vor (Vgl. etwa v. Drachenfels, "Tierökologische Vernetzungskriterien für die Sicherung und Entwicklung von Vernetzten Biotopsystemen", erarbeitet im Auftrage des Landesamtes für Umweltschutz und Gewerbeaufsicht Rheinland-Pfalz, Oppenheim, 1986).

Zu c)
Unter Gefährdung ist das Risiko der Beeinträchtigung zu verstehen. Es wird bestimmt durch die Empfindlichkeit, die wiederum beurteilt wird nach:

- Seltenheit, bezogen auf die Bestände eines Typs pro Raum. Mithin ergibt sich je nach Perspektive eine

  - internationale
  - nationale
  - landesweite
  - regionale/naturräumliche

  Seltenheit.

- Unersetzbarkeit bzw. Wiederherstellbarkeit oder Möglichkeit der Neuschaffung.

- Anfälligkeit gegenüber Belastungen, z.B. oligotropher Typen gegenüber Schad- und Nährstoffeintrag.

Die Karten 2 und 3 zeigen Beispiele für die Vorgehensweise beim Aufbau eines Vernetzten Biotopsystems. Ausgangspunkte sind die noch naturbetonten oder

Karte 2: Beispiel für die Anwendung der Biotoppotentialkarte in der Biotopsystemplanung - Demonstration einer falschen, nicht auf die Standortverhältnisse abgestimmten Planung

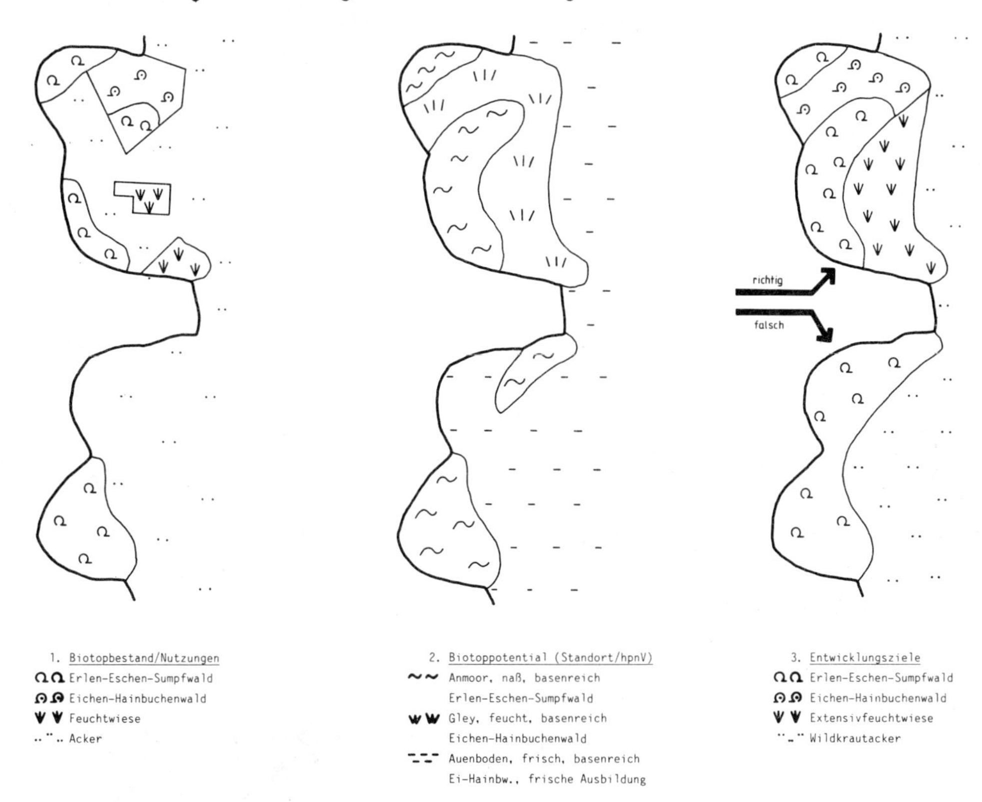

entwicklungsfähigen größeren zusammenhängenden Gebiete, die als Kernbereiche des Systems erhalten und optimiert werden. Sie stellen das Rückgrat des Systems dar, von dem aus beispielsweise Wiederbesiedlungen erfolgen können. Sie sind entsprechend den Ansprüchen der sie besiedelnden Lebensgemeinschaften großzügig unter Einbeziehung schützender Pufferzonen zu sichern und weiterzuentwickeln.

Ergänzend dazu müssen auch kleinflächige Bestände gesichert und ergänzt, Biotope neu- oder wiedergeschaffen bzw. deren Entwicklung eingeleitet werden. Die Festlegung dieser Flächen muß sich - ausgehend von den Kernbereichen - an den quantitativen und qualitativen Kriterien orientieren. Standortkartierung und Nutzungskartierung weisen dabei die Möglichkeiten auf.

Zur Klarstellung sei darauf hingewiesen, daß der Naturschutz auch das Einzelgebiet von ausreichender Größe benötigt. Es ist eine Frage der Definition, ob solche Gebiete als Biotopsysteme bezeichnet werden; keine Frage ist, daß sie durch zahlreiche kleine Gebiete nicht ersetzt werden können[7].

Karte 3a: Beispiel einer Biotopsystemplanung - Biotopbestand/Nutzungen

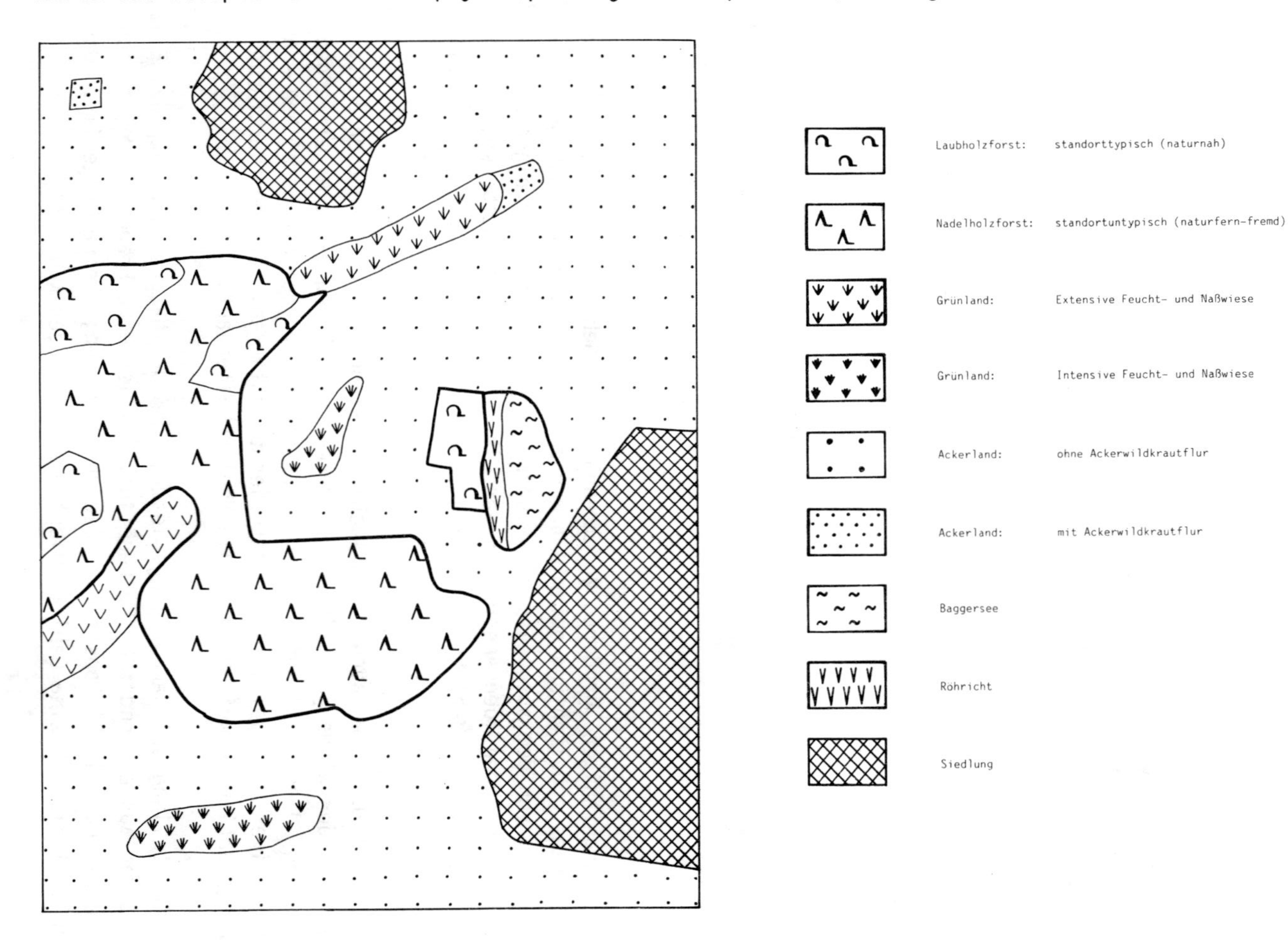

Karte 3b: Beispiel einer Biotopsystemplanung - Biotoppotential

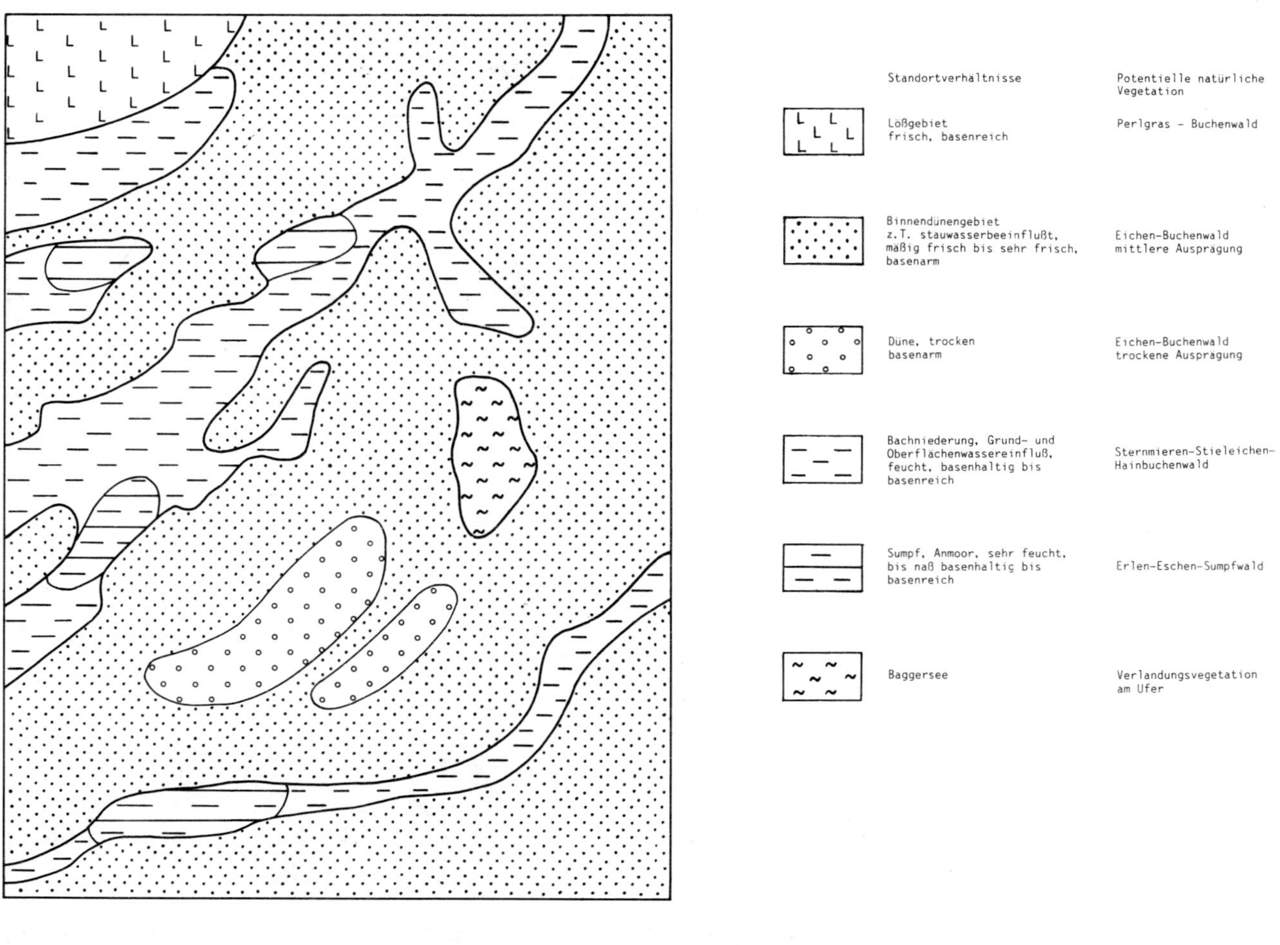

Karte 3c: Beispiel einer Biotopsystemplanung - Entwicklungsziele

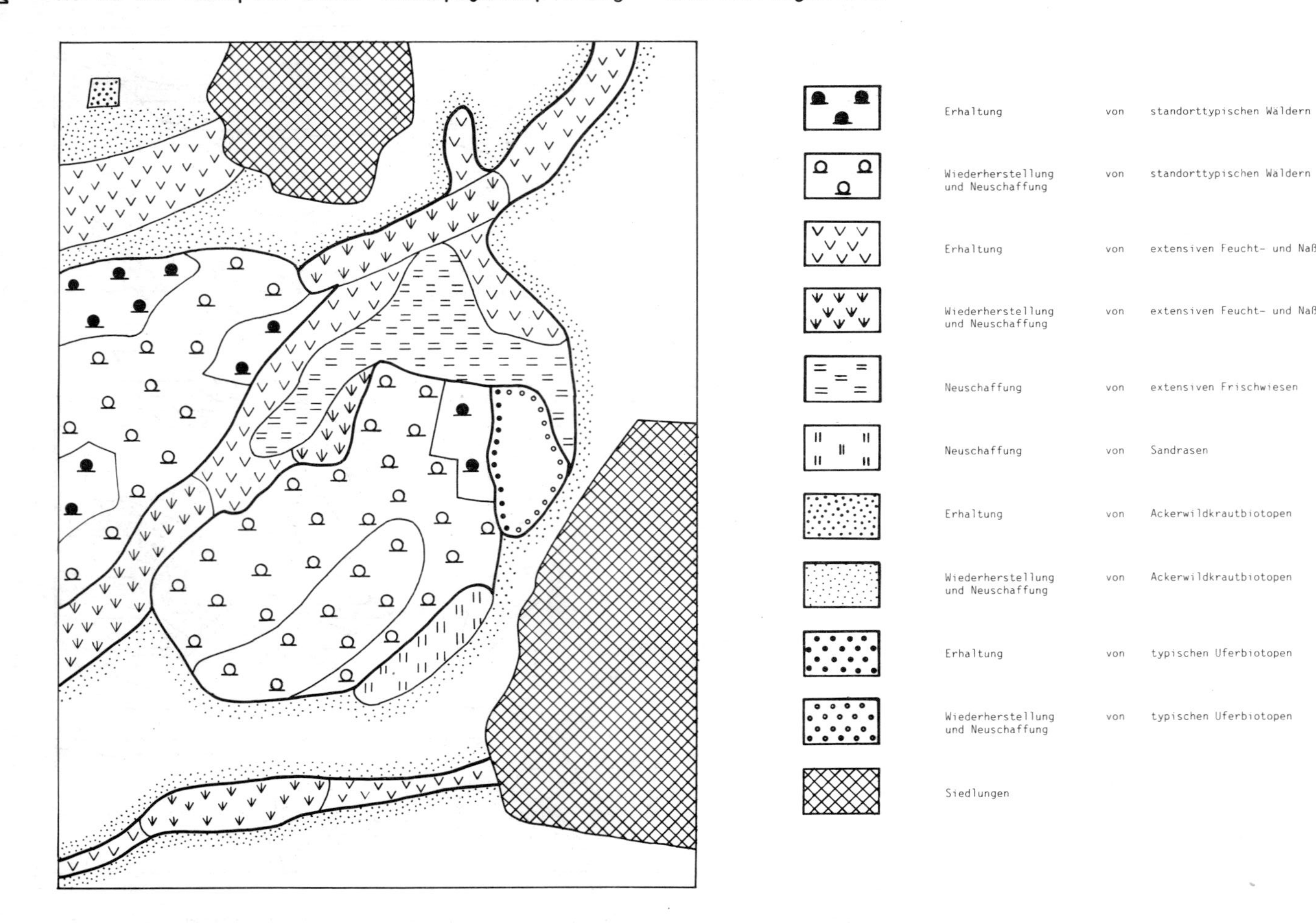

Entsprechend der zentralen Bedeutung funktionsfähiger Biotopsysteme liefern die so gewonnenen Ergebnisse flächenhaft fixierte ökologische Entwicklungskonzepte, die in die Regionalen Raumordnungspläne zu übernehmen sind. Sie enthalten sowohl Ausschlußflächen für andere Nutzungen und somit "Zwangspunkte" für die Raumordnung als auch Vorranggebiete, in denen andere Nutzungen unter Auflagen zugelassen werden können. Der Ausdruck "ökologische Achsen", der sich im Zusammenhang mit Vorgaben an die Raumordnung anbietet, sollte bewußt nicht verwendet werden, weil er dem Flächenbezug der Ökologie nicht gerecht wird.

3.2 Landesweite Rahmenprogramme

Wegen ihrer integrierenden Betrachtung eignet sich die beschriebene Erhebungs- und Betrachtungsweise insbesondere als Grundlage für landesweite Rahmenprogramme einer stärker als bisher ökologisch ausgerichteten und auf vorsorgenden Umweltschutz bedachten Landnutzung. Beispiele sind landwirtschaftliche Extensivierungsprogramme und Bodenschutzprogramme. Zur Einschätzung von Einzelproblemen bedarf die Standortkartierung allerdings immer dann ergänzender Untersuchungen, wenn nicht durch Zeigerpflanzen zu ermittelnde Standortmerkmale angesprochen werden müssen. Beispiele sind die Erosions- und Verdichtungsneigung von Böden und die Durchlässigkeit bzw. Absorptionsfähigkeit von Böden für bestimmte Stoffe.

3.3 Umweltverträglichkeit / Raumplanerisches Verfahren

Bei der Umweltverträglichkeitsprüfung oder dem raumplanerischen Verfahren zu einzelnen Vorhaben - wie übrigens auch für die räumliche Gesamtplanung - muß zunächst (und häufig allein) auf die Bestandsermittlung zurückgegriffen werden; hier wird der Schwerpunkt zunächst auf den hochwertigen Gebieten der Biotopkartierungen liegen. Diese müssen als Ausschlußgebiete betrachtet werden, auch wenn sie nicht Teil eines Vernetzten Biotopsystems sind.

Darüber hinaus müssen bei Eingriffen in Natur und Landschaft sowie bei der räumlichen Gesamtplanung für die Wirkungsanalyse die Empfindlichkeit und die Schutzbedürftigkeit bzw. Disposition vorhandener Landschaftspotentiale ermittelt werden. Die Ökosysteme sind besonders hinsichtlich der Nährstoff- und Wasserhaushaltsveränderungen zu beurteilen. Der Eingriff in diese dynamischen Beziehungen, z.B. Entwässerung, Eutrophierung, muß beschrieben und seine Auswirkungen müssen prognostiziert werden. Dabei kommt es auf Qualitätsveränderungen einzelner Standortfaktoren, aber auch auf Zerschneidungseffekte und daraus entstehende Auswirkungen im biotischen Bereich an. Die in Abschnitt 2 vorgestellte Kartierung liefert hierzu in Verbindung mit den in 3.1 aufgezeigten Bewertungsmaßstäben ebenso die Grundlage wie für die evtl. anschließende

Ableitung von Kompensationsmaßnahmen einschließlich der Suche nach Ersatzstandorten vergleichbarer Qualität, Lage, Funktion bzw. mit entsprechenden Entwicklungsmöglichkeiten.

4. Mithilfe der Raumordnung bei der Anwendung der ökologischen Entscheidungsgrundlagen

Die in den Abschnitten 2 und 3 dargestellten Erhebungen und Bewertungen dienen zunächst der eigenen fachlichen Arbeit von Naturschutz und Landschaftspflege. Sie liefern mit den Aussagen über die Empfindlichkeit der Biotope aber auch wesentliche Hinweise für andere Bereiche des Umweltschutzes, etwa den Immissionsschutz, den Schutz vor Lärm und Erschütterungen, den Strahlenschutz, die Abfallentsorgung, die Wassergewinnung und die Abwasserbeseitigung, so daß der Forderung nach Teilkoordinierung der Umweltschutzziele entsprochen wird. Auch bei dieser Gelegenheit sei darauf hingewiesen, daß die "Leistungsfähigkeit des Naturhaushalts" (§ 1 (1) Nr. 1 und § 2 (1) Nr. 1 BNatSchG) den übergeordneten Leitgedanken darstellt. Das Aufgabengebiet von Naturschutz und Landschaftspflege reicht somit weit über das hinaus, was der Wortlaut angibt, ist also mehr als Natur schützen und Landschaft pflegen.

Die Ergebnisse der Erhebungen und Planungen stellen daher als räumliche Entwicklungskonzepte sowie als konkretisierte Restriktionen umfassende Vorgaben des Umweltschutzes für die Raumordnung dar. Die Raumordnung ist aufgerufen, mit ihren Instrumenten zur Verwirklichung beizutragen:

a) In der Regel werden die Gebiete, die dem Umweltschutz bereits zur Verfügung stehen (Naturschutzgebiete, Naturdenkmale, Wasserschutzgebiete, Naturwaldzellen und einige wenige Landschaftsschutzgebiete) nicht zur Verwirklichung der ökologischen Ziele ausreichen, selbst wenn konkurrierende Nutzungen von den Schutzgebieten weitgehend ferngehalten werden könnten (vgl. unter 1.1). Vielmehr wird insbesondere aus den Vernetzten Biotopsystemen ein erheblich größerer Flächenbedarf resultieren, der nicht zur Gänze oder nicht in absehbarer Zeit mit den umweltschutzeigenen Instrumenten gesichert werden kann, wahrscheinlich in dieser strengen Form auch nicht gesichert zu werden braucht. Hier kann die Raumordnung mit Hilfe der Festlegung ökologischer Vorrangflächen in den Regionalen Raumordnungsplänen rasch helfen und für eine Vielzahl von Flächen andere flächenbeanspruchende Nutzungen abwehren.

Auf diesem Felde sind im Zuge der Erarbeitung der sog. zweiten Generation der Regionalen Raumordnungspläne in Rheinland-Pfalz Fortschritte zu verzeichnen. So konnten in den ersten drei Regionalen Raumordnungsplänen dieses Durchgangs erhebliche Flächenansprüche bestimmter Fachplanungen auf der Basis des ökologischen Datenmaterials zurückgewiesen werden. Für die beiden letzten Regionalen Raumordnungspläne dieses Durchgangs ließ sich darüber hinaus die Übernahme der in der Biotopkartierung am höchsten (nämlich mit "hervorragend" oder "besonders schützenswert") bewerteten Biotope als landespflegerische Vorrangflächen ("Vorrangfläche Biotope") erreichen. Dieser Weg erscheint daher gangbar und erfolgsträchtig, wenn es um die Sicherung weiterer Flächen und die Realisierung der ökologischen Entwicklungskonzepte geht.

b) Einen weiteren verfolgenswert erscheinenden Ansatz vertritt Finke[8)], wenn er vorschlägt, in der Regionalplanung künftig anstelle von Flächenfunktionen stärker mit Flächennutzungen zu operieren. Auf diese Weise könnte es gelingen, ökologisch bedeutsame Effekte bestimmter Flächennutzungen - etwa eine extensive Form der Landwirtschaft - raumplanerisch "festzuschreiben". Dies wäre für die Realisierung der unter 3.2 genannten Zielsetzungen bedeutsam.

c) Dem "Vorwurf", der Umweltschutz wolle sich eine Sonderstellung innerhalb der abwägungsbedürftigen Belange sichern[9)] (vgl. Bergwelt, R., in diesem Band) ist entgegenzuhalten, daß Wertewandel "weiter nichts" ist als bewußtes oder unbewußtes Schaffen von Abwägungsprioritäten oder -posterioritäten. Die gegenwärtige Situation unserer Umwelt stellt gerade das Ergebnis einer langjährigen - in der Aufbauphase nach dem 2. Weltkrieg durchaus erklärlichen - Abwägungsposteriorität zu Lasten der Umwelt dar. Um hier ein Gegengewicht zu schaffen und um Negativentwicklungen umzukehren im Sinne der zitierten Langzeitökonomie erscheint es durchaus geboten und legitim, jetzt dem Umweltschutz bewußt eine Abwägungspriorität einzuräumen - zumindest auf Zeit. In vielen Fällen ist Umweltschutz heute angesichts des bedrohlichen Zustandes der Naturressourcen - regional unterschiedlich - eine restriktive Rahmenbedingung für weitere Vorhaben und Entwicklungen. Insoweit erscheint es auch geboten, nicht nur "die Ausrichtung der Umweltpolitik am Prinzip der ökologischen Vorsorge" zu fordern: "Produktion und Konsum sollen so beschaffen sein, daß Belastungen und Beschädigungen der Umwelt von vornherein möglichst begrenzt sind" (Aktionsprogramm Ökologie 1983, Tz. 279). Vielmehr müßte - noch stringenter - eine "Beweislastumkehr" zu Gunsten des Umweltschutzes eingeführt werden derart, daß die Unvermeidbarkeit der Eingriffe in den Naturhaushalt bzw. das Ökosystem und die Kompensationsmöglichkeiten vorab nachgewiesen werden müssen. Die Abwägungspriorität und die "Beweislastumkehr" hätten sowohl für das Einzelvorhaben als auch für die räumliche Gesamtplanung zu gelten.

5. Zusammenfassung

Ausgehend von der Erkenntnis, daß ökologische Vorgaben an die Raumordnung konkret raumbezogen sein müssen, wird in dem Beitrag ein Weg vorgeschlagen, in überschaubarer Zeit und mit vertretbaren Kosten im naturräumlichen Maßstab ökologische Entscheidungsgrundlagen zu gewinnen. In Form Regionaler Vernetzter

Biotopsysteme können dann ökologische Entwicklungskonzepte der Raumordnung zur Umsetzung mit ihren Instrumenten angeboten werden. Sowohl für die Umweltverträglichkeitsprüfung als auch für die räumliche Gesamtplanung wird eine Neugewichtung der Werte und eine Abwägungspriorität zu Gunsten des Umweltschutzes gefordert.

Anmerkungen

1) In der umweltpolitischen Diskussion wird der Begriff "Ökologie" häufig als Synonym für "Umweltschutz" gebraucht. Diese Gleichsetzung ist im Grunde nicht korrekt; sie kann aber hingenommen werden und wird so in diesem Beitrag verwendet, wenn - wie bei dem nicht näher differenzierten Begriff der "Ökonomie" auch - allgemein der Problem- und Aufgabenbereich angesprochen wird. Zu differenzieren ist auch bei den Begriffen "Umweltschutz" und "Umweltvorsorge": Grundsätzlich wird Umweltschutz als Oberbegriff so definiert, daß die Vorsorge als eines seiner Prinzipien oder Instrumente gilt. Zuweilen wird Umweltschutz nur als "technischer" Umweltschutz verstanden, wobei die Verwendung dieses Begriffs auch noch den Eindruck erweckt, als übersähen die Autoren die vorsorgende Komponente etwa im Immissionsschutz. Bei dieser Betrachtungsweise rückt "Umweltvorsorge" in der Begriffshierarchie nach oben. In diesem Beitrag wird Umweltschutz in dem umfassenden Sinn gebraucht, der die Umweltvorsorge einschließt.

2) Die heute für ländliche Räume ausgewiesenen Grünzüge können damit allerdings nicht verglichen werden.

3) Erläuterung des Begriffes in Abschnitt 3.

4) Die benötigten Finanzmittel betragen nach Kalkulation des Landesamtes 20 00 bis 25 000 DM pro Meßtischblatt der TK 25 für eine Standortkartierung sowie Biotoptypen- und Nutzungskartierung. Jährlich kann ein Sechstel der Landesfläche bearbeitet werden.

5) Für Rheinland-Pfalz wurde dieser Begriff gewählt, um deutlich zu machen, daß es in erster Linie um das System geht, dessen einzelne Glieder je nach den Ansprüchen der Lebensgemeinschaften bzw. Arten miteinander zu verknüpfen sind.

6) Bei einer Geländeaufnahme können, wie bereits erörtert, Korrekturen nötig werden.

7) Vergl. hierin auch Reichholf, J., in diesem Band.

8) Vergl. Finke, L., in diesem Band.

Überlegungen zu ökologischen Eckwerten und ökologisch orientierten räumlichen Leitzielen der Landes- und Regionalplanung

von

Albert Schmidt und Wolfgang Rembierz, Recklinghausen

Gliederung

Der Behandlung des Themas wurden z.T. das nordrhein-westfälische Planungsinstrumentarium und die von der Landesanstalt für Ökologie, Landschaftsentwicklung und Forstplanung NRW (LÖLF) bei der Erarbeitung von Fachbeiträgen zu Landesentwicklungsplänen, Gebietsentwicklungsplänen und Landschaftsplänen in Nordrhein-Westfalen gewonnenen Erfahrungen zugrundegelegt.

1. Überlegungen zur Art und Darstellungsschärfe ökologisch orientierter Zielsetzungen und ihrer Verankerung in Landes- und Regionalplänen

Die integrierte Raumordnung ist dadurch gekennzeichnet, daß sie die verschiedenen räumlich relevanten Ansprüche zu einer übergeordneten Gesamtplanung zusammenführt. Die ökologisch orientierten Zielsetzungen und Erfordernisse können in die übergeordnete Gesamtplanung nicht als ein eng gefaßter Sachaspekt oder spezifischer Flächenanspruch eingebracht werden, denn die Ansprüche der Ökologie sind selbst querschnittsorientiert.

Das in § 1 Bundesnaturschutzgesetz und gleichlautend auch in § 1 des nordrhein-westfälischen Landschaftsgesetzes verankerte Ziel, die Leistungsfähigkeit des Naturhaushaltes zu sichern, ist ebenso umfassend wie allgemein. Die Verwirklichung dieses Ziels im Rahmen der Raumordnung ist nur möglich, wenn es gelingt, diesen allgemeinen Anspruch der Ökologie in konkrete, möglichst quantitativ meßbare bzw. überprüfbare Einzelaspekte aufzufächern.

Im Hinblick auf die verschiedenen, hierarchisch abgestuften Planungsebenen kann dabei grundsätzlich daran festgehalten werden, daß die Präzision der ökologisch orientierten Ziele bzw. Planinhalte mit der Höhe der Planungsebene abnimmt. Bei programmatischen Entwicklungskonzepten reicht es aus, daß die ökologischen neben wirtschaftliche und soziale Zielvorstellungen gestellt werden. Hier kommt es vor allem darauf an, die Gleichrangigkeit bzw. bei entsprechenden Erfordernissen und ausreichender Begründung sogar den Vorrang ökologischer Belange festzulegen, um damit eine Gewichtung für die nachgeordneten Planungen vorzugeben.

Es reicht aber schon auf der Ebene der Landes- und Regionalplanung nicht aus, die ökologischen Ansprüche nur in Form von verbalen, relativ allgemein formulierten Grundsätzen bzw. Leitzielen einzubringen. Die ökologisch orientierten Zielsetzungen zur Sicherung der natürlichen Lebensgrundlagen müssen vielmehr dem Konkretisierungsgrad der sozio-ökonomischen Ziele entsprechen.

Wenn in Landesentwicklungsplänen z.B. potentielle Standorte für Großindustrien und Kraftwerke nahezu parzellenscharf vor konkurrierenden Anforderungen gesichert werden oder wenn für den Ausbau des Verkehrswegenetzes auf Bundes- und Landesebene detaillierte Bedarfspläne aufgestellt werden, so müssen auch die

Belange des Naturschutzes und der Landschaftspflege entsprechend konkret und quantifiziert berücksichtigt bzw. dargestellt werden. Es kann nicht angehen, daß für eine Planungsebene bzw. innerhalb eines Planes konkreten wirtschaftlich oder sozial bedingten Raumnutzungen allgemeine - und damit unverbindliche - ökologische Ziele gegenübergestellt werden. Erst nach Überwindung dieses auch heute noch festzustellenden Mißverhältnisses bei der Darstellung von ökonomischen und ökologischen Belangen ist eine gerechte Abwägung der konkurrierenden Ansprüche bzw. eine Verwirklichung ökologischer Zielvorstellungen möglich.

Zu begrüßen ist es deswegen, daß im Rahmen der Fortschreibung des Landesentwicklungsplanes III (LEP III), der nunmehr die Bezeichnung trägt "Umweltschutz durch Sicherung von natürlichen Lebensgrundlagen", von der Landesplanung Nordrhein-Westfalens erstmalig die Freiräume in Verdichtungsgebieten und in ländlichen Gebieten abgegrenzt sowie Gebiete für den Schutz der Natur, soweit sie größer als 75 ha sind, dargestellt werden. Die Widerstände einiger Städte und Gemeinden gegen diese Absicht machen deutlich, daß noch nicht überall der Freiraumschutz selbstverständlich ist.

Das Bemühen um möglichst konkrete Planinhalte ist vor allem auf den höheren Planungsebenen wegen der Großräumigkeit der Plangebiete mit einem erheblichen Arbeitsaufwand verbunden. Die Versuchung ist daher groß, die tatsächliche Abstimmung und Entscheidung über konkurrierende Ansprüche auf die unteren Planungsebenen bzw. den konkreten Einzelfall zu verschieben.

Ein solches Vorgehen geht jedoch häufig zu Lasten ökologischer Belange, denn deren Bedeutung wird vielfach erst bei einer komplexen, großräumigen und langfristigen Betrachtungsweise erfaßt. Außerdem muß darauf hingewiesen werden, daß bei unternehmerischen und kommunalen Planungen den ökonomischen und sozialen Belangen, die relativ leicht mit Zahlen zu belegen sind, oft eine überragende Bedeutung beigemessen wird. Auch verfügen die planaufstellenden Behörden dieser Ebene i.d.R. noch nicht über hinreichende ökologische Kenntnisse und Daten und vermögen damit auch die Beeinträchtigungen ökologischer Ziele und Belange nur begrenzt einzuschätzen.

Die Summe der raumplanerischen Einzelentscheidungen ging und geht auch heute noch häufig zu Lasten der natürlichen Lebensgrundlagen. Auch die übergeordnete, aber allgemein erhobene raumordnerische bzw. landesplanerische Forderung, umweltbelastende Eingriffe und Nutzungen auf den tatsächlichen Bedarf bzw. auf das "unabweisbar notwendige Maß" zu beschränken, zeigt im Ergebnis wenig Wirkung. In der gegenwärtigen Handhabung wird der unbestimmte Begriff des "unabweisbar Notwendigen" auf der Grundlage überkommener Konsum- und Wirtschaftsgewohnheiten immer noch zu großzügig zugunsten sozio-ökonomischer Anforderungen angewandt.

Auch aus diesen Erfahrungen heraus ist zu fordern, daß die ökologisch orientierten Ansprüche schon im Rahmen der Landes- und Regionalplanung so weit konkretisiert werden, daß sie ein wirksames Gegengewicht zu den Natur und Landschaft beanspruchenden bzw. beeinträchtigenden Nutzungen darstellen. Die Art der Darstellung darf andererseits den gesetzlich abgesteckten Planungsspielraum der Bauleit- und Landschaftsplanung nicht unzulässig einschränken. Um diese mittlere Darstellungsschärfe zu markieren, wird in den folgenden Aussagen des Beitrages von landes- und regionalplanerischen "Leitzielen" gesprochen.

1.1 Zum Problem der landes- und regionalplanerischen Konkretisierung ökologisch orientierter Zielsetzungen

Zur Konkretisierung der allgemeinen Ziele des Naturschutzes und der Landschaftspflege werden bereits in § 2 des Bundesnaturschutzgesetzes bzw. in § 2 des nordrhein-westfälischen Landschaftsgesetzes (LG) sog. "Grundsätze des Naturschutzes und der Landschaftspflege" formuliert. Dort wird z.B. gefordert, daß

- unbebaute Bereiche als Voraussetzung für die Leistungsfähigkeit des Naturhaushaltes, die Nutzung der Naturgüter und für die Erholung in Natur und Landschaft insgesamt und auch im einzelnen in für ihre Funktionsfähigkeit genügender Größe zu erhalten sind;
- Naturgüter, soweit sie sich nicht erneuern, sparsam zu nutzen sind;
- Boden zu erhalten ist;
- wildwachsende Pflanzen und wildlebende Tiere als Teil des Naturhaushaltes zu schützen und zu pflegen sind usw.

Die gesetzlich fixierten Ziele und Grundsätze des Naturschutzes und der Landschaftspflege müssen im Rahmen raumordnerischer Pläne ergänzt und konkretisiert werden. So muß z.B. hinsichtlich des gesetzlich geforderten Schutzes der Pflanzen- und Tierwelt in textlichen Darstellungen und Erläuterungen der Landes- und Regionalpläne näher ausgeführt werden, daß

- naturnahe bzw. schutzwürdige Biotope zu sichern sind,
- diese Biotope bei Unterschreitung von Mindestarealgrößen bestimmter Tier- und Pflanzenarten zu erweitern und - soweit die Voraussetzungen hierfür gegeben sind - zu Biotopverbundsystemen zu verknüpfen sind,
- zur Verwirklichung des Biotop- und Artenschutzes u.a. von der Landwirtschaft bestimmte Rücksichten genommen werden müssen,
- im Rahmen der Rekultivierung von Abgrabungen die Möglichkeiten zur Herrichtung wertvoller Sekundärbiotope genutzt werden sollen etc.

Die Ausfüllung bzw. Umsetzung solcher verbal-qualitativer Ziele und ihre Berücksichtigung bei der Abwägung mit konkurrierenden Ansprüchen bleibt jedoch nach Art und Umfang weitgehend den nachgeordneten Planungs- und Entscheidungsverfahren überlassen. Der Ermessensspielraum ist dabei so groß, daß viele, die in die Wirksamkeit der wohlformulierten landes- und regionalplanerischen Umweltziele hohe Erwartungen gesetzt haben, diese frustiert nur noch als "Leerformeln" bezeichnen.

Eine höhere Wirksamkeit bzw. mehr Beachtung wird i.d.R. der zeichnerischen (kartographischen) Darstellung der verschiedenen Nutzungs- und Funktionsbereiche zuteil. Es liegt daher nahe, künftig auch die ökologisch orientierten Ziele verstärkt durch entsprechende zeichnerische Darstellungen als räumlich konkrete Schutz-, Pflege- und Entwicklungsbereiche festzulegen.

Dieses Bestreben kann bezüglich der Regionalplanung grundsätzlich befürwortet werden (vgl. Kap. 1.3), wenngleich auch hierbei darauf hingewiesen werden muß, daß der Maßstab der Regionalpläne (in NRW 1:50 000) und die Beachtung der gemeindlichen Planungshoheit es erfordern, daß die (zeichnerischen) Darstellungen des Regionalplanes so gehalten werden müssen, daß nachgeordneten Planungen und Projekten ein angemessener Entscheidungs- und Umsetzungsspielraum bleibt.

Auf der Ebene der Landesplanung ist die Schärfe der zeichnerischen Darstellungen maßstabbedingt geringer als bei der Regionalplanung. Schwerwiegender ist jedoch, daß für eine landesweite Darstellung räumlich-konkreter Zielsetzungen des Naturschutzes und der Landschaftspflege noch keine hinreichenden Grundlagen bereitgestellt werden können. Entsprechende Landschaftsanalysen und -bewertungen liegen noch nicht für das ganze Land vor und können auch nicht in relativ kurzer Zeit für die Landesplanung erarbeitet werden. So war es bei der Fortschreibung des nordrhein-westfälischen Landesentwicklungsplanes III z.B. nicht möglich, alle naturschutzwürdigen Gebiete des Landes darzustellen, denn z.Zt. sind zumindest die kleineren naturschutzwürdigen Gebiete noch nicht alle erfaßt und bewertet worden.

Auch ohne zeichnerische Darstellungen kann die Landesplanung aber auf das räumliche Ausmaß verschiedener Nutz- und Schutzfunktionen einwirken, wenn sie ökologisch fundierte Mindeststandards festlegt, die im Rahmen der nachgeordneten Planung bzw. bei den verschiedenen raumbeanspruchenden Planungen und Maßnahmen einzuhalten sind. Diese quantifizierten "ökologischen Eckwerte" sollen den Spielraum für sozio-ökonomisch begründete Entwicklungen begrenzen. Sie sind bei der Abwägung der gesellschaftlichen Ansprüche an Natur und Landschaft im konkreten Einzelfall als "K.O.-Bedingungen" anzusehen. D.h. ein Vorhaben, bei dessen Durchführung die Einhaltung der festgelegten Mindeststandards nicht gewährleistet ist, muß aufgegeben und statt dessen gegebenenfalls nach umweltverträglicheren Alternativen gesucht werden.

Solche ökologischen Eckwerte bzw. Soll-Werte für ausgewählte "Indikatoren der Umweltqualität" waren bereits Inhalte einer 1976 vom Beirat für Raumordnung herausgegebenen Empfehlung (vgl. Tab. 1)

Einige dieser Indikatoren, vor allem solche, die auch schon früher statistisch erfaßt wurden, werden auf Bundes- oder Länderebene im Rahmen der laufenden Raumbeobachtung ermittelt. Es liegen inzwischen auch Untersuchungen zur Zielerfüllung einzelner Soll-Werte vor. Allerdings haben bisher die Indikatoren der Umweltqualität und die daran geknüpften Zielsetzungen (Soll-Werte) keinen durchgreifenden Eingang in die Raumordnung gefunden. Den in der Regel vorliegenden harten ökonomischen Daten muß jedoch künftig mit genauso harten ökologischen Daten begegnet werden, um die angestrebte Gleichrangigkeit zwischen Ökologie und Ökonomie zu erreichen.

Die Verfasser halten es deswegen in Anbetracht der bisherigen Schwierigkeiten, ökologischen Belangen die notwendige Anerkennung zu verschaffen, für notwendig, unter Berücksichtigung der veränderen Rahmenbedingungen einen neuen Versuch zu starten, um ökologische Ansprüche mit Hilfe von ökologischen Eckwerten, die als Mindeststandards zu interpretieren sind, konkreter zu formulieren.

1.2 Allgemeine Anregungen zur Neubelebung der Diskussion über Indikatoren der Umweltqualität bzw. ökologische Eckwerte

Der Ruf nach ökologischen Eckwerten ist beinahe so alt wie der Begriff "ökologische Planung". Ansätze dafür gibt es genug, Erfolge stehen jedoch - wie bereits erwähnt - bei der Umsetzung und Einführung in die Planungspraxis noch aus. Dies gilt auch für den bereits 1976 beim Beirat für Raumordnung gewählten Ansatz, Indikatoren der "Umweltqualität" mit Hilfe von Soll-Werten einzuführen. Auch diese Empfehlung haben bisher Landes- und Regionalplanung nicht aufgegriffen. Es ist müßig, nach den Gründen dafür zu suchen, vielmehr sollten ein geändertes Wertbewußtsein der Öffentlichkeit und ständig wachsende ökologische Erkenntnisse für einen neuen Anlauf genutzt werden.

Seit 1976 haben sich die Datenbasis und der Umfang ökologischer Erkenntnisse erheblich erweitert. Darüber hinaus sind die Rechtsgrundlagen für Naturschutz und Landschaftspflege durch die neue Naturschutzgesetzgebung auf Bundes- und Länderebene einschneidend verbessert worden. Dies sind Gründe, die Diskussion über die Einführung ökologischer Eckwerte neu zu beleben und nach einem modifizierten Ansatz zu suchen.

Tab. 1: Indikatoren der Umweltqualität (Beirat für Raumordnung: Empfehlungen vom 16.6.1976)

(1) Grobgliederung	(2) Weitere Unterteilungen		(3) Räumlicher Raster[1]	(4) Ist-Wert	(5) Soll-Wert	(6) Dimension[2]	(7) Bemessungsgrundlage[2]	(8) Empfohlen in Anlehnung an:
10 Natürliches Potential	10000	Freifläche (Mindestanspruch)	GE		$\geq$ 0,20	ha/Einw.	Einw.	
	001	Freifläche (Bestandsgarantie)	GE		$\geq$ 0,99	ha/ha	ha Ist	
	100	Waldfläche (Untergrenze)	GE		$\geq$ 0,10	ha/ha	ha Gesamtfläche	
	101	Waldfläche (Obergrenze GE)	GE		$\leq$ 0,60	ha/ha	ha Gesamtfläche	
	102	Waldfläche (Obergrenze MB)	MB		$\leq$ 0,80	ha/ha	ha Gesamtfläche	
	200	Gewässerfläche	GE		$\geq$ 1,00	ha/ha	ha Ist	
	300	Unbewirtschaftete Fläche (Untergrenze GE)	GE		$\geq$ 0,03	ha/ha	ha Gesamtfläche	ndl. Flurber.Ges.
	301	Unbewirtschaftete Fläche (Untergrenze PR)	PR		$\geq$ 0,02	ha/ha	ha Gesamtfläche	ndl. Flurber.Ges.
	302	Unbewirtschaftete Fläche (Untergrenze KR)	KR		$\geq$ 0,01	ha/ha	ha Gesamtfläche	ndl. Flurber.Ges.
	303	Unbewirtschaftete Fläche (Obergrenze)	GE		$\leq$ 0,10	ha/ha	ha Gesamtfläche	ndl. Flurber.Ges.
	310	Schutzgebiete	GE		$\geq$ 1,00	ha/ha	ha Ist	
	320	Moor-, Heide-, Almfläche	GE		$\geq$ 1,00	ha/ha	ha Ist	
	400	Landwirtschaftlich genutzte Fläche	GE		$\leq$ 0,80	ha/ha	ha Freifläche	
	500	Mögl. Grundwasser-Sammelgebiete	GE		= 1,00	ha/ha	ha Ist	
	510	Auen, Überschwemmungs- u. Feuchtgebiete	GE		= 1,00	ha/ha	wünschensw. A., Ü.-F. geb. Int. Feuchtgeb.konv	
	600	Freie unbebaute Uferstreifen	GE		$\geq$ 1,00	km/km	km Ist	
	700	Frischluftschneisen	GE		$\geq$ 1,00	ha/ha	ha Ist	
11 Erholungspotential	11000	Wochenend-Erholungsfläche	GE		$\geq$ 0,14	ha/Einw.	Einw.	Kiemstedt
	100	Tages-Erholungsfläche	MB		$\geq$ 0,01	ha/Einw.	Einw.	
12 Bebaute und belastete Fläche	12000	Bebaute Fläche (D $\geq$ 90 E/ha)	MB		$\leq$ 0,10	ha/ha	ha Gesamtfläche	
	010	Bebaute Fläche (D $\geq$ 40 E/ha)	MB		$\leq$ 0,15	ha/ha	ha Gesamtfläche	
	020	Bebaute Fläche (insgesamt)	MB		$\leq$ 0,20	ha/ha	ha Gesamtfläche	
	100	Verkehrsfläche	MB		$\leq$ 0,05	ha/ha	ha Gesamtfläche	
13 Lärm	13000	Lärmbelastete Fläche (L $\geq$ 50 dB (A))	MB		$\leq$ 0,10	ha/ha	ha Gesamtfläche	
	100	Wohnbev. in Gebieten m. Lärmbelast. (L $\geq$ 50 dB (A))	MB		$\leq$ 0,01	Einw./Einw.	Einw.	Vornorm DIN 18 005
14 Qualität der Luft	14000	Schwefeldioxyd[4]	MB		$\leq$ 0,06	mg/cbm	cbm Luft	TA-Luft
	100	Staubkonzentration (K $<$ 10 μm)	MB		$\leq$ 0,10	mg/cbm	cbm Luft	TA-Luft
	200	Staubkonzentration (insgesamt)	MB		$\leq$ 0,20	mg/cbm	cbm Luft	TA-Luft
15 Oberflächengewässer	15000	Aufwärmspanne[3]	MB		$\leq$ 3,00	Grad C	–	Umweltgutachten 1974
	100	Maximaltemperatur	MB		$\leq$ 28,00	Grad C	–	Umweltgutachten 1974
	200	Biologischer Zustand	MB		$\geq$ ß– mesosaprob –		–	Mat. z. Umweltprogr. 1971
	201	Biologischer Zustand	MB		$\geq$ 1,00	–	Ist-Zustand	Mat. z. Umweltprogr. 1971
	300	nicht vollbiolog. gerein. kommunale Abwässer	MB		= 0,00	m^3/m^3	m^3 öff. Abwässer	
	400	unzureichend gereinigte Industrieabwässer	MB		= 0,00	m^3/m^3	m^3 Industrieabw.	
16 Grundwasser	16000	Mittl. Niedrigwasserabfluß (Grundwasservorrat)	MB		$\geq$ 1,00	m^3/sek	m^3/sek Ist	
	100	Mittl. Grundwassertiefstand (Grundwasservorrat)	MB		$\geq$ 1,00	m	m Ist	
	200	Geförderte Wassermenge mit EG-Mindestgüte	MB		= 1,00	m^3/m^3	m^3 Fördermenge	

1) GE = Gebietseinheit, PR = Planungsregion, MB = Mittelbereich (Immissions-Meßpunkte: schlechtester Punkt des Mittelbereichs)
2) Einwohner und Hektar in Tausend, EGW = Einwohnergleichwerte
3) Sonderregelungen für niedrigere Temperaturen siehe Wärmelastpläne
4) Wegen lückenhafter Datenlage zu Immissionswerten müssen ergänzende Modellrechnungen zu Emissionen durchgeführt werden.

Bei dem neuen Versuch, ökologische Eckwerte einzuführen, soll es auch um die Einhaltung von Mindeststandards für die räumliche Ausgewogenheit bestimmter Funktionen zur Erfüllung gleichwertiger Lebensbedingungen für den Menschen gehen. Vor allem soll aber erreicht werden, die Leistungsfähigkeit des Naturhaushaltes als natürliche Lebensgrundlage des Menschen auf der Basis einer verschärften Naturschutzgesetzgebung und unter dem Zwang einer ständig zunehmenden Umweltbelastung und Landschaftszerstörung besser als bisher zu sichern. Dies setzt u.a. einen verbesserten und intensivierten Freiraumschutz voraus.

Ökologen haben sich bisher aus den verschiedensten Gründen dagegen gesträubt, auf die von Politik und Raumplanung geforderte Festlegung von Grenzwerten bezüglich der Nutzung oder Belastung der Umwelt einzugehen. Vor dem Hintergrund der fortschreitenden Zerstörung und Beeinträchtigung der natürlichen Lebensgrundlagen bzw. der allgemein ungenügenden Berücksichtigung ökologischer Belange ist derzeit jedoch ein Umdenkungsprozeß im Gange, und viele Ökologen, Landschaftspfleger und Umweltschützer stimmen der Festlegung ökologischer Eckwerte grundsätzlich zu.

Diese Zustimmung erfolgt jedoch unter dem Vorbehalt, daß eine Reihe von offenen Fragen, Problemen und Widerständen bei der Einführung und Anwendung der ökologischen Eckwerte kritisch gewürdigt werden.

1.2.1 Zum Problem der wissenschaftlichen Ableitung ökologischer Eckwerte

Zu berücksichtigen ist insbesondere, daß es nicht Aufgabe der Ökologie sein kann, die einzelnen Eckwerte als zwingend notwendige Mindeststandards wissenschaftlich zu begründen; die Festlegung der anzustrebenden Umweltqualitäten ist vielmehr eine Aufgabe gesellschaftlicher und politischer Wertungen! Angesichts des gestiegenen Umweltbewußtseins und der allgemeinen Unzufriedenheit mit der gegenwärtigen Umweltsituation sollte die Ökologie aber auch nicht ständig gefragt werden, bis zu welchem Wert diese oder jene Belastung noch gesteigert werden könnte, bevor eine Art in dem jeweiligen Naturraum endgültig ausgerottet ist. Derartige Fragen zeigen nur ökologisches Unverständnis, denn angesichts des ohnehin zu schnellen Artensterbens sind entsprechende "Versuche" auf gar keinen Fall zu verantworten. Aufgabe der Ökologie ist es vielmehr, die derzeitigen Belastungen möglichst genau zu erfassen und zu bewerten sowie die Möglichkeiten für deren Verringerung aufzuzeigen, damit Politik und Raumplanung darauf aufbauend realistische Pflege-, Entwicklungs- und Sanierungsziele festlegen können. (Die geringe Wirksamkeit bisheriger Soll-Werte für Umweltindikatoren kann also nicht mit dem Hinweis auf deren unzureichende wissenschaftliche Absicherung abgetan werden; es handelt sich vielmehr um das Problem der politisch-planerischen Akzeptanz und Durchsetzung. Vgl. hierzu auch die Vorbemerkungen im Beitrag von D. Marx, in diesem Band.)

1.2.2 Zum Problem der Auswahl wichtiger Umweltindikatoren

Ein weiterer, berechtigter Vorbehalt gegenüber einem Katalog von ökologischen Eckwerten ist der, daß die ausgewählten Umweltindikatoren keine Zeiger für größere Belastungskomplexe darstellen. Die Absicht, mehrfach verflochtene Umweltsachverhalte in ihrer Komplexität zu reduzieren und den Umweltschutz auf die Überwachung und planvolle Steuerung einiger Umweltindikatoren einzugrenzen, ist nur mit großen Einschränkungen möglich; hier wird sehr leicht der Punkt erreicht, bei dem eine Vereinfachung in eine Verfälschung umschlägt.

Angesichts der Komplexität ökosystemarer Strukturen und der sich abzeichnenden prinzipiellen Begrenztheit ihrer Erforschbarkeit muß Umweltschutz aber schon heute auf zugegebenermaßen unvollständiger Wissensbasis ansetzen. Ökologie, Politik und Raumplanung müssen also in gegenseitiger Anregung ihr Handeln auf solche Umweltmerkmale bzw. -indikatoren richten, die aus heutiger Sicht besonders wichtig und entwicklungsbedürftig sind. Um dabei eine Einseitigkeit zu vermeiden, die sich im Nachhinein vielleicht als abseitig herausstellen könnte, sollten die betrachteten Umweltindikatoren möglichst unterschiedlichen Sachbereichen entstammen. Parallel hierzu muß das Bewußtsein wach bleiben, daß mit der getroffenen Indikatorenauswahl das Feld der Umweltgefährdungen nicht systematisch bzw. lückenlos abgedeckt ist und daß sich deshalb ständig Ergänzungen und Änderungen als notwendig erweisen.

1.2.3 Zum Problem der mißbräuchlichen Anwendung und der Notwendigkeit einer regionalen Differenzierung ökologischer Eckwerte

Von einer mißbräuchlichen Anwendung müßte gesprochen werden, wenn wider neuerer Erkenntnisse nicht die notwendige, oben geforderte Änderung und Ergänzung vorgenommen würde. Mißbräuchlich wäre aber auch, wenn die ökologischen Eckwerte lediglich dazu benutzt würden, in Gebieten mit derzeitig besseren Umweltbedingungen alle Gefährdungen und Belastungen bis zur "Auffüllung" der Eckwerte zuzulassen.

Realistische Umweltschutzziele müssen, wie schon erwähnt, an ökologischen Notwendigkeiten, aber auch an der vorgefundenen Umweltsituation im Geltungsbereich orientiert werden. Letzteres bedeutet, daß die ökologischen Eckwerte häufig so gewählt sein werden, daß sie nur in Teilen des Untersuchungs- bzw. Geltungsbereiches erreicht oder überschritten werden, so daß dann dort vordringlich Entwicklungs- bzw. Sanierungsmaßnahmen durchzuführen sind. Dieses Prinzip verlangt nach einer verantwortungsvollen Anwendung der ökologischen Eckwerte,

(In vergleichsweise gutsituierten Gebieten ist man nicht davon entbunden, sich um die Erhaltung der guten Umweltbedigungen zu bemühen, bei umweltbelastendenden Vorhaben sorgfältig abzuwägen und nur in begründeten Fällen Verschlechterungen bis hin zur "Auffüllung" des Eckwertes zuzulassen!)

hier wird aber auch deutlich, daß einheitliche Eckwerte für sehr unterschiedlich strukturierte Räume kaum greifen, d.h. daß eine regionale bzw. raumtypenbezogene Differenzierung der ökologischen Eckwerte notwendig ist.

1.2.4 Zum Problem der einvernehmlichen Festlegung ökologischer Eckwerte

Die Festlegung ökologischer Eckwerte muß insbesondere auf der Kenntnis von Struktur, Leistungsfähigkeit und Belastung der Landschaft aufbauen. Die dafür notwendige Datenbasis ist bisher nur zum Teil vorhanden; die entsprechenden Informationssysteme und Belastungskataster befinden sich erst im Aufbau.

Es darf jedoch nicht davon ausgegangen werden, daß Fortschritte in den o.a. wissenschaftlichen Erkenntnissen der Festlegung und Anwendung der ökologischen Eckwerte automatisch den Weg ebnen werden.

Es wird erhebliche Schwierigkeiten und Widerstände der Nutzungskonkurrenten geben, die diese Werte anzweifeln bzw. in konkreten Konfliktfällen zu umgehen versuchen werden.

Die Abstimmung der verschiedenen ökologischen, sozio-ökonomischen und politisch-planerischen Gesichtspunkte wird langwierige Diskussionen erfordern, wie es von der Festlegung von Grenz- und Schwellenwerten für einzelne Umweltmedien (z.B. Werte zur Immissionsbelastung, Wasserqualität) schon hinlänglich bekannt ist.

Insgesamt haben diese Verfahren aber doch viel für den Umweltschutz geleistet, und es stimmt hoffnungsvoll, daß einige Richtwerte eine unerwartet hohe Akzeptanz und Anwendung gefunden haben (z.B. Richtwerte der Dt. olympischen Ges. für Spiel- und Sportstätten).

Damit die "Indikatoren der Umweltqualität" bzw. "ökologische Eckwerte" die notwendige politisch-planerische Anerkennung finden und auch umgesetzt werden, ist es erforderlich

- ökologische Eckwerte fundiert zu begründen,
- die ökologischen Eckwerte sachlich so weit aufzufächern, daß alle als wichtig bzw. dringlich erkannten (Belastungs-)Faktoren des Naturhaushaltes erfaßt werden,

- die ökologischen Eckwerte raumtypenbezogen zu differenzieren, so daß hiermit regional zutreffende Ziele zur Erhaltung der natürlichen Lebensgrundlagen formuliert werden können.

1.3 Freiraumschutz und Sicherung der natürlichen Lebensgrundlagen mit Hilfe konkreter räumlicher Leitziele

Bei dem Bemühen, verbal-qualitative Umweltschutzziele durch ökologische Eckwerte quantitativ zu konkretisieren, darf nicht vergessen werden, daß durch diese Eckwerte noch keine hinreichend genauen räumlichen Festlegungen dargestellt werden. D.h. sie legen noch nicht konkret fest, wo bestimmte Schutz-, Pflege- und Entwicklungs- bzw. Sanierungsmaßnahmen notwendig sind.

Raumordnung und Landesplanung befassen sich diesbezüglich schon längere Zeit mit neuen raumplanerischen Leitbildern. Ein allgemeingültiger Ansatz scheint noch nicht gefunden zu sein. Diskutiert werden z.B. flächenhafte Funktionszuweisungen, Konzepte differenzierter Bodennutzungen oder die umstrittene Ausweisung ökologischer Vorrang- oder Ausgleichsgebiete als Oberziele.

Nordrhein-Westfalen hat sich in seinen Landesentwicklungsplänen für flächenhafte Funktionszuweisungen, wie die Ausweisung von Verdichtungsgebieten und Entwicklungsschwerpunkten, abbauwürdigen Lagerstätten und flächenintensiven industriellen Großvorhaben mit einer Vorrangstellung gegenüber anderen Nutzungen entschieden. Durch die geplante Abgrenzung von Freiräumen zur Sicherung der natürlichen Lebensgrundlagen als Oberziel in einem neuen Landesentwicklungsplan (LEP III) stellt sich jetzt die Frage, alle in den bisherigen Landesentwicklungsplänen dargestellten Funktionszuweisungen in einem "Gesamt-Landesentwicklungsplan" zusammenzufassen. Mit diesem Schritt käme es zu "echten" Oberzielen, da sich überlagernde Funktionen und eine Konkurrenz benachbarter Funktionszuweisungen in einem solchen "Gesamt-LEP" mitbehandelt werden könnten.

Die Festlegung von ökologisch orientierten Leitzielen auf der Ebene von Raumordnung und Landesplanung ist nicht problemfrei. Als größtes Problem ist selbst für eine nur grobe Abgrenzung von Oberzielen das Fehlen einer landesweit ausreichenden Datenbasis anzusehen. Dies gilt gleichermaßen für die notwendige Einschätzung der vorhandenen Belastungssituationen als auch des Leistungsvermögens der einzelnen Naturpotentiale.

Aufgrund der unzureichenden Datenbasis und des kleinen Maßstabes sind konkrete räumliche, zeichnerische Darstellungen auf der Ebene der Landesplanung nur mit Einschränkungen möglich: Relativ scharfe bzw. exakte Darstellungen einzelner räumlicher Funktionen erfordern Prüfungs- und Abwägungsverfahren, die eigentlich nur auf den unteren Planungsebenen zu leisten sind; sehr unscharfe räumliche Darstellungen entfalten dagegen wenig Wirkung - insbesondere dann, wenn konkurrierende Raumfunktionen in ihrer Darstellung überlagert werden, so daß die Abwägung ohnehin nachgeordneten Planungsinstanzen überlassen bleibt.

Auf der Ebene der Regionalplanung ist es aufgrund der Überschaubarkeit der Planungsräume leichter, die Basis ökologischer Daten zu ergänzen und zu verfeinern und daraus konkrete Leitziele, z.B. für den Grundwasserschutz, den Biotop- und Artenschutz, den Klimaschutz oder den Immissionsschutz abzuleiten.

Die hierzu notwendigen Grundlagen und Daten über eine Vielzahl von Landschaftsfaktoren und deren örtlich unterschiedliche Ausprägung können nicht hinreichend durch das für die Einführung von ökologischen Eckwerten notwendige Datenmaterial abgedeckt werden. Dieser Ansatz ist deswegen durch zusätzliche Erhebungen und Aussagen zu ergänzen. Vor allem ist es erforderlich, für abgegrenzte Plangebiete jeweils eine eigene, aktuelle Erhebung der "Umweltqualität" vorzunehmen.

Diese komplexe und arbeitsintensive Aufgabe kann zwar i.d.R. für die unteren Planungsebenen präziser erfüllt werden als für übergeordnete, relativ großräumige Planungen. Kommunale Entscheidungsträger sind aber erfahrungsgemäß auch heute noch zu schnell bereit, ökonomische Belange in den Vordergrund zu stellen. Außerdem ist auf dieser Planungsebene vielfach noch kein ausreichender ökologischer Sachverstand vorhanden. Deswegen kommt der Regionalplanung für die Durchsetzung ökologischer Ansprüche und Ziele besondere Bedeutung zu.

Bei Würdigung dieser Gesichtspunkte ist aus ökologischer Sicht die hier und da geforderte "Entfeinerung" regionaler Pläne abzulehnen. Die ökologisch bedeutsamen Inhalte der Regionalpläne sollten eher angereichert und durch konkrete zeichnerische Darstellungen räumlich präzisiert werden. Um dies zu ermöglichen, sind den regionalen Planungsbehörden umfassende Grundlagen und Planungsempfehlungen für den Freiraumschutz und die Sicherung von Freiraumfunktionen zur Verfügung zu stellen. Dies kann mit Hilfe eines eigenständigen Landschaftsrahmenplanes erfolgen oder - wie es in Nordrhein-Westfalen praktiziert wird - durch umfassende ökologische Fachbeiträge für die Gebietsentwicklungspläne. In diesen, der Gebietsentwicklungsplanung vorgeschalteten ökologischen Fachbeiträgen werden spezifische, ökologisch orientierte "konkrete räumliche Leitziele" für den Planungsraum festgelegt bzw. die für eine solche Festlegung bedeutsamen Landschaftsstrukturen (planungsrelevant) dargestellt.

2. Anregungen zur Festlegung wichtiger ökologischer Eckwerte und ökologisch orientierter räumlicher Leitziele

Aus den vorangegangenen Darlegungen ergibt sich, daß die Festlegung ökologischer Eckwerte durch den Naturschutz erfolgen muß und der Landesplanung vorzugeben ist. Die konkrete räumliche Ausweisung von ökologisch bedeutsamen Schutz- und Entwicklungs- bzw. Sanierungsbereichen hat dagegen auf der Ebene der Regionalplanung zu erfolgen.

Unter Beachtung der notwendigen regionalen bzw. raumtypenbezogenen Differenzierung können die ökologischen Eckwerte als landesplanerisches Instrument die Regionalplanung und andere nachgeordnete Planungen zur Einhaltung quantifizierter Umweltnormen verpflichten. Diese bindende Wirkung sollte von Regionalplanern nicht als "Fessel" regionaler Eigenständigkeit aufgefaßt werden, sondern vielmehr als Stütze der Regionalplanung bei deren Auseinandersetzungen mit raum- und umweltbelastenden Fach- und Projektplanungen.

Unabhängig von dieser planungssystematisch begründeten Aufteilung der Aufgaben stellt sich sowohl bei der Festlegung der ökologischen Eckwerte als auch der konkreten räumlichen Leitziele die Frage, welche Sachaspekte mit diesen Instrumenten erfaßt werden sollen und welche möglicherweise (zunächst) außer acht bleiben können.

Wie schon erwähnt, darf nicht erwartet werden, daß mit dem Planungsinstrument der ökologischen Eckwerte und der konkreten räumlichen Leitziele alle ökosystemar bedeutsamen Faktoren vollständig bzw. anhand umfassend korrelierender Indikatoren erfaßt werden können.

Die Festlegung und laufende Überwachung von ökologischen Soll-Werten muß - zumindest in der Aufbau- und Testphase - wegen der noch bestehenden Wissenslücken und des enormen Arbeitsaufwandes auf einige besonders wichtige, dem Freiraumschutz und der Sicherung der Leistungsfähigkeit des Naturhaushaltes dienende Merkmale beschränkt werden.

Bei der Auswahl der Kriterien bzw. der Festlegung von ökologischen Eckwerten und der Konzeption räumlicher Leitziele muß versucht werden, alle spezifischen Leistungsvermögen des Naturhaushaltes systematisch abzudecken oder wenigstens indirekt einzubeziehen. Außerdem sollte an die traditionellen Sachbereiche des Umweltschutzes und die bisher üblichen planerischen Nutzungs- und Schutzausweisungen angeknüpft werden.

Unter Berücksichtigung dieser Aspekte sollen im folgenden einige Anregungen zur Festlegung ökologischer Eckwerte und ökologisch orientierter räumlicher Leitziele dargelegt werden. Dabei muß an dieser Stelle darauf hingewiesen werden, daß die vorgeschlagenen ökologischen Eckwerte vorerst nur auf nordrhein-westfälische Verhältnisse zugeschniten sein können. Ihre bundesweite Festlegung kann erst im Laufe der Jahre nach Schließung der Datenlücken und weiteren Erfahrungen erfolgen.

2.1 Freiraumsicherung durch Einschränkung des Siedlungswachstums und des Verkehrswegebaus

Zwischen dem Bemühen um die Sicherung der Leistungsfähigkeiten des Naturhaushaltes und der Inanspruchnahme bisher unbebauter Flächen für Verkehr, Industrie- und Gewerbeansiedlung sowie Wohnbebauung besteht ein unauflöslicher Zielkonflikt. Freier Raum - das sind vor allem Wälder, Wiesen, Äcker, nicht bebaute und nicht versiegelte Flächen - ist Voraussetzung für die Erhaltung und Regeneration der natürlichen Lebensgrundlagen.

Die Durchsetzung des Freiraumschutzes ist in der Vergangenheit fast überall nur ungenügend gelungen. Auch heute noch werden erhebliche Flächen für weitere Siedlungen und Verkehrswege in Anspruch genommen. Dabei haben sich bisher weder das allgemein gestiegene Umweltbewußtsein noch die deutlich veränderten Rahmenbedingungen, die vor allem durch rückläufige Bevölkerungszahlen und geringeres oder stagnierendes wirtschaftliches Wachstum gekennzeichnet sind, spürbar auf den Freiraumverbrauch ausgewirkt.

In Nordrhein-Westfalen gingen im Durchschnitt der letzten 20 Jahre jährlich rd. 8000 ha Freiflächen verloren. Dadurch stieg der Anteil der Siedlungsfläche an der Gesamtfläche des Landes von 14,6 % im Jahr 1961 auf inzwischen über 19 % und würde bei anhaltender Entwicklung im Jahre 2000 bei knapp 25 % liegen.

Die ökologische und gesamtwirtschaftliche Bedeutung des Freiraumes wurde bislang offensichtlich bei der Abwägung mit einzelwirtschaftlichen Verwertungsinteressen allzu häufig unterbewertet. Da die allgemein formulierten landesplanerischen Grundsätze und Ziele allein den fortschreitenden Flächenverbrauch nicht stoppen konnten, ist es notwendig, schon auf der Ebene der Landes- und Regionalplanung und im Rahmen von Raumordnungsverfahren konkrete Festlegungen zum Schutz des Freiraumes zu verankern.

Die Landesregierung von Nordrhein-Westfalen beabsichtigt daher, wie bereits mehrfach erwähnt, in den z.Z. fortgeschriebenen Landesentwicklungsplan III auch den Freiraumschutz als eigenes Sachkapitel aufzunehmen und den grundsätzlich zu erhaltenden Freiraum landesweit zeichnerisch darzustellen. Um die Planungshoheit der Gemeinden nicht unzulässig einzuschränken, soll die Freiraumsicherung auf Landesebene auf den bereits vollzogenen regionalen Entscheidungen aufbauen. Damit übernimmt der Landesentwicklungsplan die im Rahmen der Gebietsentwicklungsplanung (GEP) von den Bezirksplanungsbehörden und den Bezirksplanungsräten in enger Zusammenarbeit mit den Gemeinden festgelegten Freiräume.

Diese regional und künftig auch landesplanerisch festgelegten Freiraumausweisungen räumen nach wie vor den Gemeinden einen erheblichen Spielraum vor allem für eine Erweiterung von Industrie- und Gewerbeflächen ein. Zum Teil machen die regionalplanerisch zugestandenen Siedlungserweiterungen 100 % des derzeitigen Bestandes aus. Nach Auffassung der Verfasser sollte versucht werden, die tatsächliche Inanspruchnahme der landes- und regionalplanerisch dargestellten Bereiche für Siedlungserweiterungen durch zusätzliche Restriktionen auf den tatsächlichen Bedarf bzw. das unabweisbar notwendige Maß einzuschränken. Dies setzt voraus, daß im Rahmen einer weiteren Fortschreibung des LEP III und der Änderung von Gebietsentwicklungsplänen die dargestellten Siedlungsbereiche anhand des tatsächlichen Bedarfs überprüft werden.

Um Bedarfsnachweise landesweit gerecht beurteilen bzw. überprüfen zu können, ist es notwendig, im Rahmen einer systematischen Raumbeobachtung die Veränderungen bzw. die Erweiterungen der Siedlungs- und Verkehrsflächen sorgfältig zu registrieren und auf der Grundlage von landesweit gültigen Soll-Werten (Richtwerten) zu beurteilen. Dabei ist zunächst wegen der unterschiedlichen ökologischen Wirkungen zu differenzieren zwischen

- Wohnsiedlungsflächen und Mischflächen sowie
- Gewerbe- und Industrieflächen.

Wenn möglich, sollte sogar eine gesonderte Beobachtung von Mischflächen erfolgen, weil in diesen Gebieten einerseits Beeinträchtigungen von Wohnfunktionen durch Auswirkungen von infrastrukturellen Einrichtungen und Gewerbebetrieben die Regel sind; andererseits ist jedoch eine immer weitergehende Entflechtung der Siedlungsfunktionen - also eine Abnahme der Mischgebiete - auch problematisch, da hieraus z.B. ein erhöhtes Verkehrsaufkommen und eine abendliche Verödung der Innenstädte resultieren.

2.1.1 Eckwerte für Siedlungsflächen

Der Soll-Wert für den Indikator "Wohnsiedlungs- und Mischflächen" sollte als Maximalwert für die durchschnittliche Bruttowohnbaufläche (incl. Mischbauflächen) pro Einwohner festgelegt werden, um der Forderung nach flächensparenden Bauweisen Nachdruck zu verleihen und die kommunale Siedlungspolitik eng an die tatsächliche Einwohnerentwicklung zu koppeln. Bislang sind die um Einwohner und Betriebe konkurrierenden Städte und Gemeinden immer noch bestrebt, ein möglichst großes Baulandangebot für den vielleicht eines Tages eintretenden Eventualfall bereitzuhalten. Rückläufige Einwohnerzahlen und Arbeitsplatzdaten wirken sich bisher nicht einschränkend auf die Absichten der Gemeinden bei der Ausweisung von weiteren Flächen für Wohnen und Gewerbe aus.

Um den traditionell unterschiedlichen Siedlungsstrukturen bzw. Bauweisen der einzelnen Regionen gerecht zu werden, muß der Maximalwert für die durchschnittliche Siedlungsfläche pro Einwohner zwischen Ballungskernen, Ballungsrandzonen/solitären Verdichtungsräumen und ländlichen Zonen differenziert werden. Nach Auffassung der Verfasser wären dabei folgende Werte eine Diskusionsgrundlage[1]:

- in Ballungskernen	120 m^2 Ø Bruttowohnbaufläche incl. Mischbaufläche je Einwohner
- in Ballungsrandzonen und solitären Verdichtungsgebieten	150 m^2 Ø Bruttowohnbaufläche incl. Mischbaufläche je Einwohner
- in ländlichen Zonen	200-250 m^2 Ø Bruttowohnbaufläche incl. Mischbaufläche je Einwohner

Die Bruttowohnbaufläche (incl. Mischbaufläche) umfaßt:

- die Netto-Wohnbauflächen und gemischten Bauflächen
- die Flächen für Gemeinbedarf und innere Verkehrserschließung sowie
- die räumlich integrierten Grünflächen und Sondergebiete.

Die angegebenen Werte sind als maximale Sollwerte für die Mittelbereiche (gemäß LEP I/II) anzuwenden. D.h. sie sind nicht als Vorgabe für einzelne Baugebiete einer Stadt aufzufassen; in letzteren müssen zum Teil höhere Siedlungsdichten realisiert werden, um im Durchschnitt bzw. im Mittelbereich insgesamt die genannten maximalen Sollwerte einzuhalten.

Der maximale Sollwert für Gewerbe- und Industrieflächen sollte dagegen ohne Differenzierung zwischen Ballungsräumen und ländlichen Zonen generell auf 150 m^2 pro Erwerbsperson (im Mittelbereichsdurchschnitt) festgelegt werden.

Wegen der sich allgemein abzeichnenden starken Zunahme von baulichen Freizeitanlagen sollten auch Wochenendhausgebiete, Campingplätze sowie Flächen für größere bauliche Freizeiteinrichtungen (Reithallen, Tennisplätze, Freizeitparks etc.) beobachtet werden, um zunächst festzustellen, in welchem Ausmaß die Landschaft hierfür in Anspruch genommen wird, und um darauf aufbauend ggf. gezielt entgegenwirken zu können.

2.1.2 Orientierungswert für Verkehrsflächen

Bezüglich der Verkehrsflächen sollte davon ausgegangen werden, daß Nordrhein-Westfalen insgesamt ausreichend erschlossen ist und daß bei Außerortsstraßen nur noch Ausbaumaßnahmen, einige Netzergänzungen und zusätzliche Ortsumgehungen sowie die Beseitigung von Gefahrenstellen erforderlich sind.

Der landesweite Anteil von Straßen und Wegen an der Gesamtfläche (derzeitig etwa 5,4 %) sollte deshalb nur noch geringfügig wachsen und unterhalb von 6 % stabilisiert werden. Bei Straßenplanungen - vor allem in den Verdichtungsgebieten - sollte künftig die Frage der Umwidmung vorhandener, nicht oder nur noch eingeschränkt benötigter Straßen (Rückbau) mit geprüft werden.

2.1.3 Freiflächenmindestanteil

Die Anwendung der für die Siedlungsflächen je Einwohner vorgeschlagenen Soll-Werte könnte in stark verdichteten Bereichen u.U. eine Inanspruchnahme weiterer ökologisch wichtiger Freiflächen zulassen. Um in den Ballungsgebieten einen bestimmten Anteil des Raumes als Freifläche zu sichern, sollte deshalb zusätzlich zu der unter 2.1.1 angegebenen Begrenzung der Siedlungsfläche pro Einwohner ein Freiflächenmindestanteil an der Gesamtfläche festgelegt werden.

In Anlehnung an den Entwurf zur Fortschreibung des Landesentwicklungsplans III wird vorgeschlagen, den Freiflächenmindestanteil auf ein Drittel der Gesamtfläche festzusetzen. Die Bezugsebene für diesen Soll-Wert müßte die Gemeindefläche sein. Einer großräumigen Funktionstrennung mit der Ausweisung von "ökologischen Ausgleichsräumen" zur Entlastung von Verdichtungsgebieten kann aus ökologischer Sicht nicht zugestimmt werden, da Freiflächen für den Luftaustausch, die Minderung von Klimaextremen, die Tageserholung usw. in jeder Stadt bzw. in jedem größeren Siedlungsbereich notwendig sind. "Ökologische Ausgleichsräume" können kein Äquivalent für mit Schadstoffen oder durch zu große Siedlungsflächenanteile überbelastete Gebiete sein.

2.1.4 Bei der räumlichen Ausweisung von Siedlungs- und Verkehrsbereichen zu berücksichtigende Gesichtspunkte

Die vorgenannten Orientierungswerte zum Umfang der Siedlungs- und Verkehrsflächen können im Rahmen der Landes- und Regionalplanung eingesetzt werden, um die (trotz Bevölkerungsrückgang) zu erwartende zusätzliche Flächenbeanspruchung quantitativ zu begrenzen.

Parallel hierzu ist es vor allem im Rahmen der Regionalplanung erforderlich, bei der räumlichen Ausweisung zusätzlicher Verkehrstrassen und Siedlungsbereiche deren nachteilige ökologische Wirkungen zu beachten und bestimmte Landschaftsstrukturen bzw. -bereiche vor einer Inanspruchnahme durch Siedlung und Verkehr zu bewahren. Zur Sicherung besonderer Freiraumfunktionen sind vor allem folgende Landschaftsbereiche von einer Überbauung, Zerschneidung oder randlichen Beeinträchtigung auszunehmen:

- schutzwürdige Biotope,
- Moore, Quellmulden und Talauen,
- (Laub-)Wälder und (extensiv bewirtschaftete) Grünlandflächen,
- Erholungsgebiete und optisch exponierte Bereiche in der (Erholungs-) Landschaft,
- Bereiche mit hoher Grundwasserverschmutzungsgefahr oder hoher Grundwasserneubildung,
- in belastete Siedlungsbereiche hineinführende Frischluftbahnen.

Abgesehen von der Freihaltung von Räumen mit besonderen Freiraumfunktionen ist zur Sicherung der Leistungsfähigkeit des Naturhaushaltes bandartigen Siedlungsentwicklungen, Streusiedlungen und neuen Siedlungsansätzen generell entgegenzuwirken.

Der Ausbau des Verkehrswegenetzes sollte auf die Beseitigung von Gefahrenstellen und unabweisbar notwendigen Netzergänzungen und Ortsumgehungen beschränkt werden; dabei ist der mögliche Ausbau bestehender Trassen einer Neutrassierung vorzuziehen.

2.2 Sicherung und Entwicklung von Wäldern und landwirtschaftlichen Nutzflächen

Land- und forstwirtschaftliche Nutzungen wirken wesentlich auf die Ausprägung der realen Vegetation und Fauna, und sie beeinflussen die pedologischen, hydrologischen und geländeklimatischen Verhältnisse. Dabei können - abgesehen von monostrukturierten Nadelholzbeständen - vor allem bei landwirtschaftlichen Intensiv-Bewirtschaftungsformen Beeinträchtigungen insbesondere der Tier- und Pflanzenwelt, aber auch der landschaftsgebundenen Erholung, der biotischen Produktivität, des Wasserdargebots und geländeklimatischer Ausgleichswirkungen auftreten.

Zur Sicherung dieser spezifischen Leistungsfähigkeiten des Naturhaushaltes müssen daher bei land- und forstwirtschaftlichen Planungn und Maßnahmen landespflegeriche Zielsetzungen mitberücksichtigt bzw. mitverwirklicht werden. Die land- und forstwirtschaftliche Bodennutzung soll mit dazu beitragen, die natürlichen Lebensgrundlagen und den Erholungswert der Landschaft zu erhalten und zu verbessern. Daraus folgert, daß Landwirtschaft und Forstwirtschaft die Belange von Naturschutz und Landschaftspflege bei ihrem Wirken angemessen berücksichtigen und auch den Erfordernissen des Biotop- und Artenschutzes besonderes Augenmerk schenken müssen.

Die Beachtung dieser Ziele bei der land- und forstwirtschaftlichen Nutzung ist auch deshalb besonders wichtig, weil land- und forstwirtschaftlich genutzte Flächen in NRW etwa 78 % der Landesfläche einnehmen und daher schon vom Umfang her eine zentrale Bedeutung für die Sicherung der natürlichen Lebensgrundlagen haben.

2.2.1 Eckwerte für die Erhaltung und Vermehrung des Waldes

Die Wälder Nordrhein-Westfalens gewinnen in ihrer Funktion als Rohstoff- bzw. Holzproduzent, aber auch in ihrem Wert für die Erholung und die Sicherung der natürlichen Lebensgrundlagen zunehmend an Bedeutung. Der Waldanteil des Landes (z.Zt. ca. 26 %) soll daher grundsätzlich gesichert und nach Möglichkeit vermehrt werden. Deshalb sollen u.a. als Ausgleichs- oder Ersatzmaßnahmen für unabweislich notwendige Umwandlungen von Wald in andere Nutzungsarten grundsätzlich Ersatzaufforstungen vorgenommen werden, welche die verlorengehende Waldfläche und die Funktionen des Waldes ersetzen. Außerdem wird erwogen, zum Abbau landwirtschaftlicher Überproduktionen landwirtschaftliche Nutzflächen zu reduzieren und in Wald umzuwandeln.

Die aus ökologischer Sicht grundsätzlich zu begrüßende Vermehrung der Waldflächen sollte vor allem in den heute waldarmen (Flachland-)Teilen Nordrhein-Westfalens erfolgen; es sollte versucht werden, hier einen Waldflächenmindestanteil von 15 % zu erreichen.

In dem waldreichen Bergland sollte dagegen ein Waldflächenmaximalwert von 60 % nicht überschritten werden, da ein höherer Waldanteil erfahrungsgemäß zu einer Verringerung der visuellen und biotischen Vielfalt führt und sich damit nachteilig auf die Erholungseignung und die Belange des Biotop- und Artenschutzes auswirkt. In besonders waldreichen Gebieten gehen zusätzliche Neuaufforstungen i.d.R. zu Lasten landwirtschaftlicher Grenzertragsstandorte, die, wie etwa feuchte Wiesentäler, Halbtrockenrasen oder Bergheiden, von erheblicher ökologischer Bedeutung sind und vor Aufforstungen geschützt werden müssen.

Übersicht: Geschätzte Waldflächenanteile (= Bewaldungsprozente) in den forstlichen Wuchsgebieten[2] Nordrhein-Westfalens

Nordeifel:	45 %
Niederrhein. Bucht:	13 %
Niederrhein. Tiefland:	15 %
Bergisches Land:	34 %
Sauerland:	59 %
Westfälische Bucht:	14 %
Weserbergland:	26 %

2.2.2 Eckwerte für die Erhaltung und Vermehrung des Laubwaldanteils

Neben den Waldflächenanteilen sind für die Umweltqualität auch die Baumartenanteile von besonderer Bedeutung; zumindest sollte das Verhältnis von Laubwald zu Nadelwald als weiterer Indikator erfaßt werden.

Die potentiell natürliche Vegetation für alle terrestrischen Standorte Nordrhein-Westfalens sind Laubwälder. Aus verschiedenen waldbaulichen und forstökonomischen Gründen ist jedoch der überwiegende Teil (56 %) der nordrhein-westfälischen Waldfläche heute mit Nadelhölzern bestockt. Damit ist die natürliche Vegetation und der daran gebundene Tier- und Pflanzenartenbestand deutlich reduziert. Darüber hinaus sind aber auch Beeinträchtigungen des Waldes selbst gegeben; zu nennen sind hier z.B. die in bestimmten Nadelwaldbeständen exponierter Lagen festzustellenden erhöhten Immissionsschäden, eine erhöhte Waldbrand- oder Windwurfgefahr sowie die Ansammlung von Rohhumus und damit verbundene Degradierung des Bodens.

Aus diesen Gründen wäre es wünschenswert, den Laubwaldanteil landesweit von derzeitig 44 % auf über 50 % anzuheben.

Wie nachstehende Übersicht zeigt, werden in diesem Sinne vor allem in der Nordeifel und im Sauerland Anstrengungen erforderlich sein. In diesen forstlichen Wuchsgebieten sollte versucht werden, den Laubwaldanteil insgesamt auf 40 % anzuheben, dabei sollte angestrebt werden, daß in den einzelnen Wuchsbezirken dieser großräumigen Wuchsgebiete mindestens 1/3 der Waldfläche mit Laubwald bestockt ist. (Im Wuchsbezirk 14/Westliche Hocheifel beträgt der Laubwaldanteil nur noch 14 %!)

Aber auch in den Tieflandgebieten Nordrhein-Westfalens sowie im Bergischen Land und im Weserbergland sollte versucht werden, den Laubwald zu erhalten und zu vermehren; hier sollte der Laubwaldanteil nach Möglichkeit auf 60 % erhöht werden.

Übersicht: Laubwald/Nadelwald - Verhältnis in den nordrhein-westfälischen Wuchsgebieten und in den Wuchsbezirken der Nordeifel und des Sauerlandes

Wuchsgebiet	Laubwald/Nadelwald-Verhältnis	
10 Nordeifel	32/68	
darunter Wuchsbezirk		
11 Vennvorland		39/61
12 Hohes Venn		29/71
13 Rureifel		34/66
14 Westliche Hocheifel		14/86
15 Kalkeifel		34/66
16 Ahreifel		43/57
20 Niederheinische Bucht	65/35	
30 Niederrheinisches Tiefland	56/44	
40 Bergisches Land	52/48	
50 Sauerland	30/70	
darunter Wuchsbezirk		
51 Niedersauerland		38/62
52 Nordsauerländer Oberland		31/69
53 Märkisches Sauerland		41/59
54 Innersauerländischer Senken		21/79
55 Südsauerländer Bergland		25/75
56 Rothaargebirge		26/74
57 Siegerland		46/54
60 Westfälische Bucht	55/45	
70 Weserbergland	57/43	

2.2.3 Eckwerte zur Sicherung der landwirtschaftlich genutzten Flächen bzw. des Grünlandes

Die Sicherung der landwirtschaftlichen Nutzflächen erfolgt indirekt durch die Einschränkung von Siedlungserweiterungen (vgl. Ziff. 2.1.1 bis 2.1.3) und den beim Waldflächenanteil einzuhaltenden Maximalwert (vgl. Ziff. 2.2.1).

Neben dieser allgemeinen Sicherung landwirtschaftlich genutzter Flächen sollten bei der Raumbeobachtung und -planung vor allem die als Grünland bewirtschafteten landwirtschaftlichen Nutzflächen berücksichtigt werden. Grünland weist eine höhere biotische Diversität auf als Ackerflächen; außerdem wird es i.d.R. weniger intensiv mit Dünge- und Pflanzenbehandlungsmitteln behandelt als Acker, so daß auch Beeinträchtigungen des Bodens und des Grundwassers entsprechend geringer sind.

Angesichts dieser ökologischen Wertschätzung ist es bedauerlich, daß der Grünlandanteil in der Vergangenheit stark rückläufig war und gegenwärtig in NRW nur noch ca. 30 % der landwirtschaftlichen Nutzfläche als Grünland bewirtschaftet werden.

Dieser Bestand sollte gesichert und wenn möglich wieder erweitert werden. Hierzu ist es u.a. erforderlich, einer weiteren Intensivierung der Landwirtschaft bzw. der Umwandlung von Grünland in Acker entgegenzuwirken. Außerdem sollte die extensive Grünlandnutzung auf Grenzertragsstandorten aufrecht erhalten werden. Eine Umwandlung in Wald geht hier regelmäßig zu Lasten wertvoller Biotoptypen wie Halbtrockenrasen, Feuchtwiesen, Borstgrasrasen etc.

Der Umfang der Grünlandnutzung auf Grenzertragsstandorten kann erheblich sein. So wurde z.B. in einem Strukturgutachten der Landwirtschaftskammer Westfalen-Lippe über die Situation der Land- und Forstwirtschaft im nordrhein-westfälischen Kreis Olpe im Sauerland ermittelt, daß im Kreisgebiet rd. 2000 ha = 11 % der landwirtschaftlichen Flächen (LF) als geringwertiges Grünland eingestuft werden müssen und damit zu rechnen ist, daß rd. 1500 ha (= 8 % der LF) aus der landwirtschaftlichen Nutzung ausscheiden werden (z.B. durch die Anlage von Weihnachtsbaumkulturen, Erstaufforstungen, Brache).

Übersicht über einige Strukturdaten zur Land- und Forstwirtschaft im Kreis Olpe

- Landwirtschaftliche Flächen (LF) nehmen 28 % der Kreisfläche ein;
- Waldanteil beträgt 60 %;
- 78 % der LF werden als Grünland genutzt;
- 500 ha Ackerland (= 3 % der LF) sind nur mit erheblichen Schwierigkeiten zu bewirtschaften;
- rd. 2000 ha Grünland (= 11 % der LF) müssen als geringwertig eingestuft werden;
- rd. 1500 ha (= 8 % der LF) werden vermutlich aus der landwirtschaftlichen Nutzung ausscheiden.

Die Übersicht macht auch deutlich, daß der oben vorgeschlagene landesweite Sollwert für den Grünlandmindestanteil (30 % der landwirtschaftlichen Nutzflächen) regional stark zu differenzieren ist, um hiermit auf die beabsichtigte Bestandssicherung des Grünlandes hinzuwirken. In den intensiv ackerbaulich genutzten Bördenlandschaften mit Lößböden wird vermutlich nur ein Grünlandanteil von 10 % der landwirtschaftlichen Flächen (LF) erreicht bzw. gesichert werden können (Beispiel: Grünlandanteil in der Warburger Börde z.Z. ca. 9,5 % der LF). Im Bergland kann - wie das Beispiel Olpe zeigt - der zu sichernde Grünlandanteil dagegen rd. 80 % der LF betragen.

2.2.4 Bei der planerischen Ausweisung von Wald- und Agrarbereichen zu berücksichtigende Gesichtspunkte

Bei der regionalplanerischen Ausweisung von Wald- und Agrarbereichen wird im wesentlichen der Bestand bzw. das vorgefundene land- und forstwirtschaftliche Nutzungsmuster nachgezeichnet. In den letzten Jahren hat es sich weitgehend durchgesetzt, vor allem die vorhandenen Wälder des jeweiligen Plangebietes wegen ihrer wirtschaftlichen Bedeutung und ihrer günstigen ökologischen Wirkungen zu erhalten und entsprechend im Regionalplan als Waldbereich darzustellen.

Dennoch ergeben sich Abweichungen von der im Plangebiet vorgefundenen Situation einerseits durch die Inanspruchnahme land- und forstwirtschaftlich genutzter Flächen für geplante Siedlungs- und Verkehrsbereiche, andererseits aber auch durch die Darstellung von zusätzlichen Waldbereichen bzw. von Bereichen, in denen der Waldanteil zu vermehren ist.

Bei der Inanspruchnahme von land- und forstwirtschaftlich genutzten Flächen für die Erweiterung von Siedlungs- und Verkehrsflächen ist der Bedarf kritisch zu prüfen und sind die unterschiedlichen Biotope in ihrer Wertigkeit sorgfältig abzuwägen. Dabei sind vor allem (Laub-)Wälder und ökologisch wertvolles Grünland nach Möglichkeit zu schonen. Sofern eine Inanspruchnahme von Wald unausweichlich ist, müssen hierfür Ersatzaufforstungen vorgenommen werden. Um die Anlage von Waldflächen planungsrechtlich abzusichern, sind die dafür notwendigen Flächen bereits im Rahmen der Regionalplanung konkret als zusätzliche Waldbereiche darzustellen. Dabei muß auch sichergestellt werden, daß diese Ersatzaufforstungen auch realisierbar sind. Dies bedeutet die Einholung der grundsätzlichen Einwilligung betroffener Eigentümer.

Neben den genannen Ersatzaufforstungen für verlorengehenden Wald können zusätzliche Waldbereiche auch der erwünschten Erhöhung des Waldflächenanteils dienen. In beiden Fällen sollten bei der zeichnerischen Darstellung zusätzlicher Waldbereiche solche Bereiche bevorzugt werden, in denen eine landwirtschaftliche Bodennutzung mit nachteiligen ökologischen Wirkungen verbunden ist (z.B. erosionsgefährdete Bereiche oder Bereiche mit Verschmutzungsgefahr für das Grundwasser). Außerdem sollte versucht werden, den Waldanteil in großflächig ausgeräumten, ackerbaulich genutzten Bereichen zu vermehren und bestimmte, im jeweiligen Plangebiet verlorengegangene oder stark reduzierte Waldgesellschaften zu fördern (z.B. Auewälder, Bruchwälder).

Allerdings sollten Aufforstungsbereiche nicht auf Kosten schutzwürdiger waldfreier Biotope (z.B. Halbtrockenrasen, Heiden) erfolgen. Auch sollte darauf geachtet werden, daß der Kaltluftabfluß nicht behindert wird und daß Wiesentäler und andere belebende landwirtschaftlich genutzte Flächen innerhalb großflächiger Waldgebiete von Aufforstungen freibleiben.

Um ökologisch wertvollen Wäldern (seltene/gefährdete Waldgesellschaften; Waldbiotope, die Lebensraum gefährdeter Arten sind; naturnahe Laubwälder in den Gebieten mit geringem Laubwaldanteil) neben den vorhandenen gesetzlichen Regelungen einen besonderen Schutz zu geben, sollte diesen durch überlagernde Plandarstellungen Schutzfunktionen zugewiesen werden. Entsprechend sollten auch ökologisch wertvolle landwirtschaftliche Flächen mit der Darstellung von Schutzbereichen überlagert werden.

Außerdem könnte z.T. schon im Rahmen der Regionalplanung durch überlagernde Plandarstellungen räumlich festgelegt werden, wo besondere Anstrengungen zu einer ökologisch orientierten Verbesserung land- und forstwirtschaftlich genutzter Bereiche unternommen werden sollen (Umwandlung von Nadelwald in Laubwald, Entwicklung und Vernetzung naturnaher Biotope in intensiv genutzten Agrarbereichen u.ä.).

2.3 Sicherung von Landschaftsbereichen für den Biotop- und Artenschutz

Die Bestandsentwicklung der Flora in der Bundesrepublik Deutschland zeigt, daß die Artenzahl der Farn- und Blütenpflanzen bis ins 19. Jahrhundert erhalten geblieben ist und z.T. zugenommen hat, jedoch seit Beginn der industriellen Entwicklung rapide abnimmt. Eine ebenso starke Abnahme der Artenzahlen ist auch bei der Fauna zu verzeichnen.

Nach der 1979 herausgegebenen Roten Liste der in Nordrhein-Westfalen gefährdeten Pflanzen und Tiere sind in NRW 159 Arten ausgestorben; 772 Pflanzen- und Tierarten sind vom Aussterben bedroht oder gefährdet. Da noch nicht alle Tierartengruppen untersucht sind und der Artenrückgang seit 1979 weiter fortgeschritten ist, handelt es sich bei den genannten Werten nicht um abschliessende bzw. aktuelle Angaben. Im Rahmen der Aktualisierung der Roten Liste mußte festgestellt werden, daß die Zahl der gefährdeten Arten seit 1979 um ca. 6 % angewachsen ist, so daß derzeitig fast 50 % der nordrhein-westfälischen Pflanzen- und Tierarten in die Rote Liste aufgenommen werden müssen.

Ursachen für die Zerstörung oder Beeinträchtigung von Lebensräumen wildlebender Tiere und wildwachsender Pflanzen sind insbesondere:

- die Intensivierung der land- und forstwirtschaftlichen Nutzung,
- die fortschreitende Bebauung bzw. Versiegelung von Freiflächen und Zerschneidung, d.h. Zerstörung in sich stabiler Biotope,

- die Belastung der Lebensräume durch Immissionen, Wasserverunreinigungen etc.,
- die Änderung der Lebensraumstruktur durch wasserwirtschaftliche Maßnahmen, Abgrabungen und Aufschüttungen.

Angesichts dieser Entwicklungen besteht das Ziel des Biotop- und Artenschutzes u.a. darin,

- selten bzw. gefährdete Pflanzen- und Tierarten in für sie geeigneten Lebensräumen zu erhalten[3],
- repräsentative naturnahe oder kulturhistorisch wertvolle Ökosysteme zu sichern und zu entwickeln und
- der biotischen Verarmung der Landschaft durch die Erhaltung oder Entwicklung von netzartig angeordneten Regenerationszellen entgegenzuwirken.

2.3.1 Eckwerte für den Biotopschutz

Schutzwürdige Biotope/Biotopkomplexe sind diejenigen Lebensräume von Pflanzen und Tieren, denen aufgrund ihrer biotischen und abiotischen Ausstattung eine besondere Bedeutung für den Biotop- und Artenschutz zukommt.

Die Kartierung, Ausgliederung und Bewertung schutzwürdiger Biotope erfolgt vor allem mit der Biotopkartierung NRW. Hier werden mit Hilfe bestimmter Bewertungsmerkmale die für den Landschaftsraum wertvollen oder typischen Biotope ermittelt[4]. Übergeordnetes Auswahlkriterium für die Erfassung schutzwüdiger Biotope ist der Grad ihrer Gefährdung, wobei die biotoptypenspezifische Gefährdung im wesentlichen durch deren Seltenheit, ihre zeitliche wie räumliche Ersetzbarkeit sowie die Entwicklungstendenz (Abnahme/Zunahme) in den letzten 100 Jahren bestimmt wird.

Im Rahmen der von der LÖLF durchgeführten Biotopkartierung wurden in einem ersten Durchgang landesweit etwas mehr als 10 % der Landesfläche als schutzwürdig erfaßt. Dabei ist jedoch zu berücksichtigen, daß bei dieser Kartierung zunächst vor allem der ländliche Raum untersucht wurde (für Siedlungsbereiche bzw. Ballungsräume sind weitere stadtökologische Kartierungen notwendig!) und daß der Schwerpunkt dieser Kartierung auf der Erfassung vegetationskundlicher und floristischer Merkmale lag, denn faunistisch/zoozönotische Erhebungen lassen sich nur mit einem Mehrfachen an Arbeitszeit im Vergleich zu vegetationskundlich/floristischen Erhebungen durchführen. Rechnet man diese noch nicht kartierten Biotope hinzu, so sind vermutlich 12 bis 15 % der Landesfläche Nordrhein-Westfalens als schutzwürdig anzusehen.

Zumindest dieser heute noch erhaltene Bestand an schutzwürdigen Biotopen muß langfristig gesichert werden[5]. Da auch bei diesem Flächenanteil schutzwürdiger Biotope der geschilderte Artenrückgang voranschreitet, ist es erforderlich, insgesamt auf eine Änderung der Flächennutzung (mehr Extensivierung und weniger Intensivierung) und eine Verminderung bestimmter Belastungen hinzuwirken und den Bestand wertvoller Biotope durch geeignete Entwicklungs- und Sanierungsmaßnahmen zu erweitern.

Der landesweite Eckwert für den Flächenanteil schutzwürdiger Biotope wird also über dem genannten Bestand von 12 bis 15 % angesetzt werden müssen.

Wie nachfolgende Übersicht deutlich macht, sind die schutzwürdigen Biotope durch unterschiedliche ursprüngliche Landschaftsausstattung sowie historisch und derzeit unterschiedliche menschliche Inanspruchnahme der Landschaft regional sehr unterschiedlich verteilt. Dabei ist zu berücksichtigen, daß in den schlecht strukturierten bzw. schon stark ausgeräumten Naturräumen bei der Kartierung auch weniger gut ausgebildete Biotope miterfaßt wurden, die in besser ausgestatteten Regionen außer acht blieben. Das regionale Gefälle der Biotopausstattung ist daher noch größer als es der zwischen 30,3 % und 5,2 % schwankende Flächenanteil der schutzwürdigen Biotope (letzte Spalte) anzeigt.

Der Sollwert für den zu sichernden Flächenanteil schutzwürdiger Biotope muß entsprechend der festgestellten Verteilung des Bestandes regional differenziert werden. Dabei muß vor allem in den schlecht ausgestatteten Naturräumen (vor allem in den intensiv ackerbaulich genutzten Börden/Naturräumliche Haupteinheiten 542, 553, 554) eine Vermehrung wertvoller Biotope angetrebt werden; in den besser strukturierten Regionen wird dagegen mehr oder weniger die Sicherung des Bestandes ausreichen (z.B. Sicherung ausgedehnter, ornithologisch wertvoller Niederungen in der Unteren Rheinniederung/Nr. 577 oder ausgedehnter, naturnaher Buchenwälder im Teutoburger Wald/Nr. 530).

Vorbehaltlich der notwendigen ökologischen Forschung zu diesen Fragen kann angenommen werden, daß der Eckwert für den Anteil schutzwürdiger Biotope in NRW regional zwischen ca. 7 % und 1/3 der Naturraumfläche variiert werden muß[6].

Übersicht über den Flächenanteil schutzwürdiger Biotope an verschiedenen Naturräumen Nordrhein-Westfalens[1)]

Naturräumliche Großregion o Naturr. Haupteinheiten	Schutzwürdige Biotope Anzahl	Flächensumme (ha)	Mittlere Größe (ha)	Flächenanteil der schutzwürdigen Biotope am Naturraum[2)]	
27 Östliche Eifel	399	8.388	21,0	11,0 %	
28 Westliche Eifel	337	9.539	28,3	11,2 %	
darunter Naturr. Haupteinheit					
o 282 Rureifel	256	7.837	30,6		12,0 %
o 283 Hohes Venn	70	1.616	23,1		13,1 %
33 Süderbergland	3.690	57.594	15,6	7,1 %[4)]	
darunter					
o 331 Siegerland	378	8.082	21,4		15,8 %
- Krs. Siegen-Wittgenstein[3)]	1.0216	994	14,7		12,9 %
- Hochsauerlandkreis[3)]	1.1987	1.194	19,1		11,7 %
36 Oberes Weserbergland	1.245	31.397	25,2	11,0 %	
53 Unteres Weserbergland	1.139	21.409	18,8	13,7 %	
darunter					
o 530 Bielefelder Osning ((östl. Teutoburger Wald)	222	5.708	25,7		30,3 %
54 Westfälische Tieflandsbucht	4.962	85.307	17,2	8,8 %	
darunter					
o 540 Ostmünsterland	1.141	27.206	23,8		11,5 %
o 541 Kernmünsterland	1.858	23.067	12,4		8,4 %
o 542 Hellwegbörden	565	10.775	19,1		6,5 %
o 544 Westmünsterland	1.026	18.337	17,9		9,1 %
55 Niederrheinische Bucht	1.312	27.856	21,2	7,8 %	
darunter					
o 553 Zülpicher Börde	225	4.579	20,4		5,3 %
o 554 Jülicher Börde	331	5.634	17,0		5,2 %
57 Niederrheinisches Tiefland	1.839	52.459	28,5	11,4 %	
darunter					
o 575 Mittlere Niederrheinebene	456	14.148	31,0		13,2 %
O 577 Untere Rheinniederung	139	11.637	83,7		25,7 %

1) Auswertung des Biotopkatasters und des Landschaftsinformationssystems (LINFOS) NW; Stand 21.2.1986. - 2) Werte müssen ggf. noch geringfügig korrigiert werden, da Flächengröße der Naturräumlichen Einheiten noch nicht exakt ermittelt ist. - 3) Wegen Abgrenzungsänderungen bei der Naturräumlichen Gliederung mußte auf Verwaltungsgrenzen zurückgegriffen werden. - 4) Vermutlich durch unzureichende Kartierung in einigen Teilen insgesamt zu gering; Nachkartierung ist beabsichtigt.

2.3.2 Umfang rechtlicher bzw. planerischer Festsetzungen für den Biotopschutz

Zur Sicherung der besonders zu schützenden Biotope kommen vor allem die Festsetzungen von Naturschutzgebieten, Landschaftsschutzgebieten, Naturdenkmalen und geschützten Landschaftsbestandteilen in Betracht[7].

Auf der Basis der Biotopkartierung und unter Berücksichtigung weiterer (faunistischer) Daten werden Standorte von ganz besonders seltenen oder gefährdeten Arten und Lebensgemeinschaften ausgewählt und als Naturschutzgebiet oder Naturdenkmal geschützt. Von seiten der nordhein-westfälischen Landesregierung wird angestrebt, 3 % der Landesfläche mit diesem strengen Schutz zu belegen.

Die in den Naturschutzgebieten gesicherten natürlichen Landschaftselemente reichen aber bei weitem nicht aus, um die Landesnatur - insbesondere die natürlich vorkommenden Pflanzen, Tiere und deren Gemeinschaften - in ausreichendem Umfang zu erhalten bzw. zu repräsentieren. Zur Sicherung der heimischen Flora und Fauna sowie eines möglichst dichten Netzes von naturnahen und extensiv genutzten Biotopen (Biotopverbundsystemen) sind ergänzend geschützte Landschaftsbestandteile und vor allem Landschaftsschutzgebiete festzusetzen.

Die Abgrenzung der Landschaftsschutzgebiete sollte so erfolgen, daß die schutzwürdigen Biotope integriert sind. Der Umfang der Landschaftsschutzgebiete muß die Fläche der schutzwürdigen Biotope dementsprechend erheblich übersteigen. Im Bundesgebiet steht etwa 1/4 der Gesamtfläche unter Landschaftsschutz; im dicht besiedelten Nordrhein-Westfalen nehmen die Landschaftsschutzgebiete u.a. wegen der höheren Landschaftsgefährdung bzw. dem erhöhten Schutzbedürfnis einen höheren Flächenanteil ein[8]. Zur Sicherung der schutzwürdigen Biotope sowie naturnaher, nicht bedrohter und daher nicht als schutzwürdige Biotope erfaßter Laubwälder, Wiesentäler etc. müßten in NRW landesweit grob geschätzt etwa 35 % der Fläche als Landschaftsschutzgebiete ausgewiesen werden.

Entsprechend dem ungleichmäßig verteilten Bestand schutzwürdiger Landschaftsstrukturen müßte dieser Sollwert regional differenziert werden, wobei auch in den stark ausgeräumten Naturräumen mindestens 10 % der Fläche - ggf. zur Wiederherstellung natürlicher Leistungsfähigkeiten - unter Landschaftsschutz getellt werden sollten, in naturnah erhaltenen Landschaften (z.B. Naturparke) kann dagegen angestrebt werden, den gesamten Freiraum (also ca. 90 % der Gesamtfläche) zu schützen.

In diesem Zusammenhang muß darauf hingewiesen werden, daß Landschaftsschutzgebiete nicht nur zur Sicherung wertvoller Biotopstrukturen ("ökologisch begründete LSG"), sondern darüber hinaus auch aus anderen Gründen festgesetzt werden können - u.a. wegen der Vielfalt, Eigenart oder Schönheit des Landschaftsbildes oder wegen ihrer besonderen Bedeutung für die Erholung (vgl. § 21 LG).

Um die rechtswirksame Festsetzung von Natur- und Landschaftsschutzgebieten planerisch vorzubereiten, müssen in den Regional- bzw. Gebietsentwicklungsplänen entsprechende planerische Darstellungen enthalten sein. In den nordrhein-westfälischen Regionalplänen werden deswegen

- Bereiche für den Schutz der Natur,
- Bereiche für den Schutz der Landschaft und
- Bereiche für eine besondere Pflege und Entwicklung der Landschaft

dargestellt.

Das Ausmaß bzw. der Flächenanteil dieser regionalplanerischen Schutzausweisungen müssen dabei an den oben dargelegten Werten orientiert sein. I.d.R. müssen die Darstellungen des Gebietsentwicklungsplanes etwas umfangreicher sein, damit nachfolgende Schutzfestsetzungen der Landschaftspläne in den "Rahmen" eingepaßt werden können.

2.3.3 Räumliche Zuweisung von Biotopschutzfunktionen im Rahmen der Regionalplanung

Die regionalplanerische Ausweisung von Bereichen zur Sicherung wertvoller Biotope kann in Nordrhein-Westfalen heute auf den Ergebnissen der Biotopkartierung und den für das jeweilige Plangebiet ermittelten naturschutzwürdigen Bereichen aufbauen; diese Grundlagen werden im ökologischen Fachbeitrag dargelegt.

Bei der Schutzausweisung sollten die verbliebenen Bestände besonders seltener bzw. besonders gefährdeter Arten und Lebensgemeinschaften eigens als Bereiche für den Schutz der Natur hervorgehoben bzw. gesichert werden. Es handelt sich dabei vor allem um die in nachfolgender Übersicht aufgelisteten landesweit gefährdeten Biotoptypen.

Die räumliche Abgrenzung der Bereiche für den Schutz der Natur wird im ökologischen Fachbeitrag vorgeschlagen. Der regionalplanerischen Darstellungsweise entsprechend können im Gebietsentwicklungsplan ggf. nahe beieinander liegende naturschutzwürdige Flächen zu einem Schutzbereich zusammengezogen werden. Außerdem können auch die die naturschutzwürdigen (Kern-)Bereiche umgebenden Pufferzonen mit in die räumliche Darstellung einbezogen werden. Diesbezüglich muß aber darauf hingewiesen werden, daß die hinreichend genaue Festlegung von Pufferzonen im Rahmen der Regionalplanung i.d.R. nicht möglich ist. Hierzu müssen im Einzelfall die Empfindlichkeit des schutzwürdigen Biotops und die Reichweite spezifischer Beeinträchtigungen untersucht werden. Wegen dieser beschränkten Genauigkeit regionalplanerisch einbeziehbarer Pufferzonen muß der Schutz der zeichnerisch dargestellten Bereiche vor beeinträchtigenden Eingriffen in ihre Umgebung auch allgemein in Form einer textlichen Darstellung gefordert werden.

Die übrigen schutzwürdigen Biotope, die nicht den strengen Schutz eines Naturschutzgebietes erhalten sollen, werden im Gebietsentwicklungsplan nicht eigens dargestellt, sondern sie sollen in größere Bereiche für den Schutz der Landschaft integriert sein. Bei der räumlichen Abgrenzung dieser Bereiche für den Schutz der Landschaft ist darauf zu achten, daß zumindest alle größeren (≥ 10 ha) als schutzwürdig kartierten Biotope einbezogen sind.

Neben den Ergebnissen der Biotopkartierung müssen im Rahmen der ökologisch orientierten Regionalplanung aber auch die abiotischen Bestandteile des Naturhaushaltes, die Flächennutzung und die vom Menschen ausgehenden Belastungen erfaßt und in ihrer Bedeutung für den Biotop- und Artenschutz berücksichtigt werden. In diesem Sinne sind bei der Gebietsentwicklungsplanung vor allem folgende, für den Biotop- und Artenschutz generell bedeutsame Landschaftsstrukturen zu erfassen und bei der räumlichen Ausweisung der Bereiche für den Schutz der Landschaft zu berücksichtigen:

a) nährstoffarme (bzw. saubere) sowie naturnah verlaufende (nicht ausgebaute) Oberflächengewässer incl. deren Ufer (Sie sind durch fortschreitende Gewässerverschmutzung und -regulierung zu seltenen Standorten geworden und Lebensraum für die an diese Verhältnisse gebundenen und daher gleichfalls gefährdeten Arten bzw. Gesellschaften.);

b) alle vernäßten oder periodisch überfluteten Bereiche - insbesondere Moore, Feuchtwiesen, Bruch- und Auewälder (Sie sind durch land- und forstwirtschaftliche Entwässerungen sowie durch wasserwirtschaftliche Maßnahmen, z.B. Gewässerausbau, Grundwassergewinnung, gegenüber ihrer ursprünglichen Verbreitung stark dezimiert und somit wichtig für die Erhaltung der an diese Verhältnisse gebundenen gleichfalls gefährdeten Tiere und Pflanzen.);

c) extrem trocken-warme Bereiche wie z.B. südexponierte Kalktriften, Binnendünen, Steil- oder Felshänge (Diese Standorte sind von Natur aus relativ selten; sie sind Lebensstätten von Arten mit weiter südlich liegendem Verbreitungsschwerpunkt, die hier - z.T. an ihrer Verbreitungsgrenze - besonders selten und gefährdet sind.);

Übersicht über die in Nordrhein-Westfalen landesweit gefährdeten Biotoptypen

Schritt 1:

a) Ersetzb. zeitl. landesweit

Seltenheit landesweit	1	2	3	
1	1	1	2	(selten)
2	1	2	3	
3	2	3	3	

zeitl.	1	mehr als 150 Jahre
Ersetz-	2	20 bis 150 Jahre
barkeit	3	0 bis 20 Jahre

b) Ersetzb. zeitl./Selt. landesweit

Entw.-tend. landesweit	1	2	3
-	I^L	I^L	II^L
0	I^L	II^L	III^L
+	II^L	III^L	III^L

Kategorie:
I^L: landesweit gefährdete Biotoptypen (a priorie schutzwürdig)
II^L: landesweit mäßig gefährdete Biotoptypen
III^L: nicht gefährdete Biotoptypen, werden nicht weiter bearbeitet

Aus: Bewertungsrahmen zur Biotopkartierung NW, Einstufung der landesweiten Gefährdung der einzelnen Biotoptypen.

d) nährstoffarme (Sand-)Bereiche (Insbesondere durch großflächig vorgenommene Maßnahmen der Landwirtschaft sind nährstoffarme Standorte und die an diese gebundenen Arten und Gesellschaften stark zurückgedrängt worden.);

e) alle naturnahen, der potentiell natürlichen Vegetation nahekommenden und diese repräsentierenden (Laub-)Wälder (Sie sind durch den gebietsweise geringen Waldanteil und den hohen Anteil nicht bodenständiger Holzarten auf den verbliebenen Waldflächen generell schutzwürdig.);

f) alle übrigen Wälder und die Grünlandflächen (Sie sind - verglichen mit den Ackerflächen - generell artenreicher und naturnäher strukturiert; der zu beobachtende Rückgang des Grünlandes u.a. zugunsten von Maisäckern ist daher auch aus Gründen des allgemeinen Artenschutzes bedenklich.);

Übersicht über die in Nordrhein-Westfalen landesweit gefährdeten Biotoptypen

Landesweit gefährdete Biotoptypen (Gruppe I^L) (a priori schutzwürdige Biotoptypen

Code	Biotoptyp		E	S	ET	G
AA	Buchenwald	nur Cephalanthero-Fagion	1	1	-	I
AB	Eichenwald	nur Quercion pubescenti-petraeae	1	1	-	I
AC	Erlenwald	nur Alnion glutinosae	1	1	-	I
AD	Birkenwald	nur Betulion pubescentis	2	1	-	I
AE	Weidenwald	nur Salicion albae	2	1	-	I
CA	Hochmoor, Übergangsmoor		1	1	-	I
CC	Kleinseggenried	(ab 0,5 ha)	2	1	-	I
CD	Großseggenried	(ab 0,5 ha)	2	2	-	I
CE	Quellflur		1	2	-	I
DA	Trockene Heide	(ab 0,5 ha)	2	1	-	I
DB	Feuchtheide	(ab 0,5 ha)	2	1	-	I
DC	Silikattrockenrasen	(ab 0,5 ha)	2	1	-	I
DD	Kalktrockenrasen und -halbtrockenrasen	(ab 0,5 ha)	2	2	-	I
DE	Schwermetallrasen	(ab 0,5 ha)	2	2	-	I
DF	Borstgrasrasen	(ab 0,5 ha)	2	2	-	I
EC	Naßwiese, Naßweide	(ab 0,5 ha)	2	2	-	I
EF	Salzrasen		1	1	-	I
FA	See		1	1	-	I
FB	Weiher		1	2	-	I
FC	Altwasser		1	2	-	I
FE	Heideweiher, Moorblänke		1	1	-	I
FK	Quelle		1	2	-	I
GA	Felswand, Felsklippe (natürlich)		1	2	-	I
GB	Blockhalde, Schutthalde (natürlich)		1	1	-	I

E = Ersetzbarkeit; S = Seltenheit; ET = Entwicklungstendenzen; G = Gefährdungsgrad.

g) reich bzw. netzartig mit naturnahen Regenerationszellen durchsetzte, intensiv genutzte Bereiche (In landwirtschaftlich genutzten Bereichen, aber auch in Siedlungsbereichen und in forstlichen Monokulturen kann ein Teil der bodenständigen Arten in "trittsteinartig" oder netzartig angeordneten naturnahen Biotopen erhalten werden. Deshalb haben z.B. gut mit Hecken und Feldgehölzen durchsetzte landwirtschaftlich genutzte Bereiche generell höhere Bedeutung für den Biotop- und Artenschutz als ausgeräumte Agrarbereiche.).

Die zuletzt angesprochene Vernetzung von Biotopen sowie die Sicherung von Regenerationszellen und Trittsteinbiotopen leitet über zu einem aktuellen, aber noch unzureichend beabeiteten Aufgabenfeld des Biotopschutzes - des Aufbaus von Biotopverbundsystemen:

Der Schwerpunkt des Biotop- und Artenschutzes lag bislang auf der Sicherung verbliebener, wertvoller inselartiger Flächen und Bestände. Der anhaltende Artenrückgang macht jedoch deutlich, daß dies - häufig wegen der zu geringen Flächengröße - nicht ausreicht[9]. Zusätzlich sind verstärkt Entwicklungs- und Sanierungsmaßnahmen sowie die Vernetzung großflächiger Schutzgebiete durch Saumbiotope notwendig. In diesem Sinne werden Strategien des Biotopverbundes entwickelt, die darauf abzielen, groß- und kleinräumige Schutzgebiete funktional miteinander zu vernetzen, um so der Verinselung der Lebensräume entgegenzuwirken. Dabei sind im einzelnen vor allem folgende Maßnahmen notwendig:

- Verbindung flächiger Schutzgebiete mit Vernetzungsbiotopen (Wiesenraine, Waldränder, Ufersäume, Straßen- und Wegränder usw.),
- Erweiterung vorhandener Biotope (z.B. über Kontaktzonen, Renaturierung von Umgebungsbereichen) auf notwendige Arealgrößen (Minimalareale),
- Aufbau (Entwicklung und Neuschaffung) ähnlicher Biotope in unmittelbarer Nähe (Beachtung der kritischen Distanz),
- Förderung der Folgeentwicklung (natürliche Sukzession),
- Schaffung von naturnahen Kleinbiotopen (in großer Dichte als Trittsteinbiotope),
- Schaffung von Pufferzonen (Abschwächung von negativen Einflüssen und Minderung der Isolation).

Der Regionalplanung wächst in diesem Zusammenhang die Aufgabe zu, solche Entwicklungsmaßnahmen durch geeignete Darstellungen zu unterstützen bzw. vorzubereiten. Dies könnte u.a. durch die räumliche Ausweisung von Bereichen für eine besondere Pflege und Entwicklung der Landschaft erfolgen. Auch sollte die "Durchlässigkeit" größerer Siedlungs- bzw. Ballungsgebiete mittels der regionalplanerischen Darstellung durchgehender Grünzüge gestützt werden.

Abschließend muß darauf hingewiesen werden, daß regionalplanerisch ausgewiesene Bereiche für den Schutz oder eine besondere Pflege und Entwicklung von Natur und Landschaft nicht durch überlagernde Funktionszuweisungen entwertet werden dürfen. Um beispielsweise zu vermeiden, daß naturschutzwürdige Biotope als fremdenverkehrsfördernde Attraktionen mißbraucht bzw. erschlossen werden, sollte die zeichnerische Darstellung von Bereichen für den Schutz der Natur grundsätzlich nicht mit der Darstellung von Erholungsbereichen überlagert werden. Entsprechend sind auch ausgewiesene Biotopschutzbereiche und Darstellungen für Wasserwirtschaft, Rohstoffgewinnung etc. schon im Rahmen der Regionalplanung zu harmonisieren, um nachgeordneten Verfahren keine unauflöslichen Zielkonflikte aufzugeben.

2.4 Qualitätsnormen und Schutzbereiche für Wasser, Luft und Boden

Soll-Werte für die Qualität der Umweltmedien Wasser und Luft waren schon in der Empfehlung des Beirates für Raumordnung von 1976 als wichtige Indikatoren enthalten (vgl. Tabelle 1). Inzwischen ist die fachliche Diskussion dieser Qualitätsnormen weiter fortgeschritten; es wurden weitere, wichtige Einzelparameter sowie der Bodenschutz als zusätzliches Aufgabenfeld einbezogen.

Die hinsichtlich der (Trink-)Wassergüte bedeutsamen Schwellen- und Grenzwerte wurden im Grundwasserbericht 84/85 des Landesamtes für Wasser und Abfall NRW zusammengestellt (vgl. nachfolgende Übersicht). Entsprechend zahlreich sind auch die im Immissions- und Bodenschutz zu behandelnden Parameter. Dabei werden immer neue Gefahrenpotentiale geschaffen und entdeckt (z.B. Problem organischer Schadstoffe - wie chlorierter Kohlenwasserstoffe - in Böden und Gewässern; großräumige Grundwasserbeeinträchtigungen durch Nitrat; großräumige, schleichende Schwermetallanreicherung im Boden).

Die Vielzahl der Güteparameter für Wasser, Luft und Boden kann im Rahmen dieses Beitrags nicht eingehend abgehandelt werden, geschweige denn ist es möglich, in die anhaltende Fachdiskussion einzelner Schwellenwerte einzusteigen und entsprechende ökologische Eckwerte festzulegen. Besonders darauf hinzuweisen ist jedoch, daß bei der Festlegung von Richt- und Grenzwerten künftig nicht nur auf die menschliche Gesundheit und wirtschaftlich bedeutsame Schäden (z.B. immissionsbedingte Materialschäden an Gebäuden) abgehoben werden darf, sondern daß auch der Schutz der natürlichen Lebensgrundlagen stärker berücksichtigt werden muß.

So stellt beispielsweise die TA-Luft bezüglich des SO_2-Immissionswertes (IW) auf die menschliche Gesundheit ab und bleibt damit erheblich über den in der VDI-Richtlinie 2310 für den Schutz von (Wirtschafts-)Pflanzen genannten maximalen Immissionskonzentration (MIK) und den von Forstwirtschaftlern geforderten Werten:

Grenzwerte der TA-Luft für Schwefeldioxid

- IW_1 (Langzeitwert) 0,14 mg SO_2/m^3
  - in Reinluftgebieten 0,05 oder 0,06 mg SO_2/m^3
- IW_2 (Kurzzeitwert) 0,40 mg SO_2/m^3

MIK-Werte der VDI-Richtlinie 2310

- Langzeit- bzw. Vegetationsmittelwert 0,05 mg SO_2/m^3
- Kurzzeitwert (97,5 Perzentil) 0,25 mg SO_2/m^3

Schwellen- und Grenzwerte für die (Trink-)Wassergüte

Parameter	Einheit	Mindestbestimmungsgrenze	Schwellenwert	Grenzwert
Parameterpaket A:				
Temperatur	°C	-	12[2]	25[2]
ph-Wert	-	-	≤6,5 ≥8,0	-
Sauerstoff	mg/l	0,5	-	-
Calciumcarbonatsättigung	mmol/l	-	-	-
Leitfähigkeit	mS/m	1	-	-
Säurekapazität	mmol/l	-	-	-
Calcium	mg/l	1	100[2]	-
Magnesium	mg/l	1	25	50[2]
Natrium	mg/l	1	50	150[2]
Kalium	mg/l	1	5	12[2]
Ammonium-N	mg/l	0,05	0,1	0,5[2]
Nitrat-N(Nitrat)	mg/l	0,5	5,0(25)[1,2]	11,0(50)[1,2]
Hydrol. Phosphat-P	mg/l	0,01	0,05	-
DOC	mg/l	0,5	1,0	-
Chlorid	mg/l	5	25[2]	-
Sulfat	mg/l	5	120	240[1]
Koloniezahl	1/ml	-	100[1] 10[1]	100[1] 10[1]
Coliforme Keime	1/100 ml	-	0	0
Parameterpaket B:				
Eisen	mg/l	0,1	-	0,2[1,2]
Mangan	mg/l	0,1	-	0,1[1,2]
Chrom	mg/l	0,02	0,03	0,05[1,2]
Kupfer	mg/l	0,02	0,03	-
Nickel	mg/l	0,01	0,03	0,05[1,2]
Zink	mg/l	0,05	0,1[2]	2,0[1]
Blei	mg/l	0,005	0,01	0,04[1]
Cadmium	µg/l	1	2	5[1,2]
Arsen	mg/l	0,005	0,006	0,04[1]
Aluminium	mg/l	0,02	0,04	0,2[1]
Parameterpaket C:				
Kohlenwasserstoffe	µg/l	100	200	-
Phenolindex	µg/l	10	20	-
EOX	µg/l	20	30	-
Parameterpaket D:				
Trichlorethen	µg/l	0,2	2,0	-[3]
Tetrachlorethen	µg/l	0,1	2,0	-
1,1,1 Trichlorethan	µg/l	0,1	2,0	
Parameterpaket E:				
PAK	µg/l	-	0,005[2]	0,2[1,2]
Benzol, Toluol, Xylole	Geruchsschwellenwert			

Anmerkungen und Quellenangabe s. nächste Seite.

Von der IUFRO-Arbeitsgruppe "Air pollution" zum Schutz von Nadelwäldern in höheren Lagen und allgemein auf kritischen oder extremen Standorten geforderte SO_2-Grenzwerte:

- Jahresmittelwert 0,025 mg SO_2/m^3
- 24 Std.-Mittelwert 0,050 mg SO_2/m^3
- Kurzzeitwert (97,5 Perzentil der 1/2 h-Werte in der Vegetationszeit) 0,075 mg SO_2/m^3

Die Gegenüberstellung zeigt für den Wald die mangelnde Schutzwirkung der TA-Luft und macht deutlich, daß auch die MIK-Werte des VDI noch Kompromißcharakter haben und keineswegs "auf der sicheren Seite" liegen.

Neben der notwendigen Verschärfung einzelner Richt- und Schwellenwerte muß aus ökologischer Sicht auch eine stärkere Beachtung der Kombinationswirkungen von verschiedenen Schadstoffen gefordert werden.

Insgesamt wird in diesem Zusammenhang eine grundsätzliche Problematik deutlich: Raumordnung ist primär auf flächige Nutzungs- und Funktionszuweisungen ausgerichtet. Die damit verbundene qualitative Beeinflussung der Medien Boden, Wasser und Luft kann nicht anhand einiger weniger Indikatoren in der gebotenen Genauigkeit überwacht werden. Auch die räumliche Erfassung wirft Probleme auf, denn die Ausbreitung von Verunreinigungen ist wegen der Durchlässigkeit der Ökosysteme nicht an Raumordnungseinheiten oder Naturräume gebunden.

Die Vielzahl der zu berücksichtigenden, umweltrelevanten Güteparameter und die notwendige Dichte der räumlichen Erfassung wirft die Frage nach den Grenzen solcher Indikatoren als Steuerungsmittel der Landesplanung zur Einhaltung bzw. Wiederherstellung einer bestimmten Qualität von Boden, Wasser und Luft auf.

Anmerkungen und Quellenangabe zur Übersicht

1) Neuer Entwurf der TVO vom 26. Juli 1984.

2) Richtzahl (RZ) und Zulässige Höchstkonzentration (ZHK) nach EG-Richtlinie vom 15. Juli 1980.

3) Nach der Empfehlung des Bundesgesundheitsamtes gibt es nur einen Richtwert für die Summe aus Trichlorethen, Tetrachlorethen, 1,1,1 Trichlorethan und Dichlormethan.

Quelle: Landesamt für Wasser und Abfall NRW (Hrsg.): Grundwasserbericht 84/85, Düsseldorf 1985, S. 33. (Schwellenwerte geben die Konzentration an, ab der die entsprechenden Stellen der Wasserwirtschaftsverwaltung die weitere Entwicklung der Stoffgehalte besonders aufmerksam verfolgen müssen, a.a.O., S. 33.)

Auch muß davon ausgegangen werden, daß der Raumbeobachtung vor der Einführung von Soll-Werten zumindest für eine Reihe von Mindeststandards ein Vorlauf von einigen Jahren gegeben werden müßte.

Dennoch sollte versucht werden, auch mittels der Raumplanung zur Reinhaltung von Wasser, Luft und Boden beizutragen, um zumindest mit flankierenden und ergänzenden Raumordnungsmaßnahmen den erheblichen Risiken entgegenzuwirken. Nach § 22 des nordrhein-westfälischen Gesetzes zur Landesentwicklung (Landesentwicklungsprogramm/LEPro) sind innerhalb des Landes Gebiete mit besonderer Bedeutung für Freiraumfunktionen festzulegen. In diesen Gebieten sind die Voraussetzungen für eine die Erfüllung dieser Funktionen gewährleistende Gesamtentwicklung zu schaffen. Hierzu gehört auch der Schutz von Boden, Wasser und Luft.

Auf derartigen Rechtsgrundlagen sollten in Landes- und Regionalplänen auch Schutz- und Sanierungsschwerpunkte gesetzt werden. Bei erkannten Gefährdungen und Belastungen kommt dabei nicht nur die Festlegung qualitativer Standards, sondern auch die räumliche Darstellung von Bereichen für vordringliche Schutz- oder Entwicklungsmaßnahmen in Frage.

Z.B. sollten zum Schutz des Grund- und Oberflächenwassers nicht nur die im Umkreis von Wassergewinnungsanlagen und Talsperren festgesetzten Wasserschutzgebiete in die Regionalpläne übernommen werden. Vielmehr sollten wesentlich größere Bereiche mit vorhandener Wassergefährdung oder -belastung regionalplanerisch geschützt werden. Dies wären vor allem:

- Bereiche mit besonderer Bedeutung für die Grundwasserregeneration,
- Bereiche mit besonderer Grundwasserverschmutzungsgefährdung sowie
- Bereiche mit zu erhaltendem oberflächennahen Grundwasser (Grundwasser-Flurabstand 3 m).

Die zuletzt genannten, durch Moor-, Gley- oder Auenböden gekennzeichneten grundwassernahen Standorte sind generell von besonderer Bedeutung für den Biotopschutz (Feuchtbiotope) und den Wasserhaushalt der Landschaft. Außerdem sind Wälder in diesen Bereichen auf das hoch anstehende Grundwasser eingestellt. Bei Grundwasserabsenkungen werden sie im besonderen Maße in Mitleidenschaft gezogen. Die Bereiche mit oberflächennahem Grundwasser sollten daher in ihrem Flächenbestand gesichert werden; außerdem sollte festgelegt werden, daß innerhalb dieser Bereiche keine Grundwasserabsenkungen (Entwässerungen) erfolgen dürfen.

Zu überprüfen wäre schließlich, inwieweit aus den in einigen Bundesländern (Nordrhein-Westfalen, Niedersachsen) bestehenden Gülle-Verordnungen raumrelevante Konsequenzen gezogen werden könnten.

Im Hinblick auf besondere lufthygienische bzw. geländeklimatische Ausgleichswirkungen wäre zu wünschen, daß möglichst schon auf der Ebene der Gebietsentwicklungsplanung in belastete Siedlungsbereiche hineinführende Frischluftschneisen als solche regionalplanerisch dargestellt und damit gesichert werden.

Bezüglich des Immissionsschutzes erscheint gerade die (großräumige) Landes- und Regionalplanung geeignet, die Herkunfts- und Wirkungsbereiche von Luftverunreinigungen zu bezeichnen und hierfür besondere Schutz- bzw. Sanierungsziele festzulegen. Diese Ziele müssen auf die konkret festgestellten Immissionsschäden abheben. Dies kann u.U. dazu führen, in regionaler Eigenverantwortung von offensichtlich unangemessenen bundesweiten Richtwerten etc. abweichen zu müssen.

Zum Schutz des Bodens ist es erforderlich, den Landschaftsverbrauch durch Überbauung und Versiegelung von Freiflächen einzuschränken (vgl. Ziff. 2.1); darüber hinaus können vor allem solche Bereiche abgegrenzt bzw. geschützt werden, in denen Böden vorliegen, die gegenüber Beeinträchtigungen besonders empfindlich sind. Hierzu gehören:

- Böden mit geringem Puffer- und Filtervermögen,
- eutrophierungsempfindliche Böden,
- besonders erosionsgefährdete Bereiche.

Außerdem könnten Bereiche dargestellt werden, in denen wegen festgestellter Bodenbelastungen (z.B. hohe geogen oder anthropogen bedingte Schwermetallgehalte in Überschwemmungsgebieten der Flüsse oder auch in Gebieten, in denen schwermetallhaltige Erze abgebaut worden sind) besondere Nutzungsbeschränkungen oder Sanierungsmaßnahmen erforderlich sind.

Solche Bereiche treten aber auch kleinräumig auf (z.B. durch Klärschlamm belastete landwirtschaftliche Nutzflächen oder Altlasten kleineren Umfangs) und können dann auf regionalplanerischer Ebene nur ungenügend behandelt werden. Hierfür kann der Gebietsentwicklungs- bzw. Landschaftsrahmenplan i.d.R. nur verbale Sanierungsziele festlegen.

2.5 Leitziele für die landschaftsgebundene Erholung

Das Ziel der Erhaltung und Gestaltung von geeigneten Gebieten für die Erholung des Menschen in Natur und Landschaft ist vom Gesetzgeber im Landschaftsgesetz (§ 1 Abs. 1 und § 2 Abs. 1 Nrn. 2, 11 u. 12) und auch im Gesetz zur Landesentwicklung (Landesentwicklungsprogramm; § 16, § 19 Abs. 3b u. c, § 22 Abs. 1c, § 29) festgelegt worden.

Zur planvollen Verwirklichung dieses Ziels ist es u.a. erforderlich, eine Bewertung des jeweiligen Planungsraumes bezüglich der Eignung für die landschaftsgebundene Erholung vorzunehmen. Sie wird bestimmt durch

- die Attraktivität der erholungswirksamen Landschaftsbestandteile und Einrichtungen
- den Erholungswert herabsetzende Restriktionen (Belastungen und Beeinträchtigungen)
- die Belastbarkeit der Landschaft.

In einem extrem dicht besiedelten Land wie Nordrhein-Westfalen muß dabei grundsätzlich davon ausgegangen werden, daß zwar die besonders reizvollen Landesteile (z.B. die Mittelgebirgslandschaften) bei der Wochenend- und Ferienerholung bevorzugt werden, im übrigen aber alle einigermaßen geeigneten Freiräume als Erlebnis- bzw. Erholungsraum fungieren.

Im Rahmen der Regionalplanung muß dementsprechend versucht werden, möglichst große Teile des Freiraums für die landschaftsgebundene Erholung zu sichern. Der Umfang der auszuweisenden Erholungsbereiche wird sich dabei weniger durch verschiedentlich genannte Richtwerte für die Erholungsfläche pro Einwohner[10], sondern eher durch den Ausschluß der für die landschaftsgebundene Erholung nicht nutzbaren Bereiche bestimmen lassen.

Im Rahmen eines solchen negativen Ausschlußverfahrens sind im einzelnen folgende Aspekte bzw. Bestimmungsfaktoren zu berücksichtigen:

a) Die Zugänglichkeit der Landschaft und "Freiheit" von industriell-städtischen Formelementen

Bereiche für die landschaftsgebundene Erholung müssen zugänglich und möglichst frei sein von den typischen Formelementen der industriell-städtischen Zivilisation, von denen sich der - aus der Stadt kommende - Erholungsuchende gerade lösen will. Gewerbe- und Industriegebiete, Flughäfen, im Betrieb befindliche Abgrabungen, militärische Sperrgebiete und andere gesperrte Bereiche sowie zusammenhängend bebaute Flächen, die städtisch anmuten oder Wohnsiedlungscharakter haben, erfüllen nicht die an einen Bereich für die landschaftsgebundene Erholung zu stellenden Anforderungen.

b) Die Vielfalt der (Erholungs-)Landschaft

Da gesundes menschliches Verhalten seiner Natur nach forschend, abwechslungs- und erlebnissuchend ist, muß die freie (Erholungs-)Landschaft von ihren Formelementen her vielfältig sein. Vor allem Landschaften mit hoher Reliefenergie, Waldgebiete und durch Feldgehölze gegliederte Agrarbereiche sowie naturnahe (saubere) Oberflächengewässer vermitteln vielfältige Eindrücke und sind daher grundsätzlich für die Erholungsnutzung geeignet.

Ausgeräumte, großflächig baum- und strauchlose Agrarbereiche wirken dagegen monoton und werden i.d.R. nur dann aufgesucht, wenn keine anderen Möglichkeiten bestehen.

c) Beeinträchtigungen durch Lärm

Die (Erholungs-)Landschaft muß möglichst ruhig sein. (Relative) Stille ist eine wesentliche Voraussetzung dafür, daß der Erholungssuchende innerlich zur Ruhe kommt, sich den auf ihn einwirkenden Natureindrücken öffnet und sich dadurch vom Alltag löst. Im allgemeinen kann davon ausgegangen werden, daß Freiräume, in denen die Belastung mit technischen Geräuschen einen mittleren Pegel von 45 dB (A) überschreitet, für die ruhige, landschaftsbezogene Erholung nur sehr bedingt geeignet - mit steigendem Lärmpegel sogar völlig ungeeignet sind.

Bezüglich der Erholung in der freien Landschaft sind vor allem die Lärmzonen entlang der Außerortstraßen von Bedeutung.

d) Erholungsrelevante lufthygienische und klimatische Bedingungen

Erholungsbereiche müssen geeignete lufthygienische und klimatische Bedingungen aufweisen.

Gebiete, in denen die zum Schutz der menschlichen Gesundheit festgelegten Immissionsgrenzwerte überschritten werden, sind für Zwecke der landschaftsgebundenen Erholung ungeeignet.

Auch bioklimatische Belastungen wie Schwüle, Naßkälte und Nebel sind für die Beurteilung der Erholungseignung von Bedeutung. Bestimmte Landschaftsbereiche (Täler, Niederungen, Beckenlandschaften und Tiefebenen unter 250 m ü.NN), in denen diese bioklimatischen Belastungen gehäuft bzw. verstärkt auftreten, sind jedoch für die landschaftsgebundene Erholung nicht völlig ungeeignet, da die bioklimatischen Belastungen nur zeitweise bzw. nur bei bestimmten Wetterlagen auftreten.

e) Durch Erholungsnutzung nicht belastbare Bereiche

Ein weiteres, bei der Beurteilung der Erholungseignung zu beachtendes Kriterium ist die Belastbarkeit von Ökotopen gegenüber den Auswirkungen der Erholungsnutzung.

Untersuchungen zur Ermittlung der von Erholungsnutzungen ausgehenden Belastungen dürfen nicht beschränkt werden auf die gravierenden, sofort erkennbaren Eingriffe, die z.B. mit Bau und Betrieb größerer Freizeiteinrichtungen (z.B. Sportanlagen, Campingplätzen, Skiabfahrten) verbunden sind. Es muß vielmehr auch beachtet werden, daß unbeabsichtigte Auswirkungen von Erholungsaktivitäten oder auch mutwillige Störungen seitens der Erholungssuchenden die Belastbarkeit bzw. Tragfähigkeit bestimmter, vor allem "empfindlicher" Ökotope überschreiten können. Durch Befahren, Begehen, Spielen, Lagern, Hinterlassen von Abfällen usw. kommt es zu (schleichenden) Veränderungen des Bodens (Verdichtung, Erosion, Eutrophierung) sowie der Tier- und Pflanzenwelt (Änderung der Artenzusammensetzung). Solche Belastungen berühren einerseits die Belange des Naturschutzes. Zum anderen fällt die durch die Erholungsnutzung verursachte Verarmung von Flora und Fauna und die Verschlechterung der visuellen Qualität (Abfälle, Trampelpfade, zertretene Ufersäume etc.) auch auf die Erholungseignung selbst zurück.

Neben der bisher angesprochenen erholungsrelevanten inneren Struktur eines bestimmten Freiraumes muß bei der Beurteilung seiner Erholungseignung auch seine Zuordnung zu Wohngebieten beachtet werden.

Freiräume für die landschaftsgebundene Erholung müssen gut erreichbar sein; sie sollten nach Möglichkeit unmittelbar an Wohnsiedlungen angrenzen und nicht durch abriegelnde oder den Erholungsbereich beeinträchtigende Straßen vom Wohnbereich getrennt sein. Der Erholungsraum wird dann von den bis zu 1000 m entfernt wohnenden Anwohnern i.d.R. zu Fuß aufgesucht.

Da nicht alle Freizeitbedürfnisse im Wohnbereich und in wohnungsnahen Erholungsbereichen befriedigt werden können, müssen darüber hinaus hochwertige Erholungsbereiche für die Wochenend- und Ferienerholung in größerer Entfernung von den in Ballungsgebieten liegenden Wohnbereichen gesichert werden. Als ungefähre Abgrenzung des Wochenenderholungsraumes kann die 30 km-Abstandslinie zu den Ballungsgebietsrändern angenommen werden.

Abschließend muß darauf hingewiesen werden, daß Freiflächen für die landschaftsgebundene Erholung eine gewisse Mindestgröße besitzen müssen. Ein Freiraum, der in kurzer Zeit durchquert werden kann, ist i.d.R. wertlos, da der Erholungssuchende zu schnell wieder in bebaute oder wenig attraktive Bereiche hineingeht, also auf jene Raumstrukturen trifft, von denen er sich gerade lösen will.

Als grober Orientierungswert kann angenommen werden, daß Freiräume für die landschaftsgebundene Erholung mindestens 200-300 ha umfassen müssen.

3. Grundlagen für die Sicherung von Freiflächen und ihrer Funktionen im Rahmen der Landes- und Regionalplanung

In dem vorstehenden Kapitel wurde angeregt, allgemeine Forderungen nach Freiraumschutz und Sicherung der Leistungsfähigkeit des Naturhaushaltes im Rahmen der Landes- und Regionalplanung mittels ökologischer Eckwerte zu präzisieren. In diesem Zusammenhang wurden für verschiedene Aspekte des Naturschutzes und der Landschaftspflege solche ökologischen Eckwerte vorgeschlagen. Hierbei wurde deutlich, daß die Zielvorgaben immer die derzeitigen landschaftlichen Strukturen berücksichtigen müssen, bzw. bei der Festlegung von Soll-Werten realistischerweise auch von den Ist-Werten ausgegangen werden muß (Status-quo-Analyse).

Die Einführung ökologischer Eckwerte ist nur möglich, wenn die Umweltsituation landesweit und regional differenziert erfaßt wird. Hierzu ist es erforderlich, im Rahmen einer "laufenden Raumbeobachtung" ausgewählte Umweltindikatoren zu erheben und diese Statistik ständig oder in einem angemessenen Turnus zu aktualisieren.

Diese für die Festlegung und ggf. Fortschreibung ökologischer Eckwerte notwendige Datenbasis ist z.Zt. noch nicht ausreichend gegeben. Anfänge sind in der statistischen Erfassung verschiedener Flächennutzungstypen sowie z.B. in dem bei der LÖLF im Aufbau befindlichen Biotopkataster, Schwermetallkataster und Abgrabungskataster gegeben.

Neben gravierenden Lücken in der Datenbasis ist zu bemängeln, daß die verschiedensten heute schon erhobenen Umweltdaten[11)] kaum aufeinander abgestimmt und nur selten planungsrelevant aufbereitet sind.

Außerdem muß in diesem Zusammenhang darauf hingewiesen werden, daß die räumliche Erfassung von Umweltindikatoren i.d.R. auf Verwaltungseinheiten oder auch willkürliche Gitternetze abgestellt ist. Diese z.B. in der Empfehlung des Beirates für Raumordnung von 1976 angegebenen räumlichen Erfassungsraster sind aber für ökologische Betrachtungen oft wenig aussagekräftig.

Da die Freiraumnutzung i.d.R. eng an natürliche Voraussetzungen gebunden ist, wird vorgeschlagen, als räumliches Erfassungsraster grundsätzlich keine Verwaltungsgrenzen, sondern naturgegebene Raumgliederungen (naturräumliche Einheiten, forstliche Wuchsbezirke) zu wählen. Bei einer Zugrundelegung von Verwaltungsgrenzen werden die erhobenen Werte gemittelt und innerhalb der Verwaltungseinheit ablaufende unerwünschte Umverteilungen (z.B. weiterer Waldverlust im Bördenbereich bei gleichzeitiger Aufforstung von Wiesentälern im benachbarten Bergland) nicht erfaßt. Deswegen sollte z.B. der "Waldflächenmindestanteil" nach forstlichen Wuchsbezirken festgelegt werden. Die relativ kleinräumige Bezugsebene "forstliche Wuchsbezirke" wird auch deswegen vorgeschlagen, weil in der 1976 gewählten großräumigen Bezugsebene "Gebietseinheit" (GE) extrem waldarme Landschaften in den GE statistisch nicht deutlich werden. So hat z.B. die Gebietseinheit "Südliches Rheinland" einen Waldanteil von 26 %, obwohl sie auch intensiv ackerbaulich genutzte Bördenbereiche umfaßt, in denen der Waldanteil heute verschwindend gering ist.

Bei dem Bemühen, die Raumbeobachtung auszubauen und naturräumlich zu differenzieren, muß grundsätzlich berücksichtigt werden, daß die Möglichkeiten für eine laufende und standardisierte Beobachtung der Umweltqualität prinzipiell begrenzt sind. Das liegt an statistischen Meßproblemen, vor allem jedoch an dem großen Aufwand, den landesweite Datenerhebungen verursachen. Außerdem muß an dieser Stelle noch einmal darauf hingewiesen werden, daß mit Hilfe von ökologischen Eckwerten z.B. nicht konkret abgegrenzt werden kann, wo bestimmte Landschaftsstrukturen zu sichern sind und wo eine Siedlungserweiterung realisiert werden könnte.

Die für solche und ähnliche Fragestellungen notwendigen Grundlagen und Daten über eine Vielzahl von Landschaftsfaktoren und deren örtlich unterschiedliche Ausprägung müssen stärkere räumliche Bezüge haben und konkreter sein als dies Umweltindikatoren leisten können. Das Instrument der ökologischen Eckwerte muß deswegen durch zusätzliche, örtlich bezogene Erhebungen und Aussagen ergänzt werden. Vor allem ist es erforderlich, für abgegrenzte Plangebiete jeweils eine eigene, aktuelle Erhebung der "Umweltqualität" vorzunehmen. In diesem Sinne wird die LÖLF mit § 14 Abs. 1 Nr. 2 des nordrhein-westfälischen Landschaftsgesetzes verpflichtet, ökologische Fachbeiträge für die Gebietsentwicklungspläne zu erarbeiten.

3.1 Aufgabe und Inhalt der ökologischen Fachbeiträge für die Gebietsentwicklungspläne

Die Aufgabe eines ökologischen Fachbeitrages besteht darin, der Bezirksplanungsbehörde eine Grundlage für die Darstellung von spezifischen Zielen und Raumansprüchen des Naturschutzes und der Landschaftspflege zu geben. Darüber hinaus soll der ökologische Fachbeitrag aber auch als ökologisch orientierte Entscheidungshilfe für die Konzeption anderer Nutzungs- und Funktionsstrukturen dienen und bei der Gesamtabwägung der verschiedenen Anforderungen an Natur und Landschaft herangezogen werden. In dieser letztgenannten Bedeutung stellt der Fachbeitrag gleichsam den ökologisch orientierten Grundlagenteil einer innerhalb des regionalplanerischen Verfahrens durchzuführenden Umweltverträglichkeitsprüfung dar.

Im Hinblick auf die o.g. Aufgaben beinhaltet der ökologische Fachbeitrag

a) eine dem Maßstab und dem Inhalt des GEP angemessene Darstellung der ökologischen Struktur des Plangebietes,
b) eine Einschätzung der in dieser Struktur begründeten spezifischen Leistungsfähigkeiten des Naturhaushaltes und
c) Empfehlungen zur regionalplanerischen Sicherung und Entwicklung der natürlichen Lebensgrundlagen.

Zu a) Darstellung der Landschaftsstruktur

Im Rahmen der Grundlagenarbeit des Fachbeitrages werden zunächst die für die natürliche Leistungsfähigkeit des Naturhaushaltes bedeutsamen Landschaftsstrukturen erfaßt; die Darlegung umfaßt:

- eine Beschreibung der räumlichen Ausprägung wichtiger natürlicher Landschaftsfaktoren wie Geologie/Geomorphologie/Boden/Hydrogeologie/Hydrologie/Klima/potentielle natürliche Vegetation,
- die Ausgliederung von Landschaftsbereichen, die hinsichtlich des Zusammenwirkens der natürlichen Landschaftsfaktoren in sich homogen strukturiert sind. Innerhalb der i.M. 1:50 000 dargestellten "landschaftsökologischen Raumeinheiten" liegen somit annähernd gleiche natürliche Lebensgrundlagen vor und bestehen vergleichbare Voraussetzungen und Reaktionsnormen für spezifische Nutzungen,
- die Darstellung der für die reale Ausprägung des Naturhaushaltes und seiner Leistungsfähigkeit bedeutsamen anthropogenen Elemente der Landschaftsstruktur. Hierbei werden die Inanspruchnahme von Freiraum für Siedlungszwecke, die Zerschneidung der Landschaft durch Straßen und die durch belastenden Verkehrslärm betroffenen Plangebiete aufgezeigt. Auch werden die für reale Vegetation und das Landschaftsbild bedeutsamen land- und forstwirtschaftlichen Nutzungen dargestellt und mit den landschaftsökologischen Raumeinheiten in Beziehung gebracht.

Zu b) Darstellung spezifischer natürlicher Leistungsvermögen

Die im Grundlagenteil des Fachbeitrages dargelegten Ergebnisse der Landschaftsanalyse sollen einerseits den planenden Stellen ein Verständnis für die landschaftlichen bzw. ökologischen Strukturen des jeweiligen Plangebietes vermitteln. Vor allem aber sollen auf dieser Grundlage im zweiten Teil des Fachbeitrages die Leistungsfähigkeit des Naturhaushaltes bzw. das sog. "Naturraumpotential" dargestellt werden.

Diesbezüglich muß zunächst festgestellt werden, daß es nicht möglich ist, pauschal die Leistungsfähigkeit des Naturhaushalts zu erfassen. Es besteht vielmehr die methodische Notwendigkeit, den komplexen Begriff "Leistungsfähigkeit des Naturhaushalts" in überschaubare und faßbare Teilaspekte zu untergliedern. Als solche spezifischen Leistungsfähigkeiten bzw. partiellen Naturpotentiale sind u.a. zu unterscheiden:

- Bedeutung für den Biotop- und Artenschutz (biotisches Refugial- und Regenerationspotential)
- Eignung für die landschaftsgebundene Erholung (Erholungspotential)
- Bedeutung für die Regeneration von Grund- und Oberflächenwässer (Wasserdargebots-Potential)
- Bedeutung für die natürliche Boden- bzw. Standortfruchtbarkeit (biotisches Produktionsvermögen)
- Bedeutung für die Frischluftzufuhr und Kaltluftableitung (lufthygienisches und geländeklimatisches Ausgleichspotential).

Für diese spezifischen Leistungsfähigkeiten des Naturhaushaltes können jeweils potentialbestimmende Landschaftsfaktoren bzw. wesentliche Merkmale und Bestandteile aus der Gesamtausstattung eines Naturraumes im ökologischen Fachbeitrag besonders hervorgehoben werden. Bei den potentialbestimmenden Faktoren handelt es sich sowohl um leistungstragende bzw. -aufbauende als auch um leistungsabschwächende Faktoren. Die Erfassung der spezifischen Leistungsfähigkeiten des Naturhaushaltes impliziert somit eine Analyse der jeweiligen Empfindlichkeit und die Auseinandersetzung mit möglichen Beeinträchtigungen.

Zu c) Ableitung von Planungsempfehlungen

Das grundsätzliche Ziel des Naturschutzes und der Landschaftspflege besteht darin, die für die natürlichen Leistungsvermögen bedeutsamen Landschaftsstrukturen bzw. -faktoren zu sichern oder diese - wenn sie bereits nicht mehr ausreichend erhalten sind - wiederherzustellen.

In diesem Sinne können aus der Beurteilung der Naturraumpotentiale unmittelbar Ansprüche an die Planung abgeleitet werden. Dabei können in Ergänzung der bisherigen Inhalte ökologischer Fachbeiträge auch räumliche Leitbilder entwikkelt werden, die auf spezifische Leistungsvermögen abgegrenzter Landschaftsbereiche abheben. Je nach Naturausstattung können dies z.B. sein:

- Bereiche für die Sicherung wertvoller Biotope,
- Bereiche für die Vermehrung des Waldanteils bzw. für Ersatzaufforstungen,
- Agrar- und Waldbereiche in denen besondere ökologisch orientierte Entwicklungsmaßnahmen durchzuführen sind (Umwandlung von Nadelholzwald in Laub-

wald, Entwicklung und Vernetzung naturnaher Biotope in intensiv genutzten Agrarbereichen u.ä.),

- Bereiche mit besonderer Bedeutung für die Grundwasserregeneration,
- Bereiche mit besonderer Grundwasserverschmutzungsgefährdung,
- Bereiche mit zu erhaltendem oberflächennahem Grundwasser,
- Bereiche mit besonderen lufthygienischen oder geländeklimatischen Ausgleichswirkungen,
- Bereiche mit besonders empfindlichen oder besonders belasteten Böden,
- Bereiche mit besonderer Eignung für die landschaftsgebundene Erholung.

Mit solchen räumlichen Leitzielen für bestimmte Funktionen kann das Konzept der ökologischen Eckwerte ausgefüllt und ergänzt werden. Es muß jedoch darauf hingewiesen werden, daß die mit der 3. DVO zum Landesplanungsgesetz vorgegebenen Darstellungsmöglichkeiten des Gebietsentwicklungsplans bisher nur z.T. für die Darstellung solcher regionalplanerischer Leitbilder ausreichen. Eine entsprechende Ergänzung bzw. Verfeinerung wäre deswegen notwendig. Außerdem wäre es erforderlich, die mit der Erarbeitung und mit der Umsetzung des Fachbeitrags betrauten Stellen personell ausreichend und qualifiziert auszustatten. Auch sollte der Schutz der natürlichen Lebensgrundlagen im GEP-Erarbeitungsverfahren bzw. bei der Erörterung und Abwägung der konkurrierenden Anforderungen durch Anwendung der ökologischen Erkenntnisse gestärkt werden.

4. Zusammenfassung und Schlußbetrachtung

Mit dem vorstehenden Beitrag werden Überlegungen angestellt, welche Möglichkeiten bestehen, die Ansprüche der Ökologie an die Raumordnung deutlicher als bisher zu formulieren, damit sie durch die Raumordnung effektiver als bisher umgesetzt werden können. Dies setzt voraus, daß ökologische Daten und Erkenntnisse erfaßt, aufbereitet und planungsrelevant zur Verfügung gestellt werden. Die Raumordnung selbst muß bereit sein, die ökologischen Ansprüche anzuerkennen und ihnen einen gleichen Rang wie den ökonomischen Belangen einzuräumen.

Es wird die Notwendigkeit gesehen, allgemeine und verbal-qualitative Ziele des Naturschutzes und der Landschaftspflege schon auf der Ebene der Landesplanung zu präzisieren bzw. zu quantifizieren. Deswegen wurde in dem vorstehenden Beitrag die Einführung von ökologischen Eckwerten im Sinne von Orientierungs- oder Sollwerten zum Schutz des Freiraumes und zur Sicherung ausgewählter Faktoren des Naturhaushaltes, wie Wasser, Boden, Tier- und Pflanzenwelt neu zur Diskussion gestellt.

Nachgeordneten Planungen, insbesondere der Regionalplanung, aber auch den Fachplanungen, kann die Durchsetzung der mit ökologischen Eckwerten begründeten Ansprüche bzw. die Einhaltung quantifizierter Mindeststandards aufgegeben

Übersicht über die im vorliegenden Beitrag vorgeschlagenen ökologischen Eckwerte

	Soll-Wert[1)]	räumliches Erfassungs- bzw. Bezugsraster
a) Freiraumsicherung durch Einschränkung der Siedlungs- und Verkehrsflächen (vgl. Kap. 2.1)		
- durchschnittliche Bruttowohnbaufläche (inkl. Mischbaufläche)		
o in Ballungskernen	< 120 m^2 pro Einwohner	je Mittelbereich
o in Ballungsrandzonen und Solitären Verdichtungsgebieten	< 150 m^2 pro Einwohner	je Mittelbereich
o im ländlichen Raum	< 200 - 250 m^2 pro Einwohner	je Mittelbereich
- Gewerbe- und Industrieflächen	< 150 m^2 pro Erwerbsperson	je Mittelbereich
- Flächen für Wochenendhäuser[2)] und bauliche Freizeitanlagen		je Gemeinde
- Verkehrsflächen[3)]	< 6 % der Gesamtfläche	NRW
- Freiflächenmindestanteil	> 33 % der Gesamtfläche	je Mittelbereich
b) land- und forstwirtschaftliche Freiraumnutzungen (vgl. Kap. 2.2)		
- Waldflächenmindestanteil	> 15 % der Gesamtfläche	je forstl. Wuchsbezirk
- Waldflächenmaximalwert	< 60 % der Gesamtfläche	je forstl. Wuchsbezirk
- Laubwaldanteil	> 50 % der Gesamtwaldfläche	NRW
	> 33 - 60 % der Gesamtwaldfläche	je forstl. Wuchsbezirk
- Grünlandanteil	> 30 % der landwirtschaftlich genutzten Flächen	NRW
	> 10 - 80 % der landwirtschaftlich genutzten Flächen	je naturräuml. Haupteinheit

	Soll-Wert[1]	räumliches Erfassungs- bzw. Bezugsraster
c) Bereiche für den Biotop- und Artenschutz (vgl. Kap. 2.3)		
- schutzwürdige Biotope	$>$ 12 - 15 % der Gesamtfläche	NRW
	$>$ 7 - 33 % der Gesamtfläche	je naturräuml. Haupteinheit
- Naturschutzgebiete	3 % der Gesamtfläche	NRW
- ökologisch begründete Landschaftsschutzgebiete	$>$ 35 % der Gesamtfläche	NRW
	$>$ 10 - 90 % der Gesamtfläche	je naturräuml. Haupteinheit
d) Bereiche für die landschaftsgebundene Erholung (vgl. Kap. 2.5)		
- Lärmbelastung in Erholungsbereichen	$<$ 45 dB(A)	
- Entfernung der Bereiche für Tageserholung von Wohngebieten	$<$ 1000 m	
- Mindestgröße landschaftlicher Erholungsbereiche	$>$ 200 - 300 ha	
e) Qualität von Wasser, Luft und Boden[4] (vgl. Kap. 2.4)		

1) Die angebenen Soll-Werte sind als Diskussionsgrundlage zu verstehen. Sie fußen auf nicht repräsentativen Erhebungen und müssen daher auf der Grundlage einer umfassenden Analyse überprüft und ggf. korrigiert werden.

2) Es wird angeregt, den Indikator zunächst in die landesweite Erfassung bzw. Raumbeobachtung aufzunehmen, erst darauf aufbauend können Soll-Werte festgelegt werden.

3) Der maximale Verkehrsflächenanteil kann zunächst nur als Orientierungswert für die gesamte Landesfläche Nordrhein-Westfalen angegeben werden.

4) Qualitätsnormen für Wasser, Luft und Boden konnten im vorliegenden Beitrag wegen der zahlreichen Einzelparameter nur beispielhaft angesprochen werden.

werden. Übergeordnete Behörden wären bei Vorlage entsprechender Pläne in der Lage zu prüfen, ob das sich an Mindeststandards orientierende landesplanerische Zielsystem eingehalten worden ist. Für raumbezogene Planungen im Rahmen von Umweltverträglichkeitsprüfungen können darüber hinaus "ökologische Eckwerte" wichtige Entscheidungshilfen geben.

Vor dem Hintergrund der gegenwärtigen Umweltsituation kommt es bei der Festlegung der ökologischen Eckwerte nicht darauf an, diese als absolute Belastungsgrenzwerte zu definieren. Es ist vielmehr erforderlich, die immer weitergehende Annäherung an Belastbarkeitsgrenzen grundsätzlich aufzugeben und statt dessen auf eine Verbesserung der Umwelt als Oberziel hinzuarbeiten.

Aufgabe der Wissenschaft ist es in diesem Zusammenhang, die gegenwärtigen Belastungen sowie Möglichkeiten für deren Verringerung aufzuzeigen. Politik und Planung sollten darauf aufbauend die ökologischen Eckwerte im Sinne von realistischen Sicherungs-, Entwicklungs- oder Sanierungszielen festlegen.

Dabei müssen die Eckwerte sachlich so weit aufgefächert werden, daß alle als wichtig bzw. dringlich erkannte Faktoren erfaßt werden. Darüber hinaus müssen sie räumlich so differenziert werden, daß regionale bzw. naturräumliche Unterschiede hinreichend berücksichtigt sind.

Im Rahmen des Beitrages werden unter Berücksichtigung dieser Gesichtspunkte die in der nachfolgenden Übersicht zusammengestellten ökologischen Eckwerte vorgeschlagen. Es muß jedoch eingeräumt werden, daß diese Vorschläge nur eine - auf die nordrhein-westfälischen Verhältnisse zugeschnittene - Diskussionsgrundlage darstellen können. Außerdem ist es erforderlich, die zur Diskussion gestellten Eckwerte auf der Basis einer verbesserten, naturräumlich orientierten Raumbeobachtung zu ergänzen und ggf. abzuändern.

Ökologische Eckwerte sind geeignet, allgemeine Umweltschutzziele quantitativ zu konkretisieren. Es ist aber nicht möglich, hiermit die ökologisch orientierten Ziele auch auf unter der Landesplanung liegenden Planungsebenen räumlich zu präzisieren. Vor allem auf der regionalplanerischen Ebene müssen deswegen räumlich abgegrenzte Leitziele in Form von möglichst konkret dargestellten Schutz-, Pflege- und Entwicklungs- bzw. Sanierungsbereichen entwikkelt werden. Im vorliegenden Beitrag werden Anregungen zur Darstellung differenzierter Sicherungs- und Entwicklungsbereiche gemacht.

Die in konkreten Planverfahren für solche Darstellungen notwendigen Grundlagen können im ökologischen Fachbeitrag für die Regionalplanung aufbereitet werden. In diesen Fachbeiträgen müssen zunächst die naturräumlichen Strukturen und Leistungsfähigkeiten umfassend erhoben und beurteilt werden; darauf aufbauend können dann detaillierte, räumlich-konkrete Empfehlungen zur regionalplanerischen Sicherung der natürlichen Lebensgrundlagen abgegeben werden.

Um die ökologisch orientierten Empfehlungen im Regionalplan hinreichend umsetzen zu können, müssen dessen Darstellungsmöglichkeiten z.T. verfeinert werden. Eine Präzisierung und Stärkung ökologisch orientierter Inhalte ist auf der Ebene der Regionalplanung auch deshalb notwendig weil kommunale Planungsträger erfahrungsgemäß ökonomische Belange in den Vordergrund stellen und häufig noch nicht über einen ausreichenden ökologischen Sachverstand verfügen. Der Regionalplanung kommt deswegen für die Durchsetzung ökologischer Ansprüche und Ziele besondere Bedeutung zu.

Anmerkungen

1) Die angegebenen Werte fußen auf stichprobenartigen, nicht repräsentativen Erhebungen, sie müssen daher auf der Grundlage einer umfassenden Analyse überprüft und ggf. korrigiert werden.

2) Die forstlichen Wuchsgebiete sind mit den naturräumlichen Großregionen identisch; sie sind in sich in forstliche Wuchsbezirke untergliedert, wobei letztere in etwa den naturräumlichen Haupteinheiten entsprechen. Es sollte angetrebt werden, die o.a. Eckwerte von mindestens 5 % und maximal 60 % Waldflächenanteil nicht nur im Durchschnitt der Wuchsgebiete, sondern auch in den einzelnen Wuchsbezirken einzuhalten!

3) Nur große derartige Lebensräume, vergl. Reichholf, J., in diesem Band.

4) Vgl. Biotopkartierung Nordrhein-Westfalen - Methodik und Arbeitsanleitung; LÖLF, Recklinghausen 1982.

5) Wie gefährdet die schutzwürdigen Biotope sind, zeigen vergleichbare Untersuchungen in Nordbayern: Dort wiesen über die Hälfte der in der ersten Kartierung erfaßten schutzwürdigen Biotope 5-7 Jahre später z.T. erhebliche menschliche Beeinträchtigungen auf! (Weiger, H. u. Frobel, K. (1983): Biotopkartierung Bayern - Bilanz von 1974 bis 1981. - Natur und Landschaft 58, H. 12, 439-444).

6) Bei einer langfristigen Raumbeobachtung muß in diesem Zusammenhang bedacht werden, daß die Einschätzung der Gefährdungstufen ggf. geändert wird und daß die zunehmende Gefährdung einzelner Biotoptypen bewirkt, daß diese bei der Biotopkartierung verstärkt berücksichtigt werden; das führt dazu, daß die kartierten Flächen dieses Biotoptyps statistisch zunehmen, obgleich sich eine reale Abnahme vollzieht.

7) Vgl. §§ 20-23 Landschaftsgesetz Nordrhein-Westfalen (LG)

8) Exakte statistische Angaben über die Flächen, die unter Landschaftsschutz stehen, liegen weder für das Bundesgebiet noch für NRW vor; hinsichtlich NRW schwanken die Angaben für 1980 zwischen 32,2 und 44,5 % (vgl. Arnold, F. et al. (1984): Karte der Landschaftsschutzgebiete in der BRD. - Natur und

Landschaft 59, H. 7/8, 286-289). Nach Auffassung der Lölf beträgt der landesweite Anteil von Landschaftsschutzgebieten gut 30 %.

9) Vgl. auch Reichholf, J., in diesem Band.

10) Diese Richtwerte weichen sehr stark voneinander ab; von verschiedenen Autoren werden zwischen 200 m^2 und 1000 m^2 Naherholungsgebiet pro Einwohner bzw. zwischen 25 m^2 und 2000 m^2 Erholungsraum in Waldgebieten pro Besucher angegeben. Außerdem ist zu berücksichtigen, daß Erholungsbereiche oft inhaltlich und räumlich noch nicht so festgelegt sind, daß deren Veränderung im Rahmen einer statistischen Raumbeobachtung zutreffend erfaßt werden könnte. Tatsächliche Verkleinerungen oder Entwertungen von Erholungsbereichen können z.B. durch eine willkürliche Ausweisung neuer Freiräume als Erholungsbereiche oder durch die Beibehaltung alter Festlegungen trotz entwertender Belastungen statistisch verschleiert werden.

11) Eine Übersicht über vorhandene Daten zum Umweltschutz und zur Ökologie bei amtlichen Stellen in Nordrhein-Westfalen geben Eckhardt, W./Hauenstein, B./Schnepf, M: Bestand an Umweltdaten mit Bedeutung für die Landes- und Regionalplanung; ILS (Hrsg.) SchrR "Landes- und Stadtentwicklungsforschung", Materialien Bd. 4032, Dortmund 1983.

Indikatoren für Biotopqualitäten, notwendige Mindestflächen-grössen und Vernetzungsdistanzen

von
Josef H. Reichholf, München

Gliederung

1. Die Problematik

Die mitteleuropäische Kulturlandschaft stellt ein vielfältig strukturiertes Mosaik naturferner und naturnaher Landschaftsbestandteile dar. In der historischen Entwicklung haben die kleinräumige Vielfalt, die extensive Form und die geringe Nutzungsintensität den Reichtum an Tier- und Pflanzenarten lange Zeit gefördert.

Mit dem Einsatz moderner, energie-intensiver Nutzungsformen kehrte sich die jahrhundertelange Entwicklung in kurzer Zeit um: Seit etwa 50 Jahren ist eine fortschreitende Artenverarmung festzustellen.

Die Bilanz der verschiedenen Trends und Entwicklungen - niedergelegt in den "Roten Listen der gefährdeten Arten von Tieren und Pflanzen" - machte insbesondere im vergangenen Jahrzehnt in erschreckender Klarheit deutlich, wie weit die Gefährdung der natürlichen Vielfalt und der Lebensgrundlagen bereits fortgeschritten ist und wie sehr der Fortbestand auch bislang noch als häufig erachteter Arten in Frage gestellt erscheint, wenn die Entwicklung wie bisher weiterläuft.

Naturschutz und Landesplanung bemühen sich daher in zunehmendem Maße, dieser ungünstigen und unerwünschten Entwicklung zu begegnen. Die beiden traditionellen Instrumente, die zur Verfügung stehen, nämlich die Ausweisung von Naturschutzgebieten und der Artenschutz (Artenschutz-Gesetzgebung), scheinen jedoch der Problematik nicht im notwendigen Ausmaß und in hinreichender Geschwindig-

Abb. 1: Zahl und Fläche der Naturschutzgebiete im Bereich der Bundesrepublik Deutschland 1936 - 1981*)

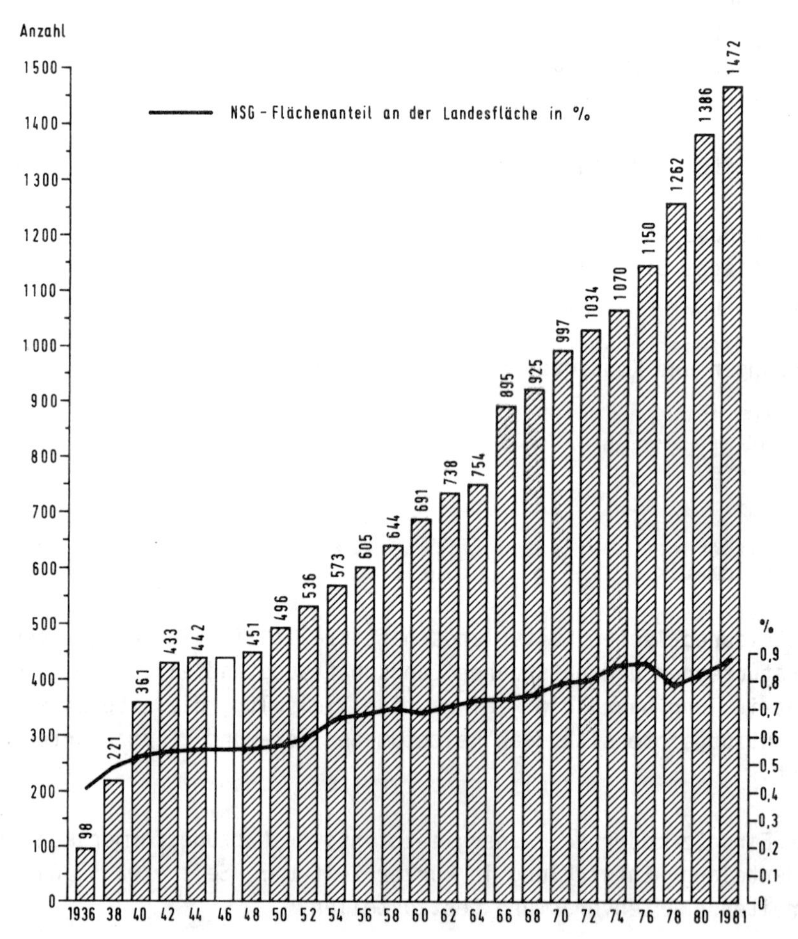

*) Begonnen nach Inkrafttreten des RNG und zusammengestellt nach dem jeweiligen Verordnungsdatum.
Quelle: Natur und Landschaft, 57. Jg. (1982), Heft 5.

keit begegnen zu können. Zumindest ist es trotz starker Steigerung der Zahl der Naturschutzgebiete (Abb. 1) und erheblich verbesserter Artenschutz-Gesetzgebung nicht gelungen, den Artenrückgang zu bremsen und eine generelle Wiedererholung zu ermöglichen. Es stellen sich daher zwei grundlegende Fragen:

- Woran liegt es, daß diese Instrumente nicht greifen?
- Welche anderen Möglichkeiten gibt es, dem Artenrückgang zu begegnen?

2. Theoretische Grundlagen

2.1 Die Arten-Flächen-Beziehung

Aus zahlreichen empirischen Untersuchungen der letzten 20 Jahre geht hervor, daß die Zahl der Arten von der Flächengröße abhängt. Je größer eine Fläche, umso mehr Arten können darauf vorkommen - und umgekehrt. Dieser Zusammenhang läßt sich, wie MacArthur & Wilson (1967) gezeigt haben, in einer Exponentialfunktion quantitativ darstellen. Die Beziehung lautet: $S = C\ A^z$. Die Artenzahl (S) einer bestimmten Fläche (A) wird bestimmt von der Größe dieser Fläche und dem Grad ihrer Isolation von anderen, vergleichbaren Flächen (Lebensräumen). Das Ausmaß der Isolation drückt sich im Exponenten z aus, der bei isolierter, "insulärer" Lage der Fläche Werte um 0.28 (0.25-0.30) einnimmt, während er unter flächig-kontinentalen Verhältnissen bei etwa der Hälfte, um 0.14, liegt. Der Bereich dazwischen drückt das relative Ausmaß der Isolation aus; bei einem Exponenten von 0.20 bedeutet dies, daß die Fläche schon zum Teil als isoliert zu betrachten ist, obwohl sie auch noch in Kontakt zu anderen Flächen gleichartigen Biotoptyps steht.

Je höher der Exponent z, umso stärker nimmt die Artenzahl bei fortschreitender Flächenverminderung ab ("Insel-Effekt") und umgekehrt. Der Faktor C hingegen charakterisiert das jeweils verwendete Artenspektrum. Er gibt an, wieviele Arten der betreffenden Gruppe (Vögel, Lurche, Schnecken, Schmetterlinge etc.) pro Flächeneinheit (Quadratkilometer) durchschnittlich zu erwarten sind. Der Faktor C ist also "gruppenspezifisch", während der Exponent z "lagespezifisch" ist.

Abbildung 2 zeigt einen typischen Verlauf der sogenannten "Arten-Areal-Beziehung". Es wird zu prüfen sein, inwieweit sie über die theoretische Biogeographie und Ökologie hinaus auch praktische Bedeutung und Anwendungsmöglichkeiten besitzt.

Abb. 2: Allgemeines Modell der Arten-Areal-Beziehung für Brutvögel

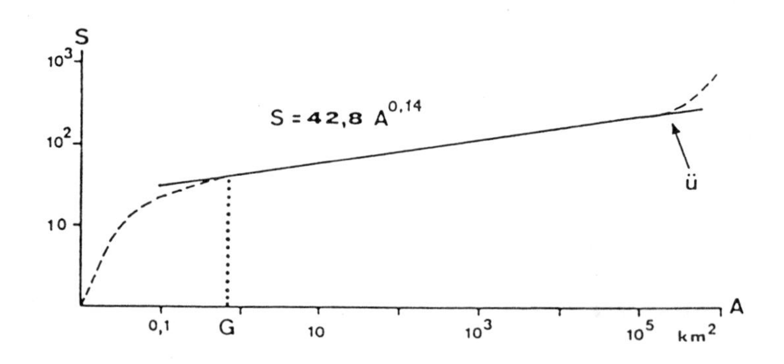

G = Grenzgröße (0,7-0,8 km^2) für Schutzgebiete zur Erhaltung der typischen Avifauna, und Ü bezeichnet den Übergang in ein anderes Faunengebiet. Die Artenzahl S ergibt sich aus der angegebenen Formel für ein Gebiet beliebiger Größe.

2.2 Die Arten-Distanz-Beziehung

Aus der Arten-Areal-Beziehung geht hervor, daß sich die Artenzahlen unterschiedlich entwickeln, je nachdem ob die betreffende Fläche isoliert ("insulär") liegt oder in einen größeren, flächigen Zusammenhang (Verbund) ähnlicher Biotope eingebunden ist. Denn bei gleichem C für eine bestimmte Artengruppe ergeben sich unterschiedliche Werte für die Artenzahlen aufgrund verschieden hoher Exponenten z.

Und da der Exponent z vom Grad der Isolation des Gebietes abhängt, muß die Entfernung zu den nächsten Vorkommen der betreffenden Arten ganz offensichtlich eine wichtige Rolle spielen. Dieser Umstand äußert sich in höchst instruktiver Weise in der Artenverarmung auf weit von den Kontinenten entfernten, ozeanischen Inseln. Je weiter sie von den möglichen Quellen für Neubesiedlungen entfernt sind, umso geringer fällt die auf diesen Inseln lebende Artenzahl aus und umgekehrt. Dieser Einfluß bleibt bestehen, wenn die Effekte der Flächengröße statistisch bereinigt werden. Das hieraus abgeleitete biogeographische Modell (MacArthur & Wilson 1967) beruht auf der Kombination der Effekte von Flächengröße und Distanz. Beide stehen in sehr enger Wechselwirkung zueinander, da mit abnehmender Flächengröße auch die Wahrscheinlichkeit zunimmt, daß bereits angesiedelte Arten wieder aussterben und nicht sogleich durch Zuwanderung wieder ersetzt werden können; oder - anders ausgedrückt - daß sich ein Gleichgewicht zwischen Einwanderung und Aussterberate einstellt, das von der Größe der Insel und der Entfernung zum Festland abhängt (Abb. 3).

Abb. 3

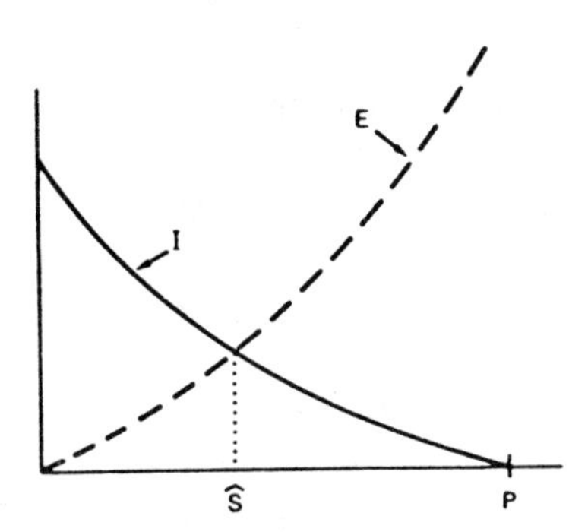

Einstellung des Arten-Gleichgewichtes (S) auf Inseln. P = Gesamtartenzahl; I = Einwanderungs- E = Aussterberate.

Wenn sich bei der Analyse der Verhältnisse in der mitteleuropäischen Kulturlandschaft Exponenten ergeben sollten, die auf "Verinselungseffekte" hinweisen, dann müssen auch die Distanzeffekte berücksichtigt werden. Auch das wird zu prüfen sein.

2.3 Der Artenumsatz (Turnover)

Der Artenbestand eines Gebietes ist kein statisches Gebilde, sondern ein mehr oder minder dynamisches System mit innerem Umsatz ("Turnover"). Insbesondere die seltenen Arten verschwinden - zumeist bedingt durch Unterschreitung einer kritischen Schwelle minimaler tolerierbarer Häufigkeit - oder siedeln sich erneut an, so daß sich der Artenbestand insgesamt in einen festen Grundbestand und einen zusätzlichen, fluktuierenden aufteilen läßt. Je größer der Anteil der fluktuierenden Arten ausfällt, umso höher wird der Wert des Artenturnovers und umgekehrt. Er wird bestimmt durch den prozentualen Anteil der Zu- und Abgänge in der Zeiteinheit am Ausgangsartenbestand (S_1) als absoluter Artenumsatz, oder - besser, weil die Länge der Zeitspanne mit eingerechnet ist - als Relativer Artenumsatz T, wobei

$$T = \frac{(I + E)\ 100}{t\ (S_1 + S_2)}$$

I = Zahl der neu hinzugekommenden Arten (Immigranten)
E = Zahl der verschwundenen Arten (Emigranten)
t = Zeitintervall (Jahre)
S_1 = Artenzahl zu Beginn und S_2 am Ende der Untersuchungszeit.

T gibt also den relativen Artenumsatz pro Zeiteinheit (Jahr) an. Die mittleren Größenordnungen dieses Artenumsatzes sind für verschiedene Gruppen von Organismen in Abb. 4 zusammengestellt. Aus ihr geht eine klare Abhängigkeit von der mittleren Lebenserwartung der Organismen hervor. Mit zunehmender Lebenserwartung wird der Turnover geringer und umgekehrt.

Der Turnover ist bei den langlebigen Bäumen am geringsten, bei kurzlebigen Kleintieren am größten (Schoener 1983, ergänzt). Zur Charakterisierung von Biotopqualitäten eignen sich demzufolge im wesentlichen nur die Artengemeinschaften der mehrjährigen Gewächse (Bäume und Sträucher oder Vegetationseinheiten) und der Vögel, weil diese Organismen-Gruppen langlebig genug sind, um mittelfristige Aussagen über einen Biotopzustand zu machen. Bei den kurzlebigeren oder erheblich artenärmeren Gruppen besteht die Gefahr, daß weitgehend oder rein turnover-bedingte Vorgänge einen Trend oder eine Entwicklung vortäuschen, die nicht real sind oder nur kurzfristige Fluktuationen ohne Konsequenzen für die längerfristige Arterhaltung darstellen.

Abb. 4

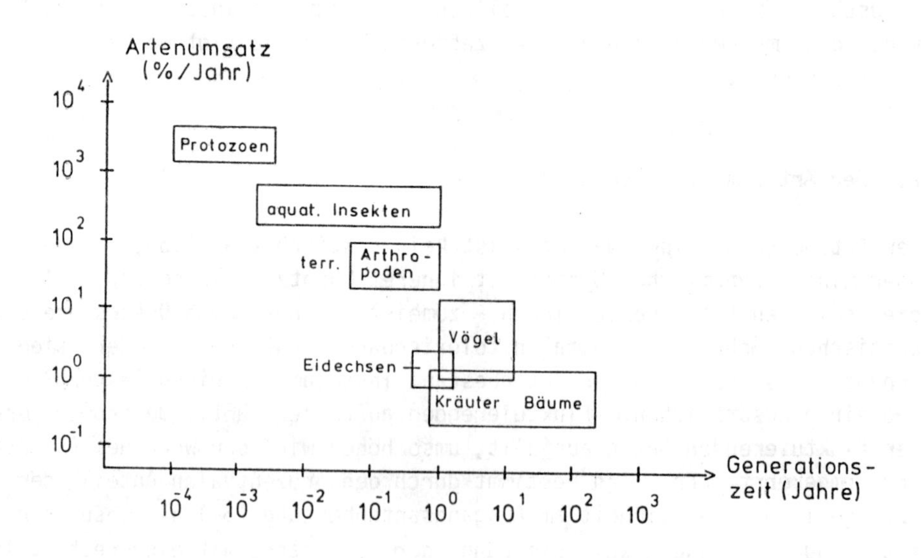

2.4 Erfassung des Artenreichtums

Es ist alles andere als leicht, den Artenbestand eines bestimmten Gebietes vollständig zu erfassen. Neben Einflüssen, wie Turnover oder höchst unterschiedliche (jahres)zeitliche Lage der Aktivität der Arten, verursacht insbesondere die Schwierigkeit der Artbestimmung bei vielen Tier- und Pflanzengruppen erhebliche Probleme. Zudem steigt der zeitliche Aufwand mit zunehmendem Genauigkeitsgrad der Erfassung stark (meist exponentiell) an. Gelingt es vielleicht, in einer Saison (Jahr) 60 % des Artenbestandes zu ermitteln, so bedarf es für die restlichen 40 % eines Vielfachen (7 bis 10 oder mehr Jahre, wenn ein Genauigkeitsgrad von 95 % oder darüber angestrebt wird!).

Das gilt in noch stärkerem Maße für die Erfassung der Häufigkeit der zu untersuchenden Arten, da dieses von Art zu Art und von Jahr zu Jahr um Zehnerpotenzen schwanken kann. Für die Praxis bedeutet dies, daß man sich der Problematik mit anderen, weniger zeitintensiven Methoden nähern muß. Die bis dato beste ist die Rasterkartierung. Sie verbindet ein hohes Maß an Effizienz mit einem vergleichsweise geringen Zeitaufwand, da für die festgelegten Rasterflächen jeweils nur das Vorhandensein oder Nichtvorhandensein einer Art festzu-

Abb. 5: Summendarstellung der Brutverbreitung der Vogelarten der "Roten Liste" Bayern

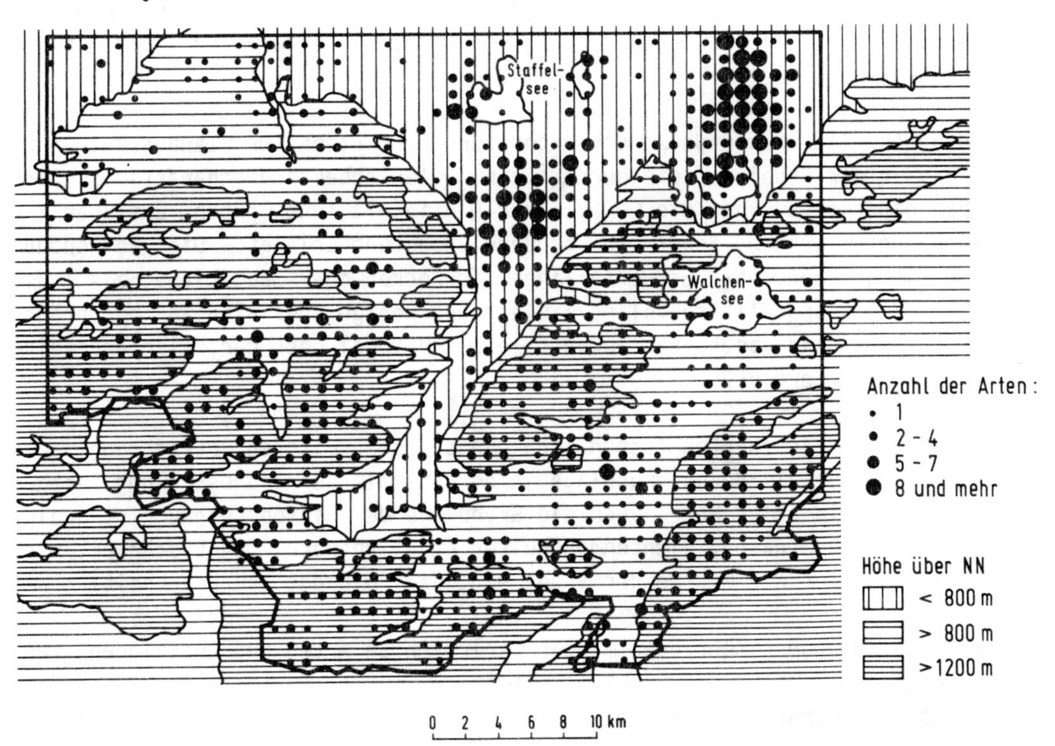

stellen ist. Die Rastergröße (1x1 km, 10x10 km, 100x100 m etc.) kann in jeder nahezu beliebigen Weise der Fragestellung (Genauigkeit) oder der Gebietsgröße (Land, Region, Kreis, Flurbereinigungsgebiet, naturräumliche Einheit etc.) angepaßt werden. Ein Musterbeispiel gibt die Arbeit von Bezzel & Ranftl (1974) über das Werdenfelser Land. Viele andere Rasterkartierungen sind diesem Beispiel gefolgt, so daß die Methode heute zur "Grundausrüstung" feldbiologischer Arbeiten zählt. Abb. 5 zeigt ein praktisches Beispiel; die Kartierung der Vorkommen seltener Vogelarten im Werdenfelser Land.

3. Möglichkeiten und Konsequenzen für die Praxis

3.1 Biotopqualität

Die Umsetzung der (theoretischen) Grundlagen in die Anwendungspraxis bringt unvermeidbarerweise das Problem der (Be)Wertung mit sich. Die erarbeiteten Befunde liegen ja zunächst gewissermaßen nur als Daten vor, die nun einer Wertung bedürfen, wenn aus ihnen "Richtwerte" werden sollen. Das ist für die Festlegung von Biotopqualitäten umso schwieriger, als es sich bei den Biotopen um höchst komplexe Einheiten der Natur handelt, die von einer Vielzahl von Arten besiedelt werden. Zur Bewertung oder Beurteilung können aber nur bestimmte Arten oder Artengruppen herangezogen werden, da für eine vollständige Inventarisierung weder die Spezialisten, noch die nötigen Zeitspannen zur Verfügung stehen. Die Bewertung hat sich daher auf "Zeigerarten" oder "-gruppen" zu beschränken.

Aus den geschilderten Gründen des Arten-turnovers haben für planungsrelevante Aussagen in der Regel nur die durch ihren Pflanzenbestand charakterisierten Biotope einerseits und die wegen ihrer Häufigkeit und guten Erfaßbarkeit vielfach untersuchten Vögel eine größere Bedeutung erlangt. Die Verwendung anderer Tiergruppen, etwa Schmetterlinge, Schnecken oder Säugetiere, als Indikatoren für Biotopqualitäten blieb bislang auf wenige Spezialfälle beschränkt und dürfte auch in absehbarer Zukunft jene der Vögel oder der Pflanzengemeinschaften nicht übertreffen.

Die Pflanzengemeinschaften lassen sich nun aus der weiteren Betrachtung ausklammern, da sie als Bezugsgrundlage ja bereits mit der Fragestellung festgelegt sind und in aller Regel auch die Grundlage der Biotopbenennung (Auwald, Steppenheide, Magerrasen, Fichtenmonokultur etc.) abgeben. Damit schränkt sich die Erörterung auf die Gruppe der Vögel ein, die folgende Vorzüge besitzt:

- in allen Biotopen mehr oder minder zahlreich an Arten und Individuen vertreten;
- leicht bestimmbar (auch von Laien);

- mit unterschiedlichsten Anpassungstypen ausgestattet;
- hoher "Stellenwert" im Artenschutz und in der Bevölkerung.

Die Anwendung der Arten-Areal-Beziehung auf die mitteleuorpäische Brutvogelarten ergibt nun einen recht eindeutigen Befund (Reichholf 1980), der sich direkt in die Praxis umsetzen läßt. Abb. 6 zeigt das Ergebnis. Die Zahl der Brutvogelarten läßt sich nach folgender Formel direkt und quantitativ bestimmen: $S = 42.8\ A^{0.14}$

Abb. 6: Verlauf der Arten (S)-Areal (A)-Beziehung für 51 mitteleuropäische Gebiete (nur Brutvogelarten!)

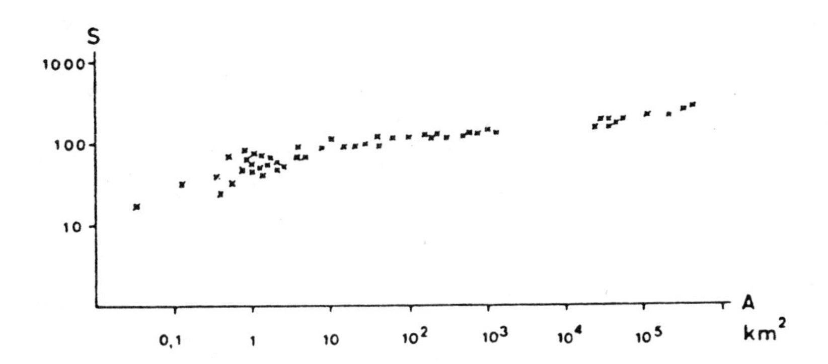

Das bedeutet, daß auf den Quadratkilometer mitteleuropäischer Durchschnittslandschaft knapp 43 Vogelarten entfallen und daß diese Zahl mit zunehmender Flächengröße in sehr enger Abhängigkeit von eben dieser Flächengröße zunimmt. Der Exponent bestätigt mit dem Wert 0.14 kontinentalflächige Verhältnisse. Die Zone der eindeutig flächenbezogenen, kontinuierlichen und vergleichsweise schwachen Zunahme der Artenzahl wird jedoch erst ab einem Grenzwert erreicht, der sich recht genau auf 0.8 km^2 Flächengröße festlegen läßt. Wird diese Grenzflächengröße unterschritten, sinkt die Artenzahl überproportional stark ab.

Hieraus folgt, daß Vogelschutzgebiete von weniger als 80 Hektar Fläche in der Regel keinen repräsentativen Ausschnitt aus dem gebietstypischen Artenspektrum der Vögel mehr enthalten und daß dort, wo dies noch der Fall zu sein scheint, nicht damit zu rechnen ist, daß sich das Artenspektrum längerfristig erhalten kann.

Für Großvögel und größere Säugetiere, die sich in Spitzenpositionen von Nahrungsketten befinden und entsprechend große Flächen nutzen, steigt diese kritische Grenzfläche auf etwa 200 Hektar; für einzelne Arten kann sie durchaus noch höher liegen. Bei speziellen Artenschutzmaßnahmen muß dies überprüft werden.

Tab. 1 zeigt, wie schnell die Artenzahlen mit zunehmender Flächenverminderung absinken: Bei 10 Hektar Schutzgebietsgröße sind nur noch 19 Vogelarten zu erwarten (und langfristig mit einiger Wahrscheinlichkeit zu halten). Aus diesen Befunden läßt sich nun ein einfaches Bewertungsschema für den Artenreichtum von Kleinflächen ableiten, das Tab. 2 zu entnehmen ist. Die Erwartungswerte hierzu ergeben sich aus Tab. 1; sie werden den tatsächlich ermittelten Befunden gegenübergestellt. Je nach Ausmaß der Abweichung läßt sich das Gebiet nun als artenarm oder artenreich einstufen. Damit liegt ein Parameter für die Biotopqualität fest, der sich im Prinzip in gleicher Weise auch auf Flächen von mehr als 100 Hektar Größe übertragen läßt. Auch dort kann nach der Arten-Areal-Beziehung für die Brutvögel der theoretische Erwartungswert dem tatsächlichen Befund gegenübergestellt und ihre Übereinstimmung bzw. Abweichung als quantitatives Bewertungsmaß verwendet werden. Gebiete unterschiedlicher Flächengröße lassen sich aufgrund dieser Methode eindeutig miteinander vergleichen und bewerten. Ein solches Vorgehen eröffnet erheblich bessere Abwägungsmöglichkeiten als rein qualitative Statements über die "ornithologische Bedeutung" eines Gebietes, aber es reicht wegen der ungleichen Gewichtigkeit der Arten noch nicht aus. So macht es natürlich einen wesentlichen Unter-

Tab. 1: Durchschnittlich zu erwartende Anzahlen von Brutvogelarten (ohne Wasservögel) in Kleinflächen

Fläche (ha)	Artenzahl
1	12
2	14
3	15
4	16
5	17
6	17
7	18
8	18
9	19
10	19
15	22
20	25
30	30
40	34
50	37
70	39
90	40
100	41

schied, ob eine hohe Artenzahl vorwiegend von allgemein häufigen Arten stammt oder in einem anderen artenärmeren Gebiet der Anteil seltener und bedrohter Arten erheblich höher liegt. Bezzel (1980) schlug daher eine umfassende Bewertung der einzelnen Vogelarten vor, die sich für spezielle, ins Detail gehende Untersuchungen sicher eignet, für die allgemeine Planungspraxis jedoch zu aufwendig und unhandlich erscheint. In erster Näherung genügt es wohl, den Anteil an sogenannten "Rote-Liste-Arten" als zusätzliches Kriterium heranzuziehen, denn solche "Roten Listen" liegen für die Bundesrepublik Deutschland und für die einzelnen Bundesländer vor. Das genannte Beispiel der Rasterkartierung im Werdenfelser Land zeigt, wie gut sich solche "Rote-Liste-Arten" zur Charakterisierung der Gebiete eignen und welch klare Muster für die Landesplanung sie erzeugen können. Da bei besonderen, hochspezialisierten Lebensräumen, wie Hochmooren, Auwäldern oder urwaldartigen Waldbeständen, der Anteil der Rote-Liste-Arten automatisch hoch ausfällt, weil diese Arten auf solche Lebensräume angewiesen sind, eignet sich die Kombination von Artenreichtum und Anteil der Roten-Liste-Arten für die Praxis als Maß für die Biotopqualität.

Tab. 2: Bewertung des Artenreichtums von Kleinflächen (EW = Erwartung)

Bewertungs-stufe	Erläuterung	Fläche 1-5 ha	Fläche > 5 ha
0	kein Brutvogel		
1	sehr artenarm	< 0,5 EW	≪ EW
2	artenarm	> 0,5 EW	< EW
3	mittl. Artenzahl	ca. EW	ca. EW
4	artenreich	bis 2x EW	> EW
5	sehr artenreich	> 2x EW	≫ EW

Man kann leicht errechnen, daß etwa für das Gebiet von Stadt und Landkreis München mit knapp 100 Brutvogelarten Befund und Erwartung praktisch genau übereinstimmen, so daß ein derartiges Stadtgebiet keineswegs als artenarmes oder gar artenverarmtes Gebiet einzustufen ist. Auwälder übertreffen den Durchschnitt um ein Mehrfaches, während einförmige Fichtenwälder oder die ausgeräumten Gäubodenlandschaften erheblich darunter zu liegen kommen und entsprechend hohe Artenfehlbeträge aufweisen.

Die Vögel gehören nun zu den aktivsten und beweglichsten Tieren, so daß Grenzgrößen für ihre Vorkommen mehr oder minder automatisch auch jene Mindestflächengrößen mit einschließen sollten, die weniger bewegliche Artengruppen betreffen. Sie markieren gewissermaßen das eine Ende des Spektrums. Das andere dürfte von den außerordentlich stark ortsgebundenen Landschneckenarten gebildet werden, über deren Flächenbedarf noch so gut wie keine Befunde vorliegen.

Abb. 7

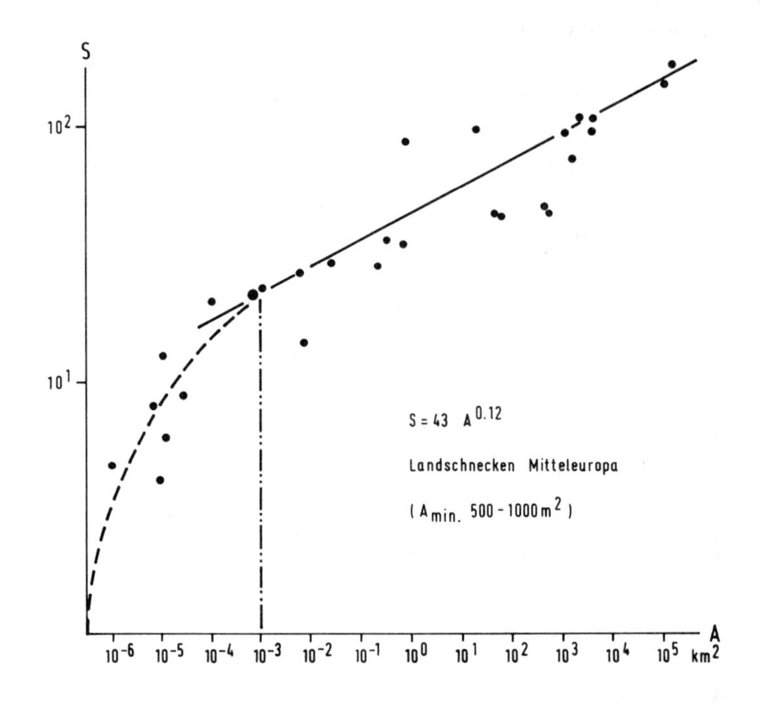

In einer erster Auswertung (Reichholf, im Druck) kann gezeigt werden, daß auch für die Schnecken eine Arten-Areal-Beziehung gilt (Abb. 7) und daß sich aus ihr als Mindestfläche für eine Artengemeinschaft eine Größenordnung von 0.1 Hektar abzeichnet. Das bedeutet, daß sich durchaus auch "Restflächen" als Lebensräume für wenig bewegliche Kleintiere eignen; jedoch wohl nur dann, wenn sie entsprechend stark miteinander vernetzt sind, um die Austauschmöglichkeiten offen zu halten. In dieser Hinsicht sind die Vögel aufgrund ihrer Flugfähigkeit mit am besten ausgestattet. Die Untersuchung von Distanzeffekten sollte sich daher lohnen, denn wenn sie für die Vögel nachgewiesen werden können, müssen sie auch für alle anderen, weniger aktiv beweglichen Arten gelten.

3.2 Kritische Distanzen

Die Gesamtheit der mitteleuropäischen Brutvogelarten ergibt in der Arten-Areal-Beziehung einen Exponenten von z = 0.14. Das sind kontinentale Verhältnisse.

Kein Grund also, kritische Distanzen der Lebensräume für Vögel anzunehmen? Die Aufgliederung des Artenspektrums nach ökologischen (d.h. hier lebensraumbezogenen) Gruppen macht jedoch klar, daß diese Annahme nicht zutrifft. Denn für die Gruppe der Wasservögel ergibt sich mit z = 0.25 ein Wert, der dem Exponenten für typische Insellagen schon sehr nahe kommt. Die Wasservögel verhalten sich also, ihrer voneinander weitgehend isolierten Lage der Gewässer entsprechend so, als ob ihre Lebensräume Inseln in der Kulturlandschaft darstellten. Auch die Waldvögel kommen mit einem z = 0.20 schon deutlich weg von der flächig-kontinentalen Situation, die sich umgekehrt mit z = 0.10 bei den Singvögeln sogar noch stärker ausprägt, als natürlicherweise zu erwarten wäre. In der Tat sind auch sehr viele Singvogelarten als Kulturfolger in den Lebensraum des Menschen, in seine Städte, Dörfer, land- und forstwirtschaftlichen Nutzflächen zugleich stärker eingedrungen, als dies bei den Nichtsingvögeln der Fall ist. Daraus folgt, daß zumindest für einen Teil der Vogelarten mit Distanzeffekten zu rechnen ist. Den Nachweis führt Abb. 8. Aus ihr geht hervor, daß bei Wasservögeln in Mitteleuropa eine Abhängigkeit zwischen der Bestandsgröße und der Entfernung der betreffenden Art zu den nächsten Brutvorkommen gegeben ist. Und Abb. 9 unterstreicht dies: Die Konstanz, mit der die Arten als Brutvögel auftreten, hängt ebenfalls von der Distanz zu den nächsten Vorkommen ab. Als kritische Entfernung (und damit als größte Entfernung von Wasservogel-Schutzgebieten) lassen sich daraus etwa 100 km festlegen. Sogar die sehr gut fliegenden Wasservögel brauchen also eine vergleichsweise starke Vernetzung ihrer Lebensräume, um bestehen zu können. Je geringer die Distanzen zu den nächsten Vorkommen, umso kleiner können die örtlichen Bestände werden

Abb. 8: Beziehung zwischen Brutbestandsgröße und Distanz zu den nächsten Brutvorkommen bei Wasservögeln (mit Standardabweichung)

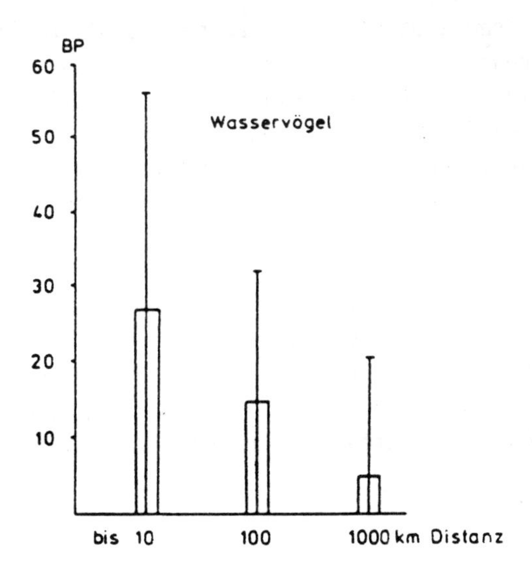

und umgekehrt. Es liegt auf der Hand, daß für andere, weniger mobile Tiergruppen geringe Entfernungen bereits zum Problem werden können, doch ist dies bislang noch völlig unzureichend bekannt und kaum jemals untersucht worden.

Abb. 9: Abhängigkeit der Konstanz der Brutvorkommen und der Frenquenz von Einzelbruten von der Distanz zu den nächsten Brutvorkommen

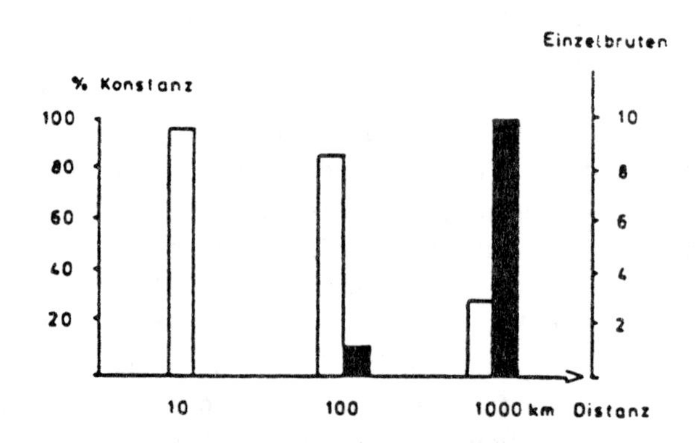

Nur für einige Arten von Amphibien weiß man, daß die Laichplätze nicht weiter als 1 bis 3 km von den Jahreslebensräumen entfernt sein dürfen, sonst schaffen die Tiere die Wanderung zu den Fortpflanzungsstätten nicht mehr (BLAB 1986). An diese Überlegungen knüpft sich eine Diskussion, die in den letzten Jahren im internationalen Naturschutz als sogenanntes SLOSS-Prinzip bekannt geworden ist.

Ihr Inhalt ist die Frage, ob es günstiger sei, ein einzelnes Großreservat oder mehrere kleinere Schutzgebiete zu schaffen, um möglichst viele Arten erhalten zu können (Single large or several small = SLOSS). Offenbar hängt das Ergebnis nicht allein von der Schutzgebietsgröße ab, sondern auch ganz stark von den Distanzen und Vernetzungen, die sich zwischen den verschiedenen kleineren Gebieten ergeben. Mindestflächengrößen und Vernetzungsgrad sind also die zwei Seiten des gleichen Problems.

Läßt sich nun ein derartiger "Vernetzungseffekt" tatsächlich nachweisen? Das ist nicht leicht und bei den verfügbaren Untersuchungen auch nur punktuell möglich. Denn die genannten Ergebnisse zur kritischen maximalen Entfernung (100 km) von Wasservogel-Schutzgebieten schließen ja wegen des Grenzfalles einer besonders gut flugfähigen Artengruppe eine wirkliche Vernetzung nicht ein.

Erste Befunde ließen sich für Auwälder am unteren Inn erarbeiten (Reichholf & Schaack 1986). Aus ihnen geht hervor, daß die Vogelbestände in einem durch Rodungen stark (zu rund 60 %) aufgelockerten, aber noch in kontinuierlichem Zusammenhang stehenden Auwaldgebiet doppelt so starke Bestandsfluktuationen von Jahr zu Jahr zeigen, wie im angrenzenden, geschlossen erhalten gebliebenen. Die Aussterbewahrscheinlichkeit liegt für die seltenen Arten entsprechend hoch und die noch unveröffentlichten Daten für den Gesamtartenbestand ergeben einen Verlust von 15 %. Vernetzung allein kann also die Flächenverluste nicht ausgleichen, wenn die Minimalflächen von etwa 80 Hektar unterschritten sind.

Es ist also sicher die bessere Strategie, das Hauptgewicht auf die Erhaltung hinreichend großer Flächen (Biotope) zu legen und zum Mittel der Vernetzung erst dann zu greifen, wenn die Mindestflächen nicht mehr gehalten werden können.

3.3 Erhaltung der Artenvielfalt

Aus all diesen Befunden läßt sich klar ablesen, weshalb die stark angestiegene Zahl der ausgewiesenen Naturschutzgebiete in der Bundesrepublik (Abb. 1) keinen entscheidenden Beitrag zur Sicherung des Artenbestandes leisten konnte. Denn die jeweilige Fläche pro Naturschutzgebiet ist zu gering; wie die vorangegangenen Überlegungen gezeigt haben, können viele kleine Naturschutzgebiete den Artenbestand nicht sichern. Sind die Minimal-Arealflächen unterschritten, können Naturschutzgebiete die Natur, d.h. die Artenvielfalt nicht schützen.

Die Linie der Flächenvergrößerung in Abb. 1 macht diesen Effekt sehr deutlich, obwohl sie noch verhüllt, daß die Schutzgebiete über das ganze Land mehr oder minder stark verstreut vorkommen. Die Effekte zu großer Distanzen sind deshalb unbedingt zu erwarten. So konnte es kommen, daß der Gefährdungsgrad der heimischen Fauna anstieg, obwohl gleichzeitig die Zahl der Schutzgebiete stieg. Mit rund 1 % der Landesfläche und großen Konzentrationen in den beiden Extremlebensräumen des Hochgebirges und des Wattenmeeres können die vorhandenen und in naher Zukunft zu erwartenden Naturschutzgebiete in der Bundesrepublik die Aufgabe der Sicherung des Artenbestandes mit an Sicherheit grenzender Wahrscheinlichkeit nicht erfüllen. Es stellt sich umgekehrt sogar die Frage, weshalb der Artenschwund noch nicht stärker ausgefallen ist, wo doch die Schutzgebiete so hoffnungslos zu klein und zu weit voneinander entfernt sind. Die Antwort findet sich in den Biotopkartierungen der Länder. Sie weisen eine Fülle naturnaher und schützenswerter Biotope aus, die nicht als Schutzgebiete ausgewiesen sind; diese Biotope waren es in der Hauptsache, die in den letzten Jahrzehnten unseren Artenbestand vor größeren Einbußen bewahrt haben.

Es wäre daher an der Zeit, über bessere Formen und Möglichkeiten nachzudenken, den Artenbestand zu erhalten, ohne daß jedes Mal formale Inschutznahmeverfahren für jede einzelne Fläche durchgezogen werden müssen.

Drei Möglichkeiten zeichnen sich ab:

- die Flurbereinigung
- das Raumordnungsverfahren und
- die staatlichen Forstflächen als Biotopreserven und Tauschmöglichkeit.

Sie decken zusammen mit dem staatlichen Grundbesitz an Gewässern flächenmäßig die weitaus größten Teile der gesamten Landschaft ab, und an ihnen wird es liegen, ob das Potential der "stillen Biotopreserven" in naher Zukunft verloren geht oder zur Sicherung der natürlichen Vielfalt erhalten bleibt. Die Dynamik des Arten-turnovers zeigt, daß kein statisches Festschreiben von Biotopreserven notwendig ist, um diese langfristige Zielsetzung zu erreichen, sondern daß dynamisches Vergehen und Neuschaffen von Lebensräumen durchaus seinen Platz findet und von erheblicher Bedeutung sein wird. Der Planung ist somit ein erheblicher Spielraum zugebilligt, aber auch eine große Verantwortung aufgebürdet, die man nicht einfach durch die Ausweisung von (viel zu kleinen!) Naturschutzgebieten als erfüllt betrachten und als erledigt abwälzen kann.

4. Folgerungen für die Praxis

Das Bundesnaturschutzgesetz vom 20.12.1976 legt die Ziele des Naturschutzes und der Landschaftspflege in § 1, Absatz 1 klar und unmißverständlich fest:

"Natur und Landschaft sind im besiedelten und unbesiedelten Bereich so zu schützen, zu pflegen und zu entwickeln, daß

1. die Leistungsfähigkeit des Naturhaushalts,
2. die Nutzungsfähigkeit der Naturgüter,
3. die Pflanzen- und Tierwelt sowie
4. die Vielfalt, Eigenart und Schönheit von Natur und Landschaft

als Lebensgrundlagen des Menschen und als Voraussetzung für seine Erholung in Natur und Landschaft nachhaltig gesichert sind."

Das Instrumentarium der Ausweisung von Schutzgebieten hat diese Ziele nicht erreicht, weder im Bereich des Arten- und Biotopschutzes in den Naturschutzgebieten, noch bei der Erhaltung der Naturgüter und der Leistungsfähigkeit des Naturhaushaltes.

Die vorgelegten Befunde erläutern, woran es liegt, daß für die Biotopqualitäten diese Zielsetzung nicht realisiert werden konnte (und bei unveränderter Weiterführung der bisherigen Praxis auch nicht zu realisieren sein wird!): Die Naturschutzgebiete sind mit insgesamt gerade einem Prozent Flächenanteil und bei starker regionaler Aufsplitterung in kleine und kleinste Flächen, die zu weit voneinander entfernt oder zu isoliert liegen, völlig unzureichend.

Sie müßten, sollten sie die ihnen zugedachte Aufgabe tatsächlich erfüllen können, auf etwa 10 % des Flächenanteiles aller primär oder sekundär naturnahen Biotoptypen aufgestockt werden und von dem Schutzzweck abträglichen Einflüssen und Nutzungsformen freigehalten werden. Um dies realisiseren zu können, muß eine ganz erhebliche Änderung in der land- und forstwirtschaftlichen Nutzungsform erfolgen, die "Landwirtschaftsklausel" muß aus dem Naturschutzgesetz genommen werden und jegliche Form von Nutzungen (und Nutzungsansprüchen) muß für Naturschutzgebiete grundsätzlich ausgeschlossen werden. Bestimmte Nutzungen können erst sekundär wieder zugelassen werden, wenn sie nachweislich dem Schutzziel dienen. Dies gilt insbesondere auch für die Nutzungen in Form von Jagd und Fischerei.

Für die Beurteilung ausreichender Größe und Verteilung von Schutzgebieten muß als Bezugsbasis die Region (Planungsregion) gelten. Für die Kategorie des Nationalparks sind hingegen nicht Länderaspekte im Bund zur Grundlage zu

wählen, sondern - wie dies Name und internationale Statuten zum Ausdruck bringen - die Bundesrepublik Deutschland als Staat direkt.

Das vorgegebene Ziel des effektiven Schutzes von 10 % der Fläche aller primär und sekundär naturnahen Biotope läßt sich nicht dadurch erreichen, daß die geschützten Flächen im Wattenmeer oder im Hochgebirge ausgeweitet werden. Vielmehr muß es auf der regionalen Bezugsebene, d.h. auf der Ebene der Planungsregion, in die Praxis umgesetzt werden (vgl. hierin auch Finke, L., in diesem Band).

Für agrarisch intensiv genutzte Flächen und für Ballungsräume von Siedlungen und Industrie können als Zielwert 5 % unter Naturschutz gestellte Flächen (NSG) oder funktional gleichwertige Schutzgebiete dann als ausreichend angesehen werden, wenn das Gebiet einen ausreichenden Vernetzungsgrad durch Hecken, Acker-Randstreifen, Raine oder andere naturnahe, vernetzend wirkende Strukturen aufweist, die mindestens 2 % der Fläche einnehmen. Dieser insgesamt geringere Anteil an Schutzgebieten ist an anderer Stelle in der Planungsregion zu kompensieren durch einen gesteigerten Schutzgebietsanteil von mindestens 15 % in Waldflächen und 20-40 % für Gewässer/Feuchtgebiete (je nach Anbindung zu anderen Feuchtgebietskomplexen).

Das Instrumentarium der formalen Ausweisung von Schutzgebieten reicht allerdings, wie die Befunde gezeigt haben, nicht aus, um rasch und effizient genug den Artenbestand zu sichern. Andere Formen und Möglichkeiten müssen hier zusätzlich und ergänzend ansetzen.

Als beste Möglichkeit, die praktisch sofort verwirklicht werden könnte, wird die Umwidmung von Flächen vorgeschlagen, die aus der landwirtschaftlichen Produktion ausscheiden oder die sich bereits im Besitz der öffentlichen Hand befinden.

Solche Flächen aus dem Staatsforstbereich, aus staatlichem Besitz in Auwäldern, an Gewässern und auch an landwirtschaftlichen Nutzflächen können den Flächenbedarf für Artenerhaltung und Regeneration des Naturpotentials kurz-, mittel- und langfristig decken. Sie lassen sich auch als Tauschmöglichkeit im Bedarfsfalle heranziehen, um die benötigten Flächen in die richtige Verteilung und Größen zu bekommen. Mit Hilfe des vorhandenen Personals und unter Nutzung der vorhandenen Ausbildungskapazitäten, z.B. in Bayern der Akademie für Naturschutz (ANL) und anderer Institutionen ließe sich Personal aus der Staatsforstverwaltung und aus den Flurbereinigungsbehörden für diesen neuen Aufgabenbereich zu sachgerechter Arbeit fortbilden und aufgrund der einschlägigen beamtenrechtlichen Bestimmungen auch für diese Aufgaben heranziehen, ohne daß in größerem Umfang neue Stellen geschaffen werden müßten.

Der Staat (bzw. die Länder) darf sich der gesetzlich verankerten Aufgabe nicht wie bisher dadurch weitgehend entziehen, daß er die Problematik von Nutzungsausfall oder Nutzungseinschränkungen auf geschützten Flächen zu einem wesentlichen Teil auf den privaten Grundbesitz oder private Nutzungsrechte abwälzt, während er selbst auf den staatseigenen Flächen nach den Prinzipien der Ertragsmaximierung weiterwirtschaftet.

Wenn der Staat bereit ist, den ihm unmittelbar verfügbaren Flächenbesitz in diesem Sinne als Kapital mit langfristiger Verzinsung einzusetzen, erscheint die Problematik durchaus lösbar. Die Landflächen sind vorhanden, die zur Sicherung des Artenreichtums und zur Erhaltung der Naturgüter benötigt würden. Wenn endlich genügend politischer Wille gezeigt würde, ist es keineswegs zu spät zum Handeln.

Literatur

Banse, G. & E. Bezzel (1984): Artenzahl und Flächengröße am Beispiel der Brutvögel Mitteleuropas. Journal für Ornithologie Bd. 125, S. 291-305.

Bezzel, E. (1980): Die Brutvögel Bayerns und ihre Biotope: Versuch der Bewertung ihrer Situation als Grundlage für Planungs- und Schutzmaßnahmen. Anzeiger der ornithologischen Gesellschaft in Bayern Bd. 19, S. 133-169.

Bezzel, E. & H. Ranftl (1984): Vogelwelt und Landschaftsplanung. Eine Studie aus dem Werdenfelser Land (Bayern). Verlag D. Kurth, Barmsted.

Blab, J. (1986): Biologie, Ökologie und Schutz von Amphibien. Schriftenreihe für Landschaftspflege und Naturschutz Bd. 18 (Kilda Verlag, Greven).

MacArthur, R.H. & E.O. Wilson (1967): The Theory of Island Biogeography. Princeton University Press, Princeton, NJ.

Reichholf, J. (1980): Die Arten-Areal-Kurve bei Vögeln in Mitteleuropa. Anzeiger der ornithologischen Gesellschaft in Bayern, Bd. 19, S. 13-26.

Reichholf, J. & K.-H. Schaack (1986): Linientaxierungen von Sommervögeln im Auwald. Anzeiger der ornithologischen Gesellschaft in Bayern, Bd. 25, S. 175-215.

Reichholf, J. (im Druck): Dynamische Faunistik und Naturschutz: Die Bedeutung von Flächengröße, Distanz und Zeit. Spixiana, veröffentlicht von der Zoologischen Staatssammlung, München 1987.

Schoener, T.W. (1983): Rates of species turnover decreases from lower to higher organisms: a review of the data. Oikos, Bd. 41, S. 372-377.

Orientierungs- und Richtwerte als Entscheidungsgrundlage für eine ökologisch orientierte Raumentwicklung

von
Dietrich Kampe, Bonn-Bad Godesberg

Gliederung

1. Aufgabenstellung

Eine ökologisch orientierte Raumordnungspolitik steht vor der Aufgabe, die umweltpolitischen Hypotheken der Vergangenheit, die nicht an Stoff- und Energiekreisläufe angepaßten Entscheidungsstrukturen und die unbekannten räumlichen Auswirkungen neuer Nutzungsansprüche und technologischer Entwicklungen in ihr strategisches Handeln einzubinden. Bisher wurde der Raumplanung allenfalls die Rolle eines ausgleichenden Koordinators zugestanden, um Nutzungsansprüche aufeinander "abzustimmen". Räumlich funktionale Arbeitsteilung - kleinräumig beginnend und in der Zellengröße wachsend - war lange der einzige kompromißfähige Lösungsweg. Hinsichtlich ökologischer Belange war die Raumordnung in der Vergangenheit auf eine Restriktionsplanung festgelegt[1]. Die Anregungen und Vorgaben für wirtschaftliche Entwicklungsimpulse fanden dagegen meist ohne größere umweltpolitische Auflagen Eingang in Pläne und Programme. Grenzen der Belastbarkeit, Grenzen der funktionsräumlichen Arbeitsteilung, Grenzen von Risiken bei Technologien und hohen Nutzungsintensitäten wurden zwar vielfach angedacht und sind in den einschlägigen Gesetzen[2] zumindest dem Geist nach enthalten. Ins Bewußtsein der Entscheidungsträger oder des fachplanerischen Vollzugs geraten solche paradigmatischen Veränderungen meist erst, wenn Schäden offensichtlich und wirtschaftliche Entwicklungsmöglichkeiten abgeschnitten sind.

Dieses träge gesellschaftliche Steuerungssysteme des "trial und error" läßt sich nur teilweise mit einem unzureichenden Wissen über mögliche Auswirkungen entschuldigen. Die relative Unwissenheit über mögliche Auswirkungen wird sich bei allen raumwirksamen Maßnahmen, auch bei umfassenden Umweltverträglichkeitsprüfungen wegen der vielfältigen Verflechtungen nie vollständig beheben lassen. In Anbetracht der immer verbleibenden Wissenslücken gebietet rationales Handeln normative Vorgaben mit großen Sicherheitsmargen.

Normen in Form von Richt-, Eck- oder Grenzwerten werden daher immer Grundlage raumordnungspolitischer Entscheidungsprozesse sein müssen. Der Umfang der Normierung, die Verfahrensregeln zur Festsetzung und zum Vollzug der Normen können auch als Indikator für den Stand gesellschaftlicher Ethik gegenüber der Natur angesehen werden.

Eine prinzipielle Schwierigkeit im Vollzug raumordnungspolitischer Leitvorstellungen und Grundsätze liegt in deren unzureichender Operationalität. Die Bandbreite der möglichen Auslegung räumlicher und insbesondere umweltpolitischer Ziele verhindert eine wirksame Berücksichtigung im konkreten Entscheidungsfall. Das Problem unzureichender Konkretisierung trifft aber ebenso auf viele umweltpolitische Fachgesetze zu. Salzwedel beklagt in diesem Zusammenhang die unklaren und teilweise gegenläufigen umweltpolitischen Postulate, die eher Verwirrung stiften, und fordert dagegen den "Ersatz substanzloser Anordnungen durch klare und griffige umweltpolitische Aussagen"[3]. Dabei könne auch ein Mehr an Regeln hingenommen werden, wenn sie nur zur Klarheit beitrügen. Diese dürfen dann aber nicht in neuen allgemeinen Formeln mit Abwägungscharakter oder Verfahrens- und Abstimmungsregeln bestehen. Insbesondere die Raumplanung ist hier auf meßbare Richt- und Orientierungswerte der regionalen Umweltziele angewiesen, um ihren Koordinierungsauftrag im Rahmen einer prozeßorientierten Problembearbeitung aktiv betreiben zu können[4].

2. Die Verflechtung von Fachplanung, Umweltschutz und Raumordnung und Konsequenzen für ein rationales Entscheidungssystem

Soweit es sich (nur) um Ziele und Grundsätze zur Erhaltung der natürlichen Lebensgrundlagen, zur Schaffung gesunder Lebensbedingungen oder zum Abbau von Umweltbelastungen handelt, besteht ein breiter gesellschaftlicher Konsens, der von der Fach-, der fachübergreifenden Planung und der Umweltpolitik gemeinsam getragen wird[5]. Die Geschichte der verabschiedeten Raumordnungsgesetze, Umweltgesetze und Umweltprogramme macht aber auch deutlich, daß wirtschaftliche und fachliche Interessen den umweltpolitischen Zielen entgegenwirkten. Die Regelungen blieben vielfach unvollkommen, Kompromisse endeten in Formeln mit unbestimmten Rechtsbegriffen und mußten für die Praxis oftmals erst in längeren verwaltungsgerichtlichen Verfahren oder mit Hilfe von Verwaltungsvorschriften und Verordnungen durchführbar gemacht werden[6].

Die bisher medial und sektoral getroffenen umweltpolitischen Regelungen, z.B. Mindestanforderungen, Emissions- und Immissionsnormen, Notfallpläne und Sicherheitsvorschriften, befinden sich jedoch meist am Ende von Nutzungsketten und Benutzungen. Das heißt: Umweltpolitik und räumliche Entwicklungspolitik müssen zumeist unter Sachzwang handeln, um Auswirkungen von Aktivitäten mit technischen Mitteln zu verringern oder mit planerischen Mitteln im Raum "umweltverträglich" zu verteilen[7].

Bei begrenzt verfügbaren Ressourcen und empfindlich reagierenden Naturkreisläufen bzw. ihrer nur langsamen Regeneration sind schnell die Grenzen der Belastbarkeit erreicht. Bei aller Konvergenz in den Zielen von Umwelt- und Raumordnungspolitik können beide Politikbereiche aber nur dann Teilerfolge im Wettlauf um die Erhaltung der nachhaltigen Nutzbarkeit des Lebensraumes erzielen, wenn sie Einfluß auf den Entscheidungsprozeß über Art und Ausmaß von Nutzungen gewinnen. Im Wasserrecht sind mit Erlaubnissen und Bewilligungen und im Baurecht mit der Festsetzung von Art und Maß der baulichen Nutzung bereits entsprechende Instrumente vorhanden[8]. Grenzwerte einer räumliche Belastung und Belastbarkeit müssen daher zukünftig durch Eckwerte für Flächennutzungen und Nutzungsintensitäten festgelegt werden, damit die bisher korrigierende Umweltpolitik am "end of the pipe" gesellschaftlicher Aktivitäten zu einer aktiv gestaltenden Vorsorgepolitik werden kann. Dies wird nicht zuletzt auch deshalb erforderlich, weil die Grenzen technischer und ökonomischer Leistungsfähigkeit eine wirkliche Sanierung von Umweltschäden immer häufiger ausschließen[9]. "Neuartige Waldschäden", "Veränderungen der Beschaffenheit" des Grund- und Oberflächenwassers und nicht sanierbare Altlasten sind dafür bundesweit auftretende Beispiele. Das Erscheinungsbild dieser technisch orientierten Emissionsverminderung und räumlich "ausgleichenden" Raumordnungspolitik sind hohe Schornsteine, großdimensionierte Fernwasser- und Abwasserleitungen, Zentraldeponien und hochgradig versiegelte und weiter expandierende Verdichtungsräume. Raumordnungspläne und -programme hatten dabei vielfach nur die Funktion, Nutzungsansprüche (Verkehrstrassen, Industriestandorte, Flächen für Wassergewinnung, Bodenabbau oder Landwirtschaft) zu reservieren. Die Konfliktlösungen werden dann der Abwägung im Einzelfall mit zusätzlichen "gewichtigen" wirtschaftlichen und arbeitsmarktpolitischen Problemen überlassen. Bei fehlenden Richtwerten hatten Umweltprobleme aus örtlicher Sicht dann einen geringen Stellenwert, weil eine marginale Erhöhung der Belastung tolerierbar erschien und die Betroffenen meist in benachbarten Regionen lagen (Unterlieger). Die Summe der in sich noch verträglichen Einzelentscheidungen bedeutet aber nicht zwangsläufig eine räumliche Gesamtverträglichkeit (Raumverträglichkeit).

Auch eine Überprüfung der Umwelt- und Raumverträglichkeit von Programmen und Plänen mit Hilfe von Emissions-, Immissions- und Nutzungsstandards scheint nicht zuletzt deshalb dringend erforderlich, weil einige Fachplanungen, z.B. Landwirtschaft und Verkehr mit ihren teilweise nur langsam sich verändernden Nutzungsintensitäten (landwirtschaftliche Intensivwirtschaft, anwachsendes Verkehrsaufkommen), eine Überlastung des Naturhaushaltes in Teilräumen herbeiführen können, ohne daß eine planerische Kontrolle möglich ist. Das Umweltproblem wird für die Raumordnung immer erst dann offensichtlich, wenn Ersatzstandorte oder neue Trassen gefunden werden müssen.

Raumordnungsverfahren und Umweltverträglichkeitsprüfungen werden daher, solange sie allein durch einen eindeutigen Projektbezug veranlaßt werden können, nur marginale Bereiche der wachsenden Umweltbelastung erfassen und steuern können, wenn im Entscheidungsprozeß nicht übergeordnete Richt- und Grenzwerte einer gesamträumlichen Belastung zugrundegelegt werden können.

Die Hoffnungen auf eine grundlegende Wende in der räumlichen Umweltpolitik durch die Umsetzung der EG-Richtlinie in nationales Recht sind daher eher gedämpft[10]. Unverkennbar dürften mittelfristig die formalisierten Prüfverfahren und Methoden Auswirkungen auf das Problembewußtsein der Entscheidungsträger und die fachplanerischen Nutzungsansprüche haben. Dies wird sich möglicherweise indirekt auch auf die nicht der UVP zu unterwerfenden Maßnahmen positiv auswirken.

Ein weiterer wichtiger Aspekt einer vorsorgenden Umweltpolitik ist der Bedarfsnachweis eines Nutzungsanspruchs. Er muß in Zukunft verstärkt problematisiert werden und in räumlichen Entscheidungsprozessen Eingang finden. Hinter jedem fachplanerisch angemeldeten Flächenanspruch stehen in der Regel individuelle Bedürfnisse (meist durch Werbung gesteuert), deren Erfüllung mit Umweltbelastungen (Emissionen, Flächenverbrauch, Abfälle) verbunden sind.

Eine Bewertung der individuellen Nutzungsansprüche kann aber weder der Fachplanung[11)] noch der landesplanerischen Abwägung im Raumordnungsverfahren überlassen sein. Hier bedarf es eines breiten gesellschaftlichen Konsenses in Kenntnis aller umwelt- und gesellschaftspolitischer Auswirkungen. Gerade bei Entscheidungen über neue Nutzungsansprüche werden grundsätzliche umwelt- und raumordnungspolitische Weichen gestellt. Diese Ebene der Veränderung gesellschaftlicher Werte und Lebensbedingungen ist noch weitgehend den freien Kräften des Marktes ohne die Kalkulation der Umweltfolgekosten und deren räumlichen Verteilung ausgesetzt. Daran wird sich derzeit kaum etwas ändern lassen. Die verursachergerechte räumliche Zuteilung von Umweltbelastungen könnte aber z.B. zu einer Rückkopplung zu umweltverträglicherem Verhalten, zur umweltverträglichen Technologieentwicklung und damit zur Sicherung der natürlichen Lebensgrundlagen beitragen. Das Prinzip raumfunktionaler Arbeitsteilung zur Erreichung einer größeren volkswirtschaftlichen Effizienz sollte daher vor dem Hintergrund ökologischer Folgekosten und ökologischer Stoffkreisläufe erneut hinterfragt werden.

Eine wirksame Strategie zur Sicherung der Leistungsfähigkeit des Naturhaushaltes darf sich daher nicht auf die klassischen Bereiche einer sektoralen, emissionsmindernden Umweltpolitik und Interessen ausgleichenden Raumordnungspolitik beschränken, sondern sollte zunehmend Einfluß auf Bedürfnisse und Verhaltensweisen ausüben. Dies kann sicherlich nicht mit dem derzeit zur Verfügung stehenden rechtlichen Instrumentarium erfolgen. Hier dürfte ein weiterer Schritt im Umweltbewußtsein notwendig sein, bis ein Paradigmenwandel neue Handlungsansätze für eine ökologisch orientierte Raumplanung erschließt.

Mit einem entsprechenden problem- und handlungsorientierten Informationssystem kann aber die Raumplanung bereits heute mit dazu beitragen, daß bei allen beteiligten Entscheidungsträgern Maßnahmen und ökologische Folgewirkungen in ihren Zusammenhängen besser erkannt und bei der Abwägung sachgerecht gewichtet werden. Auf allen wichtigen Entscheidungsebenen bieten sich mit diesem Instrumentarium der Laufenden Raumbeobachtung neue Möglichkeiten, den raumplanerischen Kompetenzrahmen argumentativ zu erweitern. Wesentliches Kernstück dieses Informationssystems muß es sein, räumliche Umweltqualitätsziele von der Auswirkungsseite auf die Verursacherseite zu verschieben und Immissionsnormen verstärkt durch Emissionsnormen und ökologische, raumstrukturelle Eckdaten abzusichern. Mit diesem planungsprozeßorientierten Ansatz kann Umweltvorsorgepolitik im engeren Sinne eigentlich erst wirksam werden[12].

3. Anforderungen an ein raumordnungspolitisches Umweltberichtssystem

Eine den Vorsorgeaspekt stärker berücksichtigende ökologisch orientierte Raumordnungspolitik erfordert also

- die Erweiterung des Argumentationsrahmens auf die wirtschaftsstrukturelle Ebene
- eine Verlagerung der Handlungsfelder von der Auswirkungs- auf die Verursacherebene
- eine stärkere Kontrolle umweltbelastender individueller und fachplanerischer Nutzungsansprüche und Maßnahmen
- eine Vorgabe raumstruktureller Nutzungsstandards sowie
- die Einführung ökologischer Ziele, die dynamisch nach dem Vermeidungsgebot formuliert und fortgeschrieben werden.

Mit einem so erweiterten Handlungsrahmen und einer darauf abgestellten Datenbasis wäre es im Prinzip möglich, den Anforderungen einer progressiven Regional- und Landesplanung gerecht zu werden, indem verstärkt

- auf die Ausgestaltung von Fachplanungsgesetzen und -programmen Einfluß genommen wird,
- substantielle ökologische Ziele in Raumordnungspläne eingebracht und verankert werden,
- im Rahmen der Abwägtung über objektbezogene Maßnahmen im Raumordnungsverfahren ökologische Ziele stärker gewichtet werden.

Ein diesen Anforderungen genügendes Informationssystem muß eine Reihe von inhaltlichen und methodischen Mindestbedingungen erfüllen. Vor allem muß es versuchen, eine in sich schlüssige, weitgehend auf Wirkungszusammenhänge aufbauende Datenbasis zu schaffen, auf der eine argumentative Verbindungslinie zwischen

- Umweltzielen
- Folgewirkungen (Störungen)
- Verursachern und
- Vermeidungs- bzw. Vorsorgemaßnahmen

deutlich gemacht werden kann.

Eine kausale Beweiskette wird dabei nur im Ausnahmefall geschlossen werden können, denn in aller Regel sind raumordnungspolitische und umweltpolitische Ziele wie z.B. "ausgeglichene Funktionsräume" oder "Funktionsfähigkeit des Naturhaushaltes" von sehr komplexer Struktur und nur mit einem größeren Indikatorenbündel auf o.g. Beobachtungsebenen beschreibbar.

In diesem Zusammenhang stellt sich auch die Frage, welche ökologischen Ziele oder Eckwerte in einem raumplanerischen Entscheidungsprozeß gebraucht werden. Dies setzt eine klare Abgrenzung von Aufgaben- und Entscheidungsstrukturen im "planerischen Umweltschutz" voraus. Nur bei einer maßgeschneiderten Definition und Zuordnung kann vermieden werden, daß Umweltziele sich von den anstehenden Entscheidungsfällen lösen und dann nicht mehr relevant werden. So können z.B. von der Raumplanung übernommene Grenzwerte der TA-Luft kaum einen Zielbeitrag zu gleichwertigen Lebensbedingungen liefern, wie die in Teilregionen auftretenden Smogwettersituationen und das fortschreitende Waldsterben zeigen. Auch die bestehenden Gewässergütestandards können nicht verhindern, daß durch Häufigkeit oder Wahrscheinlichkeit von Unfällen mit wassergefährdenden Stoffen ganze Gewässserabschnitte einer Trinkwassernutzung entzogen werden. An der raumordnungspolitisch vorsorgenden Entscheidungskompetenz auf übergeordneten Planungsebenen gehen solche Umweltziele weitgehend vorbei.

3.1 Festlegung und Konkretisierung räumlicher Umweltziele

Die Form, wie ökologische Ziele formuliert und operationalisiert werden, bestimmt maßgeblich deren Durchsetzung und das Ergebnis einer Abwägung. Je allgemeiner und je weniger ein Ziel in Maß und Zahl bestimmbar ist, desto leichter kann im Entscheidungsfall darüber hinweggegangen werden.

Folgende ökologische Zielkategorien bieten sich an:

1. Schadstoffbezogene Belatungsgrenzwerte, bei denen gesundheitliche und pflanzliche Schäden bzw. Arten- und Biotopverluste zu befürchten sind. Solche Grenzwerte sind in den Fachplanungsgesetzen verankert und bilden den derzeitigen Stand der Praxis.

2. Schutzwürdige Flächenkategorien, die insbesondere in fachplanungsrechtlichen Verfahren festgelegt werden (Naturschutzgebiete, Wasserschutzgebiete, schutzwürdige Biotope), und landesplanerische Vorranggebiete für bestimmte Funktionen.

3. Raumstrukturelle Richtwerte für ökologische Ausstattungsmerkmale, z.B. natürliche oder naturnahe Flächennutzungen, Freiflächenmindestanteile, maximale Flächenanteile für Bebauung, Verkehr, Versiegelung oder Eigenver-

sorgungsgrade mit Trink- und Brauchwasser.

4. Verschlechterungsverbote, z.B. für Schadstoffemissionen, oder Festlegung von regionalen Emissionsminderungszielen mit festem Zeithorizont.

5. Minimierungsgebot für ressourcenverbrauchende und umweltbelastende Aktivitäten (z.B. Wasser- und Energieverbräuche, Abfallaufkommen).

Während die Zielkategorien 1 und 2 Stand der Planungspraxis sind, bedürfen die Kategorien 3 bis 5 der verstärkten Operationalisierung auf allen räumlichen Planungsebenen. Gerade die Möglichkeiten, ökologische Ziele auch indirekt meßbar zu machen und den Abwägungsprozeß insbesondere auf höheren räumlichen Aggregaten zu erleichtern, wird bisher von der räumlichen Planung kaum genutzt. Bei einer Beschränkung ökologischer Forderungen auf die Zielkategorien Grenzwerte und Schutzgebietskategorien werden die neu hinzukommenden Gefährdungspotentiale nicht bewältigt werden können und selbst die Immissionsgrenzwerte und die Schutzgebietskategorien gefährden.

Eine Durchsetzung der indirekten ökologischen Zielkategorien im Planungs- und Abwägungsprozeß erfordert jedoch den Ausbau des methodischen Instrumentariums (Modellrechnungen, Bedarfsnachweis, Definitionen zur Vermeidbarkeit nach den Regeln der Technik bzw. Stand der Technik oder Festlegungen von Versorgungsstandards) und die Ergänzung raumplanerischer Instrumente und Kompetenzen (z.B. regionale Entwicklungsauflagen/Förderinstrumente, regionale Abgaben oder steuerliche Erleichterungen bzw. konsequente Durchsetzung eines räumlichen Verursacherprinzips).

3.2 Erfassung räumlicher Auswirkungen und Störungen

Der formalisierte langwierige Prozeß zur Festlegung und Einführung von Grenzwerten und Umweltqualitätszielen läßt oftmals wertvolle Zeit verstreichen, um die bereits im Ansatz erkennbaren Störungen zu verhindern. Mit Hilfe der Messung von Auswirkungen bei Gesundheitsschäden, Sachschäden oder der Veränderung der natürlichen Lebensbedingungen und entsprechender ökologischer Orientierungswerte kann und muß frühzeitig ein entsprechendes Problembewußtsein geschaffen werden. Damit haben die erfaßten Auswirkungen eine Frühwarnfunktion im Sinner einer präventiven Umweltpolitik[13]. Darüber hinaus liefern die quantitativ erfaßten Auswirkungen die Begründungen für die Festsetzung von Umweltqualitätszielen.

3.3 Erfassung von Verursachern und Ursachen

Der größte Stellenwert muß bei der Laufenden Raumbeobachtung der Erfassung von Verursachern und Ursachen und deren räumlicher Entwicklung eingeräumt werden. Hier sind die entscheidenden Ansatzpunkte einer räumlichen Vorsorgepolitik, um unerwünschte Auswirkungen zu verhindern. Von der Kenntnis der Verursachergruppen und deren Emissionen müssen die ersten entscheidenden Strategieüberlegungen ausgehen (z.B. Abgaberegelungen, marktwirtschaftliche Instrumente, polizeirechtliche Regelungen, Fortentwicklung von Produktions- und Reinigungstechnologien), um generell lösbare Probleme nicht erst zu räumlichen Ordnungs- und Sanierungsproblemen anwachsen zu lassen. Solche Rückmeldungen an den technischen Umweltschutz im Falle unverträglicher Nutzungskonflikte müssen mit Hilfe von quantitativen Daten zur Entwicklung der Verursacher verstärkt von der räumlichen Planung in die umweltpolitische Debatte eingebracht werden. Ansatzpunkte liegen in ökologisch begründeten, raumstrukturellen Leitzielen, die sich u.a. auch in der Begrenzung von Verursachern und Nutzungsintensitäten manifestieren müssen (z.B. Besiedlungsdichte, Bebauungsdichte[14]), Verkehrsnetzdichte). Informationen über Verursacher und deren Umweltschäden liefern darüber hinaus wertvolle Ausgangsdaten zu Modellrechnungen und Wirkungsprognosen im Rahmen von Umweltverträglichkeitsprüfungen.

3.4 Erfassung von Maßnahmen

Für die politische Erfolgskontrolle der Wirksamkeit von Instrumenten und den Vollzug beschlossener umweltpolitischer Maßnahmen sind entsprechende regionalisierte Untersuchungen zum Vollzugsdefizit unverzichtbar. Ihnen muß eine entscheidende Bedeutung bei

- der Prioritätenfestlegung von (Umweltschutz)-Maßnahmen auf kommunaler und regionaler Ebene
- der mittelfristigen Finanzplanung umweltbedeutsamer Investitionen
- der Nachbesserung oder Ergänzung vorhandener Instrumente bei Vollzugsdefiziten
- der Abwägung über die Zulassung weiterer Emittenten
- der Anreizung eines regionalen Wettbewerbs um die bessere Umweltqualität

zugemessen werden. Insbesondere wenn Zusagen für wirtschaftliche Entwicklungsmaßnahmen an den Abbau vorhandener Umweltbelastungen gebunden werden, erfüllen an Maßnahmen fixierte Ziele ihre Sanierungs- und Vorsorgefunktion vor allem dann, wenn ihr Erreichen mit festen Zeitvorgaben, Fördermitteln oder Sanktionen ausgestattet ist.

Darüber hinaus sind Ausstattungsstandards bei den Reinigungstechnologien für Abwasser und Abluft (z.B. regionale Erfüllungsgrade für Stand der Technik bei Kläranlagen und Rauchgaswäsche) besonders geeignet, regionale Umweltbelastungen gezielt abzubauen und empfindliche Räume zu schützen[15)].

4. Raumbedeutsame Orientierungs- und Richtwerte

Das Umweltberichtsystem der Laufenden Raumbeobachtung ist prinzipiell nach den zuvor genannten Anforderungen angelegt und soll weiter in dieser Richtung ergänzt und ausgebaut werden. Ziel ist es dabei, mit möglichst wenigen signifikanten Indikatoren die entscheidenden Scharniere im ökologisch-regionalwirtschaftlichen Verflechtungsbereich zu treffen. Das zunächst formale Ziel der Laufenden Raumbeobachtung "Koordination durch Information" wird jedoch nur dann praktische Wirksamkeit entfalten, wenn raumplanerische Umweltziele und diesen dienliche Maßnahmen einbezogen werden, meßbar gemacht und Standardcharakter für Abwägungsfälle erhalten[16)].

Diese erweiterte Zielsetzung wird durch die von der Bundesregierung beschlossenen Programmatischen Schwerpunkte der Raumordnung gestützt. Danach sind - abgeleitet aus den umweltrelevanten Grundsätzen des Raumordnungsgesetzes (§ 2 (1) 7) - auf der Ebene des Bundes die für die künftige Inanspruchnahme oder Schonung von Ressourcen fachübergreifenden Leitvorstellungen zu formulieren und von der Landes- und Regionalplanung in ihren Programmen und Plänen entsprechende Ziele als rahmensetzende Vorgaben festzulegen.

Auch die "Leitlinien der Bundesregierung zur Umweltvorsorge durch Vermeidung und stufenweise Verminderung von Schadstoffen" enthalten die Forderung nach Vorgabe von "anspruchsvollen" Zielen, Instrumenten und Zeithorizonten. Diese Vorgaben sollen in Fach- und fachübergreifenden Plänen und Programmen dargestellt und durchgesetzt werden[17)].

Für die fachübergreifende Raumplanung stellt sich jedoch das Auswahlproblem für umweltrelevante Daten, Ziele und Maßnahmen. So können aus finanziellen und personellen Gründen nicht ansatzweise alle Informationen mit Bedeutung für die Landes- und Regionalplanung[18)] im Rahmen der Laufenden Raumbeobachtung bearbeitet werden. Zahlreiche weitere Schwierigkeiten stellen sich auch bei der Beschränkung auf wenige Daten ein. Vorgeschobene Datenschutzgründe, fachliche Egoismen und die Abgrenzung politischer Kompetenzen auf den Planungsebenen sind die entscheidenden Hindernisse für den notwendigen Datenfluß aus amtlichen und nichtamtlichen Statistiken.

Vor dem Hintergrund dieser Rahmenbedingungen werden nachfolgend ausgewählte, derzeit datenmäßig bundesweit erreichbare, raumbedeutsame Umweltqualitätsziele in Form von ökologischen Orientierungswerten zu den Bereichen Luftreinhaltung und Erhaltung der Leistungsfähigkeit des Wasserhaushaltes vorgestellt und ihre Bedeutung für die Entscheidungspraxis einer stärker ökologisch orientierten Raumplanung diskutiert.

4.1 Verminderung der Luftbelastung

Ziele zur Verbesserung der Luftqualität

Ein Mindestgütestandard für anzustrebende Luftqualität kann nach derzeitigem Stand des Wissens noch nicht definiert werden. Die nach gesundheitlichen Kriterien eines durchschnittlich belastbaren Erwachsenen ausgerichteten Grenzwerte der TA-Luft[19] (Anlage 1), die sich als unverträglich für die Erhaltung der Funktionsfähigkeit des Naturhaushaltes herausgestellt haben, sollten daher nicht in ein raumplanerisches Zielsystem übernommen werden.

Auch die maximalen Immissionswerte des Verbandes Deutscher Ingenieure (VDI) zum Schutz vor Gesundheitsgefahren und zum Schutz der Vegetation (Anlage 2) dürften ähnlich zu bewerten sein. Insbesondere die Differenzierung der maximalen Immissionswerte nach der Empfindlichkeit der Pflanzen kann nur als Fehlentwicklung eingestuft werden; denn sie impliziert einen amputierten Schutz der Natur und der natürlichen Lebensgrundlagen.

Vor dem Hintergrund des Waldsterbens und noch nicht geklärter gesundheitlicher Folgen der Luftbelastung (Pseudokrupp) bedürfen die für das immissionsschutzrechtliche Genehmigungsverfahren festgelegten Grenzwerte nicht zuletzt deshalb einer Überprüfung, weil mit Erweiterung und Neubau von Anlagen meist eine weitere Erhöhung der Globalbelastung verbunden ist. Wesentlich verschärfte Grenzwerte können jedoch dann wertvoll sein, wenn an den Brennpunkten der Luftbelastung mit ihrer Hilfe Emissionsminderungsmaßnahmen erzwungen werden können, um die Gesamtbelastung eines Teilraumes zu reduzieren.

Vorranggebiete mit hoher Luftqualität sind eine weitere, aber kaum tragfähige Alternative, die das Bundesimmissionsschutzgesetz vorsieht. Angesichts der weiträumigen Ausbreitung von Luftschadstoffen würde sich die Ausweisung von "besonders schutzwürdigen Gebieten" (§ 49 Abs. 1 BImSchG, "sog. Reinluftgebiete"), in denen besondere Maßnahmen zur Luftreinhaltung durchgeführt werden können, jedoch als wirkungslos herausstellen. Besondere Maßnahmen sind vielmehr in Belastungsgebieten und "Smoggebieten" erforderlich, damit gesundheitsgefährdende Situationen nicht nur im zeitlich beschränkten Kisenmanagement bewältigt werden müssen.

Die Ausweisung von Belastungs- und Smoggebieten nach einheitlichen Kriterien im gesamten Bundesgebiet ist daher ein unverzichtbares Ziel der Raumplanung, nicht zuletzt, um entsprechende Entscheidungsgrundlagen zur Wahrnehmung des Koordinationsauftrages bereit zu haben. Für die Sanierung dieser Belastungsschwerpunkte wäre in Abstimmung mit der Luftreinhalteplanung ein fester Zeithorizont (5-10 Jahre) festzulegen. Derzeit haben die Prädikate Smoggebiet bzw. Belastungsgebiet diskriminierende Wirkung. Ihre Ausweisung unterblieb daher in vielen Fällen[20], was die Schwerpunktsetzung und Koordinierung von Luftreinhaltemaßnahmen erschwert.

Als raumordnungspolitisches Ziel muß die Sanierung dieser Belastungsschwerpunkte und die zukünftige Vermeidung der Ursachen, die zur Ausweisung führen, genannt werden.

Immissionsmeßwerte haben zunächst nur einen Beobachtungswert. Nun läßt sich aber nach dem Raumordnungsgrundsatz der Schaffung gleichwertiger Lebensbedingungen die Forderung aufstellen, daß z.B. in 30 % der Städte mit den höchsten Immissionen (oder aber bis zu einem gesetzten Grenzwert) solange ein Verschlechterungsverbot gelten soll, bis ein bestimmtes Immissionsniveau nicht überschritten wird und "Gleichwertigkeit" herrscht. Ein Verschlechterungsverbot in stark belasteten Regionen kann jedoch nicht bedeuten, daß in anderen Räumen dafür auf das Belastungsniveau aufgefüllt werden darf, sondern nur, daß zusätzliche Maßnahmen für die Sanierung angewendet werden müssen (z.B. Auflagen, Abgaben, kürzere Übergangsregelungen).

Dieses Vorgehen wäre im Prinzip eine konsequente Anwendung des Verursacherprinzips auf Regionen. Bezogen auf die Leitschadstoffe SO_2 und NO_2 als Hauptverursacher des Waldsterbens, von Korrosion, Steinfraß und Gesundheitsgefährdungen könnte ein Verschlechterungsverbot zumindest für diejenigen Städte und Regionen ausgesprochen werden, in denen nachfolgende Immissionswerte, z.B.

SO_2-Langzeitwert > 60 $\mu g/m^3$
SO_2-Kurzzeitwert >120 $\mu g/m^3$
NO_2-Langzeitwert > 40 $\mu g/m^3$
NO_2-Kurzzeitwert >100 $\mu g/m^3$

überschritten werden (Karte 1).

Diese Richtwerte entsprechen 30-50 % der Grenzwerte der TA-Luft und würden etwa die Hälfte der größeren Städte erfassen.

Die derzeit von den Bundesländern ausgewiesenen Belastungs- und Smoggebiete (Karte 2 und 3) können von der Raumplanung nur begrenzt als Schwerpunkträume der Luftbelastung angesehen werden. Da ihre regionale Vergleichbarkeit nicht gegeben ist, sind gleichwertige Lebensbedingungen für die Luftqualität nicht meßbar. Es sollten daher die o.g. programmatisch begründeten Immissionswerte für SO_2 und NO_2 in den Zielkatalog für raumordnungspolitisch begründete Schwerpunkträume der Luftreinhaltung aufgenommen werden.

Verursacher der Luftbelastung

Für eine vorsorgeorientierte effiziente Luftreinhaltepolitik ist die Kenntnis der einzelnen Verursacher in ihrer regionalen Verteilung und mit ihren Anteilen am Schadstoffausstoß von entscheidender Bedeutung. Hier setzen grundsätzliche Strategieüberlegungen zu den Planungsinstrumenten (z.B. Steuern, Abgaben, Auflagen, Standortvorgaben) und ihre möglicherweise regional differenzierte Anwendung an. Derzeit sind Daten zu SO_2- und NO_2-Emissionen für Kraftwerke, Industrie, Haushalte, Kleinverbraucher und Verkehr über Modellrechnungen verfügbar. Für die Bundesrepublik Deutschland ergibt sich zum Stand 1984 folgende Emissionsstruktur[21]:

Emittent	SO_2		NO_2	
	kt	%	kt	%
Kraftwerke	1650	62,9	840	27,7
Industrie	630	24,0	330	10,7
Haushalt/Kleinverb.	250	9,5	130	4,3
Verkehr	96	3,6	1750	57,3
insgesamt	2626	100	3050	100

kt = Kilotonne
Quelle: Daten zur Umwelt 1986/87, Umweltbundesamt Berlin, 1987.

In der regionalen Differenzierung der SO_2-Emissionen werden jedoch eindeutige regionale Schwerpunkte für die Verursachergruppen Kraftwerke und Industrie deutlich. Aus raumordnungspolitischer Sicht bieten sich regionale, zeitlich fixierte Emissionsminderungsraten als programmatische Zielsetzung an. Denkbar wären auch flächenbezogene maximale Belastungsraten (kg/km/a). Diese lassen sich jedoch nicht kausalanalytisch als Belastungsgrenzwerte begründen; außerdem entstehen bei flächenbezogenen Werten kaum überwindbare methodische Probleme bei der Festlegung der angemessenen räumlichen Bezugsgröße.

Verursachergruppe Kraftwerke

Bei einem Anteil von 63 % der Gesamtemissionen an SO_2 tragen Kraftwerke maßgeblich zur hohen Globalbelastung bei. Eine schnell wirksame Großfeuerungsanlagenverordnung ist daher eine wichtige Maßnahme für den zügigen Abbau nennenswerter Emissionsmengen. Aus regionalökologischer Sicht ist es jedoch notwendig, in Gebieten mit der Häufung von austauscharmen Wetterlagen und bei überproportional hohen Gesamtemissionen kürzere Übergangsfristen für die Einführung des Stands der Technik und evtl. weitere Emissionsbegrenzungen festzulegen.

Die Karte der SO_2 Emissionen öffentlicher Kraftwerke (Karte 4) zeigt darüber hinaus, daß in Regionen mit hohen Gesamtemissionen weiterhin Zuwachsraten bei Emissionen zu verzeichnen sind. Das immissionsschutzrechtliche Instrumentarium läßt derzeit z.B. durch Verlagerung der Energieproduktion in andere Räume oder durch zusätzliche Anlagen, die die technischen Anforderungen erfüllen, weitere Belastungen grundsätzlich zu. Nur durch ein regional festgeschriebenes Verschlechterungsverbot würde eine regionale Umverteilung von Emissionen verhindert werden können.

Für die Verursachergruppe Kraftwerke wäre also die programmatische Forderung der Einführung des Standes der Technik bis 1990 entsprechend der Großfeuerungsanlagenverordnung sowie ein regionales Verschlechterungsverbot auf der Basis von Raumordnungsregionen zu erheben.

Verursachergruppe Industrie

Das räumliche Verteilungsmuster der SO_2-Emissionen der Industrie mit wenigen größeren Belastungsschwerpunkten (vgl. Karte 4) bedarf einer weiteren branchenspezifischen Differenzierung. Die starke räumliche Konzentration läßt bei verschärften Auflagen negative regionalwirtschaftliche Folgen vermuten. Mit zusätzlichen regionalen Branchenabkommen wären regional angepaßte Lösungen, die von vornherein eine höhere Akzeptanz haben, zu erreichen. Nicht zuletzt die Vielzahl umweltgefährdender Schadstoffe - insbesondere der chemischen Industrie - spricht für zusätzliche regionale Branchenabkommen. Zuverlässige aktuelle Informationen zum regionalen Branchensplit würden solche maßgeschneiderten Emissionsminderungsprogramme wesentlich fördern.

Verursachergruppe Haushalte und Kleinverbraucher

Diese Verursachergruppe hat trotz des relativ geringen Anteils an den SO_2-Emissionen einen entscheidenden Einfluß auf die örtliche Luftqualität. Smoggefährdete Klimalagen und Verdichtungsgebiete sind hier besonders betroffene Räume. Zur Beurteilung der räumlichen und planerischen Relevanz dieser Verursachergruppe ist eine Differenzierung nach emissionsverursachenden Faktoren notwendig. Erste Hinweise auf eine emissionsträchtige Beheizungsstruktur lassen sich mit Hilfe von Modellrechnungen aus einwohnerspezifischen Größen für den Raumwärmebedarf und das Emissionsaufkommen[22] ableiten (Karte 5). Weitere Informationen zur Gebäudesubstanz, Beheizungsstruktur und der regional eingesetzten Brennstoffe (Karte 6) sind notwendig. Auf diese Weise läßt sich dann die Wirksamkeit von technischen Emissionsminerungsmaßnahmen (Kleinfeuerungsanlagenverordnung) oder planerischen Emissionsvermeidungsmaßnahmen (Wärmedämmung, Gas- bzw. Fernwärmeausbau, Ersatz fester Brennstoffe) besser abschätzen. Seitens der Landes- und Regionalplanung sollten zumindest für Belastungsgebiete und Smoggebiete Entwicklungsziele und Standards für eine emissionsarme Beheizungsstruktur (Blockheizkraftwerke, Gas- und Fernwärmeausbau, Beschränkungen für feste Brennstoffe) vorgegeben werden. Gerade diesen Vorgaben wird im Rahmen von Umweltverträglichkeitsprüfungen eine entscheidende Rolle bei der Abwägung zufallen.

Auswirkungen und Folgen der Luftbelastung

Außer der Kartierung der Waldschäden nach forstlichen Wuchsbezirken[23] liegen keine flächendeckenden Informationen zu Auswirkungen von Luftbelastungen vor. Die Einzelaussagen in einigen Luftreinhalteplänen sind noch sehr lückenhaft. Als zu beobachtende Meßwerte könnten derzeit

- der Anteil geschädigter Waldflächen
- Atemwegserkrankungen
- pH Wert in Niederschlägen oder
- SO_2 Trockendeposition

herangezogen werden.

Maßnahmen zur Luftreinhaltung

Zielen zum Vollzug von emissionsmindernden und emissionsvermeidenden Maßnahmen muß eine entscheidende Rolle bei einer vorsorgenden Luftreinhaltepolitik zugemessen werden. Mit dem Verursacherprinzip und dem Vermeidungsgebot lassen sich die Vorgaben technischer Standards und anderer Maßnahmen begründen. Sie bedürfen damit keiner Ableitung aus ökologischen Kriterien der Belastbarkeit. Neben der Durchführung der allgemeinen emissionsmindernden Maßnahmen, die flächendeckend greifen, ist für Problemregionen folgendes zu fordern:

- Stand der Technik bei Großfeuerungsanlagen bis 1990; kürzere Übergangsfristen in Verdichtungsräumen und in smoggefährdeten Gebieten.
- Aufstellung von Luftreinhalteplänen in allen Verdichtungsgebieten und Smoggebieten[24].
- Reduzierung des einwohnerspezifischen Emissionsaufkommens aus dem Hausbrand um 30 % in Verdichtungsgebieten und um 50 % in Smoggebieten bis 1995 (z.B. durch Sonderförderung, Energiesparmaßnahmen, Wärmedämmung, Umstellung auf andere Energieträger). Welche Einzelmaßnahmen in welchem Umfang zu fördern wären, um das jeweilige Ziel zu erreichen, sollte im Rahmen von örtlichen und regionalen Energieversorgungskonzepten oder gebietsbezogenen Luftreinhalteplänen geklärt werden.

4.2 Erhaltung der Leistungsfähigkeit des Wasserhaushaltes

Ziele zur Güte- und Mengenwirtschaft

Eine allgemeine und vielseitige Nutzbarkeit der Grund- und Oberflächengewässer ist eine wesentliche Voraussetzung zur Erfüllung der Aufgaben von Landes- und Regionalplanung zu der die Erhaltung einer hohen Standort-Flexibilität in der räumlichen Verteilung von Nutzungen gehört. Im Prinzip sollte es möglich sein, daß alle wesentlichen Nutzungsanforderungen an die Gewässer wie

- Trinkwassergewinnung
- Brauchwassergewinnung
- landwirtschaftliche Bewässerung
- Tränken von Vieh
- Erholung
- Fischerei und
- Erhaltung der gebietstypischen Fauna und Flora

erfüllt werden können.

Die Zuweisung lediglich ausgewählter Nutzungen an Gewässer ist nicht unproblematisch. Wie die Erfahrungen mit den EG-Richtlinien über die nutzungsspezifischen Qualitätsanforderungen an Oberflächengewässer zeigen, besteht durchaus die Gefahr, daß bei Nichterfüllung eines spezifischen Nutzungsstandards eine Umwidmung in die qualitativ schlechtere Stufe der erforderlichen Sanierung vorgezogen wird. Die sich dann immer weiter eskalierende Gewässerspezialisierung hat für Unterliegerregionen zunehmende wirtschaftliche und ökologische

Nachteile. Um solche Fehlentwicklungen, die negative Auswirkungen durch zunehmende räumlich funktionalen Arbeitsteilung haben können, zu verhindern, ist ein hoher allgemeiner Güterstandard als raumordnungspolitisches Ziel zu fordern.

Die biologische Gewässergütestufe II ist nur eine unzureichende Hilfsgröße zur Beschreibung des geforderten multifunktionalen Gütestandards. Deshalb ist er durch die Gütestufe II des IAWR-Index, der vornehmlich die trinkwasser-hygienischen Erfordernisse berücksichtigt, zu ergänzen[25].

Beide Merkmale: Biologische Güte und IAWR-Index zusammen, beschreiben die natürliche Gewässerqualität und die gesellschaftliche Benutzbarkeit. Über diese Gruppenparameter hinaus gibt es weitere Vorschläge für Grenzwerte zu Wasserinhaltstoffen von

- der internationalen Arbeitsgemeinschaft der Wasserwerke im Rheineinzugsgebiet (IAWR) (Anlage 3)[26].
- dem Deutschen Verein des Gas- und Wasserfaches und
- der Europäischen Gemeinschaft (Qualität von: Badegewässern, Frischgewässern, Muschelgewässern, Oberflächengewässern für Trinkwasserversorgung[27].

Diese Richt- und Grenzwerte für nahezu 50 Einzelparameter (Anlage 4) orientieren sich überwiegend an den Anforderungen der Trinkwasserversorgung und unterscheiden Werte für Rohwasser mit einfachen (Gruppe A) und weitergehenden Aufbereitungsverfahren (Gruppe B). Die aus der Sicht der Raumordnung zu fordernden Gewässerqualitätsziele sollten sich in jedem Fall auf die schärferen Grenzwerte der Gruppe A berufen, weil andernfalls regionalwirtschaftliche und ökologische Nachteile insbesondere für wirtschaftlich schwache Unterlieger-Regionen nicht auszuschließen sind.

Mengenwirtschaftlich muß ein dem regionalen, natürlichen Wasserkreislauf angepaßtes Verhältnis von Wasserentnahme und Abwassereinleitung angestrebt werden[28]. Diese Forderung ist ableitbar aus

- dem Raumordnungsgesetz mit der Berücksichtigung der natürlichen Gegebenheiten,
- den Programmatischen Schwerpunkten der Raumordnung: "Im Interesse einer langfristigen Sicherung der natürlichen Lebensgrundlage in allen Regionen ist großräumiger Ressourcentransfer so gering wie möglich zu halten"[29] und
- der Entschließung "Schutz und Sicherung des Wassers" der Ministerkonferenz für Raumordnung: "...jeder Raum (soll) bei seiner weiteren Entwicklung zunächst von seinem eigenen Wasserdargebot ausgehen"[30].

Diese noch "weichen" Zielsetzungen mit großen Abwägungsspielräumen führen aber dazu, daß der örtliche Trink- und Brauchwasserschutz vernachlässigt werden kann und das bestehende Dargebot qualitativ und quantitativ sich immer weiter reduziert. Für die einzelnen Teilregionen sind daher quantitativ formulierte Ziele für die Selbstversorgung aus regionseigenen Wasservorkommen, die zum Gewässerschutz zwingen, notwendig. Es sollten daher neben der Erhaltung der bestehenden verbrauchsnahen Wasserversorgung Ziele für die Selbstversorgung

in Gemeinden von 20 %
in Kreisen von 50 %
in Raumordnungsregionen von 80 %

des jährlichen Wasserverbrauchs festgelegt werden.

Mit diesen ggf. regional zu differenzierenden Zielen würden einmal die Abwägungsspielräume für zusätzliche Fernwassererschließungen eingeengt und zum anderen müßten Sanierungsmaßnahmen oder Einsparmaßnahmen rechtzeitig eingeleitet werden.

Derzeit zeigt die regionale Wasserbilanz für die öffentliche Wasserversorgung (Karte 7, 8) erhebliche Ungleichgewichte sowohl auf der Ebene von Kreisen als auch von Raumordnungsregionen. Der Trend geht dabei weiter in Richtung zunehmender Arbeitsteilung zwischen Wasserverbrauchs- und Wasserlieferregionen.

Beschränkungen für Verursacher des Wasserverbrauchs

Der öffentliche und der industrielle Wasserverbrauch sind der Ausgangspunkt qualitativer und quantitativer Probleme des Wasserhaushaltes. Die Verminderung des Wasserverbrauchs ist daher zunächst ein allgemeines Ziel der Umweltpolitik und ein spezielles raumordnungspolitisches Ziel in Wassermangelgebieten. Um die möglichen Einsparpotentiale, aber auch den zukünftigen regionalen Wasserbedarf richtig abschätzen zu können, ist die Analyse des Wasserverbrauchs und der Verbrauchsentwicklung bei den einzelnen Verursachern von großer Bedeutung. Die spezifischen Verbrauchsgrößen haben aber nicht nur einen analytischen Beobachtungswert, sondern lassen sich auch als Richtwerte formulieren, die dann eine Auslösefunktion für planerisches Handeln zu übernehmen haben.

Der spezifische Wasserverbrauch je Einwohner (Karte 9), der im Bundesmittel bei ca. 160 l E/Tag liegt, schwankt in den Kreisen und kreisfreien Städten zwischen ca. 80 und 450 l E/Tag. Ein Richtwert von 200 l E/Tag könnte in Wassermangelgebieten oder in Gebieten mit Fernwasserbezug bestimmte Maßnahmen, wie verstärkte Aufklärung über wassersparendes Verbrauchsverhalten, wassersparende Armaturen, Programme für verstärkte Brauch- und Regenwassernutzung oder tarifliche Konsequenzen, auslösen. Dies wären alles Maßnahmen der Wasserversorgungswirtschaft. Die raumordnungspolitische Wächterfunktion könnte darin bestehen, daß, solange der Nachweis für die Ausschöpfung der Einsparpotentiale nicht erbracht ist, einer Erweiterung von Wasserrechten oder der Erschließung neuer Fernwasservorkommen nicht zugestimmt werden sollte.

Der Grad der Kreislaufnutzung bei den einzelnen Branchen signalisiert den Stand der Technik bei wassersparenden Produktionsverfahren. Gemessen am Branchenmittel lassen sich zumindest die Regionen ausmachen (Wassermangelgebiete und wirtschaftlich benachteiligte Gebiete), in denen Förderprogramme zur Verbesserung des Wasserhaushaltes beitragen können.

Die Erfassung von spezifischen Verbrauchskennziffern der einzelnen Verursacher bereitet gerade für den Bereich der Wasserversorgung größte Schwierigkeiten, weil sowohl über wasserrechtliche Erlaubnisse und Bewilligungen als auch über die tatsächlichen Entnahmen Informationen in der erforderlichen regionalen Trennschärfe nicht verfügbar sind. Hier besteht eine ernstzunehmende Wissenslücke, die auszufüllen ist.

Auswirkungen zu Mengen und Güteproblemen

Indikatoren zur Erfassung von Folgewirkungen regionaler Güte- und Mengenprobleme sind gleichfalls datenmäßig schwierig zu erschließen.

Die Anzahl der Wassergewinnungsanlagen (Karte 10), Stillegungen oder die Anzahl von Gewinnungsanlagen mit Grenzwertüberschreitungen nach den Rohwassergüterichtlinien (Anlage 4) wären für die Beschreibung der regionalen Nutzungsintensität und Schadstoffbelastung des Grund- und Oberflächenwassers von hohem Aussagewert und könnten Ausgangspunkt für gebietsbezogene Sanierungs- und Sicherungsstrategien sein.

Maßnahme zur Verbesserung der Gewässergüte

Maßnahmen am Ende der Gewässerbenutzung sind aus der Umweltstatistik am ehesten zu belegen. Die Aussagekraft bezüglich des Erfolgs von Reinigungsmaßnahmen ist jedoch nicht sehr groß. Dennoch haben diese Informationen eine wichtige Funktion bei der Erfolgskontrolle wasserwirtschaftlicher Maßnahmen, der Vorgabe regionaler Zielerreichungsgrade bei der Reinigungstechnologie oder der Abschätzung des Investitionsmittelbedarfs.

Der Anschluß an eine Sammelkanalisation (Karte 11) ist die erste Voraussetzung für eine ordnungsgemäße Abwasserbeseitigung. Nahezu 91 % der Bevölkerung der

Bundesrepublik Deutschland waren 1983 an eine öffentliche Sammelkanalisation angeschlossen.

Für Kernstädte und das verdichtete Umland muß jedoch eine 100-prozentige Sammlung der Haus- und Straßenabwässer gefordert werden. Aber gerade in solchen Teilregionen bestehen noch erhebliche Defizite. Diese Situation ist nicht zuletzt deshalb als unbefriedigend einzustufen, weil eine verbrauchsnahe Wassergewinnung (Trink- und Brauchwasser), wie sie als Raumordnungsgrundsatz formuliert ist, bessere generelle Lösungen des Gewässerschutzes auch in verdichteten Siedlungsgebieten erfordert und nicht nur spezielle Lösungen für Trinkwasserschutzgebiete.

Der Anschluß der Wohnbevölkerung an eine zentrale öffentliche Kläranlage (Karte 12) zeigt im Prinzip nur an, in welchem Umfang die Gemeinden neben dem Kanalisationsausbau weitere Voraussetzungen für eine ordnungsgemäße Abwasserbeseitigung geschaffen haben. Über eine differenzierte Betrachtung der siedlungsstrukturellen Rahmenbedingungen ist eine Festlegung von regionalen Ausbaustandards möglich. Gewässergütewirtschaftlich besonders problematisch ist ein zeitlich weit vorgezogener Ausbau des Kanalisationsnetzes gegenüber dem Kläranlagenbau (Karte 13). Regional gibt es hier noch erhebliche Unterschiede. 1983 lag im Bundesmittel die Anschlußdifferenz bei 6 %. Einige Bundesländer wiesen jedoch erheblich höhere Defizite auf: z.B. Saarland 37 %, Rheinland-Pfalz 12 %, Hessen 11 %. Bezogen auf Kreise und kreisfreie Städte haben ca. 10 % von ihnen noch Anschlußdifferenzen, die über 30 % liegen. Das hat erhebliche Konsequenzen für die biologische Gewässergüte gerade kleinerer Gewässer. Mit Hilfe von Ausbaustandards könnten solche Fehlentwicklungen vermieden werden, zumal nicht unerhebliche öffentliche Mittel für derartige Maßnahmen bereitgestellt werden.

Die Art der Abwasserbehandlung (Karte 14 u. 15) beschreibt lediglich die eingesetzte Reinigungstechnik, aus der jedoch näherungsweise auf die Reinigungsleistung geschlossen werden kann. Bisher sind kommunale und industrielle Abwässer nach den allgemein anerkannten Regeln der Technik (a.a.R.d.T.) zu klären, nur bei bestimmten wassergefährdenden Stoffen nach dem Stand der Technik (St.d.T.). Die derzeitigen Erkenntnisse über die Restbelastungen aus den Kläranlagenabläufen erfordern jedoch eine Reinigung aller Abwässer nach dem Stand der Technik. Für die Abwässer aus Haushalten und Gewerbe gelten biologische Verfahren mit Nachbehandlung als Stand der Technik. Bisher werden aber nur in Trinkwassertalsperreneinzugsgebieten und bei Gewässern mit geringer Fließgeschwindigkeit weitergehende Behandlungsverfahren eingesetzt (Karte 15).

Der Anteil der nicht vorgereinigten Abwassereinleitungen der Industrie (Indirekteinleiter) in die öffentliche Kanalisation (Karte 16) widerspricht nicht nur dem Verursacherprinzip, sondern belastet bei schadstoffbefrachteten Abwässern erheblich die Reinigungsleistung öffentlicher Kläranlagen. Der Handlungsdruck ist hier deshalb besonders groß, weil mit der noch weitverbreiteten landwirtschaftlichen Klärschlammverwertung ein nicht kalkulierbares Gefährdungspotential für den Boden und die Grundwasserqualität entsteht. Wegen der Vielzahl nicht kontrollierter Schadstoffe, einer möglichen Akkumulation nicht abbaubarer Stoffe und wegen der langen Fließwege im Untergrund sollte auf eine landwirtschaftliche Verwertung des Klärschlamms aus problematischen Abwassereinzugsgebieten verzichtet werden.

Art und Umfang der Behandlung industrieller Abwässer (Karte 17) verdeutlichen zunächst nur die räumlichen Schwerpunkte für die Abwasserableitung. Rückschlüsse auf Schadstoffrachten oder Gefährdungspotentiale sind nur über eine weitere Branchendifferenzierung und über die Auswertung von abwasserabgaberechtlichen Bescheiden möglich. Diese Datenbasis würde eine gute Grundlage für die Festlegung von regionalen Reinigungsstandards und die Erfassung von Zielerreichungsgraden nach dem Stand der Technik abgeben. Aber auch aus der verfügbaren, unzureichenden Datengrundlage lassen sich "weiche" Standards ableiten, die bei der Zulassung neuer Vorhaben oder der Eingrenzung von Sanierungsschwerpunkten von Bedeutung sein können. Es wird z.B. bei einer Analyse der industriellen Abwasserbeseitigung nach siedlungsstrukturellen Gebietstypen deutlich, daß in den Kernstädten die Anteile der nur mechanisch behandelten Abwässer (49 %) höher (Bundesmittel 44 %) und die biologisch behandelten Anteile (24 %) entsprechend niedriger gegenüber dem Bundesmittel (27 %) ausfallen. Aber gerade in Schwerpunkten des Abwasseranfalls sollten nicht zuletzt auch wegen der höheren Ertragskraft der Betriebe für die qualifizierten Reinigungsverfahren wesentlich höhere Anteile (z.B. 50 % vollbiologische Reinigung bis 1990) gefordert und ggf. über eine Erhöhung der Abwasserabgabe durchgesetzt werden.

5. Ansätze zur praktischen Anwendung räumlicher Orientierungswerte

Aufgrund der geringen direkten Handlungsmöglichkeiten der Raumplanung zur Steuerung der regionalen Umweltqualität können die definierten Standards im Sinne von Umweltqualitätszielen nicht den Verbindlichkeitsgrad haben, wie sie in den technischen Regelwerken für die einzelnen Fachplanungen entwickelt sind. Dennoch bestehen einige Möglichkeiten, ein vergleichbares raumplanerisches Regelwerk von Umweltqualitätszielen in die Entscheidungsprozesse von Legislative und Exekutive einzubinden.

5.1 Anpassungspflicht an konkretisierte Raumordnungsziele und Planungsgrundsätze

Räumliche Umweltqualitätsziele im Sinne von Orientierungs- und Richtwerten konkretisieren die allgemeinen Grundsätze und Ziele der Raumordnung und transformieren sie zurück auf die Vollzugsebene der Fachplanungen. Damit verschwinden die komplexen ökologischen und raumwirtschaftlichen Zusammenhänge nur scheinbar, denn die Sicherung der natürlichen Lebensgrundlagen und von gleichwertigen Lebensbedingungen werden ja gerade durch die sektoralen fachplanerischen Eingriffe oftmals einseitig verändert.

Der Beirat für Raumordnung forderte daher bereits 1976 in einer Entschließung: "Besondere Pflicht des Staates muß es dabei sein, Zielvorgaben und Normen durchzusetzen, die den Rahmen für umweltfreundliche Verhaltensweisen der Gesellschaft und der Wirtschaft festlegen. Die entsprechenden Eckwerte müssen vom Vorrang der Gesundheit und des Wohlergehens der Menschen vor allen anderen Gütern ausgehen"[32]. Mit den Gesellschaftlichen Indikatoren für die Raumordnung wurde eine erste Diskussionsgrundlage dazu vorgelegt[33].

Für die von der Raumordnung festgelegten Ziele besteht nach dem Raumordnungsgesetz Anpassungspflicht für die öffentlichen Planungsträger. Mit Hilfe systematisch aufgebauter räumlicher Umweltqualitätsziele und Orientierungswerte, wie sie in verschiedenen Beiträgen dieses Bandes dargestellt wurden, und daran orientierter Fachpläne wäre ein wirksames Instrument für eine präventive und kurative Umweltpolitik gegeben.

5.2 Nachbesserung der Instrumente bei fachplanerischen Vollzugsdefiziten

Die Kontrolle des fachlichen Vollzugs von Maßnahmen, z.B. zur Luft- und Gewässerreinhaltung mit Hilfe von quantifizierten Zielen und der Erfassung von Zielerreichungsgraden, kann die Durchsetzungsschwäche bestimmter Instrumente deutlich machen. Hier müssen ggf. bestehende Regelungen überprüft und möglicherweise durch flankierende Maßnahmen (Investitionshilfen, Abgaben, Umweltstrafrecht) ergänzt werden. Nicht zuletzt bei der Zurückführung auf Einzelverursacher oder regionale Spezialprobleme können sektorale Lösungen (z.B. Branchenabkommen, regionale Abgaben, Sonderprogramme) schneller zum Ziele führen. Regionalisierte Ansätze und Regelungskompetenzen haben nicht zuletzt den positiven Effekt der Stärkung der regionalen Verantwortlichkeit für die eigene Umwelt.

5.3 Objektivierung der Abwägungsregeln im Raumordnungsverfahren und bei der Umweltverträglichkeitsprüfung

Viele räumliche Umweltprobleme haben ihre Ursache darin, daß Umweltbelangen im Entscheidungsfall ein zu geringes Gewicht gegenüber wirtschaftlichen Belangen eingeräumt wurde. Selbst langfristig angelegte raumstrukturelle Ordnungsziele nach dem Bundesraumordnungsprogramm, z.B. Abbau der Belastungen in Verdichtungsgebieten und keine weitere zusätzliche Verdichtung der Agglomerationen, wurden durch eine Vielzahl von Einzelentscheidungen unterlaufen.

Ein Satz von meßbaren Orientierungs- und Richtwerten kann die bisherigen willkürlichen Abwägungsspielräume wieder zielorientierter gestalten. Darüber hinaus lassen sich bei verbindlichen Zielvorgaben im Abwägungsverfahren auch entsprechende Auflagen und Bindungen für die Sanierung oder weitere Untersuchungen aushandeln, soweit mit der Maßnahme verknüpfte Auswirkungen auf andere Umweltbereiche verbunden sind.

In Einzelfällen werden bereits die skizzierten Umsetzungsmöglichkeiten mit "weichen" raumplanerischen Zielvorgaben bei unterschiedlichem Erfolg praktiziert. Systematisch aufgebaute, verbindliche Umweltqualitätsziele könnten jedoch die Position der Raumplanung - die nur einen Koordinationsauftrag hat - gegenüber den personell und finanziell gut ausgestatteten Fachplanungen wesentlich verbessern. Für Landes- und Regionalplanung besteht hier für die nächsten Jahre eine vordringliche Aufgabe, für die seitens des Bundes die entsprechenden Rahmenbedingungen zu gestalten und methodische Hilfestellungen zu leisten sind.

Anmerkungen

1) Vgl. Fürst, Dietrich: Ökologisch orientierte Raumplanung - Schlagwort oder Konzept? Landschaft und Stadt 18, (4), 145-152. Fürst begründet diese Situation u.a. mit der eingeschränkten Konfliktfähigkeit der Raumplanung, weil ihr jegliche Zwangs- und Tauschmittel fehlen, um auf Konfliktgegner Einfluß nehmen zu können. Zum anderen war Raumplanung zunächst stark auf eine räumliche Entwicklungspolitik festgelegt.

2) So wird in den Grundsätzen des Raumordnungsgesetzes (§ 2 (1) 7) auf "die Erhaltung, den Schutz und die Pflege der Landschaft" hingewiesen. Die Grundsätze des Bundesnaturschutzgesetzes (§ 2 (1) 1) betonen die Erhaltung und Verbesserung der Leistungsfähigkeit des Naturhaushaltes. Das Bundesimmissionsschutzgesetz (§ 5 (1) 1) spricht ein allgemeines Vermeidungsgebot gegen schädliche Einwirkungen aus.

3) Salzwedel, J.: Klare umweltpolitische Vorgaben für Wirtschaft, Technik, Forschung - Wunsch und Wirklichkeit. Korrespondenz Abwasser 8/84, 31. Jahrgang, S. 650-654.

4) Fürst weist in diesem Zusammenhang darauf hin, daß gerade die Raumplanung aufgrund ihrer Querschnittsorientierung, ihres Koordinationsauftrages und der zu berücksichtigenden räumlichen Bezüge dafür prädestiniert ist, ökologische Belange entscheidend zu steuern. Das kann aber nicht mit der ihr bisher allenfalls zugestandenen flächenbezogenen ökologischen Restriktionsplanung erfolgen (vgl. Fürst, Dietrich (1)).

5) Lersner, H., Frh. von: Zur Konvergenz von Raumordnung und Umweltschutz; in Umwelt- und Planungsrecht, 1984, Heft 6, S. 177ff.

6) Ein Beispiel für den schwierigen Entscheidungsprozeß in einem umweltpolitisch wichtigen Bereich sind das Abwasserabgabengesetz und die Novellen zum Wasserhaushaltsgesetz, wo wirtschaftskonjunkturelle Gründe die Abgabenhöhe, Übergangsfristen und Ausnahmeregelungen maßgeblich beeinflußten oder im Falle des § 7a (Einleitungsbedingungen) über 40 Verwaltungsvorschriften notwendig sind, um die Vollziehbarkeit herzustellen.

7) Dieser eingeengte Handlungsrahmen hat insbesondere der Umweltpolitik lange Zeit den Vorwurf einer Reparatur- und Feuerwehrpolitik eingebracht.

8) Ob diese Instrumente immer so angewendet werden, daß sie die Belastbarkeit des Naturhaushaltes nicht überschreiten, ist ein Problem der naturwissenschaftlichen Beweisführung und der politischen Gewichtung.

9) Vgl. Hallerbach, Jörg: Von den Grenzwerten der Natur zu den Grenzwerten der Gesellschaft; Demokratie und Recht, Heft 196, S. 30-41.

10) Erbguth sieht in der projektbezogenen UVP und im Raumordnungsverfahren möglicherweise sich ergänzende Prüfungen, die aber auch nur sektoralen Charakter haben. Erbguth, W.: Umweltverträglichkeitsprüfung und Raumordnungsverfahren; Natur + Recht, 5, 4. Jahrg. 1982.

11) Winter, G.: Bedürfnisprüfung im Fachplanungsrecht; Natur + Recht, 7. Jhrg. 1985, H. 2, S. 41-47.

12) In den "Leitlinien der Bundesregierung zur Umweltvorsorge durch Vermeidung und stufenweise Verminderung von Schadstoffen" (BT-Drucksache 10/6028) wird zur Einschätzung der bestehenden Instrumente (S. 13ff.) auf die große Bedeutung der raumbezogenen, umweltbedeutsamen Fachplanungen hingewiesen. Die Durchsetzungsproblematik der Fach- und die Abwägungsproblematik der fachübergreifenden Planungen werden dagegen kaum angesprochen. Da aber der Bund "in vielen Fällen die Grundzüge von Inhalt, Verfahren und Form der Planungen" regelt, wird die Bundesregierung "in diesem Rahmen auf die verstärkte Nutzung der Planungsinstrumente bei der Durchsetzung von Umweltbelangen hinwirken". Eine Novelle zum Raumordnungsgesetz mit dem Ziel, die Umweltverträglichkeitsprüfung in das Raumordnungsverfahren zu integrieren, ist in Vorbereitung. In diesem Zusammenhang sollte auch über ein auf Richt- und Orientierungswerte gestütztes Informations- und Entscheidungssystem zur Verbesserung der Abwägungsgrundlagen beraten werden.

13) Im Sinne einer präventiv orientierten Umweltberichterstattung sind nach Simonis auch "kontinuierliche Informationen über die Strukturentwicklung von Wirtschaft und Gesellschaft unter Umweltgesichtspunkten" notwendig. Sie sollen möglich machen, "umweltrelevante Entwicklungen rechtzeitig zu erkennen, um sogenannte Sachzwänge zu vermeiden und ohne großen Zeitdruck überlegt handeln

zu können". Vgl. Simonis, U.: Präventive Umweltpolitik, Wissenschaftszentrum Berlin - Mitteilungen, September 1984, S. 20ff. Eingegrenzt auf raumordnungspolitisch bedeutsame Umweltbereiche können ökologische Wirkungsindikatoren die von Simonis dargestellte Frühwarnfunktion wahrnehmen.

14) In den Beiträgen von Schmidt/Rembierz und Fischer sind entsprechende Flächenrestriktionen aufgeführt und begründet. Diese Ansätze müßten ergänzt, in einem Regelwerk für die Raumplanung zusammengeführt (Stand der Planungstechnik) und verbindlich eingeführt werden.

15) In den Programmatischen Schwerpunkten der Raumordnung sind u.a. Räume mit hoher Umweltbelastung, Verdichtungsräume und Räume mit schutzbedürftigen Ressourcen direkt als Handlungsschwerpunkte benannt worden. S. Programmatische Schwerpunkte der Raumordnung, Schriftenreihe des BMBau, Heft Nr. 06.057.

16) Gatzweiler stellt bei dem Berichtssystem der Laufenden Raumbeobachtung die mehr descriptiven Funktionen heraus: z.B. Beschreibung der räumlichen Situation, Beobachtung der räumlichen Entwicklungen, Aufdeckung von Zusammenhängen zwischen politischen Entscheidungen, Offenlegung von Maßnahmeauswirkungen und Erfassung von Daten für regionale Prognosen. Gatzweiler H.-P. in: ORL-Berichte Nr. 54, Jan. 1986.

An anderer Stelle weist Gatzweiler aber auch darauf hin, daß die Indikatoren zielspezifisch, strategiefähig, entscheidungsorientiert und prognosefähig sein sollen. Gatzweiler, H.-P.: Laufende Raumbeobachtung. Stand und Entwicklungsperspektiven ... In: Informationen zur Raumentwicklung, Bonn (1984), H. 3/4, S. 285-310.

17) Leitlinien der Bundesregierung zur Umweltvorsorge. Bundestagsdrucksache 10/3146, insbesondere Kapitel B II und III: Handlungsprinzipien und Instrumente.

18) Vgl. Schriftenreihe des Instituts für Landes- und Stadtentwicklungsforschung des Landes Nordrhein-Westfalen, Materialien, Band 4.032, Dortmund 1983.

19) Vgl. 1. BImSchVwV (TA-Luft).

20) S. Wurm, S.: Informationen zum Stand der gebietsbezogenen Luftreinhalteplanung der Bundesländer, in: IzR Heft 11/12, 1985.

21) Umweltbundesamt Berlin: Daten zur Umwelt 1986/87, S. 228.

22) In Kernstädten ist gegenüber ländlich geprägten Regionen z.B. ein 2,5fach höheres SO_2-Emissionsaufkommen je Einwohner errechnet worden. Vgl. Schmitz, Stefan: Schadstoffemissionen privater Haushalte, IzR 11/12 1985, S. 115-120.

23) Bundesministerium für Ernährung, Landwirtschaft und Forsten: Waldschadenserhebung 1986.

24) Nach dem BImSchG ist die Aufstellung von Luftreinhalteplänen nur in ausgewiesenen Belastungsgebieten vorgesehen. Vgl. Anm. 18).

25) Der IAWR-Index berücksichtigt folgende Parameter: DOC = gelöster organisch gebundener Kohlenstoff NH_4 = Ammonium, O_2 = Sauerstoffdefizit, NS =

Neutralsalze Chlorid, Sulfat und Nitrat, DOCl = gelöstes organisch gebundenes Chlor. Vgl. Sontheimer et al.: Die Rheinwasserqualität. In: Bericht über die 7. Arbeitstagung der Internationalen Arbeitsgemeinschaft der Wasserwerke im Rheineinzugsgebiet, Amsterdam, 1976.

26) IAWR - Rhein-Memorandum 1986, Amsterdam, 1986.

27) Bossel, Grommelt, Oeser: Wasser. fischer alternativ, Magazin Brennpunkte, Bd. 24.

28) Auf den natürlichen Wasserkreislauf orientierte Standards der Wassernutzung erfordern eine auf Wassereinzugsgebiete bezogene Datenbasis. Diese liegt derzeit - zumindest bundesweit - nicht in ausreichender Regionalisierung vor. Hilfsweise werden daher Indikatoren und Standards auf der Basis von administrativen Raumeinheiten gewählt.

29) Programmatische Schwerpunkte der Raumordnung. Schriftenreihe des BMBau Nr. 06.057, insbesondere Kap. III/1 Umweltvorsorge.

30) Entschließung der MKRO "Schutz und Sicherung des Wassers" vom 21. März 1985.

31) Aber nicht in allen Teilregionen ist aus ökologischen Gründen ein vollständiger Anschluß sinnvoll und aus ökonomischen Gründen nicht immer realisierbar. Gering verschmutzte Haushaltsabwässer können durchaus mit Kleinkläranlagen oder Abwasserteichen angemessen gereinigt werden. Insbesondere ländliche Regionen mit disperser Siedlungsstruktur und geringen industriellen Abwassereinleitungen werden i.d.R. einen niedrigeren Abschlußgrad erfordern. Eine vollständige abwassertechnische Erschließung mit zentralen Anlagen kann sogar Nachteile für einen ausgeglichenen Wasserhaushalt mit sich bringen, da erhebliche Niederschlagsmengen mit abgeführt werden, Hoch- und Niedrigwasserführungen sich verschärfen und die Grundwasserneubildung verringert wird.

32) Empfehlung des Beirats für Raumordnung vom 16.6.1976: Die Gültigkeit der Ziele des Raumordnungsgesetzes und des Bundesraumordnungsprogramms unter sich ändernden Entwicklungsbedingungen. Hrsg.: Der Bundesminister für Raumordnung, Bauwesen und Steädtebau, Bonn, 1876.

33) Empfehlung des Beirats für Raumordnung vom 16.6.1976: Gesellschaftliche Indikatoren für die Raumordnung. Bundesminister für Raumordnung, Bauwesen und Städtebau, Bonn 1976.

Anlage 1: Grenzwerte der TA-Luft

1. Immissionswerte zum Schutz vor Gesundheitsgefahren

Zum Schutz vor Gesundheitsgefahren werden folgende Immissionswerte festgelegt:

Schadstoff	IW 1	IW 2	
Schwebstaub (ohne Berücksichtigung der Staubinhaltsstoffe)	0,15	0,30	mg/m^3
Blei und anorganische Bleiverbindungen als Bestandteile des Schwebstaubs - angegeben als Pb -	2,0	-	$\mu g/m^3$
Cadmium und anorganische Cadmiumverbindungen als Bestandteile des Schwebstaubs - angegeben als Cd -	0,04	-	$\mu g/m^3$
Chlor	0,10	0,30	mg/m^3
Chlorwasserstoff - angegeben als Cl -	0,10	0,20*)	mg/m^3
Kohlenmonoxid	10	30	mg/m^3
Schwefeldioxid	0,14	0,40	mg/m^3
Stickstoffdioxid	0,08	0,20	mg/m^3

*) Solange Chlorwasserstoff nicht einwandfrei getrennt von Chloriden gemessen werden kann, gilt für IW 2 0,30 mg/m^3.

2. Immissionswerte zum Schutz vor erheblichen Nachteilen und Belästigungen

Zum Schutz vor erheblichen Nachteilen oder erheblichen Belästigungen werden folgende Immissionswerte festgelegt:

Schadstoff	IW 1	IW 2	
Staubniederschlag (nicht gefährdende Stäube)	0,35	0,65	$g/(m^2d)$
Blei und anorganische Bleiverbindungen als Bestandteile des Staubniederschlags - angegeben als Pb -	0,25	-	$mg/(m^2d)$
Cadmium und anorganische Cadmiumverbindungen als Bestandteile des Staubniederschlags - angegegeben als Cd -	5	-	$\mu g/(m^2d)$
Thallium und anorganische Thalliumverbindungen als Bestandteile des Staubniederschlags - angegeben als TI -	10	-	$\mu g/(m^2d)$
Fluorwasserstoff und anorganische gasförmige Fluorverbindungen - angegeben als F -	1,0	3,0	$\mu g/m^3$

Quelle: 1. BlmSchVwV (TALuft).

Anlage 2: Richtwerte zur Luftreinhaltung des VDI

Zum Schutz vor Gesundheitsgefährdungen werden in der Richtlinie VDI 2310 Blatt 1 vom September 1974, Blatt 11 vom August 1984, Blatt 12 vom Juni 1985 und Blatt 15, Entwurf vom März 1986, folgende maximale Immissions-Werte angegeben:

	Richtlinie VDI 2310 Blatt 1					
Gasförmige Komponeten	1/2-h-Wert		24-h-Wert		Jahreswert	
	mg/m^3	ppm	mg/m^3	ppm	mg/m^3	ppm
Schwefeldioxid, Blatt 11	1	0,4	0,3	0,1		
Kohlenmonoxid, Blatt 1	50	43,0	10,0	8,6	10,0	8,6
Stickstoffmonoxid, Blatt 1	1,0	0,8	0,5	0,4		
Stickstoffdioxid, Blatt 12	0,2	0,11	0,1	0,05		
Fluorwasserstoff, Blatt 1	0,2	0,2	0,1	0,1	0,05	0,06
Ozon, Blatt 15 E	0,120	0,060				
Feststoffe						
Schwebstaub, Blatt 1	0,45		0,30		0,15	
Blei, Blatt 1			0,003		0,0015	
Cadium, Blatt 1			0,00005			

Zum Schutz der Vegetation sind in den Richtlinien VDI 2310 Entwurf Blatt 2, Blatt 3 und Blatt 5 folgende maximale Immissions-Werte angegeben:

		Richtlinien VDI Blatt 2, 3, 5 Entwurf									
Empfindlichkeit	Komponenten	97,5-Perzentil		Mittelwert über Vegationsperiode (7 Monate)		Mittelwert über Monat		24-h-Wert		1/2-h-Wert	
		mg/m^3	ppm	mg/m^3	ppm	mg/m^3	ppm	mg/m^3	ppm	mg/m^3	ppm
sehr empfindlich	Schwefeldioxid	0,25	0,09	0,05	0,02						
	Fluorwasserstoff			0,0003	0,0004	0,0004	0,0005	0,002	0,002		
	Stickstoffdioxid										
empfindlich	SO_2	0,40	0,15	0,08	0,03						
	HF			0,0005	0,0006	0,0008	0,0010	0,003	0,004		
	NO_2			0,35	0,18					6	3
weniger empfindlich	SO_2	0,60	0,23	0,12	0,05						
	HF			0,0014	0,0017	0,002	0,002	0,004	0,005		
	NO_2										

Quelle: Lufthygienischer Jahresbericht des Bayr. Landesamtes für Umweltschutz, Schriftenreihe, H. 70.

Anlage 3: JAWR-Richtwerte für Wasserinhaltsstoffe im Rhein

		A	B
1. Grenzwerte für allgemeine Meßdaten			
Sauerstoffdefizit	%	20	40
Elektrische Leitfähigkeit bei 20 °C	mS/m	70	100
Färbung	mg/l PT	10	35
2. Grenzwerte für anorganische Wasserinhaltsstoffe*)			
Clorid	mg/l Cl^-	100	150
Sulfat	mg/l SO_4^{2-}	100	150
Nitrat	mg/l NO_3^-	25	25
	(mg/l N	5,6	5,6)
Ammonium	mg/l NH_4^+	0,2	1,5
	(mg/l N	0,16	1,2)
Natrium	mg/l	60	90
Fluorid	mg/l	1	1
Cyanid	mg/l	0,01	0,05
Bor	mg/l	1,0	1,0
Arsen	µg/l	10	50
Barium	µg/l	100	1000
Beryllium	µg/l	0,1	0,2
Blei	µg/l	30	50
Cadmium	µg/l	1	5
Chrom	µg/l	30	50
Kupfer	µg/l	30	50
Nickel	µg/l	30	50
Quecksilber	µg/l	0,5	1
Selen	µg/l	10	10
Zink	µg/l	500	1000
3. Grenzwerte für Summen- und Gruppenparameter bei den organischen Wasserinhaltsstoffen			
Gelöster organischer Kohlenstoff	mg/l C	4	8
Chemischer Sauerstoffbedarf (gelöst)	mg/l O_2	10	20
Kohlenwasserstoff (insgesamt)	mg/l	0,1	0,2
Anionaktive Detergentien (insgesamt)	mg/l TBS	0,1	0,3
Polycyclische Aromatische Kohlenwasserstoffe (gelöst)	µg/l	0,1	0,2
Adsorbierbare organische Halogenverbindungen (AOX, gelöst)	µg/l Cl	50	100
4. Grenzwerte für gelöste organische Einzelstoffe pro Substanz			
Organochlorpestizide	µg/l	0,1	0,5
Organische Halogenverbindungen (ohne Dichlormethane)	µg/l	1	5
Aromatische Amine	µg/l	1	5
Phenole	µg/l	1	5

*) Ohne absetzbare Stoffe (Absetzzeit 2 Stunden).
Quelle: JAWR-Rhein-Memorandum 1986, Amsterdam 1986.

Anlage 4: Richtwerte für Wasserinhaltsstoffe in Oberflächengewässern

Richt-, Grenz- und Standardwerte für anorganische und organische Wasserinhaltsstoffe und für allgemeine Meßdaten von Oberflächengewässern, die zur Trinkwasser-Gewinnung verwendet werden.

	IAWR		DVGW		EG-Richtlinien					
	A	B	A	B	A1		A2		A3	
					I	G	I	G	I	G
Allgemeine Meßdaten										
Temperatur (°C)					25	22	25	22	25	22
Sauerstoffdefizit (%)	20	40	20	40		<30		<50		<70
Elektrische Leitfähigkeit (mS/m)	70	100	50	100		100		100		100
Farbe (mg Pt/l)	5	35	5	50	20	10	100	50	200	50
Geruchsbelastung (Schwellenwert)	10	100	5	50		3		10		20
Geschmacksbelastung (Schwellenwert)	5	35	5	50						
Anorganische Wasserinhaltsstoffe										
pH						6,5–8,5		5,5–9,0		5,5–9,0
Gesamtgehalt an gelösten Stoffen (mg/l)	500	800	400	800						
Gesamtgehalt an suspendierten Stoffen (mg MES/l)						25				
Chlorid (mg/l)	100	200	100	200		200		200		200
Sulfat (mg/l)	100	150	100	150	250	150	250	150	250	150
Nitrat (mg/l)	25	25	25	50	50	25	50		50	
Ammonium (mg/l)	0,2	1,5	0,2	1,5		0,05	1,5	1,0	4,0	2,0
Gesamt-Eisen (mg/l)	1,0	5,0								
gelöstes Eisen (mg/l)	0,1	1,0	0,1	1,0	0,3	0,1	2,0	1,0		1,0
Gesamt-Fluorid (mg/l)	1,0	1,0	1,0	1,0	1,5	0,7/1,0		0,7/1,7		0,7/1,7
Gesamt-Arsen (mg/l)	0,01	0,05	0,01	0,01	0,05	0,01	0,05		0,1	0,05
Gesamt-Blei (mg/l)	0,03	0,05	0,01	0,05	0,05		0,05		0,05	
Gesamt-Chrom (mg/l)	0,03	0,05	0,03	0,05	0,05		0,05		0,05	
Gesamt-Cadmium (mg/l)	0,005	0,01	0,005	0,005	0,005	0,001	0,005	0,001	0,005	0,001
Gesamt-Kupfer (mg/l)	0,03	0,05	0,03	0,05	0,05	0,02		0,05		1,0
Gesamt-Quecksilber (mg/l)	0,0005	0,001	0,0005	0,001	0,001	0,0005	0,001	0,0005	0,001	0,0005
Gesamt-Zink (mg/l)	0,5	1,0	0,5	1,0	3	0,5	5,0	1,0	5,0	1,0
Selen (mg/l)	0,01	0,01			0,01		0,01		0,01	
gelöstes Mangan (mg/l)	0,05	0,5								
Gesamt-Mangan (mg/l)						0,05		0,1		1,0
Bor (mg/l)	1,0	1,0				1,0		1,0		1,0
Barium (mg/l)	1,0	1,0			0,1		1,0		1,0	
Zyanide (mg/l)	0,01	0,05			0,05		0,05		0,05	
Phosphate (mg P_2O_5/l)						0,4		0,7		0,7
Beryllium (mg/l)	0,0001	0,0002								
Kobalt (mg/l)	0,05	0,05								
Nickel (mg/l)	0,03	0,05								
Organische Wasserinhaltsstoffe										
suspendierte organische Stoffe (mg/l)	5	25								
gelöster organischer Kohlenstoff (mg/l)	4	8	4	8						
chemischer Sauerstoffbedarf (mg/l)	10	20	10	20						30
biochemischer Sauerstoffbedarf (mg/l)						<3		<5		<7
Kohlenwasserstoffe (mg/l)	0,05	0,2	0,05	0,2	0,05		0,2		1,0	0,5
Detergentien (mg TSB/l)	0,1	0,3								
grenzflächenaktive Stoffe (mg Laurylsulfat/l)						0,2		0,2		0,5
wasserdampfflüchtige Phenole (mg/l)	0,005	0,01			0,001		0,005	0,001	0,1	0,01
organisches Gesamtchlor (mg/l)	0,05	0,1								
lipophile organische Chlorverbindungen (mg Cl/l)	0,01	0,02								
Gesamt-Organochlorpestizide (mg Cl/l)	0,005	0,01								
einzelne Organochlorpestizide (mg Cl/l)	0,003	0,005								
Gesamtpestizide (mg/l)					0,001		0,0025		0,005	
cholinesterasehemmende Stoffe (als Parathionäquivalent) (mg/l)	0,03	0,05								
polyzyklische Aromate (mg/l)	0,0002	0,0003			0,0002		0,0002		0,001	
chloroformextrahierbare Stoffe (mg SEC/l)						0,1		0,2		0,5
Kjeldahl-Stickstoff (mg N/l)						1		2		3

IAWR: A: Grenzwerte bei Anwendung natürlicher Reinigungsverfahren, B: Grenzwerte bei Anwendung weitergehender Wasseraufbereitung.; Internationale Arbeitsgemeinschaft der Wasserwerke im Rheineinzugsgebiet (Hrsg.): Rheinwasserverschmutzung und Trinkwassergewinnung, Amsterdam 1973

DVGW: A, B: Grenzwerte gemäß unterschiedlicher Aufbereitungsverfahren: Deutscher Verein des Gas- und Wasserfaches (Hrsg.): Arbeitsblatt Nr. 151 (1975)
EG-Richtlinie: A1, A2, A3: Werte entsprechend verschiedenen Aufbereitungsverfahren, I: imperativer (zwingender) Wert, G: guide- (Leit-)Wert; Richtlinie des Rates vom 16.6.1975 über die Qualitätsanforderungen an Oberflächenwasser für die Trinkwassergewinnung in den Mitgliedsstaaten, Amtsblatt der Europäischen Gemeinschaften, Nr. L 194: 34–39 (1975)

Quelle: Grommelt, in Wasser, fischer alternativ, Magazin Brennpunkte Bd. 24, Frankfurt 1982.

Karte 1: Schwefeldioxidimmissionen 1979 - 1984

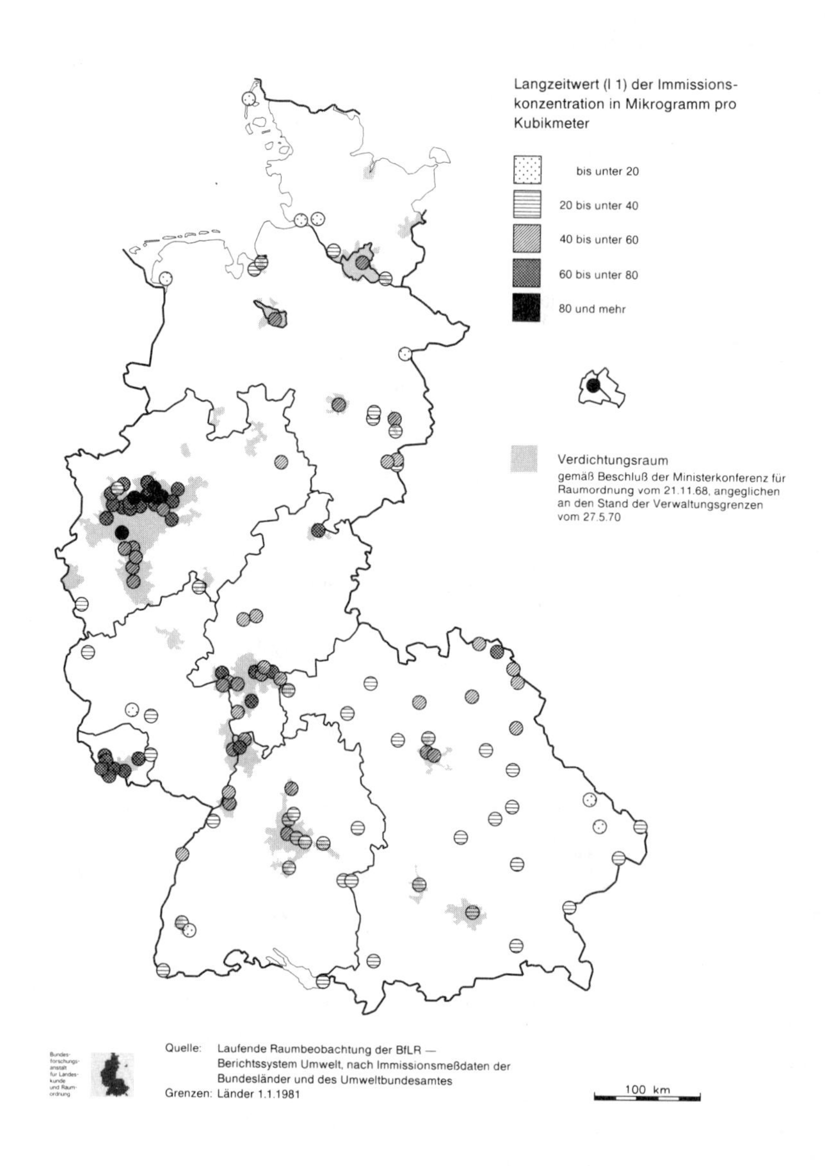

Karte 2: Belastungsgebiete - Stand: 1.1.1986 (ausgewiesen nach dem Bundes-immisssionsschutzgesetz

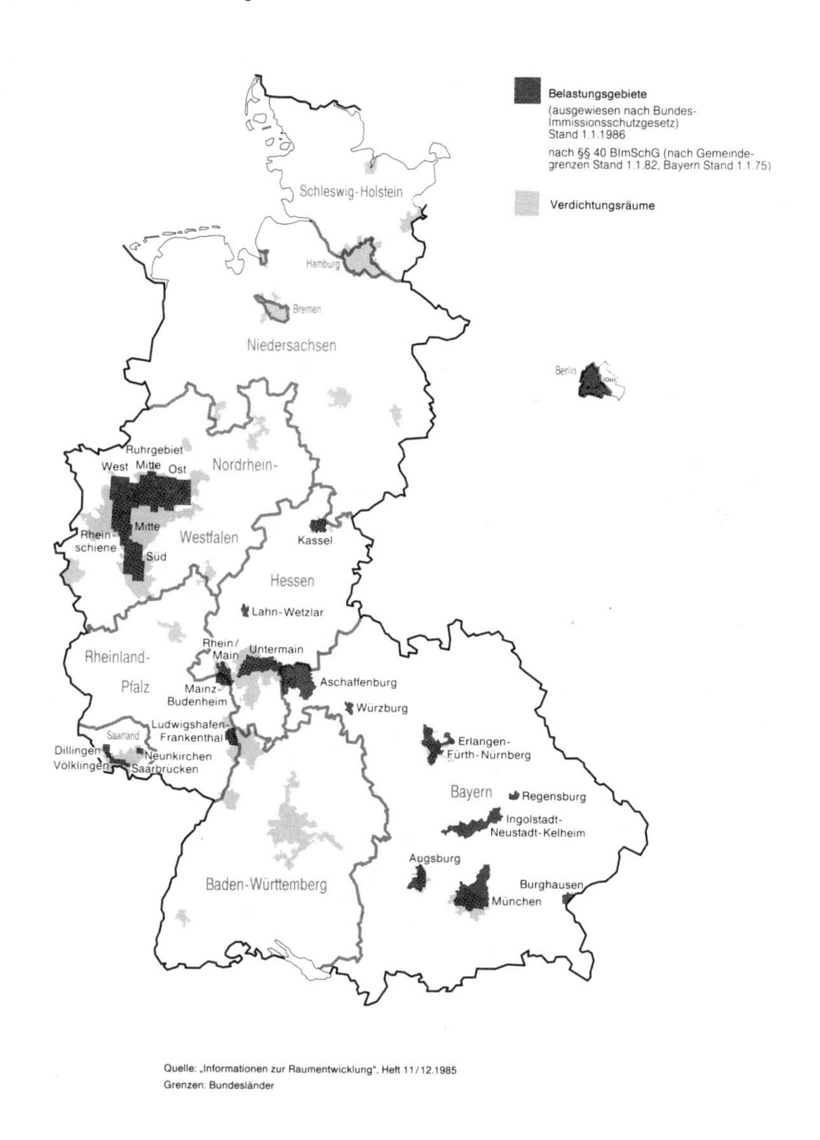

Quelle: „Informationen zur Raumentwicklung", Heft 11/12.1985
Grenzen: Bundesländer

Karte 3: "Smog-Gebiete" - Stand: 1.1.1986 (ausgewiesen nach dem Bundes-
immissionsschutzgesetz

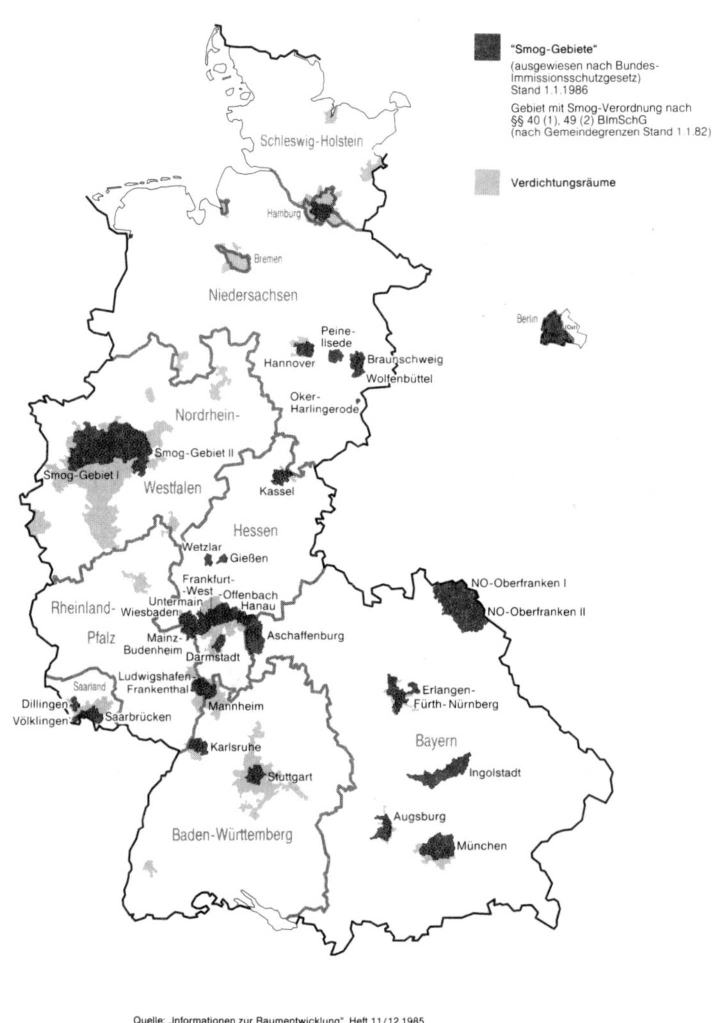

Quelle: „Informationen zur Raumentwicklung", Heft 11/12.1985
Grenzen: Bundesländer

Karte 4: Schwefeldioxidemissionen öffentlicher Kraftwerke 1980 - 1983

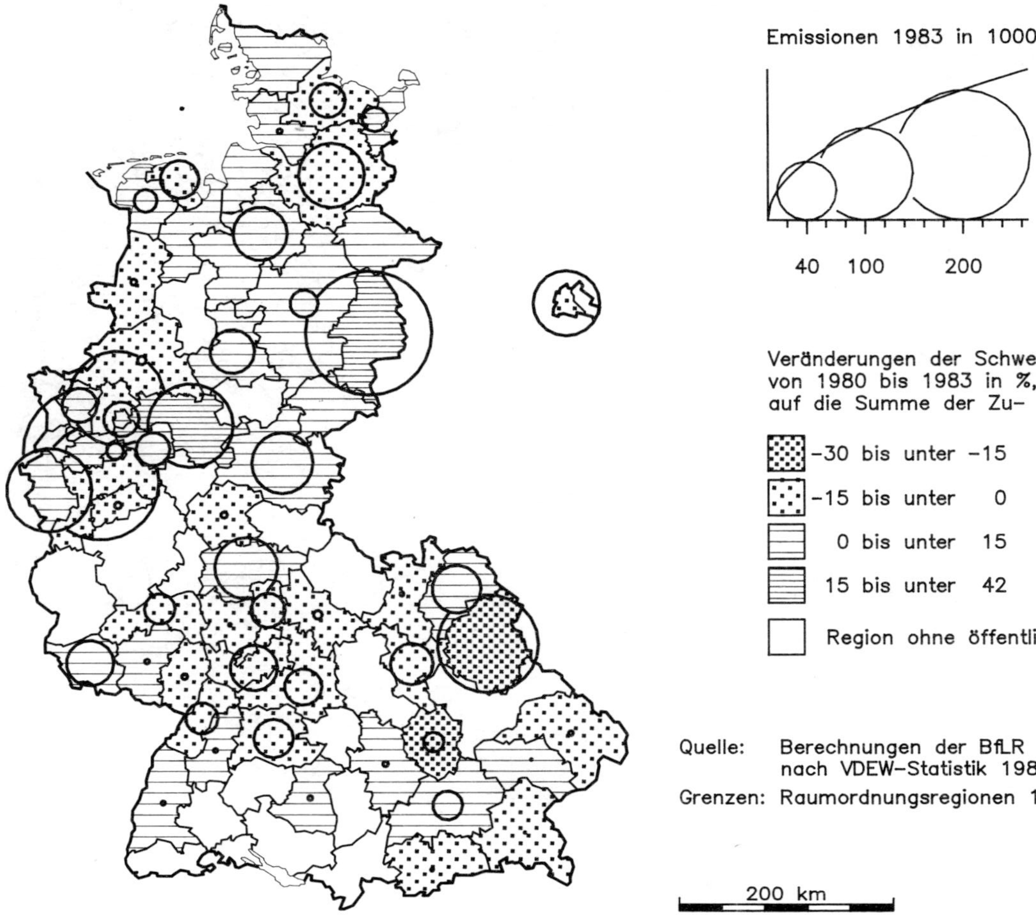

Emissionen 1983 in 1000 Tonnen

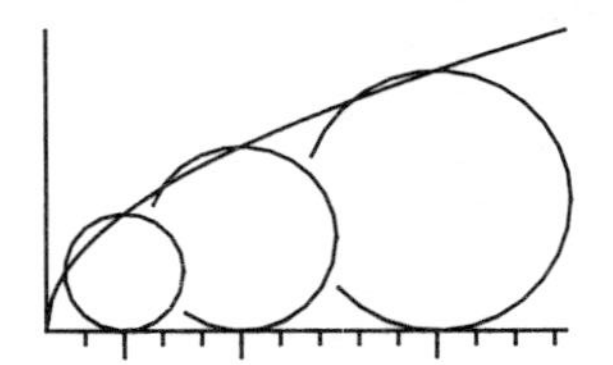

Veränderungen der Schwefeldioxidemissionen von 1980 bis 1983 in %, jeweils bezogen auf die Summe der Zu- bzw. Abnahmen

- -30 bis unter -15
- -15 bis unter 0
- 0 bis unter 15
- 15 bis unter 42
- Region ohne öffentliche Kraftwerke

Quelle: Berechnungen der BfLR nach VDEW-Statistik 1980/1983

Grenzen: Raumordnungsregionen 1980

Karte 5: Schwefeldioxidemissionen der Haushalte und Kleinverbraucher 1980

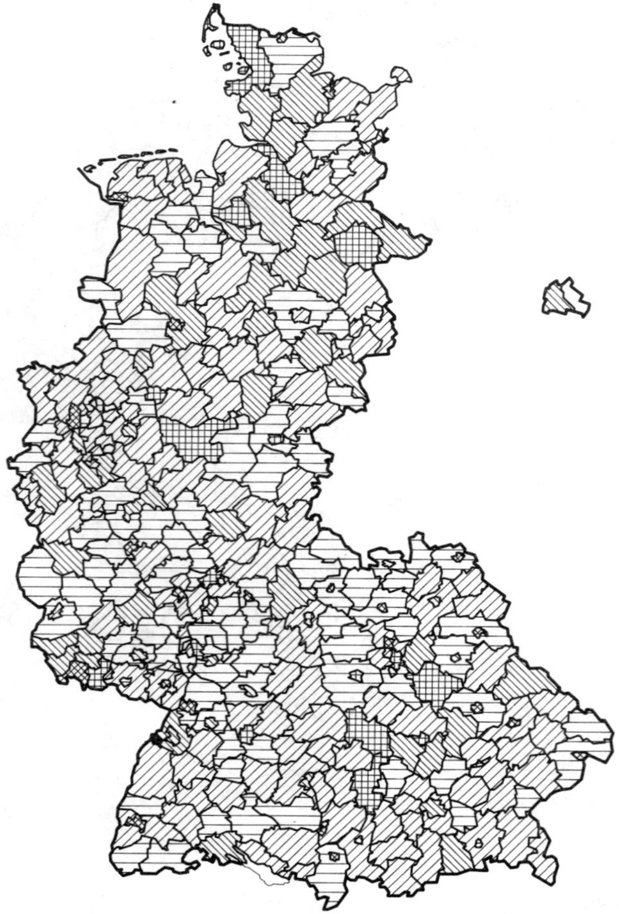

Schwefeldioxidemissionen in kg je Einwohner

- bis unter 4
- 4 bis unter 6
- 6 bis unter 8
- 8 bis unter 10
- 10 und mehr

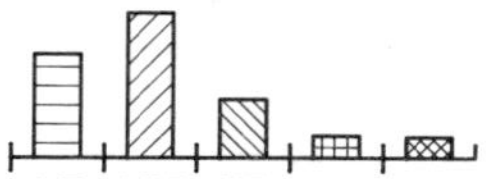

97 135 55 21 20

Klassenhäufigkeiten

Quelle: Umweltbundesamt, Überregionales fortschreibbares Kataster der Emissionsursachen und Emissionen für SO2 und NOx (EMUKAT) 1980

Grenzen: Kreise 1.1.1981

200 km

Karte 6: Verursacherspezifische Schwefeldioxidemissionen privater Haushalte 1982

Emissionen in Tonnen

400 4000 8000

feste Brennstoffe

flüssige Brennstoffe

Emissionen gasförmiger Brennstoffe wegen zu geringer Mengen nicht darstellbar

Quelle: Schätzung der BfLR

Grenzen: Raumordnungsregionen 1980

200 km

Karte 7: Liefer- und Verbrauchsgebiete der öffentlichen Wasserversorgung 1979

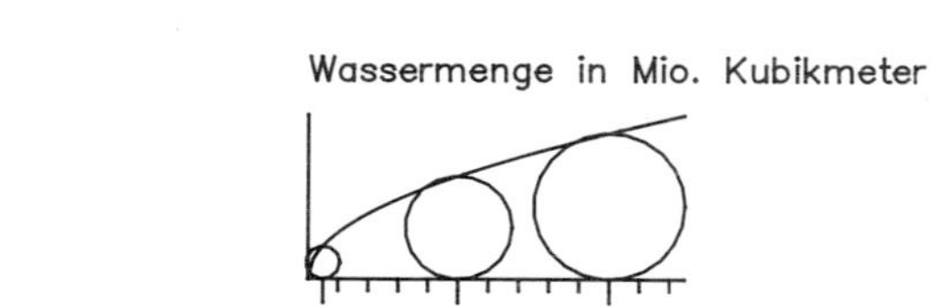

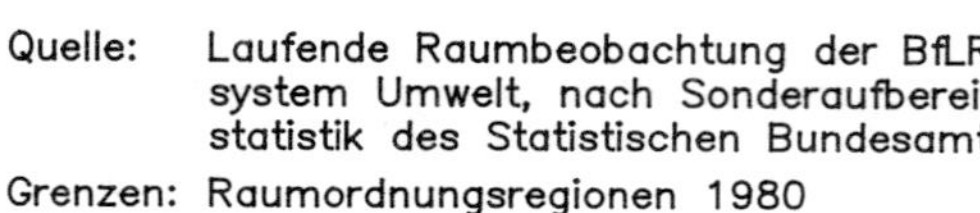

Quelle: Laufende Raumbeobachtung der BfLR, Berichtsystem Umwelt, nach Sonderaufbereitung Umweltstatistik des Statistischen Bundesamtes Wiesbaden

Grenzen: Raumordnungsregionen 1980

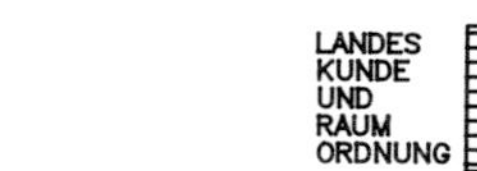

Karte 8: Selbstversorgungsgrad der öffentlichen Wasserversorgung 1979

Anteil der Wassergewinnung (abzüglich 10% Verluste und Eigenverbrauch) an der Wasserabgabe an Letztverbraucher in %

bis unter 50

50 bis unter 100

100 bis unter 150

150 bis unter 200

200 und mehr

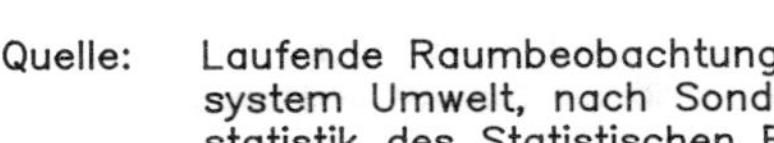

Quelle: Laufende Raumbeobachtung der BfLR, Berichtsystem Umwelt, nach Sonderaufbereitung Umweltstatistik des Statistischen Bundesamtes Wiesbaden

Grenzen: Kreise 1.1.1981

200 km

Karte 9: Wasserverbrauch der Wohnbevölkerung 1979

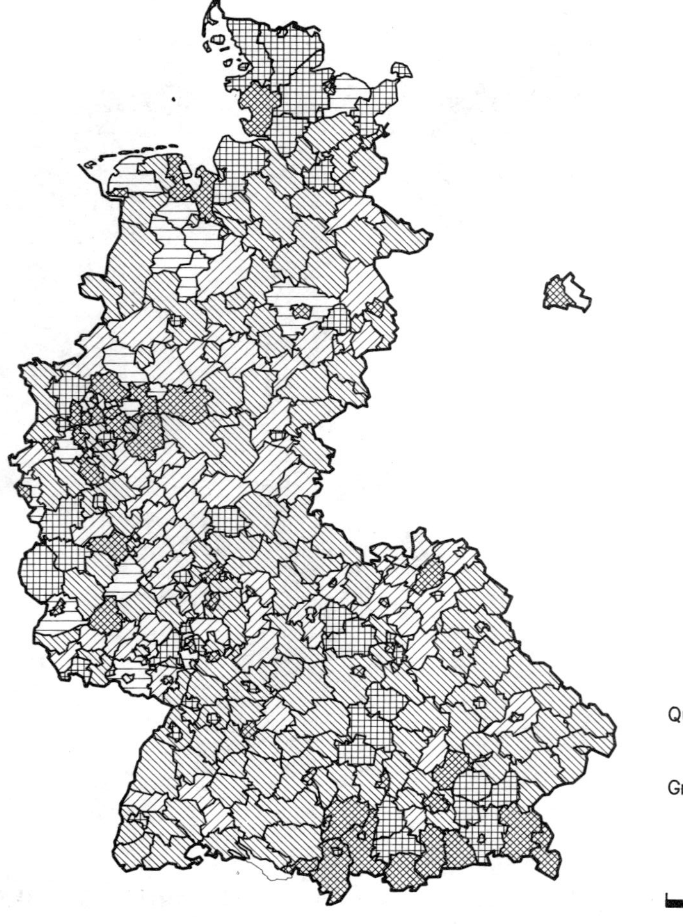

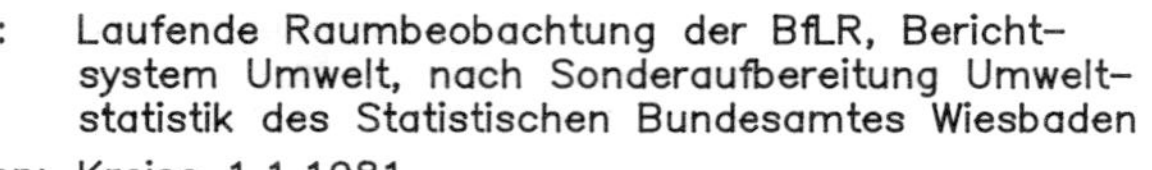

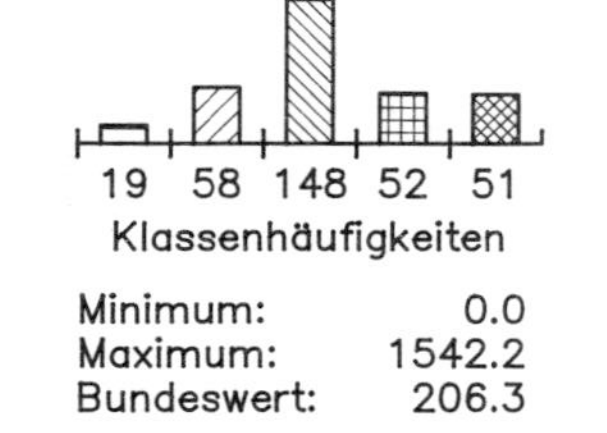

Minimum: 0.0
Maximum: 1542.2
Bundeswert: 206.3

Quelle: Laufende Raumbeobachtung der BfLR, Berichtsystem Umwelt, nach Sonderaufbereitung Umweltstatistik des Statistischen Bundesamtes Wiesbaden

Grenzen: Kreise 1.1.1981

200 km

Karte 10: Öffentliche Wasserversorgung 1983

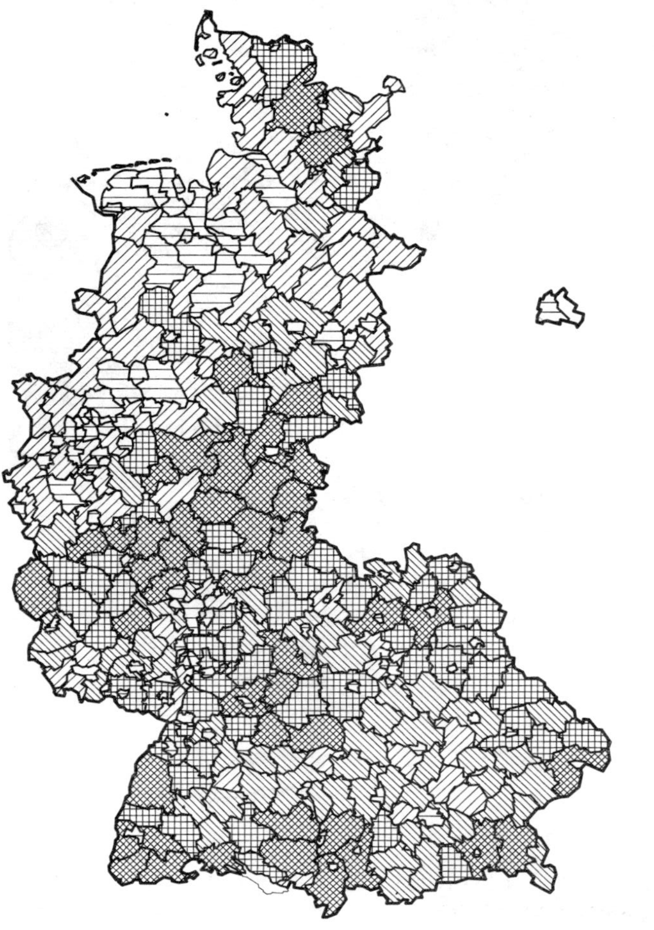

Wassergewinnungsanlagen je Kreis

bis unter 10
10 bis unter 30
30 bis unter 60
60 bis unter 90
90 und mehr

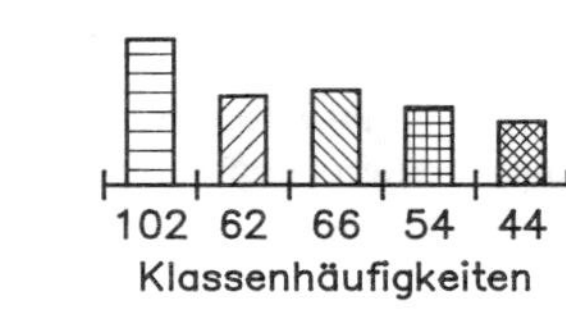

Minimum: 0
Maximum: 221
Bundessumme: 13505

Quelle: Laufende Raumbeobachtung der BfLR, Berichtsystem Umwelt, nach Sonderaufbereitung Umweltstatistik des Statistischen Bundesamtes Wiesbaden

Grenzen: Kreise 1.1.1981

200 km

Karte 11: Wohnbevölkerung mit Anschluß an öffentliche Abwasserbeseitigungsanlagen 1983

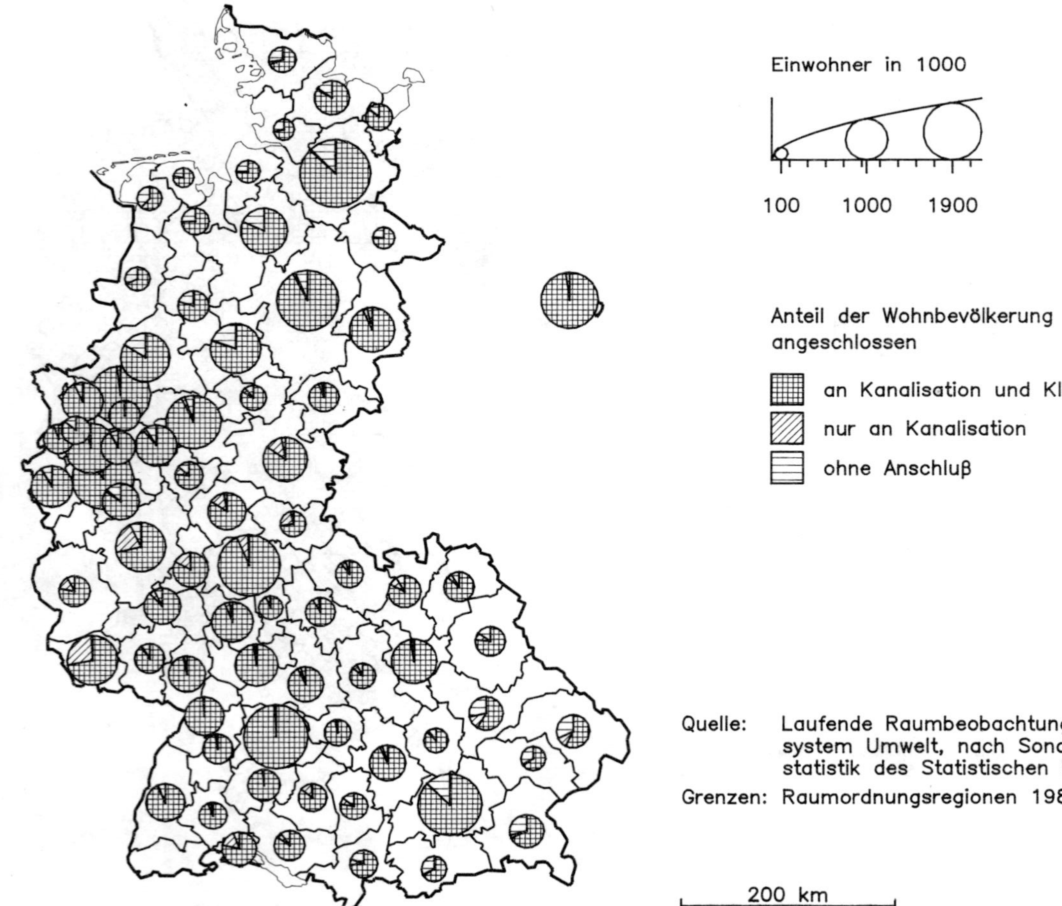

Einwohner in 1000

100 1000 1900

Anteil der Wohnbevölkerung angeschlossen

- an Kanalisation und Kläranlage
- nur an Kanalisation
- ohne Anschluß

Quelle: Laufende Raumbeobachtung der BfLR, Berichtsystem Umwelt, nach Sonderaufbereitung Umweltstatistik des Statistischen Bundesamtes Wiesbaden

Grenzen: Raumordnungsregionen 1980

200 km

Karte 12: Wohnbevölkerung mit Anschluß an öffentliche Kläranlagen 1983

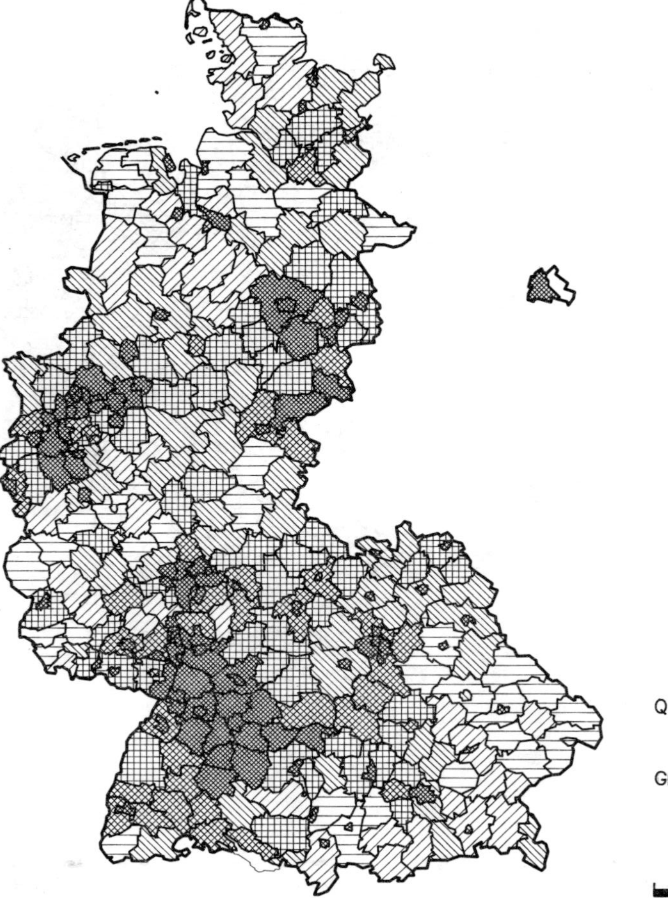

Anschlußgrad der Wohnbevölkerung an öffentliche Kläranlagen in %

- bis unter 60
- 60 bis unter 70
- 70 bis unter 80
- 80 bis unter 90
- 90 bis unter 95
- 95 und mehr

37 34 52 58 44 103

Klassenhäufigkeiten

Minimum:	21.4
Maximum:	100.0
Bundeswert:	86.5

Quelle: Laufende Raumbeobachtung der BfLR, Berichtsystem Umwelt, nach Sonderaufbereitung Umweltstatistik des Statistischen Bundesamtes Wiesbaden

Grenzen: Kreise 1.1.1981

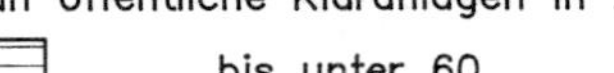

Karte 13: Wohnbevölkerung mit Kanal- und ohne Kläranlagenanschluß 1983

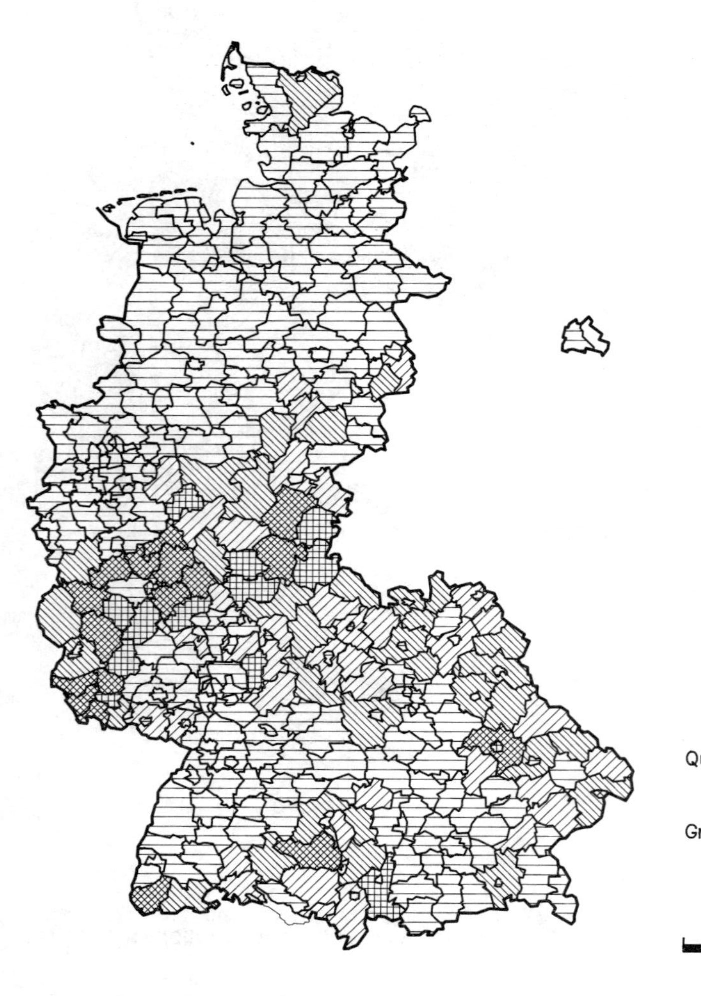

Anteil der an öffentliche Sammelkanalisation angeschlossenen Einwohner, der nicht an Kläranlagen angeschlossen ist in %

- 0 bis unter 5
- 5 bis unter 10
- 10 bis unter 20
- 20 bis unter 30
- 30 und mehr

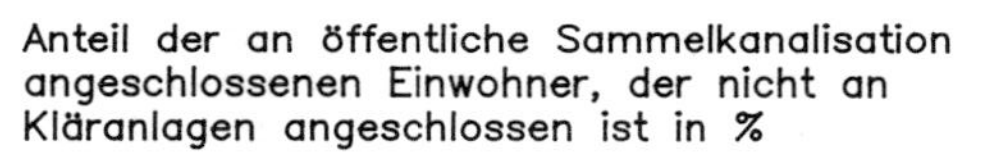

Minimum: 0.0
Maximum: 75.6
Bundeswert: 4.7

Quelle: Laufende Raumbeobachtung der BfLR, Berichtsystem Umwelt, nach Sonderaufbereitung Umweltstatistik des Statistischen Bundesamtes Wiesbaden

Grenzen: Kreise 1.1.1981

200 km

Karte 14: Art der Abwasserbehandlung in öffentlichen Kläranlagen 1983

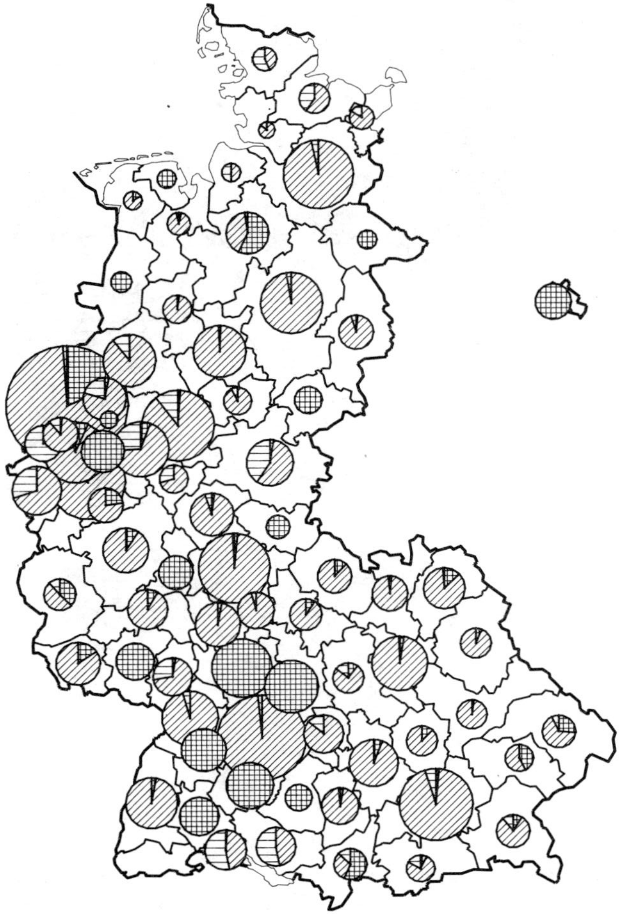

Behandelte Abwassermenge
in Mio. Kubikmeter

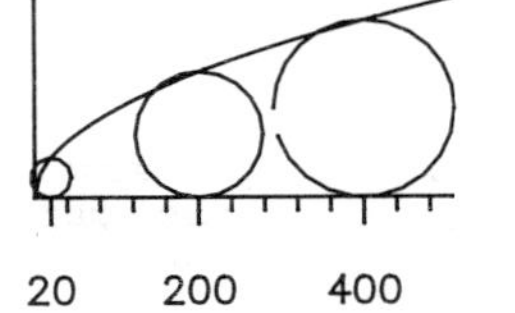

Art der Behandlung

- mechanisch behandeltes Abwasser
- biologisch behandeltes Abwasser o h n e weitergehende Behandlung
- biologisch behandeltes Abwasser m i t weitergehender Behandlung

Quelle: Laufende Raumbeobachtung der BfLR, Berichtsystem Umwelt, nach Sonderaufbereitung Umweltstatistik des Statistischen Bundesamtes Wiesbaden

Grenzen: Raumordnungsregionen 1980

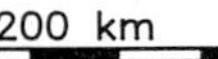

Karte 15: Biologisch und weitergehend behandeltes öffentliches Abwasser 1983

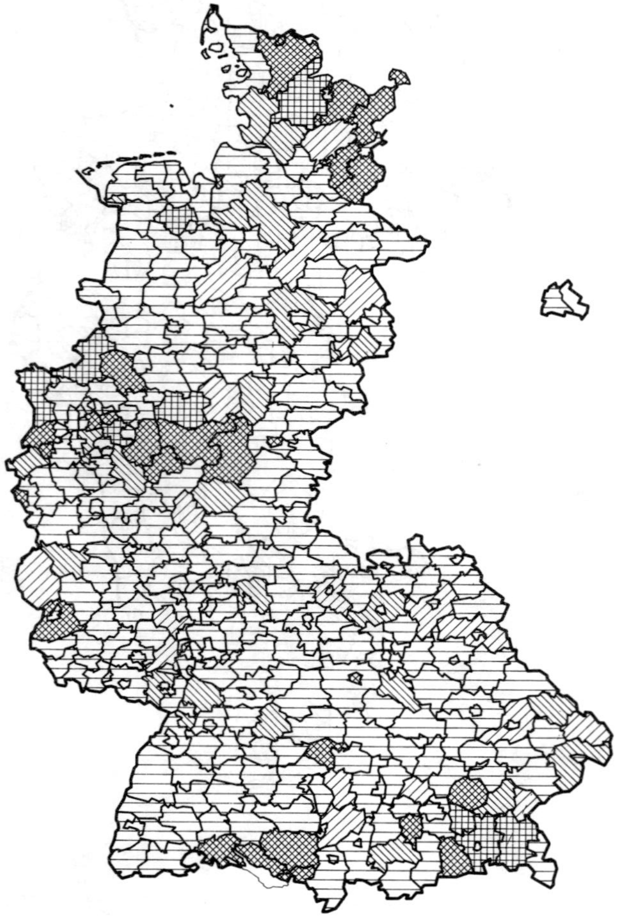

Anteil des biologisch und weitergehend behandelten Abwassers am gesamten in öffentlichen Kläranlagen behandelten Abwasser in %

bis unter 5

5 bis unter 10

10 bis unter 20

20 bis unter 30

30 und mehr

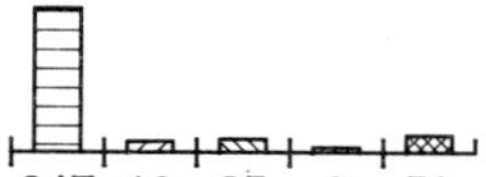

247 19 23 9 30

Klassenhäufigkeiten

Minimum: 0.0
Maximum: 100.0'
Bundeswert: 7.3

Quelle: Laufende Raumbeobachtung der BfLR, Berichtsystem Umwelt, nach Sonderaufbereitung Umweltstatistik des Statistischen Bundesamtes Wiesbaden

Grenzen: Kreise 1.1.1981

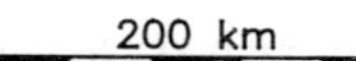

Karte 16: Indirekteinleitungen der Industrie in öffentliche Kanalisation

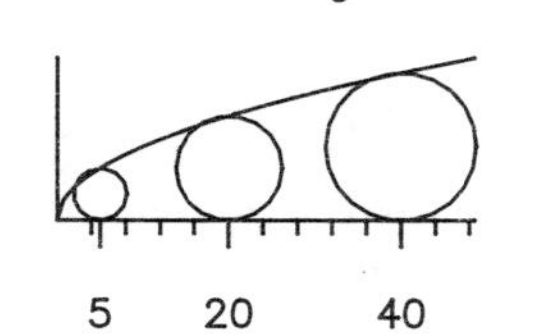

In öffentliche Kanalisation abgeleitete Abwassermenge in Mio. Kubikmeter

5 20 40

vorgereinigt

nicht vorgereinigt

Bayern: Stand 1981

Quelle: Laufende Raumbeobachtung der BfLR, Berichtsystem Umwelt, nach Sonderaufbereitung Umweltstatistik des Statistischen Bundesamtes Wiesbaden

Grenzen: Raumordnungsregionen 1980

Karte 17: Art der Abwasserbehandlung in der Industrie 1983

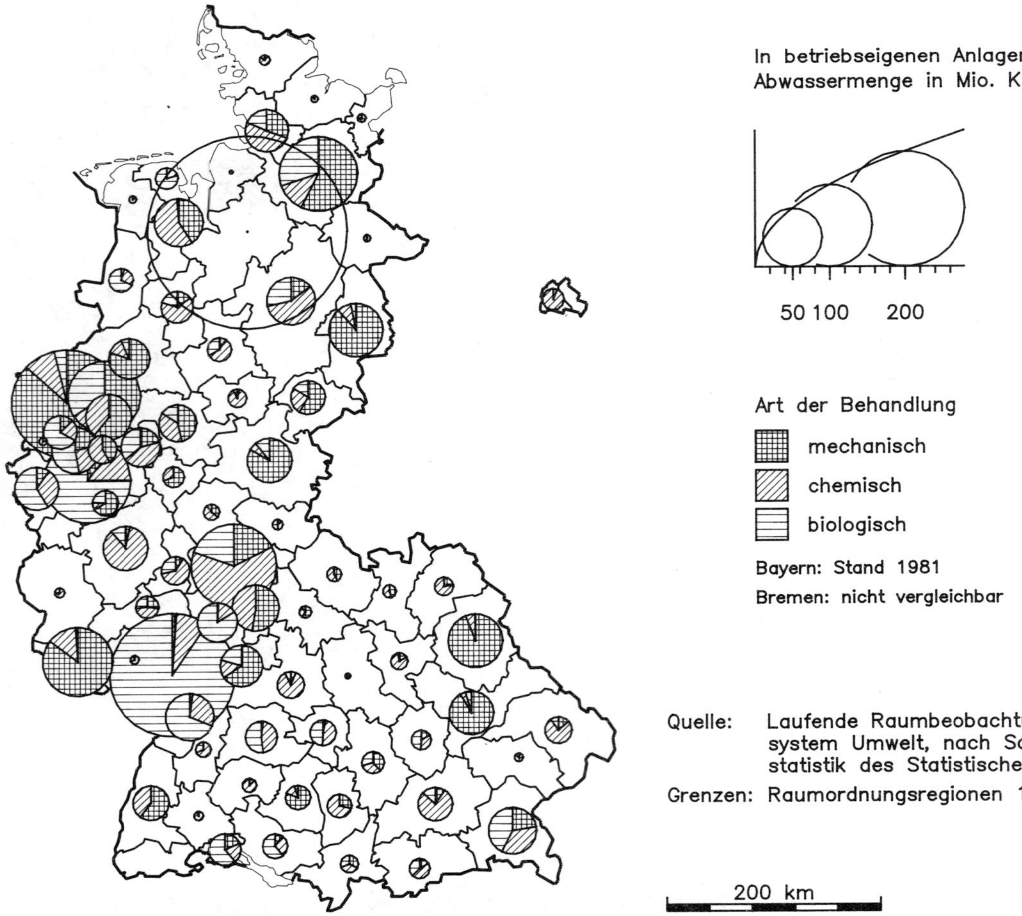

In betriebseigenen Anlagen behandelte Abwassermenge in Mio. Kubikmeter

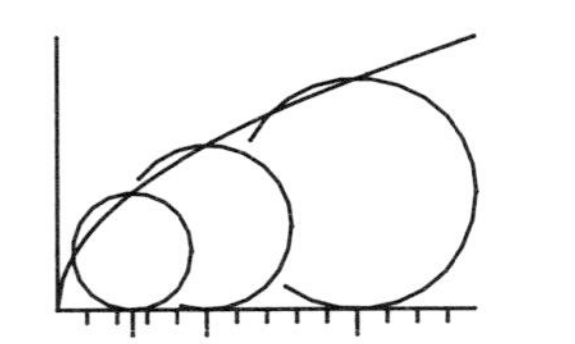

Art der Behandlung

mechanisch

chemisch

biologisch

Bayern: Stand 1981

Bremen: nicht vergleichbar

Quelle: Laufende Raumbeobachtung der BfLR, Berichtsystem Umwelt, nach Sonderaufbereitung Umweltstatistik des Statistischen Bundesamtes Wiesbaden

Grenzen: Raumordnungsregionen 1980

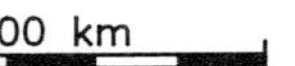

Anforderungen der Raumbeobachtung an aussagefähigen Daten und Indikatoren der Umweltqualität auf der Ebene der Regionalplanung

von

Dieter Michel, Düsseldorf

Gliederung

1. Stärkere Umweltorientierung der Raumbeobachtung

Bei der notwendigen Ergänzung der umweltbezogenen Ziele im Rahmen der Raumordnung kommt der Ebene der Regionalplanung eine Schlüsselstellung zu. Die in den Regional- bzw. Gebietsentwicklungsplänen dargestellten Ziele sind im Vergleich zu dem Gesamtrahmen der Landesentwicklungspläne räumlich und sachlich konkreter[1]. Dies kommt allein in dem kleinräumigeren Planmaßstab 1:50 000 zum Ausdruck. Darüber hinaus sind auch die textlichen Ziele und Erläuterungen der Gebietsentwicklungspläne stärker maßnahmenbezogen. Sie können beispielsweise bestimmte Auflagen hinsichtlich der gewerblichen Nutzung oder Prüfgebote, z.B. im Zusammenhang mit dem Bedarfsnachweis für einzelne Flächen, enthalten. Entsprechend differenzierter muß die Datenbasis zur Erarbeitung und Überprüfung der regionalplanerischen Ziele sein.

In Unterscheidung zu der auf die verschiedenen Umweltmedien ausgerichteten Umweltbeobachtung[2] sind die Anforderungen der Raumbeobachtung an aussagefähige Umweltdaten grundsätzlich wie folgt zu charakterisieren:

- Es werden möglichst kleinräumige Daten für alle raumbedeutsamen Umweltbereiche benötigt, d.h. von der Flächennutzung über die Bodenbelastung und Wasserverunreinigung bis hin zur Luftverschmutzung und Lärmbeeinträchtigung (Querschnnittsbezug).

- Wegen des gesetzlichen Auftrags an die Raumordnung und Landesplanung, räumliche Ziele jeweils für das gesamte Bundes- bzw. Landesgebiet festzulegen, sollten die Daten - wenn fachlich notwendig und vertretbar - soweit wie möglich flächendeckend zur Verfügung stehen.

- Weil in Landes- und Gebietsentwicklungsplänen Ziele für miteinander konkurrierende Raumnutzungen darzustellen sind (z.B. Gewerbe - contra Freiraum), muß - zumindet für wichtige Grunddaten - eine flächenbezogene Vergleichbarkeit der den einzelnen Zielbereichen zugrunde gelegten Ausgangsdaten gegeben sein (z.B. Beschäftigtenbesatz - Freiraum pro Einwohner).

- Da die zeitliche Dimension der regionalen Ziele der Raumordnung und Landesplanung mittel- bis langfristig angelegt ist, müssen auch die zu ihrer Bestimmung verwendeten Daten auf längerfristigen Zeit- bzw. Beobachtungsreihen basieren und möglichst Prognosedaten mit einbeziehen.

- Da Regionalpläne Instrumente politischen Handelns darstellen, muß versucht werden, nicht nur demographische, ökonomische, finanzwirtschaftliche und Infrastrukturdaten, sondern auch Umweltdaten - notfalls Ersatzindikatoren - für administrative Einheiten, insbesondere auf der Gemeinde- und Kreisebene, auszuweisen, um entsprechenden Handlungsbedarf aufzuzeigen und auszulösen.

- So zutreffend die Aussage ist, daß wir "bis heute kein flächendeckendes und anerkanntes System der Beschreibung ökologischer Potentiale" haben[3], darf eine wesentliche Funktion der Raumbeobachtung, nämlich die eines Frühwarnsystems, nicht aus dem Auge verloren werden. Das bedeutet in erster Linie Konzentration auf besonders sensible Datenbereiche und Darstellung ihrer Veränderungen im Zeitablauf.

Vor diesem generellen Anforderungsprofil muß die Datengrundlage im flächen- bzw. raumbezogenen Umweltbereich noch als ausgesprochen lückenhaft bezeichnet werden. Am Beispielraum des Kommunalverbandes Ruhrgebiet (Abgrenzung und einige ausgewählte Struktur- und Entwicklungsdaten vgl. Tab. 1) sollen im folgenden Beitrag unter Berücksichtigung der bereits vorhandenen Daten die regionalplanerischen Anforderungen im einzelnen, insbesondere in den Bereichen Flächennutzung, Bodenbelastung, Luftverschmutzung und Wasserverunreinigung, näher präzisisert werden. Eine zentrale Frage, die sich hierbei stellt, lautet: Wie müssen Daten der jeweiligen Fachplanung beschaffen sein, um mit ausreichendem Gewicht in den Zielfindungs- und Abwägungsprozeß der Regionalplanung Eingang zu finden?

Zum gegenwärtigen Stand lassen sich erst die grundsätzlichen Anforderungen formulieren, wobei das Schwergewicht bewußt auf die Beschreibung der Datenlage gelegt wurde. Die Thematik der Indikatoren wird in dem Beitrag von Schmidt/ Rembierz behandelt.

Wegen des weitgespannten Spektrums der umwelt- und raumbedeutsamen Datenbereiche steht zunächst eine Darlegung der in Frage kommenden Datenquellen, Statistiken, Kataster usw. im Vordergrund. Bei einer notwendigen Fortschreibung müssen die Datenanforderungen, verbunden mit Vorschlägen für geeignete Umweltindikatoren, genauer spezifiziert werden. Hierbei können dann Ergebnisse eines derzeit beginnenden Abstimmungsprozesses mit den Bezirksplanungsbehörden zur Erarbeitung raumbedeutsamer Umweltdaten für die Regionalplanung in Nordrhein-Westfalen berücksichtigt werden.

2. Qualifizierte Flächendaten als Ausgangsgrundlage der Landes- und Regionalplanung

2.1 Datensituation im Flächenbereich noch unvollkommen

Landes- und Gebietsentwicklungspläne enthalten im wesentlichen zeichnerische und textliche Ziele zur Steuerung der Siedlungs und Freiraumentwicklung. In den nordrhein-westfälischen Gebietsentwicklungsplänen sollen folgende Flächenbereiche dargestellt werden:

- Wohnsiedlungsbereiche:
  Bereiche mit hoher, mittlerer und niedriger Siedlungsdichte

- Gewerbe und Industrieansiedlungsbereiche:
  Bereiche für nicht oder nicht erheblich belästigende Betriebe, Bereiche für standortgebundene Anlagen, Gebiete für flächenintensive Großvorhaben

- Agrarbereiche

- Bereiche für die Wasserwirtschaft:
  Wasserflächen, Bereiche zum Schutz der Gewässer, Überschwemmungsbereiche

Tab. 1: Ausgewählte umweltbedeutsame Struktur- und Entwicklungsdaten für das KVR-Gebiet

Kreisfreie Stadt/ Kreis	Einwohner 1984 1000	Einwohner 1984 - 2000	Einwohner 2000 Einwohner/km² 1)	Besiedelte Fläche 1984 v.H. 2)	Besiedelte Fläche 1976 - 1984 %	Gewerbe- und Industriefläche 1980 v.H. 2)
Duisburg	523	- 351	1.895	56,1	4,4	12,5
Essen	626	- 413	2.563	61,4	6,5	7,5
Mülheim	173	- 253	1.645	48,9	4,8	6,3
Oberhausen	223	- 285	2.613	67,7	6,0	10,8
Bochum	385	- 384	2.263	64,0	5,7	8,5
Dortmund	580	- 254	1.815	54,7	7,9	8,1
Hagen	208	- 196	1.099	32,1	12,0	4,3
Hamm	167	- 47	690	29,0	13,6	3,0
Herne	173	- 453	2.918	72,3	3,1	10,6
Bottrop	112	- 108	1.009	36,5	12,3	4,7
Gelsenkirchen	288	- 455	2.292	72,5	9,0	12,6
Wesel	413	- 10	386	16,8	15,4	1,7
Ennepe-Ruhr	336	- 59	764	25,0	11,8	2,8
Unna	388	+ 24	740	25,8	20,4	2,6
Recklinghausen	622	- 44	774	27,6	13,4	3,1
KVR-Gebiet	5.216	- 118	1.059	33,8	10,5	4,5

1) Bevölkerungsvorausschätzung des LDS NRW. 2) Anteil an der Gesamtfläche, Daten der Stat. und Katasterämter. 3) Anteil an der Gesamtfläche, Daten der Flächennutzungskartierung 1980/1983 des KVR. 4) An der Gesamtfläche; 1981: Daten der Flächenerhebung/Vermessungsverwaltung, 1980: Daten der Flächennutzungskartierung/KVR. 5) Grünfläche = Ackerland, Gartenland, Grünland, Wiesen, Streuwiesen, Hutung, Wald, Holzung, Moor, Moos und Heide.

- Erholungsbereiche

- Bereiche für den Schutz der Natur und der Landschaft

- Bereiche für eine besondere Pflege und Entwicklung der Landschaft.

Darüber hinaus legen die Gebietsentwicklungspläne noch Bereiche für die oberirdische Gewinnung von Bodenschätzen, für Aufschüttungen sowie Standorte für besondere öffentliche Einrichtungen, z.B. Hochschulen, für Kraftwerke, ferner Verkehrslinien und Leitungsbänder fest.

Tab. 1 (Forts.)

Brachfläche	Verkehrsfläche		Grünfläche	Pkw-Dichte		Schwefeldioxid	
1980 v.H.[3)]	1981 v.H.[4)]	1980	1984 m^2/E[5)]	1986 Pkw/km^2[6)]	1978 - 1986	1984 mg/m^3[7)]	1974 - 1984
3,2	9,6	11,9	148	838	99	0,06	- 0,07
4,0	13,9	13,2	117	1.174	172	0,05	- 0,03
1,7	12,9	11,3	252	845	137	0,05	- 0,04
4,1	18,3	14,8	98	1.097	181	0,06	- 0,07
3,3	14,1	13,1	131	1.032	165	0,05	- 0,02
1,8	13,7	11,9	209	812	132	0,05	- 0,02
-	9,2	7,4	499	526	84	0,03	- 0,02
1,7	8,0	7,2	927	303	59	-	-
7,8	18,2	15,9	66	1.217	197	0,07	- 0,03
2,7	9,0	7,9	539	474	118	0,06	- 0,03
6,1	14,1	13,5	89	961	131	0,06	- 0,05
0,9	4,7	4,5	1.998	183	44	0,05	- 0,02
-	6,6	5,4	885	372	81	-	-
1,0	7,5	6,1	1.010	292	52	0,04	- 0,02
2,3	7,5	5,9	845	336	74	0,06	- 0,03
1,9[8)]	8,5	7,6	534	474	84	0,06[9)]	- 0,03

6) Pkw einschl. Kombinationskraftwagen; Quelle: Kraftfahrt-Bundesamt/LDB NRW. 7) Jahresmittelwerte; Quelle: Schriftenreihe der Landesanstalt für Immissionsschutz des Landes NRW, Heft 63/1985, S. 115. 8) KVR-Gebiet ohne kreisfreie Stadt Hagen und Ennepe-Ruhr-Kreis. 9) KVR-Gebiet ohne kreisfreie Stadt Hamm und Ennepe-Ruhr-Kreis.
Aus: Kommunalverband Ruhrgebiet (KVR), Städte- und Kreisstatistik Ruhrgebiet 1981 und 1985.

Tab. 2: Katasterfläche in NRW nach landesplanerischen Zonen 1978/1980/1984[1)]

Nutzungsarten	Nordrhein-Westfalen				Ballungskerne			
	1984 km²	1978	1980 v.H.	1984	1984 km²	1978	1980 v.H.	1984
Gebäude- und Freifläche	3.501	9,2	9,7	10,3	1.059	27,2	29,3	30,1
Betriebsfläche	365	0,9	0,9	1,1	92	2,1	2,2	2,6
Erholungsfläche	302	0,9	0,8	0,9	139	4,6	3,5	4,0
Verkehrsfläche	2.076	5,7	5,9	6,1	451	11,7	12,3	12,8
Landwirtschaftsfläche	18.574	56,3	55,7	54,5	1.129	35,2	34,2	32,1
Waldfläche	8.381	24,5	24,5	24,6	481	13,6	13,6	13,7
Wasserfläche	521	1,5	1,5	1,5	107	3,0	3,0	3,0
Flächen anderer Nutzung	347	1,0	1,0	1,0	63	2,2	2,0	1,8
Flächen insgesamt	34.067	100	100	100	3.521	100	100	100

1) Zonen nach dem Landesentwicklungsplan I/II vom 01.05.1979; Daten jeweils zum 31.12.

Die umwelt- und freiraumbezogenen überregionalen Zielvorgaben für die Gebietsentwicklungsplanung enthält in Nordrhein-Westfalen der Landesentwicklungsplan III "Umweltschutz durch Sicherung der natürlichen Lebensgrundlagen (Freiraum, Natur und Landschaft, Wald, Wasser, Erholung)". Dieser Plan wird z.Z. novelliert. Seine Umsetzung wird eine noch stärkere ökologische Ausrichtung der Regionalplanung in NRW nach sich ziehen[4)].

Aus der amtlichen Flächenstatistik stehen zur Erarbeitung und Überprüfung der regionalplanerischen Zielsetzungen nur unzureichende Daten zur Verfügung. Besonders gravierend wirkt sich dieser Mangel bei der Ausweisung von Wohnbauflächen und gewerblichen Bauflächen aus. Hier fehlt es - zumindest flächendeckend für das gesamte Land - an abgesicherten Ausgangs- und Vergleichszahlen. Landes- und Bezirksplanungsbehörden sind daher auf sekundär-statistisches Material der Gemeinden und auf hilfsweise ermittelte Schätzwerte angewiesen.

Nach einer solchen Schätzung lag das Flächenpotential im Rhein-Ruhr-Verdichtungsgebiet, wo im Jahre 1981 nach der Flächenerhebung ca. 32 000 ha gewerblich genutzt wurden, bei 12 700 ha. Das würde bedeuten, daß auf dieser "Reservefläche", vorausgesetzt sie wäre voll verfügbar, rund 40 % des derzeitigen Bestandes an gewerbeflächenbeanspruchenden Beschäftigten Platz fände[5)].

Die für die Jahre 1979 (vorläufige Ergebnisse), 1981 und 1985 durchgeführte Flächenerhebung soll den Bestand der Daten des Liegenschaftskatasters zum

Tab. 2 (Forts.)

Ballungsrandzonen				Solitäre Verdichtungsgebiete				Ländliche Zonen			
1984 km²	1978	1980 v.H.	1984	1984 km²	1978	1980 v.H.	1984	1984 km²	1978	1980 v.H.	1984
639	14,1	14,6	15,7	162	16,9	18,2	18,9	1.642	5,7	5,9	6,4
84	1,8	1,9	2,1	6	0,8	0,6	0,8	183	0,5	0,6	0,7
45	1,2	1,3	1,1	17	1,2	1,5	1,9	102	0,4	0,4	0,4
289	6,6	6,7	7,1	67	7,0	7,7	7,9	1.269	4,7	4,8	5,0
2.170	55,6	54,7	53,2	396	49,3	48,3	46,3	14.859	59,5	59,1	58,0
727	17,7	17,8	17,8	173	20,4	20,3	20,3	6.999	27,2	27,3	27,3
84	2,0	2,0	2,1	11	1,2	1,2	1,3	319	1,2	1,2	1,2
43	0,9	1,0	1,1	22	3,1	2,3	2,6	219	0,8	0,8	0,9
4.081	100	100	100	854	100	100	100	25.611[2)]	100	100	100

2) Summenfehler durch Runden. - Quelle: LDS NRW, Landesdatenbank.

Erhebungsstichtag 31.12. des jeweiligen Vorjahres nachweisen. Dieser Nachweis ist bisher auf kleinräumiger Ebene insbesondere wegen erheblicher Erfassungsrückstände bei den Katasterämtern noch nicht vollständig gelungen. Mittelfristige Tendenzen auf der Ebene größerer Gebietseinheiten ließen sich dagegen ermitteln (s. Tab. 2).

Vom Statistischen Bundesamt wurden bereits bei einem Vergleich des Datenmaterials der Flächenerhebungen von 1979 und 1981 erhebliche Inplausibilitäten festgestellt. Danach wäre z.B. in der Stadt Herne in diesem 2-Jahres-Zeitraum die Betriebsfläche um 94 ha (1880 %) gestiegen und die Verkehrsfläche um 198 ha (17,5 %) gesunken. 1981 hätte bei einer Einwohnerzahl von rund 180 000 die nachgewiesene Wohnbaufläche (49 ha) pro Einwohner nur 2,7 qm (Hagen 95,4 qm, Dortmund 118,2 qm) betragen.

Auch die Daten aus der Flächenerhebung 1985 weisen infolge teilweiser Untererfassungen wieder erhebliche Mängel auf[6)]. Hier ist zunächst eine grundlegende Aufarbeitung innerhalb der Vermessungsverwaltung erforderlich, bevor erwartet werden kann, daß das automatisierte Liegenschaftskataster planungsgeeignete Daten liefert. In entsprechende Reformüberlegungen wären

- die Planungserfordernissen genügende Definition der Flächennutzungsarten (deutliche Unterscheidung der Wohnbauflächen und der gewerblichen Bauflächen sowie deren jeweilige Differenzierung) und

- die Aufnahme der realen Raumnutzungen (z.B. Brachflächen)

mit einzubeziehen. Angesichts dieser Erfassungsdefizite muß auch die künftige Möglichkeit, die Daten aus der - im Rahmen der nächsten Flächenerhebung angestrebten - Erfassung der bauplanungsrechtlich zulässigen Nutzungsart (bzN) mit denen des automatisiertgen Liegenschaftskatasters zu verknüpfen, ausgesprochen skeptisch beurteilt werden. Darüber hinaus ist die ökologische Aussagefähigkeit derartiger statistischer Flächendaten sehr begrenzt. "Qualitative Veränderungen, die zum Verlust ganzer Biotoptypen führen, von deren Existenz viele Tier- und Pflanzenarten abhängen, können daher mit diesen Daten nicht dargestellt werden[7]."

2.2. Realnutzungskartierung liefert aussagefähigere Flächendaten

Die besonderen Raumnutzungskonflikte im dichtbesiedelten industriellen Ballungsraum des Ruhrgebietes haben dort bereits seit Anfang der 70er Jahre zum Aufbau einer Flächennutzungskartierung auf der Grundlage von aus Luftbildplänen im Maßstab 1:10 000 gewonnenen Flächendaten geführt[8]. Den Anforderungen der Regionalplanung wird hiermit vor allem in zweifacher Hinsicht entsprochen:

1. Ein nach 50 Nutzungsarten gegliederter Flächenkatalog ermöglicht eine sachlich differenzierte Fortschreibung und Überprüfung der Flächennutzung. Bei den Bauflächen wird allein nach 10 Kategorien unterschieden:

   - Wohnbaufläche - offen bebaute Wohnsiedlungsflächen bis 3 Geschosse
   - Wohnbauflächen - dicht bebaute Wohnsiedlungsflächen bis 5 Geschosse
   - Wohnbauflächen - Hochhausgruppen ab 5 Geschosse
   - Baufläche mit gemischter Nutzung
   - Gewerbefläche
   - Industriefläche
   - Bauflächen des Sports und der Erholung
   - Baufläche für die Allgemeinheit (Gemeinbedarfsflächen)
   - Landwirtschaftliche Hof- und Gebäudefläche
   - Sonstige Bauflächen.

2. Durch die kartographische Erfassung und ADV-mäßige Speicherung der Flächennutzungsdaten wird ihre räumliche Zuordnung mittels Plotterkarten im kleinräumigen Maßstab ermöglicht. Einen Vergleich 1980/1983 für ausgewählte Nutzungsarten in einem Teilraum des Ruhrgebiets zeigt Abbildung 1.

   Die Struktur der Flächennutzung im KVR-Gebiet zeigt für das Jahr 1982 folgendes Bild (vgl. Tab. 3):

Tab. 3: Flächennutzungskartierung des KVR (Stand 1982)

Flächenart	km²	Anteil (%) KVR	Kreisfreie Städte	Kreise
Landwirtschaft	2.015	45,5	30,5	54,7
Forstwirtschaft	764	17,2	13,0	19,8
Wasser	104	2,3	2,7	2,1
Grün	295	6,7[1)]	11,0	4,0
Bauflächen	781	17,6[2)]	27,1	11,9
Verkehr	336	7,6	11,2	5,3
Brache	81	1,8	3,2	1,0
Ver- und Entsorgung	30	0,7	1,0	0,5
Aufschüttungen und Abgrabungen	29	0,6	0,5	0,7
KVR	4.435	100,0	100,0	100,0

1) Öffentl. und private Parkanlagen = 1,4 %
Friedhöfe, Kleingärten = 2,9 %
Spiel-, Sportanlagen, Campingplätze, Begleitgrün = 2,4 %

2) Wohnbauflächen = 10,9 %
Gewerbe und Industrie = 4,4 %
Sonstige = 2,3 %

Quelle: Statistische Rundschau Ruhrgebiet 1985.

Knapp 65 % der Gesamtfläche entfallen auf Land- und Forstwirtschaft sowie Wasser. In der Siedlungsfläche mit einem Anteil von 38 % sind 6,6 % Grünflächen und 1,8 % Brachflächen (81 qkm) enthalten. Die Bauflächen setzen sich zum größten Teil aus Wohnbauflächen (10,9 %), sodann aus Gewerbe- und Industrieflächen (4,4 %) und sonstigen Flächen (2,3 %) zusammen.

2.3 Automatisiertes Raumordnungskataster: Datenbasis für die tatsächliche und angestrebte regionale Flächennutzung

Abgesehen davon, daß die Flächennutzungskartierung nur für das KVR-Gebiet existiert und von daher eine räumliche Ausweitung auf die übrigen Planungsräume des Landes notwendig ist, bedarf dieses Instrument einer Reihe inhaltlicher Ergänzungen bzw. Fortentwicklungen. Sie werden im Zuge des Aufbaues eines computergestützten Raumordnungskatasters als Teil eines künftigen Graphischen Raum-Informations- und Planungs-Systems (GRIPS) verfolgt[9)].

In seiner ursprünglichen Form war das Raumordnungskataster - vor dem Hintergrund der topographischen Angaben und der tatsächlichen Flächenbeanspruchungen - auf die kartographische Erfassung der planungsrechtlich gesicherten Flächen-

Abb. 1: Realnutzungskartierung - Ausschnitt Stadt Gelsenkirchen*)
Gegenüberstellung 1980 und 1983

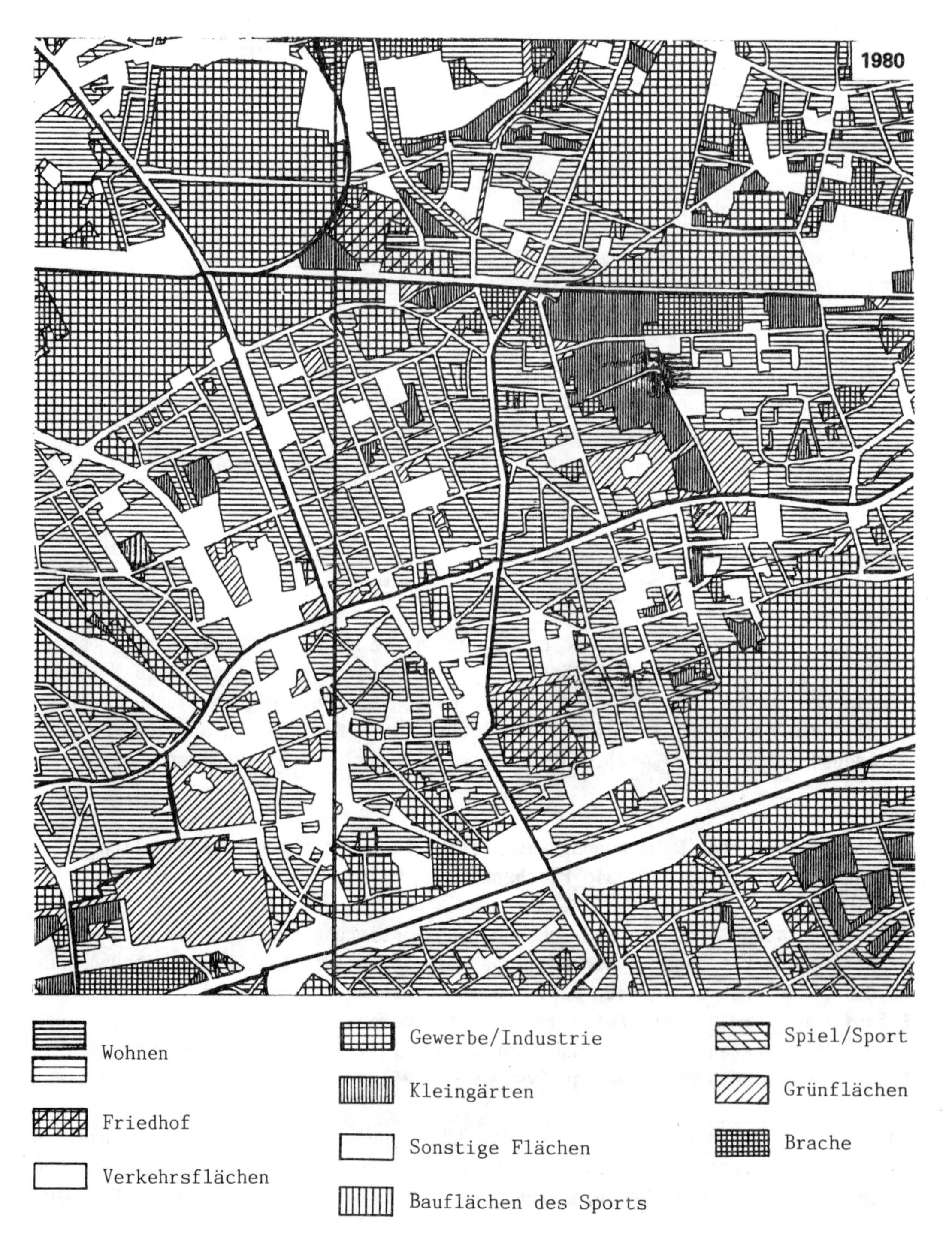

Abb. 1 (Forts.)

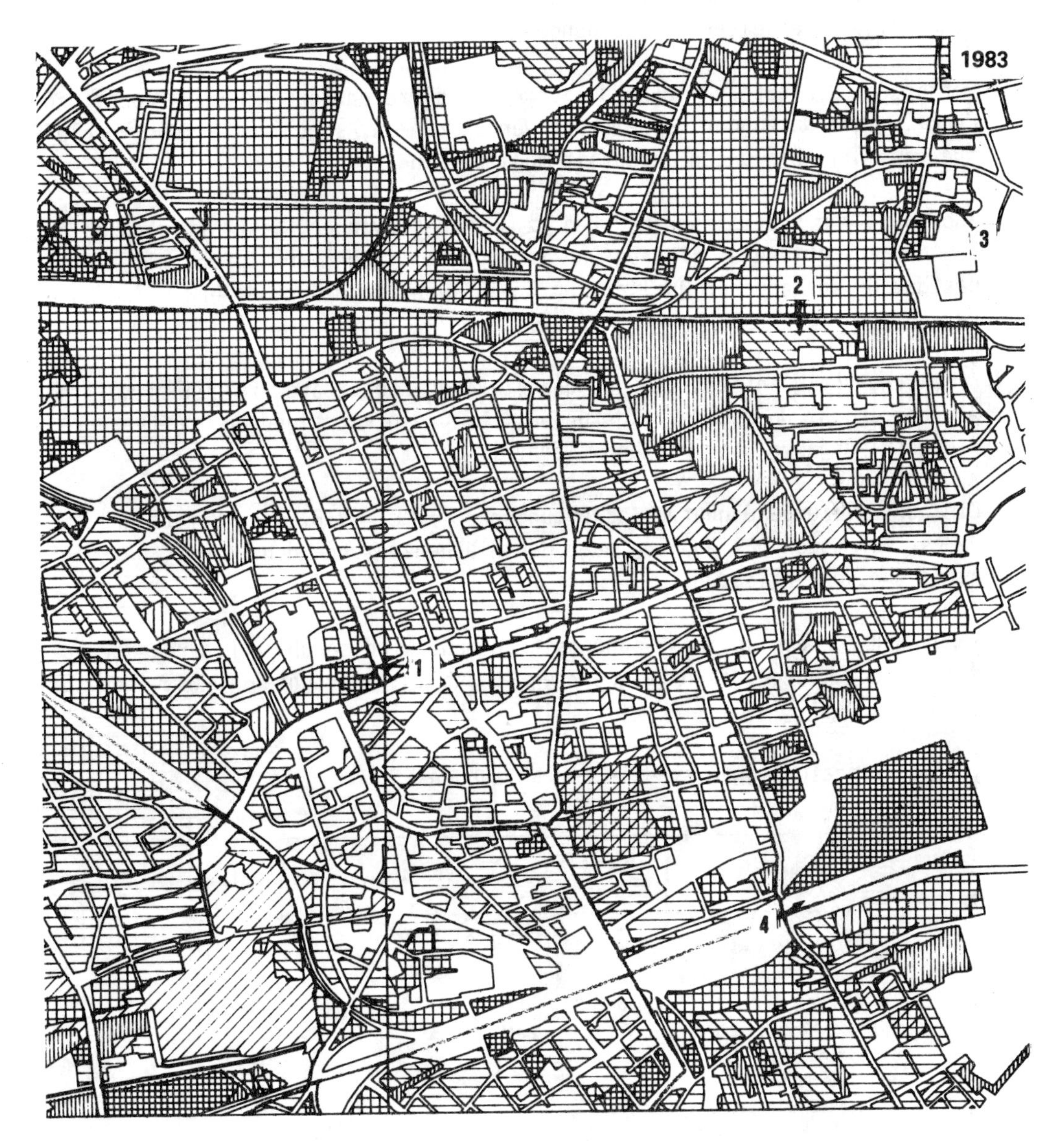

1 – 4 Bereiche mit größeren Veränderungen in der Realnutzung 1980 - 1983

*) Ausschnitt einer farbigen Plotter-Arbeitskarte aufgrund von Luftbildauswertung (Originalmaßstabsgröße 1: 200 000), verkleinert und in schwarz-weiß umgesetzt.
Quelle: Kommunalverband Ruhrgebiet, Essen 1986.

nutzung im Maßstab 1:25 000 ausgerichtet. Die technisch mögliche und teilweise bereits praktizierte Führung des automatisierten Raumordnungskatasters erlaubt nunmehr folgende erweiterte Anwendungen:

- Erfassung der tatsächlichen Nutzungen in differenzierter Form, wobei zurückliegende Nutzungen gespeichert werden können, so daß zeitliche Vergleiche bzw. Bilanzierungen jederzeit möglich sind.

- Zuordnung von statistischen Daten, z.B. ha, Einwohner, Beschäftigtenzahlen, zu den ausgewiesenen Flächen und Möglichkeit ihrer Verknüpfung mit Datenbeständen aus anderen Quellen zur Ermittlung von Meßgrößen bzw. Indikatoren.

- Erfassung von quantitativen und qualitativen Zusatzdaten zu den jeweiligen Flächen, z.B. über Bodenbelastungen, Lärmbeeinträchtigungen, Luftverunreinigungen (Angaben über Wirkungsflächen).

- Einsatz planungsadäquater Auswertungsprogramme, z.B. zur Ermittlung des Maßes der Bodenversiegelung oder der Flächenzerschneidung (vgl. beispielhafte Angaben in Tab. 4).

Der Aufwand für ein solches Planungsinstrument wird sowohl von der Seite der Datenerfassung aufgrund umfangreicher Luftbildauswertungen usw., der Er-

Tab. 4: Versiegelungsgrad städtischer Nutzungen

	%-Anteil der Versiegelung
Parks / Friedhöfe	5 - 20
Kleinsiedlungsgebiete	15 - 25
Einfamilienhäuser (freistehend)	20 - 40
Reihenhäuser	30 - 50
Stadthäuser	35 - 60
Zeilenbauten	40 - 65
Blockrandbebauung	50 - 75
Blockbebauung / Stadtkern	75 - 95
Industrie- / Gewerbegebiete	40 - 90
Verkehrsflächen	70 - 90

Aus: Forschungsbericht der Arbeitsgruppe Umweltbewertung Essen (AUBE) "Verbesserung der ökologischen Qualität urban-industrieller Bereiche des Ruhrgebiets, Hrsg. vom Minister für Umwelt, Raumordnung und Landwirtschaft NRW, Essen/Hamburg/Düsseldorf 1986.

Tab. 5: Regionale Ergebnisse der Waldfunktionskartierung NRW

Funktion	Anteil an der Gesamtwaldfläche in % Land NRW	Rheinland[2]	Westfalen-Lippe[2]
Wasserschutz	20,4	17,7	21,8
Klimaschutz	5,4	10,8	2,7
Sichtschutz	0,9	1,6	0,6
Immissionsschutz[1]	19,4	33,9	12,3
Bodenschutz	1,7	2,8	1,2
Erholung	13,1	27,6	5,9
Sonstige Schutzfunktion	5,5	7,0	4,8
Funktionsanteil einschl. Funktionsüberlagerungen	66,4	101,4	49,3

1) Allgemein und Lärm. 2) Höhere Forstbehörde.

Aus: Die Waldfunktionskarte im Land Nordrhein-Westfalen, Durchführung und Ergebnisse der Waldfunktionskartierung 1974 - 1979, Hrsg. v. LÖLF, Recklinghausen.

schließung der übrigen medienbezogenen Datenquellen als auch des Kostenaufwandes für ADV-Kapazitäten einschließlich Personal ein Vielfaches des bisherigen Einsatzes betragen.

Ein weiteres Beispiel planungsrelevanter Flächendaten sind die Ergebnisse der Waldfunktionskartierung in Nordrhein-Westfalen (vgl. Tab. 5), die auch Berücksichtigung in der Regionalplanung finden. Bezogen auf das gesamte Land üben rd. 2/3 der Waldfläche Schutzfunktionen aus. Die bedeutsamsten Funktionen sind Wasserschutz, Immissionsschutz, Erholung und Klimaschutz. Besonders bemerkenswert sind hier die regionsspezifischen Unterschiede zwischen dem hochverdichteten Rheinland und dem weniger stark besiedelten Landesteil Westfalen-Lippe.

3. Zunehmende Bedeutung der Bodenbelastungsdaten

3.1 Bodenschutz als Aufgabe der Landes- und Regionalplanung

Die schädlichen Auswirkungen insbesondere der dichten Besiedlung einschließlich Entsorgung, der Industrieproduktion sowie des Motorfahrzeugverkehrs auf die Qualität des Bodens sind die wesentlichen Gründe, weshalb der Bodenschutz zunehmend als Aufgabe auch der Landes- und Regionalplanung erkannt worden ist[10]. Zur Festlegung von Zielen für geplante Wohnbau- oder Gewerbeflächen genügen beispielsweise nicht nur Informationen über die natürliche Eignung, die Verfügbarkeit oder die voraussichtliche Beeinträchtigung durch benachbarte Flächen.

Die Anwendungspraxis beim Grundstücksfonds Ruhr und dem 1984 eingerichteten landesweiten Grundstücksfonds hat vielmehr deutlich gezeigt, daß zusätzliche Angaben insbesondere über vorhandene Altlasten erforderlich sind, um regionalplanerische Entscheidungen über die künftige Verwendung der Flächen bzw. Maßnahmen zu ihrer Wiederherstellung treffen zu können[11]. Grundsätzlich resultiert hieraus ein Bedarf an Daten zur Ermittlung sogenannter Gefahrenflächen bzw. Verdachtsflächen.

Die Funktion der Gebietsentwicklungspläne als Landschaftsrahmenpläne macht es darüber hinaus notwendig, einen Grundbestand an ökologischen Daten zur Bestimmung und Überprüfung von Freiraum-Schutzflächen in das System der Raumbeobachtung einzubeziehen.

3.2 Notwendigkeit zur Zusammenführung der Daten aus mehreren Katastern

Ohne an dieser Stelle der Frage nachzugehen, ob die Bezeichnung "Kataster" auch in jedem Falle gerechtfertigt ist, gibt es in Nordrhein-Westfalen im wesentlichen die folgenden bodenbezogenen Erfassungs- und Bewertungssysteme:

- Bodenbelastungskataster
- Altlastenkataster
- Deponiekataster
- Biotopkataster
- Abgrabungskataster.

Das seit 1984 in Aufbau befindliche Bodenbelastungskataster soll Angaben über Art, Menge und räumliche Verteilung von Schadstoffen sowie deren Anreicherung in Böden und Kulturpflanzen enthalten. Es zielt in erster Linie auf die Erfassung von Schwermetallanreicherungen in Böden ab.

> "Im Schwermetallkataster werden zunächst ausschließlich landwirtschaftlich und gärtnerisch genutzte Flächen erfaßt, das sind im einzelnen Acker-, Grünland- und Erwerbsgemüseanbauflächen sowie Klein- und Hausgärten. Entsprechend der Zielsetzung liegt der Schwerpunkt in der Erfassung der Bodenschwermetallgehalte. Wegen unterschiedlicher Pflanzenverfügbarkeit unter verschiedenen Bedingungen und der häufig festgestellten Diskrepanzen im Verhältnis der Schwermetallgehalte von Boden und Pflanzen werden zur besseren Einschätzung der Bodenbelastung die Bodenparameter pH-Wert, Tongehalt

und organische Substanz, Hinweise zur Belastungsherkunft und - soweit vorhanden - tatsächliche Pflanzengehalte mit aufgenommen[12]."

Es gibt Überlegungen zu einer sachlichen Erweiterung des Katasters auf

- andere Nutzungen (z.B. Wald, Brachflächen)
- andere Schadstoffe (z.B. Thallium, Arsen, organische Schadstoffe)
- zusätzliche Bodenuntersuchungen (tiefere Bodenschichten, andere Korngrössen, andere Lösungsmittel).

Grundsätzlich werden die Untersuchungen ursachenbezogen durchgeführt. Das bedeutet, daß zunächst nur Gebiete mit vermuteten Belastungen untersucht werden und sich dadurch nach und nach ein nahezu flächendeckendes Belastungskataster ergibt. Zu berücksichtigen sind in diesem Zusammenhang auch Ergebnisse aus kommunalen Erhebungen, z.B. Bodenbelastungskarten auf Kreisebene[13].

Als Beispiel aus einem anderen Bundesland sei das Bodeninformationssystem für Standortkunde, Boden- und Umweltschutz in Bayern erwähnt. Es unterscheidet zwischen einer Boden-Grundinventur, Boden-Flächeninventur (Bodenversauerung, Schwermetallgehalt, Radioaktivität) und Bodenbeobachtung sowie Beweissicherung (Bodenprobenbank). Wesentliche Ergebnisse des Bodenkatasters werden in Karten im Maßstab 1:50 000 und 1:25 000 veröffentlicht[14].

Im Altlastenkataster werden von den Bundesländern alle bereits bekannten und neu ermittelten Standorte mit potentiellen Kontaminierungen erfaßt, um dann einer Gefahrenabschätzung unterzogen zu werden. Hierzu benötigt man zusätzliche Daten aus Routine- oder Spezialunterschuchungen vor Ort, z.B. Bodenluft-, Wasser- und Bodenuntersuchungen[15].

Aus der Tatsache, daß es im Bundesgebiet ca. 35 000 als Verdachtsflächen in Frage kommende potentielle kontaminierte Standorte gibt, wovon auf Nordrhein-Westfalen ca. 8500 entfallen, kann für das KVR-Gebiet auf eine Anzahl von rd. 3000 geschlossen werden.

In einem in NRW entwickelten Deponiekataster sollen sämtliche zur Bearbeitung von Transportgenehmigungen von Abfällen erforderlichen Daten erfaßt werden. Verbunden mit Informationen über alle Stationen des Abfallstromes (Abfallerzeuger, Transport, Beseitigungsanlagen) resultieren hieraus auch umweltbedeutsame Daten für die Regionalplanung.

Das Biotopkataster der Landesanstalt für Landschaftsentwicklung, Ökologie und Forstwirtschaft (LÖLF) ist eine Entscheidungshilfe, die zur behördeninternen Beurteilung, z.B. von Straßenplanungen, Flurbereinigungsverfahren, Abgrabungsanträgen oder anderen Eingriffen in Natur und Landschaft sowie als eine besonders zu beachtende Grundlage von Gebietsentwicklungsplänen, Landschaftsplänen und Bauleitplänen zur Verfügung gestellt wird[16].

Neben statistischen Angaben zur jeweiligen Fläche enthält jedes Biotopkatasterblatt eine Beschreibung des Gebietes sowie Angaben zu den bekannten Tier- und Pflanzenvorkommen, über Wert, Gefährdung und Vorschläge für die Maßnahmen zur Sicherung und Pflege.

Insgesamt sind im Biotopkataster NRW mehr als 17 000 Biotope mit bedrohten Tier- und Pflanzenarten enthalten. Bisher sind für ca. 2000 Biotope ausführliche Beschreibungen erstellt und in das Landschafts-Informationssystem der LÖLF integriert[17].

Nach Abschluß des zweiten Durchgangs der Biotopkartierung in der freien Landschaft wurde landesweit mit selektiven "Stadtbiotopkartierungen" begonnen[18]. Der Kommunalverband Ruhrgebiet hat für seinen Bereich die Kartierung von schutzwürdigen Biotopen abgeschlossen[19]. Als Konsequenz aus diesen Arbeiten hat der Minsiter für Umwelt, Raumordnung und Landwirtschaft ein Naturschutzprogramm für das Ruhrgebiet, das sich auf eine Fläche von mehr als 5000 ha = 1,5 % der Fläche des gesamten Ruhrgebiets bezieht, erstellt.

Im Abgrabungskataster werden alle Auswertungsdaten aus den nach dem Abgrabungsgesetz angezeigten und genehmigten sowie den sonstigen Abgrabungen erfaßt und im Maßstab 1:25 000 dargestellt. Eine direkte Einbeziehung des Abgrabungskatasters in das Landschaftsinformationssystem der LÖLF wird zwar als wünschenswert angesehen, stößt derzeit aber noch auf organisatorische Schwierigkeiten[20].

Hieran wird deutlich, daß die sachliche, d.h. Daten aus den verschiedenen Katastern, und räumliche, d.h. auf bestimmte Flächen unterhalb der Gemeindeebene bezogene Zusammenführung der Umweltdaten und ihre möglichst geschlossene Bewertung eine vorrangige Aufgabe der Raumbeobachtung sein muß. Damit verbunden sind vor allem auch methodische Probleme, beispielsweise hinsichtlich der Vergleichbarkeit der von ihrem Aussagegehalt teilweise sehr unterschiedlichen Daten und ihres kleinräumigen Bezugs auf einzelne Flächen.

Die aus Luftverunreinigungen resultierenden Bodenbelastungen werden im folgenden Abschnitt mitbehandelt.

4. Daten zur Bewertung der Luftqualität und ihrer räumlichen Auswirkungen

4.1 Mögliche Beiträge der Regionalplanung zur Verbesserung der Lufthygiene

Die Gebietsentwicklungspläne enthalten keine direkten Zielsetzungen zum lufthygienischen Bereich (vgl. 2.1). Ein enger Zusammenhang zum gebietsbezogenen Umweltschutz der Luftreinhalteplanung ist aber gleichwohl in zweifacher Hinsicht gegeben:

- Zur Erfüllung der Aufgabe, in den Gebietsentwicklungsplänen Wohnungen und Arbeitsstätten auf menschen- und umweltgerechte Weise einander zuzuordnen, müssen die auf die einzelnen Flächen einwirkenden Luftbelastungen bekannt sein, um entweder ausreichende Abstände herzustellen und/oder die vorhandenen Emissionen zu reduzieren (Standortplanung).

- Freiraumplanung und Luftreinhalteplanung weisen vielfältige wechselseitige Bezüge auf, weil die Erholungs- und Ausgleichsfunktionen von Freiräumen durch Luftverunreinigungen beeinträchtigt werden und umgekehrt Freiräume gewisse kompensierende Funktionen gegenüber Luftbelastungen ausüben können.

Nach dem Entwurf des Landesentwicklungsplanes III "Gebiete mit besonderer Bedeutung für Freiraumfunktionen" wird der Regionalplanung die Aufgabe zugewiesen, die Belange der Luftreinhaltung innerhalb der nordrhein-westfälischen Belastungsgebiete besonders zu berücksichtigen. Dementsprechend wurden beispielsweise in die vorbereitenden Untersuchungen zum Konzept "Nordwanderung des Steinkohlenbergbaus" Richtwerte zur Beurteilung der Luftqualität (Kurz- und Langzeitbelastung mit Schwefeldioxid) mit einbezogen[21].

Weitergehende Überlegungen im wissenschaftlichen Bereich halten darüber hinaus sogar "regional differenzierte Luftqualitätsziele" als landesplanerische Zielvorgaben sowie "flächenbezogene Emissionsmaße (z.B. Tonne Schadstoff/ha)" als Rahmenfestsetzungen in Gebietsentwicklungsplänen für erstrebenswert[22].

Daraus ist in jedem Fall ein Bedarf an möglichst kleinräumig lokalisierbaren Auswirkungen der Luftbelastungen abzuleiten, um hieraus Konsequenzen für die künftige Siedlungs- und Freiraumentwicklung zu ziehen.

4.2 Regionales Datenangebot der Luftreinhalteplanung bedarf differenzierter Auswertungsmethoden

Die auf der Grundlage des Bundesimmissionsschutzgesetzes aufgestellten Luftreinhaltepläne enthalten eine Vielzahl, in der Regel auf Rasterebene dargestellter Daten aus dem Emissions- und Immissionsbereich. Für das Gebiet des Kommunalverbandes Ruhrgebiet existieren bereits flächendeckend Luftreinhaltepläne bzw. Fortschreibungen für die Teilräume West, Mitte und Ost.

Bei der Aufstellung des Emissionskatasters wird zwischen den Emittenten-Hauptgruppen

- Industrie
- Hausbrand einschließlich Kleingewerbe sowie
- Verkehr

unterschieden. Dabei werden die Emissionsquellen entsprechend ihrer jeweiligen Struktur als Punktquellen (z.B. Fabrikschornsteine), Linienquellen (z.B. Kfz-Kolonnen auf einer Autobahn) oder Flächenquellen (z.B. Hausschornsteine eines Wohngebietes) erfaßt. In das Emissionskataster sind insbesondere folgende Luftverunreinigungen aufzunehmen:

- Staub
- Feinstaub kleiner 0,01 mm
- Blei und Bleiverbindungen
- Schwefeldioxid
- Stickoxide
- Kohlenmonoxid
- Gasförmige und dampfförmige organische Verbindungen
- Chlor und gasförmige anorganische Chlorverbindungen
- Fluor und gasförmige anorganische Fluorverbindungen.

Hierbei ist allerdings zu berücksichtigen, daß das Emissionskataster für einzelne Ballungsgebiete mehrere hundert Luftverunreinigungskomponenten umfassen kann[23].

Die Emissionsdaten werden für quadratische Einheitsflächen mit einer Seitenlänge von 1 km im Gauß-Krüger-Netz ausgewiesen. Dadurch sind regionale Vergleiche auch über längere Zeiträume möglich, vorausgesetzt, daß die zugrunde gelegten Meßmethoden voll vergleichbar sind. Die räumliche Korngröße derartiger Vergleiche ist jedoch noch vergleichsweise grob.

Das Immissionskataster im KVR-Gebiet basiert auf den Meßergebnissen im wesentlichen folgender Komponenten[24]:

- Schwefeldioxid
- Staubniederschlag mit den Inhaltsstoffen Blei und Cadmium (ermittelt durch Pegelmessungen)
- Schwebstoffe mit den Inhaltsstoffen Blei, Cadmium, Nickel, Kobalt und Eisen

sowie den polyzyklischen aromatischen Kohlenwasserstoffen (ermittelt durch teilautomatisierte Meßstationen)
- Schwefeldioxid
- Schwebstoffe
- Stickstoffmonoxid
- Kohlenmonoxid
- Ozon (ermittelt durch vollautomatische Meßstationen (TEMES))
- ausgewählte Kohlenwasserstoffe (ermittelt durch Sondermessungen/Stichprobenerhebungen).

Bei der Bewertung der Meßergebnisse sind die angewandten Meßmethoden zu beachten, d.h. ob es sich um Stichprobenerhebungen, um monatliche und zeitlich lückenlose Angaben handelt, wie z.B. aus dem TEMES-Meßnetz (Telemetrisches Echtzeit-Mehrkomponenten-Erfassungs-System).

Dieses Luftmeßsystem dient der kontinuierlichen Überwachung der Luftqualität im Ballungsgebiet von Rhein und Ruhr mit z.Z. 43 Meßstationen an ca. 300 Meßplätzen.

Wie beim Emissionskataster werden auch beim Immissionskataster die wichtigsten Luftbelastungsdaten (Schwefeldioxid und Staubniederschläge einschließlich Blei und Cadmium) in Belastungskarten auf 1 qkm-Rasterbasis dargestellt. Auf diese Weise sind auch Gegenüberstellungen mit Daten aus dem Emissionskataster möglich.

Eine weitere Auswertungsmöglichkeit besteht in der rasterbezogenen Verknüpfung von Immissionsdaten und Flächennutzungsdaten aus der Realnutzungskartierung mit dem Ziel, Gebiete mit erhöhtem Gefährdungspotential zu ermitteln[25)].

Die in der Luftreinhalteplanung NRW enthaltenen Ansätze für ein Wirkungskataster verdienen im Hinblick auf den Datenbedarf der Landes- und Regionalplanung besondere Beachtung.

So wurden über die Methode räumlich gleitender Mittelwerte aus Rastereckpunkt-Meßdaten flächenhafte Verteilungen von Schwefeldioxid sowie Staub- und Bleiniederschlägen ermittelt, d.h., der räumlich noch unscharfe Rasterbezug der Daten konnte erheblich verfeinert werden (s. Abb. 2). Eine Ausweitung derartiger Interpolierungs-Methoden auf die Daten über die Belastung des Bodens durch Immissionen würde die Datenbasis für regionalplanerische Zwecke entscheidend verbessern[26)].

Als Teil des Wirkungskatasters des Luftreinhalteplans Ruhrgebiet Ost - erste Fortschreibung 1986 bis 1990 - wurden für den Großraum Dortmund auch Geruchserhebungen durchgeführt (Geruchskataster der Landesanstalt für Immissions-

Abb. 2: Räumliche Verteilung von Schwefeldioxid in Dortmund und Lünen über die Jahre 1982 - 1984

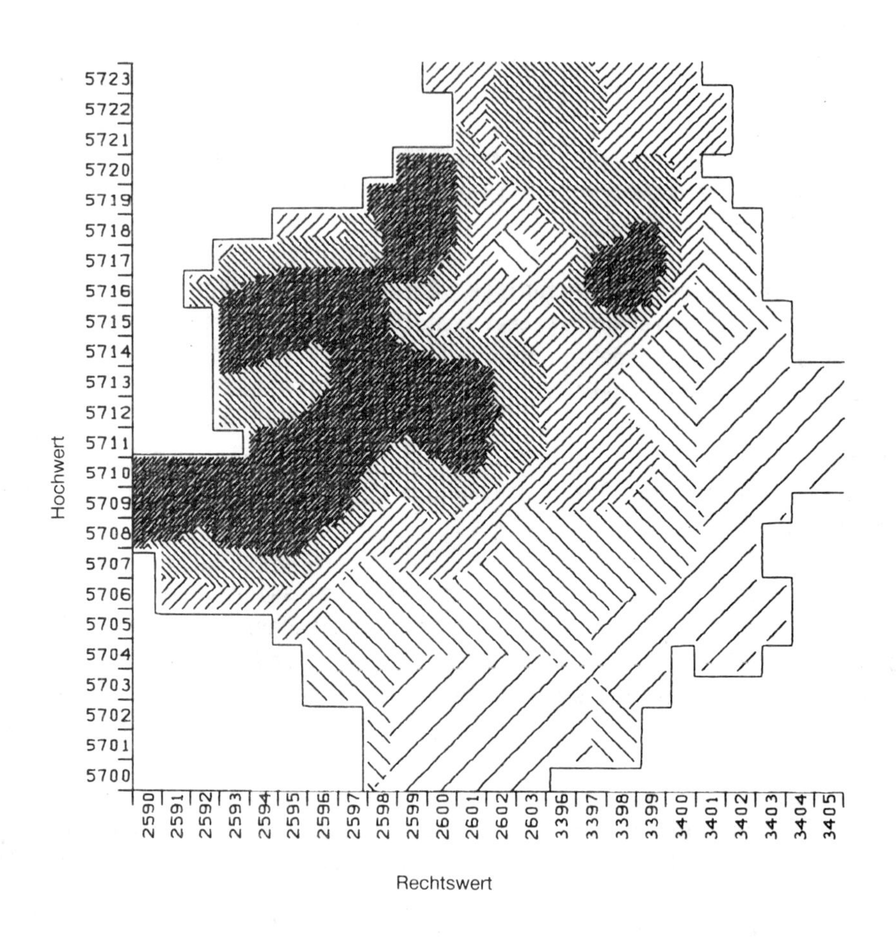

Aus: Luftreinhalteplan Ruhrgebiet, 1. Fortschreibung 1986 - 1990, aufgestellt vom Minister für Umwelt, Raumordnung und Landwirtschaft des Landes Nordrhein-Westfalen, Düsseldorf 1986.

schutz)[27]. Auf ihrer Grundlage ließen sich in relativ deutlicher Abgrenzung zusammenhängende Flächen mit größerer Geruchshäufigkeit ermitteln. Die Einbeziehung derartiger qualitativer Umweltdaten in den Prozeß der Erarbeitung und Überprüfung regional- und stadtplanerischer Ziele, insbesondere zur Bestimmung von Wirkungsflächen, erscheint dringend geboten.

Zur Bewertung der Lufthygiene sind darüber hinaus Kenntnisse über die klimatologischen bzw metereologischen Gegebenheiten und deren mögliche Veränderungen erforderlich. Hierzu gehören in erster Linie

- Lufttemperatur und -feuchte (z.B. Wärmeluftbilder)
- Windverhältnisse (Häufigkeitsverteilung der Windrichtungen, mittlere Windgeschwindigkeiten).

Die entsprechenden Daten werden vom Deutschen Wetterdienst in Wetter- bzw. Klimastationen erfaßt. Die Meß- sowie Analysewerte bilden die Grundlage für ein Klimaarchiv, das bei der Beurteilung ökologischer Zusammenhänge herangezogen werden kann[28]. Das Datenmaterial des bei der LÖLF geführten Klimaarchivs umfaßt jeweils 5 Tages-Meßwerte der Temperatur- und Feuchtekurve. Daraus können Stations-, Monats- und Jahresübersichtslisten mit zusätzlichen klimatologischen Charakteristiken erzeugt werden.

Für das KVR-Gebiet existiert eine geschlossene kartographische Darstellung der "Klima- und Lufthygiene" unter Einbeziehung von Ventilationsbahnen und Windrosen für einzelne Teilregionen[29].

Flechtenabsterberaten in Klassen	Mögliche Schäden an höheren Pflanzen
10 ... < 35 %	Chlorosen und Nekrosen an Blättern bzw. Nadeln von Nutzpflanzen
35 ... < 60 %	Eingeschränkter Nutzpflanzenanbau für sehr empfindliche Arten von Zierpflanzen und Gehölzen (Koniferen)
60 ... < 85 %	Eingeschränkter Nutzpflanzenanbau für empfindliche Arten von Zierpflanzen, Gehölzen (Koniferen und Laubhölzer), gärtnerischen und landwirtschaftlichen Kulturen
> 85 %	Eingeschränkter Nutzpflanzenanbau für weniger empfindliche Arten von Zierpflanzen, Gehölzen (Koniferen und Laubhölzer), gärtnerischen und landwirtschaftlichen Kulturen

Abb. 3: Flechtenabsterberaten in belasteten Gebieten des Rhein-Ruhr-Raumes

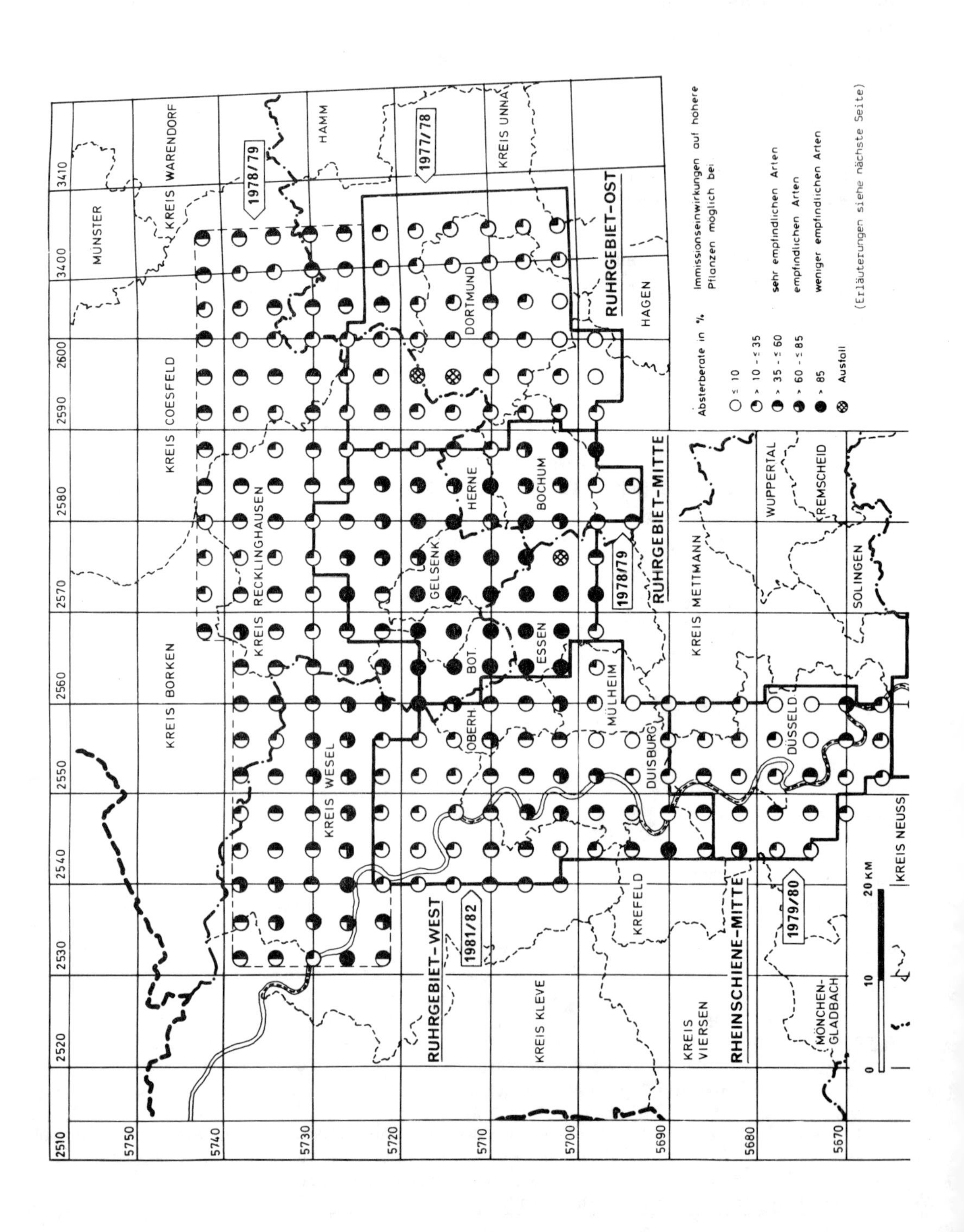

Um die Auswirkungen von Luftverunreinigungen auf die Vegetation zu erfassen, wurde in Nordrhein-Westfalen bereits in den 70er Jahren ein dem Bereich des Biomonitoring zuzuordnendes Meßverfahren zur Ermittlung der Absterberaten von exponierten bzw. natürlichen Flechten angewandt. Die zu erwartenden Vegetationsschädigungen gehen aus vorstehenden Übersicht hervor[30].

Die räumliche Verteilung der anhand der Absterberaten erfaßten schädlichen Wirkungen entspricht "dem bekannten Ausbreitungsmuster der Emissionen aus dem industriellen Ballungsraum an Rhein und Ruhr unter den Bedingungen vorherrschender Winde aus südwestlichen Richtungen" (vgl. Abb. 3)[31]. In ihrer Aussagekraft vergleichbare Ergebnisse liegen beispielsweise auch über die Anreicherung von Fluor in standardisierten Graskulturen vor[32].

Derartigen qualitativen Umweltbelastungsdaten sollte daher seitens der Regionalplanung insbesondere wegen der erfaßten Langzeitwirkungen verstärkte Beachtung geschenkt werden.

Erläuterungen zu Abb. 3:

Belastung der Vegetation durch Immissionen nach Ergebnissen von Messungen der Absterberate exponierter Flechten in den Belastungsgebieten sowie am nördlichen Rand des Ruhrgebietes.

Meßstellenabstand: 4 km
Expositionsdauer : 300 Tage

Die Befunde hinsichtlich der räumlichen Unterschiede in der Belastung sind mit dem Vorbehalt zu interpretieren, daß die Messungen nicht zeitgleich durchgeführt wurden; so sind z.B. im Erhebungsjahr 1978/79 ungewöhnlich hohe Absterberaten im Ruhrgebiet-Mitte sowie im Randgebiet als Folge ausgeprägter, mehrtägiger Inversionen in den Monaten Januar und Februar 1979 zu verzeichnen. Dieses Jahresergebnis ist nach den Erfahrungen bei der langjährigen Wirkungsüberwachung im Lande Nordrhein-Westfalen keineswegs repräsentativ für die mittlere Belastung über mehrere Jahre.

Aus: Scholl, G.: Die Belastung der Vegetation durch Luftverunreinigungen im Lande NRW. In: Schriftenreihe der Landesanstalt für Immissionsschutz des Landes NRW, Heft 62, Essen 1985. Auszugsweise Wiedergabe der Karte 2 - Wirkungserhebungen im Lande Nordrhein-Westfalen.

5. Daten und Indikatoren der Wasserqualität

5.1 Bedarf an flächenbezogenen Belastungsdaten

Die immer noch anhaltende Versiegelung und Verkehrsbelastung insbesondere der besiedelten Flächen, verbunden mit dem vielfältigen Schadstoffeintrag

- aus der Luft
- aus dem Umgang mit wassergefährdenden Stoffen
- aus der Überdüngung und dem Pestizideinsatz
- aus der Einleitung unzureichend geklärter Abwässer
- aus Klärschlamm, Deponien und Altlasten[33],

erfordern den verstärkten Schutz der für die Wassergewinnung und -vorhaltung geeigneten Flächen. Im Zielsystem der Landes- und Regionalplanung hat dabei der Schutz der Grundwasservorkommen besonderes Gewicht. Auch Uferbereiche, in denen das Grundwasser gefährdet ist, sind zu schützen.

Die im Gefolge bergbaulicher Maßnahmen - im Ruhrgebiet durch den Steinkohlenbergbau - entstehenden Absenkungen des Grundwasserspiegels sind ein weiterer Bereich der Wasserwirtschaft, für den regionalplanerische Ziele erarbeitet und festgelegt, d.h. auch durch entsprechende Daten untermauert werden müssen[34]. Hierfür steht das umfangreiche Datenmaterial des Landesgrundwasserdienstes mit z.Z. 14 000 Meßstellen zur Verfügung.

Auf den Schutz der Oberflächengewässer sind Bereiche der Wasserwirtschaft vorwiegend im Umkreis von Talsperren und größeren Wasserversorgungsanlagen ausgerichtet. Für das Oberflächenwasser werden mit einem Pegelmeßdienst Wasserstände, Abflußmengen und Abflüsse von 900 Pegeln ausgewertet und gespeichert. Im Rahmen der Gewässergüteüberwachung werden Daten erhoben, die Aufschluß über den Zustand und die Veränderung der jeweiligen Gewässerbeschaffenheit geben. Für das Oberflächenwasser und das Grundwasser werden getrennte Dateien geführt[35].

5.2 Raumspezifische Erfassung und Auswertung der wasserwirtschaftlichen Daten erforderlich

Die raumbezogenen Besonderheiten wasserwirtschaftlicher Daten sind vor allem darin begründet, daß

- die Grundwassergüte nur an bestimmten Meßpunkten ermittelt werden kann, wobei die Gefährdungs- bzw. Verursachungsquellen häufig in einer anderen Region liegen,

- beim Oberflächenwasser die Zusammensetzung und der Umfang der Schadstoffe zeitlichen Schwankungen unterliegen und im Hinblick auf den einzelnen Schmutz- bzw. Abwassereinleiter die Belange des Datenschutzes zu beachten sind.

Hierin dürfte eine der Ursachen zu suchen sein, weshalb, abgesehen von den relativ groben, an bestimmte Schadstoffe gebundenen Aussagen der Gewässergütekarten oder von Darstellungen der Nitratbelastung, vergleichsweise wenig flächenbezogene, noch dazu kleinräumige Darstellungen der Wasserqualität vorliegen. Um so verständlicher ist die Suche nach mehr oder weniger geeigneten Ersatz- bzw. Hilfsindikatoren, wie z.B. der regionalen Verteilung der Großvieh- und Schweinemastbetriebe[36].

Die Qualität des Grundwassers wird in Nordrhein-Westfalen im Rahmen des Grundwasserüberwachungskonzepts des Landesamtes für Wasser und Abfall gemessen. Es dient neben dem möglichst frühzeitigen Erkennen lokaler Belastungen dem

- Erkennen langfristiger Veränderungen der Grundwasserbeschaffenheit
- Aufzeigen flächenhafter Belastungen.

Besondere Verunreinigungen des Grundwassers gehen auch von industriellen Einlagerungen früherer Zeiten aus (Altlasten und Altablagerungen). Im Ruhrgebiet entstehen zusätzlich meist punktuelle Belastungen durch das aus den Bergehalden austretende Sickerwasser. Es ist vor allem mit Chloriden und Sulfaten belastet. In Großlysimetern wurden bis zu 5000 mg/l Chlorid und bis zu 6000 mg/l Sulfat gemessen. Hier sind in der Regel bodenkundliche Untersuchungen zum Vorgang der Verwitterung, zur pH-Wert-Ermittlung, zur Nitrat- und Sulfatbelastung usw. erforderlich[37].

Über die Nitratbelastung des Grundwassers liegen in Nordrhein-Westfalen Ergebnisse aus Untersuchungen öffentlicher Wasserwerke (1983) sowie ca. 30 000 Eigen-/Einzelwasserversorgungsanlagen (1985) vor. Danach sind in fast allen Gebieten des Landes Überschreitungen des Nitratwertes von 50 mg/l festgestellt worden, überwiegend jedoch in Gebieten mit intensiver landwirtschaftlicher Nutzung. Bei ca. 5000 Eigen-/Einzelversorgungsanlagen lagen die ermittelten Nitratwerte zwischen 50 und 90 mg/l und bei ca. 3100 über 90 mg/l[38] (vgl. auch Abb. 4).

Als Grundlage für regionalplanerische Ziele ist ein möglichst kleinräumiger Ausweis der Untersuchungsergebnisse erforderlich. Ziel muß eine flächendeckende Überwachung des Grundwassers, auch bezogen auf andere infrage kommende Schadstoffe, sein. Am Nordrand des Ruhrgebiets ließen sich beispielsweise "Inseln" hoher Nitrat- und Chloridbelastung nachweisen (s. Gutachten laut

Abb. 4: Nitratgehalte im Kreis Viersen (Stand: Dezember 1983)

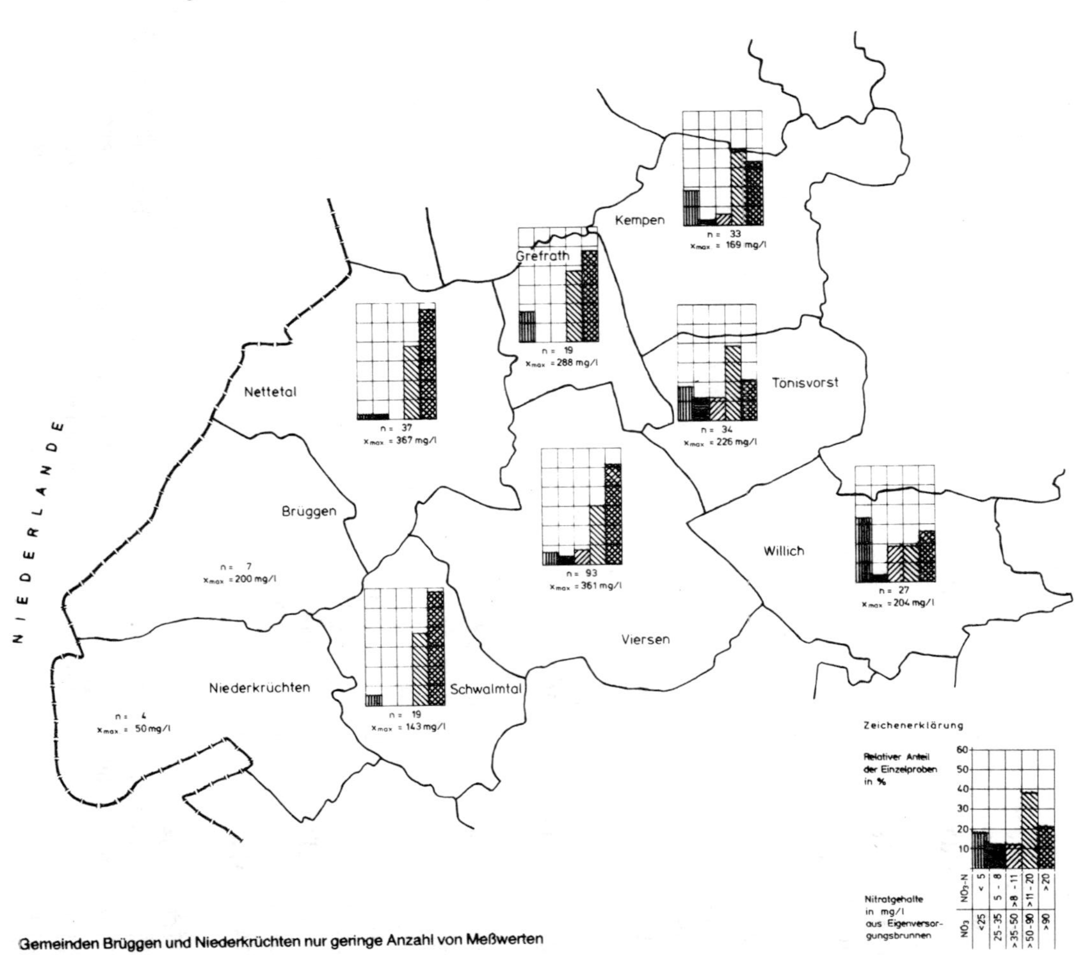

Aus: Grundwasserbericht 1984/85. Hrsg. vom Landesamt für Wasser und Abfall NRW, Düsseldorf 1985.

Anmerkung 21, dort nach Seite 94 ff. Karten 6.1 bis 6.3 "Derzeitige Beanspruchungen des Wasserhaushalts - Wassergütewirtschaft").

Das 1981 in Nordrhein-Westfalen eingeführte Gewässergüte-Überwachungskonzept baut auf der Gütegliederung der Fließgewässer nach dem Grad der organischen Belastung (Saprobienindex) auf[39]. Damit ist es für tendenzielle Aussagen zur längerfristigen Entwicklung der Gewässerqualität geeignet, weniger jedoch für spezielle und genauer lokalisierbare Belastungen mit Schadstoffen.

Für die größeren bzw. am stärksten verschmutzten Flüsse, insbesondere auch die Flußmündungen, liegen fortlaufende Meßergebnisse über Schwermetall- und chemische Schadstoffbelastungen, über Temperaturveränderungen usw. vor. Da die Messungen der Belastungsstoffe bzw. ihr Ergebnisausweis an den jeweils auftretenden Hauptschadstoffen und an bestimmten Meßstellen (Flußkilometer) ausgerichtet sind, ist ein direkter Vergleich der Gewässergüte in der Regel nur bedingt möglich. Eine Gegenüberstellung organischer Einzelstoffe in den Mündungsbereichen der Ruhr und der Wupper im Zeitraum 1981 bis 1983 ist in Tabelle 6 wiedergegeben.

Hier wird aus raumordnerischer Sicht ein Bedarf an zusätzlichen, sachlich und räumlich differenzierten Daten gesehen. Er dürfte eine teilweise Ergänzung, möglicherweise aber auch nur eine verfeinerte Auswertung der vorhandenen Daten erforderlich machen. Anknüpfend an ein Forschungsvorhaben im Rahmen der Gewässergüteüberwachung, in dem der Frage nachgegangen wird, "inwieweit Untersuchungen und Auswertung nach modernen statistischen Erkenntnissen effizienter gestaltet werden können"[40], sollten daher wasserwirtschaftliche Forschung und Raumforschung eng zusammenarbeiten, um aussagefähigere, vor allem flächendekkende Daten der Gewässergüte zu gewinnen.

Über die Wasserbeschaffenheit hinaus haben bei Fließgewässern Art und Erhaltungsstand des natürlichen Verlaufs einschließlich Gewässerrand erhebliche ökologische Auswirkungen. Als notwendige Voraussetzung zur Verbesserung der geologischen Verhältnisse und Renaturierung der Fließgewässer werden daher vermehrt Bestands- und Veränderungsdaten aus entsprechenden Bewertungs- bzw. Einstufungsverfahren benötigt[41]. Der Umweltatlas Berlin enthält eine Klassifizierung der Flüsse und Seen nach dem ökologischen Zustand der Gewässerufer, differenziert nach Ausbauart und wasserseitiger Vegetation[42]. Derartige Angaben sollten zum Grundbestand umweltbedeutsamer Daten für die Regionalplanung gehören.

6. Regionale Umweltdatenbasis muß noch erheblich ausgeweitet werden

Die für die wichtigsten raumbedeutsamen Umweltbereiche aufgezeigte bzw. für notwendig gehaltene regionale Datenbasis läßt noch deutliche Lücken erkennen. Der von Schmidt/Rembierz für sinnvoll gehaltene "Vorlauf der Raumbeobachtung" ist daher auch aus datenmäßiger Sicht unbedingt erforderlich. Das bedeutet, daß es vor Festlegung bestimmter Mindeststandards bzw. Höchstwerte zunächst darum gehen muß, durch gezielte Auswertungen möglichst kleinräumige und flächendeckende Beobachtungsreihen über mittlere Zeiträume zu ermitteln.

Tab. 6: Organische Einzelstoffe in der Wupper-Mündung und in der Ruhr-Mündung

	1981		1982		1983	
Wupper	50-Perz.	90-Perz.[1]	50-Perz.	90-Perz.[1]	50-Perz.	90-Perz.[1]
EOX-Kohlenwasserstoff	< 20	40	< 20	47	10	50
Trichlormethan	0,3	4,5	0,4	2,9	0,1	0,6
Trichlorethen	0,3	2,0	0,4	0,8	0,3	0,7
Tetrachlorethen	0,2	2,7	0,4	0,9	0,2	0,8
y-HCH	0,01	0,05	< 0,01	0,04	0,04	0,29
Trichlorbenzol	-	-	< 0,1	0,1	0,1	0,3
Trichlorphenole	-	-	0,99	5,83	< 0,1	0,2
Pentachlorphenol	0,19	0,29	0,13	0,35	0,12	0,21
PAK	0,34	0,64	0,17	1,35	0,08	0,37

In einzelnen Proben: a-HCH; 1,1,1-Trichlorethan; PCB.

	1981		1982		1983	
Ruhr	50-Perz.	90-Perz.[2]	50-Perz.	90-Perz.[2]	50-Perz.	90-Perz.[2]
EOX-Kohlenwasserstoff	< 20	69	< 20	92	< 10	50
Trichlormethan	0,2	2,8	0,1	0,4	0,1	0,6
1,1,1-Trichlorethan	-	-	< 0,1	0,1	< 0,1	0,3
Trichlorethen	0,2	0,4	0,3	0,4	0,2	0,3
Tetrachlorethen	0,2	0,3	0,4	1,9	0,1	0,2
y-HCH	0,01	0,02	< 0,01	0,03	0,01	0,02
PAK	0,16	0,38	0,10	0,54	0,21	0,64

1) Anstelle des 90-Perzentils wurde der Maximalwert aus 6 Messungen angegeben.
2) Anstelle des 90-Perzentils wurde der Maximalwert angegeben.

Aus: Gewässergüte-Bericht '83, S. 36 und 38.

Dies setzt neben einer verbesserten statistischen Datenbasis auch einen Ausbau der Raumbeobachtung in technischer und methodischer Hinsicht voraus. Wenn beispielsweise die amtliche Statistik bisher keine ausreichend differenzierten Daten der regionalen Flächennutzung liefern konnte, müssen Wege gefunden werden, über Luftbildauswertungen sowie sonstige Angaben über die Realnutzung entsprechende Daten zu gewinnen[43].

Diese und noch weitergehende Möglichkeiten eröffnet das automatisierte Raumordnungskataster, das darüber hinaus in seiner künftigen Ausgestaltung eine raumbezogene Verknüpfung mit anderen Informationen, z.B. Klimakarten, Darstellungen von Luftaustauschgebieten, zuläßt. Der Einsatz graphisch-interaktiver Arbeitsplätze bei den Landes- und Bezirksplanungsbehörden soll generell dazu dienen, die raumordnungsspezifische Datenbasis sowohl für Umweltverträglichkeitsprüfungen und Einzelstandortentscheidungen ("kasuistische Raumbeobachtung") als auch für statistische Auswertungen wie z.B. Flächenverschneidungen und Flächenbilanzierungen ("standardisierte Raumbeobachtung") zu verbessern. Als bereits praktizierte Anwendungsbereiche einer computergestützten graphischen Datenverarbeitung seien beispielhaft genannt:

- Landschafts-Informationssystem (LANIS).
  Es wird im Bereich Naturschutz und Landschaftspflege eingesetzt (Landesämter sowie -anstalten und Bundesforschungsanstalt für Naturschutz und Landschaftsökologie)[44].

- Regionale und kommunale Informations- und Planungssysteme.
  Neben der reinen Datenerfassung und Informationsverarbeitung schließen diese Systeme die Möglichkeit der Erstellung digitalisierter Raumnutzungspläne mit ein[45].

Insbesondere auch um bereits vorhandene Datenquellen zu erschließen, muß die Raumbeobachtung bestrebt sein, beim Aufbau von Umweltinformationssystemen mitzuwirken. Diese zielen im Ansatz darauf ab, die sektorale bzw. mediale Betrachtungsweise zu überwinden, um zu einer Bewertung der gesamten Umweltsituation zu gelangen. Da die umweltbezogene Datenbasis der amtlichen Statistik unter Berücksichtigung der einschlägigen gesetzlichen Grundlagen noch sehr begrenzt ist, kann im Rahmen eines Umweltinformationssystems - beispielsweise auf Landesebene - auf die Umweltdaten der einzelnen Fachplanungen, z.B. Wasserwirtschaft, Luftreinhalteplanung, Lärmminderungsplanung, zurückgegriffen werden. Hier dürfte noch ein beachtliches latentes Datenpotential vorliegen, das der Raumbeobachtung in verstärktem Maße zugänglich gemacht werden muß.

Weitere Quellen umweltrelevanter Daten entstehen mehr und mehr auf der kommunalen Ebene[46], wobei die besondere Problematik darin besteht, daß die Daten - sei es von der Definition, den Erhebungsmethoden, dem Raumbezug und den Erfassungszeiträumen - nicht im vollen Umfang vergleichbar sind und wohl in den seltensten Fällen flächendeckend vorliegen. Da Städte, Gemeinden und Kreise aus Vergleichsgründen und aus Gründen der Kostenersparnis auch einen Bedarf an regionalen und überregionalen Umweltdaten haben, dürfte die wechselseitige Ergänzung der regionalen und kommunalen Datengrundlagen zunehmend an Bedeutung gewinnen (Datenverbund, Datenmanagement).

Dennoch wird aufgrund der vorhandenen Datenquellen der Bedarf an regionalen Umweltdaten nur näherungsweise befriedigt werden können. Daraus ergibt sich die grundsätzliche Forderung an den politischen Raum, wesentlich mehr Mittel für zusätzliche Datenerfassungen im Umweltbereich bereitzustellen. Derartige Forderungen stoßen nicht nur wegen der Höhe der benötigten finanziellen Mittel auf politischen Widerstand. Das Bild von "Umwelt-Meßorgien" wird auch gern von solchen Kräften bemüht, bei denen der Schutz der natürlichen Lebensgrundlagen keinen besonders hohen Stellenwert einnimmt.

Ohne ein Mindestmaß an regionalen und lokalen Umweltdaten wird eine stärker ökologisch orientierte Landes- und Regionalplanung aber nicht zu verwirklichen sein.

Anmerkungen

1) Umweltprogramm NRW - Grundlagen. In: Die Landesregierung Nordrhein-Westfalen informiert, Düsseldorf 1983, S. 34.

2) Vgl. Leitlinien der Bundesregierung zur Umweltvorsorge durch Vermeidung und stufenweise Verminderung von Schadstoffen (Leitlinien Umweltvorsorge). Deutscher Bundestag, Drucksache 10/6028 vom 19.9.1986, S. 9. - Umweltbeobachtung und Raumbeobachtung. In: Berichte zur Orts-, Regional- und Landesplanung, Nr. 54, Zürich 1986.

3) Marx, D., Zum Zusammenwirken von Umwelt- und Flächenvorsorge auf der Ebene eines Raumordnungsverfahrens. In: Arbeitsmaterial Nr. 122, Hrsg. v. Akademie für Raumforschung und Landesplanung, Hannover 1986, S. 97.

4) Landesentwicklungsplan III, Umweltschutz durch Sicherung von natürlichen Lebensgrundlagen. Zwischenbericht des Minister für Landes- und Stadtentwicklung des Landes NRW, Düsseldorf, April 1985.

5) Wuschansky, B., Regionale Entwicklungsspielräume von Gewerbe- und Industrieflächen - Bestandserhebung und Ansatz für eine methodische Bedarfserhebung, Schriftenreihe Landes- und Stadtentwicklungsforschung des Landes Nordrhein-Westfalen, Band 1.044, S. 18.

6) Radermacher, W., Daten über die Bodennutzung - Ergebnisse der Flächenerhebung 1985 und Weiterentwicklung der Erhebungsmethode. In: Wirtschaft und Statistik, Heft 5/1986, S. 390.

7) Scharpf, H., Datenbedarf im Bereich des planerischen Umweltschutzes. In: Arbeitsmaterial Nr. 94, Hrsg. v. Akademie für Raumforschung und Landesplanung, Hannover 1986, S. 39.

8) Hamelmann, H.-G., Flächennutzung - von oben gesehen. In: Demokratische Gemeinde, Heft 6/1983, S. 368-370.

9) Reiners, H., Das Raumordnungskataster als landesplanerische und regionalplanerische Informationsgrundlage in Nordrhein-Westfalen. In: Schriftenreihe für Landes- und Stadtentwicklungsforschung des Landes NRW, Band 1.042, insbesondere S. 161ff.

10) Bodenschutz als Aufgabe der Landes- und Regionalplanung. Bericht der Akademie für Raumforschung und Landesplanung über die Sitzung der Sektion I, Osnabrück/Hannover 1986.

11) Rechenschaftsbericht zum Grundstücksfond Ruhr und zum Grundstücksfond Nordrhein-Westfalen, Heft 6 der Reihe MSWV informiert, Hrsg. v. Minister für Stadtentwicklung, Wohnen und Verkehr, Düsseldorf 1986, S. 37f.

12) König, W.; Krämer, F., Schwermetallbelastung von Böden und Kulturpflanzen in Nordrhein-Westfalen, Schriftenreihe der Landesanstalt für Ökologie, Landschaftsentwicklung und Forstplanung Nordrhein-Westfalen, Band 10, 1985, S. 88f.

13) Vgl. z.B. Schwermetalle in Böden verschiedener Nutzungsformen im Kreis Unna - Eine Bestandsaufnahme, Bodenbelastungskarte Teil I, Hrsg. v. Kreis Unna, Februar 1986.

14) Wittmann, O. Der Bodenkataster Bayern - Bodeninformationssystem für Standortkunde, Boden- und Umweltschutz. In: Amtsblatt des Bayerischen Staatsministeriums für Landesentwicklung und Umweltfragen, Nr. 3/1986.

15) Franzius, V., Sanierung kontaminierter Standorte. In: Wasser und Boden, Heft 4, 1986, S. 117.

16) Biotopkartierung. Runderlaß des Ministers für Umwelt, Raumordnung und Landwirtschaft vom 6.3.1986. Ministerialblatt für das Land NRW Nr. 30 vom 25.4.1986, S. 464.

17) Genkinger, R., LINFOS NW, 1. Bericht, Landesanstalt für Ökologie, Landschaftsentwicklung und Forstplanung NRW, Recklinghausen 1983, S. 19f.

18) Sukopp, H.; Weiler, S., Biotopkartierung im besiedelten Bereich der Bundesrepublik Deutschland. In: Landschaft und Stadt, Heft 18/1986, S. 30.

19) Regionales Freiraumsystem Ruhrgebiet, Teil I Freiraumfunktionen/Potentiale, Räumliches Leitbild/Ziele, Entwurf Juli 1986, insbes. Karte T 1 "Arten- und Biotopschutz".

20) Genkinger, R., LINFOS NW, a.a.O., S. 22.

21) Forschungsgruppe TRENT-Umwelt an der Universität Dortmund, Umweltschonende Bergbaunordwanderung - Umweltwirkungsanalysen, räumlich-konzeptionelle Planungsansätze und Umweltqualitätsziele als Beiträge zu Leitvorstellungen für

eine umweltschonende Integration des Steinkohlenbergbaus in die natürlichen Systeme und Nutzungsstrukturen der Nordfelder, Dortmund 1985, Karte nach S. 28.

22) Kühling, W., Sicherung einer ausreichenden Luftqualität - eine Aufgabe der Regionalplanung? In: Mitteilungen des Instituts für Raumplanung, Nr. 27 1984, S. 33.

23) Luftreinhalteplan Ruhrgebiet Ost, 1. Fortschreibung 1986 bis 1990 (II), Hrsg. v. Minister für Umwelt, Raumordnung und Landwirtschaft des Landes Nordrhein-Westfalen, Düsseldorf 1986, S. 17.

24) Luftreinhalteplan Ruhrgebiet Ost (II), a.a.O., S. 83.

25) Kühling, W., Planungsrichtwerte für die Luftqualität - Entwicklung von Mindeststandards zur Vorsorge vor schädlichen Immissionen als Konkretisierung der Belange empfindlicher Raumnutzungen, Schriftenreihe Landes- und Stadtentwicklungsforschung des Landes NRW, Band 4.045, S. 158f.

26) Luftreinhalteplan Ruhrgebiet Ost (II), a.a.O., Karte S. 255.

27) Luftreinhalteplan Ruhrgebiet Ost (II), a.a.O., S. 242 und Karte S. 253.

28) Vgl. Untersuchung der klimatischen Verhältnisse im Regierungsbezirk Düsseldorf und im Ruhrgebiet Ost als Grundlage raumspezifischer Aussagen der Regionalplanung, insbesondere der Ballungsgebiete, durchgeführt im Auftrag der Regierungspräsidenten Arnsberg und Düsseldorf, Teil III (4/1982) und Teil IV (12/1985).

29) Regionales Freiraumsystem Ruhrgebiet, Teil I, a.a.O., Karte T 3.

30) Dreyhaupt, Dierschke, Kropp, Prinz, Schade, Handbuch zur Aufstellung von Luftreinhalteplänen, Hrsg. v. TÜV Rheinland Köln, Band 4, S. 267.

31) Scholl, G., Die Belastung der Vegetation durch Luftverunreinigungen im Lande Nordrhein-Westfalen, Schriftenreihe der Landesanstalt für Immissionsschutz des Landes NRW, Essen, Heft 62 (1985), S. 10ff.

32) Dreyhaupt, Dierschke, Kropp et.al., a.a.O., S. 251.

33) Ministerkonfrenz für Raumordnung, Schutz und Sicherung des Wassers, Entschließung vom 21. März 1985.

34) Gesamtkonzept zur Nordwanderung des Steinkohlenbergbaus an der Ruhr, Hrsg. v. Minister für Umwelt, Raumordnung und Landwirtschaft des Landes NRW, Düsseldorf 1986, insbesondere Kartenanlage "Bergsenkungen und Grundwasserflurabstände".

35) Grundwasserbericht 84/85, Hrsg. v. Landesamt für Wasser und Abfall Nordrhein-Westfalen, Düsseldorf 1985, S. 7f. - Gewässergütebericht '83, Hrsg. v. Landesamt für Wasser und Abfall Nordrhein-Westfalen, Düsseldorf 1983, S. 6f.

36) Die Landwirtschaft in Nordrhein-Westfalen 1984, Beiträge zur Statistik des Landes NRW, Heft 540, S. 34-43.

37) Landtag Nordrhein-Westfalen, Große Anfrage 13 "Wasserpolitik in Nordrhein-Westfalen", Drucksache 9/3080 vom 25.1.1986, S. 25f. Vgl. auch Tätigkeitsbericht 1984-1985 des Geologischen Landesamtes Nordrhein-Westfalen, Krefeld 1986, S. 25.

38) Grundwassrbericht 84/85, a.a.O., S. 37f.

39) Fließgewässer in Nordrhein-Westfalen - Richtlinie für die Ermittlung der Gewässergüteklasse, Hrsg. v. Landesamt für Wasser und Abfall NRW, Düsseldorf 1982, S. 4.

40) Große Anfrage 13 "Wasserpolitik in NRW", a.a.O., S. 20.

41) Bewertung des ökologischen Zustandes von Fließgewässern, Hrsg. v. Landesanstalt für Ökologie, Landschaftsentwicklung und Forstplanung NRW und Landesamt für Wasser und Abfall NRW, Recklinghausen/Düsseldorf/Essen 1985.

42) Vgl. Karte "Ökologischer Zustand der Gewässerufer". In: Umweltatlas Berlin, Band 1, Bereich Wasser (02), Hrsg. v. Senator für Stadtentwicklung und Umweltschutz, Berlin (Bearbeitungsstand 1984).

43) Vgl. z.B. auch: Luftbildauswertung in der Statistik, Hrsg. v. Statistischen Bundesamt, Wiesbaden 1986.

44) Arnold, F.; Koeppel, H.-W., EDV in der Berufspraxis der Landschaftsarchitekten. In: Garten und Landschaft, Heft 9/1986, S. 19-22.

45) Als eines der wegweisenden Systeme sei angeführt: Informations- und Planungssystem (IPS), Hrsg. v. Umlandverband Frankfurt, 1985.

46) Stellvertretend für eine Vielzahl kommunaler Umweltschutzberichte in NRW sei angeführt: Umwelt-Atlas der Stadt Warstein, Warstein 1985. Der Bericht enthält u.a. Verkehrslärmkarten für einzelne Stadtteile, eine Darstellung der regionalen Verteilung der Emissionen des Kraftfahrzeugverkehrs, eine Karte der Altlastenstandorte, eine Waldfunktionskarte sowie eine schematisierte Darstellung der Biotopanteile.

Rechtliche Aspekte der wechselseitigen Beeinflussung von Naturschutz und Landesplanung

von
Rainer Bergwelt, München

Gliederung

Der Beitrag versucht, aufbauend auf einem Aufriß des Status quo, Soll-Aussagen zur Aufgabenstellung des Arbeitskreises unter vorwiegend rechtlichen Gesichtspunkten zu formulieren. Der Beitrag beschränkt sich auf Aspekte des Naturschutzes und der Landschaftspflege, wobei der Naturschutz als "Teilmenge" des Umweltschutzes verstanden wird[1]. Die Ausführungen des Beitrags orientieren sich an bayerischer Gesetzeslage und an hier gewonnenen Erfahrungen.

Aus der Sicht des Naturschutzes stellen sich dazu folgende Fragen:

- Besteht ein Defizit der Raumordnung, das die Durchsetzung der Belange des Naturschutzes behindert?

- Was muß geschehen, um die Raumordnung für die Durchsetzung der Ziele, Grundsätze und Erkenntnisse des Naturschutzes besser als bisher nutzen zu können?

- Bestehen Defizite des Naturschutzes, die es der Raumordnung verwehren, den Naturschutz seinem Rang gemäß zu gewichten?

- Was muß der Naturschutz leisten, um diese Defizite abzubauen?

Die Antworten erheben keinen Anspruch auf Vollständigkeit.

1. Status quo

Für die Beschreibung des Ist-Zustandes ist von den normativen Grundlagen der Raumordnung und von ihrer Umsetzung insbesondere im Raumordnungsverfahren (ROV) auszugehen.

1.1 Es ist keine neue Feststellung, daß bei den Zielen in § 1 ROG zwar die "wirtschaftlichen, sozialen und kulturellen Erfordernisse", aber lediglich die "natürlichen Gegebenheiten" zu beachten sind. Bei wörtlicher Auslegung ist darin ein ausreichender ökologischer Ansatz nicht zu erkennen, weil der Begriff "Gegebenheiten" auf eine rein statische Bestandsaufnahme, nicht auch auf dynamisch anzustrebende Zustände hindeutet. Von den Grundsätzen enthält § 2 Nr. 7 ROG das Gebot, für den Schutz, die Pflege und die Erhaltung von Natur und Landschaft zu sorgen. Während die Begriffstrias "wirtschaftliche, soziale und kulturelle Verhältnisse" mehrfach vorkommt und auch der technische Umweltschutz mit den Bereichen Wasser, Luft und Lärm konkretisiert wird, ist § 2 Nr. 7 die einzige Erwähnung eines ökologischen Belangs.

1.2 Das Bayerische Landesplanungsgesetz (BayLplG) enthält in Art. 2 Nr. 12 die Grundsätze "... das Gleichgewicht des Naturhaushalts (soll) nicht nachteilig verändert werden. Unvermeidbare wesentliche Beeinträchtigungen sind durch landschaftspflegerische Maßnahmen möglichst auszugleichen." Damit steht das Gleichgewicht des Naturhaushalts zur Disposition; der Naturhaushalt darf also - weiterhin? - bei anderweitigem Bedarf aus dem Gleichgewicht gebracht werden. Das Ausgleichsziel ist einerseits realistisch formuliert ("möglichst"), weil Eingriffe vielfach nicht ausgleichbar sind, greift andererseits aber zu kurz, weil es sich auf die Erhaltung des Status quo beschränkt und den Entwicklungsgedanken ausklammert.

Normcharakter hat in Bayern auch das Landesentwicklungsprogramm (LEP) als Rechtsverordnung nach Art. 14 Abs. 3 BayLplG. Das LEP behandelt ökologische Belange weit eingehender als das Gesetz. Zu den überfachlichen Zielen (A I 3) zählt: "Bei der Entwicklung des Landes und seiner Teilräume sind ... die natürlichen Lebensgrundlagen sowie die Leistungsfähigkeit des Naturhaushalts zu sichern." Bei den fachlichen Zielen steht das Kapitel "Natur und Landschaft" an erster Stelle, formuliert fachlich sehr detaillierte Aussagen (z.B. "Zur Aufrechterhaltung von Wanderbeziehungen heimischer Tier- und Pflanzenarten soll eine Isolierung ihrer Lebensräume vermieden werden", B I 1.2) und geht mit Entwicklungszielen ("Die Vielfalt der Naturausstattung soll ... durch ökologische Ausgleichsflächen vermehrt werden", B I 1.3) über den rein konservierenden Grundsatz in Art. 2 Nr. 12 BayLplG hinaus.

1.3 Die Regionalpläne schließlich, die in Bayern zunehmend beschlossen und für verbindlich erklärt werden, nutzen, wenn auch in unterschiedlicher Art und Weise, die Gelegenheit, die im LEP allgemein formulierten Ziele auf den Raum der Region hin zu konkretisieren. So enthält etwa der Regionalplan der Region 1 "Bayerischer Untermain" innerhalb der überfachlichen Ziele Aussagen zu den ökologischen Erfordernissen in der Raumstruktur ("Aus der landwirtschaftlichen Nutzung ausscheidende Flächen sollen dort der natürlichen Sukzession überlassen bleiben, wo sie den Zielen des Naturschutzes in besonderer Weise dienen", A II 1.4); innerhalb der fachlichen Ziele werden Aussagen zur Ausweisung landwirtschaftlicher Vorbehaltsgebiete, von Naturschutzgebieten und Landschaftsbestandteilen ebenso auf einzelne Räume hin konkretisiert ("Als Naturschutzgebiete sollen ... geschützt werden ... Steinbrüche im Süden der Region, die wegen des Reichtums oder der Seltenheit der Tier- und Pflanzenwelt überregional bedeutsam sind", B I 2.2.1) wie zu Maßnahmen der Landschaftspflege. Ähnliches gilt für die anderen Regionalpläne.

1.4 Die mit der Ortsnähe zunehmende Zieldichte legt die Annahme nahe, ein Defizit an einer Grundausstattung von Zielen der Landesplanung zugunsten des Naturschutzes und der Landschaftspflege sei nicht festzustellen. Gleichwohl wird immer wieder beklagt, daß in der Einzelumsetzung in Raumordnungsverfahren der ökologische Belang zurücktreten muß. Dafür werden als Gründe diskutiert:

- Ziele der Ökologie sind gleichrangig mit anderen Zielen und unterliegen ebenso wie diese der Abwägung im Einzelfall.

- Die Landesplanung war bis in die 70er Jahre geneigt, wirtschaftlich-sozialen Belangen den Vorrang einzuräumen.

- Sie konnte diesen Vorrang damit rechtfertigen, daß sie zum Ausgleich die - positive - landesplanerische Beurteilung mit Maßgaben zur Wahrung der Belange des Naturschutzes und der Landschaftspflege versah.

Diese Fragen sollen hier nicht vertieft werden. Lediglich zur Maßgabe-Praxis sei angemerkt, daß einer Maßgabe nur eine Alibifunktion zukommt, wenn sie so formuliert ist, daß sie über ein allgemeines Ziel der Landesplanung oder des Naturschutzes nicht hinausgeht ("Das Vorhaben entspricht den Erfordernissen der Raumordnung mit folgender Maßgabe: Die Leistungsfähigkeit des Naturhaushalts darf nicht beeinträchtigt werden.") Der Charakter einer solchen Maßgabe als Leerformel wird besonders deutlich, wenn auf Grund der fachlichen Stellungnahme im ROV offenkundig ist, daß bei Verwirklichung des Eingriffs die in Frage stehenden Belange nicht gewahrt werden. Um solche Leerformeln zu unterbinden, schreibt die Bekanntmachung des Bayerischen Staatsministeriums für Landesentwicklung und Umweltfragen zur Durchführung von ROV (LUMBl 1984, S. 32) vor, daß Maßgaben möglichst konkret zu fassen sind.

Zur Behebung des vermuteten Defizits der Raumordnung werden diskutiert

- der Ausbau von Vorrangklauseln zugunsten der Ökologie
- die Einführung ökologischer Eckwerte.

1.4.1 Von einschneidender Wirkung wäre die Postulierung eines absoluten Vorrangs[2]. Es leuchtet unmittelbar ein, daß dies eine für den praktischen Vollzug nicht handhabbare Formulierung ist: Vorrang wessen, Vorrang wovor? Insbesondere der "innerökologische" Zielkonflikt (Kläranlage im Landschaftsschutzgebiet) wäre unlösbar. Praktikabel scheint hingegen der relative Vorrang, wie er in den überfachlichen Zielen des LEP niedergelegt ist: "Bei Konflikten zwischen ökologischer Belastbarkeit und ökonomischen Erfordernissen ist den ökologischen Belangen Vorrang einzuräumen, wenn eine wesentliche und langfristige Beeinträchtigung der natürlichen Lebensgrundlagen droht", A I 4. Dort ist zwar nur von ökonomischen Erfordernissen die Rede, nicht von sonstigen gegenläufigen Interessen, etwa Belangen des Gemeinwohls (z.B. Straßenbau, sonstige Maßnahmen der Infrastruktur); man wird aber wohl annehmen können, daß die Landesplanungsbehörden nach dem Geist des LEP diese Abwägungsregel auch auf nichtökonomische Belange anwenden dürfen.

Die Klausel hat Geschichte. Bereits im Jahre 1972 hat die Ministerkonferenz für Raumordnung in einer Entschließung gefordert: "Bei Zielkonflikten muß dem Umweltschutz dann Vorrang eingeräumt werden, wenn eine wesentliche Beeinträchtigung der Lebensverhältnisse droht oder die langfristige Sicherung der Lebensgrundlagen der Bevölkerung gefährdet ist. In dieser Formulierung sind die Begriffe "wesentlich" und "langfristig" noch durch die Konjunktion "oder" verbunden. Die MKRO hat mit Entschließung vom 21.3.1985 eine praxisgerechtere Formulierung vorgelegt; danach "ist den Belangen des Umweltschutzes Vorrang vor anderen Belangen einzuräumen, wenn eine wesentliche und langfristige Beeinträchtigung der natürlichen Lebensgrundlagen droht." Die MKRO-Klausel enthält im übrigen keine Beschränkung auf ökonomische Belange. Eine solche Klausel, deren Relativität im Grunde bedeutet: unter bestimmten Voraussetzungen besteht ein absoluter, einer Abwägung nicht mehr zugänglicher Vorrang, erscheint auf den ersten Blick wie eine Patentlösung der Probleme. Ist sie es wirklich? Zunächst bedarf es eines Bezuges zu Art. 2 Nr. 12 BayLplG. Nach dieser Vorschrift ist, wie dargestellt, eine wesentliche Beeinträchtigung des Gleichgewichts des Naturhaushalts möglichst auszugleichen. Wo dies nicht möglich ist, ist die Beeinträchtigung also ohne Ausgleich hinzunehmen. Eine Beeinträchtigung, die nicht auszugleichen ist, ist aber wohl als langfristig zu bewerten (so auch die Begründung zur Vorrangklausel A I 4 LEP). Wenn man das Gleichgewicht des Naturhaushalts gleichsetzt mit der Leistungsfähigkeit des Naturhaushalts, die ihrerseits ein Teil der natürlichen Lebensgrundlagen ist[3], dann ist es kein Ziel des BayLplG, bei wesentlichen und langfristigen Beeinträchtigungen den ökologischen Belangen Vorrang einzuräumen. Darf bei dieser Gesetzeslage die abhängige Norm LEP eine solche Abwägungsregel überhaupt aufstellen? Es ist hier nicht der Platz, um das Verhältnis von Gesetz und Verordnung in der Raumordnung zu untersuchen. Es kann aber wohl gesagt werden, daß Art. 80 Abs. 1 Grundgesetz im Hinblick auf den Rechtsschutz des Bürgers vor eigenmächtigen Verwaltungsnormen mit Eingriffsbefugnissen geschaffen wurde, wohingegen die landesplanerische Beurteilung für den Bürger nicht unmittelbar verbindlich ist (wenn auch bedacht werden muß, daß die Vorrangklausel über nachfolgende Verwaltungsentscheidungen sehr schnell mittelbar Rechtspositionen des Bürgers berühren kann). Im übrigen wird man im Hinblick auf die weite Fassung und den Sinn der Ermächtigungsnorm in Art. 13 BayLplG an der Geltung der Abwägungsklausel keinen Zweifel hegen dürfen.

Die Umsetzung der Klausel im Einzelfall wirft allerdings eine Reihe von Fragen auf. Zunächst sollte Einigkeit darüber herrschen, daß die Beeinträchtigung einer natürlichen Lebensgrundlage für die Anwendung ausreicht, auch wenn die Klausel den Plural verwendet. Sodann ist zu klären, ob Maßstab für die Beurteilung der Beeinträchtigung ausschließlich die konkret in Anspruch genommene Lebensgrundlage (Boden in einer bestimmten Quadratmeterzahl, Wasser in Form eines bestimmten Gewässers, Gefährdung bestimmter, in einem Biotop vorkommender Arten) ist oder ob der Eingriff an Boden, an Wasser, an der Artenvielfalt schlechthin zu messen ist. Die Antwort muß differenziert ausfallen. Wählt man für die Auslegung die - weiten - Sammelbegriffe Boden, Wasser schlechthin, kann die Klausel praktisch nicht greifen. Es ist unmöglich, bei einem Sammelbegriff die Wesentlichkeit eines Eingriffs festzustellen. Im Alltag herrscht wohl diese Auslegung vor. (Anders ist es nicht zu erklären, daß ebenso regelmäßig wie folgenlos der jährliche Flächenverbrauch in der Bundesrepublik beklagt wird.)

Etwas anders liegt es bei der Artenvielfalt. Nimmt man den Begriff "wesentlich" beim Wort, dann muß die Beeinträchtigung, um wesentlich zu sein, das Wesen des Bezugsobjekts, seine typische Eigenart, den Kernbereich seiner Existenz berühren; die Artenvielfalt muß nach dem Eingriff ihr Wesen verändert, sie muß eine andere geworden sein. Sie ist eine andere geworden, wenn mindestens eine Art des Gesamtspektrums endgültig verschwunden ist. Die Klausel greift also, wenn als Folge des Eingriffs das Aussterben mindestens einer Art droht. (Daß diese Folge auch langfristig ist, bedarf keiner Erwähnung.)

Im Alltag geht es aber praktisch nie um die letzten Exemplare einer Art schlechthin, also in einer globalen Betrachtung, sondern allenfalls in einem räumlich abgegrenzten Bezugssystem. Ein solcher Bezugsraum ist nicht definiert. Mit dieser Auslegung hat die Vorrangklausel daher in Wahrheit keine Relevanz. Sie ist Programmsatz, nicht Entscheidungsformel. Dieser These gibt die Erfahrung recht. Im landesplanerischen Alltag finden ganz "normale" Abwägungen statt. Das schließt nicht aus, daß sich dabei im Einzelfall der Naturschutzbelang durchsetzt (und er tut es erfreulicherweise im zunehmenden Maß); das geschieht dann aber nicht "automatisch" aufgrund der Vorrangklausel.

1.4.2 Ökologische Eckwerte würden unmittelbare Wirkung zeitigen, wenn sie der Landesplanung von der Ökologie für das ROV verbindlich an die Hand gegeben würden, als Grenzwerte, deren Einhaltung die Landesplanung zu gewährleisten hätte und deren Nichteinhaltung zu einem automatischen Stop des Eingriffsvorhabens führen würde. Derartige verbindliche Eckwerte als Vorgaben der Ökologie für das ROV sindjedoch eine unerfüllbare Wunschvorstellung[4)].

1.4.2.1 Die Landesplanung muß wesensgemäß alle in Betracht kommenden Belange in ihre Beurteilung einbeziehen. Wenn man - richtigerweise - den ökologischen Bereich allgemein als einen von vielen Politikbereichen betrachtet, gibt es keinen Grund, warum die Landesplanung einzelne - wenn auch vielleicht besonders schwerwiegende - Aussagen der Ökologie sich unbesehen zu eigen machen und sie mit einer Tabu-Wirkung gegenüber anderen Belangen ausstatten sollte.

1.4.2.2 Landesplanerische Beurteilung ist Abwägung im Einzelfall. Verbindliche Vorgaben mit pauschaler Geltung schließen eine solche Abwägung aus. Es gibt sie allerdings gleichwohl. Sie sind aber die seltene Ausnahme, und sie sind dann eigenes Instrumentarium der Landesplanung. In Bayern ist das bisher einzige Beispiel die Regelung der Erschließung der Alpen mit bestimmten Verkehrsanlagen nach einem Zonenkonzept im LEP, insbesondere das absolute Verbot der Errichtung dieser Erschließungsanlagen in Zone C[5)].

Dieses Ziel, das einer Abwägung nicht mehr zugänglich ist, kann wohl nur so verstanden werden, daß die erforderliche landesplanerische Abwägung zwar nicht mehr im Einzelfall stattfindet, jedoch unter Beachtung insbesondere der Beteiligungsformen des BayLplG für das LEP ein für allemal pauschal für ein bestimmtes Gebiet hinsichtlich bestimmter Maßnahmen - und also insbesondere nach Inhalt und Fläche genau bestimmt - vorweggenommen und daß das Ergebnis der Abwägung normativ verfestigt wurde. Also: ein absolutes Verbot bestimmter Eingriffe aufgrund vorweggenommener landesplanerischer Abwägung mit Hilfe des landesplanerischen Instrumentariums.

Nur scheinbar besteht ein ähnliches - weniger striktes, aber im Prinzip die Substanzerhaltung mittelbar gewährleistendes - landesplanerisches Veränderungsverbot für den Bannwald. Nach Art. 11 des Waldgesetzes für Bayern (Bay WaldG) soll Wald, der aufgrund seiner Lage und seiner flächenmäßigen Ausdehnung vor allem in Verdichtungsräumen und waldarmen Bereichen unersetzlich ist und deshalb mit seiner Flächensubstanz erhalten werden muß und welchem eine außergewöhnliche Bedeutung für das Klima, den Wasserhaushalt oder für die Luftreinigung zukommt, durch Rechtsverordnung zu Bannwald erklärt werden, soweit er in Plänen nach Art. 17 BayLplG - d.h. in Regionalplänen - ausgewiesen ist. Im Bannwald ist die Rodungserlaubnis zu versagen, Art. 9 Abs. 4 Nr. 1 BayWaldG. Die Rodungserlaubnis kann zwar erteilt werden, wenn sichergestellt ist, daß angrenzend an den vorhandenen Bannwald ein Wald neu begründet wird, der hinsichtlich seiner Ausdehnung und seiner Funktionen dem zu rodenden Wald annähernd gleichwertig ist oder gleichwertig werden kann, Art. 9 Abs. 6 Satz 2 BayWaldG; die Landesplanung könnte also im Raumordnungsverfahren den beabsichtigten Eingriff positiv beurteilen mit der Maßgabe, daß der im Waldgesetz vorgesehene Ausgleich geschaffen wird. Damit besteht scheinbar kein wesentlicher Unterschied zu dem - sozusagen selbstverständlichen - Grundelement für die Beurteilung von Eingriffen nach Naturschutzrecht, nämlich der Verpflichtung zum Ausgleich nach § 8 Abs. 2 Satz 1 BNatSchG, Art. 6 a Abs. 1 Satz 1 BayNatSchG. Gleichwohl besteht ein solcher Unterschied. Die Bannwaldvorschriften bieten nämlich insofern einen zusätzlichen Schutz, als, falls die vom Gesetz vorgesehene Form der Substanzerhaltung nicht sichergestellt ist, der Eingriff versagt werden muß , eine Abwägung der widerstreitenden Belange wie nach § 8 Abs. 3 BNatschG, Art. 6a Abs. 2 BayNatSchG findet nicht statt (daß die Ausweisung von Bannwald im Regionalplan nicht parzellenscharf geschieht, tut dem Prinzip keinen Abbruch). Also auch hier ein Verbot bestimmter Eingriffe aufgrund vorweggenommener landesplanerischer Abwägung mit Hilfe des landesplanerischen Instrumentariums? Die Frage ist zu verneinen. Beide Fälle sind grundlegend verschieden zu beurteilen, weil die Wirkung der landesplanerischen Ausweisung in einem Fachgesetz geregelt ist.

1.4.2.3 Von der Landesplanung die Übernahme ökologischer Eckwerte im Sinne von Grenzwerten zu verlangen, hieße, von ihr mehr zu verlangen, als der Naturschutz selbst zu leisten bereit und in der Lage ist. Absolute Veränderungsverbote kennt der Naturschutz bis heute nur für wenige Schutzgebietskategorien: Nationalparke, Naturschutzgebiete, Naturdenkmale und Landschaftsbestandteile (§ 13 ff. BNatSchG, Art. 7 ff. BayNatSchG). Der Biotopschutz, in Bayern 1982 für Feuchtflächen und 1986 als Folge der Verfassungsergänzung für Trocken- und Magerrasen eingeführt, ist nicht absolut.Bei Eingriffen ist abzuwägen, ob - genau wie bei "normalen" Eingriffen - die Belange des Naturschutzes und der Landschaftspflege im Range vorgehen, Art. 6d Abs. 1 Satz 3 BayNatSchG. Auch die Novelle zum BNatSchG, die zum 1.1.1987 in Kraft getreten ist, enthält eine Biotopschutzvorschrift, die jedoch ebenfalls keinen absoluten Schutz gewährt; zwar können nur öffentliche Belange überwiegen, andere Belange nur, wenn der Eingriff ausgleichbar ist, d.h. nicht ausgleichbare Eingriffe lediglich aufgrund privater Interessen sind nicht mehr zulässig; es gibt aber keine vollständige Tabuwirkung.

2. Verbesserung des Status quo

2.1 ROG

Das ROG muß aufgrund der bisher gemachten Erfahrungen des Naturschutzes "ökologisiert" werden, und zwar indem es

- in § 1 Abs. 1 die Beachtung der "Erfordernisse des Naturschutzes und der Landschaftspflege" vorschreibt,

- diese Erfordernisse unter den Grundsätzen des § 2 in Anlehnung an § 1 BNatSchG ausdrücklich nennt, damit der Landesplaner in seinem eigenen Gesetz diese Belange vorfindet,

- sich dabei nicht auf die Bewahrung des Ist-Zustandes beschränkt, sondern ökologischen Entwicklungsgedanken mit aufnimmt,

- sich nicht nur die Gefahrenabwehr zur Aufgabe macht, sondern auch den Vorsorgegedanken (vgl. Beitrag Hübler in diesem Band) und damit die Landesplanungsbehörden "ermächtigt", in Fällen schwerwiegenden Zweifels über unbekannte Folgen eines Eingriffs zugunsten der ökologischen Belange abzuwägen ("in dubio pro natura"),

- in § 2 Abs. 2 den relativen Vorrang der ökologischen Belange verankert (Näheres siehe 2.3.2).

2.2 BayPlG

Die gleichen Forderungen gelten im Grundsatz für das BayLplG. Bis zu seiner Novellierung sind die Grundsätze in Art. 2 Nr. 12 BayLplG wegen der Ergänzung der Bayerischen Verfassung um das Staatsziel Umweltschutz im Jahr 1984 zu lesen wie Art. 141 Abs. 1 BV, es gehöre zu den vorrangigen Aufgaben des Staates, "die Leistungsfähigkeit des Naturhaushalts zu erhalten und dauerhaft zu verbessern" und "die heimischen Tier- und Pflanzenarten und ihre notwendigen Lebensräume (das in der Bayerischen Verfassung von 1946 hinsichtlich der Arten enthaltene "möglichst" wurde bewußt gestrichen!) zu schonen und zu erhalten." Wenn auch die Verfassung mit dieser Formulierung die Existenz anderer vorrangiger Aufgaben anerkennt, wird man doch aus der Aufnahme der natürlichen Lebensgrundlagen als neues Staatsziel in Art. 3 - neben den Grundzielen Rechts-, Kultur- und Sozialstaat - auf eine herausgehobene Stellung unter den vorrangigen Aufgaben schließen dürfen. Eine solche Ergänzung der Verfassung kann nicht ohne Auswirkungen auf die Interpretation des BayLplG, eine solche Lesart des BayLplG kann nicht ohne Auswirkungen auf die Abwägung im ROV bleiben. Sie wird vielmehr künftig als zusätzliches Gewicht bei der Abwägung auf die Waagschale des Naturschutzes gelegt werden müssen.

2.3 LEP

Das LEP muß aus einer so geänderten Rechtslage Folgerungen für sich und - in Form weiterer Vorgaben - für die Regionalplanung ziehen.

2.3.1 Das LEP sollte - ebenso wie für den Abbau von Bodenschätzen - auch für die Belange des Naturschutzes und der Landschaftspflege über das Instrument der Vorbehaltsfläche hinaus das Instrument des Vorranggebietes schaffen und vorschreiben, daß in den Regionalplänen entsprechende Vorrangflächen ausgewiesen werden. Nach B I 2.3 LEP sollen Gebiete, in denen den Belangen des Naturschutzes und der Landschaftspflege besonderes Gewicht zukommt, in den Regionalplänen als landschaftliche Vorbehaltsgebiete ausgewiesen werden; vornehmlich in diesen sollen Landschaftsschutzgebiete festgesetzt werden, B I 2.4.4 LEP. Für die Gewinnung von Bodenschätzen hingegen sollen in den Regionalplänen Flächen zur Deckung des derzeitigen und künftigen regionalen und überregionalen Bedarfs vorgesehen werden. Den Belangen ... des Naturschutzes und der Landschaftspflege ... soll der Vorrang eingeräumt werden, soweit nicht Gründe zur Rechtfertigung dieses Vorrangs die Standortgebundenheit, Begrenztheit, Knappheit und Nicht-Reproduzierbarkeit von Bodenschätzen. Diese Kriterien gelten weithin in gleicher Weise für ökologisch wertvolle Flächen. Das LEP nennt solche Flächen, die eines besonderen Schutzes bedürfen, selbst ausdrücklich, insbesondere:

- naturnahe Ökosysteme, insbesondere ... für die ... Naturräume typische Bestände,
- weitgehend naturnahe Hoch- und Niedermoore,
- seltene oder bedrohte Ökosysteme,
- Biotope bedrohter heimischer Tier- und Pflanzenarten.

Solche Gebiete sollen als Naturschutzgebiete festgesetzt werden, B I 2.4.1. In allen Naturräumen sollen in Ergänzung der Naturschutzgebiete Naturdenkmäler, Landschaftsschutzbestandteile und Grünbestände geschützt werden, B I 2.4.3 LEP. All diese Kategorien bieten sich zur Bezeichnung als Vorranggebiete an. Die Landesplanung würde damit dem Naturschutz eine wirksame Hilfestellung geben, weil die landesplanerische Sicherung einen bedeutenden zeitlichen Vorlauf vor der Einzelfestsetzung nach dem Bayerischen Naturschutzgesetz hätte; Bayern verfügt derzeit über 342 Naturschutzgebiete[6]. Weitere 700 Festsetzungsvorschläge sind in der Prüfung. Im Vollzug eines Landtagsbeschlusses anläßlich der Ergänzung der Bayerischen Verfassung um das Staatsziel Umweltschutz haben die Naturschutzbehörden in zweieinhalb Jahren rund 100 Naturschutzgebiete ausgewiesen. Der mit den Erfahrungen der Praxis belegbare Zeitaufwand ist also derart erheblich, daß ein landesplanerisches Instrument "Vorranggebiet" dem Naturschutz wesentliche Entlastung brächte. Das gleiche gilt für die kleinflächigen Einzelbestandteile .

2.3.2 Relativer Vorrang[7)]

Die Klausel zur Festlegung des relativen Vorrangs der ökologischen Belange müßte folgende Forderungen erfüllen:

1. Sie muß sich auf eine bestimmte Lebensgrundlage in ihrer konkreten Ausformung beziehen.
2. Sie muß einer räumlichen Bezugsgröße zugeordnet werden.
3. Sie muß den Vorsorgegedanken enthalten.

Zu 1:
Um in der Praxis handhabbar zu sein, muß die Klausel von Sammelbegriffen wie Wasser, Boden, Luft weg und hin zu konkreten Gegenständen entwickelt werden, und zwar in ihrer jeweils charakteristischen Ausformung, z.B. Still-, Fließ-, Laichgewässer, Grünland, Wald, nicht genutzte, Trocken-, Feuchtflächen, versiegelte Flächen.

Zu 2:
Es muß eine räumliche Bezugsgröße definiert werden, die im Einzelfall eine Subsumtion erlaubt. So wichtig globale (Rodung der südamerikanischen und der afrikanischen Regenwälder) und internationale Verflechtungen sind (grenzüberschreitender Transport von Luftschadstoffen, Zugvogelverhalten), so wenig sind sie wegen ihres Umfangs als Bezugsgrößen geeignet. Sowohl aus fachlichen als auch als rechtlichen Gründen scheidet selbst die Fläche der Bundesrepublik Deutschland als Bezugsgebiet aus; zum einen sind nämlich sowohl Landesplanungs- als auch Naturschutzrecht nur Rahmenrecht des Bundes, Art. 75 Nrn. 3 und 4 GG, so daß die Last der Verantwortung für die Problembewältigung ganz überwiegend bei den Ländern liegt; zum andern versteht es sich von selbst, daß es fachlich nicht zu vertreten wäre, den Schutz einer bestimmten Art etwa in Bayern mit dem Argument aufzugeben, ihr Bestand sei in Niedersachsen - jedenfalls derzeit - gesichert. Auch das Gebiet eines Bundeslandes - das gilt jedenfalls für die großen Flächenstaaten - bietet aber noch nicht die richtige Bezugsgröße, denn auch hier kann es naturschutzfachlich nicht richtig sein, daß Bayern etwa den Birkhuhnschutz im Mittelgebirge (Rhön) zurückstellt, weil die Alpen noch einzelne Vorkommen beherbergen.

Damit bleiben nur zwei Ansatzpunkte: der räumliche Zuständigkeitsbereich der entscheidenden Behörde, also für das Raumordnungsverfahren der Bezirksregierung als höherer Landesplanungsbehörde (verwaltungsorganisatorischer Bezug) oder der betroffene Naturraum (ökologischer Bezug). Aus fachlichen Gründen ist der Naturraum vorzuziehen, da die Regierungsbezirksgrenzen historisch - zufällige sind, die sowohl mehrere Naturräume umfassen als auch einzelne Naturräume durchschneiden und also keinen naturschutzfachlich orientierten Bezugsrahmen bilden[8].

Zu 3:
Die Verankerung des Vorsorgegedankens würde bewirken, daß sich die Beweislastverhältnisse zugunsten der ökologischen Belange verändern. Nach dem geltenden Wortlaut der Klausel muß eine Beeinträchtigung "drohen"; das ist nach dem üblichen Sprachgebrauch ein konkret zu bezeichnender und unmittelbar bevorstehender Nachteil. Wenn die Ökologie diese konkrete Gefahr nicht nachweisen kann, entfällt der Vorrang. Die Beweisschwierigkeiten der Ökologie, die vielfach noch - und in Teilbereichen wegen der komplexen Verhältnisse wahrscheinlich für immer - bestehen, würden gemildert, wenn "im Zweifel" die Abwägung zur sicheren Seite hin erfolgen müßte (in dubio pro natura). Der Begriff "drohen" ist daher zu ersetzen; der angestrebte Zweck würde etwa mit der Formulierung erreicht "... nicht auszuschließen ist."

Das ergäbe folgende Abwägungsklausel:

> "Im Widerstreit zwischen ökologischen und anderen Belangen haben die ökologischen Belange Vorrang, wenn sonst eine wesentliche und nachhaltige Beeinträchtigung einer natürlichen Lebensgrundlage im Naturraum nicht auszuschließen ist."

3. Regionalplan

Im Regionalplan müssen die - schon jetzt bereichsweise genannten - naturschutzgebietswürdigen Flächen entsprechend der Vorgabe des LEP mit Vorrang ausgestattet werden, ebenso die schutzwürdigen Kleinflächen (vgl. 3.1.1). Die Regionalplanung kann sich dafür auf die Biotopkartierung und deren Auswertung für NSG-Vorhaben stützen, ihr stehen weitere spezielle Arbeiten für bestimmte Bereiche zur Verfügung. So hat Kaule[9] in einer Voruntersuchung gefordert, daß für Moore von internationaler und nationaler Bedeutung die vollständige Erhaltung unbedingt Vorrang haben müsse. Die Moore sind in der Untersuchung einzeln aufgeführt; es ist angegeben, ob und in welchem Umfang sie bereits als Naturschutzgebiete ausgewiesen sind.

In einer neueren Arbeit[10] wird die absolute Erhaltung für eine Reihe von Biotoptypen, zum Teil mit geringen Einschränkungen, gefordert[11].

Bei diesen Biotoptypen ergibt sich zum Teil Deckungsgleichheit mit den Biotopen der Naturschutzgesetze, zum Teil gehen die Forderungen darüber hinaus. In allen diesen Fällen drängt sich die Frage auf, warum nicht der Naturschutz diese Biotope mit seinem eigenem Instrumentarium unter Schutz stellt, soweit das nicht schon geschehen ist, und dazu erforderliche Inschutznahmeverfahren beschleunigt einleitet. Die Antwort könnte sein: Was wie ein "Umweg" über die Landesplanung aussehen könnte, soweit die naturschutzfachliche Inschutznahme noch nicht gelungen ist, ist in Wirklichkeit ein aluid. Zum einen ist nämlich eine summarische Bewahrung des Status quo über die Landesplanung etwas weniger schwierig als das detaillierte Verbotssystem einer Schutzverordnung. Zum andern wendet sich die Regionalplanung nur an öffentliche Planungsträger und erspart sich so den Widerstand Privater. In jedem Fall gilt, daß ein landesplanerisches Vorrang-Instrument eine zusätzliche, zeitlich vorlaufende und in den Fällen, wo es nicht zu einer förmlichen Schutzgebietsausweisung kommt, die alleinige Hilfestellung für den Naturschutz sein kann.

4. Raumordnungsverfahren

Auch wenn die obigen Vorschläge verwirklicht werden, bleiben noch Möglichkeiten offen, die Abwägung im ROV zu Gunsten der ökologischen Belange zu verbessern, insbesondere soweit die Vorrang-Klausel nicht greift oder soweit die Regionalplanung Vorrang-Flächen nicht ausweist. Diese Möglichkeiten laufen darauf hinaus, das ökologische Abwägungsmaterial zu verbessern.

4.1 Quantitative Verbesserung

Die Tatsache, daß die ökologische Forschung erst am Anfang steht, ist nicht zu leugnen. Das wird sich trotz aller Anstrengungen und Fortschritte in absehbarer Zeit nur graduell ändern. Der Charakter der Ökologie als exakte Wissenschaft wird damit zwar immer wieder neu bestätigt, aber ebenso bleibt insbesondere die Tatsache, daß sie auf längere Forschungszeiträume angewiesen ist. Gleichwohl nimmt die Menge des verfügbaren Wissens durch vielfältige Untersuchungen täglich zu. Der Vorwurf, die Ökologie könne im allgemeinen nicht sagen, "was geschieht, wenn ...", wird also von Tag zu Tag weniger richtig. Die Landesplanung wird sich darauf einstellen müssen, daß die Ökologie immer weniger Antworten schuldig bleibt.

4.2 Qualitative Verbesserung

Mit der Menge des ökologischen Wissens nimmt auch seine Tiefe zu. Dafür zeugen Beispiele wie die Biotopkartierung in Bayern. 1974/75 ohne Anspruch auf Vollständigkeit und im Maßstab 1:50 000 bzw. 1:25 000 erstmals durchgeführt, wird sie zur Zeit mit der erforderlichen Dichte und im Maßstab 1:5000 wiederholt. Die EDV gestattet es, verknüpfte Aussagen zu machen, etwa zu Häufigkeit, Größe, Zustand und Gefährdungsgrad von Biotoptypen im Naturraum. Damit wird die Abwehr von Eingriffen im ROV argumentativ wesentlich erleichtert.

Eine ähnliche Verbesserung der argumentativen Position ergibt sich zum Beispiel aus Erkenntnissen über die Mindestgröße von Naturschutzgebieten. Das Aktionsprogramm Ökologie fordert dazu in Nr. 28: "Für die Mindestarealgröße eines Naturschutzgebietes ist der Flächenanspruch maßgebend, den der dort zu schützende Ökosystemtyp mit seinem Artenbestand mindestens zum Überleben benötigt." Der Beitrag von Reichholf in diesem Band zur Mindestgröße von Naturschutzgebieten bei überwiegend ornithologischem Schutzzweck erlaubt es, Eingriffe insbesondere in geplante Naturschutzgebiete - also von ihrer naturschutzrechtlichen Festsetzung - unter Hinweis auf die erforderliche naturschutzfachliche Optimierung abzuwehren.

Der Naturschutz trägt auch normativ selbst dazu bei, die Abwägungslast der Landesplanung zu verringern. Die Novelle zum Bundesnaturschutzgesetz, die am 1.1.1987 in Kraft getreten ist, enthält erstmals Veränderungsverbote für bestimmte Biotoptypen. Jede nicht ausgleichbare Veränderung dieser Biotope im privaten Interesse ist unzulässig. Eine Vorrangabwägung findet naturschutzrechtlich insoweit nicht statt. Sie ist auch landesplanerisch unzulässig, da das Ergebnis vorweg feststeht: Es kann nicht den Erfordernissen der Raumordnung und Landesplanung entsprechen, was gegen ein Gesetz verstößt.

Eine wesentliche Verbesserung naturschutzfachlicher Aussagen wird auch das Arten- und Biotopschutzprogramm bringen, das Bayern derzeit erstellt und das Mitte 1987 (für 24 von 71 Landkreisen in der jetzt erreichbaren Vollständigkeit) veröffentlicht werden soll. Das Programm wird in Landkreisbände gegliedert, also auf die Ebene der unteren Naturschutzbehörde bezogen, die in erster Linie mit der Umsetzung betraut sein wird. Das Zusammentragen des verfügbaren Wissens - nicht zuletzt einer großen Zahl privater Fachleute (in einzelnen Landkreisen über 100!) - hat eine Fülle von Daten erbracht, die in ihrer raumgebundenen Zusammenschau ein neuartiges naturschutzfachliches Instrument darstellt. Das Programm wird mit dem dreifachen Ansatz Arten, Biotoptypen und - eigens festgelegte - naturräumliche Untereinheiten Bestandsaufnahme, Bewertung, Ziele und Maßnahmen enthalten - vom hoheitlichen Instrument der Schutzgebietsfestsetzung bis zum privatrechtlichen Instrument des Ankaufs; es wird damit sowohl ein Schutz- und Entwicklungskonzept - mit besonderer Betonung des Biotopverbunds - sein als auch eine Argumentationssammlung für die Abwehr von Eingriffen.

4.3 Die ständige Verbesserung von Umfang und Tiefe des ökologischen Wissens darf nicht darüber hinwegtäuschen, daß die Fähigkeit der Ökologie, ihre Aussagen im Sinne der Landesplanung ständig weiter zu quantifizieren, nicht beliebig ausgedehnt werden kann. Die Forderung der Landesplanung, den Quantifizierungsgrad ökologischer Aussagen zu erhöhen, ist zwar verständlich, weil eine Abwägung umso leichter fällt, je vergleichbarer die widerstreitenden Belange formuliert sind, etwa anhand der Kostenbelastung des Staatshaushalts oder des Zuwachses des Bruttosozialprodukts. Eine solche Art der Quantifizierung stößt in der Ökologie aber auf prinzipielle Grenzen, und zwar aus zwei Gründen: Die Ökologie ist eine exakte Wissenschaft, soweit ihre Aussagekraft reicht; es wird aber immer Bereiche geben, in denen auf Grund der komplexen und weitgehend unbekannten Beziehungen im Ökosystem Ursache-Wirkungs-Aussagen und - noch viel wichtiger - Aussagen zur Wirkungsrelevanz nicht gemacht werden können. Soweit solche Aussagen möglich sind, liegen sie meist auf einer anderen Ebene als der einer Bewertung in "Heller und Pfennig".

Wenn es etwa um die Abwägung geht, ob zur Vermeidung einer fortschreitenden Erosion Stützkraftstufen mit Energiegewinnung - die den Charakter des Fließgewässers aufheben - oder Stützschwellen gebaut werden sollen - die den Fließcharakter bewahren -, dann läßt sich zwar quantifizieren, was die Erhaltung des Lebensraums Fließgewässer mit den daran angepaßten Arten kostet - nämlich den Verzicht auf die Einnahmen aus der Stromerzeugung -, es läßt sich aber nicht berechnen, was der Verzicht auf den Lebensraum und damit auf das vielleicht letzte Vorkommen einer gefährdeten Art im Naturraum oder in einem anderen Bezugsraum kostet. Mit anderen Worten: Die Aussage der Ökologie, bestimmte Arten werde es nach dem Bau der Stützkraftstufe in diesem Flußabschnitt nicht mehr geben, läßt sich nicht weiter "materialisieren", die Folgen für den Menschen lassen sich nicht in Geldwert bemessen. Die Aussage muß also die Rechtfertigung für Konsequenzen aus sich selbst gewinnen. Das ist letztlich nichts anderes als die ethische Begründung des Naturschutzes.

Die ethische Begründung des Naturschutzes ist das Gegenteil dessen, was manchem als Idealvorstellung zur Quantifizierung ökologischer Belange vorschweben mag: Eine Art DIN-Handbuch der Natur, dem das auf den jeweiligen Erkenntnisstand bezogene ökologisch Unabdingbare entnommen werden kann. Es wäre zwar reizvoll, Vorgaben wie den Kurvenradius einer Autobahn oder einer Schnellbahntrasse der Bundesbahn, deren physikalische Begründung samt ihren Auswirkungen auf die Verkehrssicherheit niemand anzweifelt, auch für ökologische Erfordernisse zusammenzutragen. Ein solches Handbuch wäre wegen der Vielfältigkeit des Lebendigen weder machbar noch zu wünschen.

Der ethische Ansatz ist im übrigen dem staatlichen Handeln ja keineswegs fremd. Das neue Tierschutzgesetz, das 1987 in Kraft getreten ist, formuliert in § 1: "Zweck dieses Gesetzes sit es, aus der Verantwortung des Menschen für das Tier als Mitgeschöpf dessen Leben und Wohlbefinden zu schützen." Für eine solche Aussage gibt es keine andere als eine ethische Grundlage. Der ethische Ansatz verwirklicht sich auch sonst täglich im Naturschutz. Wenn anläßlich eines Autobahnbaus Millionen für den Erwerb von Wiesenbrüterflächen als Ausgleichsmaßnahme ausgegeben werden, wenn zum Schutz der letzten Bestände der Flußperlmuschel für Millionen ein Parallelsammler für Abwässer gebaut wird, der die erforderliche Wasserqualität gewährleistet, dann hat das mit einer vordergründigen Nutzendiskussion nichts zu tun. Wo aber eine Nutzendiskussion nicht stattfindet, bewegen wir uns in einem höherrangigen, eben dem ethischen Bereich. Die Novelle 1986 des Bundesnaturschutzgesetzes wollte diese Dimension normativ verfestigen. Die Bundesregierung hat vorgeschlagen, der Bundesrat hat dem zugestimmt, § 1 Abs. 1 um zwei Worte zu ergänzen: Natur und Landschaft sollten danach so zu schützen sein, daß die Leistungsfähigkeit des Naturhaushalts, die Nutzungsfähigkeit der Naturgüter, die Pflanzen- und Tierwelt sowie die Vielfalt, Eigenart und Schönheit von Natur und Landschaft "an sich" und als Lebensgrundlagen des Menschen ... nachhaltig gesichert sind. Der Bundestag hat diesen Vorschlag nicht übernommen. Dahinter stand möglicherweise die Befürchtung, der anthropozentrische Naturschutz, also der Naturschutz um des Menschen willen, werde zugunsten eines ökozentrischen Naturschutzes geschwächt oder gar aufgegeben. Solche Befürchtungen wären gewiß unberechtigt, da Begriffe wie "Nutzungsfähigkeit der Naturgüter" und "Lebensgrundlagen des Menschen" in § 1 erhalten geblieben wären. Letztlich steckt hinter einer solchen Argumentation die gleiche Gedankenwelt, die zur Ablehnung eines Staatszieles Umweltschutz im Grundgesetz geführt hat, nämlich die Scheu vor einer Änderung im Bewußtsein und folglich im Handeln der Menschen, die dazu führt, daß bestimmte Belange überdacht und möglicherweise neu gewichtet werden. Allerdings ist unbestreitbar, daß in Politik und Gesellschaft, insbesondere bei den Kirchen, der Eigenwert der Natur im Prinzip anerkannt wird. Es ist zu hoffen, daß bei der schon angekündigten weiteren Novellierung des Bundesnaturschutzgesetzes die wünschenswerten Konsequenzen gezogen werden.

Unabhängig davon ist es Sache der Landesplanung, sich solche Gedankengänge verstärkt zu eigen zu machen. Selbstverständlich ist sie in diese Gesellschaft eingebettet, und man kann von ihr - das muß wiederholt werden - nicht mehr verlangen, als etwa der Naturschutz selbst zu leisten bereit und in der Lage ist. Eine moderne gesellschaftliche Aufgabe wie Raumordnung und Landesplanung muß es sich aber in ihrem eigenen Interesse zum Anliegen machen, die Meinungsbildung in der Gesellschaft durch eigene moderne Auffassungen mit zu prägen.

5. Zusammenfassung

Der Beitrag bejaht die Fragen nach dem Ob von Defiziten bei Raumordnung und Naturschutz. Er macht einige Vorschläge, wie diese Defizite abgebaut werden können - auf seiten der Raumordnung in erster Linie auf normativem Weg, auf seiten des Naturschutzes eher durch Verbesserung der Grundlagenkenntnisse. Dabei zeigt sich, daß im Rahmen eines solchen Beitrags auch ein Teilaspekt der dem Arbeitskreis gestellten Aufgabe zu komplex ist, als daß die Summe des Wünschenswerten aufgelistet werden könnte. Es wäre aber schon viel erreicht, wenn die Vorschläge, die hier gemacht werden, sozusagen als erster Schritt verwirklicht würden; schwierig genug ist das jedenfalls.

Anmerkungen

1) Vgl. Umweltprogramm der Bundesregierung 1971, Fortschreibung 976; die Bezeichnung des neuen Bundesministeriums für Umwelt, Naturschutz und Reaktorsicherheit scheint allerdings auf eine andere Auffassung hinzudeuten.

2) Vgl. Forderung der SPD 1983 für die Ergänzung der Bayerischen Verfassung (BV): "Umweltschutz hat Vorrang".

3) Vgl. § 1 Abs. 1 Bundesnaturschutzgesetz - BNatSchG.

4) Anderer Ansicht sind z.B. Schmidt/Rembierz und Marx in diesem Band.

5) B X 7.2.1, 7.2.4 LEP.

6) Die Durchschnittsgröße beträgt 364 ha; sie ist insofern interpretationsbedürftig, als einige großflächige Naturschutzgebiete insbesondere in den Alpen - 13 NSG umfassen über 80 % der Gesamtfläche - den Durchschnittswert bestimmen; vgl. hierzu auch den Beitrag von Reichholf, J. in diesem Band, der 80 ha ab Mindestgröße definiert.

7) Da die Klausel schon bisher im LEP enthalten ist, wird sie an dieser Stelle behandelt, nicht zuletzt deshalb, weil ihre Einfügung in das ROG und das BayLplG möglicherweise schwieriger ist.

8) Vgl. hierzu auch die in zeitlicher Hinsicht zusätzliche Forderung von Marx in diesem Band.

9) Kaule, G.: Die Übergangs- und Hochmoore Süddeutschlands und der Vogesen, Lehre 1974, S. 51 ff.

10) Kaule, G./Schober, Ausgleichbarkeit von Eingriffen in Natur und Landschaft, Schriftenreihe des Bundesministers für Ernährung, Landwirtschaft und Forsten, Reihe A: Angewandte Wissenschaft, Heft 314, S. 22 ff.; für vollständigen Schutz bestimmter Biotoptypen "Aktionsprogramme Ökologie", 1983, Nr. 22.

11) Beispiele sind: neben Mooren naturnahe Fließgewässer, Auen, Seen, Baumbestände im besiedelten Bereich.

Von der Baunutzungsverordnung zu einer "Bodennutzungsverordnung"

Argumente und Vorschläge für einen wirkungsvolleren Bodenschutz

von
Klaus Fischer, Mannheim

Gliederung

Charakter und Leitmotive der räumlichen Planung haben sich in jüngster Zeit gewandelt, - die Planinhalte dagegen sind nahezu unverändert geblieben. Diesen Widerspruch gilt es aufzuklären und aufzulösen.

Was den Charakter der räumlichen Planung anbelangt, so wird im historischen Vergleich offenkundig, daß sich nach den Planungsphasen der Fluchtlinienplanung, der Anpassungsplanung und der Entwicklungsplanung eine Wende abzeichnet. Waren die Ziele der Entwicklungsplanung zu hoch angesetzt, so dürfte andererseits eine schlichte Anpassungs- oder Auffangplanung unter den sich abzeichnenden Umstrukturierungen und Wertverlagerungen zu wenig sein. Den kommenden Aufgaben dürfte wohl am ehesten Rechnung zu tragen sein, wenn die Entwicklungsplanung entfeinert und hinsichtlich ihrer Ziele umgewichtet würde. Dafür ist der Begriff der Stabilisierungsplanung oder der Konsolidierungsplanung treffender und präziser[1]. In der Tat gilt es nach wie vor, ordnend und planend tätig zu sein; im Vordergrund werden dabei aber immer stärker die Mängelverwaltung und Bestandspflege stehen; es gilt nicht nur Gewinne, sondern auch Verluste zu verteilen. Es gilt weniger der große Wurf als der kleine Schritt, und es gilt auch das Eingeständnis, daß weniger Planung oft mehr ist.

Vor dem Hintergrund des allgemeinen Wertewandels haben sich zugleich neue Leitmotive für die räumliche Planung herausgebildet, wie etwa Tendenzen nach

- Re-Dimensionierung im Städtebau,
- De-Qualifizierung und Ent-Solidarisierung am Arbeitsmarkt,
- Ent-Kommerzialisierung und Re-Naturierung in der Freizeitwelt,
- De-Zentralisierung und Ent-Flechtung, auch Re-Aktivierung der örtlichen Gegebenheiten und Möglichkeiten in der Stadt- und Regionalplanung,
- Ent-Spezialisierung und Ent-Feinerung der Großstrukturen in Wirtschaft, Verwaltung und Umwelt.

Diese Umorientierung der räumlichen Planung - manchmal auch als Paradigmenwechsel gedeutet - erzwingt geradezu geänderte Planinhalte, auch neue Regelungsmethoden. Der Begriff "Konsolidierungsplanung" schließt auch die Erkenntnis ein, daß künftighin Umstrukturierungs-, Umwidmungs- auch Renaturierungsprozesse eine bedeutendere Rolle spielen, und daß Freiflächen und insbesondere naturnahe Flächen immer weniger als Hilfs- und Restgröße und immer mehr als eigenständiges Planungselement verstanden werden. Der Innovationsdruck für Betriebe des sekundären Sektors erfordert Flächenrecycling alter Industriegebiete; technischer Fortschritt und veränderte demographische Verhältnisse bedeuten Umorientierung oder Aufgabe gängiger Folgeeinrichtungen; gewachsene Umweltsensibilität erzwingt den Rückbau von Planungs- und Baumaßnahmen der jüngsten Vergangenheit. Zu den veränderten Präferenzstrukturen gehört auch die Tatsache, daß Freihalten vielfach an die Stelle von Überbauen und Umbau oder Rückbau an die Stelle von Neubau getreten sind.

Aus diesen und neuen Anforderungen gewandelter Voraussetzungen gilt es für die Siedlungsentwicklung Konsequenzen abzuleiten: das Planungsrecht weniger als "Recht zum Raumverbrauch" und mehr als "Recht zum Flächenschutz" zu verstehen, Grund und Boden im Sinne von "Bodenklauseln" oder bodenfreundlichen Planungsprinzipien einen höheren Stellenwert zu verleihen, die geltende Baunutzungsverordnung beispielsweise zu einer "Bodennutzungsverordnung" weiterzuentwikkeln.

1. Zur Problematik der wachsenden Siedlungsbelastung ...

Der Boden ist zu einem sensiblen Planungsfaktor geworden: es wird immer häufiger die Frage gestellt, ob der immense Flächenverbrauch nicht gebremst, die Bodenbelastung nicht reduziert und die Grenzen der Siedlungsbelastung nicht definiert werden müßten.

In den großen Städten und Verdichtungsräumen sind Grund und Boden traditionell ein knappes Gut. Daß übermäßige Besiedlung auch zu Umweltbeeinträchtigungen, ja zu irreparablen ökologischen Schäden führen kann, ist erst in jüngster Zeit ins Blickfeld der breiten Öffentlichkeit gelangt. Insofern ist das quantitative Element des Bodenverbrauchs nunmehr um die qualitativen Dimensionen der Bodenverunreinigung (Düngemittel/Pflanzenschutzmittel, Klärschlämme/Abfälle, trockene und nasse Einträge über den Luftpfad) und Bodenbeeinträchtigung (Versiegelung und Zerschneidung, Wind- und Wassererosion, Bodenverfestigung, unsachgemäße Bodenbearbeitung) erweitert worden. Dabei ist der Flächenverbrauch für Siedlungszwecke der offenkundigste Belastungsfaktor. Er ist ein Frühindikator für wachsende Konfliktpotentiale, denn

- Grün- und Freiflächen können nur einmal überbaut,
- Wasser- oder Landschaftsschutzgebiete können nur einmal zweckentfremdend genutzt,
- Verkehrs- oder Versorgungslinien können nur einmal falsch trassiert,
- das Landschaftsbild kann nur einmal zerstört werden;

zugleich aber auch ein Leitparameter für die wachsende Umweltbelastung, denn

- mehr Gewerbeansiedlung bedeutet im Regelfall eine höhere Gewässer-, Boden- und Luftbelastung,
- mehr Bauflächenausweisung heißt stets weniger Freiflächen,
- mehr Einwohner verlangen mehr Naherholungsflächen, und dies wiederum bedeutet Konflikte mit Tier- und Pflanzenwelt.

Dem Flächenverbrauch durch bauliche Nutzungen (Wohnen, Gewerbe, Versorgung, Freizeit), Lagerstättenabbau, irreversible Übernutzungen, Zersiedlung und (visuelle) Landschaftszerstörung kommt zweifellos eine Schlüsselrolle zu: dies bedeutet zugleich, daß bei allen raumordnerischen, städtebaulichen oder landespflegerischen Planungen die Beschränkung und Steuerung der Siedlungsentwicklung das Wichtigste ist. Die Vermutung jedenfalls, daß mit schrumpfender Bevölkerung und rückläufiger Wirtschaftsentwicklung auch der Flächenverbrauch eingeschränkt würde, ist unzutreffend. Dies gilt für die regionale und kommunale Ebene in gleicher Weise. Wesentlich im planerischen Zusammenhang ist der Hinweis, daß die Siedlungsflächenentwicklung stets größer war als die Bevölkerungszunahme und daß auch in Zukunft - trotz stagnierender Bevölkerungszahlen - eine Erweiterung der Siedlungsflächen zu erwarten ist. Dies erklärt sich mit immer noch wachsender Nachfrage, Rückgang der Wohnungsbelegungsdichte, Auflokkerungs- und Umfeldverbesserungsmaßnahmen sowie Dezentralisierungstendenzen. Daß sich auch in Zukunft die Schere zwischen Bevölkerungspotential und Flächenbedarf weiter öffnen wird, sei am Beispiel des Rhein-Neckar-Raumes, des sechstgrößten Verdichtungsraumes im Bundesgebiet, veranschaulicht: Tabelle 1 benennt die wichtigsten Veränderungsdaten, Abbildung 1 verdeutlicht die Siedlungsentwicklung in ihren räumlichen Dimensionen und Abbildung 2 zeigt die Siedlungs- und Bevölkerungsentwicklung im Zeitablauf[2].

Tab. 1: Ausgewählte Siedlungsstrukturdaten des Rhein-Neckar-Raumes

	ca. 1870	1960	1975	ca. 1990
Einwohner	490 000	1 550 000	1 766 000	1 740 000
Siedlungsfläche in km^2	70	350	480	570
Siedlungsfläche in % der Gesamtfläche	2	11	15	17
Siedlungsfläche in m^2/Einw.	140	230	270	330
Freifläche in m^2/Einw.	6 700	1 900	1 600	1 550

Die Ergebnisse einer überzogenen Siedlungsentwicklung sind übermäßige Freiflächendefizite und irreversible Übernutzung der begrenzten Ressourcen. Selbst wenn es der Regional- und Bauleitplanung gelingen sollte, diese Siedlungsflächen nach Ort und Zeit zu lenken, bleibt doch die Frage nach den Grenzen der Besiedlungsintensität. Welche Besiedlungsdichte sollte nicht überschritten werden? Welcher Überbauungsgrad ist noch ökologisch erträglich? Welches sind die Auswirkungen auf Wasser, Luft, Klima, Fauna, Flora und Landschaftsbild?

Abb. 1: Siedlungsentwicklung im Rhein-Neckarraum am Beispiel eines Stadt-Umland-Bereiches in den Jahren 1870, 1960, 1975 und 1990

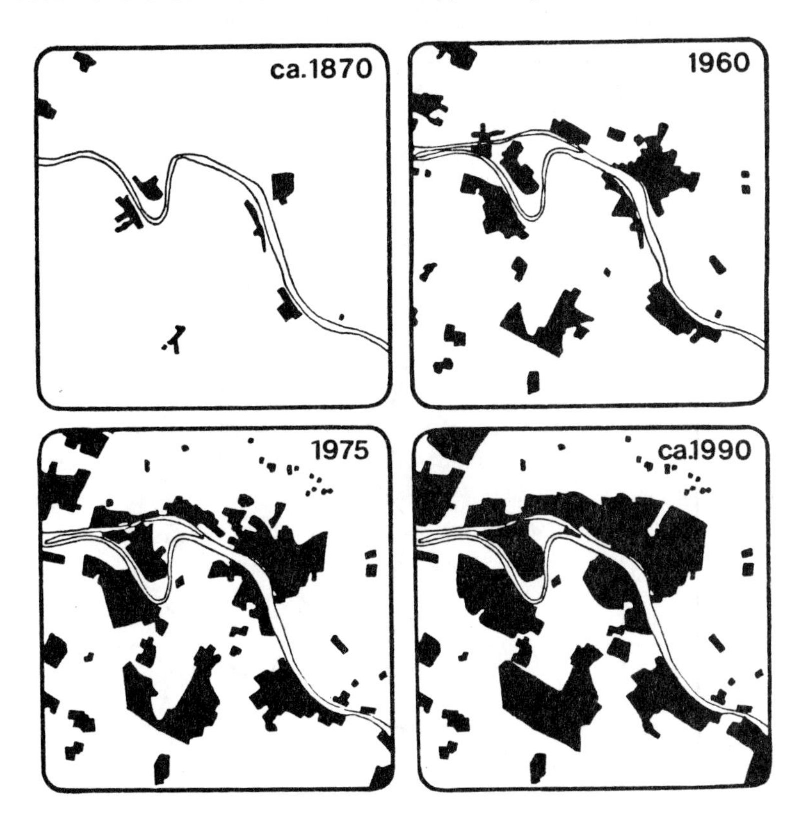

2. ... zu den raumordnerischen Regelungsnotwendigkeiten ...

Daß übermäßige Besiedlung im allgemeinen, Bodenverbrauch, Bodenverunreinigung und Bodenbeeinträchtigung im besonderen zu irreparablen ökologischen Schäden führen können, ist bekannt. Auch wenn ein geschlossenes und schlüssiges Bild der Wirkungszusammenhänge - ein "vernetztes Nutzungssystem Boden" - fehlt, lassen sich dennoch die wesentlichen Konfliktpotentiale aus Bodenbeanspruchungen für die Bereiche Wasserhaushalt, Klimahaushalt, Tier- und Pflanzenwelt und Landschaftsbild abschätzen und daraus frühzeitig raumplanerische Ausgleichsmaßnahmen ableiten. An einigen Beispielen verdeutlicht würde dies heißen:

- Zu hohe Besiedlung bedeutet in hydrologischer Hinsicht geringere Grundwasseranreicherung wegen der direkten Ableitung der Oberflächengewässer in den Vorfluter, aber auch vermehrte Hochwasserspitzen, verringerte Grundwasserneubildung oder Veränderung des Mikroklimas. Als raumplanerische Ausgleichsmaßnahmen bieten sich damit beispielsweise an: Die Veränderung der

Abb. 2: Gegenüberstellung von Bevölkerungs- und Siedlungsflächenentwicklung für das Gebiet des Raumordnungsverbandes Rhein-Neckar

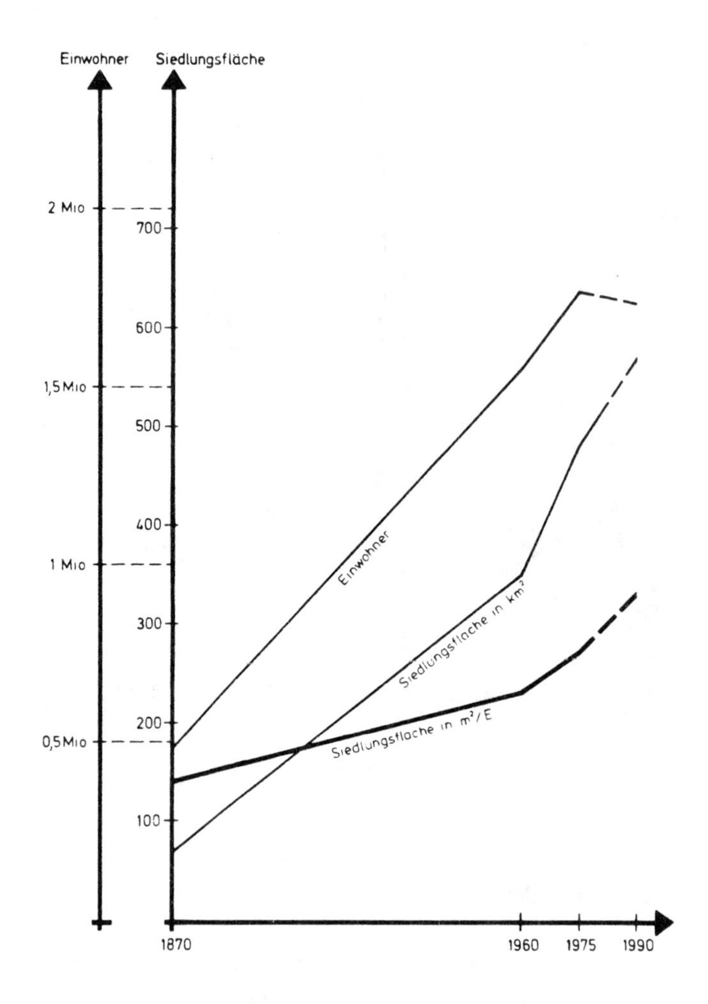

Art bzw. Reduzierung des Maßes der baulichen Nutzung oder die Schaffung großräumiger Versickerungsflächen oder die Wiedereinführung von Trennkanalisationen oder die Ausweitung der Wasserschon- und Wasserschutzgebiete u.a.m.

- Freiflächen haben in klimatologisch-lufthygienischer Hinsicht große Bedeutung als Transportbahnen der Frischluft, sie dienen der Sauerstoffanreicherung, bewirken selbst Kaltluftströme und erzeugen die gerade in Stadtgebieten wichtigen Luftaustauschbewegungen. Damit sind eventuelle Ausgleichsmaßnahmen offenkundig, wie beispielsweise die Ausweisung von Mindestfreiflächen und die Sicherung von Mindestabständen oder die Schaffung neuer frischluftproduzierender Flächen oder die Freihaltung von Abflußbahnen der Frischluft vor Riegelbebauung, Dämmen usw. oder Siedlungsverbesserungen in belasteten Gebieten mit der Maßgabe von Immissionsentlastungen u.a.m.

- Fehlende Freiflächen bzw. bauliche Übernutzung bedeuten für Fauna und Flora, daß die natürlichen Tier- und Pflanzengesellschaften gestört, nachhaltig verändert oder gar ausgerottet werden. Damit liegen als Ausgleichsmaßnahmen beispielsweise die Schaffung von Ersatzbiotopen, wie Feldgehölze, Inselbiotope, Vernetzungsstrukturen u.a.m., nahe.

- Auch die negativen Auswirkungen auf das Landschaftsbild, die Veränderung natürlicher Silhouetten und die Monotonie weitläufiger Siedlungsgefilde dürfen keineswegs unterstützt werden. Als notwendige raumplanerische Ausgleichsmaßnahmen können insoweit erforderlich sein Ortsrandbepflanzungen, um einen landschaftsgerechten Übergang der bebauten Ortslage zur freien Landschaft zu gewähren, oder Pflanzgebote in Gewerbe- und Industriegebieten nach Art und Maß u.a.m.

Über das, was man als tragbare Siedlungsbelastung bezeichnen könnte, und über die Grenzen des "Landschaftsverbrauchs" ist seit Jahren nachgedacht worden[3)4)5)]. Über Mindestfreiflächen je Einwohner[6)] oder die Obergrenzen einer angemessenen Verdichtung[7)] ist seit Jahrzehnten diskutiert worden. Über die Komplexität der Wirkungszusammenhänge, kumulativen Effekte, Nebenwirkungen und Synergismen der natürlichen Parameter Boden, Wasser, Luft, Tier- und Pflanzenwelt ist vielfältig, aber bislang ergebnislos geforscht worden[8)9)]. So liegt es nahe, einen neuen Ansatz zur Bestimmung von ökologischen Belastungsgrenzen zu versuchen, nämlich einen politisch-normativen Ansatz, der auf dem Grundsatz der Ökologie- und Ressourcenpflichtigkeit aufbaut und den Siedlungsflächenverbrauch als sensiblen und zugleich praktikablen Leitparameter zur Steuerung der Gesamtentwicklung verwendet. Wenn es nämlich nicht gelingt, für die Inanspruchnahme von Grund und Boden naturwissenschaftlich abgesicherte Belastungswerte zu finden, müssen normative Werte gesetzt werden. Dies wird nicht ohne Schwierigkeiten zu erreichen sein: spielen schon die unterschiedlichen örtlichen Verhältnisse eine bedeutende Rolle, sind die jeweiligen funktionellen Bezüge verschieden gelagert, so wird man erst recht die sich wandelnden Bedingungen, also den realpolitischen Stellenwert landschaftsökologischer Betrachtungsweise, zu bedenken haben, - völlig abgesehen von den theoretischen Schwierigkeiten in der Sache und der unzureichenden statistischen Datenbasis.

Was den Schutz des Bodens, seine Belastbarkeit, den Flächenverbrauch oder die Grenzen der Siedlungsbelastung anbelangt, gibt es zwar förmliche Grundsätze und Zielvorstellungen, aber kein quantifiziertes Regelwerk, das Fehlentwicklungen vorbeugt und Belastungsgrenzen signalisiert. Es müßte doch zu denken geben, daß es VDI-Richtlinien, DIN-Vorschriften, Technische Anweisungen, sogar

Verordnungen zur Wasser- und Lufthygiene gibt, aber für den Faktor Grund und Boden bislang keine Beeinträchtigungswerte erarbeitet worden sind. Warum eigentlich gibt es keine TA-Boden, keine Bodennutzungsverordnung oder kein anverwandtes Regelwerk zur Siedlungsflächensteuerung?

Insofern erscheint es geradezu zwingend, auch für die Ressource "Boden" ökologische Eckwerte zu formulieren, wie dies seit längerem für die Ressourcen Wasser und Luft geschehen ist. Dabei bietet sich die Siedlungsfläche als Schlüsselgröße deshalb an,

- weil sie als Leitparameter der Belastung die Konflikte bündelt und damit die Vielfalt der Einzelindikatoren mit ihren zahlreichen Unsicherheiten und Unwägbarkeiten mit hinreichender Genauigkeit ersetzen kann,
- weil sie als Frühindikator der Belastung vorbeugend, nämlich raumordnerisch-steuernd wirken kann, ohne auf das komplizierte Rechtsfeld der Einzel entscheidungen abheben zu müssen, das wegen der Problematik der "schleichenden Inanspruchnahme" ohnedies brüchig ist und
- weil sie als Handlungs- und Steuerungselement eine plausible, operationale und zudem verwaltungspraktikable Größe ist.

Diese zu definierende Wirkungsgröße Siedlungsfläche wäre um die "naturnahe Fläche" als Komplementärgröße zu ergänzen.

3. ... und den raumplanerischen Handlungsmöglichkeiten

Damit tritt die Frage nach den Handlungs- und Durchsetzungsmöglichkeiten in den Vordergrund. Raumplanerische Steuerungsmöglichkeiten gibt es auf verschiedenen Ebenen: mehr konzeptionell auf Bundes- und Landesebene, mehr prozeßbegleitend auf Regionsebene und durchsetzungsorientierter auf kommunaler Ebene. Was den Schutz des Bodens, seine Belastbarkeit, auch den Flächenverbrauch anbelangt, gibt es förmliche Grundsätze und Zielvorstellungen[10], auch Leitvorschriften im Naturschutz- und Landespflegerecht. Es gibt Regelungen mit unmittelbar bodenschützendem Charakter (Beispiel: Aufbringungsvorschrift des Abfallbeseitigungsgesetzes oder Klärschlammverordnung), Regelungen mit mittelbar bodenschützendem Charakter (Beispiel: Großfeuerungsanlagenverordnung oder TA-Luft) und Regelungen mit Vorsorgecharakter im Raumplanungsrecht. An diese Vorsorge- und Vermeidungsfunktion ist stets zu erinnern, denn auch für Bodenschutzmaßnahmen gilt, daß vorbeugender Umweltschutz kostengünstiger, konfliktfreier und damit politisch reibungsloser als sanierender Umweltschutz betrieben werden kann.

Einzelheiten über die Planungssystematik und Festlegungstypik und damit die systematische Darstellung von allgemeinem Planungsinhalt und speziellen Fest-

Tab. 2: Planungssystematik und Festlegungstypik

	Planungsebene	Planart	allgem. Planinhalt	ausgewählte Planelemente im Bereich Siedlung	Boden
Bundesraumordnung	Bundesgebiet	Bundesraumordnungsgesetz (Bundesraumordnungsprogramm)	Zielvorstellung, wie die großräumigen Strukturen entwickelt und die raumwirksamen Maßnahmen schwerpunktartig eingesetzt werden sollen	Festlegung v. Gebietskategorien u. Grundsätzen zur Siedlungsentwicklung	Festlegung von Gebietskategorien, Vorrangbereichen u.ä.
Landesplanung	Land	Landesentwicklungsplan bzw. Landesentwicklungsprogramm	Festlegung von Gebietskategorien, Festlegung von überörtlichem Erschließungs- und Verbindungsbedarf, Entwicklungsachsen, Zentrale Orte		
Regionalplanung	Regierungsbezirk, Region, Kreis	Regionalplan bzw. Regionaler Raumordnungsplan	Festlegung von Siedlungskategorien, Zentralen Orten, regionalbedeutsamen Freiräumen	Festlegung v. Bereichen mit verstärkter Siedlungsentwicklung oder von Orten mit Eigenentwicklung	Festlegung von regionalen Grünzügen oder Grünzäsuren, Definition von Bevölkerungsrichtwerten, Schutzgebieten, Bewirtschaftungsbeschränkungen
Ortsplanung	Gemeindeverband, Gemeinde	Flächennutzungsplan	Darstellung von Bauflächen, Verkehrsflächen usw.	Darstellung von Bauflächen	Darstellung von Freiflächen, belasteten Standorten, Ausgleichsmaßnahmen, Flächenrecycling usw.
	Gemeindeteil	Bebauungsplan	Festsetzung von Baugebieten, Bauweisen und Bauformen usw.	Festsetzung von Baugebieten, Bauweisen und Bauformen	Festsetzung von Nutzungsintensitäten, flächensparenden Bau- und Erschliessungsformen, Bepflanzungsbindungen

Abb. 3:

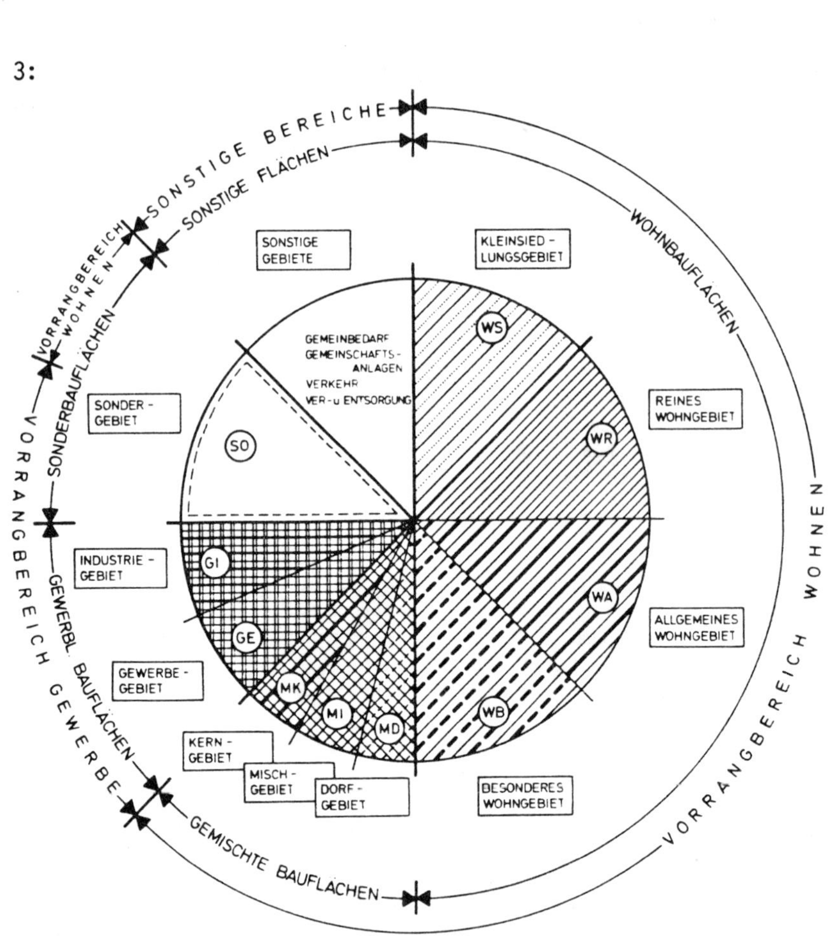

Planungsebenen und ihre Planelemente: baulich genutzte Gebiete, Flächen und Bereiche. Im Innenkreis sind die Elemente der Bauleitplanung, im Außenkreis die der Regionalplanung dargestellt.

legungen des Planungsparameters "Boden" auf den verschiedenen Planungsebenen enthält Tabelle 2. Damit sind zugleich die unterschiedlichen Eingriffsmöglichkeiten und Regelungsintensitäten beispielhaft dargelegt. Analysiert man Bundesbaugesetz einschließlich Baunutzungsverordnung[11] und Landesplanungsgesetze[12] im Hinblick auf ihre Planinhalte und Festlegungsparameter, so wird die Überbetonung der bauplanungsrelevanten und das Defizit an freiraumrelevanten Elementen deutlich. Ein Vergleich der Abbildungen 3 und 4 läßt erkennen, wie konkret Baugebiete und Bauflächen, wie abstrakt dagegen nur Freiflächen festgelegt werden können. Beispiel: Planungsrechtliche Absicherung als "Landwirtschaft" oder "Forstwirtschaft", aber keine weitere Ausdifferenzierung; jegliches Fehlen von Unterscheidungsmerkmalen auf Bebauungsplan- bzw. Flächennutzungsplanebene.

Abb. 4:

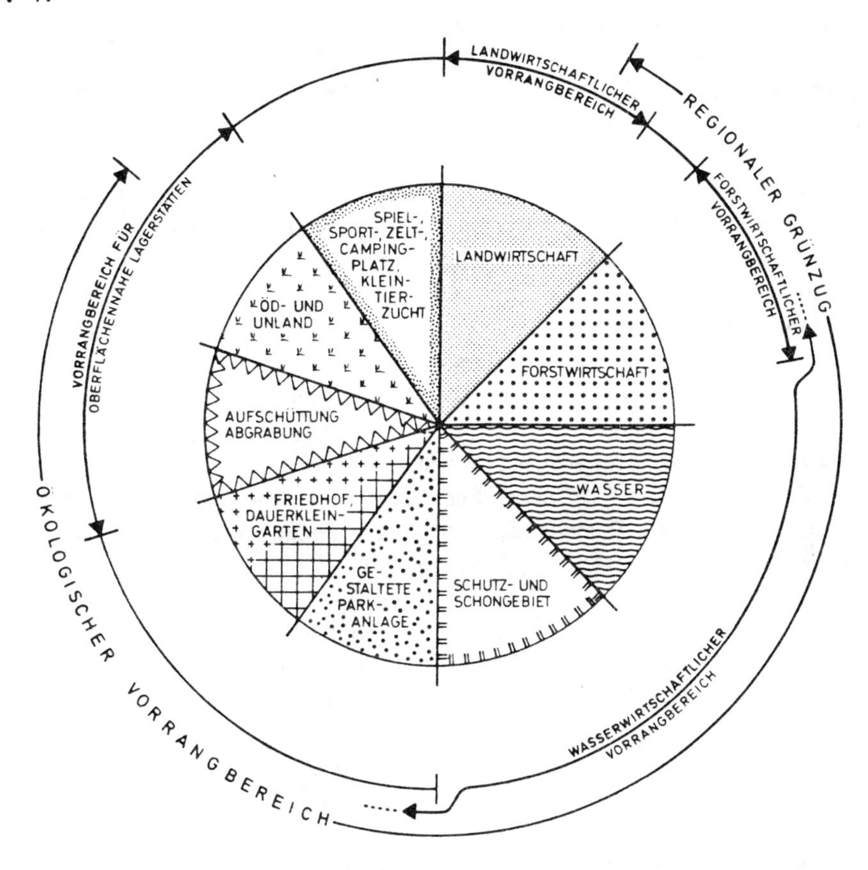

Planungsebenen und ihre Planelemente: als Freiraum genutzte Gebiete, Flächen und Bereiche. Im Innenkreis sind die Elemente der Bauleitplanung, im Außenbereich die der Regionalplanung dargestellt.

Der Beitrag der Regional-und Landesplanung i.S. eines vorbeugenden Bodenschutzes läßt sich in folgenden Punkten zusammenfassen:

- Frühkoordination durch bestmögliche Zuordnung von Funktionen und Nutzungen, wie z.B. Entwicklungsachsen versus Regionale Grünzüge oder ökologische Vorrangbereiche versus Sonderkulturen
- quantitative Flächensteuerung durch Einwohner-, Beschäftigten- oder Flächenrichtwerte
- stimulierende Beeinflussung über die Festlegung von zentralen Orten, Siedlungsachsen, Siedlungsbereichen usw.
- prohibitive Beeinflussung über die Festlegung von Vorrangbereichen, Schutzgebieten, Beschränkung von Nutzungsintensitäten u.ä.

- langfristige Sicherung von Ressourcen und Funktionen sowie die Berücksichtigung von systemaren Vernetzungen und Wirkungsverläufen.

Im Bereich der Flächennutzungs- und Bebauungsplanung gibt es gegenwärtig folgende bodenschutzrelevanten Möglichkeiten[13]:

- bodensparende Maßnahmen, wie stringente Bedarfsprüfungen, Neubewertung älterer Entwicklungskzepte, verstärkte Inanspruchnahme der Altbausubstanz (Flächenrecycling), wirtschaftliche Erschließung, flächensparende Bauformen und Bauweisen;
- bodenschonende Maßnahmen, wie Ausbau vor Neubau von Verkehrstrassen, landschaftsgebundene Erholung vor weiterem Ausbau von Freizeitinfrastrukturen, Mehrfachnutzung statt Neutrassierung von Versorgungsleitungen, Bewirtschaftungsbeschränkungen;
- bodensanierende oder schadenausgleichende Maßnahmen, wie Bodenentsiegelung, Renaturierung überbauter Flächen, Rückbau von Anlagen und Einrichtungen, Sanierung kontaminierter Standorte, kommunale Bodenvorratswirtschaft durch Ankauf stadtökologisch wertvoller Gebiete.

Damit sind die Handlungsspielräume für Bodenschutzmaßnahmen offengelegt. Es wird deutlich, daß die raumplanerischen Möglichkeiten für einen nachhaltigen Schutz von Grund und Boden begrenzt sind: auch insofern erscheint es wirkungsvoller, vorsorglich ein Regelwerk ökologischer Eckwerte einzuführen, als im nachhinein irreversible Schäden an Grund und Boden heilen zu wollen[14].

4. Neue Ordnungsvorstellungen für einen wirkungsvolleren Bodenschutz

4.1 Ordnungsziele und Ordnungsprinzipien

Bodenschutzmaßnahmen sind einerseits vor dem Hintergrund allgemeiner Grundsätze und konkreter Ziele von Raumordnung und Landesplanung zu sehen:

- "Mit weiter anhaltendem Bedarf an Siedlungsflächen steigt die Inanspruchnahme von Freiräumen. Die Begrenzung des Flächenverbrauchs gewinnt deshalb zunehmend an Bedeutung. Sie ist eine gemeinsame Aufgabe von Raumordnung, Landes- und Regionalplanung sowie kommunaler Bauleitplanung"[15].

- "Der Boden steht in wechselseitigen Abhängigkeiten zu anderen Lebensgrundlagen. Die Bundesregierung wird deshalb den Schutz des Bodens als eigengewichtige ressortübergreifende Aufgabe verstärken und gleichermaßen die Ausstrahlungswirkungen des Bodenschutzes auf andere Politikbereiche durch einen fachübergreifenden Ansatz berücksichtigen"[16].

- "Die Notwendigkeit eines verstärkten Schutzes des Bodens als unverzichtbare Lebensgrundlage ergibt sich vor allem aus

  - der erheblichen Intensivierung der Nutzungen und der Bodeninanspruchnahme und den daraus resultierenden Belastungen und Gefährdungen der Böden
  - der begrenzten Belastbarkeit
  - der Gefahr einer schleichenden, irreversiblen Schädigung und kaum gegebener Regenerierbarkeit
  - der besonderen Stellung im Ökosystem als Mittler zwischen der belebten und unbelebten Umwelt sowie als Träger von Nahrungsketten
  - der Notwendigkeit, natürliche Rohstoffvorkommen zu sichern"[17].

- "Bodenbelastungen sind soweit wie möglich zu vermeiden (Schonungsprinzip) bzw. durch ein abgestuftes System von Eingriffen zu reduzieren (Ausgleichs- bzw. Rückbauprinzip)[18]."

- "Um die Ressource Boden vor schädlichen Umwelteinwirkungen zu schützen, sind der Bodenverbrauch entscheidend zu reduzieren, Bodenverunreinigungen einzustellen und wo möglich abzubauen und sonstige Bodenbeeinträchtigungen nicht weiter zuzulassen.

  - Dabei sind zur Reduktion des Bodenverbrauchs und der haushälterischen Nutzung des Bodens insbesondere erforderlich ...
  - Dabei sind zur Vermeidung bzw. zum Abbau von Bodenverunreinigungen insbesondere erforderlich ...
  - Dabei sind zur Vermeidung von Erosion und Verdichtung erforderlich ..."[18].

Andererseits sind bodenschützende Konzeptionen und Maßnahmen nur vor dem Hintergrund geltender siedlungsstruktureller, ökologischer und ökonomischer Ordnungsprinzipien denkbar; diese lassen sich in aller Kürze wie folgt charakterisieren:

- Ziel aller siedlungsstrukturellen Ordnungskonzepte ist ein kommunales und regionales Ordnungsgefüge, das die verschiedenen Nutzungsansprüche nach Art, Maß und Lage und zugleich das System ihrer Verknüpfungen und Rangfolgen enthält; also ein ausgewogenes, raumpolitisches Nutzungs- und Wirkungskonzept, dessen wichtigste Steuerungselemente Tragfähigkeit, Erreichbarkeit, Verträglichkeit und Vielfältigkeit sind. Dabei knüpft das Tragfähigkeitsprinzip an traditionelle hierarchische Zentrenstrukturen an, gleichgültig, ob es sich dabei um das zentralörtliche Gliederungsprinzip oder um innerörtliche Nachbarschaftsmodelle handelt. Das Erreichbarkeitsprinzip bestimmt Größenordnung und Mischungsgrad der Nutzungselemente und ist durch Maßstabsveränderungen mehrfach stark beeinflußt worden. Das Verträglichkeitsprinzip hebt auf die Störanfälligkeit von Nutzungen ab und gilt ebenso im kommunalen (Gemengelagenproblematik) und regionalen Bereich (Ausgleichsräume). Das Vielfältigkeitsprinzip schließlich soll aus gestalterischen und funktionellen Erwägungen (Pendleraufwand) städtebaulichen und regionalen Monostrukturen vorbeugen[19].

- Ziel ökologischer Ordnungskonzepte ist die nachhaltige Sicherung der Leistungsfähigkeit des Naturhaushaltes, der Nutzungsfähigkeit der Naturgüter, des Biotop- und Artenschutzes sowie der Vielfalt, Eigenart und Schönheit von Natur und Landschaft. Um einen angemessenen Ökosystemschutz gewährleisten zu können, ist eine "möglichst große Vielfalt von Biotopen ausreichender Größe und in einem den Ansprüchen der jeweiligen Art entsprechenden Verbund erforderlich[20]". Das in raumplanerischer Hinsicht entscheidende Ordnungselement ist dabei neben dem Prinzip des Ressourcenschutzes das Prinzip der Vielfalt und der "differenzierten Bodennutzung"[21]. Diese räumliche und zeitliche Nutzungsdifferenzierung soll dem allgemeinen Konzentrationsprozeß entgegenwirken (Beispiel: Feldgehölze in ausgeräumten Agrarlandschaften oder Stadtbiotope in Siedlungsgebieten) und gewährleisten, daß auch bei steigenden Raumansprüchen die Belastungsfähigkeit der Landschaft insgesamt nicht überschritten wird.

- Ziel ökonomischer - hier einschränkend agrarökonomischer - Ordnungskonzepte ist der Ausgleich von Angebots- und Nachfragestrukturen am Bodenmarkt und die Ausschöpfung des standortspezifischen Ertragspotentials unter Berücksichtigung von Knappheits- und Umweltgesichtspunkten. Vor dem Hintergrund von Produktivitätssteigerung, Überproduktion und Finanzierungsgrenzen werden Ordnungsüberlegungen einer ökologisch orientierten Agrarpolitik aktuell. Dabei lautet die in diesem Zusammenhang interessierende Kernfrage: Soll die Verringerung der Überproduktion durch Deintensivierung der Landwirtschaft und Rückzug aus den benachteiligten Gebieten oder durch Flächenstillegung und Bereitstellung großer Flächen für Natur- und Umweltschutzzwecke angestrebt werden? Die gegenläufige Eignung von Böden für Landwirtschaft und den Naturschutz (Beispiel: seltene und gefährdete Pflanzenarten kommen bevorzugt auf Feucht- und Trockenstandorten bzw. auf Böden mit extremem Nährstoffhaushalt vor) legt "Flächenumwidmungen" nahe, für die wiederum geeignete Planungs- und Festlegungselemente erforderlich sind.

Für raumplanerische Gesamtkonzeptionen ist darauf zu verweisen, daß sowohl das (vermeintlich neue) ökologische Vielfältigkeitsprinzip als auch das raumökonomische Erreichbarkeitsprinzip keineswegs eine neue Planungsgröße darstellen, sondern als städtebauliches Planungsprinzip seit langer Zeit angewandt werden. Es läßt sich allerdings die Schlußfolgerung ableiten, daß die punktachsialen Ordnungsprinzipien durch flächenbezogene Ordnungskonzepte zu ergänzen sind[22].

Was allerdings bei siedlungsstrukturellen, ökologischen und agrar-ökonomischen Ordnungskonzepten offenbleibt, ist die Frage der jeweiligen Dimensionierung: Wo liegt denn die Grenze (und damit die erforderliche Distanz) der Verträglichkeit bei unterschiedlich genutzten Flächen? Wann - und vor allem wo - werden Ausgleichsräume erforderlich? Welches ist denn die aus genetischen Gründen erforderliche Mindestgröße von Populationen, welches die entsprechende Biotopgröße und welches die angemessene Netzdichte? (Einige Antworten auf diese Fragen gibt J. Reichholf in diesem Band.)

Was den Schutz des Bodens, seine Belastbarkeit, den Flächenverbrauch oder die Grenzen der Siedlungsbelastung anbelangt, gibt es zahlreiche Grundsätze, wie z.B.

- "Der Bodenschutz hat insbesondere Grenzen für Stoffeinträge und andere Belastungen der Böden anzugeben, wenn eine Vermeidung nicht möglich ist[23]".

- "Unbebaute Bereiche sind als Voraussetzung für die Leistungsfähigkeit des Naturhaushalts, wie Nutzung der Naturgüter, und für die Erholung in Natur und Landschaft insgesamt und auch im einzelnen in für ihre Funktionsfähigkeit genügender Größe zu erhalten[24]".

- "Schutzbedürftige Teile von Freiräumen sind in den Regionalplänen als Regionale Grünzüge, Grünzäsuren und Vorrangbereiche auszuweisen; dabei sind ökologische und naturräumliche Zusammenhänge zu beachten und erforderliche Mindestgrößen einzuhalten[25]".

- "In den Verdichtungsräumen sind ... gesundheitliche Belastungen der Bevölkerung beim Wohnen, am Arbeitsplatz und auf den Verkehrswegen dadurch zu vermeiden oder zu vermindern, daß ... Umfang und Nutzungsintensität der dafür benötigten Flächen auf die Belastbarkeit des Raumes abgestellt ... werden[26]".

- "Vorsorgender Bodenschutz erfordert die Einbeziehung des Bodens als Maßstab für die Grenzwertfindung in die immissionsschutzrechtlichen Vorschriften sowie die Weiterentwicklung emissionsarmer Technologien[27]".

Was aber bedeuten konkret "Grenzen der Belastung", "genügende Größen", "Belastbarkeit", "Maßstab für Grenzwertfindung"?

4.2 Ordnungskonzept für ein siedlungsökologisches Regelwerk

4.2.1 Methodische Vorgehensweise

Wenn es als notwendig erachtet wird, das raumordnerische Instrumentarium um ökologische Eckwerte zu ergänzen, so auch deshalb, weil sich für ökologische Verträglichkeitsgrenzen langsam ein öffentliches Bewußtsein zu bilden scheint, das auch planungspolitisch umsetzbar ist. Bei diesem Vorschlag für ein Regelwerk zur Steuerung der Siedlungsentwicklung und komplementär der Sicherung naturnaher Flächen wird nicht auf die rechtlichen Möglichkeiten des Nachbarrechts, der Landesbauordnungen oder des Bundesbaugesetzes (einschließlich der Baunutzungsverordnung), sondern auf die überkommunale Regelungsebene abgehoben: Auch auf Gemarkungsebene nämlich müßte - analog zu der Festsetzung von Art und Maß der baulichen Nutzung auf Grundstücksebene - das zulässige Maß der Ausnutzung für Siedlungszwecke begrenzt sein. Ebenso wie das Bauordnungs- und Bauplanungsrecht zur Regelung von städtebaulichen Mißständen Nutzungsvorschriften kennt, müßte das Raumordnungs- und Landesplanungsrecht zur Regelung von regionalen Mißständen Nutzungseinschränkungen bzw. gezielte "Nichtnutzungen" kodifizieren. (Die Vermutung jedenfalls, daß sich aus der Summe der Nutzungseinschränkungen für das einzelne Grundstück schon eine Nutzungsverträglichkeit für die Gesamtheit der Gemarkung ergeben würde, ist unzutreffend.) Ganz generell wäre das regionale Nutzungsmaß auf einen Umfang zu beschränken, der der jeweiligen Nutzungsart unter Berücksichtigung der Anforderungen entspricht, die heute in ökologischer Hinsicht an die Raumordnung und -planung gestellt werden.

In materieller Hinsicht müßte sichergestellt werden, daß kritische Grenzen der Besiedlung nicht überschritten werden. In formeller Hinsicht müßten ökologische Eckwerte als Mindeststandards, Orientierungswerte oder Grenzwerte definiert und festgesetzt werden[28]. Zur Erarbeitung eines derartigen Regelwerks wird folgende Vorgehensweise vorgeschlagen:

(1) Problemorientierte Auswahl von Ordnungsparametern einschließlich Plausibilität, Kontrollierbarkeit, Realitätsnähe, Operationalisierbarkeit (z.B. Siedlungsfläche, naturnahe Fläche).

(2) Bestimmung von Planungsebene und Planungsadressaten unter Berücksichtigung von Planungsschärfe und Planungstypik.

(3) Neubestimmung geeigneter freiraumbezogener Planungselemente und damit Ergänzung der bauflächenrelevanten Typisierungen.

(4) Definition der Referenzelemente (z.B. Siedlungsflächenanteil in % des Nutzungsbereichs).

(5) Definition der Referenzkategorien unter Berücksichtigung von administrativen, strukturräumlichen, funktionsräumlichen, naturräumlichen, rechnerisch-abstrakten Ausgliederungen (z.B. Nutzungsbereiche).

(6) Formalisierung eines Regelwerkes (z.B. Nutzungsregel, Ressourcenregel).

(7) Quantifizierung des Regelwerkes (z.B. Siedlungsflächenanteil darf 20 % der Fläche des definierten Nutzungsbereichs nicht überschreiten).

(8) Ermittlung von struktur- oder funktionsspezifischen Durchschnittswerten.

(9) Festlegung der Wirkungsweise der ökologischen Eckwerte (z.B. als Orientierungswerte auf der Ebene der Regional- und Landesplanung).

(10) Einsatz der ökologischen Eckwerte bei der Beurteilung von abgeleiteten Plänen (Genehmigungsverfahren), auch bei Nutzungsumwidmungen oder Einzelfallbeurteilungen.

4.2.2 Definition von Ordnungsparameter und Ordnungsebene

Bei der Konzeption eines siedlungsökologischen Regelwerkes gibt es zwei grundsätzliche Probleme, nämlich die Definition der Ordnungsparameter und der Ordnungsebenen. Die Richtigkeit und Sicherheit abzuleitender ökologischer Eckwerte hängt entscheidend von der inhaltlichen und räumlichen Definition der Ausgangsparameter selbst ab.

Was die Ordnungsparameter anbelangt, gibt es unterschiedliche Ansätze zur Ermittlung von Siedlungsbelastungen: Es überwiegen Untersuchungen mit spezieller Zielsetzung und Einzelverfahren, die nicht ohne weiteres zu vorsorgend anwendbaren Planungsaussagen führen. Im folgenden wird von den Hauptproblemen der Raumtypen ausgegangen. Diese liegen für die Siedlungsräume (bebaute Ortslage) in dem wachsenden Freiflächendefizit, der zunehmenden Flächenversiegelung und den steigenden Emissionen. Was die Freiräume (Außenbereich) anbelangt, so liegen die Hauptprobleme in den wachsenden Belastungen durch Naherholung, Landwirtschaft und infrastrukturelle Baumaßnahmen. Als problemorientierte (im strengen Sinne verkürzte, aber gleichwohl repräsentative) Parameter bieten sich deshalb an der absolute und/oder relative Anteil an

- naturnaher Fläche
- besiedelter Fläche.

Hier wird die Bodenbelastung infolge "Besiedlung" als kumulierte Größe aller Einzelbelastungen in den Vordergrund gestellt. Sektorale Aufgliederungen, die der komplexe Begriff Siedlung verdeckt, werden bewußt nicht vorgenommen; es darf nicht übersehen werden, daß im Planungsverfahren die einzelnen Komponenten (Klima, Boden, Wasser, Landschaft) - gewichtet oder ungewichtet - ohnehin zusammengeführt werden müssen[29].

Was die Ordnungsebenen anbelangt, so ist der Einsatzbereich ökologischer Eckwerte zweckmäßigerweise auf das geltende Planungssystem abzustellen. Insoweit empfiehlt es sich, zwischen gesamträumlicher Vorsorgeplanung und fachplanerischer Einzelfallentscheidung zu unterscheiden. So richtig und zweckmäßig Orientierungswerte beispielsweise auf der Ebene der Regional- und Landesplanung sind, so falsch wäre es, mit Orientierungswerten Bodenbelastungen an einem konkreten Standort steuern zu wollen. Oder umgekehrt: Grenzwerte für eine bestimmte Bodenart an einem bestimmten Standort sind im fachplanerischen Einzelfall sicherlich angemessen, kaum aber auf höheren Maßstabsebenen mit entsprechenden Unsicherheiten und Unschärfen.

Zwischen überkommunaler Planung und Fachplanung liegen Bebauungs- und Flächennutzungsplanung; für beide Ordnungsebenen gilt es unterschiedliche Planungselemente zu verwenden. Was den Siedlungsraum anbelangt, so ist in Kap. 4.1 darauf verwiesen worden, daß die Planungselemente der geltenden Baunutzungsverordnung als ausreichend empfunden werden. Dies gilt jedoch nicht für den Freiraum: hier wird eine weitere, problembezogene Differenzierung nach Nutzungsarten für erforderlich gehalten; sie ist in Tabelle 3 wiedergegeben[30]. Dies ist zugleich ein Vorschlag, die geltende Baunutzungsverordnung zu erweitern, nicht nur bauflächenrelevante, sondern auch freiraumbezogene Typisierungen als planungsrechtliche Ausweisungen oder Festsetzungen zu verwenden. Die kommunale Ebene wird hier lediglich wegen der Notwendigkeit der systematischen Herleitung der Planungselemente zitiert; die weiteren Überlegungen beziehen sich wiederum nur auf die Ebene der Regional- und Landesplanung.

4.2.3 Definition von Referenzelementen und Referenzkategorien

Ausschlaggebend für die Richtigkeit und Genauigkeit von Eckwerten zur Bestimmung von Belastungs- oder Übernutzungsgrenzen des Bodens sind die zugrundezulegenden Referenzelemente und Referenzkategorien. Hinsichtlich der Referenzelemente, also der zu verwendenden statistischen Daten und Definitionen, gibt es deshalb Probleme, weil weder die frühere Bodennutzungserhebung noch die neueren Flächenerhebungen (auch nicht das Liegenschaftskataster) hinsichtlich Genauigkeit, Aktualität und Nutzungsdefinition ausreichend sind. Gängig in Theorie und Praxis sind Durchschnittswerte auf Bundes-, Landes- oder Regionsebene, die allerdings wenig aussagekräftig sind. So ist beispielsweise, was den Anteil der Siedlungsfläche an der Gesamtfläche anbelangt, der Bundesdurchschnitt von 10,5 % oder der Landesdurchschnitt von Baden-Württemberg mit

10,1 % kaum von Nutzen, denn er ist weder als eigenständige Größe brauchbar, da die Bezugsgröße fehlt, noch als Referenzwert verwendbar, da allenfalls angemessen geschnittene Regionen oder Mittelbereiche als Bezugsgröße in Frage kommen. Auch für einen Sollwert von 10 % naturnaher Fläche wäre die Frage nach der geeigneten Bezugsgröße zu stellen, denn es ist schon von Bedeutung, ob 10 % einer administrativen Einheit (Gemeinde oder Land), einer funktionellen Einheit (Ruhrgebiet) oder einer naturräumlichen Einheit (Pfälzerwald) beispielsweise als Naturschutzgebiet festgelegt werden sollen. Über die Auswahl geeigneter Ordnungsparameter hinaus, gilt es, diese Parameter als funktionsspezifische Durchschnittswerte zu ermitteln, da sie andererseits als Referenzelement nicht verwendbar sind.

Was die Referenzkategorien anbelangt, so sind unterschiedliche Ausgliederungen denkbar, beispielsweise administrative, strukturräumliche, funktionsräumliche oder naturräumliche Kategorien, aber auch Gemeindetypisierungen nach Größenklassen, Wirtschaftsstruktur oder Urbanisierungsgrad. Eine Gliederung nach Gemeinde-Größenklassen wäre zwar am leichtesten durchzuführen, scheidet aber deshalb aus, weil der Bezug zur spezifischen Situation und Funktion der Gemeinde allenfalls bei massenstatistischen Untersuchungen, aber nicht im Einzelfall gegeben ist. Auch eine Ausgliederung nach Wirtschaftsfunktionen wäre naheliegend, zumal eine Vielzahl von Einzeluntersuchungen vorliegt. Denkbar wäre auch eine Klassifizierung nach Gemeindetypen, wie großstädtisch (oberzentrenähnlich), mittelstädtisch (mittelzentrenähnlich), kleinstädtisch (unterzentrenähnlich), halbländlich (kleinzentrenähnlich) und ländlich, oder nach Strukturraum-Typen, wie Kernzone des Verdichtungsraumes, Verdichtungsraum, Randzone des Verdichtungsraumes, ländlicher Raum. Möglich wäre auch eine Klassifizierung nach dem Verstädterungsgrad, da hiermit auf die Dichte der vorhandenen bzw. anzustrebenden Situation abgestellt werden könnte. Eine Abgrenzung wäre auch in Anlehnung an das zentralörtliche Gliederungsprinzip denkbar und damit ausgesprochen realitätsnah.

Als Referenzkategorien (Bezugsebenen) empfehlen sich zwar grundsätzlich administrative Einheiten, da die Bezugsbasis klar definiert ist, die Daten leicht erhältlich und überprüfbar sind und nur auf diese Weise die Eckwerte auch Eingang in die Verwaltungspraxis finden. Allerdings ist die Aussagekraft solcher Referenzwerte stark eingeschränkt, nämlich wegen der Zufälligkeit des Verlaufs der Gemarkungsgrenzen und wegen der Substituierbarkeit beispielsweise von Freiflächen in Nachbargemeinden. Entscheidend ist nämlich, daß die Toleranzgrenze für eine tragbare Siedlungsbelastung von der Grenzziehung selbst abhängt, d.h., ein Belastungswert ist dadurch manipulierbar, daß die Grenzen des Bezugsraumes verändert werden. Die Frage der Substituierbarkeit von Flächendefiziten durch "Flächenerreichbarkeiten" ist eines der Kernprobleme. Wie wichtig die Lösung dieses Problems ist, ergibt sich schon daraus, daß Freiflächen oft mehreren belasteten Gebieten gleichzeitig zugerechnet werden. Zweckmäßiger wäre es, mit Hilfe eines geometrischen Rasters verwaltungsgrenzenunabhängig zu arbeiten und die Entscheidungen auf Rasterquadrate zu beziehen. Dadurch würden zwar die z.T. erheblichen Unsicherheiten und auch Fehldeutungen vermieden, die sich durch die mehr oder weniger große Zufälligkeit der administrativen Grenzziehung ergeben; andererseits wäre eine derartige Vorgehensweise aber praxisfremd, denn die Gitterquadrate sind weder einzeln noch aggregiert als Bezugsraum zu begreifen, auf den sich die regional- oder kommunalpolitische Entscheidung stützen könnte. Auch verbleiben bei noch so großmaßstäblicher Aufrasterung Unplausibilitäten, die sich aus der Zufälligkeit der Gitterbildung ergeben.

Damit verbleibt nur ein abgestuftes Vorgehen entsprechend der jeweiligen Anforderungsgenauigkeit: In erster Näherung mag die Gemarkungsfläche ausreichend sein, in zweiter Näherung wird man eine (um peripher liegende Wald-, Wasser- und Landwirtschaftsflächen) bereinigte Gemarkungsfläche als Referenzebene verwenden, und in dritter Näherung schließlich wird der Bezugsraum ein relativ deutlich abgegrenzter Nutzungsbereich sein müssen. Diese "Nutzungsbereiche" wären auf der Ebene der Regionalplanung selbst abzugrenzen.

4.2.4 Bestimmung siedlungsökologischer Eckwerte

Aus alledem ergibt sich, daß nur raumspezifische und funktionsspezifische Durchschnittswerte oder regional differenzierte Standards geeignete Referenzwerte sein können, um die Nachteile der übermäßig nivellierenden großräumigen Durchschnittswerte auszugleichen und dennoch brauchbare, in der Planungspraxis verwendbare Daten zu erhalten. Vorgeschlagen wird deshalb eine Klassifizierung nach den dargestellten Ordnungsparametern

- naturnahe Fläche
- besiedelte Fläche

auf den definierten Ordnungsebenen (Tabelle 3)

- Industriebereich
- Wohn- und Mischbereich
- Bereich intensiver Freiflächennutzung
- Bereich extensiver Freiflächennutzung
- naturnaher Bereich

und eine Verknüpfung mit den Referenzwerten zu einem siedlungsökologischen Regelwert auf regionaler Ebene.

Tab. 3: Planungselemente nach Planungsebenen und Erweiterung geltender Ordnungsprinzipien um freiraumbezogene Nutzungstypen

Nutzungsbereiche auf den Planungsebenen		
Landesplanung	Regionalplanung	Flächennutzungsplanung
Siedlungsraum	Industriebereich	Gewerbebaufläche
	Wohn- und Mischbereich	Mischbaufläche
		Wohnbaufläche
		Erholungsbaufläche
Freiraum	Bereich intensiver Freiflächennutzung	Fläche intensiver Nutzung durch Naherholung und Fremdenverkehr
		Fläche intensiver landwirtschaftlicher Nutzung
	Bereich extensiver Freiflächennutzung	Fläche extensiver Nutzung durch Naherholung und Fremdenverkehr
		Fläche extensiver landwirtschaftlicher Nutzung
	Naturnaher Bereich	Naturnahe Fläche

Abb. 5: Flächenbilanzierungen nach ihren Haupteinflußgrößen auf Grundstücks- und Baugebietsebene

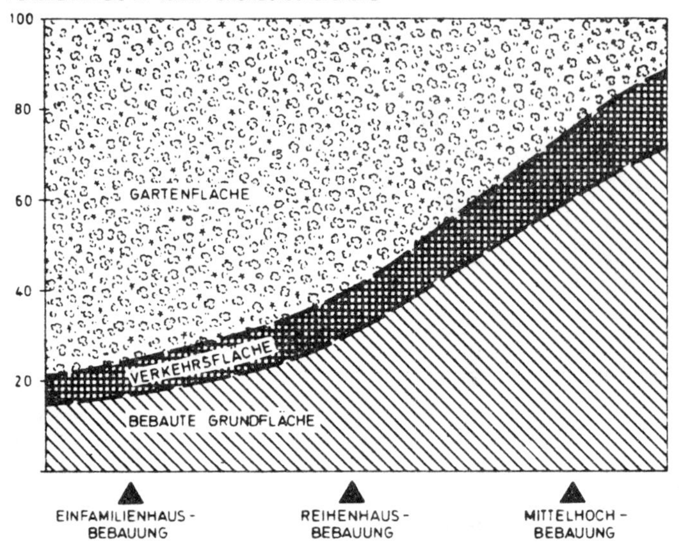

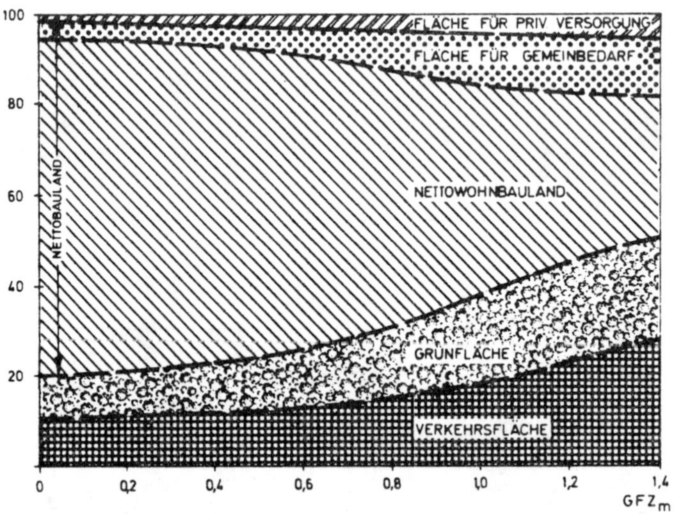

Abb. 6: Flächenbilanzierungen nach ihren Haupteinflußgrößen auf Gemarkungs- und Regionsebene

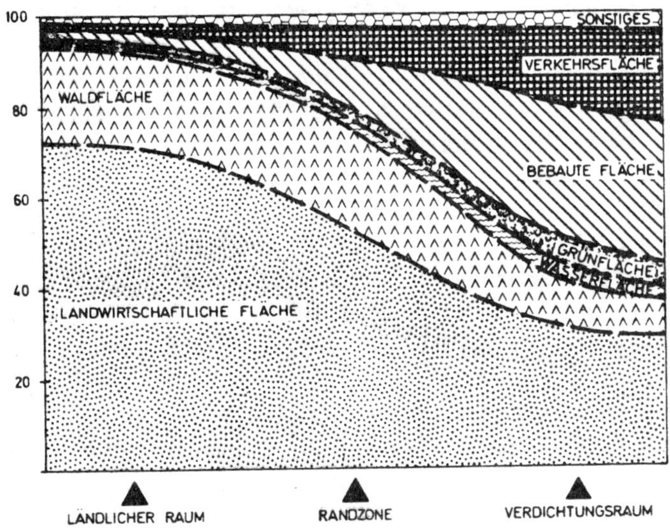

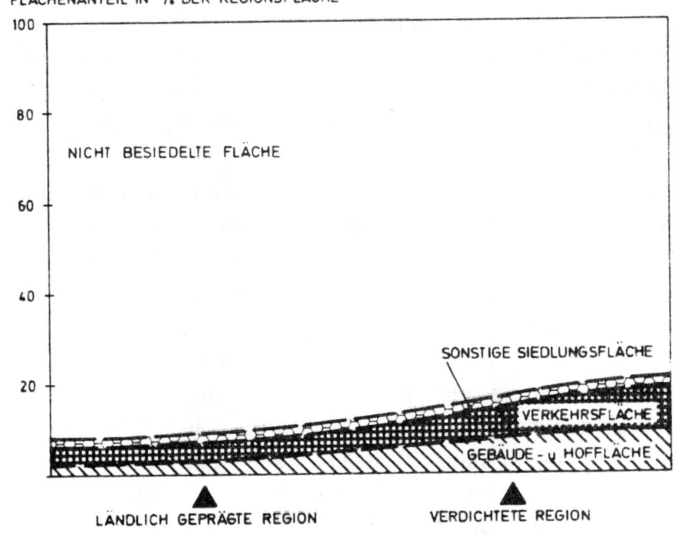

Aus der Vielzahl möglicher Kennziffern wird hier zunächst eine Beschränkung auf zwei Indikatoren für ausreichend gehalten, die in Kombination miteinander ein gutes Maß für die aktuelle Siedlungsbelastung bzw. die noch vorhandenen natürlichen Ressourcen bilden können, nämlich der

- Anteil der besiedelten Fläche an der jeweiligen Bezugsfläche
- Anteil der naturnahen Fläche an der jeweiligen Bezugsfläche.

Damit ließen sich - zunächst für die Ebene der Regional- und Landesplanung - Siedlungsentwicklung und Ressourcensicherung nach Lage und Intensität festlegen, wenn es gelingt, diese Indikatoren zu quantifizieren. Da jeder Standort - großräumig und kleinräumig - seine eigenen Belastbarkeitsgrenzen aufweist, die zudem für jedes Schadenselement unterschiedlich sind, ist dies schwierig. Aber auch wenn Übereinstimmung darüber besteht, daß es absolut richtige, zudem stets gültige Belastungswerte nicht geben kann, so darf dies doch nicht dazu führen, temporer gültige Orientierungswerte im wissenschaftlichen Bereich nicht zu definieren und im politischen Bereich nicht einzusetzen[31].

Zur Lösung des methodischen Zuordnungsproblems sind zwei Wege denkbar: entweder werden die Referenzelemente (Beispiel: Anteil der besiedelten Fläche) oder die Referenzkategorien (Beispiel: Industriebereich) als Variable gewählt und für den konkreten Planungsfall entsprechend den örtlichen Gegebenheiten bestimmt. Hier wird vorgeschlagen, die Referenzelemente als Erfahrungswerte aus regionalen Flächenbilanzierungen einzusetzen und die Referenzkategorien, also die Bezugsräume, für den Planungsfall zu definieren. Die Abbildungen 5 und 6 stellen für den besiedelten Bereich und für unterschiedliche Bezugsräume solcherart Flächenbilanzierungen dar und lassen vor allen Dingen die erheblichen quantitativen Unterschiede in Abhängigkeit von den wichtigsten Einflußgrößen erkennen.

Die für die besiedelte und naturnahe Fläche hier vorzuschlagenden Eckwerte sind in Abbildung 7 dargestellt: Damit lassen sich Grenzen des Flächenverbrauchs und der Siedlungsbelastung im Sinne eines Frühwarnsystems signalisieren oder im Sinne eines Steuerungsinstruments regulieren.

Über die "Richtigkeit" solcherart ökologischen Eckwerte läßt sich streiten, denn normative Werte werden nun einmal den Wirkungszusammenhängen nicht gerecht, sagen nichts aus über die tatsächliche räumliche Situation, die Ausstattung, räumliche Verteilung, Dichte, die vorhandenen Mensch-Raum-Beziehungen usw. Auch Argumente mangelnder Genauigkeit sollten im Wissen um den fortwährenden Flächenverbrauch und den unwirksamen Ressourcenschutz hintangestellt werden. Argumenten fehlender Dynamik wäre mit dem Hinweis auf die stets mögliche Veränderung dieser Eckwerte zu begegnen. Insbesondere aber ist die für die Regelungsschärfe entscheidende Frage nach der Typik noch offen: sind diese

Abb. 7: Hauptparameter des siedlungsökologischen Regelwerkes auf der Basis von Nutzungsbereichen

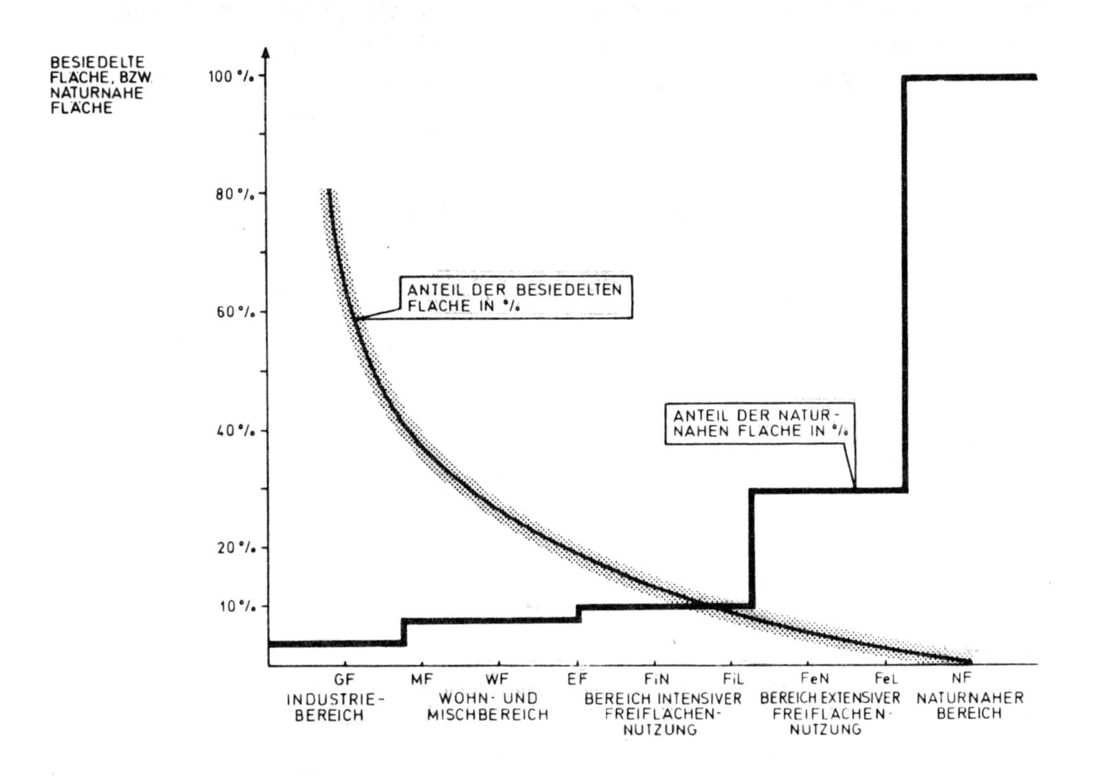

siedlungsökologischen Eckwerte als Orientierungswerte, als Grenzwerte oder als Mindeststandards zu verstehen?

4.3 Anwendung siedlungsökologischer Eckwerte

Die Erfahrung lehrt, daß es kaum realistisch ist, unveränderlich-restriktive Planungselemente einzuführen; insofern wird es nur in Ausnahmefällen gelingen, ökologische Eckwerte als Mindeststandards oder gar als Grenzwerte einzusetzen. Darüber hinaus ist auch das geltende Recht in seiner Spannweite vom allgemeinen Planungsrecht bis hin zum Fachplanungsrecht und die damit verknüpfte, zunehmende Interpretationsstringenz der "Belastungsverträglichkeiten" zu beachten. Für die Praxis der Raumplanung bedeutet dies zunächst einmal, daß zwischen den "gesunden Lebens- und Arbeitsbedingungen" im Sinne des § 2 Bundesraumordnungsgesetz und den "schädlichen Umwelteinwirkungen" des § 3 Bundesraumordnungsgesetz eine Interpretationsgrauzone besteht, die aus dem geltenden Planungsverständnis heraus, aber auch aus einem System möglicher siedlungsökologischer Eckwerte erhellt werden muß. Tabelle 4 versucht, diese Zuordnungsproblematik von Geltungsbereichen unterschiedlicher Handlungs- und Planungsprinzipien und korrespondierenden, unterschiedlichen Typen von Eckwerten zu verdeutlichen und zu systematisieren: damit sei zugleich vorgeschlagen, den geltenden Planungsebenen (vgl. hierzu auch Tabelle 2) die Handlungsprinzipien vom Vorsorgeprinzip über Ausgleichsprinzip bis hin zum Gefahrenabwehrprinzip zuzuordnen und für diese wiederum unterschiedlich stringente siedlungsökologische Eckwerte gelten zu lassen.

Tab. 4: Planungssystematik, Handlungsprinzipien und Regelungssystematik

Planungstypik	Planungsschärfe	planerisches Handlungsprinzip	Typik der ökologischen Eckwerte
Raumordnung bzw. Regional- und Landesplanung als vorsorgende Umweltplanung . .	weiterer Zeithorizont, kleinmaßstäbliche Kartenunterlage, unscharfe oder sogar fehlende Einzelinformationen, geringe Bindungswirkung der Pläne	Vorsorgeprinzip	Orientierungswerte, Richtwerte . . . .
. . . . .	. . . . .	Prinzip planerischer Ausgleichsmaßnahmen . . .	abwägungsbedürftige Mindeststandards . . . .
Fachplanung bzw. Einzelfallbeurteilung	unmittelbare Zukunft, großmaßstäbliche Kartenunterlagen, exakte Detailinformation, durchgreifende Rechtswirkung	Prinzip der Gefahrenabwehr	nicht abwägungsfähige Grenzwerte

Dem Spannungsfeld von Vorsorgeprinzip und Gefahrenabwehrprinzip entspricht die Planungshierarchie von vorsorgender Raumordnung und Einzelentscheidung i.S. des jeweils geltenden Fachplanungsrechtes. Dies bedeutet entscheidungssystematisch, daß im Geltungsbereich des Vorsorgeprinzips (beispielsweise auf der Ebene der Regional- und Landesplanung) die genannten ökologischen Eckwerte den Charakter von Orientierungswerten (oder Richtwerten) haben und daß im Geltungsbereich der Gefahrenabwehr (beispielsweise im Bereich der Fachplanung) nicht abwägungsfähige Grenzwerte gelten. Oder für die Planungspraxis: das siedlungsökologische Regelwerk ist in einer bestimmten Bandbreite zwischen Orientierungswerten und Grenzwerten zu verstehen, die um abwägungsbedürftige Mindeststandards oszillieren[32].

5. Zusammenfassung

Unstreitige planerische Handlungsmaxime sollte es sein, die Ressource Boden nachhaltiger und wirkungsvoller als bisher vor Verbrauch, Verunreinigung und Beeinträchtigung zu schützen. Dies bedeutet im allgemeinen, auch Grund und Boden dem Grundsatz einer Ökologie- und Ressourcenpflichtigkeit zu unterwerfen, allen raumplanerischen Entscheidungen einen ökologischen Ordnungsrahmen zu unterlegen. Dies bedeutet für die Planungspraxis im besonderen die Ausschöpfung des vorhandenen Instrumentariums, insbesondere der vorhandenen prohibitiven Planungselemente auf regionaler und kommunaler Ebene. Und dies bedeutet darüber hinaus den Einsatz siedlungsökologischer Eckwerte.

Das vorgeschlagene Regelwerk ist dynamisch und reicht vom prophylaktischen Orientierungs-Charakter bis hin zu Grenzwerten; es beschränkt sich auf lediglich zwei Indikatoren (Ordnungsparameter) und fünf Nutzungsbereiche (Ordnungsebenen) und stellt zunächst auf die Ebene der Regional- und Landesplanung ab.

Die Tatsache, daß solcherart siedlungsökologische Eckwerte nicht naturwissenschaftlich begründet, sondern als plausible und konsensfähige Wertentscheidung zu ermitteln sind, bedeutet auch, daß diese Parameter stets zeitabhängig sind, auch gebiets- und funktionsspezifisch festgesetzt werden müssen. Dabei läßt sich über die "Richtigkeit" von ökologischen Eckwerten streiten, denn normative Werte werden nun einmal den tatsächlichen Wirkungszusammenhängen nur bedingt gerecht. Und auch der fehlende qualitative Bezug ist sicherlich ein Mangel.

Entscheidend aber ist, daß überhaupt ein Regelwerk zur Ressourcensicherung und Siedlungsentwicklung installiert wird: Fehlende Besonnung, Belichtung und Belüftung für das einzelne Grundstück gelten als anerkannter Sanierungstatbestand; Grundwassergefährdung, Luftverschmutzung und Bodenverunreinigung ganzer Siedlungsbereiche dagegen werden hingenommen, weil die Grenzen der Siedlungsbelastung nicht markiert sind. Hier gilt es umzudenken und Art und Maß der Flächennutzung auch auf regionaler Ebene auf einen Umfang zu beschränken, der den erkennbaren ökologischen Anforderungen gerecht wird.

Anmerkungen

1) Unter Konsolidierungsplanung wird vor allem dreierlei verstanden:
1. Reduktion auf das planerisch Notwendige, auf das Machbare und Spezifische;
2. Beschränkung auf eine problem- und handlungsorientierte Planung, auf zwingende Negativfestlegungen, auf Mängelverwaltung und Bestandspflege, aber auch auf Umbau und Rückbau;
3. Umgewichtung der Wertungen mit Redimensionierungsaufgaben, mit mehr qualitativer Absicherung als quantitativem Wachstum, vor allem aber Verteilung der Verluste und nicht nur der Gewinne.

Einzelheiten dazu in Fischer, Kl.: "Von der Entwicklungsplanung zur Konsolidierungsplanung. Perspektiven zur Raumordnung der 80er Jahre." In: Der Landkreis 50. Jg. (1980), Heft 8/9.

2) Ähnliche Veränderungsdaten und Zeitreihen können für das Bundesgebiet angegeben werden. So hat sich z.B. in den Jahren 1950-1960-1970-1980 der Anteil der Siedlungsfläche verändert mit 7,5 % -8,5 % - 10,2 % - ca. 12 % und der Anteil der spezifischen Siedlungsfläche mit 370 - 380 - 420 - ca. 470 m^2 je Einwohner. Informationen zur Raumentwicklung der Bundesforschungsanstalt für Landeskunde und Raumordnung. Heft 1-2/1985.

3) "Soll unsere Landschaft weiter zerstört werden?" Hrsg: Deutscher Gemeindeverlag, Bonn 1968.

4) Beirat für Raumordnung: "Die Belastbarkeit des Landschaftshaushaltes". In: Empfehlungen des Beirates für Raumordnung, 2. Folge. Bonn, 1969.

5) "Grenzen des Landschaftsverbrauchs". Das Umweltforum 1978. Schriftenreihe der Arbeitsgemeinschaft für Umweltfragen, Nr. 13. Bonn, 1978.

6) Rappaport, Ph.: "Freiflächen". In: Handwörterbuch des Wohnungswesen. Jena 1930.

7) Weinheimer, J.: "Ballungen. Versuch zur Bestimmung ihrer Grenzen und Intensität". In: Raumforschung und Raumordnung. Heft 3/4, 1957.

8) Schemel, H.J.; Ruhl, G.: "Probleme bei der Ermittlung von Belastungen. Indikatives und systemanalytisches Vorgehen". In: Raumforschung und Raumordnung. Heft 1/1979.

9) Buchwald/Engelhardt (Hrsg.): "Handbuch für Planung, Gestaltung und Schutz der Umwelt". München 1978. Insbesondere Bd. 1, S. 80ff, Bd. 3, S. 503ff.

10) Bodenschutzkonzeption der Bundesregierung. Bundestagsdrucksache 10/2977 vom 7.3.1985. Programmatische Schwerpunkte der Raumordnung. Schriftenreihe des Bundesministers für Raumordnung, Bauwesen und Städtebau, Heft 06.057, Bonn

1985, sowie Bodenschutzkonzeptionen der Länder. Hierzu Fiedler, K.P.: "Bodenschutz in der Bundesrepublik Deutschland". In: Der Städtetag, Heft 12/1985.

11) Bundesbaugesetz i.d.F. vom 18.8.1976, BGBl. Teil I, S. 2256ff, Baunutzungsverordnung i.d.F. vom 15.9.1977, BGBl. Teil I, S. 1763ff. Das neue Baugesetzbuch vom 8.12.1986, BGBl. Teil I, S. 2253 ff. bringt insoweit keine Änderungen.

12) Fischer, Kl.: "Konflikte bei der Abstimmung zwischen Regional- und Bauleitplanung - Planungsbeispiele und allgemeine Regelungsgrundsätze". In: Regional- und Bauleitplanung. Sachstand, Konflikte, Perspektive. Hrsg. Institut für Städtebau der Deutschen Akademie für Städtebau und Landesplanung, Heft 19, Berlin 1979.

13) Fischer, Kl.: "Boden als Ressource und Planungsfaktor". In: Bodenschutz als Gegenstand der Umweltpolitik. Schriftenreihe des Fachbereichs Landschaftsentwicklung der TU Berlin, Heft 27. Berlin 1985.

14) Vgl. hierzu: Fischer, Kl.: "Warum gibt es eigentlich keine Bodennutzungsverordnung? Plädoyer für ein Regelwerk zur Siedlungsentwicklung". In: Natur und Landschaft, 59. Jg. (1984) Heft 3, und die kritische Auseinandersetzung: Bückmann, W.; Cebulla, P.; Draeger, B.; Kressin, J.; Patzak, M.; Voegele, A. und Zieschank, R.: "Probleme eines Regelwerks zum Schutz des Bodens".In: Natur und Landschaft. 60. Jg. (1985), Heft 3.

15) Programmatische Schwerpunkte der Raumordnung. Schriftenreihe des Bundesministers für Raumordnung, Bauwesen und Städtebau. Heft 06.057, Bonn 1985.

16) Bodenschutzkonzeption der Bundesregierung. Bundestagsdrucksache 10/2977 vom 7.3.1985.

17) Bodenschutzkonzept Baden-Württemberg vom 25. November 1985.

18) Regionaler Raumordnungsplan Rheinpfalz. Entwurfsfassung 1985.

19) Göderitz, J.; Rainer, R. u. Hoffmann, H.: "Die gegliederte und aufgelockerte Stadt". Tübingen 1957. Wurzer, R.: "Der Flächennutzungsplan als Instrument für eine funktionsbestimmte Stadtplanung". In: Schriften des österreichischen Städtebundes, Heft 4, Wien 1966. Fischer, Kl.: "Folgeeinrichtungen und zentralörtliches Gefüge". In: Der Landkreis. 38. Jg. (1968), Heft 1. Albers, G.: "Wesen und Entwicklung der Stadtplanung". In: "Grundriß der Stadtplanung". Hrsg.: Akademie für Raumforschung und Landesplanung. Hannover 1983.

20) Deutscher Rat für Landespflege: "Warum Artenschutz? Gutachtliche Stellungnahme und Ergebnisse eine Kolloqiums des Deutschen Rates für Landespflege". Schriftenreihe, Heft 46. Bonn 1985.

21) Haber, W.: "Raumordnungskonzept aus der Sicht der Ökosystemforschung". Forschungs- u. Sitzungsberichte der Akademie für Raumforschung und Landesplanung, Heft 131. Hannover 1979.

22) Als ein tragfähigeres und zukunftsorientiertes Ordnungssystem werden "Netzwerke" vorgeschlagen, die die gängigen Zentrale-Orte- und Achsenkonzeptionen miteinander modelltheoretisch verknüpfen und konzeptionell verbinden

können; begründet wird dies mit zunehmender Standortoffenheit, wachsender Maßstabsvergrößerung, höherem Anspruchsniveau, verändertem Stellenwert der Infrastrukturelemente und der Ressourcen im Planungsprozeß. Vgl. hierzu: Fischer, Kl.: "Telekommunikation, Raumordnung und regionale Strukturpolitik. Auswirkungen der Informations- und Kommunikationstechniken auf die Umwelt und notwendige Konsequenzen für die kommunale Planungspraxis". Köln 1984, S. 69ff u. S. 103ff.

23) Bodenschutzkonzeption der Bundesregierung, Bundestagsdrucksache 10/2977 vom 7.3.1985.

24) Gesetz über Naturschutz und Landschaftspflege (Bundesnaturschutzgesetz) vom 20. Dez. 1976. BGBl. I, S. 3574.

25) Landesentwicklungsplan Baden-Württemberg vom 12. Dez. 1983, Plansatz 1.7.2.

26) Landesentwicklungsplan Baden-Württemberg vom 12. Dez. 1983, Plansatz 1.8.3.5.

27) Entwurf für ein Bodenschutzkonzept Baden-Württemberg vom 7. März 1985.

28) Vgl. hierzu die "Einführung" von Marx in diesem Band.

29) Definitionen: "naturnahe Fläche" (in 1. Näherung aus Raumordnungskataster. In 2. Näherung durch Sondererhebung) = Gewässerfläche, Baulücke, Parkanlage, Friedhof, Grünland, Streuobstwiese, Ödland/Brachland, Landeplatz, Mischwald, Laubwald, Abgrabungsfläche: "besiedelte Fläche" = Wohnbaufläche, gemischte Baufläche, gewerbliche Baufläche, Sonderbaufläche, öffentliche Einrichtungen (auch Sportanlagen), Verkehrsfläche, (siedlungsinterne) Grünfläche, militärische Fläche. Einzelheiten zur Definition der Planungsparameter in: Fischer, Kl.: "Freiräume in der Stadtlandschaft. Ein Beitrag zur Siedlungsbelastung und zur Abgrenzung regionaler Grünzüge". In: Natur und Landschaft. 54 Jg. (1979) Heft 2, und Fischer, Kl.: "Flächennutzungskataster Unterer Neckar". In: Raumordnungskataster und elektronische Datenerfassung. Schriftenreihe des Österreichischen Instituts für Raumplanung. Reihe B, Band 1. Wien 1982.

30) Auch Haber hält eine Ausgliederung nach Nutzungsarten für zweckmäßiger als eine Unterscheidung nach Bodenarten und schlägt folgende vier Hauptnutzungsbereiche vor: Siedlung u. Verkehr, Acker, Grünland, Wald. In: Rat von Sachverständigen für Umweltfragen. "Umweltprobleme der Landwirtschaft". Stuttgart 1985. Problemfeld Funktionen und Nutzungen vergl. auch Finke, L., in diesem Band.

31) Zur Quantifizierung der Eckwerte vgl. Fischer, Kl.: "Siedlungsentwicklung und Siedlungsbelastung. Zur Berücksichtigung ökologischer Grunddaten bei raumplanerischen Entscheidungsprozessen." Tagungsbericht "Systemforschung und Neuerungsmanagement" der Universität Stuttgart. Abgedruckt in: "Anwendung der Systemforschung in der räumlichen Planung". Stuttgart 1979. Und zur Formalisierung eines Regelwerkes mit Hilfe von Nutzungsregel, Freiflächenregel und Abstandsregel vgl. Fischer, Kl.: "Warum gibt es eigentlich keine Bodennutzungsverordnung? Plädoyer für ein Regelwerk zur Siedlungsentwicklung". In: Natur und Landschaft, 1984/Heft 3.

32) Sicherlich wäre es wirkungsvoller, zur Steuerung beispielsweise der entscheiden; da dies wenig realistisch erscheint, ist das weite Feld der Ausgleichsmaßnahmen (keine Oberflächenentwässerung, Bepflanzungsauflagen, Ersatzbiotope, Höhen- und Lagerbeschränkungen) zugleich ein wichtiger Handlungsspielraum für Verbesserungsmaßnahmen.

Normative Überlegungen zum Zusammenwirken von Umweltschutz und Raumordnung/Landesplanung auf der Ebene eines Raumordnungsverfahrens (ROV)

von

Detlef Marx, München

Gliederung

I. Vorbemerkungen

1. Wissenschaftliche Überlegungen können zur Beschreibung, Erklärung oder Prognose dienen. Im Sinne des modernen Empirismus führen wissenschaftliche Überlegungen bzw. Untersuchungen zu empirisch sinnvollen Aussagen, wenn diese Aussagen "durch Beobachtung intersubjektiv nachprüfbar sind und solche Begriffe enthalten, die intersubjektiv verständlich, d.h. regelmäßig auf Beobachtbares zurückführbar sind[1]."

Wissenschaftlich fundierte Prognosen sind möglich, wenn sie auf Hypothesen beruhen, die dem Versuch der Falsifizierbarkeit (Popper-Kriterium) standgehalten haben. "In diesem Sinne bewährte Hypothesen haben weder dén Charatker logischer Gesetze noch den Charakter von Gesetzen im normativen Sinne. Sie informieren vielmehr über die Beschaffenheit der Realität, wie sie war und zugleich, wie sie unter gegebenen Voraussetzungen sein könnte"[2].

Die folgenden Überlegungen weichen von dem hier definierten üblichen, d.h. positiven Wissenschaftsverständnis ab. Während (positive) Modelle und Theorieansätze dazu dienen, mit Hilfe bestimmter Prämissen die Wirklichkeit abzubilden, zu beschreiben und evtl. Prognosen in Form von Wenn-dann-Aussagen zu treffen, wird im folgenden letztlich versucht:

- von einer als bekannt vorausgesetzten Realität ausgehend, d.h. dem Wissen, wie Raumordnung/Landesplanung auf der Landes- und Regionsebene praktiziert wird,
- aufzuzeigen, wie Umweltschutz und Raumordnung/Landesplanung bei der Prüfung von überörtlich bedeutsamen Projekten verbunden werden sollten, um für jedes einzelne, spezifisch unterschiedliche Ziel- und Maßnahmenbündel einen besseren Zielerreichungs- bzw. Verwirklichungsgrad im Sinne einer - gegenüber dem Status-quo-Zustand - verbesserten Wohlfahrt zu erreichen.

Bekanntlich ist es eine seit langem sehr umstrittene Frage, ob Aussagen mit dem hier so definierten normativen Gehalt zur Wissenschaft gezählt werden sollen oder nicht.

Mit Giersch vertrete ich die Ansicht, daß auch Aussagen, die auf normativen Vorstellungen beruhen, wissenschaftlich zulässig sind.

Wichtig ist dabei nur, daß "eine Spielregel beachtet wird, die aus einem Bekenntnis zum Prinzip der Klarheit folgt: ein Wissenschaftler sollte das normative Element in seinen wertenden Aussagen so deutlich explizieren, daß beim Adressaten nicht der Eindruck entstehen kann, es handle sich um objektiv gültige Thesen"[3] im Sinne einer unumstößlichen Wahrheit.

Mit der Aufnahme dieser Überlegungen in die Vorbemerkungen ist diesem berechtigten Postulat nach Einhaltung klarer Spielregeln m.E. Rechnung getragen und geklärt, was im folgenden unter "normativen Bemerkungen" zu verstehen ist.

2. Wissenschaftliche Überlegungen sollten auch geeignet sein, Entscheidungshilfen zu geben.

Wissenschaftliche Aussagen stehen aber häufig in der Gefahr, so abstrakt formuliert zu sein, daß man sie für die Zwecke, für die man sie braucht, nicht verwenden kann.

Um dieser Gefahr der Selbstimmunisierung zu entgehen und um zugleich die folgenden Überlegungen so konkret wie möglich zu fassen, wurde vereinbart, alle Beiträge dieses Bandes auf die in den nächsten Jahren wichtigste und zugleich konkreteste Stufe landesplanerischen Handelns: das Raumordnungsverfahren (ROV)[4] auszurichten; eine Stufe staatlichen Handelns, auf der in Zukunft Umweltschutz und Raumordnung m.E. am besten und am häufigsten verknüpft werden können. Dabei gehen alle Mitglieder des Arbeitskreises davon aus, daß die methodische und inhaltliche Verbesserung des Raumordnungsverfahrens eine besonders wichtige Aufgabe ist. Dem werden sicher auch die Vertreter des Naturschutzes zustimmen, da bei der hier aus gegebenem Anlaß in den Mittelpunkt der Überlegungen gestellten raumordnerischen Umweltverträglichkeitsprüfung methodische und inhaltliche Verbesserungen des Schutzes der natürlichen Lebensgrundlagen uno actu mit erarbeitet werden.

Für die Verwaltungspraxis ist es wichtig, daß die für ein Raumordnungsverfahren maßgeblichen Leitgedanken in den umwelt- und raumordnungspolitischen Zielen der "übergeordneten" Gesetzes- und Verordnungstexte sowie in den maßgeblichen Aussagen einschlägiger Regionalpläne enthalten sind[5]. Das ist m.E. prinzipiell der Fall, wobei Konkretisierungen hilfreich wären.

3. Verwaltungshandeln muß nachprüfbar sein. In der heutigen Zeit werden Verwaltungsentscheidungen - wie der Augenschein lehrt - besonders häufig angefochten. Die raumordnerische Umweltverträglichkeitsprüfung bzw. die landesplanerische Beurteilung als Abschluß des Raumordnungsverfahrens müssen deshalb auf nachvollziehbaren, wissenschaftlich und praktisch anerkannten Entscheidungen basieren, owohl sie zur Zeit nicht anfechtbar sind. Das Dilemma besteht darin, daß insbesondere die Ökologie zwar über gute Methoden und eine Menge Erkenntnisse verfügt, diese aber sehr häufig einzelfallbezogen sind und in der Mehrzahl der Fälle noch keine Prognoseaussagen in der Form von Wenn-dann-Aussagen ermöglichen. Darüber hinaus haben sich bedauerlicherweise noch keine "allgemeingültigen Regeln" für die Bewertung bzw. Inwertsetzung bestimmter Ergebnisse ökologischer Methoden herausgebildet, z.B. im Hinblick auf die Anwendung der Erkenntnisse, die durch Bioindikation entstehen.

Alle Mitglieder des Arbeitskreises sind sich mit anderen Fachkollegen darüber einig, daß die in diesem Band als eine Orientierungshilfe zur Durchführung von raumordnerischen Umweltverträglichkeitsprüfungen eingeführten Orientierungswerte/Ökologischen Eckwerte/Sollwerte problematisch sind. Weder sollen "Situationen", die noch unter dem Stand der ökologischen Eckwerte liegen, "aufgefüllt" werden, noch kann mit ökologischen Eckwerten oder Grenzwerten[6] die Umwelt nach der Zerstörung wichtiger Ökosysteme saniert werden. Die generelle Richtung muß vielmehr vom nachsorgenden Passivschutz wegführen zur Verminderung der Umwelt-, Mitwelt- und Nachweltbelastungen[7] und an die Quelle vorstoßen, d.h., erste Priorität muß - wie in der Einleitung bereits ausgeführt wurde - die Vorsorge durch Vermeidung von Belastungen haben[8]. Leider kann man dieses Prinzip nicht "von heute auf morgen" durchsetzen. Deshalb meinen wir, daß die Einführung von ökologischen Eckwerten oder "maximalen Immissionswerten"[9], die für jeweils begrenzte Zeitperioden Gefährdungsschwellen für Menschen sowie Flora und Fauna definieren, Entscheidungshilfen bei der Beurteilung von umweltbelastenden Projekten geben kann. Ökologische Eckwerte können einerseits den Stand des Wissens dokumentieren und andererseits - in entsprechenden Verfahren - überprüft werden. Solange es nicht gelingt, die anthropogen verursachten Belastungen der natürlichen Lebensgrundlagen an der Quelle zu unterbinden, wird man mit derartigen Orientierungswerten arbeiten müssen, sich aber zugleich bewußt machen, worauf Cupei hingewiesen hat, daß "diese Werte sind - D.M.), sondern auf politische Kompromisse ...; sie sind bezüglich des zu akzeptierenden Risikos auch nicht immer an besonderen Risikogruppen orientiert, wie z.B. Kindern und Alten. Sie stellen mithin keine naturwissenschaftlich absoluten Dosis-Wirkungswerte dar und können in der Regel auch keine Synergismen vorausschauend berücksichtigen"[10].

Man wird auch kritisch feststellen müssen, daß selbst bei Beachtung aller verfügbaren Orientierungswerte oder ökologischen Eckwerte und bestehender Grenzwerte die Umweltverträglichkeit eines Projektes nicht immer a priori schon gegeben ist.

Sieht man die hier zusammengestellten Werte als temporär gültige, also befristete Orientierungshilfen, oder "vorläufige Akzeptanzwerte"[11] an, bis zusätzliches Wissen neue Orientierungs- oder Sollwerte definieren läßt, so können sie für die Verwaltungspraxis für Entscheidungen und wirkungsvolle Abgrenzungen eine wesentliche Hilfe sein.

II. Grundsätze, Ziele und Erkenntnisse von Umweltschutz und Raumordnung/Landesplanung

1. Umweltschutz

Grundsätze und Ziele des unmittelbar naturgebundenen (bio-ökologisch orientierten) und des technischen, d.h. mittelbar naturgebundenen, Umweltschutzes sind an der Entwicklung bzw. der vorsorgenden Vermeidung von Belastungen unserer Gesellschaft sowie Flora und Fauna im Gesamtraum orientiert; sie sind somit ex definitione querschnittsorientiert.

Das Bundesnaturschutzgesetz bestimmt bekanntlich in § 1 (1), daß Natur und Landschaft so zu schützen, zu pflegen und zu entwickeln sind, daß

1. die Leistungsfähigkeit des Naturhaushaltes,
2. die Nutzungsfähigkeit der Naturgüter,
3. die Pflanzen- und Tierwelt sowie
4. die Vielfalt, Eigenart und Schönheit von Natur und Landschaft

als Lebensgrundlage des Menschen und als Voraussetzung für seine Erholung in Natur und Landschaft nachhaltig gesichert sind.

Hier wird zwar Natur und Umweltschutz, im Gegensatz zur TA-Luft, vom Gesetzgeber zunächst überwiegend nur anthropozentrisch gesehen, doch bezieht das Bundes-Immissionsschutzgesetz in seine Schutzüberlegungen Tiere und Pflanzen mit ein, wenn es feststellt: "Zweck des BImSchG ist es, Menschen und Tiere, Pflanzen und andere Sachen vor schädlichen Umwelteinwirkungen und, sobald es sich um genehmigungsbedürftige Anlagen handelt, auch vor Gefahren, erheblichen Nachteilen und erheblichen Belästigungen ... zu schützen und dem Entstehen schädlicher Umwelteinwirkungen vorzubeugen" (§ 1 BImSchG).

Ähnlich wie beim technischen Umweltschutz, der aus technologischen und/oder wirtschaftlichen Gründen das als notwendig Erkannte nur Schritt für Schritt gegen die Verursacher bzw. die Quellen durchsetzen kann, ist es auch beim naturgebundenen Umweltschutz. Fragt man nach den Ursachen, sollte fairerweise zunächst erwähnt werden, daß umweltschutzorientierte Produktion aus der Sicht der Betriebe vielfach höhere Kosten verursacht[12], evtl. kostenbedingte Wettbewerbsnachteile schafft. Die Ansprüche des Umweltschutzes sind deshalb zweckmäßigerweise räumlich und fachlich zu differenzieren: vom absoluten Vorrang z.B. im Sinne des Naturschutzgesetzes bis hin zum nur relativen Gewicht umweltschutzorientierter Gesichtspunkte beim Vorrang anderer Nutzungen[13]. Die Frage nach den daraus zu ziehenden Erkenntnissen spitzt sich auf die Frage zu: "Welchen Anspruch auf Vorrangflächen kann die Ökologie erheben und begründen?" (Finke). Der Nichtökologe hat beim "Herantasten" an die Antwort auf diese

Frage zunächst den sehr nachhaltigen Eindruck, daß die Ökologie als empirische Wissenschaft beschreiben kann, was ist, aber verständlicherweise vielfach (noch!) nicht über soviel akkumuliertes Wissen verfügt, daß aus den empirischen Beschreibungen theoretische Ergebnisse mit Prognosequalität, also Wenn-dann-Aussagen abgeleitet werden können[14].

Am Beispiel des Bio-Monitoring[15] und der Mindestarealgrößen für bestimmte Populationen einer Species[16] sind zwar Aussagen darüber möglich, wie Pflanzen oder Tiere auf eine Verschlechterung bzw. eine Verkleinerung ihrer Lebensbedingungen und -räume reagieren. Aber zwischen dem absoluten Anspruch, alle anthropogen beeinflußten Störungen der Natur möglichst an Null anzunähern bzw. dahin zurückzuführen, und der Schwelle der Fühlbarkeit bzw. der gefährlichen Schädlichkeit für Pflanzen und Tiere fehlen noch diferenzierte Aussagen. Kaule weist deshalb wohl zu Recht darauf hin, daß "bei einigen zehntausend Arten ... nicht für jede ihr "Anspruchsmuster" erarbeitet werden (kann) und daraus als Mittel eine ideale Landschaft konstruiert werden" (kann - D.M.) ... "die ideale Einheitslandschaft gibt es nicht, jedoch lassen sich mit durchaus bezahlbarem Aufwand ortsspezifisch die Anforderungen an Biotop-Typen und ihre Größen und Verteilung erarbeiten. Wir müssen es nur ernsthaft wollen"[17]. Wie Uppenbrink und Knauer in diesem Band überzeugend darstellen, wird durch die Einführung der UVP ein Zwang entstehen, "jeweils situations-, raum- und ökosystemangepaßte Qualitätsziele im jeweiligen Einzelfall zu definieren. Hübler hat an anderer Stelle darauf hingewiesen, daß "flächendeckend ... für alle Bundesländer und Regionen Konzepte oder Naturschutzprogramme (Landschaftsprogramme) verbindlich festgelegt werden (müssen), in denen

- das Ausmaß,
- die Muster der räumlichen Verteilung,
- die Vernetzung und
- die Intensität der künftigen Nutzung

der natürlichen Ressourcen bestimmt werden. Die bisher dazu geleisteten Vorarbeiten ... konnten nach meinen Beobachtungen auch deswegen im Regelfall wenig Wirkungen erzeugen, weil normative konkrete Ziele in vielen Fällen nicht zum zentralen Gegenstand solcher Programme gemacht wurden. Naturschutz und auch die Wissenschaften haben sich lange gesträubt, solche normativ zu bestimmenden Ziele (Richtwerte, Grenzwerte, Eckwerte, Standards) vorzuschlagen .... Um keinen Zweifel aufkommen zu lassen: solche Richtwerte müssen (um verwirklicht werden zu können - D.M.) durch politische Entscheidungen festgelegt werden. Die Sachverständigen müssen jedoch Vorschläge dazu in der Form erarbeiten: Wenn diese oder jene Standards festgelegt werden, dann wird diese oder jene Wirkung auf den Naturhaushalt (aber auch auf die Sozial- und Wirtschaftsstruktur) voraussichtlich zu erwarten sein. Die Forderung geht also dahin, daß für den Naturschutz seine Bedingungen in gleicher Weise so präzise formuliert werden, wie dies ... z.B. für den Verkehr, die Landwirtschaft oder die Wasserwirtschaft getan wird[18])".

M.E. ist Finke[19]) zuzustimmen, wenn er darauf hinweist, daß es

- keinen Sinn macht, sich an irgendwelchen ökologischen Mindeststandards zu orientieren, wenn im allgemeinen gesellschaftlichen und politischen Leben niemand bereit ist, sich auf ein "Minimum" einzulassen. Weshalb dann ausgerechnet ein Minimalbestand für die langfristig erforderlichen und unverzichtbaren natürlichen Lebensgrundlagen des Menschen definiert werden soll und

- wenig einleuchtend ist, weshalb ausgerechnet die Ökologie gezwungen werden soll, ihre Standards vor der Anwendung empirisch zu überprüfen, wenn überall im gesellschaftlichen und politischen Leben Standards oder Normen gesetzt werden, ohne daß es dafür nachvollziehbare Beweise gibt.

Finke und andere Ökologen vertreten m.E. zu Recht die These, daß umweltpolitische Qualitätsziele bzw. ökologische Standards gesellschaftlich bzw. politisch gesetzt werden müssen (worauf auch Hübler hinweist) und zwar so, daß es für die Erhaltung der natürlichen Lebensgrundlagen für den Menschen, aber auch um der Erhaltung der Arten um ihrer selbst willen[20]) möglichst kein Risiko gibt. (Absoluten Risikoschutz gibt es in einer Industriegesellschaft nicht mehr.

Niemand baut sein Haus, seinen Lebensmittelpunkt, auf unsicheren Grund. Auf die natürlichen Lebensgrundlagen übertragen, bedeutet das, daß man ökologische Standards oder Eckwerte so anzusetzen hat, daß sie auch bei Irrtümern (und wer kann diese ausschließen?) nicht zu Verlusten der Pflanzen- und Tierartenvielfalt führen, die irreversibel sind. Ökologische Eckwerte oder Sollwerte müssen deshalb dem umweltethischen Postulat genügen: Handle so, daß Du Dich durch die Folgen Deines Tuns (noch) korrigieren kannst[21]). Umweltqualitätsziele als Sollwerte sind so verstanden, Orientierungswerte, die ein nach dem jeweiligen Erkenntnisstand wissenschaftlich abgesichertes "ökologisches Existenzminimum" darstellen, das temporäre Gültigkeit hat, so lange keine anderen (besseren) Erkenntnisse vorliegen; aus diesem Grunde ist es sinnvoll, Zuschläge zu gestatten, um auf jeden Fall auf der "sicheren Seite" zu sein[22]) und irreversible Irrtümer zu vermeiden.

Um zunächst einmal den Ist-Zustand zu erhalten, ist es notwendig, die jeweilige ökologische Situation regions- bzw. gebietstypisch zu erfassen und zu bewerten, auch um ökologische "Defizitregionen" bzw. "Defizitgebiete" zu ermitteln. Den noch "intakten" Freiräumen (ökologischen "Leistungsträgern") sind (im Sinne von Haushaltspolitik) "ökologische Ausgaben" (= Freiraumverbrauch und Freiraumentwertung) gegenüberzustellen. Der Saldo wäre dann mit "ökologischen Ausgaben" bzw. "ökologischen Einnahmen" bei ökofunktionaler Aufwertung bestimmter Flächen durch Entsiegelung oder ähnliches fortzuschreiben[23].

Nimmt man den bereits erwähnten drastischen Artenrückgang und die Artenbedrohung als einen weiteren Bioindikator für die sich zum Negativen verändernden Lebensbedingungen für alle Bewohner unseres Landes - also auch des Menschen - [24], dann ist allerdings - darauf muß mit großem Nachdruck hingewiesen werden - die Bewahrung des ökologischen Istzustandes zuwenig. Neben dem raumordnungspolitischen Ziel der gleichwertigen Lebens- und Arbeitsbedingungen hat deshalb das Ziel "Verbesserung der natürlichen Lebensbedingungen", anders formuliert: das Ziel "Leistungsfähigkeit des Naturhaushaltes", eine besondere hohe Priorität[25].

2. Raumordnung/Landesplanung

Von Gottfried Müller stammen die Sätze: "Das Gesamt-Konzept der Raumordnung, das auf eine zukünftige daseinsrichtige Zuordnung von Gesellschaft, Wirtschaft und Raum ausgerichtet ist, bedarf der ständigen Überprüfung und Anpassung an neue Entwicklungen. Das "Planen" im Sinne der Tätigkeit der Raumordnung (Raumplanung) ist demnach als "Prozeß" zu verstehen. Plan und Wirklichkeit lassen sich gewissermaßen gegenseitig nicht zur Ruhe kommen, sie pendeln sich ständig aufeinander ein. Zugleich werden aber ständig Folgerungen aus dem "Plan" gezogen, dient der "Plan" der Entscheidungsvorbereitung[26]."

Ähnlich wie beim Bundesnaturschutzgesetz hat man auch beim Raumordnungsgesetz des Bundes und den einschlägigen Vorschriften der Länder den vordergründigen Eindruck, daß doch alles "gut geregelt" sei. Reinhaltung des Wassers, Sicherung der Wasserversorgung, Reinhaltung der Luft werden ebenso postuliert wie Lärmschutz. "Die räumliche Struktur der Gebiete mit gesunden Lebens- und Arbeitsbedingungen ... sollen - so der Auftrag des Souveräns - gesichert und weiter entwickelt werden; in Gebieten, in denen eine solche Struktur nicht besteht, sollen Maßnahmen zur Strukturverbesserung ergriffen werden[27]."

Grundsätze und Ziele von Raumordnung und Landesplanung sind einleuchtend und verständlich. Allerdings stellt Gottfried Müller schon in seinem bereits erwähnten Artikel fest, die Raumordnung müsse in Rechnung stellen, "daß neben ihr noch andere gesellschaftliche Kräfte wirksam sind und auch bleiben werden, d.h., die planende Tätigkeit der Raumordnung kann dem freien Spiel der Kräfte nur Grenzen setzen und Ermächtigungen geben ...[28]".

Versucht man, aus dem Ergebnis der Grundsätze, der Ziele und den "Realitäten im Raum" ein Urteil zu bilden, so ist sine ira et studio festzustellen, daß einerseits "andere gesellschaftliche Kräfte" vielfach mehr Durchsetzungskraft hatten und andererseits - zum Teil dadurch bedingt - die Vertreter von Raumordnung und Landesplanung nicht immer "die zukünftige daseinsrichtige Zuordnung von Gesellschaft, Wirtschaft und Raum" erreichen bzw. an neue Entwicklungen anpassen konnten[29].

Planvolle Ordnung der Raumnutzung wird deshalb auch in Zukunft ein unerläßlicher Bestandteil langfristiger Daseinsvorsorge sein, d.h., Projekte müssen umwelt- und raumverträglich, sozialverträglich und auch noch wirtschaftlich sein. Mit den Worten des ARL-Memorandums: Raumbezogene Daseinsvorsorge für alle Teilräume bedeutet,

- "den Naturhaushalt funktionsfähig zu erhalten und dabei die natürlichen Ressourcen verantwortungsbewußt zu bewirtschaften (Schutz der Naturgüter);
- eine angemessene Grundausstattung für gleichwertige Lebensbedingungen zu erhalten oder zu schaffen und befriedigende Einkommens- und Beschäftigungschancen zu gewährleisten, so daß keine großräumige Abwanderung erzwungen wird (gleichwertige Lebensbedingungen);
- unter Beachtung dieser beiden Bedingungen eine optimale räumliche Verteilung aller gesellschaftlichen Aktivitäten unter Ausnutzung der Vorteile der Aufgabenteilung anzustreben (Wohlfahrtsmaximierung).

Diese Zielformulierung bedeutet eine Akzentverschiebung zugunsten einer stärkeren Gewichtung der Ökologie im Zielsystem der Raumordnungspolitik und einer verstärkten Berücksichtigung der Vor- und Nachteile unterschiedlicher Entwicklungsmöglichkeiten. Die drei übergeordneten Ziele der raumbezogenen Daseinsvorsorge lassen sich nicht ohne Kompromisse in Einklang bringen[30]."

III. Wechselwirkungen zwischen Umweltschutz und Raumordnung/Landesplanung

1. In der Vergangenheit

1. Gottfried Müller[31] u.a., in jüngster Zeit Dietrich Fürst[32], haben wiederholt darauf hingewiesen, daß die ersten Anfänge von Raumordnung und Landesplanung sehr eng mit dem verbunden waren, was man heute naturgebundenen Umweltschutz (im Gegensatz zum technischen Umweltschutz) nennt.

Im Laufe der Zeit, zum Teil wohl aus konjunkturellen Gründen (Weltwirtschaftskrise), aus kriegswirtschaftlichen Gründen (2. Weltkrieg), zum Teil wohl auch aus Gründen anderer Prioritäten in der Phase des Wiederaufbaus, zum Teil aber auch aus - verständlicher! - Unwissenheit über erst in jüngster Zeit bekannt gewordene bio-ökologische Notwendigkeiten und Zusammenhänge haben sich die Wechselwirkungen von Umweltschutz und Raumordnung/Landesplanung vor allem auf den Freiflächenschutz im Sinne der Freihaltung von Erholungsflächen verengt.

Schutz des biotischen Ertrags oder Regenerationspotentials, Schutz von Flora und Fauna um ihrer selbst willen (Mitweltschutz) waren lange Zeit kein Ziel.

Auch die 1975/1976 von der ARL umfassend untersuchten raumordnungspolitischen, ursprünglich alternativ gedachten Strategien "Ausgeglichene Funktionsräume/ Grundlagen für eine Regionalpolitik des mittleren Weges"[33] und "Funktionsräumliche Arbeitsteilung"[34] haben zwar ökologische Ausgleichsräume erwähnt, aber diesen Terminus nicht in dem Maße ausfüllen können, wie das 1984 (!) z.B. sehr einleuchtend ökologisch orientierte Raumplanung vorgibt zu können, wenn definiert wird: "Die ökologische Orientierung der Raumplanung bedeutet der Sache nach, daß die Beachtung ökologischer Wirkungszusammenhänge und der systemhaften Vernetzung unserer Umwelt in die Entscheidungen der Standortwahl, Art und Intensität der Raumnutzung eingeführt wird"[35]. Wie immer steckt der Teufel im Detail, und wie man das "ökologische Detail" und den ökologischen Systemzusammenhang richtig erfaßt und beurteilt, ist eben die Frage, um die auch in diesem Band gerungen wird.

2. Ökonomen und Ökologen haben auf dem Gebiet der räumlichen Planung eine gemeinsame Vergangenheit, die vor allem durch gegenseitige Schuldzuweisungen gekennzeichnet ist. In der Regel läuft das sehr emotionalisierte "Herumstochern in der Vergangenheit" mit wechselseitigen Schuldzuweisungen seitens der "Ökologen" so ab: "Ihr Raumplaner habt die Umwelt mit kaputtgemacht, weil Ihr die ökologischen Notwendigkeiten nicht beachtet habt." Die Antwort seitens der "Raumplaner" lautet üblicherweise: "Hättet Ihr (Ökologen) etwas Vernünftiges, Handfestes und nicht viel zu sehr Verschwommenes geboten, und würdet Ihr (Ökologen) nicht jede Ruderal-Flora in einer drei Jahre alten Kiesgrube zum "einmaligsten, wertvollsten und auf jeden Fall zu schützenden Jahrhundert-Biotop" hochjubeln, dann hätte man bei der Landes- und Regionalplanung viel mehr Ökologie berücksichtigen können". (Solche.Dialoge sind nicht erfunden!)

M.E. sollten vergangenheitsorientierte Diskussionen nach diesem Schema ein für allemal beendet werden; denn es gilt, die Zukunft besser zu gestalten. Es wäre aus meiner Sicht gut, wenn "die Ökologen" einräumen könnten, daß sie sich schwertun, angesichts der noch vorhandenen Forschungsdefizite schnell, präzise, quantifizierbare und intersubjektiv nachprüfbare Informationen zu ökologischen Zielen auf Naturraum-Ebene zu geben bzw. unter Berücksichtigung des inner-ökologischen Ausgleichs (Buchner) Prioritäten zu setzen; und "die Raumplaner" sollten einsehen, daß ihre ständigen Aussagen, sie hätten doch sowieso schon seit eh und je den Umweltschutz maximal berücksichtigt, nicht auf der Höhe der Zeit sind.

3. Nach detaillierten Untersuchungen in ausgewählten Teilräumen Bayerns und Nordrhein-Westfalens sowie im Saarland vertrete ich im übrigen die These, daß man sich manches besser wünschen könnte, daß es aber auch noch wesentlich schlechter in unserer Republik aussehen würde, wenn der Wirtschaftsprozeß der letzten 15-20 Jahre ohne landesplanerische und umweltschützende "Rahmensetzung" abgelaufen wäre[36]. Es mag daher dahingestellt bleiben, wie intensiv, wie eng und wie fruchtbar die möglichen oder tatsächlichen Wechselwirkungen zwischen Umweltschutz- und Landes- bzw. Regionalplanung in der Vergangenheit gewesen sein mögen. Unbestritten dürfte sein, daß es sie gegeben hat; unbestritten dürfte auch sein, daß selbst dort, wo Freiflächen oder Erholungsraum planerische Priorität gehabt hätten, diese Priorität zu häufig "wirtschaftlichen Zwängen" untergeordnet wurde. Es ist daher legitim, zu wünschen, Umweltschutz und Raumordnung hätten gegen die "anderen gesellschaftlichen Kräfte" mehr bewirkt.

Der Sachverständigenrat für Umweltfragen kam deshalb schon 1978 zu der Feststellung: "Zu den dringendsten Abstimmungsproblemen einer gestalteten Umweltpolitik zählt die Einbeziehung ökologischer Kriterien in eine Raumgestaltungspolitik[37]."

2. In der Zukunft

Auf den verschiedensten Gebieten - so haben wir in der Zwischenzeit aus Fehlern gelernt - gibt es Schutzziel-Lücken[38] und Möglichkeiten, Umweltschutz und Raumordnung/Landesplanung besser zu verknüpfen. Ich unterstelle, daß dies auch von den Regionalplanern vor Ort so gesehen wird und aufgrund der Erfahrungen aus der Vergangenheit bei künftigen Entscheidungen die Belange des Naturschutzes anders gewichtet werden. Aufgrund dieser Annahme erscheint mir als eine der aussichtsreichsten Verknüpfungen in der Zukunft - nachdem die Länder ihre Landesentwicklungsziele und -programme sowie die Regionalpläne formuliert und weitgehend erstellt haben - die Ergänzung landesplanerischer Beurteilungen als Abschluß von ROV's um die raumordnerische Umweltverträglichkeitsprüfung. Dieser Optimismus erscheint auch deshalb begründet, weil inzwischen ökologische Erkenntnisse zu präziseren Zielsetzungen, z.B. im Hinblick auf die Gesetzmäßigkeiten der Organisation und Funktion von Ökosystemen, die ökologisch differenzierte Landnutzung[39], die Erhaltung der Leistungsfähigkeit des Naturhaushaltes[40], und - gewissermaßen als zeitlich begrenzt gültige Unterziele - zur Definition einer Reihe von ökologischen Eckwerten als Umweltqualitätszielen[41] geführt haben. Es besteht mithin die begründete Aussicht, daß die "Akzentverschiebung zugunsten einer stärkeren Gewichtung der Ökologie im Zielsystem der Raumordnungspolitik"[42] aufgrund der in der Zwischenzeit gewonnenen Erkenntnis und des gesellschaftlichen Wertewandels[43] zu einer größeren Bereitschaft führt, ökologische Erkenntnisse zu berücksichtigen.

In den programmatischen Schwerpunkten der Raumordnung der Bundesregierung wird dazu festgestellt:

"Die erkennbaren ökologischen Gefahren, die Begrenztheit der natürlichen Ressourcen, vor allem auch die Erfahrung, daß häufig durch neuere naturwissenschaftliche Erkenntnisse erst verspätet, d.h. im nachhinein erkennbar wurde, daß bestimmte Nutzungen oder Stoffeinträge sich im Einzelfall als umweltunverträglich erwiesen haben, machen es erforderlich, die umweltrelevanten Grundsätze des Raumordnungsgesetzes und vor allem den Vorsorgegesichtspunkt stärker zu berücksichtigen. Dies ist auch deswegen notwendig, weil die Erhaltung der natürlichen Lebensgrundlagen gleichzeitig Voraussetzung für die weitere wirtschaftliche Entwicklung ist. Umweltpolitik erschöpft sich nicht in der Abwehr drohender Gefahren und der Beseitigung von Schäden, sondern verlangt darüber hinaus, daß die Naturgrundlagen geschützt und schonend in Anspruch genommen werden[44]."

Bei der Beurteilung neuer Investitionsprojekte scheint eine sorgfältig erstellte Umweltverträglichkeitsprüfung angesichts der geänderten Rahmen- und Zeitbedingungen die gegenwärtig optimale Verfahrensweise zu sein, mit der ein umwelt- und raumbedeutsames Projekt im Hinblick auf seine Wirkungen auf die natürlichen Lebensgrundlagen unter dem Gesichtspunkt des Umwelt-, Mitwelt- und Nachweltschutzes geprüft werden kann.

IV. Umweltverträglichkeitsprüfung

1. Umweltverträglichkeitserklärung und Umweltverträglichkeitsprüfung

1. Nach den Vorstellungen des Rates der Europäischen Gemeinschaften soll die Richtlinie über die Umweltverträglichkeitsprüfung bei bestimmten öffentlichen und privaten Projekten (RL UVP) ab Mitte 1988 in allen Mitgliedsländern der EG angewendet werden[45]. Die UVP ist ein formalisiertes, in sich abgeschlossenes Verfahren zur Erhebung und Bewertung der Auswirkungen eines Projektes auf die Umwelt unter Beteiligung der Öffentlichkeit zur Vorbereitung der behördlichen Entscheidung über die Zulassung des Projektes (Meyer-Rutz). Wie bereits erwähnt, ist die UVP als Methode zur Erkennung und Abwehr von Gefahren, die den natürlichen Lebensgrundlagen durch ein Investitionsobjekt im Nah- und Fernbereich drohen, hervorragend geeignet, der "ökologischen Schwerpunktverlagerung der Raumordnungspolitik" zu dienen. Dies wird auch von der Ministerkonferenz für Raumordnung (MKRO) so gesehen, die Anfang 1985 beschlossen hat, die UVP 1. Stufe (als Projekt-UVP) in das Raumordnungsverfahren zu integrieren und als raumordnerische Umweltverträglichkeitsprüfung zu bezeichnen[46].

2. Wie die Arbeitsgruppe "Umweltverträglichkeitsprüfung" des Beirats für Naturschutz und Landschaftspflege beim Bundesminister für Ernährung, Landwirtschaft und Forsten festgestellt hat, kann man zwischen folgenden Formen einer Umweltverträglichkeitsprüfung unterscheiden:

- Programm-UVP,
- Rahmenplanungs-UVP,
- Bauleitplanungs-UVP,
- Objekt-UVP[47].

Im folgenden kann nur die Objekt- bzw. Projekt-UVP behandelt werden, deren Verfahrens-Weg, nach Cupei, aus folgenden drei Phasen besteht:

1. Informationen bzw. Angaben des Projektträgers zur Identifizierung, Beschreibung und Bewertung der voraussichtlichen unmittelbaren und mittelbaren Auswirkungen des Projektes auf die Umwelt (Art. 5 in Verbindung mit Anhang III und Art. 3) (Umweltverträglichkeitserklärung)[48].

2. Information der Behörden, die in ihrem umweltbezogenen Aufgabenbereich von dem Projekt berührt sein können, und der Öffentlichkeit über die Angaben des Projektträgers, ggf. auch der Behörden in anderen Mitgliedsstaaten (Art. 6 und 7), sowie

3. Berücksichtigung der Informationen des Projektträgers und der Stellungnahmen der konsultierten Behörden sowie der Öffentlichkeit im Rahmen des Verfahrens, in dem über die Zulässigkeit des Vorhabens entschieden wird (Art. 8)[49] (Umweltverträglichkeitsprüfung).

3. Nach Art. 3 RL UVP identifiziert, beschreibt und bewertet die UVP die unmittelbaren und mittelbaren Auswirkungen eines Projekts auf folgende Faktoren:

- Mensch, Fauna und Flora,
- Boden, Wasser, Luft, Klima und Landschaft,
- die Wechselwirkungen zwischen diesen Faktoren,
- Sachgüter und das kulturelle Erbe[50].

"Funktion der UVP ist mithin die systematische, bereichsübergreifende sowie transparent nachvollziehbare Analyse und Bewertung der voraussichtlichen Auswirkungen eines Projekts auf die Umwelt. Die UVP dient damit (nur) der Entscheidungsvorbereitung[51]."

4. Nach Art. 2, Abs. 2 RL UVP kann die UVP im Rahmen bereits vorhandener nationaler Entscheidungs-Verfahren durchgeführt werden. In der Bundesrepublik kommen dafür

- Raumordnungsverfahren und
- Vorhabenzulassungsverfahren

in Frage. Dabei ist jedoch zu beachten, daß "auch bei der vertikalen Stufung sein" hat[52].

5. In Art. 5, Abs. 2 der EG-Richtlinie wird festgelegt, daß die vom Projektträger vorzulegenden Angaben mindestens folgendes umfassen:

"- eine Beschreibung des Projekts nach Standort, Art und Umfang;
- eine Beschreibung der Maßnahmen, mit denen bedeutende nachteilige Auswirkungen vermieden, eingeschränkt und, soweit möglich, ausgeglichen werden sollen;
- die notwendigen Angaben zur Feststellung und Beurteilung der Hauptwirkungen, die das Projekt voraussichtlich für die Umwelt haben wird;
- eine nichttechnische Zusammenfassung der unter dem ersten, zweiten und dritten Gedankenstrich genannten Angaben"[53].

Anhang III präzisiert die Mindestinformationspflicht des Art. 5, Abs. 2. Darüber hinaus erfordert er ggf. eine Übersicht über die wichtigsten anderweitigen vom Projektträger geprüften Lösungsmöglichkeiten (Ziff. 2), eine Beschreibung der möglicherweise von dem vorgeschlagenen Projekt erheblich beeinträchtigten Umwelt (Ziff. 3) sowie eine Beschreibung der möglichen wesentlichen Auswirkung des vorgeschlagenen Projekts auf die Umwelt infolge u.a. des Vorhandenseins der Projektanlagen, der Nutzung der natürlichen Ressourcen sowie der Emission von Schadstoffen, der Verursachung von Belästigungen und der Beseitigung von Abfällen (Ziff. 4)[54]."

2. Raumordnungsverfahren und UVP (1. Stufe)

1. Im Beschluß der Ministerkonferenz für Raumordnung (MKRO) "Berücksichtigung des Umweltschutzes in der Raumordnung" vom 21.3.1985 werden u.a. folgende Anforderungen an die UVP 1. Stufe, die raumordnerische Umweltverträglichkeitsprüfung, gestellt:

a) Die raumordnerische Prüfung der Umweltverträglichkeit muß auf der Grundlage einer Beschreibung des Vorhabens durch den Projektträger erfolgen, welche die tatsächlichen Voraussetzungen für eine Beurteilung des Vorhabens aus der Sicht des Umweltschutzes erfüllt. Entsprechend der Bedeutung des Vorhabens und den davon möglicherweise ausgehenden Umweltbelastungen wird darin vielfach die Angabe zweckmäßig sein, welche Alternativen in Betracht kommen und welche Überlegungen bei der Auswahl der vorgeschlagenen Alternative auch unter Umweltschutzgesichtspunkten maßgebend waren (ggf. erforderliche Ausgleichsmaßnahmen).

b) Zur raumordnerischen Bewertung der Umweltverträglichkeit bedarf es häufig ergänzender Daten und Kriterien, die teilweise bereits im Vorfeld durch den Projektträger, im wesentlichen aber im Raumordnungsverfahren von den Landesplanungsbehörden bzw. auf deren Veranlassung von den für den Umweltschutz zuständigen Stellen zu beschaffen und zu erbringen sind. Umfang und Intensität dieses Materials müssen für eine dem Verfahrensstand entsprechende raumordnerische Beurteilung und Abwägung der Umweltverträglichkeit ausreichen. Neben den Belangen der einzelnen Umweltbereiche ist das Zusammenwirken mehrerer Umweltbelastungen und ihrer langfristigen Auswirkungen zu berücksichtigen. Die Landesplanungsbehörden müssen davon ausgehen, daß die von den fachlich zuständigen Behörden gelieferten Angaben dem letzten Stand der Erkenntnisse entsprechen[55]."

Die MKRO hat ferner darauf hingewiesen, daß die institutionelle Einbettung der Umweltverträglichkeitsprüfung (1. Stufe) "in die Verfahren der Landesplanung, die ohnehin zu einem frühen Verfahrensstadium notwendig sind, ... dem Anliegen Rechnung (trägt - D.M.), die Umweltverträglichkeitsprüfung außerhalb der fachlich betroffenen Ressorts anzubinden, um eine neutrale Ausgangsposition zwischen ökologischem und ökonomischem Anliegen herzustellen"[56].

2. Nach meinen Informationen wird das ROV in Bayern am häufigsten angewendet. Nach Auskunft der damit arbeitenden Fachleute ist das ROV zwar ausbaufähig, aber nicht mehr wegzudenken. Nordrhein-Westfalen kennt als einziges Bundesland das ROV nicht. Da in Bayern gute Erfahrungen mit dem ROV gemacht wurden, wird nachstehend das "bayerische" Verfahren geschildert.

Artikel 23, Abs. 1 BayLpG bestimmt: "Die Landesplanungsbehörden haben in einem förmlichen Verfahren (Raumordnungsverfahren)

a) vorzuschlagen, wie raumbedeutsame Planungen und Maßnahmen öffentlicher und sonstiger Planungsträger unter Gesichtspunkten der Raumordnung aufeinander abgestimmt werden können,
b) festzustellen, ob raumbedeutsame Planungen und Maßnahmen mit den Erfordernissen der Raumordnung übereinstimmen."

3. Nach der Bekanntmachung des Bayerischen Staatsministeriums für Landesentwicklung und Umweltfragen vom 27.3.1984 bezweckt das Raumordnungsverfahren, zur bestmöglichen Entwicklung des Raumes (Raum-, Siedlungs- und Wirtschaftsstruktur) beizutragen, insbesondere

- Fehlplanung zu vermeiden,
- Eingriffe in schützenswerte Bereiche abzuwenden oder auf ein Mindestmaß zu beschränken,
- den Landverbrauch möglichst gering zu halten,

- auf berührte Vorhaben und Entwicklungen anderer Planungsträger hinzuweisen,
- nachfolgende Verwaltungsverfahren zu erleichtern und zu beschleunigen.

Im Raumordnungsverfahren werden Vorhaben öffentlicher und sonstiger Planungsträger auch auf ihre Vereinbarkeit mit den raumbedeutsamen und überörtlichen Belangen des Umweltschutzes überprüft[57].

4. Unmittelbare Öffentlichkeitsbeteiligung ist nach dem Selbstverständnis der Richtlinie ein zentrales und unverzichtbares Element der UVP. Dabei ist folgendes zu beachten:

- Informiert wird die Öffentlichkeit,
- angehört wird die betroffene Öffentlichkeit.

Zweck der Öffentlichkeitsbeteiligung sind

- Verbesserung der Informationsgrundlage für die Projektentscheidung und
- Verbesserung der Akzeptanz einer unter ausreichender Öffentlichkeitsbeteiligung zustande gekommenen Entscheidung[58], aber auch
- ein vorverlagerter Rechtsschutz.

Da insbesondere das Problem des vorverlagerten Rechtsschutzes[59] und die Form der Öffentlichkeitsbeteiligung[60] noch eher heftig und kontrovers diskutiert werden, muß es an dieser Stelle genügen, auf diese zur Zeit noch offenen Fragen hinzuweisen.

3. Vorhabenzulassungsverfahren und UVP (2. Stufe)

Wie im vergangenen Abschnitt dargelegt wurde, schließt die landesplanerische Beurteilung (das Ergebnis des ROV) die Überprüfung des jeweiligen Projektes auf seine Verträglichkeit mit den raumbedeutsamen überörtlichen Belangen des Umweltschutzes ein. Dem Abschluß des eigentlichen ROV geht deshalb eine abgeschlossenen raumordnerische Umweltverträglichkeitsprüfung voraus, die besonders geeignet ist, die Zielantinomien z.B. zwischen Ökologie und Ökonomie sachgerecht abzuwägen.

Wegen der kompetenzrechtlichen Grenzen der Raumordnung kann die raumordnerische Umweltverträglichkeitsprüfung nicht die Aufgabe einer umfassenden UVP für ROV und Vorhabenzulassungsverfahren erfüllen.

Die Prüfung der fachlichen und örtlichen Detailfragen einschließlich der UVP 2. Stufe muß auf der Ebene des Vorhabenzulassungsverfahrens erfolgen[61], wobei auch hier wieder die UVP stufenspezifisch umfassend und bereichsübergreifend anzulegen ist.

Abschließend ist zum Komplex der Umweltverträglichkeitsprüfung festzuhalten, daß

- für die raumordnerische Umweltverträglichkeitsprüfung nur Prüfungen in Frage kommen, die überörtlich, also raumordnungsrelevant sind,
- das Bemühen, die natürlichen Lebensgrundlagen zu schützen, also Gefahren abzuwehren, erleichtert werden soll. Eine perfektionistische, "pseudowissenschaftliche Datenhuberei" wird die UVP letztlich als Entscheidungsbremse desavouieren und kontraproduktiv wirken.
- durch sie ein (positiv zu beurteilender) Zwang entstehen wird, situations-, regions- und ökosystemangepaßte Qualitätsziele zu definieren,
- es sich hierbei um eine der wichtigsten Aufgabenfelder des integrierten Umweltschutzes in den nächsten Jahren handelt. Es ist deshalb zweckmäßig, sich durch entsprechende Vorarbeiten darauf einzustellen.

V. Beispielhafte Anwendung der Grundsätze, Ziele und Erkenntnisse von Umweltschutz und Raumordnung/Landesplanung im Raumordnungsverfahren

1. Verbesserung der Entscheidungsfindung durch verbesserte regionale Informationen

1. Wohlfahrtssteigerung wird - mangels besser geeigneter Maßstäbe - an der Zunahme des Sozialprodukts gemessen. Nach den Regeln der volkswirtschaftlichen Gesamtrechnung gehen in der Berechnung alle marktmäßig erbrachten Leistungen ein, d.h. z.B. Investitionen für den Produktionsprozeß in gleichem Maße wie Ausgaben für nachsorgenden und vorsorgenden Umweltschutz. Die Situation ist - wie allgemein bekannt - mehr als unbefriedigend! Deshalb ist es seit langem eine wichtige Aufgabe herauszufinden, wie hoch die tatsächliche oder Netto-Wohlfahrtssteigerung durch neue Projekte, z.B. im Laufe eines Jahres, tatsächlich ist[62]. An dieser Stelle kann dieser Gedanke nicht weiter volkswirtschaftlich und gesamträumlich verfolgt werden, er ist aber m.E. hilfreich für "teilwirtschaftliche" und "teilräumliche" Betrachtungen. Geht man nämlich davon aus, daß in einem "Teilraum", z.B. einem Landkreis, eine zusätzliche Produktionsstätte errichtet werden soll, dann kann es durchaus denkbar sein, daß die zur Errichtung dieser Produktionsmittel erforderliche Fläche "umgewidmet" werden muß und daß die laufenden Belastungen (Schäden) aus dem Produktionsprozeß schon im Nahbereich, z.B. im Hinblick auf Verschlechterung der Wasser-, Luft-, Bodenqualität (und damit Verschlechterung der Nahrungsmittel für Tiere und Menschen), direkte oder indirekte Belastungen von Flora und

Fauna, die Zerstörung von Kultur- und/oder Naturdenkmälern größer sind als der Nutzen durch die Gütererstellung und das dabei verdiente Einkommen.

2. Um sich der Antwort auf diese Frage, die man auch "teilräumliche Schaden-Nutzen-Analyse" nennen könnte, zu nähern, ist es dringend erforderlich, "teilräumliche" oder regionale Umweltdaten zu erheben und zu sammeln, um die jeweilige Ausgangslage ermitteln zu können, die ja Grundlage der raumordnerischen Umweltverträglichkeitsprüfung zu sein hat. Die Beiträge von Kampe und Michel in diesem Band sowie die "aktuellen Daten und Prognosen zur räumlichen Entwicklung" der BfLR[63] geben wichtige Hinweise, wie die Entscheidungsfindung durch regionale Information verbessert werden kann. Ausreichende Informationen sind unabdingbare Voraussetzung für eine fundierte raumordnerische Umweltverträglichkeitsprüfung, worauf auch Uppenbrink und Knauer in diesem Band sehr deutlich hingewiesen haben.

2. Oberprüfung der Verträglichkeit eines Vorhabens mit den raumbedeutsamen und überörtlichen Belangen des Umweltschutzes (raumordnerische Umweltverträglichkeitsprüfung)

1. Die Bekanntmachung des Bayerischen Staatsministeriums für Landesentwicklung und Umweltfragen vom 27.3.1984 legt fest:

> "Zur Lösung etwaiger Konflikte, die bei der Anwendung mehrerer einschlägiger Ziele auftreten können, sind - soweit nicht die Ziele selbst eine Kollisionsnorm enthalten - die allgemeinen Regeln der Auslegung von Vorschriften heranzuziehen, wonach z.B.
>
> - ein Abweichen von Soll-Vorschriften nur in atypischen Fällen, in denen besondere Umstände eine Ausnahme rechtfertigen, zulässig ist oder
> - das spezielle Ziel dem allgemeinen Ziel vorgeht" ...
>
> "Die Begründung soll nach sachlichen Gesichtspunkten gegliedert werden (überfachliche Grundsätze und Ziele, fachliche Erfordernisse wie Umweltverträglichkeit hinsichtlich der Belange des Naturschutzes, der Landschaftspflege und des technischen Umweltschutzes, Verkehrserschließung, Siedlungswesen, Energieversorgung, Rohstoffversorgung, Wirtschaftsstruktur, Wasserwirtschaft usw.)[64].

Setzt man diese beispielhaft erwähnten Aussagen, die den naturgebundenen und den technischen Umweltschutz umfassen, in Arbeitschritte um, ergibt sich eine Reihe von Arbeitsfolgen, die in dem folgenden Schema 1 komprimiert dargestellt werden.

Schema 1: Arbeitsabfolgen einer Projekt-UVP (1. Stufe) einschl. ökologischer Wirkungsprognose

1) Problembestimmung (des geplanten Vorhabens)

2) Analyse und Beurteilung der zu erwartenden Problembereiche (Darstellung der einzelnen Faktoren)

3) Erfassen von Natur und Landschaft in ihrer bestehenden Nutzung

4) Bewertung der in Arbeitsschritt 3) festgestellten Tatbestände nach Empfindlichkeit und Schutzwürdigkeit

5) Bestimmung der zu erwartenden Belastungen von Natur u. Landschaft (einschl. Berücksicht. der gegenseitigen Abhängigkeiten einzelner Umweltwirkungen, der Vernetzung ihrer Einflußgrößen sowie Erfassung der synergetischen Wirkungen von Belastungsfaktoren)*)

6) Ermittlung von umweltrelevanten Zielen, Normen, Richtwerten (ökolog. Eckwerte etc.)

7) Bewertung der vorhersehbaren Nutzungskonflikte

8) Erarbeitung von Alternativen, zusammen mit dem Projektträger, um Nutzungskonflikte zu reduzieren (evtl. nicht entstehen zu lassen)

9) Prüfungen und abschließende landesplanerische Beurteilung (die notwendigen Prüfungen erfassen die Umweltgesichtspunkte in systematischer Zusammenschau als Ganzes, keine sektoral additive Zusammenschau, kein Auseinanderdividieren verschiedener Umweltaspekte)*)

I---------------------------- Ökologische Wirkungsprognose ----------------------------I (Schritte 1–5)

I---------------------------- Umweltverträglichkeitsprüfung 1. Stufe (ROV) --------------------------------I (Schritte 1–8)

I----- Abschluß des ROV ------I UVP 1. Stufe (Schritt 9)

*) Vgl. hierzu auch Schemel, H.-J., Umweltverträglichkeitsprüfung nach der EG-Richtlinie und Raumordnungsverfahren - Gemeinsamkeiten und Unterschiede beider Instrumente aus umweltwissenschaftlicher Sicht (Müller-Festschrift, S. 276).

Die Arbeitsschritte 1) und 2) sollten nach Art. 5 der EG-Norm durch den Projektträger durchgeführt werden (UVP-Erklärung), vgl. Anhang III, E-RL. Die Arbeitsschritte 3), 4), 5) werden optimal durch die Naturschutzbehörde und die einschlägigen Verbände abgeklärt, während die Arbeitsschritte 6), 7), 8) und 9) m.E. durch die Behörde zu vollziehen sind, die das ROV durchführt.

Quelle: Arbeitsgruppe "Umweltverträglichkeitsprüfung" des Beirats für Naturschutz und Landschaftspflege: H. Sukopp, K.-H. Hübler, H. Kiemstedt, G. Möhler, O. Schlichter und A. Winkelbrandt, veröffentlicht als: Umweltverträglichkeitsprüfung für raumbezogene Planungen und Vorhaben - Verfahren, methodische Ausgestaltung und Folgerungen -; Schriftenreihe des Bundesministers für Ernährung, Landwirtschaft und Forsten, Reihe A: Angewandte Wissenschaft, Heft 313, Münster-Hiltrup 1985, S. 20 (Der Verfasser hat geringfügige Änderungen vorgenommen, die seines Erachtens der Verdeutlichung dienen).

2. Schwerpunktmäßig hat sich der Arbeitskreis auf die Beantwortung der Fragen konzentriert, die durch den Arbeitsschritt 6 entstehen, weil hier offenbar die größten Informationsdefizite bestehen. Schema 1 zeigt, daß der 5. Arbeitsschritt die Bestimmung der zu erwartenden Belastungen der Natur und Landschaft zum Inhalt hat und dabei die gegenseitigen Abhängigkeiten einzelner Umweltwirkungen, die Vernetzung ihrer Einflußgrößen sowie die synergetischen Wirkungen der einzelnen Belastungsfaktoren zu erfassen hat.

Im 5. Arbeitsschritt wird gewissermaßen "wertfrei" ermittelt, welche Belastungen durch ein geplantes Vorhaben verursacht werden.

Wie bereits erwähnt, geht es dabei um Auswirkungen, die unter die drei großen Komplexe

- Naturschutz
- Landschaftspflege
- technischer Umweltschutz

subsummiert werden können.

Die bisher noch nicht abschließend beantwortete Frage lautet: Wie kann man die u.U. auftretenden direkten und indirekten Wirkungen eines Projektes mit der Hoffnung auf möglichst weitgehende Vollständigkeit systematisch erfassen?

Als Anlage 1a, b und c zu diesem Text wurden die Anlagen 1, 2 und 3 eines UVP-Gesetzentwurfes von Bechmann, V. Rijn und G. Winter wiedergegeben, die m.E. den bisher am besten ausgearbeiteten, detaillierten Rahmen für

- eine Umweltverträglichkeitserklärung durch den Antragsteller,
- das Prüfverfahren durch die betroffenen und beteiligten Stellen und
- den Rahmen für die abschließende raumordnerische Umweltverträglichkeitsprüfung

bilden.

Praktische Erfahrungen und sehr detaillierte "Prüfverfahren" der Bestimmung der zu erwartenden Belastungen von Natur und Landschaft liegen aus Nordrhein-Westfalen und Niedersachsen vor. In NRW wird zu jedem Gebietsentwicklungsplan ein ökologischer Fachbeitrag durch die Landesanstalt für Ökologie, Landschaftsentwicklung und Forstplanung (LÖLF) erstellt, der von dem in Anlage 1b wiedergegebenen Raster ausgeht. Im niedersächsischen Innenministerium haben vor allem Masuhr und Battre äußerst umfangreiche und tiefgehende Überlegungen angestellt, wie die raumordnerische Umweltverträglichkeitsprüfung strukturell und inhaltlich optimal erarbeitet werden kann. "Die Schwierigkeit bei der

Berücksichtigung der Erfordernisse des Umweltschutzes im Raumordnungsverfahren liegt darin, daß für jeden Planungsfall spezielle und objektorientierte Prüfungen erforderlich sind, die jeweils unterschiedliche Gewichtungen einzelner Faktoren zur Folge haben.

In der Einführung zu dieser beispielgebenden Arbeit wird zu Recht weiter ausgeführt:

> Eine Standardisierung der artiger Prüfungen ist auf Grund der Komplexität der Wirkungszusammenhänge und der Bewertungs- und Gewichtungsprobleme nicht möglich. Der Prüfkatalog darf deshalb auch nicht als eine Art "Abhakliste für die Abwicklung eines Raumordnungsverfahrens" verstanden werden, da die Vielzahl der dargestellten Nutzungskonflikte nicht für jeden Planungsfall zutreffen muß. Andererseits kommen möglicherweise regionsspezifische Gesichtspunkte zusätzlich zum Tragen. Die Arbeit kann dem Raumordner als Orientierungshilfe dienen, die dazu beiträgt, daß alle wesentlichen Umweltaspekte im raumordnerischen Abwägungsprozeß berücksichtigt und evtl. noch fehlende Informationen und Bewertungsgrundlagen gezielt beschafft werden können[65]."

In Anlage 2 wird das Inhaltsverzeichnis der "Materialzusammenstellung für die Berücksichtigung von Umweltbelangen", März 1986, und in Anlage 3 beispielhaft der Prüfkatalog für die Berücksichtigung von Umweltbelangen -RV-Verkehr-Straße- wiedergegeben. Beide Bände sind so umfassend, daß es nicht möglich erscheint, sie ohne den Verlust von ganz wesentlichen Erkenntnissen zu komprimieren. Hinzuweisen ist auch auf die Indikatorenliste des Beirats für Raumordnung, die 1976 unter der Leitung von Rossow erarbeitet wurde. Nachdem an Beispielen diskutiert wurde, "was" in einer raumordnerischen Umweltverträglichkeitsprüfung alles erfaßt werden sollte, gilt es nun, der Frage nachzugehen, "wie" man Belastungen von Natur und Landschaft ermitteln kann.

3. Gemeinsam mit F. Duhme, Lehrstuhl für Landschaftsökologie der TU München-Weihenstephan, wurde beispielhaft - als gedankliche Richtschnur - ein Prüf-Schema erarbeitet, das es ermöglicht, von der Parzellenbetrachtung ausgehende bei der Frage nach dem "Wie" auch die funktionalen Verflechtungen von Eingriffswirkungen zu analysieren[66].

I. Parzellenbezogener Eingriff

1. Geht man hypothetisch davon aus, daß durch einen Eingriff Grünland in Industriefläche umgewidmet wird, ergeben sich folgende Konsequenzen:

Der Verlust an Grünland führt zu einer vergleichsweise ökologisch betrachtet schlechteren Flächennutzung, da Grünland ökologisch höher zu bewerten ist als Industriefläche. Die einzelnen Veränderungsfaktoren können unter dem Oberbegriff landschaftsökologisch-funktionale Faktoren subsummiert werden. Dazu gehören:

- Erosion
- Wasserabfluß
- Versickerungsrate des Wassers
- Filterfunktion der Vegetation (Grünland filtert z.B. Einträge aus der Luft, die Einträge werden gepuffert).

Neben den landschaftsökologisch-funktionalen Faktoren sind die landschaftsökologisch-strukturellen Elemente (Naturschutz im engeren Sinne) zu betrachten.

Im Mittelpunkt der landschaftsökologisch-strukturellen Elemente steht der natürliche Lebensraum für Flora und Fauna, wie er z.B. dokumentiert wird durch regionalisierte rote Listen (Arten) und (leider noch fehlende) rote Listen für natürliche Lebensräume.

2. An die Erfassung der Faktoren bzw. Elemente, die durch die Flächenumwidmung betroffen werden, schließt sich die regionalisierte Bewertung an, die bezogen auf landschaftsökologisch-funktionale Faktoren und landschaftsökologisch-strukturelle Elemente zu unterscheiden ist. Sie sollte sich in der Regel auf administrativ festgelegte Teilräume beziehen, das kann ein Landkreis sein.

3. Maßstäbe für die regionalisierte Bewertung sind

3.1 für Erosion
für Wasserabfluß
für Versickerungsraten
für Filterwirkungen der Vegetation

qualifizierte und quantifizierte Beschreibungen der Veränderungen der hier nur beispielhaft angeführten Faktoren. (Vgl. hierzu z.B. Eberle, D., u. Kistenmacher, H.: Zur Methodenentwicklung für Umweltverträglichkeitsprüfungen, DISP Nr. 87 (Jahrgang 87), S. 26ff.

3.2 regionalisierte Rote Listen

Bei der regionalisierten Bewertung oder Inwertsetzung und ihren Maßstäben ist zu beachten, daß es sich nicht um eine rein sozio-ökonomische Betrachtung und nicht um eine rein schematisch-naturräumliche Betrachtung handeln kann. Ebenso wie bei der späteren funktionsräumlichen Betrachtung ist davon auszugehen, daß eine sozio-ökonomische und eingriffsrelevante landschaftsökologische Betrachtung einschließlich der Betrachtung indirekter Wirkungen zu erfolgen hat.

(Als "Merkposten": Nicht das sauber ausgeschnittene Quadrat oder Rechteck ist die angemessene Beschreibung der funktionsräumlichen Beziehungen, sondern die Überlagerung unterschiedlicher funktionsräumlicher Beziehungen, die dann in einer Art Puzzle-Bild zusammengefaßt dargestellt werden kann.)

4. Der vierte Arbeitsschritt führt zur Inwertsetzung (mit Maßstäben), d.h. zur Bilanzierung, wobei zu unterscheiden sind

4.1 Status quo	4.2. Maximale Belastung der natürlichen Faktoren und Elemente während der Bauphase, bezogen auf Parzelle und Umland	4.3 Endzustand der Veränderungen
I. Faktoren	I. Faktoren	I. Faktoren
II. Elemente	II. Elemente	II. Elemente

Zu 4.1 Beschreibung des Ist-Zustandes

Zu 4.2 (Maximale Belastung der natürlichen Faktoren und Elemente während der Bauphase, bezogen auf Parzelle und Umland) ist zu beachten, daß insbesondere durch Baustelleneinrichtungen und baubedingte Arbeitsabläufe erfahrungsgemäß Schäden auftreten, die

4.2.1 a priori im Raumordnungsverfahren/Umweltverträglichkeitsprüfung 1. Stufe gar nicht abgefragt werden können (dürfen) und

4.2.2 beim Planfeststellungsverfahren/UVP 2. Stufe häufig vergessen werden.

II. Definitionen der Funktionsräume (Erfassung der durch eine Parzellenumwidmung verursachten Veränderungen der Raumpotentiale außerhalb der Parzelle und ihre Bewertung in unterschiedlichen Funktionsräumen).

Um die funktionsräumlichen Verflechtungen für die einzelnen Verflechtungsdimenionen zu erfassen, ist es zweckmäßig, mit

1. Ver- und Entsorgung

zu beginnen. Als Merkposten gelten Input und Output.

Input = z.B. Material
Energie
Roh- und Hilfsstoffe

Output = z.B. Endprodukte
Reststoffe, produktionsbegleitende Abgase, Abwärme, Lärm.

Es ist also ein Strom an Inputfaktoren in den Produktions- bzw. Transformationsprozeß vorzustellen, dem ein Strom von Outputfaktoren folgt, die Reststoffe bzw. Produkte sind[67]. Zur Ermittlung der naturräumlichen Relevanz im Hinblick auf die Beeinträchtigung der funktionalen Verflechtungen, wie sie von der abgegrenzten Parzelle ausgehen, ist ein Maßstab einzuführen, der als Veränderung des Status quo definiert werden kann.

Die Veränderung des Status quo kann erfaßt werden über die landschafts-ökologisch-funktionalen Faktoren und die landschafts-ökologisch-strukturellen Elemente. Die Veränderungen der naturräumlichen Bedingungen beruhen häufig auf Primär- und Sekundärwirkungen.

Primäre Wirkungen können sein:

1. Anlage von Transportwegen wie z.B. Rohrleitungen, Straßen, Energietrassen (vgl. hierzu Anlage 3),
2. Einwirkungen und Veränderungen von Menge und Qualität bestimmter Medien, z.B. Wasser (Kläranlage mit Vorfluter), Luft, Boden[68],
3. Zerstörung von Lebensräumen durch Trenneffekte.

Sekundäre Wirkungen können sein:

1. Zerstörung von Lebensräumen oder essentiellen Teillebensräumen (z.B. Laichgewässer), Isolation von Populationen, Unterschreitung kritischer Arealgrößen (führt langfristig zum Verschwinden der jeweiligen Art)[69],
2. Ansteigen der Wassertemperaturen führt zur Überschreitung kritischer Grenzwerte für unterschiedliche Fischarten.

2. Die Definition der funktionsräumlichen Grenze einer Beeinflussung, das Bewerten also, d.h., die Nah- und Fernwirkungen eines Eingriffs in die natürlichen Lebensgrundlagen zu erfassen, erfolgt zweckmäßigerweise mit Hilfe der Festlegung unterschiedlicher Relevanzkriterien. Die Vorgehensweise wird dabei vornehmlich auf die Einführung von Umweltstandards auf der gesetzlichen Grund-

lage der jeweiligen Regelung bei den einzelnen Medien bzw. mit Hilfe der TA Luft zu erfolgen haben.

Beispiele:

2.1 Abluftfahne aus Kraftwerk

Die Grenze des Funktionsraumes kann bestimmt werden durch das Absinken der Luftverschmutzung unter den Wert Y, der sich aus der TA Luft ergibt.

2.2 Beispiel Wasser

Der Verbrauch von Wasser im Produktionsprozeß führt zu Abwasser, das trotz Kläranlage zu einer Vorfluterbelastung führt. Die Grenze des Funktionsraumes kann beispielsweise durch die Annahme definiert werden, daß die Wasserqualität bei der Einflußgrenze in der Parzelle die gleiche Qualität haben muß, wie die wenn das Wasser aus dem Klärwerk nach einer gewissen Selbstreinigung wieder austritt. Der Status-quo ante (Einfluß) kann somit bei "km-Bachlauf X" festgelegt werden (vgl. hierzu Abwassergesetz, Wasserhaushaltsgesetz, Abfallbeseitigungsgesetz).

2.3 Abgrenzungen der funktionsräumlichen Belastungen können festgelegt werden mit Hilfe einschlägiger Bestimmungen des Naturschutzgesetzes, die allerdings - wie eingangs erwähnt - noch nicht zu entsprechend allgemein anerkannten fachlichen Leitlinien geführt haben (vgl. hierzu auch Uppenbrink/Knauer, in diesem Band).

Der nächste Abschnitt konzentriert sich auf

3. abschließende Bilanzierung der einzelnen medienspezifischen Funktionsräume und findet seine Zusammenfassung anhand der Flächeninanspruchnahme und der Eingriffsintensität,

4. Zusammenfassung der Bilanzierungssalden aus der Ermittlung der Veränderungen innerhalb der Parzelle und der Summe der medienspezifischen Funktionsräume. Das auf diese Weise ermittelte Ergebnis ist wie alle vorangegangenen Arbeitsschritte so aufzubereiten, daß es einer intersubjektiv nachprüfbaren, an eindeutigen Kriterien festgelegten Beurteilung standhält.

Nach Erarbeitung der so ermittelten Ergebnisse kann eine Entscheidung gefällt werden (diese Vorgehensweise ist sowohl für die UVP 1. Stufe als auch die UVP 2. Stufe anwendbar. Angesichts der vielfach noch bestehenden Datenlücken ist es notwendig, für die Erarbeitung der Antwort auf die Frage: "Wie wirken

Schema 2: Belastungen, Eingriffsarten, mögliche Gefährdungen, allgemeine Ziele ...

Belastungen	mögliche Eingriffsarten	Folgen und mögliche Gefährdungen (Wirkungen)
(1)	(2)	(3)
I Inanspruchnahme von Freiflächen	Versiegelung	oberflächiger Wasserabfluß statt Versickerung und Transport mit dem Grundwasser
	Zerschneidung	Zerstückelung ungestörter Flächen zerstört Lebensräume
	Verlärmung	bislang große, teilweise ungestörte Flächen werden z.B. durch Verkehrstrassen verlärmt, ruhige Lebensräume zerstört
II Bodenbelastung	Mahd	Zerstörung des Lebensraumes seltener Tiere, z.B. Brachvogel
	Verbiß	ordungsgemäße Forstwirtschaft durch Naturverjüngung unmöglich
	Tritt	Verdichtung, Beeinflussung des Wasserhaushaltes des Bodens (Zerstörung pflanzlicher und tierischer Lebensgemeinschaften)
	Bewässerung	Anhebung des Grundwasserspiegels (Zerstörung pflanzlicher und tierischer Lebensgemeinschaft)
	Entwässerung	Senkung des Grundwasserspiegels (Zerstörung pflanzlicher und tierischer Lebensgemeinschaften)
	Bodenbewegungen	Veränderungen des Grundwasserspiegels, Erosionsgefahr
	Stoffeintrag[1]	Zerstörung von Lebensgemeinschaften und Lebensräumen (Auswaschungen, Grundwasserverschmutzungen, Versalzung)
	Altlasten	Belastung des Bodens und häufig auch des Grundwassers, akute Gefährdung von Gesundheit und Trinkwasserversorgung

1) Schwermetalle (Cadmium, Blei u.a.), Saure Gase (NO_x, SO_2), Kohlenwasserstoffe, Salze.

(6. Arbeitsschritte nach Schema 1)

allgemeine Ziele	Diskussionswerte (D) Richtwerte (R) Orientierungswerte (O) Grenzwerte (G)
(4)	(5)
Freiflächenverbrauch reduzieren, um Freiräume zu erhalten	ab % Bebauung keine weitere Bebauung von Freiflächen in NRW Flächenanteil 0,33 % ha/ha
Vermeidung regional nicht korrigierbarer Prozesse innerhalb einer Generation Erhaltung der regionalen Vielfalt von Flora und Fauna regionale, noch besser Lebensraum bezogene Rote Listen Rückführung anthropogen hervorgerufener Belastungen auf Niveau und Intensität natürlicher Belastungen Erhaltung aller Gebiete, die von Gewässern, Sümpfen, Mooren, Brüchen und Feuchtwiesen beherrscht werden Gewässerreinhaltung) Verminderung des Schadstoffeintrages vollständige Erfassung, Gefährdungsabschätzung, Festlegung von Sanierungsprioritäten	Arsen (As) O/R[4)] Bor (B) O/R Beryllium (Be) O/R Brom (Br) O/R-a) Cadmium (Cd) O/G Cobalt (Co) O/R Chrom (Cr) O/G-b) Kupfer (Cu) O/G-c) Fluor (F) O/R-d) Gallium (Ga) O/R Quecksilber (Hg) O/G-e) Molybdän (Mo) O/R Stickstoff (N) - - f) Nickel (Ni) O/G-h) Blei (Pb) O/G-h) Antimon (Sb) O/R Selen (Se) O/R Zinn (Sn) O/R Thallium (TI) O/R Titan (Ti) O/R Uran (U) O/R Vanadium (V) O/R Zink (Zn) O/G-i) Zirkon (Zr) O/R R für Lebensmittel bei a, D für Futtermittel VO bei a, d=G, e=G, f=G, g,h=G G für Klärschlamm VO bei a,b,c,e,g, h,i G für Düngemittelgesetz bei a,b,c, e,g,h,i

4) Quelle: Kloke, A., in diesem Band, Tab. 1 ff.

(Fortsetzung nächste Seite)

Schema 2 (Forts.)

Belastungen	mögliche Eingriffsarten	Folgen und mögliche Gefährdungen (Wirkungen)
(1)	(2)	(3)
III Gewässerbelastung	Immissionen	Vernichtung und Schädigung von Pflanzen und Tieren durch giftige Abgase und/oder sauren Regen
	Überdüngung	Nitratanreicherung im Trinkwasser
	Eutrophierung	Nährstoffanreicherung, z.B. durch Stickstoff und Phosphor
	Freizeitverkehr	Zerstörung der Ufervegetation durch Bootsstege, Badende etc.
	Ableitung von Abwässern	Verschmutzung, u.U. Vergiftung, Zerstörung pflanzlicher und tierischer Lebensgemeinschaften
	Flußregulierungen	Trockenfallen, Vernichtung von Auwäldern
	Talsperren	Überflutungen mit entsprechenden Konsequenzen für Pflanzen und Tiere
IV Luftbelastung	Immissionen von Industrie, Haushalten und Kraftfahrzeugen	Vernichtung und Schädigung von Bäumen und Pflanzen durch giftige Abgase (Waldsterben)[2] Gesundheitsgefährdung[3] Zerstörung von Kunstwerken und Gebäudefassaden

2) Die Kosten der Luftverunreinigung werden auf ca. 50 - 80 Mrd. DM pro Jahr geschätzt (vgl. SZ 15./16.03.1986)

3) Vgl. hierzu: Schulz, W.: Der ökonomische Wert der Umwelt - Ein Überblick über den Stand der Forschung zur Schätzung des Nutzens umweltpolitischer Maßnahmen auf der Basis verhinderter Schäden in der Bundesrepublik Deutschland (Ziff. 2.1.: Gesundheitsschäden; Schulz schätzt allein die luftverschmutzungsbedingten Kosten durch Atmungsorganerkrankungen auf 2,3 - 5,8 Mrd. DM); noch unveröffentlichtes Manuskript, S. 7).

allgemeine Ziele	Diskussionswerte (D) Orientierungswerte (O)		Richtwerte (R) Grenzwerte (G)	
(4)	(5)			
Verringerung der Belastungen (Trinkwasserqualität) und Erhaltung der limnischen Ökosysteme, wie Seen, Flüsse etc.	Elemente		Trinkwasser	Beregungswasser
Verringerung der Belastungen (Trinkwasserqualität)	Silber	(Ag)	-	D
	Aluminium	(Al)	-	D
Verminderung der Auswaschungen etc.	Arsen	(As)	G	D
	Bor	(B)	-	D
	Beryllium	(Be)	-	D
Verminderung der störenden Eingriffe	Brom	(Br)	-	-
	Cadmium	(Cd)	G	D
	Cobalt	(Co)	-	D
Schutz der Grundwasserqualität entsprechend den geologischen Gegebenheiten	Chrom	(Cr)	G	D
	Kupfer	(Cu)	-	D
	Fluor	(F)	G	D
absolute Vermeidung	Eisen	(Fe)	-	D
	Quecksilber	(Hg)	G	D
absolute Vermeidung	Mangan	(Mn)	-	D
	Molybdän	(Mo)	-	D
	Stickstoff	(N)	G	D
	Nickel	(Ni)	-	D
	Blei	(Pb)	G	D
	Schwefel	(S)	G	-
	Selen	(Se)	G	D
	Zinn	(Sn)	-	D
	Thallium	(TI)	-	D
	Vanadium	(V)	-	D
	Zink	(Zn)	G	D
Schnellstmögliche Reduktion der Schwefeldioxid- und Stickoxid-Belastungen nach Stand der Technik, um Beschleunigung des Waldsterbens zu stoppen Abbau von Schwefeldioxid-Konzentrationen schrittweise Reduktion nach Stand der Technik	Cadmium	(Cd)	TA Luft[4)]	G
	Chlor	(Cl)	"	G
	Fluor	(F)	"	G
	Stickstoff	(N)	"	G
	Blei	(Pb)	"	G
	Schwefel	(S)	"	G
	Thallium	(TI)	"	G

4) Quelle: Kloke, A., in diesem Band, Tab. 1 ff.

Quellen: Beiträge von Schmidt und Rembierz (Flächeninanspruchnahme), Uppenbrink und Knauer (Flächeninanspruchnahme), Kloke (Richt- und Grenzwerte zum Schutz des Bodens), in diesem Band.

Eingriffe?" Detailuntersuchungen vorzunehmen, die hier beispielhaft nicht vorgeführt zu werden brauchen.

Schemel weist zu Recht darauf hin, daß eine Anhäufung wissenswerter Sachaussagen noch keine raumordnerische UVP ist[70]. Die UVP hat anzugeben, welche Bedeutung den Fakten aus der Sicht der Umwelt zukommt. Hier geht es um die Benennung der Soll-Werte der Umweltqualitäten, um das subjektive, von Präferenzen abhängige Gewicht, das einem bestimmten, gewünschten und bedrohten Umweltzustand beigemessen wird.

So etwa muß Stellung dazu bezogen werden,

"- für wie problematisch die Verdrängung seltener oder weniger seltener Tier- und Pflanzenarten angesehen wird und
- für wie erhaltungswürdig sonstige ökologische Qualitäten des fraglichen Auwaldes im Vergleich zu dem Zustand der Umwelt nach dem Eingriff gehalten werden[71]."

Informationen kann man am besten bewerten anhand von Kriterien, die allgemein anerkannt sind und akzeptiert werden. Solche Kriterien sind im Zusammenhang mit der raumordnerischen Umweltverträglichkeitsprüfung Umweltqualitätsziele, die als ökologische Eckwerte/Sollwerte oder Grenzwerte zur Verfügung stehen[72].

4. Die bisher von den Mitgliedern des Arbeitskreises ermittelten Sollwerte bzw. ökologischen Eckwerte sind - vorläufig - in dem vorstehenden Schema 2 zusammengestellt worden[73]. Sie sind als Konkretisierung der Arbeitsabfolge 6 (Zielschema 1) zu verstehen und bilden die vorläufige Meßlatte zur Überprüfung der

- Angaben der Umweltverträglichkeitserklärung durch den Betreiber und die
- Informationen, die durch die Beteiligung anderer Behörden und der Öffentlichkeit zusammengetragen werden.

3. Überprüfung der Verträglichkeit eines Vorhabens mit den Erfordernissen der Raumordnung und anderer Planungen (Raumordnungsverfahren)

1. Es wurde bereits detailliert dargelegt, daß das Raumordnungsverfahren die Möglichkeit ergibt, divergierende Ziele im Hinblick auf die Erhaltung der natürlichen Lebensgrundlagen abzuwägen. Bekanntlich stehen sich in unserer Gesellschaft

- umweltverträgliche,
- raumverträgliche,
- sozialverträgliche und
- wirtschaftliche

Ziele häufig diametral gegenüber. Man kann von einem magischen Viereck sprechen.

Das "Magische" liegt dabei nicht nur in der Widersprüchlichkeit der Ziele; der Reiz beginnt bereits bei den jeweiligen Definitionen.

Als vorläufigen Diskussionsbeitrag möchte ich - ohne Anspruch auf Vollständigkeit - vorschlagen, wie folgt zu definieren:

- umweltverträglich ist, was den gegenwärtigen ökologischen Bestand innerhalb eines regionsspezifischen natürlichen Lebensraumes nicht nachhaltig stört oder (maximal) innerhalb einer Generation nach Qualität und Quantität den status-quo-ante wiederherstellen kann,

- raumverträglich ist, was mit den Erfordernissen und Zielen von Landes- und Regionalplanung einschließlich des Postulats "Erhaltung der natürlichen Lebensgrundlagen" in Übereinstimmung zu bringen ist,

- sozialverträglich ist, was mit der gesellschaftlichen Ordnung und Entwicklung in Übereinstimmung zu bringen ist und unsere individuelle und gesellschaftliche Charakterfestigkeit nicht überfordert, fehlerfreundlich ist und nicht einen anderen Menschen als den voraussetzt, der unsere Erde bewohnt (vgl. hierzu: Zur Methode der Sozialverträglichkeitsanalyse: Meyer-Abich, K.M., Schefold, B.: Die Grenzen der Atomwirtschaft, 2. Aufl., München 1986, S. 32ff.),

- wirtschaftlich ist, was mit den gegebenen Produktions-Faktoren Arbeit, Kapital und Umwelt/Mitwelt, ohne deren Regenerationskraft zu zerstören und ohne Zusatzkosten bei Dritten bzw. Schäden bei den natürlichen Lebensgrundlagen hervorzurufen, ein Maximum an Ertrag erwirtschaftet.

2. Das Raumordnungsverfahren hat - wie bereits erwähnt -

- "vorzuschlagen, wie raumbedeutsame Planungen und Maßnahmen öffentlicher und sonstiger Planungsträger unter Gesichtspunkten der Raumordnung aufeinander abgestimmt werden können und
- festzustellen, ob raumbedeutsame Planungen und Maßnahmen mit den Erfordernissen der Raumordnung übereinstimmen."

Das ROV hat somit, da es Umweltschutzziele zu berücksichtigen hat, Umweltverträglichkeit und Raumverträglichkeit öffentlicher und privater Projekte mit Unterstützung einer großen Zahl von Beteiligten und Betroffenen zu prüfen.

Dabei wird es sinnvoll sein, die raumordnerische Umweltverträglichkeitsprüfung als "Gesamtergebnis" im Sinne der Aufgabenstellung des Art 3 EG-Richtlinie als zusammenfassende Beurteilung der Auswirkungen des untersuchten Projektes auf die natürlichen Lebensgrundlagen in den Abwägungsvorgang des "eigentlichen" ROV zu integrieren.

Durch eine entsprechend strenge Umwelt- bzw. Ressourcenschutz-Gesetzgebung, die sich künftig stärker auf den vorsorgenden Umwelt- und Mitweltschutz an den Belastungsquellen konzentrieren wird, eröffnen sich Chancen, auch die Zusatzkosten der Produktion im Bereich der natürlichen Lebensgrundlagen zu reduzieren. Gegen sozial-un-verträgliche Projekte votiert eine inzwischen bewußter und informierter gewordene Öffentlichkeit.

Läge "der Teufel nicht im Detail", könnte man hoffen, daß sich mit Hilfe der raumordnerischen Umweltverträglichkeitsprüfung bei neuen Projekten alles "zum Guten" wendet. Aber diese Hoffnung trügt! Auch in Zukunft wird es erbitterte Auseinandersetzungen über die Verwirklichung unterschiedlicher Ziele geben. Deshalb müssen zum Abschluß dieser Überlegungen noch einige Gedanken zur Kompromißfähigkeit unterschiedlicher Ziel- bzw. Wertvorstellungen ausgeführt werden.

VI. Überwindung ökologischer und ökonomischer Zielantinomien durch vertretbare Kompromisse

1. Wie an anderer Stelle ausführlicher diskutiert wurde[74], ist für das Verhältnis der Ziele von Umweltpolitik (Ökologie) und regionaler Wirtschaftspolitik (Ökonomie) Harmonie (Übereinstimmung der Ziele) die Ausnahme, dagegen Widersprüchlichkeit (Zielantinomie) die Regel. Mit Nicolai Hartmann muß dazu festgestellt werden: "Wo Wert gegen Wert steht in einer Situation, da gibt es den schuldlosen Ausgang nicht." Der Mensch muß die "Wertkonflikte so entschei-

den, daß er die Schuld verantworten kann. Daß er der Schuld nicht ganz entgehen kann, ist sein Geschick[75]".

Ebenso wie umweltpolitische und regionalwirtschaftliche Ziele im Zeitablauf gesellschaftlich unterschiedlich mit Prioritäten versehen wurden und werden, ist - wie bekannt - Raumordnung nichts Absolutes oder von den Zielen her betrachtet Unveränderbares. Ordnung des Raumes kann nur in den Rahmenbedingungen und gesellschaftlichen Wertsetzungen der jeweils vorherrschenden gesellschaftlichen Kräfte und ihrer Prioritäten erfolgen. Bei dieser Aufgabe müssen ständig Gegensätze zwischen verschiedenen Zielsetzungen überwunden werden, wobei in der Regel alle Seiten gewisse Zugeständnisse zu machen haben. Aufgabe des "Raumordners" ist deshalb, seine Entscheidungsvorbereitung im Sinne seiner Gewichtung der Zielsetzungen und vertretbaren Zugeständnisse so fundiert und klar auszuarbeiten und zu begründen, daß die letztlich entscheidenden Politiker sie nachvollziehen und im Sinne des Entscheidungsvorschlages abstimmen können.

Es wurde dargestellt, daß das Raumordnungsverfahren materiellrechtlich "in diesem Sinne als Raumverträglichkeitsprüfung raumbedeutsamer Vorgänge auf ihre Vereinbarkeit untereinander und mit den Vorgaben raumordnerischer Programme und Pläne zu überprüfen und insoweit eine Abstimmung herbeizuführen (hat - D.M.). Belange des Umweltschutzes sind als Leitziel(e) der Raumordnung gebührend zu berücksichtigen[76]". Mit Hahn-Herse, Kiemstedt und Wirz bin ich der Meinung, "die Beachtung ökologischer Wirkungszusammenhänge ist gerade deshalb für die Raumplanung eine ernstzunehmende Aufgabe, weil alle Ökosysteme auch konkret räumlich "verortet" sind. Raumplanerische Entscheidungen haben daher (mit Ausnahme der Null-Variante - D.M.) immer Eingriffswirkungen in Ökosystemzusammenhänge zur Folge. Die bereits erwähnten Konzepte einer ökologisch differenzierten Landnutzung versuchen, diese Einsichten für die Entwicklung unseres Lebensraumes umzusetzen, indem intensive, emissionsreichere Nutzungen mit extensiveren, entlastenden benachbart und durchgesetzt werden, um die Gesamtbelastung so gering wie möglich zu halten[77].

2. Private und berufliche Erfahrungen zeigen, daß nur in den seltensten Ausnahmen die 100 %-ige Durchsetzung betimmter Zielvorstellungen sinnvoll ist bzw. gelingt. Der vertretbare, nicht der faule (!) Kompromiß ist deshalb nicht "Niederlage" oder "Kompromittierung", sondern Ausdruck persönlicher und fachlicher Reife; er ist letztlich die Grundlage menschlichen Zusammenlebens. Dem steht m.E. das harte Wort Max Webers nicht entgegen: "Der praktische Politiker muß Kompromisse machen, aber der Gelehrte darf sie nicht decken[78]." Denn für Max Weber war wohl nicht absehbar, in welchem Maß wissenschaftliche Politik-Beratung beim politischen Handeln mitwirkt. Unter diesen Bedingungen erscheint mir der Kompromiß, dessen Zugeständnisse "wissenschaftlich" abgegrenzt und überprüfbar sind, eher vertretbar als "politisches Ausklüngeln". Damit ist zugleich die Frage nach den Kriterien der Bewertung von Kompromissen gestellt.

In den vorangegangenen Ausführungen und Beiträgen dieses Bandes wurde gezeigt, wie man die "essentials" absteckt. Damit wird zugleich deutlich, wo das "Feld" liegt, in dessen Umgrenzung Kompromisse möglich sind. Mit Jöhr bin ich im Hinblick auf die essentials der Ansicht: "Nicht jeder Kompromiß ist ethisch gerechtfertigt. Dies ist nur dann der Fall, wenn die Beeinträchtigung der einzelnen Werte den ihnen zukommenden Gewichten angepaßt ist. In bestimmten Fällen muß auch die Vermeidung eines Kompromisses und die einseitige Realisierung eines Wertes und damit Mißachtung des anderen als die ethisch höher stehende Lösung qualifiziert werden[79]."

Ökologen werden an dieser Stelle nicht zustimmen können, weil sie zu oft die Erfahrung machen mußten, daß Kompromisse einseitig auf Kosten essentieller Elemente der natürlichen Lebensgrundlagen geschlossen wurden. Das ist verständlich. Deshalb wurden Umweltqualitätsziele formuliert, die als essentials bei ihrer Verletzung "K.o.-Qualität" für entsprechende Planungsentwürfe haben sollen[80]. Auch die folgende Abwägungsregel für Konflikte zwischen ökologischer Belastbarkeit und ökonomischen Erfordernissen ist ebenfalls streng auszulegen.

Zielkonflikte zwischen ökologischen und ökonomischen (wirtschaftlichen, infrastrukturellen, verkehrlichen u.ä.) Belangen sind - wie die Erfahrung zeigt - die Regel.

Um diese Zielkonflikte bei der landesplanerischen Beurteilung bereits vor Erlaß eines entsprechenden UVP-Gesetzes bzw. Art.Gesetzes und vor Erlaß entsprechender Verwaltungsvorschriften einer "nachvollziehbaren Abwägung" zugänglich zu machen (ohne an dieser Stelle die rechtlichen Rahmenregelungen des Raumordnungsrechtes und des Umweltrechts ausloten zu wollen), empfiehlt es sich, bei der Zusammenfassung der Untersuchungsergebnisse des UVP-Verfahrens und des ROV (in Bayern: der landesplanerischen Beurteilung) etwa die folgenden Gesichtspunkte im Sinne einer planerischen Beurteilung zu beachten:

1. Handle so, daß Du Dich durch die Fehler Deines Verhaltens korrigieren kannst, d.h. zerstöre nicht irreversibel! (Postulat der Umwelt-Ethik).

2. Umweltbeeinträchtigungen liegen vor, wenn

- die Leistungsfähigkeit des Naturhaushaltes beeinträchtigt wird
- ökologisch wertvolle Flächen umgewidmet werden
- bei der Errichtung, dem Betrieb oder dem Rückbau/Abbau eines Betriebes Veränderungen der Gestalt oder Nutzung von Grundflächen eintreten, die die

Leistungsfähigkeit des Naturhaushaltes oder das Landschaftsbild erheblich oder nachhaltig beeinträchtigen können

- chemische Stoffe oder chemische Zubereitungen, deren Verunreinigungen oder ihre Zersetzungsprojekte infolge der in den Verkehr gebrachten Menge, der Verwendungen, der geringen Abbaubarkeit, der Akkumulationsfähigkeit oder der Mobilität in der Umwelt auftreten, insbesondere sich anreichern können und aufgrund wissenschaftlicher Erkenntnisse schädliche Wirkungen auf den Menschen oder auf Tiere, Pflanzen, Mikroorganismen, die natürliche Beschaffenheit von Wasser, Boden oder Luft und auch die Beziehungen unter ihnen sowie auf den Naturhaushalt haben können, die erhebliche Beeinträchtigungen oder erhebliche Nachteile für die Allgemeinheit herbeiführen. Dabei wird davon ausgegangen, daß eine erhebliche Beeinträchtigung dann vorliegt, wenn eine wesentliche und nachhaltige Beeinträchtigung einer natürlichen Lebensgrundlage nicht auszuschließen ist.

3. Im Widerstreit zwischen ökologischen und anderen Belangen haben die ökologischen Belange den Vorrang, wenn sonst eine wesentliche und nachhaltige Beeinträchtigung einer natürlichen Lebensgrundlage im Naturraum nicht auszuschließen ist.
   (Zumindest nachrichtlich ist zu berücksichtigen, ob infolge von Verfrachtungen nachhaltige Beeinträchtigungen einer natürlichen Lebensgrundlage im Fernbereich auftreten können.)

4. Die Errichtung, der Betrieb oder gegebenenfalls der Abbau eines Betriebes sind deshalb dann in der landesplanerischen Beurteilung (zum Abschluß des Raumordnungsverfahrens) abzulehnen, wenn die Maßnahme

- erhebliche Nachteile befürchten läßt und wenn sie
- innerhalb eines Zeitraumes von einer Generation im Naturraum nicht ausgeglichen werden kann. (Unberührt bleibt in diesem Zusammenhang die Konsequenz von Verfrachtungen im Fernbereich.)

Zusammenfassend sollte noch einmal deutlich gemacht werden, daß die einzelnen Beiträge dieses Bandes auf Abwägungsregeln abstellen, die im Zeitablauf fortzuschreiben und zu "härten" sind.

Im Rahmen einer raumordnerischen Umweltverträglichkeitsprüfung sollen die hier dargelegten ökologischen Orientierungs- oder Eckwerte wissenschaftlich begründete und vertretbare Abwägungen zwischen Umweltschutz (Ökologie) und Wirtschafts-, Verkehrs- und Infrastrukturpolitik und ihren Flächeninanspruchnahmen (Ökonomie) ermöglichen. Gleichzeitig ist aber zuzugeben, daß es Bereiche gibt, in denen eine eindeutige Skalierung ökologischer und ökonomischer Ziele und ihrer möglicherweise erreichbaren Realisierungsgrade nicht möglich ist. Diese Bereiche bilden das Feld, in dem bei sich widersprechenden Zielen der vertretbare Kompromiß anzusiedeln ist. Man muß sich dabei vor Augen führen, daß einerseits Umweltzerstörung zur Zerstörung der menschlichen Existenzgrundlagen führt und andererseits unberechtigte und ständige Verhinderung von Flächenverbrauch für wirtschaftliche Produktion und ihre entsprechende Erschließung (mit dem undifferenzierten Hinweis auf die zu schützende Umwelt) letztlich widernatürlich ist, weil sie den Menschen die Möglichkeit nimmt, ihre legitimen Grundbedürfnisse durch Arbeitseinkommen zu befriedigen. In diesem Sinne ist jeder Kompromiß auch ein Wagnis, das es jedoch angesichts der betroffenen Menschen und ihrer zu sichernden natürlichen Lebensgrundlagen lohnt einzugehen.

Aufgabe unserer Zeit ist es, unsere natürliche Umwelt, die Grundlage des Lebens der jetzigen und der künftigen Generationen, zu sichern. Statt nach einem verborgenen Sinn der Geschichte zu suchen, sollten wir versuchen, unserer Zeit einen Sinn zu geben. Stellen wir unserer Zeit die Aufgabe, die natürlichen Lebensgrundlagen zu sichern, dann hat sie Sinn - auch für jeden einzelnen.

Anmerkungen

Anmerkungen zu Abschnitt I

1) Neuhauser, G.: Grundfragen wirtschaftswissenschaftlicher Logik. In: Enzyklopädie geisteswissenschaftlicher Arbeitsmethoden, 8. Lieferung, Methoden der Sozialwissenschaften, München und Wien 1967, S. 98.

2) Albert, H.: Probleme der Theoriebildung. In: Theorie und Realität, Tübingen 1964, S. 23, F. 11.

3) Giersch, H.: Allgemeine Wirtschaftspolitik - Grundlagen -, Wiesbaden 1960, S. 47.

4) Das ROV prüft Vorhaben überfachlich und überörtlich auf ihre Übereinstimmung mit den landesplanerischen Zielen und schlägt vor, wie Vorhaben öffentlicher und sonstiger Planungsträger unter den Gesichtspunkten der Raumordnung aufeinander abgestimmt werden können.

5) Diese Aussage wird bestätigt durch den umfassenden Katalogcharakter umweltpolitischer und raumordnungspolitischer bzw. landesplanerischer Ziele. Vgl. hierzu die einschlägigen "legislativen Obersätze" z.B. §§ 1 und 2 ROG, BayLplG, Art. 1 und 2, sowie für die Regionalpläne, z.B. Regionalplan für die Planungsregion Oberfranken-Ost, S. 105ff. Ähnliches gilt für die einschlägigen Umweltschutzgesetze, vgl. hierzu z.B. BNatSchG, §§ 1 und 2, WHG § 1a, BImSchG §§ 1 und 3.

6) Zur Definition dieser Begriffe vgl. S. 7 ff.

7) v. Lersner unterscheidet zwische anthropogen orientiertem Umweltschutz, Mitweltschutz, der Flora und Fauna als eigenständige Lebewesen auf diesem Planeten sieht, und Nachweltschutz, der Schutz für die nachkommenden Generationen bedeutet.

8) Vgl. hierzu v. Lersner, A.: Krise schützen die Umwelt. In: der landkreis, Jg. 1986, H. 7, S. 309.

9) Vgl. maximale Immissionskonzetration für Schwefeldioxid, VDI-Richtlinie 2310, Blatt 11 (Aug. 84).

10) Cupei, J.: Umweltverträglichkeitsprüfung (UVP), Köln, Berlin, Bonn, München 1986, S. 284.

11) Cupei, J.: a.a.O., S. 28, zitiert mit dieem Vorschlag Kuhlmann, A.: Die heutige Umweltstrategie reicht nicht mehr aus. Umweltverträglichkeitsprüfungen/Genehmigungsverfahren für technische Anlagen müssen weiterentwickelt werden. In: Handelsblatt v. 2.10 1985, S. 26.

Anmerkungen zu Abschnitt II

12) Nach Presseberichten ist vorgegeben, diesen anthropozentrischen Ansatz bei der Novellierung durch den 11. Deutschen Bundestag abzuschwächen.

13) Vgl. hierzu die einschlägigen Bestimmungen zum anlagenbezogenen Immissionsschutz (§§ 4-21) nebst Durchführungsverordnungen und Verwaltungsvorschriften (TA Luft und TA Lärm) und zum produktbezogenen Immissionsschutz (§§ 32-37).

14) Vgl. hierzu auch Haber, W.: Zur Umsetzung ökologischer Forschungsergebnisse in praktisches Handeln. In: MAB Berchtesgaden, Bonn 1985, S. 16., wo das Modell der "differenzierten Bodennutzung" dargestellt wird. Zum Problem des absoluten oder relativen Vorrangs, vgl. Bergwelt, R., in diesem Bd.

15) Vgl. die Definitionen auf S. 7 ff.

16) Vgl. Reicholf, J., in diesem Bd.

17) Kaule, G.: Anforderungen an Größe und Verteilung ökologischer Zellen in der Agrarlandschaft. In: Zeitschrift für Kulturtechnik und Flurbereinigung, Vol. 26 (1985), S. 205. In diesem Zusammenhang ist auch von Interesse, was Heydemann auf dem deutschen Naturschutztag 1986 ausführte: Wahrscheinlich sei in der Natur viel mehr auf dem Wege des Verschwendens, als das selbst die Forschung wisse, weil ja ein nicht geringes Beharrungsvermögen der gefährdeten Pflanzen- und Tierarten angenommen werden müsse - und weil wir mit dieser Forschung weit im Rückstand seien, um 20-30 Jahre. Nach E.M. Lemke (Bremen), sind in der Bundesrepublik folgende Arten gefährdet: 58 % bei den Säugetieren, 52 % bei den Vögeln, 65 % bei den Lurchen und Kriechtieren, 70 % bei den Fischen, 42 % bei Großschmetterlingen, 38 % bei allen Farn- und Blütenpflanzen, zitiert nach C. Lafrenz: "Schützer, Nutzer, Eingreifer, Zerstörer". In: FAZ, Jg. 1986, Nr. 118, vom 24.5.1986, S. 7.

18) Hübler, H.: Anforderungen an eine umfasende Naturschutzpolitik aus fachlicher Sicht. Manuskript eines überarbeiteten Referates, das anläßlich des Deutschen Naturschutztages 1986 am 2.4. in Bremen gehalten wurde, S. 14f.

19) Finke, mündl. Diskussionsbeitrag.

20) W. Engelhardt hat erst vor kurzem darauf hingewiesen, daß das Artensterben in Mitteleuropa in den letzten Jahren etwa tausendfach schneller abläuft als in den letzten Eiszeiten. Hochrechnungen haben ergeben, daß zur Zeit der Eiszeiten in Mitteleuropa, also bei extremen Klimaverschlechterungen, von rund 30 000 Arten der Region alle [illegible]00 Jahre nur eine ausgestorben ist. Heute wird mit einer Rate von 11 % gerechnet, was bedeutet, daß rund 850 Arten pro Jahrhundert aussterben." Deutscher Forschungsdienst, Jg. 85, Nr. 16, S. 10f.

21) Rendtorff, T.: Ethik-Grundelemente, Methodologie und Konkretionen einer ethischen Theologie, Bd. II, Stuttgart, Berlin, Köln, Mainz 1981, S. 133.

22) Dabei muß man sich im klaren darüber sein, daß bis auf weiteres quantifizierbare Angaben über öko-systemare Zusammenhänge fehlen. In der schon rund 200 Jahre älteren Nationalökonomie ist das häufig ebenso. Im übrigen ist zu fragen, ob die Forderung nach Quantifizierung dann sinnvoll ist, wenn später ohnehin qualitativ gewichtet wird. So kann die exakte Beschränkung (und Inwertsetzung) bestimmter natürlicher Ausstattungsmerkmale durchaus ausreichen.

23) Vgl. Finke, L.: Schriftlicher Diskussionsbeitrag (1986).

24) Vgl. hierzu auch Dietrich, St.: Die Sorglosigkeit der Industrie-Gesellschaft kommt die nachindustrielle teuer zu stehen. In: FAZ, Jg. 1986, Nr. 5, vom 7.1.1986.

25) "Die wesentlichste von der Landwirtschaft ausgehende Umweltbelastung [illegible] ihr erheblicher Beitrag zur Gefährdung wildlebender Pflanzen- und Tierarten durch Beeinträchtigung ihrer Lebensstätten und Lebensbedingungen infolge der Beseitigung natürlicher und naturnaher Flächen, von Entwässerungs- und Meliorationsmaßnahmen sowie von intensiver Bewirtschaftung insbesondere infolge des Einsatzes großer Mengen von Pflanzenschutz- und Düngemitteln. Weitere bedeutende Probleme ergeben sich örtlich und teilweise regional durch Gewässerbelastungen in Form eines erheblichen Beitrages zur Nitratanreicherung des Grundwassers sowie zur Eutrophierung von Oberflächengewässern, vor allem infolge von Überdüngungen in Hanglagen und regional oder örtlich durch Bodenbelastungen in Form von Bodenerosion oder Bodenverdichtungen. V. Geldern: Landwirtschaft zwischen Ökologie und Ökonomie. In: Bulletin des Presse- und Informationsamtes der Bundesregierung, Jg. 1986, Nr. 49, S. 419. - Vgl. hierzu auch: Der Rat von Sachverständigen für Umweltfragen: Umweltprobleme der Landwirtschaft, Sondergutachten März 1985, Stuttgart und Mainz 1985. Die Probleme einer seit langem verfehlten Landwirtschaftspolitik können auf der Ebene der Regionalplanung bzw. im Raumordnungsverfahren nicht gelöst werden. Sie werden deshalb von allen folgenden Überlegungen ausgeklammert.

26) Müller, G.: ART. Raumordnung. In: Handwörterbuch der Raumforschung und Raumordnung, Hrsg. von der ARL, Hannover 1970, Sp. 2460.

27) ROG, § [illegible], Ziff. 1.

28) Müller, G., a.a.O., Sp. 2461.

29) Das heißt allerdings nicht, daß der von Hübler in diesem Band sehr pauschal vorgebrachten Kritik in allen Punkten zuzustimmen ist. Zum Problem generell vgl. auch Erbguth, W.: Instrumente der umweltbezogenen räumlichen Planung in der Bundesrepublik Deutschland - Chancen und Probleme, sowie Schindegger, F.: Umweltvorsorge durch Raumplanung in Österreich. Beide ART. In: Umweltvorsorge durch Raumplanung, Beiträge zu einem vom Österreichischen Institut für Raumplanung gemeinsam mit der Magistratsabteilung 22 (Umweltschutz) der Stadt Wien veranstalteten Seminar, Wien 1986.

30) Anforderungen an die Raumordnungspolitik in der Bundesrepublik Deutschland Stellungnahme des Präsidiums und des wissenschaftlichen Rates der Akademie für Raumforschung und Landesplanung, Sonderdruck S.4.

Anmerkungen zu Abschnitt III

31) Vgl. Müller, G.: ART. Raumordnung, II. Geschichte, Sp. 2462ff.

32) Vgl. Fürst, D., in: Umwelt-Raum-Politik, Berlin 1986, S. 113.

33) Ausgeglichene Funktionsräume - Grundlagen für eine Regionalpolitik des mittleren Weges, 2. Teil, ARL, FuS Bd. 116, Hannover 1976.

34) Funktionsräumliche Arbeitsteilung, Teil I: Allgemeine Grundlagen, ARL, FuS Bd. 138, Hannover 1981, sowie Funktionsräumliche Arbeitsteilung, Teil II, ARL, FuS Bd. 153 Hannover.

35) Hahn-Herse, G.; Kiemstedt, H.; Würz, St.: Landschaftsrahmenplanung und Regionalplanung - gemeinsam gegen die sektorale Zersplitterung im Umweltschutz? In: Landschaft und Stadt, 16. Jg. 1984, S. 67.

36) In diesem Zusammenhang sollte man sich auch vergegenwärtigen, daß die einschlägigen Gesetze noch nicht sehr alt sind! Diese Gesetze wurden zu einer Zeit in Kraft gesetzt, als die überwiegende Mehrheit unserer Gesellschaft als Folge des verlorenen Krieges und der damit verbundenen Not noch sehr intensiv von dem sog. O'Hara-Komplex geprägt war: "Nie wieder hungern müssen, nie wieder arm sein." Auf dieses wichtige gesellschaftspolitische Phänomen, das wohl der wichtigste Antriebsfaktor für das sog. Wirtschaftswunder war, hat meines Wissens erstmalig H.-D. Ortlieb hingewiesen.

37) Der Rat von Sachverständigen für Umweltfragen, Umweltgutachten 1978, Stuttgart und Mainz 1978, Tz. 1931.

38) Vgl. z.B. Bundesratsdrucksache 360/85 v. 1.8.1985 (Bundesratsinitiative des Freistaates Bayern für einen "Entwurf eines Gesetzes zur Verbesserung des Umweltschutzes in der Raumordnung und Bauleitplanung sowie im Fernstraßenbau") und Bundestagsdrucksache 10/2977 v. 7.3.1985 (Bodenschutzkonzeption der Bundesregierung).

39) Vgl. hierzu z.B. Haber, W.: Ökosystemtheorie und Umsetzung zur Umsetzung ökologischer Forschungsergebnisse in politisches Handeln. In MAB-Projekt

Berchtesgaden, o.O. 1985, S. 16ff. Kaule, G.: Anforderungen an Größe und Verteilung ökologischer Zellen ..., a.a.O.

40) Vgl. Finke, L., in diesem Bd. sowie Rembierz, W., der darauf hinweist, daß der komplexe Begriff Leistungsfähigkeit des Naturhaushaltes in überschaubare und faßbare Teilaspekte zu untergliedern ist, wie z.B.

- Bedeutung für den Biotop- und Artenschutz (biotisches Refugial- und Regenerationspotential)
- Eignung für die landschaftsgebundene Erholung (Erholungspotential)
- Bedeutung für die Regeneration von Grund- und Oberflächenwasser (Wasserdargebots-Potential)
- Bedeutung für die natürliche Boden- bzw. Standortfruchtbarkeit (biotisches Produktionsvermögen)
- Bedeutung für die Frischluftzufuhr und Kaltluftableitung (lufthygienisches und geländeklimatisches Ausgleichspotential).

"Für diese spezifischen Leistungsfähigkeiten des Naturhaushaltes können jeweils potentialbestimmende Landschaftsfaktoren bzw. deren wesentliche Merkmale und Bestandteile aus der Gesamtausstattung eines Naturraumes ... besonders hervorgehoben werden." (Rembierz, W., schriftl. Diskussionsbeitrag).

41) Vgl. Schmidt, A., und Rembierz, W., in diesem Bd.

42) Memorandum der ARL, a.a.O., S. 4.

43) Vgl. hierzu auch die Gedanken im Vorwort.

44) Unterrichtung durch die Bundesregierung: Programmatische Schwerpunkte der Raumordnung, Bundestagsdrucksache 10/3146, S. 7.

Anmerkungen zu Abschnitt IV

45) Vgl. hierzu Cupei, J.: Die Richtlinie des Rates über die Umweltverträglichkeitsprüfung (UVP) bei bestimmten öffentlichen und privaten Projekten. In: Natur und Recht, 7. Jahrgang (1985), H. 8, S. 297 (in Zukunft Cupei, J., NuR) sowie Cupei, J.: Umweltverträglichkeitsprüfung, Berlin, Bonn, München 1986 (in Zukunft Cupei, J. a.a.O.), vgl. ferner Schemel, H.-J.: Die Umweltverträglichkeitsprüfung (UVP) bei Großprojekten, Berlin 1985.

46) Berücksichtigung des Umweltschutzes in der Raumordnung, Beschluß der Ministerkonferenz für Raumordnung vom 21.3.1985, abgedruckt in: Heigel/Hosch: Raumordnung und Landesplanung in Bayern, Kommentar und Vorschriftensammlung, München, verschiedene Lieferungen, B II/1.34, S. 1ff.

47) Vgl. Schriftenreihe des Bundesministers für Ernährung, Landwirtschaft und Forsten - angewandte Wissenschaft, Heft 313: Umweltverträglichkeitsprüfung für raumbezogene Planungen und Vorhaben, Münster-Hiltrup 1985, S. 12. Gemäß Art. 1 RL-UVP wird als ein Projekt bezeichnet:

- die Errichtung von baulichen und sonstigen Anlagen
- sonstige Eingriffe in Natur und Landschaft einschließlich derjenigen zum Abbau von Bodenschätzen.

48) Anhang III der EG-Richtlinie bestimmt:

1. Beschreibung des Projektes, im besonderen:

- Beschreibung der physischen Merkmale des gesamten Projektes und des Bedarfs an Grund und Boden während des Bauens und des Betriebes
- Beschreibung der wichtigsten Merkmale der Produktionsprozesse, z.B. Art und Menge der verwendeten Materialien
- Art und Quantität der erwarteten Rückstände und Emissionen (Verschmutzung des Wassers, der Luft und des Bodens, Lärm, Erschütterungen, Licht, Wärme, Strahlung usw.), die sich aus dem Betrieb des vorgeschlagenen Projekts ergeben.

2. Gegebenenfalls Übersicht über die wichtigsten anderweitigen vom Projektträger geprüften Lösungsmöglichkeiten und Angabe der wesentlichen Auswahlgründe im Hinblick auf die Umweltauswirkungen.
3. Beschreibung der möglicherweise von dem vorgeschlagenen Projekt erheblich beeinträchtigten Umwelt, wozu insbesondere die Bevölkerung, die Fauna, die Flora, der Boden, das Wasser, die Luft, das Klima, die materiellen Güter einschließlich der architektonisch wertvollen Bauten und der archäologischen Schätze und die Landschaft sowie die Wechselwirkung zwischen den genannten Faktoren gehören.
4. Beschreibung (1) der möglichen wesentlichen Auswirkungen des vorgeschlagenen Projekts auf die Umwelt infolge
   - des Vorhandenseins der Projektanlagen
   - der Nutzung der natürlichen Ressourcen
   - der Emission von Schadstoffen, der Verursachung von Belästigungen und der Beseitigung von Abfällen

und Hinweis des Projektträgers auf die zur Vorausschätzung der Umweltauswirkungen angewandten Methoden.

5. Beschreibung der Maßnahmen, mit denen bedeutende nachteilige Auswirkungen des Projekts auf die Umwelt vermieden, eingeschränkt und, soweit möglich, ausgeglichen werden sollen.
6. Nichttechnische Zusammenfassung der gemäß den obengenannten Punkten übermittelten Informationen.
7. Kurze Angabe etwaiger Schwierigkeiten (technische Lücken oder fehlende Kenntnisse) des Projektträgers bei der Zusammenstellung der geforderten Angaben.

(1) Diese Beschreibung sollte sich auf die direkten und die etwaigen indirekten, sekundären, kumulativen, kurz-, mittel- und langfristigen, ständigen und vorübergehenden, positiven und negativen Auswirkungen des Vorhabens erstrecken.

Abgedruckt bei Cupei, J., a.a.O., S. 101.

49) Cupei, J., a.a.O., S. 299.

50) RL-UVP, 83, abgedruckt bei Cupei, J., a.a.O., S. 94.

51) Vgl. Cupei, J., NuR., S. 299.

52) Cupei, J., NuR., S. 301.

53) Abgedruckt bei Cupei, J., a.a.O., S. 95.

54) Siehe Fußnote 48).

55) Heigl/Hosch, a.a.O., B II/1.34, S. 3.

56) Heigl/Hosch, a.a.O., B II/1.34, S. 4. Die MKRO stellt in diesem Zusammenhang auch fest, daß das skizzierte Konzept der UVP die bundesweite Durchführung von Raumordnungsverfahren voraussetzt, weshalb die MKRO auch vorschlägt, das ROG um eine Regelung zu ergänzen, "nach der die Länder die Rechtsgrundlagen für ein Verfahren zur Abstimmung raumbedeutsamer Vorhaben von überörtlicher Bedeutung mit den Erfordernissen der Raumordnung und Landesplanung schaffen sollen (Raumordnungsverfahren), das gleichzeitig auch eine Überprüfung der Verträglichkeit des Vorhabens mit den raumbedeutsamen und überörtlichen Belangen des Umweltschutzes einschließt", a.a.O., S. 4.

57) Durchführung von Raumordnungsverfahren, BEK. des SINLU vom 27.3.1984, abgedruckt in Heigl/ Hosch: Raumordnung und Landesplanung in Bayern - Kommentar und Vorschriftensammlung, München, verschiedene Lieferungen, A II/1.

58) Vgl. hierzu auch Cupei, J., NuR., S. 102f.

59) Vgl. hierzu auch: Umweltverträglichkeitsprüfung im Raumordnungsverfahren. ARL, Arbeitsmaterial Nr. 122, Hannover 1986. Brenken spricht sich in dieser Veröffentlichung aus Gründen sowohl der Klarheit und Rechtssicherheit als auch eines erleichterten Planungsablaufs nachdrücklich für rechtliche Wirkungen des ROV-Bescheids gegenüber dem Antragsteller der Gemeinde aus. Damit wäre die landesplanerische Beurteilung als Verwaltungsakt anzusehen und verwaltungsgerichtlich anfechtbar. Vgl. Brenken, G.: Aufgabe und Bedeutung des Raumordnungsverfahrens unter Einbeziehung der überörtlichen Umweltverträglichkeitsprüfung, S. 4ff., sowie Brenken, G.: Erfassung und Wertung der Raum- und Umweltfaktoren im Raumordnungsverfahren, Arbeitsschritte und Prüfungsmatrix, Arbeitsmaterial der ARL, Nr. 115, Hannover 1986.

60) Höhnberg kommt in seinem Beitrag zu FuS Bd. 166 zur Öffentlichkeitsbeteiligung in ROV zu dem Ergebnis, "daß die von einem Vorhaben betroffenen Gemeinden, die im Raumordnungsverfahren stets beteiligt werden, vor Abgabe ihrer Stellungnahme eine (unmittelbare) Bürgerbeteiligung durchführen". Mit Rücksicht auf die verfassungspolitische Stellung der kommunalen Gebieteskörperschaften sollte die Anhörung der Bürger zu Einzelvorhaben nach Maßgabe des jeweiligen Kommunalrechts den Gemeinden überlassen bleiben. ARL: FuS Bd. 166, Hannover 1986.

61) Vgl. hierzu auch Höhnberg, U.: Prüfung der Umweltverträglichkeit raumbedeutsamer Vorhaben im Raumordnungsverfahren nach bayerischem Landesplanungsrecht. In: Umweltverträglichkeitsprüfung im Raumordnungsverfahren, ARL, Arbeitsmaterial Nr. 122, Hannover 1986, S. 58ff.

Anmerkungen zu Abschnitt V

62) Vgl. hierzu z.B. Möller, H.; Osterkamp, R. und Schneider, W.: Umweltökonomik, Königstein/ Ts. 1981. - Möller, H.; Osterkamp, R. und Schneider, W.: Umweltökonomik - Beiträge zur Theorie und Politik, Königstein 1982. - Binswanger, H.C. u.a.: Arbeit ohne Umweltzerstörung - Strategien einer neuen Wirtschaftspolitik, Frankfurt 1983. - Leipert, Chr.: Ökologische und soziale Folgekosten der Produktion. In: Aus Politik und Zeitgeschichte - Beilage zur Wochenzeitung Parlament, Jg. 1984, 12.5.1984, S. 33ff. - Gaul, E.H. und Pütter, S.: Environtologie, Mensch und Umwelt, Medicinale XV, Iserlohn 1985. Schulz, W.: Der Ökonomische Wert der Umwelt - ein Überblick über den Stand der

Forschung zur Schätzung des Nutzens umweltpolitischer Maßnahmen auf der Basis verhinderter Schäden in der BRD, noch unveröffentlichtes Manuskript, Berlin 1986. - Ryll, A. und Schäfer, D.: Bausteine für eine monitäre Umweltberichterstattung. In: ZfU, Jg. 86, Heft 2, S. 105ff. - Wicke schätzt die gesamtwirtschaftlichen Kosten, im Sinne von Schäden für die BRD, auf rund 103,5 Mrd. DM = 6 % des Bruttosozialproduktes von 1985 (zitiert nach Schulz, der höhere Zahlen angibt).

63) Aktuelle Daten und Prognosen zur räumlichen Entwicklung, Umwelt I Luftbelastung, Jg. 1985, H. 11/12, siehe dort insbesondere Kampe, S. I ff.

64) Durchführung von Raumordnungsverfahren und landesplanerischer Abstimmung auf andere Weise Tz. 2.6.2 und 2.6.3, abgedruckt in: Heigel/Hosch, a.a.O.

65) Raumordnungsverfahren, Materialzusammenstellung für die Berücksichtigung von Umweltbelangen, Hannover 1986, S. 9.

66) Vgl. hierzu auch den ersten anderen Ansatz bei: Bierhals, E.; Kiemstedt, H. und Scharpf, H.: Aufgaben und Instrumentarium ökologischer Landschaftsplanung. In: Raumforschung und Raumordnung, 32. Jg., S. 76ff, und die dort angegebenen, sehr informativen Übersichten.
1) Verfahrensablauf der ökologischen Planung - Ziel: Bewertung der ökologischen Auswirkungen von Maßnahmen
2) Verfahrensablauf der ökologischen Planung - Ziel: Beurteilung der ökologischen Belastung eines Planungsraumes
3) Matrix der Beziehungen Verursacher - Auswirkungen - Betroffene.Vgl. ferner Schemel, H.-J.: Umweltverträglichkeitsprüfung bei Großprojekten am Beispiel von Stauhaltungen, Sonderdruck vom 5. Seminar Landschaftswasserbau der Technischen Universität Wien, Wien 1986, S. 123ff.

67) In diesem Zusammenhang ist methodisch die Arbeit von Bechmann, Hofmeister und Schulz von Interesse: Umweltbilanzierung - Darstellung und Analyse zum Stand des Wissens zu ökologischen Anforderungen an die ökonomisch-ökologische Bilanzierung von Umwelteinflüssen, Umweltforschungsplan des BMI, Forschungsbericht 10104050, im Auftrag des Umweltbundesamtes, Berlin 1985.

68) Vgl. hierzu Prüfkatalog für die Berücksichtigung von Umweltbelangen/ ROV-Leitungen/ROV-Bodenabbau/ROV-Abfallbeseitigung-Deponie. In: Raumordnungsverfahren - Prüfkatalog für die Berücksichtigung von Umweltbelangen, Hannover 1986.

69) Vgl. hierzu Reicholf, J.: Indikatoren für Biotopqualitäten, notwendige Mindestflächengrößen und Vernetzungsdistanzen, in diesem Band.

70) Schemel, H.-J., a.a.O., S. 137.

71) Schemel, H.-J., a.a.O., S. 137f.

72) Vgl. hierzu auch den Beitrag von Kloke, A., in diesem Band.

73) Zum folgenden vgl. auch: Battre, M. und Masuhr, J.: Praktische Ansätze zur Umweltverträglichkeitsprüfung (UVP) im Rahmen von Raumordnungsverfahren (ROV) in Niedersachsen, Manuskript, 1985. - Bechmann, A., v. Rijn, M., Winter, G.: Gesetz zur Durchführung der Umweltverträglichkeitsprüfung (UVP-Gesetz),

DNR-Entwurf, Manuskript, o.O. (Berlin 1986). - Bund Naturschutz Alb-Neckar e.V.: Umweltverträglichkeitsprüfung, Reutlingen 1986. - Dickert, Th. G. und Sorensen, J.C.: Some Suggestiones on the Content and Organisation of Environmental Impact Statements. In: Environmental Impact Assessment: Guidelines and Comentary, Berkley 1974. - Eberle, D.: Probleme und Möglichkeiten der Durchführung von Umweltverträglichkeitsprüfungen für einen Regionalplan, Werkstattbericht Nr. 12, hrsg. v. H. Kistenmacher, Kaiserslautern 1986. - Pietsch, J.: Bewertungssystem für Umwelteinflüsse, nutzungs- und wirkungsorientierte Belastungsermittlungen auf ökologischer Grundlage, Köln, Stuttgart, Berlin 1983. - Schemel, H.-J.: Die Umweltverträglichkeitsprüfung (UVP) von Großprojekten, Berlin 1985. - Wagner, D.: Die Umweltverträglichkeitsprüfung (Das Beispiel Kalifornien). In: Der Städtetag, Jg. 1986, H. 8, S. 539ff.

Anmerkungen zu Abschnitt IV

74) Vgl. Marx, D.: Wechselseitige Beeinflussung von Umweltschutz und Raumordnung/Landesplanung, dargetellt am Beispiel ausgewählte Teilräume der BRD, Manuskript.

75) Hartmann, N.: Ethik, 2. Aufl. 1935, S. 268, zitiert nach Jöhr, W.A.: Der Kompromiß als Problem der Gesellschafts-, Wirtschafts- und Staatsethik, Tübingen 1958, S. 31.

76) Erbguth, W.: Standort und Charakter des Raumordnungsverfahrens (ROV), de constitutione und de lege lata, Manuskript S. 1.

77) Hahn-Herse, G.; Kiemstedt, H. und Wirz, St.: Landschaftsrahmenplanung und Regionalplanung ..., a.a.O. S. 67.

78) Zitiert nach Jöhr, W.A., a.a.O., S. 10.

79) Jöhr, A.W., a.a.O., S. 53.

80) Vgl. hierzu in diesem Band besonders die Beiträge von Finke, Kloke, Schmidt und Rembierz, Upenbrink und Knauer.

Anlage 1*)

Anlage 1a: Angaben, die der Projektträger zu liefern hat

1. Begründung für den Bedarf der Maßnahme (entfällt bei privaten Maßnahmeträgern)

2. Beschreibung des Verhaltens hinsichtlich

   a) Begründung der vorgesehenen Standortwahl

   b) Beschreibung des Projektes hinsichtlich
   - der Ziele des Verhaltens
   - der für den Einsatz vorgesehenen Technologie
   - der verwendeten Inputs und der Outputs des Produktionsprozesses, d.h. insbesondere der Art und Menge der verwendeten Materialien
   - der sich ergebenden Stoff- und Energieflüsse (Stoff- und Energiebilanz)
   - des Bedarfs an Grund und Boden während des Baues und des Betriebes
   - der Art und Quantität der Rückstände und Emissionen (Verschmutzung des Wassers, der Luft und des Bodens, Lärm, Erschütterungen, Licht, Wärme und Strahlung), die sich aus dem Bau und dem Betrieb des vorgeschlagenen Vorhabens ergeben
   - der vorgesehenen Investitionen und der durch das Vorhaben zu erwartenden Arbeitsplätze
   - des Lebenszyklus des Vorhabens

   Bau
   .. zeitlicher Ablauf
   .. Größe und Umfang der Baustelle
   .. Verkehrsaufkommen für den Transport des Materials
   .. Art der Beseitigung der Baustelle
   .. Flächenbedarf der Baustelle

   Betrieb
   .. Verkehrsaufkommen
   .. Gewinnung der Rohstoffe, sofern dies nicht im Rahmen einer anderen Umweltverträglichkeitsprüfung geschieht
   .. Entsorgung des Produktes
   .. Beseitigung von Produktionsabfällen

   Stillegung/Beseitigung
   .. vorgesehene Maßnahmen

   c) Standortbezogene Beschreibung

   - Beschreibung des Standortes
   - für den Standort vorgesehenes Entwicklungskonzept und geplante Nutzungsveränderungen

*) Anlagen 1, 2 und 3 des UVP-Gesetzentwurfes von Prof. Dr. Arnim Bechmann, Dr. Monique von Rijn und Prof. Dr. Gerd Winter.

- auswirkungsspezifische Abgrenzung des sinnvollerweise in die Untersuchung einzubeziehenden Gebietes
- Zustandsanalyse des Untersuchungsgebietes
  .. im Gebiet vorhandene Nutzungen (Art, Umfang, Standort)
  .. natürliche, soziale, kulturelle und ökonomische Faktoren, die von besonderer Bedeutung sind
- verhaltensbezogene Ansprüche an die Umwelt
  .. Faktoren, die für den Betriebsablauf erforderlich sind (Art, Menge, zeitliche Nutzung)
  .. Inanspruchnahme von Boden, Wasser, Luft und natürlichen Ressourcen
  .. Flächenbedarf für Gebäude, Lager, Parkplätze, Abfalldeponien usw.

d) bestehende Vorbelastungen des Untersuchungsgebietes im Hinblick auf

.. Klima, Boden, Wasser, Luft
.. Flora, Fauna, Ökosysteme
.. menschliche Gesundheit
.. bestehende Nutzungskonflikte
.. Übernutzungen natürlicher Ressourcen

3. Beschreibung sonstiger Maßnahmen

a) Art und Umfang der angestrebten Maßnahme
b) Bezug zu bereits vorhandenen Belastungen der Umwelt und zu bestehenden Nutzungskonflikten
c) Programme und Planungen, die sich mit dem beabsichtigten Verhalten umweltrelevant berühren

4. Zu erwartende direkte und indirekte, kurz- und langfristige Auswirkungen auf

a) Boden, Wasser, Luft und Klima
b) Flora, Fauna und Ökosysteme
c) die menschliche Gesundheit
d) vorhandene und geplante Nutzungen
e) die Ressourcenbasis

5. Zunahme von Risikopotentialen durch das Verhalten

a) technischer Risiken
b) organisatorischer Aufwand zur Senkung von Risiken auf ein vertretbares Maß

6. Auslösung möglicher umweltrelevanter Folgemaßnahmen

7. Übersicht über andere Lösungsmöglichkeiten und von ihnen zu erwartende Umweltfolgen

8. Angabe der Auswahlgründe für das beantragte Verhalten

9. Vorgesehene (Zusatz)Maßnahmen zur Verminderung der zu erwartenden Umweltfolgen

10. Auflistung der vorhandenen, das Verhalten berührenden Pläne und Programme

11. Kosten und Finanzierung des Verhaltens (der Maßnahme usw.)

12. Kenntnislücken, offene Probleme, technische Grenzen

13. Liste der anzuwendenden Methoden im Hinblick auf Messung, Abschätzung und Bewertung von Umweltfolgen

14. Liste der bereits durchgeführten Untersuchungen und Messungen

15. Liste der notwendigen Bewilligungen, Erlaubnisse und Genehmigungen

16. Liste der zuständigen Behörden

17. nichttechnische Zusammenfassung

18. Liste der Quellen

Anlage 1b: Mindestanforderungen an den Untersuchungsrahmen für die Umweltverträglichkeitserklärung

Im Untersuchungsrahmen werden die Aspekte festgelegt, welche in der Umweltverträglichkeitserklärung im einzelnen zu behandeln sind. Sein Aufbau und Inhalt ist so auszurichten, daß die Erarbeitung einer problemangemessenen, umfassenden Umweltverträglichkeitserklärung gesichert wird.

Insbesondere sollen im Untersuchungsrahmen hinsichtlich der folgenden Aspekte klare Festlegungen und Aufgabenbeschreibungen vorgenommen werden.

(1) Fragestellung und Zielsystem der Untersuchung
(2) In die Untersuchung als Informant einzubeziehende Institutionen und Personen
(3) Zu beachtende Planungen und Programme
(4) Vorläufige Abgrenzung des Untersuchungsgebietes
(5) Identifikation der wichtigsten zu beachtenden Wirkfaktoren und Wirkungsbereiche
(6) Besondere oder zusätzliche Aspekte und Probleme, die zu berücksichtigen sind (7) Anzuwendende Maßstäbe zur Beurteilung und Bewertung von Umweltveränderungen, Risiken und Belastungen
(8) Zu untersuchende Alternativen und Lösungsvarianten einschließlich der Nullvariante
(9) Zu untersuchende Zusatzvermeidungsmaßnahmen bzw. -strategien
(10) Szenarien, die detailliert zu erstellen sind
(11) Weitere Lösungsmöglichkeiten, die skizzenhaft zu untersuchen sind
(12) Überblick für notwendige Daten und die Möglichkeiten ihrer Beschaffung (vorhanden, Meßver fahren, Schätztechnik usw.)
(13) Schätzung der voraussichtlichen Kosten und des Zeitbedarfs für die Umweltverträglichkeitserklärung
(14) Anzuwendende Untersuchungstechniken (Messungen, Befragungen, Prognosetechniken ...)
(15) Liste der notwendigen Genehmigungen
(16) Liste der zuständigen Behörden
(17) Liste der bereits am Verfahren beteiligten sowie der noch zu beteiligenden Personen und Institutionen

Anlage 1c: Mindestinhalte und Aufbau der Umweltverträglichkeitserklärung

Eine Umweltverträglichkeitserklärung hat dem Stand des Wissens zu entsprechen. Bei Erkenntnisunsicherheit hat sie auch nicht vollständig gesichertes Wissen über Umweltgefährdungen zu berücksichtigen. Sie soll nach Maßgabe des jeweiligen Einzelfalles nach folgendem Gliederungsmuster gestaltet sein.

(1) Titel
(2) Liste der Verfasser
(3) Inhaltsverzeichnis
(4) Problemdarstellung, Kurzbeschreibung des Projektes, Vorhaben
(5) Kontext des Verhaltens (der Maßnahme usw.)
  5.1 Vorgeschichte, Zustandekommen
  5.2 Begründung der Notwendigkeit und des Bedarfs des Verhaltens (öffentliche Hand)
  5.3 Begründung der Standortwahl
(6) Darstellung des Verhaltens und der beachteten Alternativen
  6.1 Beschreibung des Verhaltens
    (Charakteristika, Stoff- und Energiebilanz bei technischen Prozessen, verwendete Materialien und Rohstoffe, mögliche Emissionen, sonstige umweltrelevante Wirkfaktoren, Kuppelprodukte (Nebenprodukte, Abfälle ...), technische Risiken im Normalbetrieb, Unfallrisiken ...)
  6.2 Lebenszyklus des Verhaltens (zeitlicher Ablauf, Gestalt des Verhaltens in der Erstellungsphase, umweltrelevante Wirkfaktoren in der Erstellungsphase, Beseitigung der umweltrelevanten Wirkfaktoren aus der Erstellungsphase, Beseitigung des Verhaltens und seiner Wirkfaktoren nach Abschluß der Arbeitsphase, Flächenbedarf, Ressourcenbedarf, Risiken der Erstellungs- und Beseitigungsphase, Lebenszyklus und Entsorgung der Produkte des Verhaltens ...)
  6.3 Beschreibung von Alternativen (nach dem gleichen Muster wie für das Verhalten, s. 6.1. und 6.2)
(7) Beschreibung des Standortes bzw. des Bezugsraumes des Verhaltens (Lage, Standortfaktoren, soziales Umfeld ...)
(8) Programme und Planungen für den Standort bzw. für den Bezugsraum, die für das Verhalten oder die Umweltentwicklung relevant sind
(9) Abgrenzungen des Untersuchungsgebietes und der zu untersuchenden Umweltbereiche
(10) Zustandsanalysen des Untersuchungsgebietes
  10.1 allgemeine Gebietsbeschreibung
  10.2 Umweltmedien (Boden, Wasser ...)
  10.3 Flora, Fauna, Ökosysteme
  10.4 Nutzungssysteme (Landwirtschaft, Verkehr, ...)
  10.5 Kulturelle und soziale Besonderheiten
(11) Vorbelastungen des Untersuchungsgebietes
  11.1 Belastungen der Umweltmedien
  11.2 Belastungen von Flora, Fauna, Ökosystemen
  11.3 Nutzungskonflikte, Beeinträchtigungen von Nutzungen
  11.4 risikoträchtige Anlagen (z.B. Sondermülldeponien, Kernkraftwerke, ...)
(12) Geplante Gebietsentwicklung, geplante Nutzungen, absehbare Konflikte
(13) Wirkungszenarien für das Verhalten und die berücksichtigten Szenarien
  13.1 Festlegungen der Szenarien
  13.2 unmittelbare und mittelbare Wirkungen der in 6 genannten Faktoren auf die Umwelt (Umweltmedien, Flora, Fauna, Ökosysteme, Menschen,

Nutzungssysteme ...)

13.3 Festlegung von Beurteilungs- und Bewertungsmaßstäben (Belastung, Risiko, Konfliktgrad ...)

13.4 Bewertung der Wirkungen des Vorhabens auf die in 13.2 genannten Bereiche mit Hilfe der in 13.3 festgelegten Kriterien

13.5 mögliche durch das Verhalten ausgelöste umweltrelevante Folgeaktivitäten

13.6 mögliche neu entstehende Nutzungskonflikte sowie Konflikte zu vorliegenden Plänen und Programmen

13.7 Beurteilende Bilanz der insgesamt zu erwartenden Auswirkungen für alle untersuchten Alternativen

(14) Zusätzliche Maßnahmen zur Vermeidung und Verminderung der Auswirkungen bzw. Konflikte (für alle Alternativen spezifiziert)

(15) Kosten und Finanzierung (nur bei öffentlicher Hand) der verschiedenen Alternativen sowie der zusätzlichen Maßnahmen

(16) Abschließende Bewertung der Umweltverträglichkeit des untersuchten Verhaltens einschließlich aller einbezogenen Alternativen

(17) Empfehlung an die für die Entscheidung federführende Behörde (z.B. Zustimmung, Verweigerung, Modifikationen, Auflagen oder Wahl einer anderen Alternative usw.)

(18) Nichttechnische Zusammenfassung

(19) Allgemeine Anlagen

19.1 Liste der vorgesehenen Messungen, Meßprogramme und empirische Untersuchungen

19.2 Liste der beteiligten und zu beteiligenden Institutionen und Personen

19.3 Liste der notwendigen Genehmigungen

19.4 Zeitplanung, einschließlich der Daten, bis zu denen Stellungnahmen abzugeben sind

19.5 Liste von Lücken hinsichtlich technischer Möglichkeiten und wissenschaftlicher Erkenntnis

(20) Verwendete Quellen

Form der Umweltverträglichkeitserklärung:

- eigenständiges Dokument
- klar gegliedert, gut verständlich und übersichtliche Darstellung

Inhalt

Natur und Landschaft

Luft

Lärm

Wasser

Boden

Anlage 2

PRÜFKATALOG
STAND: März 1986

ROV VERKEHR - STRASSE

ALLGEMEIN FRÜHZEITIG ZU KLÄRENDE FRAGEN

- Erforderlichkeit, Zweckmäßigkeit des Vorhabens auch unter regionalwirtschaftlichen Gesichtspunkten
- Möglichkeit von Alternativlösungen
- Möglichkeit von Ausgleichs- und Ersatzmaßnahmen
- Möglichkeit von Maßnahmen zur Verminderung nachteiliger Auswirkung auf die Umwelt
- Weitere, langfristige Ausbaumöglichkeit
- Auswirkungen durch Folgeplanungen aufgrund verbesserter Erschließung

FACHBEHÖRDE: Nds. Minister für Wirtschaft und Verkehr, Nds. Landesamt für Straßenbau, Bez.Reg. Dez. 206, Straßenbauämter

ALLGEMEINE DATEN

VORHABEN	VORBELASTUNG IM AUSWIRKUNGSBEREICH DES VORHABENS	FACHPLÄNE / UNTERLAGEN	SEITE	BEMERKUNGEN
<u>Bauphase</u> - Maschineneinsatz - Fahrzeugeinsatz (Verkehrsaufkommen) - Zusätzliche Belastung der Verkehrswege - Arbeits- und Lagerflächen - Dauer der Arbeit, jahreszeitliche Verteilung				
<u>Betrieb</u> - Verkehrsaufkommen - Durchschnittswerte - Maximalwerte (Berufsverkehr) - Zeitliche Verteilung (Tag/Nacht) - Fahrzeugarten (Pkw, Lkw) - Geschwindigkeit der Fahrzeuge - Streckencharakteristik (Steigung, Kurvigkeit, Höhenlage, Dammlage, Einschnitt, Straßenbelag)	- Freiflächensituation - Immissionssituation - andere raumwirksame Planungen und Maßnahmen	- Raumordnungsprogramme - Bauleitpläne - Luftbilder - ROK - Bedarfsplan für Bundesfernstraßen - Generalverkehrspläne - Verkehrsuntersuchungen - Richtlinie für die Anlage von Landstraßen (RAL)	 232 231	
- Geologische und hydrogeologische Standortverhältnisse		- Geologische/bodenkundliche Karten - Hydrogeologische Karten	449 345	

PRÜFKATALOG
STAND: März 1986

ROV VERKEHR - STRASSE

FACHBEHÖRDE: Nds. Minister für Bundesangelegenheiten, Nds. Landesamt für Immissionsschutz, Bez. Reg., Dez. 204, Gewerbeaufsichtsämter

BELASTUNGSURSACHE /- RISIKO
LÄRM

BELASTUNG DURCH DAS VORHABEN	VORBELASTUNG IM AUSWIRKUNGSBEREICH DES VORHABENS	FACHPLÄNE / UNTERLAGEN	SEITE	BEMERKUNG
Bauphase - Lärmemissionen (Art und Stärke) durch - Maschineneinsatz - Aufschließungsmaßnahmen (Sprengungen) - Transport - sonstige Baumaßnahmen	- Vorhandene Lärmimmissionen im Auswirkungsbereich des Vorhabens (Art und Stärke) durch - Verkehr (Schiene, Straße, Luft, Wasser) - Industrie/Gewerbe - Freizeit	- Schallimmissionspläne	231	In der Bauphase ist vor allem die jahreszeitliche Verteilung der Baumaßnahmen von Belang.
		- Ausbreitungsberechnungen		
		- Messungen der staatlichen Gewerbeaufsichtsämter		
		- Messungen des Landesamtes für Immissionsschutz		
		- Generalverkehrspläne	231	
	- zu erwartende Lärmimmissionen aufgrund anderer Planungen und Maßnahmen	- Verkehrsmengenkarten	232	
		- Verkehrszählungen	232	
Betrieb		- Fahrpläne, Flugpläne		
- Lärmemissionen nach Art und Stärke	- räumliche Schwerpunkte der Lärmbelastung	- Anlagengenehmigung für Industriebetriebe und Kraftwerke (Grenzwertfeststellungen)	232	
- Lärmimmissionen Ausbreitungsberechnungen (Mittelungspegel, Spitzenpegel)		- Bauleitpläne	232	

FACHBEHÖRDE: Nds. Minister für Bundesangelegenheiten, Nds. Landesamt für Immissionsschutz, Bez. Reg., Dez. 204, Gewerbeaufsichtsämter

BELASTUNGSURSACHE /- RISIKO
LUFT/KLIMA

BELASTUNG DURCH DAS VORHABEN	VORBELASTUNG IM AUSWIRKUNGSBEREICH DES VORHABENS	FACHPLÄNE / UNTERLAGEN	SEITE	BEMERKUNG

<u>Bauphase</u>
- Luftverunreinigung (Gase, Stäube) durch
  - Maschineneinsatz
  - Aufschließungsmaßnahmen
  - Transport
  - sonstige Baumaßnahmen
 	
<u>Betrieb</u>
- Emissionen
  - Gase (NO_x, SO_2, CO)
  - Stäube
  - Ruß
  - Gerüche
- Immissionen
Ausbreitungsberechnungen
  - Gase
  - Stäube
  - Ruß
  - Gerüche
 	
- Veränderung des Kleinklimas (z. B. Kaltluftabfluß, Windgeschwindigkeit) durch
  - Entzug von Wasser
  - Schaffung von Wasserflächen
  - Veränderung der Vegetation
  - Bau von Dämmen/Ausbreitungshindernissen
	- Vorhandene Luftverunreinigung nach Art und Stärke, insbesondere in den den Neuimmissionen gleichgerichteten Schadstoffarten
	- zu erwartende Luftverunreinigung aufgrund anderer Planungen und Maßnahmen
	- Bestimmende Emittenten
	  - Hausbrand, Kleingewerbe (Feuerungsarten und Verbrauchsmengen)
	  - Industrie und Kraftwerke (Emissionen nach Emissionsangaben der Betreiber oder GAA)
	  - Verkehrsbereiche (Verkehrsarten und -mengen)
	  - Deponien (Hausmüll, Sondermüll)
	- Räumliche Schwerpunkte der Schadstoffimmissionen (Belastungsgebiete)
	- Nutzungsbezogene ungünstige klimatische Bedingungen
		- Generalverkehrspläne
		- Verkehrsmengenkarten
		- Verkehrszählungen
		- Fahrpläne, Flugpläne
		- Anlagegenehmigung für Industriebetriebe und Kraftwerke (Grenzwertfeststellungen)
		- Statistik der Stadtwerke, Versorgungsunternehmen (Feuerungsart und Verbrauchsmengen bei Haushalten und Kleingewerbe)
		- Messungen der staatlichen Gewerbeaufsichtsämter
		- Daten aus LÜN und mobilen Meßcontainern
		- Klimaatlas
		- Daten des Wetteramtes
		- Bauleitpläne
			169
			169
			170
			170
			169
			169
			167
			
			170
			170
			232
				In der Bauphase ist die Größenordnung der Belastung und die jahreszeitliche Verteilung für die mögliche Gefährdung bestimmter Biotope von Bedeutung.
				
				Beim Dammbau und bei Erdbewegungen ist mit erheblichen Staubentwicklungen zu rechnen.
				
				Ggf. sind Auflagen für die Bauausführung notwendig, z.B. zeitliche Einschränkungen.

PRÜFKATALOG

STAND: März 1986

ROV VERKEHR - STRASSE

FACHBEHÖRDE: Nds. Minister für Ernährung, Landwirtschaft und Forsten, Nds. Landesamt für Wasserwirtschaft, Bez.Reg., Dez. 502, Wasserwirtschaftsämter, Landkreise

BELASTUNGSURSACHE /-RISIKO
WASSER

BELASTUNG DURCH DAS VORHABEN	VORBELASTUNG IM AUSWIRKUNGSBEREICH DES VORHABENS	FACHPLÄNE / UNTERLAGEN	SEITE	BEMERKUNG
Bauphase - Versickerung von Schadstoffen durch Maschinen- und Fahrzeugeinsatz - Grundwasserabsenkung, Grundwasserstau - Umleitung, Trockenlegung von Gewässern Betrieb - Grundwasserabsenkung, Grundwasserstau - Verminderung der Grundwasserneubildung (Flächenversiegelung durch Trassenkörper und Nebenanlagen) - Belastung des Grund-/Oberflächenwassers (Abrieb, Öl, Tausalz) - Immissionen über Luft-Wasser-Pfad (Gefährdung von Wassereinzugs- und Wasserschutzgebieten) - Störung des Oberflächenabflusses, Veränderung der Wasserführung	- Vorhandene und zu erwartende Belastung des Oberflächenwassers - Abwärme - Abwasser - Bestimmende Einleiter - Industrie/Gewerbe - vorh. Kraftwerke - Hausabwasser (kommunale Kläranlagen, Hauskläranlagen) - Vorhandene und zu erwartende Belastung des Grundwassers durch - Schadstoffe - Grundwasserabsenkung (z. B. Wassergewinnung, Bodenabbau, Drän- und Meliorationsmaßnahmen) - Grundwasserstau - Verminderung der Grundwasserneubildung - Grad der Hochwassergefährdung	- Generalplan Wasserversorgung - Generalplan Abwasserbeseitigung - Wasserwirtschaftliche Rahmenpläne - Gewässergütekarten - Wärmelastpläne - Hydrologische und hydrogeologische Karten - Karte der gesetzlichen Überschwemmungsgebiete - Unterlagen der Wasserwirtschaftsämter	341 343 342 346 347 345 345	Bei der Belastung von Oberflächen- und Grundwasser sind der angrenzende Bodenbereich bis zum Vorfluter bzw. die Deckschichten in die Erfassung einzubeziehen.

FACHBEHÖRDE: Nds. Minister für Ernährung, Landwirtschaft und Forsten, Nds. Minister für Wirtschaft und Verkehr, Nds. Landesamt für Bodenforschung, Nds. Landesamt für Wasserwirtschaft, Nds. Forstplanungsamt, Bez.Reg.,Dez. 502, 506 und 507, Oberbergamt, Bergämter, Ämter für Agrarstruktur

BELASTUNGSURSACHE /-RISIKO
BODEN/RELIEF

BELASTUNG DURCH DAS VORHABEN	VORBELASTUNG IM AUSWIRKUNGSBEREICH DES VORHABENS.	FACHPLÄNE / UNTERLAGEN	SEITE	BEMERKUNG

<u>Bauphase</u>
- Bodenverdichtung
- Erosion
- Abraumlagerung, Materiallagerung
- Schadstoffeintrag durch Betriebsstoffe, Staubbelastung
 	
<u>Betrieb</u>
- Verlust an Boden/Flächen auch durch Nebenanlagen (insbesondere Mutterboden, kulturfähigem Material, natürliche Vegetationsdecke)
- Flächenzerschneidung
- Bodenverdichtung/Versiegelung
- Veränderung des Bodenreliefs (Abgrabung, Geländeeinschnitt, Geländeanschnitt, Dammaufschüttung)
- Veränderung der Bodenqualität in den benachbarten Flächen (Grundwasserabsenkung/hydrogeologische Bedingungen mit Einfluß auf Speicher-, Filter- und Pufferfunktion des Bodens)
- Anreicherung des Bodens mit Schadstoffen (z. B. Phenole, Benzol, Schwermetalle (Blei, Cadmium), Verwehung salzhaltiger Stäube)
- Herbizideinsatz (Pflege der Straßenränder)
- Verlust an Rohstoffen durch Überlagerung
	- Umfang und Struktur der vorhandenen und geplanten Flächeninanspruchnahme (Siedlung, Verkehr, Deponien, Bodenabbau u.a.)
	- Freiflächensituation (Verhältnis Freifläche - bebaute Fläche)
	- Eingriffe in das Bodenrelief
	  - Aufschüttungen
	  - Abgrabungen
	  - Ablagerungen
	- Grad der Erosionsgefährdung
	- Belastung durch Schadstoffimmissionen
	- Belastung durch gleichgerichtete, wirkungsverstärkende Eingriffe, z. B. durch
	  - Industrie/Kraftwerke
	  - Verkehr
	  - Land- und Forstwirtschaft (Dränage landwirtschaftlicher Flächen, wasserwirtschaftliche Maßnahmen)
	  - Hausbrand/Kleingewerbe
	- Hydrogeologische und bodenökologische Empfindlichkeit benachbarter Flächen
		- Bodenkarten (Geologie, Hydrogeologie, Bodengüte)
		- Agrarkarte
		- Agrarstrukturelle Vorplanung
		- Bodenabbaupläne
		- Lagerstättenkartierung Rohstoffsicherungskarten
		- Abfallbeseitigungspläne
		- Einzeluntersuchungen Bodenproben, Bohrungen (Anreicherung von Schadstoffen im Boden)
		- Raumordnungsprogramme
		- Bauleitpläne
		- Luftbilder
		- Topographische Karten
		- Raumordnungskataster
			449
			451
			451
			451
			450
			451
			452
			
			232
				Zur qualitativen Beurteilung der Belastung des Bodens durch Schadstoffe können die Angaben aus den Bereichen Luft und Wasser verwendet werden.

PRÜFKATALOG
STAND: März 1986

ROV VERKEHR - STRASSE

FACHBEHÖRDE: Nieders. Minister für Ernährung, Landwirtschaft und Forsten; Nieders. Landesverwaltungsamt - Naturschutz -; Bez.Reg. Dez. 507; Landkreise, krsfr. Städte;

NUTZUNGSKONFLIKT
NATUR UND LANDSCHAFT

BETROFFENE NUTZUNG	FACHPLÄNE/FACHUNTERLAGEN	SEITE	ZU PRÜFEN (WIRKUNGEN)	RECHTS- UND VERWALTUNGSVORSCHRIFTEN, GRENZ- UND RICHTWERTE	SEITE	ZIELE DER RAUMORDNUNG	SEITE	BEMERKUNGEN
- Gebiet bes. Bedeutung für Natur und Landschaft	- Landes-Raumordnungsprogramm		Veränderungen, Verluste von Vegetation und Fauna	- Nds. Raumordnungsgesetz	427	LROP		Bauphase
- Vorranggebiet für Natur und Landschaft	- Regionales Raumordnungsprogramm			- Bundesbaugesetz	428	C 7.3		Zu berücksichtigen
- Nationalpark - Naturschutzgebiet - Landschaftsschutzgebiet - Naturdenkmal	- Übersichtskarte der Naturschutzgebiete, flächenhaften Naturdenkmäler, Landschaftsschutzgebiete und Naturparke in Niedersachsen	66	- Unmittelbare Beseitigung von Vegetation und Fauna - Vernichtung seltener und geschützter Tier- und Pflanzenarten	- Bundes-Naturschutzgesetz - Nds. Naturschutzgesetz - Pflanzenschutzgesetz - Landesjagdgesetz	35 35 46	C 10.01 10.02 10.03 10.04 10.05	23 23 23 23 24	- Immissionen durch Baumaschinen und Fahrzeuge - Lärmbelastung - Abtransport des Abbaugutes
- Naturpark - Geschützter Landschaftsbestandteil - Wallhecke/Knick	- Karte der Naturdenkmäler, Naturschutzgebiete, Landschaftsschutzgebiete und Naturparke in Niedersachsen	66	- Überbauung, Versiegelung - Toxische Belastung von Ökosystemen, Beeinträchtigung von Vegetation und Fauna durch Schadstoffe (Abgase, Stäube, Gerüche, Öl, Gummiabrieb, Auftaumittel)	- Nds. Fischereigesetz - Natur- und Landschaftsschutzverordnungen - Verordnungen über geschützte Landschaftsbestandteile	46 65 66	C 4.01 C 11.1.01 11.2.01 11.3.01 11.3.02 11.4.03	28 319 320 322 322 323	- Optimierung der Zufahrtswege nach landschaftsökologischen Gesichtspunkten Betrieb Zu berücksichtigen
- Feuchtgebiet internationaler, nationaler und regionaler Bedeutung	- Karte der für den Naturschutz wertvollen Bereiche, einschl. Erfassungsbögen	62		- Bundes-Immissionsschutzgesetz §§ 1 und 50	117 121	C 12.1.01 12.1.02 12.1.03 12.2.01 12.2.02	25 26 26 114 114	- Beachtung von Pufferzonen um schutzwürdige Biotope
- Naturwaldreservat	- Naturschutzarchiv	65	- Vertreibung kulturflüchtiger Arten durch Lärm und Erschütterungen	- Rote Liste für gefährdete Tier- und Pflanzenarten	62			
- Fläche für Maßnahmen zum Schutz, zur Pflege und zur Entwicklung der Landschaft	- Schutzverordnungen, Schutzsatzungen	66		- Maximale Immissionswerte VDI	152			- Langzeitwirkungen (Zeitverzögerung) der Belastungen sind zu beobachten. Dadurch langfristig Funktionsverlust benachbarter Flächen.
- Gebiet mit schutzwürdigen Ökosystemen (schutzwürdige Bereiche)	- Moorinventur, Moorschutzprogramm	63 64	Zerschneidung räumlicher Funktionsbereiche	- TA Luft, Immissionswerte zum Schutz vor erheblichen Nachteilen und Belästigungen (Schutz empfindlicher Tiere und Pflanzen)	153			
	- Karte bzw. Liste der Feuchtgebiete aller Art	63	- Zerschneidung ökologischer Einheiten, Verhinderung ökologischer Austauschprozesse					
- Gebiet mit bedrohten Tier- und Pflanzenbeständen	- Dokumentation für das Nieders. Artenschutzprogramm	63		- Gutachtliche Stellungnahme der Naturschutzbehörden	68			Maßnahmen zur Minimierung der Belastungen
- Geowissenschaftlich bedeutsames Gebiet	- Waldfunktionenkarte	64	- Unterbindung und Isolierung von Populationen	- RdErl.: Berücksichtigung der Belange des Naturschutzes beim Straßenbau	49			- Aussparen ökologisch wertvoller Bereiche
	- Verzeichnis der Naturwaldreservate für Lehre und Forschung im Lande Niedersachsen	65	- Störung von Vogelfluglinien durch Brückenanlagen					- Abschirmung durch Ausbreitungshindernisse (Erdwall, Pflanzenschutzstreifen, Lärmschutzeinrichtungen)
			- Behinderung von Tierwanderungen, Vogelflug (insbes. bei Lage in Talauen)	- RdErl. zu Naturschutz und Landschaftspflege in der Flurbereinigung	42			
	- Karte schutzwürdiger geowissenschaftlicher Objekte	63						
	- Katasterkarten, Luftbilder		Auswirkungen von hydrogeologischen Veränderungen (Grundwasserstand, Schadstoffeintrag in Grund- und Oberflächenwasser, Abflußeinengung)					- Verkehrsregelnde Maßnahmen (Geschwindigkeitsbegrenzung)
	- Landschaftsprogramm	59						- Wildsperrzäune, Wildtunnel
	- Landschaftsrahmenpläne	59	Optische Beeinträchtigungen					- Ausgleich- und Ersatzmaßnahmen
	- Grünordnungspläne/Landschaftspläne	61	- Optische Veränderungen der Landschaft durch technische Bauwerke					Risiken bei Unfällen - Verunreinigung des Grundwassers
	- Landschaftsökologische Gutachten	68	- Optische Zerschneidungseffekte					- Kollision mit Wild

PRÜFKATALOG
STAND: März 1986

ROV VERKEHR - STRASSE

FACHBEHÖRDE:

NUTZUNGSKONFLIKT
NATUR UND LANDSCHAFT

BETROFFENE NUTZUNG	FACHPLÄNE/FACHUNTERLAGEN	SEITE	ZU PRÜFEN (WIRKUNGEN)	RECHTS- UND VERWALTUNGSVORSCHRIFTEN, GRENZ- UND RICHTWERTE	SEITE	ZIELE DER RAUMORDNUNG	SEITE	BEMERKUNGEN
			Auswirkungen klimatischer Veränderungen - Lokale Temperaturveränderungen - Nebelbildung (Verringerung der Besonnung) - Veränderung des Kaltluftabflusses - Veränderung der Windgeschwindigkeit (Wirbel, Düseneffekt)					Folgewirkungen - Induktion erhöhten Verkehrsaufkommens - Erhöhte Zugänglichkeit ökologisch empfindlicher Bereiche - Entstehung neuer Lebensräume, z.B. Feucht- und Gewässerbiotope bei Bodenentnahme

7

PRÜFKATALOG

STAND: März 1986

ROV VERKEHR - STRASSE

FACHBEHÖRDE: Nieders. Minister für Ernährung, Landwirtschaft und Forsten; Nieders. Forstplanungsamt; Bez.Reg. Dez. 601 - 603; Forstämter;

NUTZUNGSKONFLIKT
FORSTWIRTSCHAFT

BETROFFENE NUTZUNG	FACHPLÄNE/FACHUNTERLAGEN	SEITE	ZU PRÜFEN (WIRKUNGEN)	RECHTS- UND VERWALTUNGSVORSCHRIFTEN, GRENZ- UND RICHTWERTE	SEITE	ZIELE DER RAUMORDNUNG	SEITE	BEMERKUNGEN
- Gebiet mit besonderer Bedeutung für Forstwirtschaft - Gebiet zur Vergrößerung des Waldanteils - Baumbestand (Art, Güte, Alter) - Forstwirtschaftliche Flächen mit besonderen Funktionen - Forstwirtschaftliche Flächen von besonderer Standortqualität - Naturwaldreservate	- Landes-Raumordnungsprogramm - Regionales Raumordnungsprogramm - Waldfunktionenkarte - Forstliche Rahmenplanung - Forsteinrichtungswerke - Landschaftsrahmenplan - Luftbilder	 64 59	- Entzug forstwirtschaftlich genutzter Flächen - Holzertragsminderung - Veränderung der hydrogeologischen Bedingungen, Bodenwasserhaushalt - Anreicherung des Bodens mit Schadstoffen über Luft- und Wasserpfad - direkte Schadstoffeinwirkung auf Bäume - Veränderungen des Kleinklimas - Einschränkung auf bestimmte Holzarten - Störung der Waldfunktionen als Erholungswald, Schutzwald, Wasserspeicher - Gefahr von Windbruch und Windwurf - Erosionsgefährdung	- Nds. Raumordnungsgesetz - Bundesbaugesetz - Bundeswaldgesetz - Landeswaldgesetz - Nieders. Naturschutzgesetz - Bundes-Immissionsschutzgesetz §§ 1 und 50 - TA Luft - max. Immissionswerte VDI	427 428 435 438 429 117 121 153 152	LROP C 7.3 C 4.01 4.04 4.05	 318 318 319	Bauphase Zu berücksichtigen - Immissionen durch Baumaschinen und Fahrzeuge Betrieb Zu berücksichtigen - Natürliche Ausbreitungshindernisse bei Lärm- und Luftimmissionen (Relief, Bewuchs) - Meteorologische Verhältnisse (Windrichtung, Windgeschwindigkeit, Luftfeuchte) - Langzeiteffekt der Schadstoffbelastung und Grundwasserabsenkung Maßnahmen zur Minimierung - Verkehrsregelnde Maßnahmen (Geschwindigkeitsbegrenzung) - Umgehung forstwirtschaftlich wertvoller Gebiete - Ersatzaufforstungen

FACHBEHÖRDE: Nieders. Minister für Ernährung, Landwirtschaft und Forsten; Nieders. Landesamt für Bodenforschung; Bez.Reg. Dez. 501 u. 506; Ämter für Agrarstruktur;						NUTZUNGSKONFLIKT **LANDWIRTSCHAFT**		
BETROFFENE NUTZUNG	FACHPLÄNE/FACHUNTERLAGEN	SEITE	ZU PRÜFEN (WIRKUNGEN)	RECHTS- UND VERWALTUNGSVORSCHRIFTEN, GRENZ- UND RICHTWERTE	SEITE	ZIELE DER RAUMORDNUNG	SEITE	BEMERKUNGEN
- Gebiet mit besonderer Bedeutung für Landwirtschaft	- Landes-Raumordnungsprogramm - Regionale Raumordnungsprogramme		- Entzug landwirtschaftlich genutzter Fläche - Nutzungsverlust (Verringerung der Erträge) durch	- Nds. Raumordnungsgesetz - Bundesbaugesetz - Flurbereinigungsgesetz - Agrarkarte	427 428 42 451	LROP C 7.3 C 3.01 3.02 3.03 3.04 3.06 C 10.04	 421 421 421 23	Baupnase Zu berücksichtigen - Immissionen durch Einsatz von Maschinen und Fahrzeugen Betrieb Zu berücksichtigen - Natürliche Ausbreitungshindernisse bei Lärm- und Luftimmissionen (Relief, Bewuchs) - Meteorologische Verhältnisse (Windrichtung, Windgeschwindigkeit, Luftfeuchte) - Langzeiteffekt der Schadstoffbelastung und Grundwasserabsenkung Maßnahmen zur Minimierung der Belastungen - Aussparen landwirtschaftlich wertvoller Gebiete - Ausgleichs- und Ersatzmaßnahmen - Durchführung von Flurbereinigungen - Verwendung vorhandener Wege und Parzellen, Beachtung von Bearbeitungsgrenzen - Verkehrsregelnde Maßnahmen (Geschwindigkeitsbegrenzung)
- Nutzungsart - Acker - Grünland - Sonderkulturen - Besondere Bodeneigenschaften, Bodenqualität	- Agrarkarte des Landes Niedersachsen - Agrarstrukturelle Vorplanung - Bodenkarte von Niedersachsen (1 : 5 000/ 1 : 25 000) - Bodenübersichtskarten von Kreisen und Planungsgebieten - Bodennutzungserhebung - Flurbereinigungsunterlagen	451 451 449 449 449	- Veränderung der hydrogeologischen Bedingungen/ Bodenwasserhaushalt - Anreicherung des Bodens mit Fremd- und Schadstoffen über Luft- und Wasserpfad - Bodenverdichtung - Veränderung des Kleinklimas (Verschattung, Kaltluftstau, Windgeschwindigkeitserhöhung) - Einschränkung bestimmter Nutzungsarten, z.B. Sonderkulturen - Veränderung von Überschwemmungsbereichen - Erosionsgefährdung - Änderung des landwirtschaftlichen Wegenetzes - Zerschneidung landwirtschaftlicher Grundstücke					

PRÜFKATALOG

STAND: März 1986

ROV VERKEHR - STRASSE

FACHBEHÖRDE: Nieders. Minister für Ernährung, Landwirtschaft und Forsten; Nieders. Landesamt für Wasserwirtschaft; Bez.Reg. Dez. 502; Wasserwirtschaftsämter; Landkreise

NUTZUNGSKONFLIKT
WASSERWIRTSCHAFT

BETROFFENE NUTZUNG	FACHPLÄNE/FACHUNTERLAGEN	SEITE	ZU PRÜFEN (WIRKUNGEN)	RECHTS- UND VERWALTUNGSVORSCHRIFTEN, GRENZ- UND RICHTWERTE	SEITE	ZIELE DER RAUMORDNUNG	SEITE	BEMERKUNGEN

- Vorranggebiet für Wassergewinnung
- Gebiet mit besonderer Bedeutung für Wassergewinnung
 	
- Talsperren/Hochwasserrückhaltebecken
- Wasserschutzgebiete
- Heilquellenschutzgebiete
- Einzugsgebiete von Wasserwerken
- Sonstige nutzbare Grundwasservorkommen
- Wasserwirtschaftlich bedeutsame Oberflächengewässer
- Wasserwirtschaftlich bedeutsame Abwasserbeseitigungsanlagen (z. B. Kläranlagen, Abwasserverrieselung)
- Hochwasserschutzanlagen
	- Landes-Raumordnungsprogramm
	- Regionales Raumordnungsprogramm
	- Generalplan Wasserversorgung Niedersachsen
	- Generalplan Abwasserbeseitigung Niedersachsen
	- Kartenwerk der Wasserschutzgebiete
	- Grundwasserkarten/Karten der Grundwasserhöffigkeit
	- Wasserwirtschaftliche Rahmenpläne
	- Gewässergütekarte
	- Pegelmessungen
	- Belastung der Oberflächengewässer mit Chlorid
	- Lastpläne
	- Karte der gesetzlichen Überschwemmungsgebiete
	- geologische und hydrogeologische Karten
		
		341
		343
		345
		450
		342
		346
		
		346
		347
		345
		345
		449
			- Veränderungen des Grundwassers
			  - des Grundwasserstandes
			  - der Grundwasserströme (Quellenverlagerung)
			  - der Grundwasserneubildung (Bodenversiegelung)
			  - der Grundwasserqualität durch Schadstoffeintrag, insbesondere bei Böden mit geringer oder verminderter Filterwirkung
			- Veränderung des Oberflächengewässers
			  - der Lage
			  - der Wassermenge
			  - der Wassergüte durch Schadstoffeintrag (Gase, Stäube, Ruß)
			- Veränderung der Überschwemmungsgebiete
			- Veränderung der natürlichen Sedimentationsverhältnisse
			- Beeinträchtigung von Abwasserbeseitigungsanlagen
				- Wasserhaushaltsgesetz
				- Nds. Wassergesetz
				- Trinkwasserverordnung
				- Richtlinie für Heilquellenschutzgebiete
				- EG-Richtlinie zur Wasserqualität bei der Trinkwasserversorgung
				- EG-Richtlinienzur Ableitung best. gefährdender Stoffe in die Gewässer
				- Wasserschutzgebiets-Verordnungen
					327
					327
					337
					
					337
					
					340
						LROP
						C 7.3
						C 11.1.01
						11.3.01
						11.3.02
						C 12.1.01
						12.1.02
						12.1.03
						12.2.01
							
							319
							322
							322
							25
							26
							26
							114
								Bauphase
								Zu berücksichtigen
								- Immissionen durch Einsatz von Maschinen und Fahrzeugen
								- Bodenverdichtung
								Betrieb
								Zu berücksichtigen
								- mögliche Langzeiteffekte hydrogeologischer Veränderungen
								- Gefahr der mittelbaren Verunreinigung durch Schadstoffeintrag (Luft, Überschwemmung)
								- Schädigung des Naturhaushaltes (Kreislaufwirkung)
								- Gefahr von Mangelsituationen in Trockengebieten durch
								  - Verringerung des nutzbaren Wasservorrates
								Maßnahmen zur Minimierung der Belastungen
								- bauliche Sicherheitsmaßnahmen zum Schutz vor Verunreinigungen
								Folgewirkungen
								- Durch Folgeplanungen, z.B im Siedlungs- und Erholungsbereich können sich weitere Belastungen ergeben
								Risiken bei Unfällen
								- Verunreinigung von Böden (als Filter) und Oberflächengewässer durch Schadstoffe

FACHBEHÖRDE: Nieders. Minister für Ernährung, Landwirtschaft und Forsten; Nieders. Landesverwaltungsamt - Naturschutz -; Nieders. Minister für Wirtschaft und Verkehr; Bez.Reg. Dez. 507 u. 203; Landkreise, krsfr. Städte

NUTZUNGSKONFLIKT **ERHOLUNG**

BETROFFENE NUTZUNG	FACHPLÄNE/FACHUNTERLAGEN	SEITE	ZU PRÜFEN (WIRKUNGEN)	RECHTS- UND VERWALTUNGSVORSCHRIFTEN, GRENZ- UND RICHTWERTE	SEITE	ZIELE DER RAUMORDNUNG	SEITE	BEMERKUNGEN
- Gebiet mit besonderer Bedeutung für Erholung - Vorranggebiet für ruhige Erholung in Natur und Landschaft - Vorranggebiet für Erholung mit stärkerer Inanspruchnahme durch die Bevölkerung - Erholungsschwerpunkt in der Landschaft - Regional bedeutsame Wanderwege	- Landes-Raumordnungsprogramm - Regionales Raumordnungsprogramm		Beeinträchtigung der Erholungsnutzung durch - Verlust erholungswirksamer Flächen - Beeinträchtigung des Landschaftsbildes - optische Veränderung bedeutsamer Landschaftselemente - optische Zerschneidungseffekte - Störung der Naturerlebnisse - Eingriffe in die Erholungsinfrastruktur (z. B. Unterbrechung von Wanderwegnetzen) - Lärm (Störung des Ruhebedürfnisses) - Staub - Gerüche - sonstige Schadstoffe - Klimatische Veränderungen - bioklimatische Luftqualität	- Nds. Raumordnungsgesetz - Bundesbaugesetz - Bundesnaturschutzgesetz - Nds. Naturschutzgesetz - Landeswaldgesetz - Natur- und Landschaftsschutzgebiets-VO - Richtlinien zur Sicherung von Erholungsgebieten (Gemeinsame Lpl. Hamburg/Nds. und Bremen/Nds.)	427 428 35 35 438 65	LROP C 7.3 C 9.01 9.02 9.03 C 4.01 C 10.01 10.02 10.03 C 12.1.01 12.1.02 12.1.03 12.2.01 12.4.01 12.4.02 12.4.03	 30 423 30 318 23 23 23 25 26 26 114 212 212 212	Bauphase Zu berücksichtigen - Immissionen durch Einsatz von Maschinen und Fahrzeugen Betrieb Zu berücksichtigen - natürliche Ausbreitungshindernisse bei Lärm und Luftschadstoffimmissionen (Relief; Bewuchs) - Meteorologische Verhältnisse (Windrichtung, Durchlüftung) Maßnahmen zur Minimierung der Belastungen - Umgehung von Erholungsgebieten - Verkehrsregelnde Maßnahmen (Geschwindigkeitsbegrenzung) - Lärmschutzmaßnahmen - Verlegung, Neuanlage von Wanderwegen - Ausreichende Unter- und Überquerungsmöglichkeiten für Wanderwege - optische Einbindung in die Landschaft Folgewirkungen - Neue Freizeit- und Erholungsaktivitäten - Überlastung von Erholungsgebieten durch bessere Verkehrsanbindung - Zusätzliche Belastung anderer Erholungsflächen bei Beeinträchtigung von Erholungsgebieten - Bereicherung des Landschaftsbildes durch zusätzliche belebende Elemente (z. B. Wasserflächen)
- Naturpark - Regionale Grünzüge - Sonstige lineare und punktuelle Erholungsinfrastruktur (z. B. Kuranlagen, Campingplätze, Freizeitanlagen) - Erholungswald - sonstige Grün- und Erholungsflächen	- Landschaftsprogramm - Landschaftsrahmenplan - Landschaftsplan/Grünordnungsplan - Bauleitpläne - Waldfunktionenkarte - Luftbilder - Rad- und Wanderwegepläne - Fremdenverkehrsstatistik	59 59 61 232 64						

PRÜFKATALOG
STAND: März 1986

ROV VERKEHR - STRASSE

FACHBEHÖRDE: Nieders. Sozialminister; Bez.Reg. Dez. 309; Landkreise, krsfr. Städte, Gemeinden

NUTZUNGSKONFLIKT
SIEDLUNG

BETROFFENE NUTZUNG	FACHPLÄNE/FACHUNTERLAGEN	SEITE	ZU PRÜFEN (WIRKUNGEN)	RECHTS- UND VERWALTUNGSVORSCHRIFTEN, GRENZ- UND RICHTWERTE	SEITE	ZIELE DER RAUMORDNUNG	SEITE	BEMERKUNGEN

- Wohnbauflächen, gemischte Bauflächen (Einwohnerzahl-, dichte)
- Anlagen für kirchliche, kulturelle, soziale und gesundheitliche Zwecke (z. B. Schulen, Krankenhäuser, Altenheime)
- Sonderbauflächen (z. B. Wochenendhausgebiete, Ferienhausgebiete, Hochschulgebiete, Klinikgebiete)
- Baudenkmäler
	- Flächennutzungsplan
	- Bebauungsplan
	- Schallimmissionspläne
	- Lärmkataster
	- Meßergebnisse aus LÜN
	- Verzeichnis der Baudenkmäler
	- Luftbilder
		232
		
		231
		
		167
			- Gesundheitsgefährdung, Verminderung der Wohnqualität durch
			  - Lärmimmissionen
			  - Luftschadstoffe
			  - Gerüche
			  - Erschütterungen
			  - optische Belastungen
			- Schädigung von Baudenkmälern durch
			  - Luftschadstoffe
			  - Erschütterungen
			- Entzug von potentiellen Siedlungs- und Freiflächen
				- Bundesbaugesetz
				- Baunutzungsverordnung
				- BImSchG
				- TA-Luft
				- TA-Lärm
				- Smogverordnung
				- Max. Immissionswerte der VDI
				- Schallschutz im Städtebau DIN 18005
				- Schutz gegen Verkehrslärm VDI 1573
				- Abstandserlaß NRW
				- Nieders. Denkmalschutzgesetz
					428
					
					117
					153
					223
					150
					152
					224
					
					226
						LROP
						C 7.3
						C 1.2.01
						C 9.01
						9.02
						C 10.03
						C 12.1.01
						12.1.02
						12.1.03
						12.2.01
						12.4.01
						12.4.02
						12.4.03
							
							30
							423
							23
							25
							26
							26
							114
							212
							212
							212
								Bauphase
								Zu berücksichtigen
								- Immissionen durch Einsatz von Maschinen und Fahrzeugen
								- Abtransport des Abbaugutes Optimierung der Zufahrtswege
								Betrieb
								Zu berücksichtigen
								- Natürliche Ausbreitungshindernisse bei Lärm- und Luftschadstoffimmissionen (Relief, Bewuchs)
								- Meteorologische Verhältnisse (Windverhältnisse, Durchlüftung)
								Maßnahmen zur Minimierung der Belastungen
								- Umgehung von Siedlungsgebieten, ausreichende Abstände zu empfindlichen Nutzungen
								- Lärmschutzmaßnahmen
								  - Ausbreitungshindernisse (Erdwall, Lärmschutzeinrichtungen, Bepflanzung)
								  - Geschwindigkeitsbegrenzung
								- optischer Sichtschutz
								Folgewirkungen
								- Auslösung von Wirtschaftsaktivitäten (Gewerbe- und Industrieansiedlungen)
								- Auslösung sonstiger Siedlungsaktivitäten
								- Entlastung von Wohngebieten durch geänderte Verkehrsführung
								- Steigerung der Wohnqualität durch bessere Verkehrsanbindung

FORSCHUNGS- UND SITZUNGSBERICHTE
DER AKADEMIE FÜR RAUMFORSCHUNG UND LANDESPLANUNG

Band 166

UMWELTVERTRÄGLICHKEITSPRÜFUNG IM RAUMORDNUNGSVERFAHREN NACH EUROPÄISCHEM GEMEINSCHAFTSRECHT

Inhalt

Der Band umfaßt 135 Seiten; Format DIN B 5; 1986; Preis 24,- DM
Best.-Nr. 769

Auslieferung

CURT R. VINCENTZ VERLAG HANNOVER

BEITRÄGE
DER AKADEMIE FÜR RAUMFORSCHUNG UND LANDESPLANUNG

Band 97

Willy A. SCHMID,
René Ch. SCHILTER und Heinz TRACHSLER

UMWELTSCHUTZ UND RAUMPLANUNG IN DER SCHWEIZ

Inhalt

Der Band umfaßt 63 Seiten; Format DIN A 4; 1986; Preis 15,- DM
Best.-Nr. 895

Auslieferung

CURT R. VINCENTZ VERLAG HANNOVER